“十二五”普通高等教育本科国家级规划教材

高等学校理工科机械类规划教材

内燃机原理教程

（第三版）

主　编　隆武强　许　锋
副主编　冯立岩　唐　斌
参　编　杜宝国　田江平
主　审　周俊杰　朱元宪

INTERNAL COMBUSTION ENGING FUNDAMENTALS

3rd Edition

大连理工大学出版社
Dalian University of Technology Press

图书在版编目(CIP)数据

内燃机原理教程 / 隆武强，许锋主编. -- 3 版. -- 大连 ：大连理工大学出版社，2019.7
ISBN 978-7-5685-2027-0

Ⅰ. ①内… Ⅱ. ①隆… ②许… Ⅲ. ①内燃机—理论—高等学校—教材 Ⅳ. ①TK40

中国版本图书馆 CIP 数据核字(2019)第 098872 号

内燃机原理教程

NEIRANJI YUANLI JIAOCHENG

大连理工大学出版社出版

地址:大连市软件园路 80 号　邮政编码:116023
发行:0411-84708842　邮购:0411-84703636　传真:0411-84701466
E-mail:dutp@dutp.cn　URL:http://dutp.dlut.edu.cn

大连图腾彩色印刷有限公司印刷　　大连理工大学出版社发行

幅面尺寸:185mm×260mm　印张:28　字数:634 千字
2011 年 5 月第 1 版　2019 年 7 月第 3 版
2019 年 7 月第 1 次印刷

责任编辑:于建辉　责任校对:周　欢
封面设计:冀贵收

ISBN 978-7-5685-2027-0　定　价:68.00 元

第三版前言

《内燃机原理教程》第三版是《内燃机原理教程》第一版（许锋主编，2011 年 5 月大连理工大学出版社出版）和该书作为“十二五”普通高等教育本科国家级规划教材的第二版（许锋、隆武强主编，2015 年 9 月大连理工大学出版社出版）的修订本。为适应我国进入新时代电控内燃机技术飞速发展的趋势，满足广大读者对本书的需求，编者对本书进行了全面系统的修订，对内燃机研究领域的新进展进行了补充，为内燃机行业培养创新人才增加正能量。

本书严格按照内燃机专业教学大纲修订，侧重内燃机基础理论并且理论紧密结合工程实际，采用横向将汽油机与柴油机进行对比分析，纵向贯穿由机械式到电控的技术发展。具有结构严谨，条理清晰、内容新颖，语言流畅，图文、表格并茂的特点。具有基础理论系统性，又有创新实践的前瞻性。引导学者热爱内燃机、专研内燃机，立志为内燃机发展做贡献，本书是学习内燃机的好教课书。

参加本次修订工作的有：唐斌（第 1、2 章），冯立岩（第 3、6 章），隆武强（第 4 章），杜宝国，田江平（第 5 章），许锋（第 7 章）。全书由隆武强、许锋统稿并最后定稿。周俊杰教授和威特电喷有限责任公司技术总监朱元宪博士对书稿进行了仔细的审核。魏象仪教授曾对第二版书稿进行精心审核在此一并表示衷心的感谢！

本书的名词、术语、符号均按全国高等工业学校动力工程专业指导委员会热力发动机专业小组根据国标、部标所做的统一规定执行。

本书引用了国内一些工厂、研究所和大专院校的产品图样、实验研究资料及有关国内外会议论文、书刊等数据，在此谨致深切的感谢！

本书涉及范围较广，编者学识疏浅，谬误之处在所难免，诚恳使用本书的专家、读者批评指正。

编　者

2019 年 6 月

第二版前言

大连理工大学出版社 2011 年出版的《内燃机原理教程》，作为理工科机械类本科生教材已使用了 5 年，得到了广大内燃机专业本科生、研究生及工程技术人员、研究人员的好评，被大连理工大学评为优秀教材，并入选 2014 年度教育部第二批公布的"'十二五'普通高等教育本科国家级规划教材"书目。

随着国内外内燃机技术的迅速发展，本教材内容需要更新和补充。编者认真总结了近几年的教学经验，合理地选取当前国内外内燃机在理论方面的新进展、学术方面的新成就，并结合编者在科研工作中的实际探索，对原教材进行了全面修订。

本次修订在保持原教材的理论系统性强、结合实际新颖性好的基础上，增加了如下内容：内燃机与动力传动装置的匹配，涡轮增压中冷四冲程柴油机工作过程数值计算，汽油机增压等，对其他各章也进行了修订。

本次修订主要由许锋教授完成，隆武强教授、冯立岩副教授、唐斌副教授、杜宝国博士、田江平副教授编写了新增加的内容。周俊杰教授担任主审，魏象仪教授进行了审核，并提出了宝贵建议，在此深表感谢。

本书出版得到了大连理工大学教务处和离退休处的资助。

限于编者的学识和水平，本书疏漏及错误之处在所难免，敬请读者、专家批评指正。

您有任何意见或建议，请通过以下方式与大连理工大学出版社联系：

电话：0411-84708947

邮箱：jcjf@dutp.cn

编　者

2015 年 8 月

第一版前言

进入 21 世纪，内燃机在新概念燃烧理论、汽油机的电控直接喷射技术、柴油机的高压共轨电控喷油系统，以及清洁代用燃料应用等方面都有新的突破。内燃机已成为高效率、低污染的动力机械，方兴未艾，正受到汽车、船舶及军事等领域的青睐。随着科学技术的飞速发展，内燃机正面临着节能与环保的双重挑战。与此同时，也对从事内燃机专业的教学、科技人员提出了更高的要求。为了适应新技术发展的需要，与时俱进，编者结合多年的教学经验和科研成果，对内燃机原理讲义进行了全面修订，并正式出版。

"内燃机原理"是内燃机专业的必修课程，具有很深的理论性和较强的实践性。本教程结合专业发展前景，联系工程实际，翔实、系统地阐述了内燃机的工作原理。本教程具有以下特色：结构严谨，条理清晰，内容新颖，语言流畅，图文配合适当，理论联系实际，易于学习掌握。通过对本教程的学习，打好坚实的专业基础，从而提高专业技能，激发创新思维。

本书由大连理工大学能源与动力工程学院许锋教授主编，隆武强教授、冯立岩副教授、唐斌博士、杜宝国博士参加了编写。全书由周俊杰教授主审。

本书所用的名词、术语、符号等均符合教育部高校动力工程类专业根据国标、部标所做的统一规定。

本书引用的图样、数据参考了许多院校、研究院所的文献资料，在此谨致深切的感谢。

本书涉及内容较多，范围较广，限于编者的学识和水平，疏漏及错误之处在所难免，敬请使用本书的专家、读者批评指正。

编　者

2011 年 2 月

常用符号表

1. 英文字母

符号	含义	单位
A	面积	mm^2
A_1	示功图曲线包围的面积	mm^2
A_a	空气消耗量	kg/h，kg/s
A/F	空燃比	
A_p	柱塞面积	mm^2
A_n	喷孔总流通面积	mm^2
A_r	中冷器流通面积	m^2
a	音速(声速)	m/s
B	燃油消耗量	kg/h
b_e	有效燃油消耗率	g/(kW·h)
b_i	指示燃油消耗率	g/(kW·h)
C	机油消耗量，排气污染物浓度	kg/h,mg/L
c	速度	m/s
c_0	喷嘴环出口流速	m/s
C_p	定压热容	kJ/(kg·K)
C_V	定容热容	kJ/(kg·K)
$C_{p,m}$	空气的摩尔定压热容	kJ/(mol·K)
$C_{V,m}$	空气的摩尔定容热容	kJ/(mol·K)
D	气缸直径	mm
d_n	喷孔直径	mm
$dQ_B/d\varphi$	放热率	kJ/(°CA)
$dX/d\varphi$	燃烧率	1/(°CA)
E	燃油的弹性模量	
E_T	涡轮进口处的可用能	kJ
F_i	示功图面积	cm^2
F_{w3}	气缸套瞬时表面积	cm^2
F_c	喷嘴环出口最小流通面积	cm^2
f_e	排气门瞬时开启面积	cm^2
f_s	进气门瞬时开启面积	cm^2
G_a	空气质量流量	kg/h
g_b	每循环累计已烧掉的燃油量	g/cyc
H	焓	J，kJ
H_u	燃料低热值	kJ/kg
h	比焓	J/kg
h_c	表面传热系数	W/(m^2·K)
h_n	针阀升程	mm
i	气缸数	
i_n	喷孔数	
K	传热系数	W/(m^2·K)
k	空气绝热指数	
k_r	燃气绝热指数	
k_T	涡轮前废气绝热指数	
L	雾束贯穿距,连杆长度	mm
L_0	化学计量空燃比	kmol/kg
l_0	化学计量空燃比	kg/kg
M_1	新鲜空气摩尔质量	mol，kmol
Ma	马赫数	
M_r	残余废气量	mol，kmol
m_1	新鲜空气质量	g，kg
m_b	每循环喷油量	g/cyc
n	内燃机转速	r/min
n_1	平均压缩多变指数	
n_2	平均膨胀多变指数	
n_{Tb}	增压器转速	r/min
P_e	有效功率	kW
P_i	指示功率	kW
P_L	升功率	kW/L
P_m	机械损失功率	kW
p	气缸内工质瞬时压力	kPa，MPa
p_0	标准大气压	kPa
p_0'	排气背压	kPa
p_a	环境压力	kPa

符号	含义	单位
p_b	增压压力	MPa
p_{ca}	压缩始点压力	MPa
p_{co}	压缩终点压力	MPa
p_d	进气压力	MPa
p_e	有效压力	MPa
p_{ex}	膨胀终点压力	MPa
p_i	指示压力	MPa
p_{inj}	喷油压力	MPa
p_{jo}	启喷压力	MPa
p_{jmax}	喷油峰值压力	MPa
p_{max}	最大燃烧压力	MPa
p_{me}	平均有效压力	MPa
p_{mi}	平均指示压力	MPa
p_{mm}	平均机械损失压力	MPa
p_r	排气门后的工质压力	MPa
p_s	进气管内压力	MPa
p_T	涡轮进口压力	MPa
p_{T0}	涡轮后排气背压	kPa
Q	热量	J，kJ
Q_F	燃料燃烧放出的热量	kJ
Q_E	转变为有效功的热量	kJ
Q_W	冷却水带走的热量	kJ
Q_R	废气带走的热量	kJ
q_m	质量流量	kg/s
R	空气气体常数，曲柄半径	J/(kg · K)，mm
R_m	通用气体常数	J/(mol · K)
R_T	废气气体常数	J/(kg · K)
s	熵	J/K
S	活塞行程	mm
T	气缸内瞬时温度	K
T_0, t_0	标准大气温度	K,℃
T_a, t_a	环境温度	K,℃
T_b	增压空气温度	K
T_{co}	压缩终点温度	K
T_d	进气温度	K
T_{ex}	膨胀终点温度	K
T_{max}, t_{max}	最高燃烧温度	K，℃
T_s	进气管内气体温度	K
T_T	涡轮进口温度	K
T_{tq}	转矩	N · m
T_{tqmax}	最大转矩	N · m
T_{w1}	活塞顶平均温度	K
T_{w2}	气缸盖平均温度	K
u	热力学能（内能）	J，kJ
$\bar{u}$	气流平均速度	m/s
u'	气流脉动速度	m/s
V_c	气缸余隙容积	L
V_m	活塞平均速度	m/s
V_s	气缸工作容积	L
W_e	有效功	J，kJ
W_i	指示功	J，kJ
X	燃烧百分率	

2. 希腊字母

符号	含义	单位
α	空燃比	
β	通流能力系数，喷雾锥角	
γ	比热容比	
δ	后膨胀比	
δ_1	瞬时调速率	
δ_2	稳定调速率	
δ_b	中冷度	
ε	湍流能动耗散率	
ε_c	几何压缩比	
ε_{ce}	有效压缩比	
η_{bs}	压气机定熵效率	
η_c	中冷器效率	
η_E	废气能量传递效率	
η_e	有效效率	

符号	含义	单位
η_{et}	有效热效率	
η_{i}	指示效率	
η_{it}	指示热效率	
η_{m}	机械效率	
η_{s}	扫气效率	
η_{Tb}	涡轮增压器效率	
η_{u}	燃烧效率	
η_{v}	充气效率	
θ_{ea}	排气提前角	
θ_{el}	排气迟后角	
θ_{ia}	进气提前角	
θ_{il}	进气迟后角	
λ	瞬时过量空气系数	
λ_{b}	增压度	
λ_{p}	压力升高比	
λ_{q}	放热系数	
λ_{s}	曲柄连杆比(R/L)	
μ	实际分子变化系数， 动力黏度	Pa·S
μ_{0}	理论分子变化系数	
μ_{e}	排气的流量系数	
μ_{s}	进气的流量系数	
ν	运动黏度	cm^2/s
ξ_{r}	中冷器阻力系数	
ξ_{z}	燃烧终点的热利用系数	
π_{b}	增压比	
π_{r}	涡轮膨胀比	

符号	含义	单位
ρ_{0}	初膨胀比	
ρ_{f}	燃油密度	kg/m^3
τ	冲程数	
τ_{i}	着火滞燃期	
ϕ	燃空当量比，相对湿度	
ϕ_{a}	过量空气系数	
ϕ_{at}	总过量空气系数	
ϕ_{c}	充量系数	
ϕ_{n}	示功图丰满系数	
$\phi_{n\cdot tq}$	适应性系数	
ϕ_{r}	残余废气系数	
ϕ_{s}	扫气系数	
ϕ_{tq}	扭矩储备系数	
φ	曲轴转角	°CA
φ_{fj}	喷油提前角	°CA
φ_{fs}	供油提前角	°CA
φ_{i}	滞燃角	°CA
φ_{ig}	点火提前角	°CA
$\Delta\varphi_{fj}$	喷油持续角	°CA
ψ	节气门开启度	
ψ_{d}	进气流速函数	
ψ_{s}	冲程失效系数	
ψ_{T}	燃气流通函数	
Ω	涡流比	
Ω_{T}	反动度	
ω_{p}	柱塞运动速度	

3. 脚标

符号	含义	单位
a	空气	
b	已燃	
c	压缩，燃烧	
ch	化学	
cr	临界	
e	有效值，排气	
f	燃料，火焰	

符号	含义	单位
g	燃气	
i	指示值，始点	
ig	点火	
j	喷射	
m	平均	
T	涡轮	
u	未燃	

目　录

第1章　内燃机的工作过程与性能指标

进入21世纪，内燃机技术与现代电子控制、计算机模拟及激光测试等新技术、新材料、新工艺的发展相结合，使得内燃机成为高效率、低污染的最佳动力机械，广泛应用于车辆、机车、船舶、拖拉机、工程机械和国防装备上，在国民经济建设中有着重要作用。在今后相当长时间内，内燃机依然是全球主要动力，仍然是市场的主力，具有难以替代的地位。同时，内燃机工作原理已成为完善、系统的专门学科。

1.1　内燃机技术概述

1.1.1　内燃机概述

1. 内燃机的概念

内燃机(internal combustion engine，ICE)是燃料直接在机器内部燃烧后，将能量释放做功的动力机械。主要分为往复活塞式内燃机和回转式燃气轮机。一般所说的内燃机就是指往复活塞式内燃机，它是燃料在气缸内直接燃烧产生压力，推动活塞做往复运动，通过曲轴-连杆机构转变为旋转运动，对外输出动力的发动机，如汽油机和柴油机。

内燃机工作原理是内燃机学的重要组成部分，内容包括工作过程与性能指标、充量更换、燃料供给与调节、混合气形成与燃烧、运行特性与匹配、涡轮增压技术、排放与噪声控制等。

2. 内燃机的特点

德国人奥托(N. A. Otto)于1876年成功制造出世界上第一台汽油机。狄塞尔(R. Diesel)于1897年制造了第一台柴油机。内燃机经历了一个多世纪的辉煌发展，其优点是：

(1)动力性强

①功率范围大

汽油机的单缸最小功率 P_e/缸 $= 1$ kW/cyl，柴油机的单机最大功率 $P_e = 92\ 000$ kW(MAN-B&W18VK98MC船用柴油机)。

②转速范围广

高速赛车用汽油机的最高转速 $n = 9\ 000$ r/min(波尔舍V8-3000汽油机)，低速船用柴油机的最低转速 $n = 70$ r/min(苏尔寿RTA68柴油机)。

(2)经济性好

①有效热效率 η_{et} 高

现代高性能四冲程车用柴油机的有效热效率 η_{et} 为45%以上，二冲程船用柴油机的有效热效率 η_{et} 达50%，未来柴油机的有效热效率 η_{et} 为52%～55%。车用汽油机的有效热效

率 η_{et} 也已达 35%，未来电控直喷涡轮增压汽油机的有效热效率 η_{et} 可达 45%。

②燃油消耗率低

柴油机的燃油消耗率为 160 ～ 220 g/(kW · h)，汽油机的燃油消耗率为 235 ～ 260 g/(kW · h)。机油消耗率 $b_{oi} < 1$ g/(kW · h)，且 $\frac{b_{oi}}{b_e} < 3\%$。

③可燃用多种代用燃料

可燃用压缩天然气(CNG)、液化石油气(LPG)、甲醇、乙醇、生物质燃料(B20) 及二甲醚(DME) 等清洁燃料。船用低速柴油机可燃用重油。

(3)运转性能良好

①启动迅速，操纵可靠，适应性强。

②使用寿命长，大修期长，车用高速机寿命为行驶里程 180×10^4 km 或运行时间 3×10^4 h，船用低速柴油机的大修期使用时间为 10 年。

③维修保养简便。

3. 内燃机的分类

(1)按所用燃料及点火方式分类

①点燃式内燃机(spark ignition engine，SIE)　压缩气缸内的可燃混合气，并用电火花点火燃烧的内燃机，以汽油机(gasoline engine) 为代表。

②压燃式内燃机(compression ignition engine，CIE)　压缩气缸内的空气，产生高温高压引起燃料自燃的内燃机，以柴油机(diesel engine) 为代表。

(2)按完成一个工作循环的冲程数(τ) 分类

①四冲程内燃机　冲程数 $\tau = 4$。

②二冲程内燃机　冲程数 $\tau = 2$。

(3)按气缸冷却方式分类

①水冷式内燃机　用水冷却气缸和气缸盖等零件。

②风冷式内燃机　用空气冷却气缸和气缸盖等零件。

(4)按进气状态分类

①非增压(自然吸气) 四冲程内燃机，仅带扫气泵的二冲程内燃机。

②涡轮增压式(带中间冷却器) 内燃机。

(5)按发动机转速(n) 或活塞平均速度(V_m) 分类

活塞平均速度是在标定转速下，曲轴每转两个行程中速度的平均值，$V_m = \frac{nS}{30}$。

①高速机　$n > 1\,000$ r/min，$V_m > 9$ m/s。

②中速机　300 r/min $< n \leqslant 1\,000$ r/min，6 m/s $< V_m \leqslant 9$ m/s。

③低速机　$n \leqslant 300$ r/min，$V_m \leqslant 6$ m/s。

(6)按气缸排列分类

①直列 L 式　缸数 1、2、4、6、8、10。

②V 形　夹角 45°、60°、90°，缸数 8、12、16、20。

(7)按用途分类[1]

①汽车(Q)。

②铁路机车(J)。

③船用主机(C)。

④工程机械(G)。

⑤发电机组(D)。

⑥拖拉机(T)。

⑦摩托车(M)。

⑧农用运输车(Y) 等。

4. 内燃机的术语

(1)工作循环(working cycle)

从新鲜空气充入气缸起，到燃烧产物排出气缸止，燃料在气缸内燃烧放热，推动活塞做功，热能转变为机械能必须经过进气、压缩、燃烧、膨胀和排气这五个连续过程才能完成一个工作循环。一个循环包括两个阶段：闭式阶段(压缩过程、燃烧过程和膨胀过程)；开式阶段(从排气门开到进气门关)。

图 1-1 所示为一个工作循环示意图。

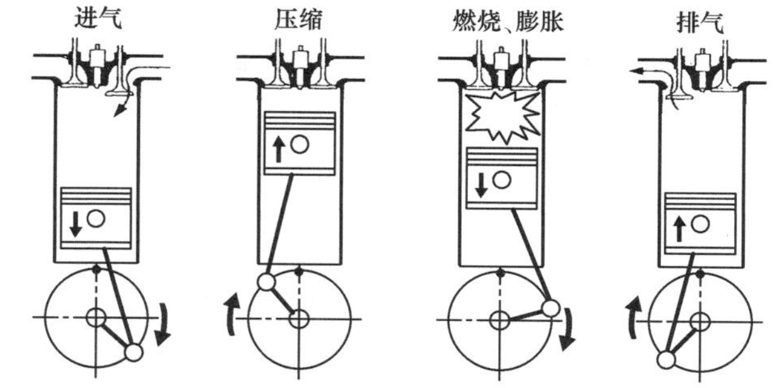

(a)四冲程柴油机

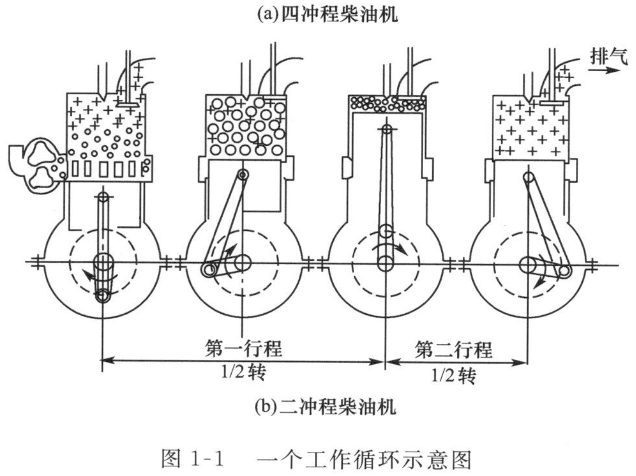

(b)二冲程柴油机

图 1-1　一个工作循环示意图

①四冲程内燃机　即活塞在气缸里上下依次往复移动四个行程，即曲轴旋转两周(720°CA)，完成一个工作循环的内燃机。

②二冲程内燃机　即活塞经过两个行程，即曲轴旋转一周(360°CA)，完成一个工作循环的内燃机。

(2)结构参数(图 1-2)

①上止点(TDC)　是活塞的最高位置,即活塞顶面离曲轴中心线最远时的止点。

②下止点(BDC)　是活塞的最低位置,即活塞顶面离曲轴中心线最近时的止点。

③活塞行程 S(mm)　是活塞运行的上、下两个止点间的距离,曲轴旋转 180°CA,且 $S=2R$,R 为曲柄半径。

④气缸直径 D(mm)　是发动机气缸内孔的直径,S/D 为活塞行程与气缸直径的比。

⑤气缸工作容积(活塞排量)V_s(L)　是活塞上、下止点之间的气缸容积,即一个行程所扫过的容积:

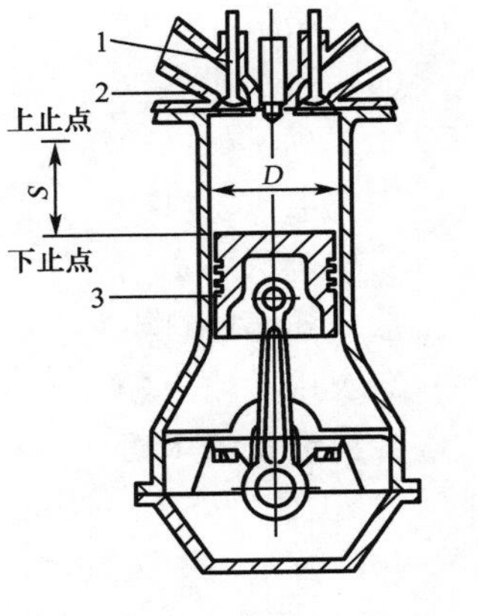

图 1-2　内燃机简图

1— 排气门;2— 气缸盖;3— 活塞

$$V_s=\frac{\pi}{4}D^2S\times10^{-6}\quad(\mathrm{L})\tag{1-1}$$

内燃机排量为 iV_s(L),其中 i 为发动机的缸数。

⑥气缸余隙容积(压缩室容积)V_c　是活塞在上止点时的气缸容积,即气缸最小容积。

⑦气缸最大容积 V_a　是活塞在下止点时的气缸容积,即气缸总容积:

$$V_a=V_c+V_s\tag{1-2}$$

⑧压缩比(compression ratio,CR)　表征气缸内空气容积被压缩的倍数,是对发动机性能有重要影响的结构参数。

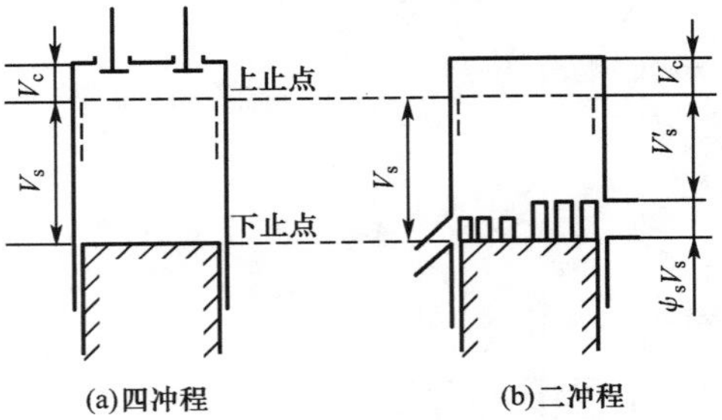

图 1-3　压缩过程气缸容积的变化

a. 几何压缩比 ε_c[图 1-3(a)]

压缩比(几何压缩比)是气缸最大容积 V_a 与余隙容积 V_c 的比值,即

$$\varepsilon_c=\frac{V_a}{V_c}=1+\frac{V_s}{V_c}\tag{1-3}$$

对四冲程汽油机:$\varepsilon_c=7\sim12$;

对四冲程柴油机:$\varepsilon_c=16\sim22$;

对四冲程增压柴油机:$\varepsilon_c=15\sim16$。

b. 有效压缩比 ε_{ce}

有效压缩比是进、排气门(口)开始全部关闭瞬时的气缸容积与余隙容积的比值。

在二冲程内燃机中,考虑到冲程损失的有效压缩比[2][图 1-3(b)]为

$$\varepsilon_{ce}=\frac{V_c+(1-\psi_s)V_s}{V_c}=1+(1-\psi_s)\frac{V_s}{V_c}\tag{1-4}$$

式中　ψ_s—— 冲程失效系数,$\psi_s=1-\dfrac{V'_s}{V_s}$;

V'_s—— 进、排气口开始全部关闭瞬时的气缸容积,$V'_s=(1-\psi_s)V_s$。

对直流扫气,ψ_s 为 0.08 ~ 0.16;对回流扫气,ψ_s 为 0.16 ~ 0.25。

对二冲程柴油机,ε_{ce} 为 12 ~ 15.5。

(3)示功图(indicator diagram)

气缸内压力 p 随工作容积 V 或曲轴转角 φ 变化的坐标图,称为“示功图”。示功图有两种基本形式:

①p-V 示功图

纵坐标为气缸压力 p，横坐标以气缸工作容积 V 为独立变量，称为“p-V 示功图”。图 1-4(a) 所示为四冲程柴油机和四冲程汽油机的 p-V 示功图，图 1-4(b) 所示为二冲程柴油机的 p-V 示功图。

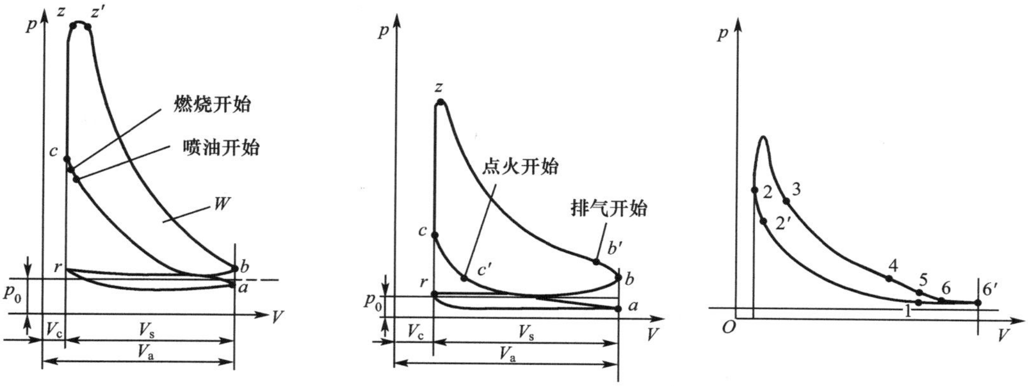

(a)四冲程柴油机和四冲程汽油机　　(b)二冲程柴油机

图 1-4　内燃机的 p-V 示功图

②p-φ 示功图[3]

纵坐标为气缸压力 p，横坐标以曲轴转角 φ 为独立变量。它是借助气缸压力传感器，通过数据采集系统测得的展开 p-φ 示功图，如图 1-5 所示。

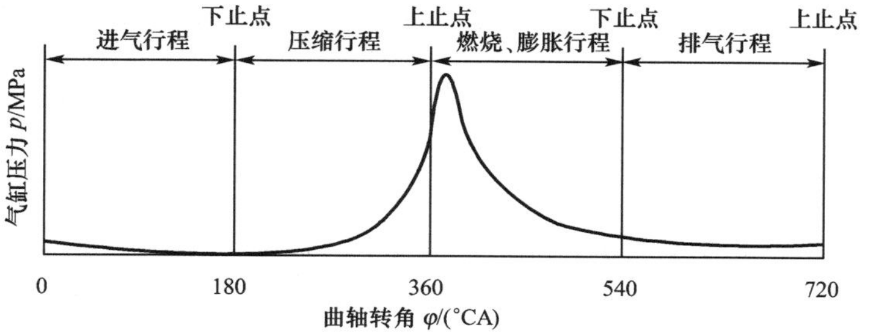

图 1-5　四冲程柴油机的 p-φ 示功图

示功图是研究内燃机工作过程的一个重要依据，由示功图可以观察到内燃机工作循环各个行程的压力变化。p-V 示功图所包围的面积就是发动机做的功，其形状与发动机工作过程的特点和燃烧方式有关，并直接影响内燃机的性能。由示功图可以画出放热规律图。

1.1.2　内燃机技术的发展状况

1. 内燃机技术与时俱进

内燃机作为现代动力机械，在面临节能和环保的双重挑战中充满了发展活力，为人类社会的进步做出了重大贡献。20 世纪 80 年代后期以来，内燃机技术在以下四个方面取得了飞跃式的突破。

(1)燃油供给技术

汽油机闭式多点顺序电喷技术已普遍利用；电控汽油机缸内直接喷射技术(GDI) 正在

开发应用。柴油机电控燃油高压多次喷射及电控高压共轨系统(CRS)开始实用。

(2)燃烧方式

汽油机均质分层稀混合燃烧与汽油直喷增压技术正在开发研究;柴油机均质充量压燃(HCCI)低温燃烧成为研究热点。车用柴油机采用一级径流式高增压、高工况、大负荷放气,采用可变涡轮截面(VNT)的增压技术,以及采用电控冷却排气再循环(EGR)技术,实现高效降低 NO_x 排放。

(3)燃料使用

改质燃料(RFG 和 RFD)的品质不断提高。成功使用甲醇汽油、乙醇汽油、生物质柴油、二甲基醚(DME)等清洁代用燃料。重油加水具有节能减排的效果。

(4)后处理装置

汽油机三效催化装置获得成功使用。柴油机采用 DOC(氧化催化转化器)+DPF(颗粒过滤器)+SCR(选择性催化还原)组合式后处理装置取得良好的效果。

2. 内燃机性能参数不断提高

(1)评价参数

①动力性:标定功率 P_e(kW)、升功率 P_L(kW/L)、平均有效压力 p_{me}(MPa)、最大转矩 T_{tqmax}。

②经济性:燃油消耗率 b_e[g/(kW·h)]。

③强化系数:为平均有效压力与活塞平均速度的乘积 $p_{me}V_m$(MPa·m/s)。是表示内燃机所受的机械负荷(p_{max})和热负荷(t_{max})两个方面的综合强化程度的指标。

④排放性:欧洲标准欧Ⅴ、欧Ⅵ及美国环保局 Tier2 Bin5 排放要求。

(2)轿车用汽油机技术现状

汽油机由于升功率大、可控稀混合燃烧、噪声振动小等特点,被广泛用于轿车和轻型车辆。汽油机技术的发展跃上了两个台阶,由 1980 年前的二气门化油器式,发展为 1990 年以后的顶置双凸轮轴四气门($DOHC_4$)电控多点喷射,进入 21 世纪又发展为四气门缸内直接喷射分层稀燃,使汽油机轿车达到了超低排放的标准。

国内外轿车用汽油机性能指标范围见表 1-1。

表 1-1　国内外轿车用汽油机性能指标范围比较

比较项目	iV_s/L	D/mm	P_e/kW	n/(r·min^{-1})	P_L/(kW·L^{-1})	排放达标
国外轿车用汽油机	1.8～6.0	80～103	103～300	5 000～6 400	50～90	欧Ⅴ
国内轿车用汽油机	1.34～3.0	78.5～88	63～142	5 200～6 000	41～71	欧Ⅳ

(3)中小功率高速柴油机国内外发展现状[4]

中小功率柴油机由于采用四气门、电控高压喷射及共轨喷油系统、可变喷嘴截面涡轮增压及 EGR 技术,具有低速时转矩大、燃油消耗率低和排放低的特点,被广泛用在重型车辆和工程机械上。

国内外中小功率高速柴油机性能指标范围见表 1-2。

表 1-2　国内外中小功率高速柴油机性能指标范围比较

项目		iV_s/L	D/mm	P_e/kW	n/(r·min^{-1})	p_{me}/MPa	b_e/[g·(kW·h)$^{-1}$]
国外	轿车及轻型卡车	2～5	78～100	50～131	3 900～4 200	1.17～1.94	190～206
	中型卡车	6～14	102～150	142～360	2 100～2 800		
	重型卡车	15～32		370～1 030	1 800～2 300		
国内	轿车及轻型卡车	3.17～6	86～98	35.3～125	2 000～3 300	0.81～1.81	196～224
	中型卡车	8～39	105～150	112～846	1 500～2 650		
	重型卡车						

(4) 大功率高速柴油机的发展现状

大功率高速柴油机多采用 V 形气缸布置，普遍采用高增压技术，具有单机功率较大、重量较轻、强化系数高的特点，主要用于舰艇、高速轻型船舶、机车和采油机械等。

国内外大功率高速柴油机性能指标范围见表 1-3。

表 1-3　国内外大功率高速柴油机性能指标范围比较

比较项目	D/mm	P_e/kW	n/(r · min^{-1})	p_{me}/MPa	b_e/[g · (kW · h)$^{-1}$]
国外大功率高速柴油机	160 ～ 265	2 500 ～ 9 100	1 150 ～ 2 200	1.3 ～ 2.7	180 ～ 220
国内大功率高速柴油机	159 ～ 240	1 900 ～ 4 000	1 100 ～ 2 100	1.0 ～ 2.3	195 ～ 224

(5) 大功率中速柴油机的发展现状

近年来，大型舰船要求提高航速，单机功率扩大。近期开发的都是四冲程废气涡轮脉冲转换增压系统(MPC)，高增压柴油机采用高压共轨的喷油系统，中速机燃用乳化重油等技术。

国内外大功率中速柴油机性能指标范围见表 1-4。

表 1-4　国内外大功率中速柴油机性能指标范围比较

比较项目	D/mm	P_e/kW	n/(r · min^{-1})	p_{me}/MPa	p_{max}/MPa	b_e/[g · (kW · h)$^{-1}$]
国外大功率中速柴油机	280 ～ 640	1 200 ～ 34 920	1 050 ～ 327	2.35 ～ 3.0	16 ～ 20	171 ～ 195
国内大功率中速柴油机	210 ～ 480	1 290 ～ 10 350	1 000 ～ 500	1.09 ～ 2.30	10 ～ 19	185 ～ 244

(6) 大功率低速柴油机的发展现状[5]

大功率低速柴油机的发展特点是二冲程单气门直流扫气、长行程、高压比废气涡轮增压系统，主要用于船舶主机。国外已形成三大系列：德国的 MAN-B&W MC/ME 系列、芬兰的 Wärtsilä Sulzer RTA 系列和日本三菱的 UEC 系列。

国内外大功率低速柴油机性能指标范围见表 1-5。

表 1-5　国内外大功率低速柴油机性能指标范围比较

比较项目	D/mm	n/(r · min^{-1})	P_e/kW	p_{me}/MPa	p_{max}/MPa	b_e/[g · (kW · h)$^{-1}$]
国外大功率低速柴油机	260 ～ 1 080	95 ～ 250	1 600 ～ 92 000	1.82 ～ 1.95	14 ～ 15.5	165 ～ 179
国内大功率低速柴油机	300 ～ 980	68 ～ 195	3 200 ～ 87 220	1.45 ～ 2.50	13 ～ 15	166 ～ 213

1.2　内燃机的理想循环

1.2.1　内燃机的理想循环与假设条件

1. 内燃机的理想循环

(1)理想循环的概念

根据内燃机实际工作过程的热力特征，经过适当假定，科学地抽象、简化，并可用数学公式表达其热效率的热力循环，就称为理想循环(ideal cycle)。理想循环中的工质是理想气体，其加热和放热是瞬时的，并不计循环中的热损失。所谓工质，指在气缸内吸收燃料燃烧所释放的热能并将其转变为机械能的介质。

(2)研究理想循环的目的

①确定循环热效率的理论极限，分析影响热效率的各种因素，判断热量利用的完善程度，以及进一步提高热效率的潜力。

②分析比较内燃机不同热力循环方式的经济性和动力性。

③通过分析内燃机理想循环的热效率 η_t 和平均压力 p_m，明确提高经济性和动力性的基本途径。

2. 理想循环的假设条件

(1)假设工质是理想气体。通常以空气作为理想循环的工质，在循环中其成分及理化性质不变，比热容为常数。

(2)假设工质是在闭口系统中做封闭循环，无流动损失和摩擦损失，总质量保持不变。

(3)假设工质的压缩和膨胀过程是绝热定熵过程，工质与外界不进行热量交换，即无热量损失。

(4)假设工质的燃烧过程是外界高温热源向工质定容或定压加热，假定排气过程是定容放热。

(5)假设循环为可逆循环。

1.2.2 内燃机的三种理想循环

1. 三种内燃机理想循环

按内燃机加热方式不同，假设简化为混合加热循环(Mixed 循环，对应高速柴油机)、定容加热循环(Otto 循环，对应点燃式汽油机) 和定压加热循环(Diesel 循环，对应高增压和低速大型柴油机)。

(1)混合加热循环(mixed cycle)

由定熵压缩、定容和定压加热、定熵膨胀、定容放热四个过程依次组成的理想循环。图1-6 所示为混合加热循环的 p-V 图和 T-S 图(温熵图)。

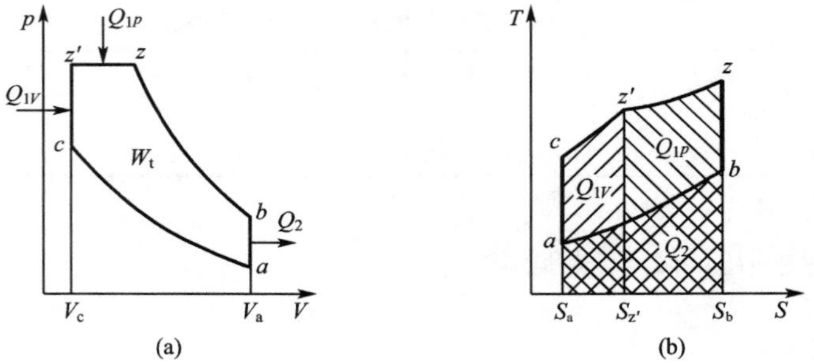

图 1-6 混合加热循环

①理想循环参数

定容压升比

$$\lambda_p = \frac{p_{z'}}{p_c}$$

初膨胀比

$$\rho_0 = \frac{V_z}{V_{z'}} = \frac{V_z}{V_c}$$

后膨胀比

$$\delta = \frac{V_b}{V_z} = \frac{V_a}{V_z}$$

压缩比

$$\varepsilon_c = \frac{V_a}{V_c} = \rho_0 \delta$$

定熵指数(绝热指数,热容比)

$$k = C_p/C_V \quad (\text{对双原子气体 } k = 1.4\text{,对多原子气体 } k = 1.33)$$

式中　C_p—— 定压热容,kJ/(kg·K);

C_V—— 定容热容,kJ/(kg·K)。

由热力学,a—c 是定熵压缩过程:

$$T_c = T_a \left(\frac{V_a}{V_c}\right)^{k-1} = T_a \varepsilon_c^{k-1}$$

c—z' 是定容加热过程:

$$T_{z'} = \frac{p_{z'}}{p_c} T_c = \lambda_p T_c = T_a \lambda_p \varepsilon_c^{k-1}$$

z'—z 是定压加热过程:

$$T_z = \frac{V_z}{V_{z'}} T_{z'} = \rho_0 T_{z'} = T_a \rho_0 \lambda_p \varepsilon_c^{k-1}$$

z—b 是定熵膨胀过程,$p_z V_z^k = p_b V_b^k$ 与 $p_a V_a^k = p_c V_c^k$ 相除得

$$\frac{p_b}{p_a} = \frac{p_z}{p_c}\left(\frac{V_z}{V_c}\right)^k = \lambda_p \rho_0^k$$

b—a 是定容放热过程:

$$T_b = T_a \frac{p_b}{p_a} = T_a \lambda_p \rho_0^k$$

②混合加热循环热效率 η_{tm}

η_{tm} 是工质所做循环功 W_t 与循环加热量 Q_1 之比,用以评定循环经济性。由 T-S 图,得

$$\eta_{tm} = \frac{W_t}{Q_1} = 1 - \frac{Q_2}{Q_1} = 1 - \frac{C_V(T_b - T_a)}{C_V(T_{z'} - T_c) + C_p(T_z - T_{z'})}$$

$$= 1 - \frac{T_b - T_a}{(T_{z'} - T_c) + k(T_z - T_{z'})} \tag{1-5}$$

将温度参数 T_c、$T_{z'}$、T_z、T_b、T_a 代入式(1-5)得

$$\eta_{tm} = 1 - \frac{1}{\varepsilon_c^{k-1}} \cdot \frac{\lambda_p \rho_0^k - 1}{(\lambda_p - 1) + k\lambda_p(\rho_0 - 1)} \tag{1-6}$$

③平均压力 p_{tm}

p_{tm} 是指单位气缸工作容积所做的循环功,用以评定循环动力性。由 T-S 图,得

$$p_{tm} = \frac{W_t}{V_s} = \frac{Q_1}{V_s}\eta_{tm} = \frac{Q_1 \varepsilon_c}{V_a(\varepsilon_c - 1)}\eta_{tm} \tag{1-7}$$

将 $Q_1 = C_V(T_{z'} - T_c) + C_p(T_z - T_{z'})$ 代入式(1-7),得

$$p_{tm} = \frac{C_V[(T_{z'} - T_c) + k(T_z - T_{z'})]\varepsilon_c}{V_a(\varepsilon_c - 1)}\eta_{tm}$$

再将前述温度参数 T_c、$T_{z'}$、T_z 及 $C_V = \dfrac{R}{k-1} = \dfrac{p_a V_a}{(k-1)T_a}$ 代入上式,整理后得

$$p_{tm} = \frac{\varepsilon_c^k}{\varepsilon_c - 1} \cdot \frac{p_a}{k-1}[(\lambda_p - 1) + k\lambda_p(\rho_0 - 1)]\eta_{tm} \tag{1-8}$$

可见，p_{tm} 随进气终点压力 p_a、压缩比 ε_c、初膨胀比 ρ_0、定熵指数 k 和循环热效率 η_{tm} 的增加而增加。

(2)定容加热循环(constant volume cycle)

它是由定熵压缩、定容加热、定熵膨胀和定容放热四个过程组成的理想循环。图 1-7 所示为定容加热循环的 p-V 图和 T-S 图。

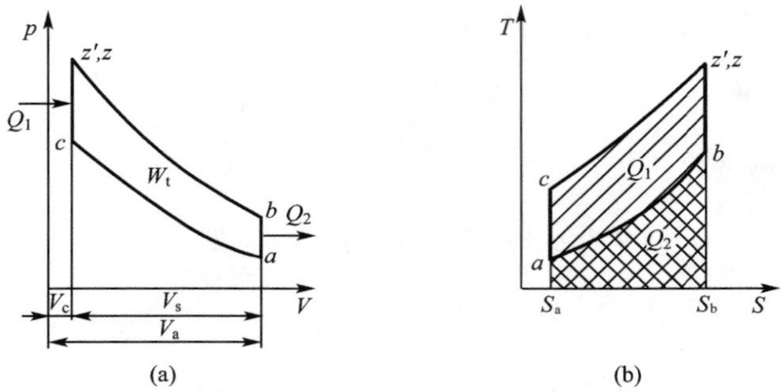

图 1-7 定容加热循环

①理想循环参数

定容加热 $V_c = V_z$，$\rho_0 = 1$，快速完成加热。

定容压升比 $\lambda_p = \dfrac{p_z}{p_c}$。

②定容加热循环热效率 η_{tv}

将 $\rho_0 = 1$ 代入式(1-6)，得

$$\eta_{tv} = 1 - \frac{1}{\varepsilon_c^{k-1}} \tag{1-9}$$

η_{tv} 仅与压缩比 ε_c 有关，提高 ε_c，可以提高循环热效率。

③平均压力 p_{tv}

将 $\rho_0 = 1$ 代入式(1-8)，得

$$p_{tv} = \frac{\varepsilon_c^k}{\varepsilon_c - 1} \cdot \frac{p_a}{k-1}(\lambda_p - 1)\eta_{tv} \tag{1-10}$$

(3)定压加热循环(constant pressure cycle)

它是由定熵压缩、定压加热、定熵膨胀和定容放热四个过程组成的理想循环。图 1-8 所示为定压加热循环的 p-V 图和 T-S 图。

①理想循环参数

定压加热 $p_c = p_z$，$\lambda_p = 1$，加热缓慢进行。

初膨胀比 $\rho_0 = \dfrac{V_z}{V_c}$。

②定压加热循环热效率 η_{tp}

将 $\lambda_p = 1$ 代入式(1-6)，得

$$\eta_{tp} = 1 - \frac{1}{\varepsilon_c^{k-1}} \cdot \frac{\rho_0^k - 1}{k(\rho_0 - 1)} \tag{1-11}$$

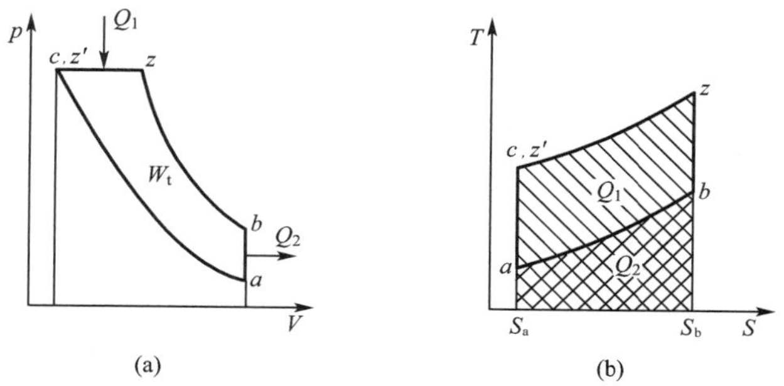

图 1-8　定压加热循环

当压缩比 ε_c 不变时，随初膨胀比 ρ_0 增大，η_{tp} 明显下降。表明负荷增加时，ρ_0 加大，δ 不断减小，而 η_{tp} 下降。

③平均压力 p_{tp}

将 $\lambda_p=1$ 代入式(1-8)，得

$$p_{tp}=\frac{\varepsilon_c^k}{\varepsilon_c-1}\cdot\frac{p_a}{k-1}k(\rho_0-1)\eta_{tp} \tag{1-12}$$

为了便于分析比较，将三种理想循环的 η_t 和 p_t 表达式列于表 1-6 中。

表 1-6　三种理想循环的 $\boldsymbol{\eta}_t$ 和 $\boldsymbol{p}_t$ 表达式

循环名称	循环热效率 η_t 的公式	循环平均压力 p_t 的公式
混合加热循环 ($\rho_0>1,\lambda_p>1$)	$\eta_{tm}=1-\frac{1}{\varepsilon_c^{k-1}}\cdot\frac{\lambda_p\rho_0^k-1}{(\lambda_p-1)+k\lambda_p(\rho_0-1)}$	$p_{tm}=\frac{\varepsilon_c^k}{\varepsilon_c-1}\cdot\frac{(\lambda_p-1)+k\lambda_p(\rho_0-1)}{k-1}\cdot p_a\cdot\eta_{tm}$
定容加热循环 ($\rho_0=1$)	$\eta_{tv}=1-\frac{1}{\varepsilon_c^{k-1}}$	$p_{tv}=\frac{\varepsilon_c^k}{\varepsilon_c-1}\cdot\frac{\lambda_p-1}{k-1}\cdot p_a\cdot\eta_{tv}$
定压加热循环 ($\lambda_p=1$)	$\eta_{tp}=1-\frac{1}{\varepsilon_c^{k-1}}\cdot\frac{\rho_0^k-1}{k(\rho_0-1)}$	$p_{tp}=\frac{\varepsilon_c^k}{\varepsilon_c-1}\cdot\frac{k(\rho_0-1)}{k-1}\cdot p_a\cdot\eta_{tp}$

2. 三种理想循环分析

(1)提高 η_t 和 p_t 的基本途径

①ε_c 的影响

ε_c 是影响 η_t 和 p_t 的重要因素，在允许和可能的条件下，提高 ε_c，将改善经济性，并提高动力性。

②λ_p 的影响

在混合加热循环中，增大 λ_p，可提高 η_t 和 p_t。

③ρ_0 的影响

在混合加热和定压加热的循环中，减小 ρ_0，有利于提高循环加热的“等容度”。所谓等容度，是指热效率 η_t 相对定容加热循环的压力下降程度。合理选择燃烧起点，则有利于提高 η_t 和 p_t。

④k 的影响

由三种理想循环 η_t 的表达式可看出，随着 k 的增大，η_t 均提高。因此，应保证系统工质具有较高的定熵(绝热)指数 k。

(2)实际工作条件的限制

①燃烧方面的限制

若 ε_c 和 λ_p 过高，使最高燃烧温度 T_{max} 和最大循环压力 p_{max} 急剧升高，汽油机将会产生

爆震、表面点火等不正常燃烧现象。对柴油机而言，将导致压力升高率 $dp/d\varphi$ 增大，工作粗暴。汽油机和柴油机的 ε_c 和 λ_p 限制范围见表 1-7。

表 1-7 汽油机和柴油机的 ε_c 和 λ_p 限制范围

机型	ε_c	λ_p	p_{max}/MPa
汽油机	7～11	2～4	3～8.5
柴油机	16～22	1.3～2.2	7～15

②机械效率 η_m 的限制

η_m 与气缸中的最大循环压力 p_{max} 密切相关，而 p_{max} 又决定了曲柄连杆机构的质量、惯性力及主要承压面积的大小等。若 ε_c 及 λ_p 过高，将引起 η_m 下降。因此，只能在保证 η_m 不下降的前提下，适当提高 ε_c 和 λ_p。

3. 三种理想循环 *T-S* 图比较

(1)若初态 a 点相同，ε_c 和循环加热量 Q_1 相同，三种理想循环的 T-S 对比如图 1-9 所示。

ε_c 相同，即 c 点一样；Q_1 相同，即

$$Q_{1v} = Q_{1m} = Q_{1p}$$

但

$$Q_{2v} < Q_{2m} < Q_{2p}$$

由

$$\eta_t = 1 - \frac{Q_2}{Q_1}$$

则

$$\eta_{tv} > \eta_{tm} > \eta_{tp}$$

以上关系说明定容加热循环热效率最高。对混合加热理想循环，应尽量减少定压加热部分，提高等容度，增加定容部分的加热量。对柴油机而言，应燃烧前多喷油，减少扩散燃烧，增加预混合燃烧。

(2)若初态 a 点相同，最大循环压力 p_{max} 和最高温度 T_{max} 相同，三种理想循环的 T-S 对比如图 1-10 所示。

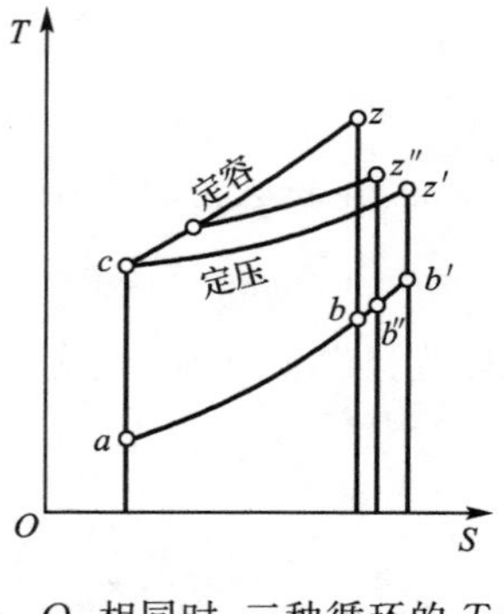

图 1-9 ε_c、Q_1 相同时，三种循环的 T-S 对比图

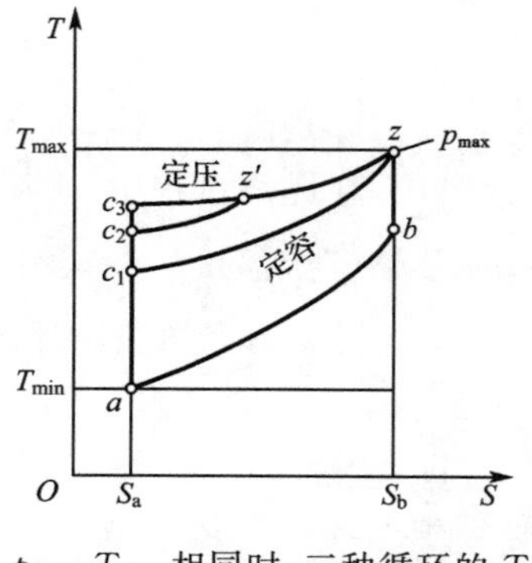

图 1-10 p_{max}、T_{max} 相同时，三种循环的 T-S 对比图

T_{max} 和 p_{max} 相同，即 z 点一样，则 $Q_{1v} < Q_{1m} < Q_{1p}$，又因为 Q_2 相同，由

$$\eta_t = 1 - \frac{Q_2}{Q_1}$$

则

$$\eta_{tv} < \eta_{tm} < \eta_{tp}$$

说明当最大压力相同时，定压加热循环热效率最高。

(3) 若初态 a 点相同，最大循环压力 p_{max} 和加热量 Q_1 相同，三种理想循环的 T-S 对比如图 1-11 所示。

三种理想循环加热量Q_1 相同，则 Q_2 不同，且 $Q_{2p} < Q_{2m} < Q_{2v}$，由

$$\eta_t = 1 - \frac{Q_2}{Q_1}$$

得

$$\eta_{tp} > \eta_{tm} > \eta_{tv}$$

柴油机比汽油机更接近等压循环，压缩比高于汽油机，热效率高于汽油机，这也是柴油机经济性远优于汽油机的理论依据。提高 ε_c 是提高汽油机热效率的主要方向。

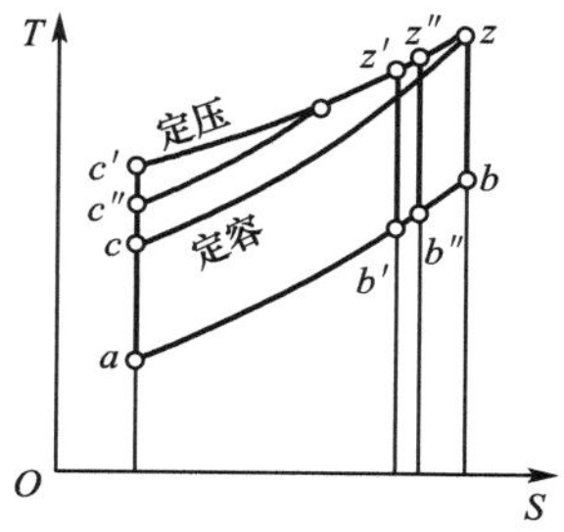

图 1-11　p_{max}、Q_1 相同时，三种循环的 T-S 对比图

1.3　内燃机的实际循环

1.3.1　内燃机的实际循环与各项损失

1. 内燃机的实际循环

(1)实际循环

实际循环(practical cycle) 是指内燃机不断重复进行的实际工作过程，工质是实际混合气，以燃料加热和排气放热，并计入各种热力损失的实际工作循环。实际循环比理想循环复杂得多，它不可能达到理想循环那样高的热效率。

(2)研究实际循环的目的

①分析实际循环与理想循环的差异，使实际循环尽可能获得高的热效率。

②分析引起各种损失的原因，以求改善实际循环，缩小其与理想循环的差距，促进内燃机的改进与发展。

(3)实际循环的情况

①实际循环工质是真实气体，进入气缸的是空气和燃料，燃烧的是混合气，排出气缸的是废气。也就是说，在燃烧过程中，工质的成分和质量是变化的，比热容也是变化的。

②内燃机气缸是开口系统。系统通过进、排气门与外界相通，工质有更换，质量是变化的，有换气流动损失和摩擦损失。

③实际压缩和膨胀过程是多变过程。工质与气缸壁和活塞之间有热量交换，存在传热损失，实际循环是不可逆循环。

④实际燃烧过程是燃料与空气的混合气在气缸内部经历着火、速燃和后燃阶段。排气过程是燃气推动活塞做功后从气缸内排出。

2. 实际循环的各项损失

将四冲程非增压内燃机实际循环与理想循环进行比较，如图 1-12 所示。

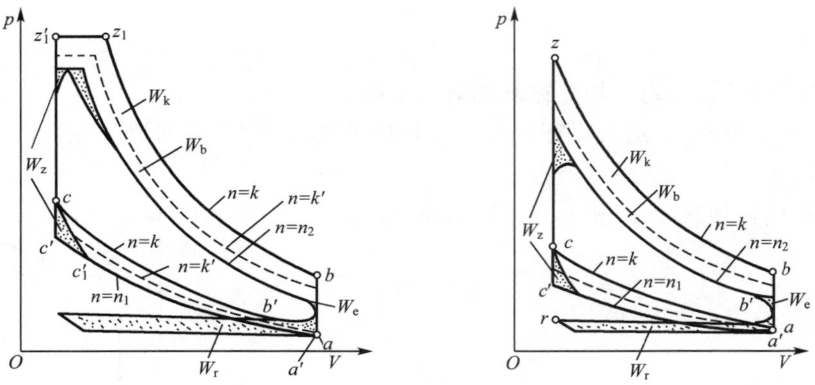

(a) 柴油机　　(b) 汽油机

图 1-12　四冲程非增压内燃机实际循环与理想循环比较

(1)实际工质的影响

①工质理化性质的变化:理想循环中假设工质比热容是定值,而实际循环中气体比热容是随温度升高而增大的,导致实际循环的最高温度降低。

②工质成分的变化:理想循环中假设工质是理想双原子气体,而实际循环的工质,燃烧前是空气、燃料和残余废气的混合气,燃烧中有中间产物生成,燃烧后产物是三原子气体(H_2O 和 CO_2)。

③工质量的变化:理想循环假设工质的量是不变的,而实际循环燃烧后工质的物质的量增加 3% ～ 5%。另外,漏气损失使工质的量减少。因此,实际循环的热效率和平均压力小于理想循环的 η_t 和 p_t。

如图 1-12 所示,W_k 表示由于工质改变引起的损失功。

(2)换气损失

实际循环为了使循环重复进行,必须更换工质,由此而消耗的功称为“换气损失”,如图 1-12 中的 W_r 所示。其中,因工质流动时需要克服进、排气系统阻力所消耗的功,称为“泵气损失”,如图 1-13 中的 F_2 所示。四冲程非增压机泵气功为负,四冲程增压机泵气功为正,二冲程发动机泵气功为零。

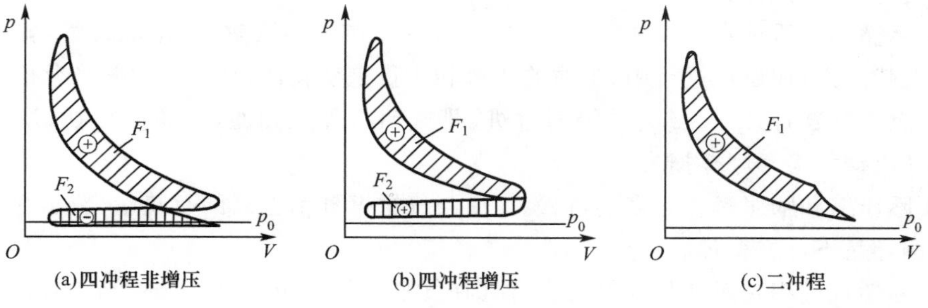

(a)四冲程非增压　　(b)四冲程增压　　(c)二冲程

图 1-13　不同发动机的换气损失

(3)传热损失

实际循环中工质与气缸壁之间不是绝热的,自始至终存在着热交换,使压缩线、膨胀线均脱离理想循环的绝热压缩线、绝热膨胀线,增加了压缩过程消耗的功,并减少了膨胀过程的有用功，造成传热损失，图 1-12 中 W_b 均表示传热损失功。

在一个循环内向气缸壁的传热量可用下式表示：

$$Q_w = \int (a_v + a_\tau) F_c (T - T_w) \mathrm{d}t \quad \text{(W)} \tag{1-13}$$

式中 a_v—— 辐射传热系数，W/(m^2·K)，占比例很小；

a_τ—— 接触传热系数，W/(m^2·K)，由经验公式求取；

F_c—— 气缸壁某部分与工质接触的传热面积，m^2；

T—— 工质的温度，K；

T_w—— 气缸壁某部分的表面温度，K；

t—— 散热过程所经历的时间，s。

(4)燃烧损失及排气损失

①燃烧损失：包括时间损失和不完全燃烧损失。

a. 时间损失：实际燃烧过程经历着火准备、火焰传播和扩散燃烧。燃烧过程需要一定的持续时间，燃烧速度的有限性决定了实际的燃烧不可能瞬间完成，燃料燃烧的放热规律与活塞的运动规律实际上难以进行完美的配合。

为使燃烧能在上止点附近完成，实际燃料燃烧在上止点前就已经开始了，造成压缩负功增加。产生的损失如图 1-12 中的 W_z 所示，即 c' 点和 z' 点的圆角外阴影处。

b. 不完全燃烧损失：由于混合不良或空气不足，引起燃料不完全燃烧造成的损失，如图 1-12 中 z 点的圆角处。

②排气损失：实际的膨胀过程中，为了使废气排净和减小排气阻力，排气门在下止点前提前打开，造成了提前排气损失，如图 1-12 中的 W_e 所示，即 b 点的圆角处。

(5)其他损失

①涡流和节流损失

活塞高速运动使工质在气缸内产生涡流，造成压力损失；对分开式燃烧室，气流流经通道口产生节流损失和摩擦损失。

②漏气损失：气门处的泄漏可以防止，但活塞环处的泄漏无法避免。

各项损失使实际循环热效率 η_t 下降值见表 1-8。

表 1-8　各项损失使实际循环热效率 η_t 下降值

项目名称	η_t 下降值	
	汽油机	柴油机
实际循环热效率 η_t	0.54～0.58	0.64～0.68
工质比热变化使 η_t 下降值	0.10～0.12	0.09～0.10
后燃放热分解使 η_t 下降值	0.08～0.10	0.06～0.09
传热损失使 η_t 下降值	0.03～0.05	0.04～0.07
提前排气使 η_t 下降值	0.01	0.01

1.3.2　四冲程内燃机实际循环的工作过程

内燃机实际循环由进气、压缩、燃烧、膨胀和排气五个工作过程组成。通常用气缸内工质压力 p 随气缸工作容积 V 或曲轴转角 φ(°CA) 变化的图形，即示功图来表示。为叙述方便，以四冲程非增压柴油机的 p-V 图为例，如图 1-14 所示，确定各特征点参数的计算式及选取范围，以便做热力过程计算。

1. 进气过程（图 1-14 中 r—a 线）

（1）过程特点

进气门开，排气门关，活塞由上止点移动到下止点，由于进气阻力，气缸内工质压力低于外界环境大气压力 p_0。对柴油机，进气工质为纯空气；对传统缸外混合的汽油机，进气工质为空气与燃料的混合气。

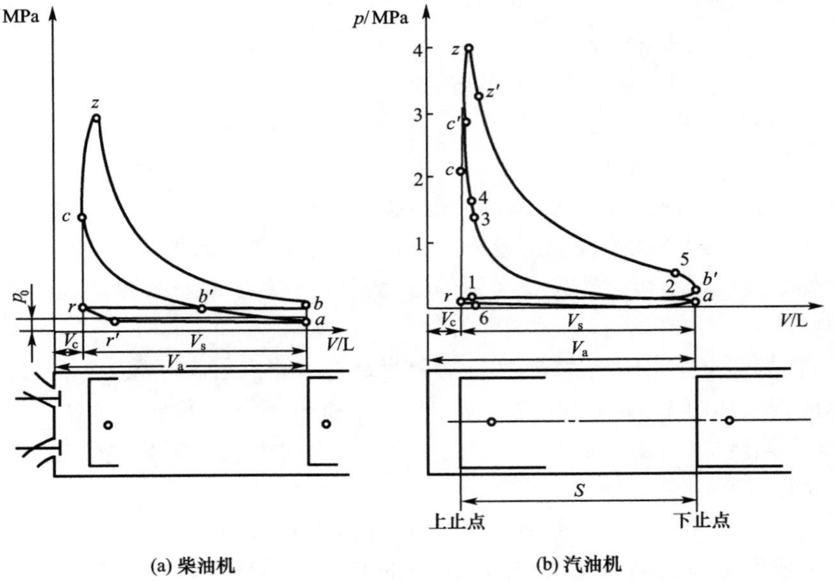

图 1-14　四冲程内燃机示功图

进气管状态：压力 p_d（非增压压力 p_0、增压压力 p_b，二冲程扫气压力 p_s）；温度 T_d（非增压温度 T_0、增压温度 T_b，二冲程扫气温度 T_s）。

$p_{r'}$ 为等于大气压力 p_0 的缸内压力。压力降到 $p_{r'}$ 以下，气缸内才开始充入新鲜气体工质。

（2）进气过程终点压力 p_a

由于压力差 $\Delta p_a = p_0 - p_a$ 用来克服进气阻力，即由于进气系统的阻力，进气终点的压力 p_a 总是低于外界环境大气压力 p_0。流阻损失 $\Delta p_a \propto \dfrac{n^2}{f_v^2}$，其中 n 为发动机转速，f_v 为气门（气口）通道截面积。

进气终点压力 p_a 的一般范围见表 1-9。

表 1-9　p_a 的一般范围

机型		p_a
四冲程	汽油机	$(0.8 \sim 0.92)p_0$
	非增压柴油机	$(0.85 \sim 0.95)p_0$
	增压柴油机	$(0.9 \sim 1.0)p_b$
二冲程	柴油机	$(0.9 \sim 1.0)p_s$

进气终点压力 p_a 即为压缩始点压力 p_{ca}。

（3）进气过程终点温度 T_a

由于进气工质受到发动机高温零件及残余废气的加热，进气终点的温度 T_a 总是高于环

境温度 T_0：

$$T_a = \frac{T_0 + \Delta T + \phi_r T_t}{1 + \phi_r} \quad (\mathrm{K}) \tag{1-14}$$

式中　T_0—— 进气环境温度，K；

T_t—— 排气温度，K；

ΔT—— 进气受热温升，K；

ϕ_r—— 残余废气系数，是指在一个工作循环中，残余废气量与新鲜充量的比值。

$$\phi_r = \frac{M_r}{M_1} = \frac{m_r}{m_1} \tag{1-15}$$

其中　M_r—— 气缸内残余废气的物质的量，mol；

M_1—— 实际充入气缸内的新鲜空气的物质的量，mol；

m_r—— 气缸内残余废气的质量，kg；

m_1—— 实际充入气缸内的新鲜空气的质量，kg。

$$m_1 = V_s \rho_d \phi_c \tag{1-16}$$

其中　V_s—— 气缸工作容积，L；

ρ_d—— 进气管空气密度，kg/m^3（$t_{d1} = 10$ ℃ 时，$\rho_{d1} = 1.247$；$t_{d2} = 20$ ℃ 时，$\rho_{d2} = 1.205$）；

ϕ_c—— 充量系数。

进气过程终点温度 T_a、进气受热温升 ΔT 及残余废气系数 ϕ_r 的一般范围见表 1-10。

表 1-10　T_a、ΔT 及 ϕ_r 的一般范围

机型		T_a/K	ΔT/K	ϕ_r
四冲程	汽油机	340 ～ 380	0 ～ 40	0.04 ～ 0.10
	非增压柴油机	300 ～ 340	10 ～ 20	0.03 ～ 0.06
	增压柴油机	320 ～ 380	0 ～ 10	0 ～ 0.03
二冲程	柴油机	320 ～ 360	5 ～ 15	0.03 ～ 0.10

(4) 进气过程的重要参数

①充量系数(充气效率，容积效率)ϕ_c(volumetric efficiency)

ϕ_c 是表征实际换气过程进行完善程度的重要参数，是每循环实际进入气缸的新鲜充量与在进气管状态下理论能充满气缸工作容积的新鲜充量之比。定义式为

$$\phi_c = \frac{M_1}{M_d} = \frac{m_1}{m_d} = \frac{m_1}{\rho_d V_s} \tag{1-17}$$

式中　M_1、m_1—— 每循环实际进入气缸的新鲜充量，kmol、kg；

M_d、m_d—— 在进气管状态下（p_d、T_d、ρ_d），理论上能充满气缸工作容积的新鲜充量，kmol、kg。

关系式为

$$\phi_c = \frac{\varepsilon_c}{\varepsilon_c - 1} \cdot \frac{p_a}{p_d} \cdot \frac{T_d}{T_a} \cdot \frac{1}{1 + \phi_r} \tag{1-18}$$

ϕ_c 的一般范围见表 1-11。

表 1-11　ϕ_c 的一般范围

机型		ϕ_c
四冲程	汽油机	0.75 ～ 0.85
	非增压柴油机	0.75 ～ 0.90
	增压柴油机	0.90 ～ 1.05
二冲程	柴油机	0.70 ～ 0.85

②过量空气系数及总过量空气系数

a. 过量空气系数(燃烧过量空气系数,空燃当量比)ϕ_a(excess air ratio)

ϕ_a 是指气缸内的实际空气量与喷入气缸内的燃料完全燃烧所需的理论空气量的质量比,即燃烧 1 kg 燃料实际供给的空气质量 l 与 1 kg 燃料完全燃烧所需的理论空气质量 l_0 的比值。

$$\phi_a = \frac{m_1}{m_b l_0} = \frac{\rho_d V_s \phi_c}{m_b l_0} = \frac{l}{l_0} = \frac{L}{L_0} \tag{1-19}$$

式中 m_b—— 每循环供给气缸的燃料质量,即每循环的喷油量,kg/cyc;

l_0—— 化学计量空燃比,即 1 kg 燃料完全燃烧所需的理论空气质量,kg 空气/kg 燃料;

L_0——1 kg 燃料完全燃烧所需的理论空气的物质的量,kmol 空气 /kg 燃料。

b. 总过量空气系数 ϕ_{at}

ϕ_{at} 是指一个工作循环内流过进气门(口)的空气总量与气缸内燃料完全燃烧所需要的理论空气量的质量比,等于过量空气系数与扫气系数的乘积。

$$\phi_{at} = \frac{m_s}{m_b l_0} = \phi_a \phi_s \tag{1-20}$$

式中 m_s—— 在一个工作循环中,通过进气门(口)的新鲜充量,kg/cyc;

ϕ_s—— 扫气系数,是指在一个循环中通过进气门充入的新鲜充量与实际留在气缸内的空气充量 m_1 的质量比值,$\phi_s = \dfrac{m_s}{m_1} \geqslant 1$。

ϕ_a、ϕ_{at} 及 ϕ_s 的一般范围见表 1-12。

表 1-12 ϕ_a、ϕ_{at} 及 ϕ_s 的一般范围

机型	ϕ_a	ϕ_{at}	ϕ_s
柴油机	1.5 ～ 2.2	1.7 ～ 2.5	1 ～ 1.25
汽油机	0.85 ～ 1.15	—	—

③空燃比、燃空比及燃空当量比

a. 空燃比 $\alpha(A/F)$

A/F 为每循环充入气缸的空气质量 m_1 与每循环进入气缸的燃料质量 m_b 之比。

$$\alpha = \frac{m_1}{m_b} \tag{1-21}$$

空燃比与过量空气系数的关系为

$$\alpha = \phi_a l_0 \tag{1-22}$$

化学计量空燃比(理论空燃比)l_0 是当过量空气系数 $\phi_a = 1$ 时的空燃比。

b. 燃空比 $f(F/A)$

F/A 为每循环喷入气缸燃料的质量与充入气缸的空气质量的比值,即为空燃比的倒数。

$$f = \frac{1}{\alpha}$$

c. 燃空当量比(当量比)ϕ[6]

ϕ 为实际燃空比$(F/A)_{实际}$ 与理论燃空比$(F/A)_{理论}$ 的比值,为过量空气系数的倒数。

$$\phi = \frac{(F/A)_{实际}}{(F/A)_{理论}} = \frac{(A/F)_{理论}}{(A/F)_{实际}} = \frac{1}{\phi_a} \tag{1-23}$$

对柴油机，$\phi = \dfrac{14.3}{A/F}$；对汽油机，$\phi = \dfrac{14.8}{A/F}$。

④充气流量 G_a

对非增压柴油机，充气流量为实际进入气缸的空气量，$G_a = m_1 \cdot \dfrac{n}{30\tau}$；

对增压柴油机，充气流量为通过进气门的空气量，$G_a = m_s \cdot \dfrac{n}{30\tau}$。

通过空气流量计的空气量为

$$G_a = \frac{iV_s}{30\tau} \cdot \frac{p_d}{R_a T_d} \cdot n \cdot \phi_c \cdot \phi_s \quad (\mathrm{kg/s}) \tag{1-24}$$

式中　ϕ_s—— 扫气系数，非增压柴油机 $\phi_s = 1$，增压柴油机 $\phi_s \approx 1.1$；

R_a—— 新鲜空气的气体常数，$R_a = 0.287$ kJ/(kg·K)。

2. 压缩过程[图 1-15(a) 中 a—c 线]

(1)过程特点

进、排气门均关闭，活塞由下止点向上止点移动，缸内工质受到压缩，其压力、温度不断上升，为燃烧过程创造必要的条件。

(2)平均多变压缩指数 n_1

在理想循环中，a—c' 是绝热压缩过程，指数为绝热指数 k；在实际发动机中，工质与气缸壁有热交换，热交换的方向和数量都在不断变化，充量温度不断上升，充量的比热容也不断变化，使得压缩过程成为一个多变压缩指数 n_1' 的多变压缩过程。如图 1-15(b) 所示，压缩线是 a—c 线。在压缩开始，新鲜工质温度低，从缸壁吸热，多变压缩指数 $n_1' > k(1.4)$，即多变压缩线高于绝热压缩线；随工质温度上升，某一时刻与壁温相等，$n_1' = k$，即多变压缩线与绝热压缩线相交；继续压缩工质，工质温度高于壁温，向缸壁放热，$n_1' < k$，即多变压缩线低于绝热压缩线。一般只求压缩终点的气体状态参数(p_{co}，T_{co})，在实际的近似计算中，常用一个不变的平均多变压缩指数 n_1 代替整个压缩过程的多变压缩指数 n_1'。

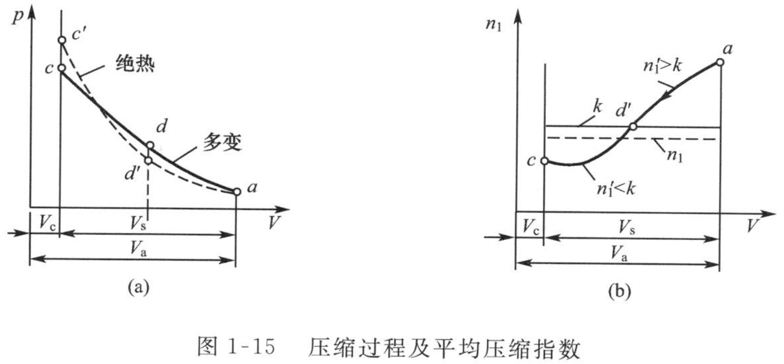

图 1-15　压缩过程及平均压缩指数

①n_1 的计算方法

a. 由状态方程计算

$$p_a V_a^{n_1} = p_{co} V_{co}^{n_1}, \qquad \frac{p_{co}}{p_a} = \left(\frac{V_a}{V_{co}}\right)^{n_1} \tag{1-25}$$

取对数，得

$$n_1 = \frac{\ln p_{co} - \ln p_a}{\ln \varepsilon_c} \tag{1-26}$$

b. 由经验公式计算

对柴油机

$$n_1 = 1.3414 - 0.015\ln \varepsilon_c + \frac{23.1469}{T_a} \tag{1-27}$$

对汽油机

$$n_1 = 1.4 - \frac{100}{n} \tag{1-28}$$

式中　ε_c—— 几何压缩比；

T_a—— 进气终点的充量温度，K；

n—— 发动机转速，r/min。

c. 试算法

$$n_1 = 1 + \frac{8.315}{19.26 + 0.0025T_a(1+\varepsilon_c^{n_1-1})} \tag{1-29}$$

②影响 n_1 的因素

主要取决于工质与气缸壁的热交换情况和漏气损失，即与气缸的尺寸、燃烧室形状、冷却方式、活塞及气缸盖的材料、增压和工况等因素有关。

通常选 $n_1 = 1.37$，n_1 的选择范围见表 1-13。

(3)选择几何压缩比 ε_c 的原则

①保证冷机启动时有足够高的缸内温度，使 T_{co}(230 ~ 300 ℃) > $T_{自燃}$(200 ~ 220 ℃)。

②保证内燃机高的经济性，因为热效率与 ε_c 成正比，ε_c 越高，η_{et} 越高，b_e 越低。

③保证燃烧过程顺利进行，高速机燃烧时间短，所以需要高 ε_c；汽油机为防止爆震，选 ε_c 较低，一般为 7 ~ 11。

④保证工作可靠性，为抑制 p_{max} 过大，ε_c 也相应选低。

ε_c 的选择范围见表 1-13。

表 1-13　n_1 与 ε_c 的选择范围

机型		n_1	ε_c
四冲程	汽油机	1.32 ~ 1.38	7 ~ 11
	直喷式高速柴油机	1.37 ~ 1.41	16 ~ 22
	中速柴油机	1.34 ~ 1.39	14 ~ 18
	增压柴油机	1.35 ~ 1.37	12 ~ 16
二冲程	柴油机	—	ε_{ce} = 12 ~ 15.5

(4) 压缩终点的压力 p_{co} 和温度 T_{co}

①压缩终点压力 p_{co} 的计算式

$$p_{co} = p_{ca}\varepsilon_c^{n_1} \tag{1-30}$$

②压缩终点温度 T_{co} 的计算式

$$T_{co} = T_{ca}\varepsilon_c^{n_1-1} \tag{1-31}$$

式中　n_1—— 平均多变压缩指数；

ε_c—— 几何压缩比；

p_{ca}—— 压缩始点压力，MPa；

T_{ca}—— 压缩始点温度，K。

压缩终点工质压力 p_{co} 和温度 T_{co} 的一般范围见表 1-14。

表 1-14　p_{co} 和 T_{co} 的一般范围

机型	p_{co}/MPa	T_{co}/K
汽油机	0.8 ～ 2.0	600 ～ 750
非增压柴油机	3.0 ～ 5.0	750 ～ 1 000
增压柴油机	5.0 ～ 8.0	900 ～ 1 100

3. 燃烧过程（图 1-16 中 c—z 线）

（1）过程特点

进、排气门均关闭，活塞处于上止点前后，燃烧使缸内工质温度和压力急剧升高，在上止点放出热量相对越多，则热效率相对越高。

柴油机压缩的是纯空气，燃烧过程近似混合加热过程，如图 1-16(a) 所示的 c—z'—z 段。图中，c'—c 段称为“着火滞燃期”τ_i，在 c' 点喷油，在 c 点自燃，τ_i 内的燃油迅速燃烧。c—z' 段为近似等容加热的预混合燃烧。z'—z 段为边喷油、边混合、边燃烧的定压加热的扩散燃烧，且活塞下行，燃烧缓慢。

汽油机压缩的是油气混合气，燃烧过程近似定容加热过程，如图 1-16(b) 所示的 c—z 段。图中，在 c' 点火花塞点火，c 点预混合气被点燃，火焰迅速传播到整个燃烧室，工质的压力和温度迅速上升。

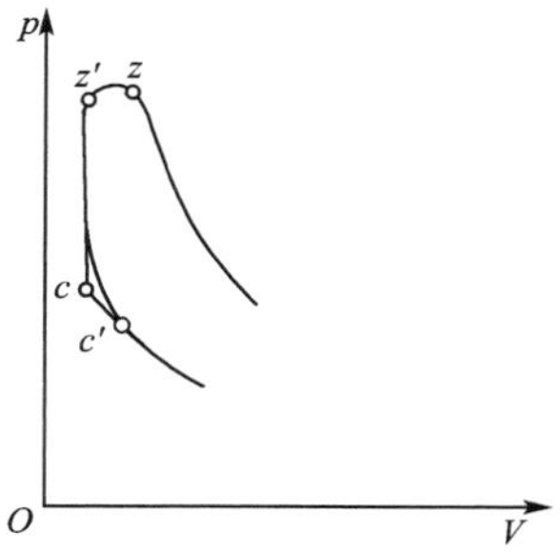

(a)柴油机

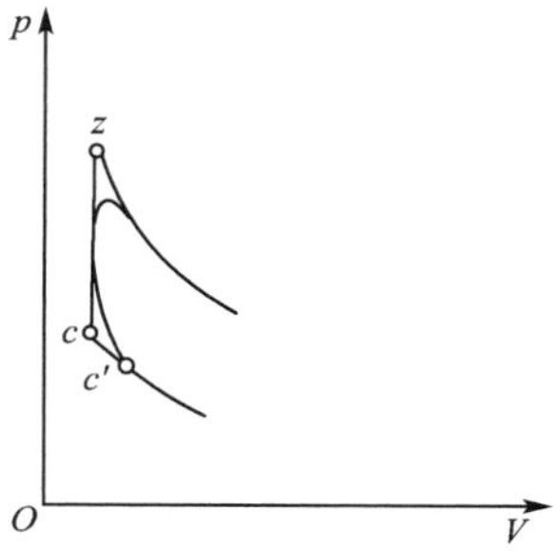

(b)汽油机

图 1-16　四冲程内燃机的燃烧过程

（2）燃料燃烧的热化学

①柴油、汽油的物理、化学性质见表 1-15。

表 1-15　柴油、汽油的成分、热值及理论空气量范围

燃料名称	分子式	相对分子质量	质量成分/%			密度	着火性	抗爆性	低热值	l_0	L_0	L_0'
			g_C	g_H	g_O	kg·L^{-1}	(CN 值)	(ON 值)	kJ·kg^{-1}	kg·kg^{-1}	kmol·kg^{-1}	m^3·kg^{-1}
轻柴油	$C_{16}H_{34}$	226	0.87	0.126	0.004	0.83	50	—	42 500	14.3	0.495	11.1
汽油	C_8H_{18}	114	0.855	0.145	—	0.75	—	90	44 100	14.8	0.512	11.5

②1 kg 燃料完全燃烧所需的理论空气量

内燃机的燃烧过程就是燃料与空气中的氧气进行氧化反应放出热量的过程。空气主要是含氧气(O_2)和氮气(N_2)的混合气体。按体积计：忽略空气中其他少量气体，O_2 约占 21.0%，N_2 约占 79.0%。空气中 N_2 与 O_2 的体积比为 $0.79/0.21=3.76$。按质量计：O_2 约占 23.2%，N_2 约占 76.8%。内燃机的燃料是烃类燃料，主要是汽油和柴油，是由碳(C)、氢(H)和少量氧(O)组成的化合物，其平均分子式为 $C_cH_hO_o$。设 1 kg 燃料中所含 C、H、O 的质量成分各为 g_C、g_H 和 g_O，若各成分以 kg 为单位，则 $g_C+g_H+g_O=1$ kg。

$$g_C=\frac{12c}{12c+h+16o},\quad g_H=\frac{h}{12c+h+16o},\quad g_O=\frac{16o}{12c+h+16o}$$

根据原子数守恒的关系，可以写出该燃料完全燃烧的化学反应方程式：

$$C_cH_hO_o+(c+\frac{h}{4}-\frac{o}{2})(O_2+3.76N_2)=cCO_2+\frac{h}{2}H_2O+3.76\left(c+\frac{h}{4}-\frac{o}{2}\right)N_2 \tag{1-32}$$

1 kg 燃料完全燃烧所需的理论空气质量(化学计量比)：

$$l_0=\frac{\left(c+\frac{h}{4}-\frac{o}{2}\right)(O_2+3.76N_2)}{12c+h+16o}=\frac{34.32\times(4c+h-2o)}{12c+h+16o} \tag{1-33}$$

a. 各成分按质量(kg)计，式(1-33)就可以表示为

$$l_0=34.32\left(\frac{g_C}{3}+g_H-\frac{g_O}{8}\right)\quad(\text{kg 空气 /kg 燃料}) \tag{1-34}$$

空气的相对分子质量 $\mu_a=28.9$，燃气的相对分子质量 $\mu_g=29.1$。

b. 按物质的量(kmol)计，式(1-33)就可以表示为

$$L_0=\frac{34.32}{\mu_a}\left(\frac{g_C}{3}+g_H-\frac{g_O}{8}\right)=1.19\left(\frac{g_C}{3}+g_H-\frac{g_O}{8}\right)\quad(\text{kmol 空气 /kg 燃料}) \tag{1-35}$$

式中　l_0、L_0——1 kg 燃料完全燃烧所需的理论空气量。

【例 1-1】 试计算 1 kg 轻柴油(质量成分为 $g_C=0.87$，$g_H=0.126$，$g_O=0.004$)和1 kg 汽油(质量成分为 $g_C=0.855$，$g_H=0.145$)完全燃烧所需理论空气量。

解　对 1 kg 轻柴油，

按质量计

$$\begin{aligned}l_0&=34.32\left(\frac{g_C}{3}+g_H-\frac{g_O}{8}\right)\\&=34.32\left(\frac{0.87}{3}+0.126-\frac{0.004}{8}\right)\\&=14.3\ \text{kg 空气 /kg 柴油}\end{aligned}$$

按物质的量计

$$\begin{aligned}L_0&=1.19\left(\frac{g_C}{3}+g_H-\frac{g_O}{8}\right)\\&=1.19\left(\frac{0.87}{3}+0.126-\frac{0.004}{8}\right)\\&=0.495\ \text{kmol 空气 /kg 柴油}\end{aligned}$$

按容积计

$$L_0'=22.4L_0=11.1\ \text{m}^3\ \text{空气 /kg 柴油}$$

对 1 kg 汽油，

按质量计

$$l_0 = 34.32\left(\frac{g_C}{3} + g_H - \frac{g_O}{8}\right)$$
$$= 34.32\left(\frac{0.855}{3} + 0.145\right)$$
$$= 14.8 \text{ kg 空气 /kg 汽油}$$

按物质的量计

$$L_0 = 1.19\left(\frac{g_C}{3} + g_H - \frac{g_O}{8}\right)$$
$$= 1.19\left(\frac{0.855}{3} + 0.145\right)$$
$$= 0.512 \text{ kmol 空气 /kg 汽油}$$

按容积计

$$L_0' = 22.4L_0 = 11.5 \text{ m}^3 \text{ 空气 /kg 汽油}$$

③1 kg 燃料完全燃烧所需的实际空气量

a. 按质量计

$$m_1 = l = \phi_a l_0 \quad (\text{kg 空气 /kg 燃料}) \tag{1-36}$$

b. 按物质的量计

$$M_1 = L = \phi_a L_0 \quad (\text{kmol 空气 /kg 燃料}) \tag{1-37}$$

④工质理论分子变化系数、实际分子变化系数及 z 点瞬时分子变化系数

a. 理论分子变化系数 μ_0

燃烧后工质的物质的量 M_2 与燃烧前工质的物质的量 M_1 之比值称为"理论分子变化系数",以 μ_0 表示。

$$\mu_0 = \frac{M_2}{M_1} = 1 + \frac{\Delta M}{M_1} \tag{1-38}$$

柴油机:燃烧前吸入的空气量

$$M_1 = \phi_a L_0 \quad (\text{kmol})$$

燃烧后工质的物质的量

$$M_2 = \phi_a L_0 + \frac{g_H}{4} + \frac{g_O}{32} \quad (\text{kmol}) \tag{1-39}$$

$$\Delta M = M_2 - M_1 = \frac{g_H}{4} + \frac{g_O}{32}$$

$$\mu_0 = 1 + \frac{\frac{g_H}{4} + \frac{g_O}{32}}{\phi_a L_0} = 1 + \frac{0.064}{\phi_a} \tag{1-40}$$

ϕ_a 为 1.6 ～ 2.2,则 μ_0 为 1.03 ～ 1.04,通常取 $\mu_0 = 1.038$。

汽油机:燃烧前吸入的空气量

$$M_1 = \phi_a L_0 + \frac{1}{M_f} \quad (\text{kmol})$$

式中　M_f—— 汽油的相对分子质量(114 kg/kmol 燃料)。

$$\Delta M = M_2 - M_1 = \frac{g_H}{4} + \frac{g_O}{32} - \frac{1}{M_f}$$

$$\mu_0 = 1 + \frac{\frac{g_H}{4} + \frac{g_O}{32} - \frac{1}{M_f}}{\phi_a L_0 + \frac{1}{M_f}} = 1 + \frac{0.055}{\phi_a} \tag{1-41}$$

ϕ_a 为 0.85 ～ 1.15，则 μ_0 为 1.047 ～ 1.065，通常取 $\mu_0 = 1.048$。

b. 实际分子变化系数 μ

$$\mu = \frac{M_2 + M_r}{M_1 + M_r} = \frac{\mu_0 + \phi_r}{1 + \phi_r} \tag{1-42}$$

式中 M_r—— 残余废气量；

ϕ_r—— 残余废气系数。

μ 为 1.03 ～ 1.041，通常取 $\mu = 1.035$。

c. 随燃烧进程而变化的瞬时分子变化系数 μ_X

$$\mu_X = 1 + \frac{(\mu_0 - 1)X}{1 + \phi_r} = 1 + (\mu - 1)X \tag{1-43}$$

式中 X—— 燃烧百分率，到某时刻止，累计已烧掉的燃料量 g_b 占每循环喷油量 m_b 的百分数。

若喷油量以 1 kg 计，到计算时刻为止（在某一曲轴转角 φ 前），已烧掉的燃料放出的热量为 Q_X，则

$$X = \frac{g_b H_u}{m_b H_u} = \frac{Q_X}{Q_1} \tag{1-44}$$

式中 H_u—— 燃料的低热值，kJ/kg；

g_b—— 每循环累计已烧掉的燃料量，kg/cyc；

m_b—— 每循环喷入的燃油量，kg/cyc；

Q_X—— 瞬时燃烧进程 X 放出的热量，X 值增大，Q_X 随之增加，如图 1-17 所示。

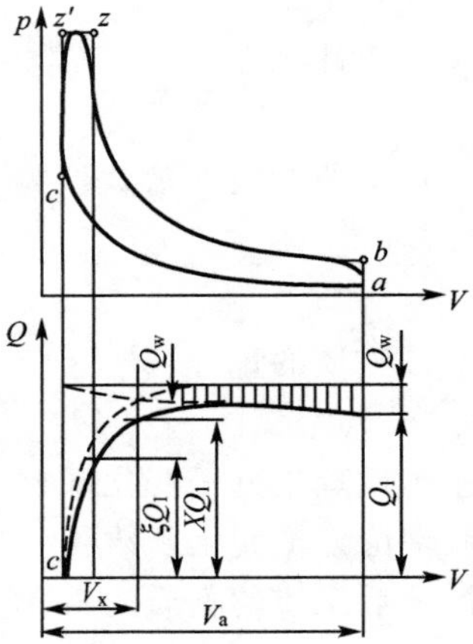

图 1-17 燃烧百分率 X 与 Q_X 的关系

d. z 点瞬时分子变化系数 μ_z

$$\mu_z = 1 + \frac{(\mu_0 - 1)X_z}{1 + \phi_r} = 1 + (\mu - 1)X_z \tag{1-45}$$

一般取 $\mu_z = 1.03$。

式中 X_z—— z 点的燃烧百分率，即该瞬时烧去燃料的质量分数。

$$X_z = \frac{\xi_z}{\xi_b} \tag{1-46}$$

式中 ξ_b—— 膨胀终点 b 的热利用系数，$\xi_b = \frac{Q_b}{Q_1}$；

ξ_z—— 最大燃烧压力 p_{max} 点 z 的热利用系数，$\xi_z = \frac{Q_z}{Q_1}$。

热利用系数（吸热系数）ξ，是指到计算时刻为止，缸内工质吸热并用于膨胀，作为增加工质内能的热量，所占喷入燃料全部发热量的百分数。

$$\xi = \frac{Q_X - Q_w}{Q_1} = \frac{g_b H_u - Q_w}{m_b H_u} \tag{1-47}$$

式中 Q_w—— 因传热、漏泄等原因而损失的热量。

不同类型柴油机的 ξ_z、ξ_b 范围见表 1-16。

表 1-16 ξ_z 与 ξ_b 的范围

机型	ξ_z	ξ_b
汽油机	0.80 ~ 0.90	0.90 ~ 0.95
高速柴油机	0.75 ~ 0.85	0.80 ~ 0.90
中速柴油机	0.80 ~ 0.88	0.85 ~ 0.92
增压柴油机	0.85 ~ 0.90	0.90 ~ 0.95

⑤瞬时过量空气系数 λ（相对空燃比）

a. 与传统的过量空气系数 ϕ_a 的定义相仿，λ 的定义是缸内计算瞬时的空燃比与化学计量空燃比之比，即指某一瞬时缸内空气总质量与累积到该时刻缸内已燃燃料燃烧所需理论空气质量之比[7]。

$$\lambda = \frac{(A/F)_{\text{实际}}}{(A/F)_{\text{理论}}} = \frac{1}{l_0}\int_{\varphi_{\text{IVO}}}^{\varphi_{\text{IVC}}} \frac{\mathrm{d}m_1}{\mathrm{d}\varphi}\mathrm{d}\varphi \Big/ \left(\int_{\varphi_{\text{IVO}}}^{\varphi_{\text{IVC}}} \frac{\mathrm{d}g_b}{\mathrm{d}\varphi}\mathrm{d}\varphi\right) \tag{1-48}$$

式中 φ_{IVO}、φ_{IVC}—— 进气门开启和关闭的曲轴转角度数。

b. 在燃烧过程中，由于燃料是随过程的进展逐渐烧完，因此过量空气系数是变化的，用 λ 表示。每循环进气门关闭后气缸内的新鲜空气量 m_1 不变，在某时刻已烧掉的燃料量占每循环燃料量的百分数为 X，则

$$\lambda_X = \frac{m_1}{28.9 X g_b L_0} \tag{1-49}$$

式中 m_1—— 每循环实际充入气缸内的空气量，kg/cyc。

c. 利用废气分析法求该工况下的 λ

λ 为每循环实际进入发动机的空气量与每循环喷入缸内燃料完全燃烧理论上所需空气量之比。

$$\lambda = \frac{G_a}{B l_0} \tag{1-50}$$

式中 G_a—— 该工况通过流量计测得的进气流量，kg/h；

B—— 测得的燃料消耗量，kg/h；

l_0——1 kg 柴油完全燃烧所需理论空气量，14.3 kg 空气 /kg 柴油。

设燃烧前后氮气数量$[N_2]$不变，如忽略燃烧过程分子数的变化，则可用$[N_2]/0.79$来表示进入气缸空气的总量，用$[O_2]/0.21$则可表示缸内燃烧后剩余的空气量。而用$[N_2]/0.79-[O_2]/0.21$表示完全燃烧所用掉的空气量，于是可写成

$$\lambda = \frac{[N_2]/0.79}{[N_2]/0.79-[O_2]/0.21} \tag{1-51}$$

即

$$\lambda = \frac{1}{1-\dfrac{0.79[O_2]}{0.21[N_2]}} = \frac{1}{1-3.76\dfrac{[O_2]}{[N_2]}} \tag{1-52}$$

式中 $[O_2]$—— 废气中氧气所占体积的百分数；

$[N_2]$—— 废气中氮气所占体积的百分数。

⑥工质的瞬时比热容[7]

a. 新鲜空气的摩尔定压热容 $C_{pa,m}$

$$C_{pa,m} = 28.184 + 0.0025 T_a \quad [\text{kJ/(mol·K)}] \tag{1-53}$$

b. 纯燃烧产物的摩尔定压热容 $C_{pr,m}$

$$C_{pr,m} = 29.754 + 0.003\,6T_r \quad [\text{kJ/(mol·K)}] \tag{1-54}$$

c. z 点燃烧产物的摩尔定压热容 $C_{pz,m}$

$$C_{pz,m} = \frac{\phi_a - 1}{\phi_a + 0.064} C_{pa,m} + \frac{1 + 0.064}{\phi_a + 0.064}(29.754 + 0.003\,6T_z) \tag{1-55}$$

摩尔定容热容与摩尔定压热容的关系：

$$C_{p,m} - C_{V,m} = R_m = 8.314 \tag{1-56}$$

d. 不同 ϕ_a 下 $C_{p,m}$ 与 T 的关系

在相同 ϕ_a 下，随着 T 升高，$C_{p,m}$ 增加；当 ϕ_a 增大时，$C_{p,m}$ 曲线下移，如图 1-18 所示。

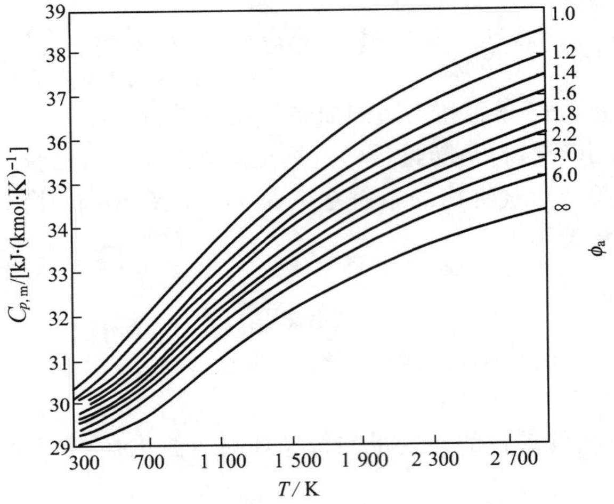

图 1-18　不同 ϕ_a 下 $C_{p,m}$ 与 T 的关系

(3) z 点最大燃烧压力 p_{max}

$$p_{max} = \lambda_p p_{co} \tag{1-57}$$

式中　p_{co}—— 压缩终点压力，MPa；

　　　λ_p—— 压力升高比。

$$\lambda_p = \frac{p_{max}}{p_{co}} \tag{1-58}$$

①对柴油机，受结构强度限制，先选定 p_{max} 值，再确定 λ_p，若 λ_p 过小，则经济性差，若 λ_p 过大，则可靠性差。

②对汽油机，受爆震限制，先选定 λ_p，$\rho = 1$，$\lambda_p = \mu \dfrac{T_z}{T_{co}}$，再计算 p_{max}。

p_{max} 与 λ_p 的范围见表 1-17。

表 1-17　p_{max} 与 λ_p 的范围

机型	p_{max}/MPa	λ_p
汽油机	3 ～ 6.5	3.2 ～ 4.2
非增压柴油机	6 ～ 9	1.7 ～ 2.2
增压柴油机	9 ～ 15	1.4 ～ 1.8

(4) 最高燃烧温度 T_z

①对柴油机，T_z 可根据 z 点的能量方程式来求解：

$$\xi_z H_u = u_z - u_c + W_{cz} = (M_2 + M_r) C_{Vz,m} T_z - (M_1 + M_r) C_{Vc,m} T_{co} + 8.314[(M_2 + M_r) T_z - \lambda(M_1 + M_2) T_{co}] \quad (1\text{-}59)$$

式中　u_z、u_c—— 工质在 z 点和 c 点的内能，kJ；

W_{cz}—— 工质在定容、定压过程中所做的机械功，kJ；

M_1、M_2、M_r—— 新鲜空气、燃烧产物和残余废气的物质的量，kmol；

T_{co}、T_z——c 点和 z 点的温度，K；

$C_{Vc,m}$、$C_{Vz,m}$—— c 点新鲜空气的摩尔定容热容和 z 点燃烧产物的摩尔定容热容，kJ/(kmol・K)。

对式(1-55) 整理后得柴油机 c—z'—z 段燃烧方程式：

$$\frac{\xi_z H_u}{\phi_a L_0 (1 + \phi_r)} + [C_{pc,m} + 8.314(\lambda_p - 1)] T_{co} = \mu_z C_{pz,m} T_z \quad (1\text{-}60)$$

式中　ξ_z——z 点热利用系数；

μ_z——z 点瞬时分子变化系数，$\mu_z = 1 + (\mu - 1) \dfrac{\xi_z}{\xi_b}$；

$C_{pc,m}$—— c 点新鲜空气的摩尔定压热容，kJ/(kmol・K)，可由式(1-53) 计算；

$C_{pz,m}$—— z 点燃烧产物的摩尔定压热容，kJ/(kmol・K)，可由式(1-55) 计算，亦可由图 1-18 查出。

②对汽油机，T_z 根据能量方程式按定容循环计算：

$$\xi_z H_u = U_z - U_c = (M_2 + M_r) C_{Vz,m} T_z - (M_1 + M_r) C_{Vc,m} T_c$$

化简得汽油机燃烧方程式：

$$\frac{\xi_z H_u}{M_1 (1 + \phi_r)} + C_{Vc,m} T_c = \mu_z C_{Vz,m} T_z \quad (1\text{-}61)$$

式中　M_1—— 新鲜空气的物质的量，kmol；

$C_{Vc,m}$——c 点新鲜空气的摩尔定容热容，kJ/(kmol・K)；

$C_{Vz,m}$——z 点燃烧产物的摩尔定容热容，kJ/(kmol・K)。

各参数代入式(1-60) 或式(1-61) 后，由一元二次方程求根公式，对 T_z 经过 2 ～ 3 次试算，最后求得 T_z 值。

最高燃烧温度 T_z 范围见表 1-18。

表 1-18　T_z 的范围

机型	T_z/K
汽油机	2 200 ～ 2 800
柴油机	1 800 ～ 2 200

4. 膨胀过程(图 1-19 中 z—b 线)

(1)过程特点

进、排气门都关闭，活塞在高温、高压工质推动下，由上止点向下止点移动，膨胀做功，缸内工质 p、T 急剧下降。

(2)初膨胀比和后膨胀比

①初膨胀比 ρ_0

$$\rho_0 = \frac{V_z}{V_{co}} = \frac{\mu T_z}{\lambda_p T_{co}} \tag{1-62}$$

式中 μ—— 实际分子变化系数；

λ_p—— 压力升高比；

T_z—— 最高燃烧温度，K；

T_{co}—— 压缩终点温度，K。

②后膨胀比 δ

$$\delta = \frac{V_b}{V_z} = \frac{\varepsilon_c}{\rho_0} \tag{1-63}$$

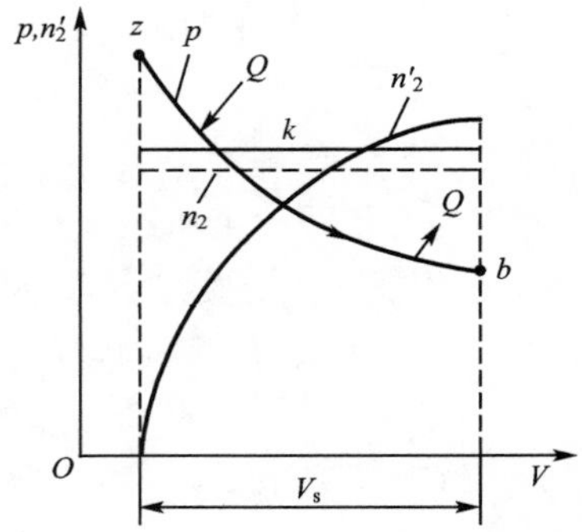

图 1-19 膨胀过程及 n_2'

式中 ε_c—— 几何压缩比。

ρ_0 和 δ 的范围见表 1-19。

表 1-19 ρ_0 和 δ 的范围

机型	ρ_0	δ
柴油机	1.1 ～ 1.7	8.8 ～ 17

(3) 平均多变膨胀指数 n_2

在实际发动机中，膨胀过程也是一个多变过程，除热交换及漏气损失外，还有后燃，多变膨胀指数 n_2' 是不断变化的，如图 1-19 所示。在膨胀初期，由于补燃，工质被加热，$n_2' < k$；到某一时刻 $n_2' = k$；此后再膨胀，工质向缸壁散热，$n_2' > k$。在实际的近似计算中，用不变的平均多变膨胀指数 n_2 代替变化的多变膨胀指数 n_2'。

①平均多变膨胀指数 n_2 的求法

a. 用试算法求解 n_2 和 T_b

对高速柴油机，因有后燃，采用下式：

$$n_2 - 1 = \frac{8.314\left(\frac{\mu_z}{\mu_b} T_z - T_b\right)}{\frac{H_u'(\xi_b - \xi_z)}{L(1+\phi_r)\mu} + \frac{\mu_z}{\mu_b} C_{Vz,m} T_z - C_{Vb,m} T_b} \tag{1-64}$$

式中 $C_{Vz,m}$——z 点燃烧产物的摩尔定容热容，kJ/(kmol・K)；

$C_{Vb,m}$——b 点燃烧产物的摩尔定容热容，kJ/(kmol・K)；

H_u'—— 燃料发热量。

其中

$$C_{Vb,m} = \frac{(1.064 + \phi_r) C_{Vz,m} + (\phi_a - 1)(1 + \phi_r) C_{Vc,m}}{\phi_a (1 + \phi_r) + 0.064} \tag{1-65}$$

$$H_u' = H_u + L(1 + \phi_r)(\mu C_{Vb,m} - C_{Vc,m}) \times 293 \tag{1-66}$$

b. 经验选取法

通常选 $n_2 = 1.25$，n_2 的范围见表 1-20。

表 1-20 n_2 的范围

机型	n_2
汽油机	1.20 ～ 1.28
高速柴油机(活塞不冷却)	1.20 ～ 1.25
中、低速柴油机(活塞冷却)	1.25 ～ 1.30

②影响 n_2 的因素

负荷增大时，后燃加大，使工质吸热量增多；转速提高时，泄漏减少，使散热量减少，这些都使 n_2 降低。n_2 降低时，其膨胀终了的温度势必上升，致使排温过高，影响排气门、涡轮叶片等零件高温工作的可靠性。为此，应尽量使 n_2 保持较高的数值。

(4)膨胀终了的压力 p_b 和温度 T_b

①柴油机

$$p_b = \frac{p_z}{\delta^{n_2}} \tag{1-67}$$

$$T_b = \frac{T_z}{\delta^{n_2-1}} \tag{1-68}$$

②汽油机

$$p_b = \frac{p_z}{\varepsilon_c^{n_2-1}} \tag{1-69}$$

$$T_b = \frac{T_z}{\varepsilon_c^{n_2-1}} \tag{1-70}$$

p_b 与 T_b 的范围见表 1-21。

表 1-21　p_b 与 T_b 的范围

机型	p_b/MPa	T_b/K
汽油机	0.35 ～ 0.5	1 200 ～ 1 500
非增压柴油机	0.25 ～ 0.60	1 000 ～ 1 200
增压柴油机	0.6 ～ 1.0	1 000 ～ 1 200

5. 排气过程(图 1-20 中 b—r 线)

(1)过程特点

排气门开，进气门关，活塞由下止点向上止点移动，将缸内的气体排出。由于排气门有阻力，所以排气压力 p_r 大于大气压力 p_0，p_r 越大，残余废气量 M_r 就越多。若 T_r 低，说明燃料燃烧后转变为有用功的热量多，工作过程进行得完善。

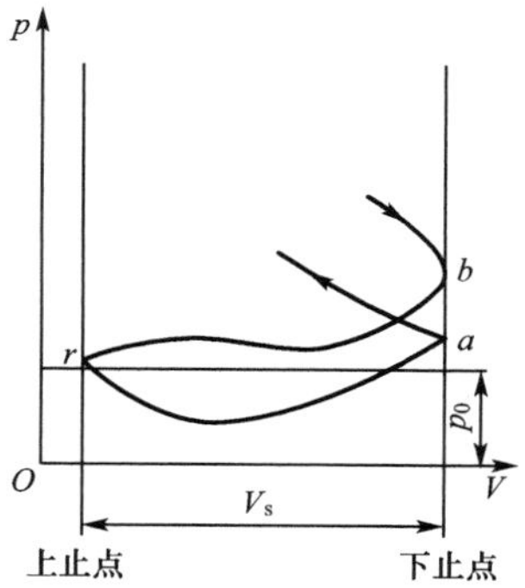

图 1-20　排气过程

(2) p_r 与 T_r 的范围见表 1-22。

表 1-22　p_r 与 T_r 的范围

机型	p_r	T_r/K
汽油机	$(1.05 \sim 1.2)p_0$	850 ～ 1 200
非增压柴油机	$(1.05 \sim 1.2)p_0$	700 ～ 900
增压柴油机	$(0.75 \sim 1.0)p_0$	800 ～ 1 000

6. 示功图(p-V 图)的绘制

(1)必须确定适当的比例尺

横坐标：$L_V = A$(mm/L)，任一容积 V_x(L) 在横轴上应取长度为 AV_x(mm)。

纵坐标：$L_p = B$(mm/MPa)，任一压力 p_x(MPa) 在纵轴上应取长度为 Bp_x(mm)。

(2)按上述比例尺，将各特征点 a、c、$y(z')$、z、b 相应值画在 p-V 图上。

(3)计算出压缩线 a—c 和膨胀线 z—b 上各点数值，并画在 p-V 图上，一般多用列表法。这些点连成光滑曲线，绘出理论示功图。

(4)对理论示功图修整圆角，得实际示功图。

丰满系数 $\phi_i = F_P/F_T$，F_T 为理论示功图面积，F_P 为实际示功图面积。对四冲程非增压柴油机，$\phi_i = 0.92 \sim 0.96$；对四冲程增压柴油机，$\phi_i = 0.95 \sim 0.99$。将 c、$y(z')$、z 等处修成圆角，将排气门开后的示功图尾部进行修正。

1.4 内燃机的性能指标与热平衡

内燃机实际循环中，实现两类能量转换。一类是在气缸内实现的燃料燃烧的化学能转换成热能；另一类是在内燃机装置中实现的燃烧工质作用在活塞上的压力能转换成曲轴输出的机械能。转换中主要存在热损失和机械损失。在研究内燃机性能指标时，常把这两类损失分开考虑，又把指标分为两类，即指示参数和有效性能指标。

1.4.1 内燃机的指示参数

指示参数是以燃油和空气在气缸内进行燃烧形成的工质对活塞做功的转换过程为研究基础的，用下标"i"(indicated)表示，如图1-21所示。它是表征所转换能量的数量和效率的一组参数，用来评定气缸内各循环过程的完善程度，是只考虑热损失而不计机械损失的性能指标。

1. 实际工作循环指示功 W_i

四冲程非增压柴油机的 W_i 与 p_{mi} 的关系图，如图1-22所示。在低速柴油机上可以用机械式示功器直接从运转的柴油机上绘制 p-V 示功图，然后用求积仪量取示功图的面积 W_i；当前普遍用燃烧分析仪通过压力传感器采集 p-φ 示功图，用作图法将其转换为 p-V 示功图，进而测量计算出指示功。

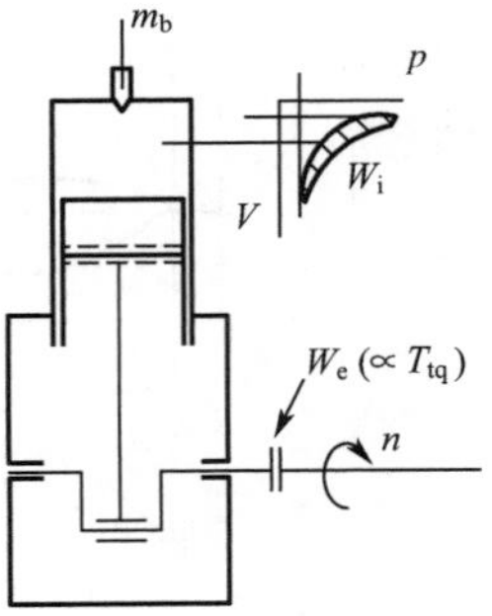

图1-21 研究对象示意图

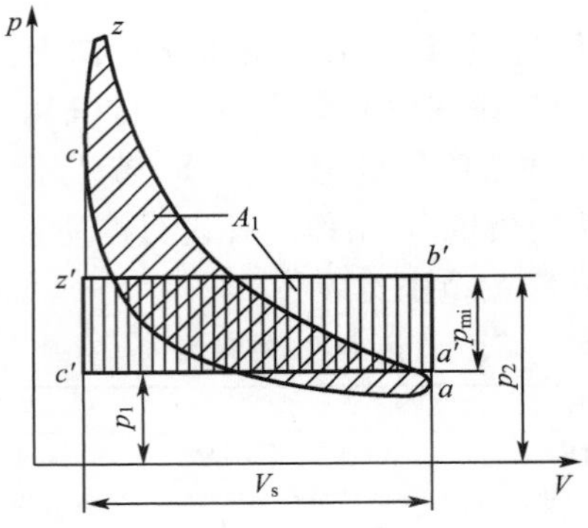

图1-22 W_i 与 p_{mi} 的关系图

指示功 W_i 是发动机气缸内的气体作用在活塞上所做的功，其大小等于示功图闭合曲线所包围的面积 A_1，换气功先不考虑。

(1)指示功表达式

$$W_i = \oint p\mathrm{d}V \tag{1-71}$$

(2)指示功求法

①用求积仪算出 A_1，则

$$W_i = A_1 L_p L_V \tag{1-72}$$

式中　A_1—— 封闭曲线所包围的面积，cm^2；

L_p—— 纵坐标比例尺，Pa/cm；

L_V—— 横坐标比例尺，cm^3/cm。

②根据各特征点的压力 p 和容积 V 来计算指示功 W_i

a. 理论循环指示功 W_i'

$$W_i' = p_a V_s \frac{\varepsilon_c^{n_1}}{\varepsilon_c - 1}\left[\lambda_p(\rho_0 - 1) + \frac{\lambda_p \rho_0}{n_2 - 1}\left(1 - \frac{1}{\delta^{n_2 - 1}}\right) - \frac{1}{n_1 - 1}\left(1 - \frac{1}{\varepsilon_c^{n_1 - 1}}\right)\right] \tag{1-73}$$

b. 实际循环指示功

$$W_i = \phi_i W_i' \quad (\mathrm{kJ}) \tag{1-74}$$

式中　ϕ_i—— 丰满系数，$\phi_i = \dfrac{W_i}{W_i'}$，其范围见表 1-23。

2. 平均指示压力

(1)平均指示压力 p_{mi}

平均指示压力是指在一个循环中，折合到单位气缸工作容积所做的指示功。

$$p_{mi} = \frac{W_i}{V_s} \quad (\mathrm{MPa}) \tag{1-75}$$

它是假定一个平均不变的压力 p_{mi} 作用在活塞上，使之移动行程 S 所做的功，是表征工作容积 V_s 利用率的参数，是衡量实际循环动力性能的一个重要指标。

(2)计算式

由于 $p_{mi} = \phi_i \dfrac{W_i'}{V_s}$，又 $p_a = \dfrac{p_c}{\varepsilon_c^{n_1}}$，由式(1-73) 得

$$p_{mi} = \phi_i \frac{p_c}{\varepsilon_c - 1}\left[\lambda_p(\rho_0 - 1) + \frac{\lambda_p \rho_0}{n_2 - 1}\left(1 - \frac{1}{\delta^{n_2 - 1}}\right) - \frac{1}{n_1 - 1}\left(1 - \frac{1}{\varepsilon_c^{n_1 - 1}}\right)\right] \tag{1-76}$$

p_{mi} 的范围见表 1-23。

表 1-23　ϕ_i 与 p_{mi} 的范围

机型	ϕ_i	p_{mi}/MPa
四冲程汽油机	0.94 ～ 0.97	0.70 ～ 1.40
二冲程汽油机	0.95 ～ 0.98	0.40 ～ 0.85
四冲程非增压柴油机	0.92 ～ 0.96	0.60 ～ 0.95
四冲程增压柴油机	0.95 ～ 0.99	0.85 ～ 2.60
二冲程柴油机	0.98 ～ 1.00	0.50 ～ 1.30

3. 指示功率

(1)指示功率 P_i

指示功率是指内燃机单位时间内工质对活塞所做的指示功。

$$P_i = \frac{iW_i}{t} = \frac{iV_s}{30\tau} n \cdot p_{mi}$$
$$= \frac{iV_s}{30\tau} \cdot \frac{H_u}{\phi_a \cdot l_0} \cdot n \cdot \rho_d \cdot \phi_c \cdot \eta_{it} \quad (\mathrm{kW}) \tag{1-77}$$

式中　iV_s—— 内燃机排量，L；

p_{mi}—— 平均指示压力，MPa；

n—— 发动机转速，r/min；

τ—— 冲程数，四冲程 $\tau = 4$，二冲程 $\tau = 2$；

ρ_d—— 进气管状态下空气密度，kg/m^3；

H_u—— 燃料低热值，kJ/kg。

(2)四冲程内燃机指示功率

$$P_i = \frac{iV_s}{120}np_{mi} \quad (kW) \tag{1-78}$$

(3)二冲程内燃机指示功率

$$P_i = \frac{iV_s}{60}np_{mi} \quad (kW) \tag{1-79}$$

4. 指示热效率和指示油耗率

(1)指示热效率 η_i

指示热效率是指实际循环的指示功 W_i 与所消耗燃料理论上完全燃烧所产生的热量的比值，即

$$\eta_i = \frac{AiW_i}{Q_1} = 3.6 \times 10^3 \frac{P_i}{BH_u} \quad (\%) \tag{1-80}$$

式中 A—— 热功当量，$1\ kW \cdot h = 3.6 \times 10^3\ kJ$；

P_i—— 指示功率，kW；

B—— 耗油量，kg/h。

(2)指示油耗率 b_i

指示油耗率是指单位指示功率的耗油量，即

$$b_i = \frac{B}{P_i} \times 10^3 = \frac{3.6 \times 10^6}{\eta_{it} H_u} \quad [g/(kW \cdot h)] \tag{1-81}$$

(3)η_{it} 与 b_i 的关系

$$\eta_{it} = \frac{3.6 \times 10^6}{b_i H_u} \quad (\%) \tag{1-82}$$

(4)η_{it} 与 p_{mi} 的关系(用吸入空气量计算)

$$\eta_{it} = 0.287 \frac{\phi_a l_0}{H_u} \cdot \frac{T_d}{p_d} \cdot \frac{p_{mi}}{\phi_c} \tag{1-83}$$

$$= 8.294 \frac{\phi_a L_0}{H_u} \cdot \frac{T_d}{p_d} \cdot \frac{p_{mi}}{\phi_c} \quad (\%) \tag{1-84}$$

式中 p_d、T_d—— 进气管状态的空气压力和温度。

$$l_0 = \mu_a L_0 = 28.9 L_0$$

各种内燃机的 η_{it} 和 b_i 范围见表 1-24。

表 1-24 各种内燃机的 η_{it} 和 b_i 范围

机型	η_{it}/%	b_i/[g·(kW·h)$^{-1}$]
四冲程汽油机	25 ~ 40	340 ~ 260
二冲程汽油机	20 ~ 28	435 ~ 300
四冲程非增压柴油机	40 ~ 45	240 ~ 180
四冲程增压柴油机	45 ~ 50	210 ~ 170
二冲程柴油机	40 ~ 48	218 ~ 175

1.4.2　内燃机的有效性能指标

有效性能指标是以曲轴飞轮端对外输出的有效参数为研究基础的，用下标“e”(effective) 表示。用来表征内燃机整机的动力性和经济性。该指标既考虑了热损失，又考虑了机械损失。

1. 内燃机动力性指标

(1)有效功率 P_e

①有效功率是指从内燃机功率输出轴上得到的净功率，即

$$P_e = P_i - P_m = P_i \eta_m \quad (\mathrm{kW}) \tag{1-85}$$

式中　P_m—— 机械损失功率，kW，包括泵气损失、摩擦损失和驱动附件损失的功率；

η_m—— 机械效率，$\eta_m = \dfrac{P_e}{P_i}$。

②有效功率表达式

$$P_e = \frac{iV_s}{30\tau} \cdot n \cdot p_{me} \quad (\mathrm{kW}) \tag{1-86}$$

式中　p_{me}—— 平均有效压力，MPa。

对四冲程内燃机有效功率

$$P_e = \frac{iV_s}{120} \cdot n \cdot p_{me} \tag{1-87}$$

对二冲程内燃机有效功率

$$P_e = \frac{iV_s}{60} \cdot n \cdot p_{me} \tag{1-88}$$

内燃机的有效功率由实验测定。

③标定功率 P_e

标定功率是制造厂为内燃机标定的有效功率，根据用途、使用特点及在标定转速下连续运转时间，可分为四种：15 min 功率、1 h 功率、12 h 功率和持续功率。

(2)有效转矩 T_{tq}

①定义

内燃机工作时，从功率输出轴输出的平均转矩称为有效转矩 T_{tq}。

②T_{tq} 与 P_e 的关系式

$$T_{tq} = 9\,550\,\frac{P_e}{n} \quad (\mathrm{N \cdot m}) \tag{1-89}$$

或

$$P_e = \frac{1}{9\,550} \cdot n \cdot T_{tq} = 0.104\,7 \cdot T_{tq} \cdot n \times 10^{-3} \quad (\mathrm{kW}) \tag{1-90}$$

(3)平均有效压力 p_{me}

①p_{me} 是指内燃机在一个工作循环内，单位气缸工作容积在曲轴上所输出的有效功，即

$$p_{me} = \frac{W_e}{V_s} \tag{1-91}$$

它是假定一个平均不变的压力 p_{me} 作用在活塞上，使之移动行程 S 所做的功等于有

效功。

②平均有效压力 p_{me} 的关系式

a. p_{me} 与 P_e 的关系式

$$p_{me} = \frac{30\tau}{iV_s} \cdot \frac{P_e}{n} \quad (\text{MPa}) \tag{1-92}$$

四冲程内燃机

$$p_{me} = \frac{120}{iV_s} \cdot \frac{P_e}{n} \quad (\text{MPa}) \tag{1-93}$$

二冲程内燃机

$$p_{me} = \frac{60}{iV_s} \cdot \frac{P_e}{n} \quad (\text{MPa}) \tag{1-94}$$

b. p_{me} 与 T_{tq} 的关系式

$$p_{me} = 3.14\,\frac{\tau}{iV_s} \cdot T_{tq} \times 10^{-3} \quad (\text{MPa}) \tag{1-95}$$

四冲程内燃机

$$p_{me} = \frac{12.56}{iV_s} \cdot T_{tq} \times 10^{-3} \quad (\text{MPa}) \tag{1-96}$$

c. p_{me} 与 η_{et} 的关系式

$$p_{me} = 3.47\,\frac{H_u}{\phi_a l_0} \cdot \frac{p_d}{T_d} \cdot \phi_c \cdot \eta_{et} \tag{1-97}$$

$$= 0.120\,\frac{H_u}{\phi_a L_0} \cdot \frac{p_d}{T_d} \cdot \phi_c \cdot \eta_{et} \quad (\text{MPa}) \tag{1-98}$$

d. p_{me} 与 b_e 的关系式

$$p_{me} = 1.25 \times 10^7\,\frac{1}{\phi_a l_0} \cdot \frac{p_d}{T_d} \cdot \frac{\phi_c}{b_e} \quad (\text{MPa}) \tag{1-99}$$

式中　p_d、T_d—— 进气管状态的空气压力和温度。

内燃机 p_{me} 的一般范围见表 1-25。

表 1-25　　p_{me} 的一般范围

机型	p_{me}/MPa
四冲程汽油机	0.60 ～ 1.20
二冲程汽油机	0.40 ～ 0.65
四冲程非增压柴油机	0.60 ～ 1.00
四冲程增压柴油机	0.80 ～ 2.80
二冲程柴油机	0.60 ～ 2.50

2. 内燃机经济性指标

(1)有效热效率 η_{et}

有效热效率 η_{et} 是实际循环的有效功与为得到此有效功所消耗的燃料完全燃烧所产生的热量之比,即

$$\eta_{et} = \frac{iW_e}{Q_1} = 3.6 \times 10^3\,\frac{P_e}{BH_u} = \frac{3.6 \times 10^6}{b_e H_u} \quad (\%) \tag{1-100}$$

$$\eta_{et} = \eta_i \cdot \eta_m \tag{1-101}$$

式中 η_m—— 机械效率,%。

当测得发动机的有效功率 P_e 和耗油量 B 以后,可利用式(1-100) 计算出 η_{et}。

(2)有效燃油消耗率(简称油耗率)b_e

有效燃油消耗率是指单位有效功率的耗油量,通常用 b_e 表示,即

$$b_e = \frac{B}{P_e} \times 10^3 = \frac{3.6 \times 10^6}{\eta_{et} H_u} \quad [g/(kW \cdot h)] \tag{1-102}$$

可见,油耗率 b_e 与有效热效率 η_{et} 成反比。有效热效率越高,经济性越好。

一般内燃机在标定工况下的 b_e 和 η_{et} 的大致范围见表 1-26。

表 1-26 b_e 和 η_{et} 的大致范围

机型	η_{et}/%	b_e/[g·(kW·h)$^{-1}$]
四冲程汽油机	22 ~ 35	410 ~ 264
二冲程汽油机	15 ~ 20	545 ~ 410
四冲程非增压柴油机	30 ~ 40	285 ~ 215
四冲程增压柴油机	35 ~ 50	218 ~ 170
二冲程柴油机	36 ~ 43	225 ~ 180

3. 机械损失与机械效率

(1)机械损失

①评定机械损失参数

a. 机械损失功率 P_m

机械损失功率 P_m 占 P_i 的 11% ~ 30%。

$$P_m = \frac{iV_s}{30\tau} \cdot n \cdot p_{mm} \quad (kW) \tag{1-103}$$

b. 平均机械损失压力 p_{mm}

p_{mm} 是内燃机单位气缸工作容积一个循环所损失的功,可用来评价机械损失的大小,即

$$p_{mm} = \frac{30\tau}{iV_s} \cdot \frac{P_m}{n} \quad (MPa) \tag{1-104}$$

c. 机械效率 η_m

$$\eta_m = \frac{P_i - P_m}{P_i} = \frac{p_{mi} - p_{mm}}{p_{mi}} = 1 - \frac{p_{mm}}{p_{mi}} \quad (\%) \tag{1-105}$$

②机械损失的组成部分

机械损失包括摩擦损失、驱动附件损失、泵气损失,其分配情况见表 1-27。

表 1-27 机械损失分配情况

机械损失	占 P_m 百分比 /%	占 P_i 百分比 /%
摩擦损失	62 ~ 75	8 ~ 20
活塞与活塞环	45 ~ 52	
连杆、曲轴轴承	15 ~ 20	
配气机构	2 ~ 3	
驱动附件损失	10 ~ 20	1 ~ 5
水泵	2 ~ 3	
机油泵	1 ~ 2	
风阻	6 ~ 10	
泵气损失	10 ~ 20	2 ~ 5

③机械损失的测定

常用的测试方法有倒拖法、停缸法、油耗线法和示功图法。

a. 倒拖法

适用于在具有倒拖能力的电力测功器试验台上进行。测定时测功器转换为电动机倒拖内燃机由空转到给定转速，并尽量维持冷却水和机油温度不变，测得的倒拖功率即为内燃机在该工况下的机械损失功率 P_m。

b. 停缸法

仅适用于多缸内燃机。测定时将内燃机调整到给定工况稳定运转功率 P_e，停止向一个缸供油，并调整测功器使内燃机恢复到原转速，测得功率为 P_{e1}，则 $P_e - P_{e1}$ 为停油气缸的指示功率。同法，依次使各缸熄火，于是可得各缸指示功率。整机的机械损失功率 P_m 等于各缸指示功率之和减去内燃机的有效功率。

c. 油耗线法

由式(1-80) 可得

$$BH_u\eta_i = 3.6 \times 10^3 P_i = 3.6 \times 10^3 (P_e + P_m) \tag{1-106}$$

当柴油机空转($P_e = 0$) 时，若 η_i 不变，则

$$B_0 H_u \eta_i = 3.6 \times 10^3 P_m \tag{1-107}$$

两式相比得

$$\frac{B}{B_0} = \frac{P_e + P_m}{P_m} = \frac{p_{me} + p_{mm}}{p_{mm}} \tag{1-108}$$

通过柴油机在转速不变的情况下进行的负荷特性试验，求出发动机在给定转速下每小时耗油量 B 与有效功率 P_e 的关系曲线，如果把耗油量曲线延长并求出与横坐标轴的交点，就可以得到 P_m 值。

d. 示功图法

示功图的测录方法有两种：一种是利用示功器进行示功图的测录，算出 P_i，从测功器读出有效功率 P_e，从而可以算出 P_m、η_m 和 p_{mm}；另一种是用燃烧分析仪采集示功图进行测录。

(2)机械效率

①机械效率 η_m 是有效功率 P_e 与指示功率 P_i 的比值，即

$$\eta_m = \frac{P_e}{P_i} = \frac{p_{me}}{p_{mi}} = 1 - \frac{p_{mm}}{p_{mi}} \quad (\%) \tag{1-109}$$

机械效率 η_m 越接近 1，说明机械损失功率 P_m 越小，发动机性能就越好。

η_m 的范围见表 1-28。

表 1-28　η_m 的范围

机型	η_m/%	机型	η_m/%
汽油机	75 ～ 85	四冲程增压柴油机	80 ～ 92
四冲程非增压柴油机	78 ～ 85	二冲程柴油机	70 ～ 90

②影响机械效率的因素

影响机械效率的因素有转速、负荷、润滑油品质、冷却水温度和增压，机械效率还与最高燃烧压力、气缸尺寸和数目、大气状态等结构设计参数和使用环境有关。

a. 发动机转速 n 或活塞平均速度 V_m 的影响

n 或 V_m 增大，各摩擦副之间的相对速度增加，摩擦损失增大；与此同时，曲柄连杆机械

的惯性力增大，活塞的侧压力和轴承负荷增大，摩擦损失也增大。n 增大，泵气损失、驱动附件消耗的功随之增加，所以机械效率下降。平均机械损失压力 p_{mm} 与活塞平均速度 V_m 的关系如图 1-23 所示，机械效率 η_m 与 n 的关系如图 1-24 所示。

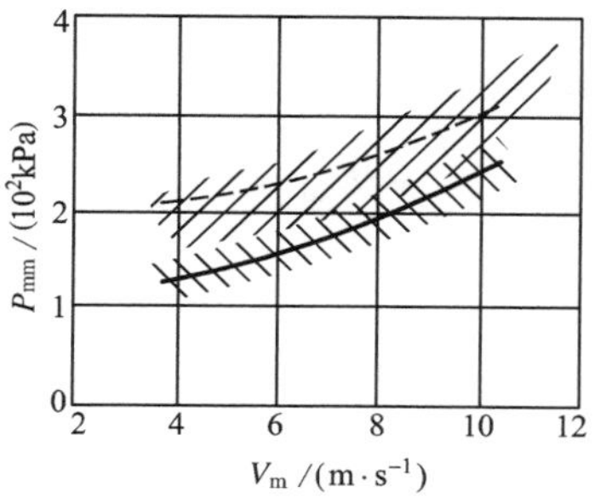

图 1-23　p_{mm} 与 V_m 的关系

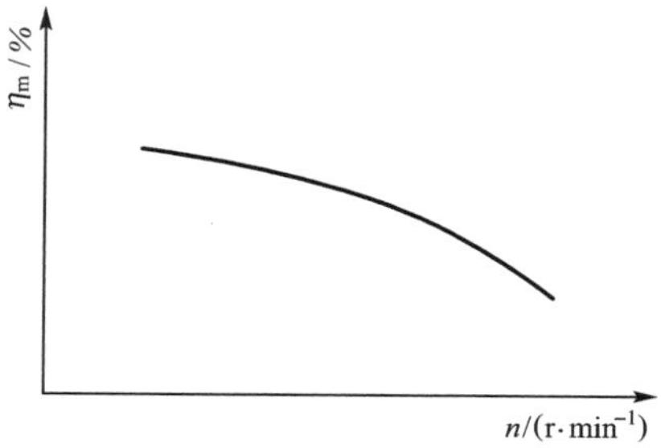

图 1-24　η_m 与 n 的关系

b. 负荷的影响

内燃机的 n 一定，而负荷减小时，平均指示压力 p_{mi} 随之下降，而 p_{mm} 变化很小。由式(1-109)可知，随着负荷减小，η_m 下降，直到空转时，$P_e = 0$，指示功率全部用来克服机械损失功率，即 $P_i = P_m$，故 $\eta_m = 0$。

c. 润滑油品质和冷却水温度的影响

润滑油黏度对摩擦损失有重要影响。黏度大，润滑油的内摩擦力大，流动性差，使摩擦损失增加，但承载能力强，易于保持流体润滑状态。

润滑油黏度主要受油的品种和温度的影响。黏度随温度的变化程度常用 50 ℃ 和 100 ℃ 时润滑油黏度的比值(ν_{50}/ν_{100})来表示。比值越大，黏度随温度的变化越大。

一般来说，内燃机强化程度高、轴承负荷大时，宜选用黏度较大的机油。转速高、配合间隙小时，要求选用流动性好、黏度较小的机油。

冷却水温度对燃烧过程和传热损失都有直接的影响，同时冷却水温度与润滑油温度也密切相关。因此，在内燃机使用过程中，应严格保持一定的水温和油温，一般出水温度在 80 ~ 95 ℃，润滑油温度 < 90 ℃。

d. 增压的影响

当采用排气涡轮增压时，P_i 随增压度增加而成正比增加。若内燃机转速 n 不变，则机械损失功率 P_m 与非增压时大致相当，由于 P_i 提高，P_m/P_i 减小，所以增压使机械效率 η_m 提高。

4. 内燃机的强化程度指标

(1)升功率 P_L

P_L 是在标定工况下，内燃机每升气缸工作容积 V_s 所发出的功率，即

$$P_L = \frac{P_e}{iV_s} = \frac{1}{30\tau} \cdot n \cdot p_{me} \quad (\text{kW/L}) \qquad (1\text{-}110)$$

式中　p_{me}—— 平均有效压力，MPa。

P_L 用来衡量内燃机排量的利用程度，其范围见表 1-29。

(2)比质量 G_e

G_e 是内燃机净质量 G 与它所发出的标定功率 P_e 之比。它表征内燃机质量的利用程度和结构的紧凑性，即

$$G_e = \frac{G}{P_e} \quad (\text{kg/kW}) \tag{1-111}$$

(3)强化系数($p_{me}V_m$)

平均有效压力 p_{me} 和活塞平均速度 V_m 的乘积称为强化系数,写成 $p_{me}V_m$。其中,$V_m = \frac{nS}{30}$(m/s),V_m 增大,活塞组的热负荷和曲柄连杆机构的惯性力均增大,磨损加剧,寿命下降,p_{me} 增大,机械负荷增大,故将 $p_{me}V_m$ 作为表征内燃机强化程度的参数。

P_L、G_e 及 $p_{me}V_m$ 的范围见表 1-29。

表 1-29　P_L、G_e 及 $p_{me}V_m$ 的范围

机型	P_L/(kW·L^{-1})	G_e/(kg·kW^{-1})	$p_{me}V_m$/(MPa·m·s^{-1})
汽油机	20 ～ 75	1.5 ～ 4.0	80 ～ 140
非增压柴油机	20 ～ 45	5.0 ～ 11.0	60 ～ 90
增压柴油机	20 ～ 50	4.0 ～ 9.0	90 ～ 144

1.4.3　内燃机实际循环的近似热计算

1. 近似热计算的作用

由本章有关实际循环工作过程的计算公式,对内燃机各热力过程参数、指示参数和有效参数进行近似计算,就称为内燃机的热计算。

热计算的作用:

(1)可以在设计一种新型内燃机的开始,进行热计算

①根据所需要的功率和转速,用热计算式来确定应选取的气缸尺寸和气缸数目。

②根据特征点的热力参数可绘制出理论示功图。

③根据理论示功图或最大燃烧压力值,进行内燃机的动力计算和结构强度计算。

④作为设计时的类比参考。

(2)可以对已经制成的试制样机进行热计算

①验证在内燃机调试中所测出的各项参数与热计算得出的参数的符合程度。

②对不合理的参数进行调整。

③作为调试时的比较依据。

2. 实际循环热计算举例

【例 1-2】　试对 2135Q 柴油机标定工况进行实际循环热计算并绘制示功图。

(1)已知

①给定条件:缸径　$D = 135$ mm

行程　$S = 140$ mm

缸数　$i = 2$

12 h 功率　$P_e = 29.4$ kW

转速　$n = 1\ 500$ r/min

压缩比　$\varepsilon_c = 16.5$

每缸工作容积　$V_s = 2$ L

曲柄半径与连杆长度比　$R/L = 1/4$

大气状态	$p_0 = 100\ \text{kPa}, T_0 = 288\ \text{K}$
燃料平均质量成分	$g_C = 0.87, g_H = 0.126, g_O = 0.004$
燃料低热值	$H_u = 42\ 500\ \text{kJ/kg}$ 柴油
燃烧室形式	ω 形直喷式

②参数选择

根据类似柴油机的实验数据和统计资料，结合本柴油机的具体情况，可选定：

最大燃烧压力	$p_z = 7.5\ \text{MPa}$
过量空气系数	$\phi_a = 1.75$
残余废气系数	$\phi_r = 0.04$
z 点、b 点热利用系数	$\xi_z = 0.75, \xi_b = 0.85$
示功图丰满系数	$\phi_i = 0.96$
排气终点温度	$T_r = 800\ \text{K}$
机械效率	$\eta_m = 0.8$

(2)计算

①燃料热化学计算

a. 理论所需空气量 L_0

$$L_0 = \frac{1}{0.21}\left(\frac{g_C}{12} + \frac{g_H}{4} - \frac{g_O}{32}\right) = \frac{1}{0.21}\left(\frac{0.87}{12} + \frac{0.126}{4} - \frac{0.004}{32}\right) = 0.495\ \text{kmol/kg}$$

b. 新鲜空气量 M_1

$$M_1 = \phi_a L_0 = 1.75 \times 0.495 = 0.866\ \text{kmol/kg}$$

c. 理论上完全燃烧时的燃烧产物 M_2

$$M_2 = \phi_a L_0 + \frac{g_H}{4} + \frac{g_O}{32} = 0.866 + \frac{0.126}{4} + \frac{0.004}{32} = 0.898\ \text{kmol/kg}$$

d. 理论分子变化系数 μ_0

$$\mu_0 = \frac{M_2}{M_1} = \frac{0.898}{0.866} = 1.037$$

e. 实际分子变化系数 μ

$$\mu = \frac{\mu_0 + \phi_r}{1 + \phi_r} = \frac{1.037 + 0.04}{1 + 0.04} = 1.036$$

②进气过程计算

a. 进气终点压力 p_a

取 $p_a = 0.9p_0 = 0.9 \times 100 = 90\ \text{kPa}$。

b. 进气终点温度 T_a

取进气加热温度 $\Delta T = 20\ \text{K}$，则

$$T_a = \frac{T_0 + \Delta T + \phi_r T_r}{1 + \phi_r} = \frac{288 + 20 + 0.04 \times 800}{1 + 0.04} = 327\ \text{K}$$

c. 充量系数 ϕ_c

$$\phi_c = \frac{\varepsilon_c}{\varepsilon_c - 1} \cdot \frac{p_a}{p_0} \cdot \frac{T_0}{T_a} \cdot \frac{1}{1 + \phi_r} = \frac{16.5}{16.5 - 1} \times \frac{90}{100} \times \frac{288}{327} \times \frac{1}{1 + 0.04} = 0.81$$

d. 空气流量 G_a

$$G_a=\frac{iV_s}{30\tau}\cdot\frac{p_a}{R_a\cdot T_0}\cdot n\cdot\phi_c\cdot\phi_s=\frac{2\times2}{30\times4}\times\frac{0.09}{0.287\times288}\times1\ 500\times0.81\times1$$

$$=0.044\ \text{kg/s}$$

③压缩过程计算

a. 选取平均多变压缩指数

$$n_1=1.368$$

b. 压缩过程中任意点 x 的压力 p_{cx}

$$p_{cx}=p_a\left(\frac{V_a}{V_{cx}}\right)^{n_1}=0.09\left(\frac{V_a}{V_{cx}}\right)^{1.368}\ \text{MPa}$$

式中　V_{cx}——x 点的气缸容积，

$$V_{cx}=\frac{\pi D^2}{4}\cdot R\left[(1-\cos\varphi_x)-\frac{R}{4L}(1-\cos2\varphi_x)\right]+V_c$$

式中　φ_x——x 点从上止点算起的曲轴转角；

$V_c=\dfrac{V_s}{\varepsilon_c-1}$。

可以取若干个 x 点，求出若干对 p_{cx} 和 V_{cx} 值，以便绘制示功图上的压缩线 $a—c$。

c. 压缩终点压力 p_c

$$p_c=p_a\varepsilon_c^{n_1}=0.09\times16.5^{1.368}=4.17\ \text{MPa}$$

d. 压缩终点温度 T_c

$$T_c=T_a\varepsilon_c^{n_1-1}=327\times16.5^{0.368}=917\ \text{K}$$

④燃烧过程计算

a. 压力升高比 λ_p

$$\lambda_p=p_z/p_c=7.5/4.17=1.80$$

b. 压缩终点 c 的空气摩尔定压热容 $C_{pc,m}$，由式(1-53)，得

$$C_{pc,m}=28.184+0.002\ 5T_c=28.184+0.002\ 5\times917=30.5\ \text{kJ/(kmol}\cdot\text{K)}$$

c. z 点燃烧产物摩尔定压热容 $C_{pz,m}$，由式(1-55)，得

$$C_{pz,m}=\frac{\phi_a-1}{\phi_a+0.064}C_{pc,m}+\frac{1+0.064}{\phi_a+0.064}(29.754+0.003\ 6T_z)$$

$$=\frac{1.75-1}{1.75+0.064}\times30.5+\frac{1+0.064}{1.75+0.064}\times(29.754+0.003\ 6T_z)$$

$$=30.1+0.002\ 1T_z$$

d. 计算最高燃烧温度 T_z，由式(1-60)

$$\frac{\xi_z H_u}{\phi_a L_0(1+\phi_r)}+[C_{pc,m}+8.314(\lambda_p-1)]T_{co}=\mu_z C_{pz,m}T_z$$

代入数值后得

$$\frac{0.75\times42\ 500}{1.75\times0.495(1+0.04)}+[30.5+8.314(1.80-1)]\times917$$

$$=1.03(30.1+0.002\ 1T_z)\times T_z$$

$$T_z=\frac{35\ 381+34\ 068}{31+0.002\ 16T_z}$$

其中

$$\mu_z = 1 + (\mu - 1)\frac{\xi_z}{\xi_b} = 1 + (1.035 - 1)\frac{0.75}{0.85} = 1.03$$

求解关于 T_z 的一元二次方程，并对 T_z 试算两次，最后得最高燃烧温度

$$T_z = 1\ 973\ \text{K}$$

e. 初膨胀比 ρ_0

$$\rho_0 = \frac{\mu_z}{\lambda_p} \cdot \frac{T_z}{T_c} = \frac{1.03 \times 1\ 973}{1.80 \times 917} = 1.23$$

⑤膨胀过程计算

a. 后膨胀比 δ

$$\delta = \frac{\varepsilon_c}{\rho_0} = \frac{16.5}{1.23} = 13.4$$

b. 选取平均多变膨胀指数

$$n_2 = 1.25$$

c. 膨胀过程中任意点 x 的压力 p_{bx}

$$p_{bx} = p_z\left(\frac{V_z}{V_{bx}}\right)^{n_2} = p_z\left(\frac{\rho_0 V_c}{V_{bx}}\right)^{n_2} = 7.5\left(\frac{1.23V_c}{V_{bx}}\right)^{1.25}$$

式中　V_{bx}——x 点的气缸容积。

求出若干对 p_{bx} 和 V_{bx} 值，求法同前述 V_{cx}。便可绘制示功图上的膨胀线 z—b。

d. 膨胀终点的压力 p_b 和温度 T_b

膨胀终点压力 p_b

$$p_b = p_z/\delta^{n_2} = 7.5/13.4^{1.25} = 0.292\ \text{MPa}$$

膨胀终点温度 T_b

$$T_b = T_z/\delta^{n_2 - 1} = 1\ 973/13.4^{0.25} = 1\ 031\ \text{K}$$

⑥柴油机的指示参数计算

a. 平均指示压力 p_{mi}

$$\begin{aligned} p_{mi} &= \phi_i \cdot \frac{p_c}{\varepsilon_c - 1}\left[\lambda_p(\rho_0 - 1) + \frac{\lambda_p \rho_0}{n_2 - 1}\left(1 - \frac{1}{\delta^{n_2 - 1}}\right) - \frac{1}{n_1 - 1}\left(1 - \frac{1}{\varepsilon_c^{n_1 - 1}}\right)\right] \\ &= 0.96 \times \frac{4.17}{16.5 - 1}\left[1.80(1.23 - 1) + \frac{1.80 \times 1.23}{1.25 - 1} \times \right. \\ &\quad \left.\left(1 - \frac{1}{13.4^{0.25}}\right) - \frac{1}{1.368 - 1}\left(1 - \frac{1}{16.5^{0.368}}\right)\right] \\ &= 0.739\ \text{MPa} \end{aligned}$$

b. 指示热效率 η_{it}

$$\begin{aligned} \eta_{it} &= 8.314\frac{\phi_a L_0}{H_u} \cdot \frac{T_0}{p_0} \cdot \frac{p_{mi}}{\phi_c} \\ &= 8.314 \times \frac{1.75 \times 0.495}{42\ 500} \times \frac{288}{0.1} \times \frac{0.739}{0.81} = 0.445 \end{aligned}$$

c. 指示燃油消耗率 b_i

$$b_i = \frac{3.6 \times 10^6}{H_u \eta_{it}} = \frac{3.6 \times 10^6}{42\ 500 \times 0.445} = 190.35\ \text{g/(kW} \cdot \text{h)}$$

⑦柴油机的有效参数计算

a. 有效热效率 η_{et}

$$\eta_{et} = \eta_{it}\eta_m = 0.445 \times 0.8 = 0.356$$

b. 有效燃油消耗率 b_e

$$b_e = \frac{3.6 \times 10^6}{H_u \eta_{et}} = \frac{3.6 \times 10^6}{42\ 500 \times 0.356} = 238\ \text{g/(kW} \cdot \text{h)}$$

c. 平均有效压力 p_{me}

$$p_{me} = p_{mi}\eta_m = 0.739 \times 0.8 = 0.591\ \text{MPa}$$

d. 有效功率 P_e

$$P_e = \frac{iV_s}{120} \cdot p_{me} \cdot n = \frac{4}{120} \times 0.591 \times 1\ 500 = 29.55\ \text{kW}$$

⑧p-V 示功图的绘制

a. 确定适当的比例尺，计算各点的容积和压力

横坐标活塞容积比例尺：$L_V = 25$ mm/L，工作容积 $V_{SL} = 2L_V = 50$ mm

纵坐标气缸压力比例尺：$L_p = 10$ mm/MPa

压缩终点 c 容积：$V_{cL} = \dfrac{V_s}{\varepsilon_c - 1} \cdot L_V = 0.13 \times 25 = 3.25$ mm

压缩终点 c 压力：$p_{cL} = 4.17\ L_p = 4.17 \times 10 = 41.7$ mm

压缩始点 a 容积：$V_{aL} = (V_c + V_s)L_V = 2.13 \times 25 = 53.25$ mm

压缩始点 a 压力：$p_{aL} = 0.09\ L_p = 0.09 \times 10 = 0.9$ mm

最大压力点 z 容积：$V_{zL} = \dfrac{\rho_0}{\varepsilon_c - 1} \cdot L_V = 0.079\ 4 \times 25 = 1.99$ mm

最大压力点 z 压力：$p_{zL} = 7.5\ L_p = 7.5 \times 10 = 75$ mm

计算压缩线 a—c 各点压力 p_{cx}：

$$p_{cx} = p_a \left(\frac{V_a}{V_x}\right)^{n_1} L_p = 0.09X^{1.368} \times 10\ \text{mm}$$

计算膨胀线 b—z 上各点压力 p_{bx}：

$$p_{bx} = p_b \left(\frac{V_b}{V_x}\right)^{n_2} L_p = 0.289X^{1.25} \times 10\ \text{mm}$$

b. 计算压缩线 a—c 和膨胀线 b—z 上各点坐标参数，并列于表 1-30 中。

表 1-30　压缩线 a—c 和膨胀线 b—z 上各点坐标参数

点号	$X = \frac{V_t}{V_x}$	V_x/mm	$X^{1.368}$	p_{cx}/mm	$X^{1.25}$	p_{bx}/mm
1	1	53.25	1.00	0.90	1.00	2.89
2	2	26.63	2.58	2.32	2.38	6.87
3	3	17.75	4.50	4.05	3.95	11.41
4	4	13.31	6.66	6.00	5.66	16.35
5	5	10.65	9.04	8.14	7.48	21.61
6	6	8.88	11.60	10.44	9.39	27.14
7	7	7.61	14.33	12.89	11.39	32.91
8	8	6.66	17.20	15.48	13.45	38.88
9	9	5.92	20.20	18.18	15.59	45.05
10	10	5.33	23.34	21.00	17.78	51.39

（续表）

点号	$X=\frac{V_t}{V_x}$	V_x/mm	$X^{1.368}$	p_{cx}/mm	$X^{1.25}$	p_{bx}/mm
11	11	4.84	26.58	23.93	—	—
12	12	4.44	29.95	26.95	—	—
13	13	4.10	33.41	30.07	—	—
14	14	3.80	36.98	33.28	—	—
15	15	3.55	40.63	36.57	—	—
16	16	3.33	—	—	—	—

c. 按上表计算结果绘制 p-V 示功图，如图 1-25 所示。

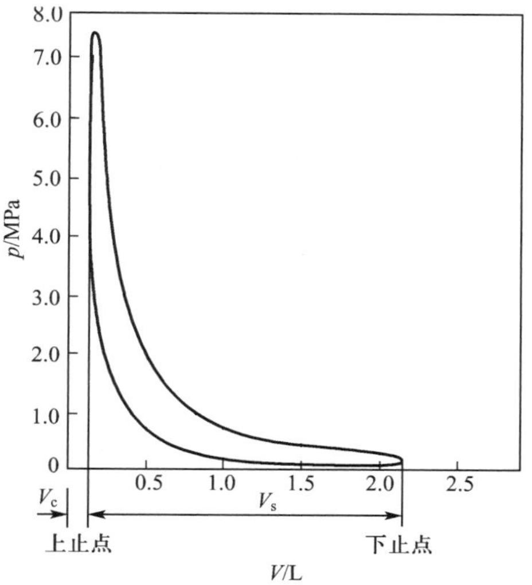

图 1-25　2135Q 柴油机示功图

d. 由修正后的示功图面积计算得出压力为 37 MPa，故

$$p_i=\frac{37}{2L_V}=\frac{37}{50}=0.74\ \text{MPa}$$

误差为

$$\delta_{p_i}=\frac{0.74-0.739}{0.739}\times 100\%=0.14\%$$

由热计算：

$$P_e=29.55\ \text{kW}$$

误差为

$$\delta_{P_e}=\left|\frac{29.4-29.55}{29.4}\right|\times 100\%=0.51\%$$

误差均在允许范围之内。

3. 热力计算的计算机程序编制

由上述计算实例可知，内燃机实际循环近似热力计算并不复杂，但较为烦琐，手算很费时间。如果将热力计算编成计算机程序，然后上机进行计算，可大量缩短计算时间。对增压柴油机工作过程的数值计算详见 7.4.3 节。

1.4.4　内燃机的热平衡

由表 1-26 数据可知，内燃机的有效热效率 η_{et} 一般为 35%～45%，就是说燃料在内燃机气缸中燃烧时所放出的热量，只有一部分转变为有效的机械功，其余 55% ～ 65% 的热量以不同的热传递方式损失了。

1. 热平衡概念

热平衡是指单位时间内燃料燃烧所产生的总热量转化为有效功、冷却热损失、排气热损失以及其余热损失的热量的利用和分配情况，以百分率(%)表示。

研究热平衡的目的，就是根据各项热损失的分配情况，明确改善热利用的方向，为提高有效功率和经济性寻找途径，估算冷却系统和装置设计的原始参数。

内燃机的热平衡通常是由实验来确定的。

2. 热平衡表达式

(1)以热量的分配表示，kJ/h

$$Q_F = Q_E + Q_W + Q_R + Q_S \tag{1-112}$$

式中 Q_F—— 单位时间内燃料燃烧的总热量，kJ/h；

Q_E—— 转化为有效功的热量，kJ/h；

Q_W—— 单位时间内冷却介质带走的热量，kJ/h；

Q_R—— 单位时间内排气带走的热量，kJ/h；

Q_S—— 其余损失的热量，kJ/h。

(2)以总热量的百分数表示，%

$$100\% = q_f = q_e + q_w + q_r + q_s \tag{1-113}$$

式中

$$q_e = Q_E/Q_F \times 100\%, \quad q_w = Q_W/Q_F \times 100\%$$
$$q_r = Q_R/Q_F \times 100\%, \quad q_s = Q_S/Q_F \times 100\%$$

3. 各项热量的计算式

(1)单位时间内燃料燃烧的总热量 Q_F

$$Q_F = BH_u = b_e P_e H_u \times 10^{-3} \quad (\text{kg/h}) \tag{1-114}$$

式中 B—— 由实验测出的内燃机每小时耗油量，kg/h；

b_e—— 燃油消耗率，g/(kW·h)；

P_e—— 内燃机的有效功率，kW；

H_u—— 燃料的低热值，kJ/kg。

(2)转化为有效功的热量 Q_E

$$Q_E = 3.6 \times 10^3 P_e \quad (\text{kg/h}) \tag{1-115}$$

式中 P_e—— 由实验测出的内燃机有效功率(kW)，1 kW·h = 3.6×10^3 kJ。

(3)单位时间内冷却介质带走的热量 Q_W

冷却介质包括冷却水、空气和润滑油，对发动机气缸、增压空气中间冷却器及润滑油进行冷却，其带走的热量根据所测冷却介质的流量 G_{wi}、温度 T_{wi}，按下式计算：

$$Q_W = \sum G_{wi} C_{pi} (T_{2wi} - T_{1wi}) \tag{1-116}$$

式中 G_{wi}—— 各冷却介质的小时流量，kg/h；

C_{pi}—— 各冷却介质的定压热容，对水 $C_{pw} = 4.187$ kJ/(kg·K)；

T_{1wi}、T_{2wi}—— 分别为各冷却介质流入和流出冷却系统时的热力学温度，K；

下标 i—— 为所示冷却介质的种类。

(4)单位时间内排气带走的热量 Q_R

Q_R 等于排出废气的能量与进入内燃机的新鲜空气带入的能量之差。

$$Q_R = M_2 B C_{pr,m} T_r - M_1 B C_{pa,m} T_a \tag{1-117}$$

式中　M_1—— 为燃烧 1 kg 燃料的实际空气量，$M_1 = \phi_a L_0$，kmol/kg；

M_2—— 为 1 kg 燃料燃烧后的产物量，$M_2 = \mu M_1$，kmol/kg；

$C_{pa,m}$—— 燃烧空气的摩尔定压热容、，kJ/(kmol · K)；

$C_{pr,m}$—— 燃烧产物的摩尔定压热容、，kJ/(kmol · K)；

T_a—— 增压器进口处大气温度，K；

T_r—— 涡轮后排气温度，K。

其中

$$C_{pa,m} = 28.184 + 0.0025 T_a$$

$$C_{pr,m} = 8.314 + \frac{20.473 + 19.26(\phi_a - 1)}{\phi_a} + \frac{360.06 - 251.21(\phi_a - 1)}{\phi_a \times 10^5} T_r$$

(5)余项损失热量 Q_S

余项损失的热量包括不完全燃烧损失的热量、发动机表面传给大气的辐射热量、未被冷却介质带走的摩擦热、用来带辅助机械的能量以及由于计算不精确而产生的误差等。

$$Q_S = Q_F - (Q_E + Q_W + Q_R) \tag{1-118}$$

4. 内燃机的热平衡图

一般内燃机燃料在气缸中燃烧所放出的热量 Q_F 的分配关系，常用热平衡图表示，如图 1-26 所示。主要有三个流向：

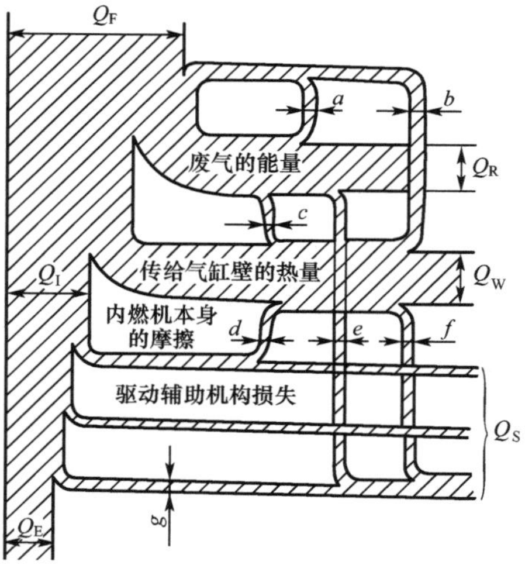

图 1-26　内燃机的热平衡图

a— 从残余废气和排气中回收的热量；*b*— 由气缸壁传给进气的热量；*c*— 排气传给冷却水的热量；*d*— 摩擦热传给冷却水的部分；*e*— 从排气系统辐射的热量；*f*— 冷却系和水套壁辐射的热量；*g*— 从曲轴箱壁辐射的热量

(1) 转化为指示功的热量 Q_I，约占总热量的 35% ～ 55%。

包括转化为有效功的热量 Q_E(35% ~ 45%) 和机械摩擦损失的热量、驱动内燃机辅件的热当量以及因辐射而散失到大气中的热量 Q_S(5% ~ 10%)。

(2)排气带走的热量 Q_R,约占 25% ~ 45%。

对排气涡轮增压内燃机来说,排气中的部分能量(图 1-26 中 a) 回收后重新得到利用,这样不仅可以提高内燃机的功率,而且燃料的经济性和排放性也有一定的改善。

(3)冷却损失的热量 Q_W,约占 15% ~ 35%。

改善内燃机热效率的途径,就是应用绝(隔) 热技术,来减少冷却介质带走的热量。

5. 热损失范围及热量分配情况

(1)各项热损失范围

燃料总热量的 50% ~ 75% 损失掉了,主要是由排气带走,其次是传给冷却水。表 1-31 列出了三种类型内燃机全负荷时各项热损失的范围。

表 1-31　三种类型内燃机全负荷时各项热损失的范围

机型	q_e/%	q_r/%	q_w/%	q_s/%
汽油机	25 ~ 30	30 ~ 50	12 ~ 27	5 ~ 10
非增压柴油机	30 ~ 40	25 ~ 45	15 ~ 35	2 ~ 5
增压柴油机	35 ~ 45	25 ~ 40	10 ~ 30	2 ~ 3.5

对于热量分配影响较大的因素是增压。增压后,废气带走的热量明显增加。这是由于涡轮前的排气温度增加。增压后冷却水带走的热量的百分比减少,说明增压后功率增加,冷却水系统并不需要按比例增大,但随着增压度的提高,空气中冷器带走的热量相应加大;增压后润滑油带走的热量的百分比变化不大,但热量增加,润滑系统润滑油冷却管的容量应相应加大。

(2)不同类型增压柴油机各项热量分配情况

表 1-32 列举了一些增压柴油机的热平衡数据,是在标定工况下实验得到的,在低工况运转时,其热平衡情况是不一样的。

表 1-32　增压柴油机的热平衡数据

冲程数	机型	$\frac{D}{mm}$	$\frac{S}{mm}$	$\frac{P_e}{kW}$	$\frac{n}{r \cdot min^{-1}}$	$\frac{p_{me}}{MPa}$	热量分配 /%				备注
							q_e	q_r	q_w	q_s	
4	12V180ZL	180	205	993	1 500	1.30	37.6	35.0	27.4	—	
4	16V200Z	200	220	1 838	1 500	1.36	35.1	37.7	26.6	0.6	
4	12V230Z	230	230	1 838	1 500	1.31	39.4	39.2	18.0	3.4	
4	16V240ZL	240	275	2 941	1 100	1.61	39.2	37.3	22.6	0.9	活塞油冷
2	6UET45/80D	450	800	3 309	230	1.153	39.0	31.5	29.3	0.2	活塞油冷
2	6ESDZ76/160	760	1 600	6 618	115	0.865	41.0	29.6	28.0	1.2	
2	MANKZ84/140C	840	1 400	8 162	105	0.80	41.5	36.1	19.6	2.8	

6. 热平衡实验与计算举例

【例 1-3】 16V240ZL 型四冲程废气涡轮增压中冷柴油机的热平衡实验及计算[8],其热平衡实验是在标定工况下进行的。实验及计算结果见表 1-33。

表 1-33　**16V240ZL 型柴油机热平衡实验及计算结果**

实验结果	计算结果
柴油机性能指标 缸径 D　240 mm 行程 S　275 mm 标定功率 P_e　2 941 kW 标定转速 n　1 100 r · min^{-1} 柴油消耗率 b_e　216 g · (kW · h)$^{-1}$ 柴油低热值 H_u　42 500 kJ/kg	柴油的总发热量 Q_F，q_f $Q_F = BH_u$ $= b_e P_e H_u \times 10^{-3}$ $= 0.216 \times 2\,941 \times 42\,500$ $= 2\,700 \times 10^4$ kJ/h $q_f = 100\%$
柴油机有效参数 总工作容积 iV_s　199 L 平均有效压力 $p_{me} = \frac{120}{iV_s} \cdot \frac{P_e}{n}$ $= 1.61$ MPa	转化为柴油机有效功的热量 Q_E，q_e $Q_E = 3\,600 P_e$ $= 3\,600 \times 2\,941 = 1\,058.8 \times 10^4$ kJ/h $q_e = Q_E/Q_F = 39.2\%$
充量与排气参数 大气温度 T_0　293 K 排气温度 T_r　733 K 新鲜空气量 $M_1 = \phi_a L_0$ $= 2.0 \times 0.495 = 0.99$ 燃烧产物 $M_2 = \mu M_1 = 1.036 \times 0.99 = 1.026$ 空气摩尔定压热容、$C_{pa,m}$ $= 28.184 + 0.002\,5T_0 = 28.9$ 排气摩尔定压热容、$C_{pr,m}$ $= 8.314 + \frac{20.473 + 19.26(\phi_a - 1)}{\phi_a} + \frac{360.06 - 251.21(\phi_a - 1)}{\phi_a \times 10^5} T_r$ $= 32.2$	排气带走的热量 Q_R，q_r $Q_R = M_2 B C_{pr,m} T_r - M_1 B C_{pa,m} T_0$ $= 1.026 \times 635.26 \times 32.2 \times 733 -$ $0.99 \times 635.26 \times 28.9 \times 293$ $= 1\,005.8 \times 10^4$ kJ/h $q_r = Q_R/Q_F = 37.3\%$
柴油机冷却水 流量 $G_{w1} = 151 \times 10^3$ kg/h 进水温度 $t_{1w1} = 60$ ℃ 出水温度 $t_{2w1} = 64$ ℃	冷却水带走的热量 Q_{W1}，q_{w1} $Q_{W1} = G_{w1} \cdot C_{pw1}(t_{2w1} - t_{1w1})$ $= 151 \times 10^3 \times 4.186 \times 4 = 252.8 \times 10^4$ kJ/h $q_{w1} = Q_{W1}/Q_F = 9.4\%$
中间冷却器冷却水 流量 $G_{w2} = 105 \times 10^3$ kg/h 进水温度 $t_{1w2} = 50.8$ ℃ 出水温度 $t_{2w2} = 54.8$ ℃	中间冷却器冷却水带走的热量 Q_{W2}，q_{w2} $Q_{W2} = G_{w2} \cdot C_{pw2}(t_{2w2} - t_{1w2})$ $= 105 \times 10^3 \times 4.186 \times 4 = 175.8 \times 10^4$ kJ/h $q_{w2} = Q_{W2}/Q_F = 6.5\%$
主油道冷却水 流量 $G_{w3} = 58 \times 10^3$ kg/h 进水温度 $t_{1w3} = 38.5$ ℃ 出水温度 $t_{2w3} = 46$ ℃	机油带走的热量 Q_{W3}，q_{w3} $Q_{W3} = G_{w3} \cdot C_{pw3}(t_{2w3} - t_{1w3})$ $= 58 \times 10^3 \times 4.186 \times 7.5 = 182.1 \times 10^4$ kJ/h $q_{w3} = Q_{W3}/Q_F = 6.7\%$

7. 柴油机的废热利用

柴油机的废热包括废气和冷却水两部分，按能量品质不同进行区别使用。

(1)废气利用

废气的温度较高，废气涡轮的出口温度为 600 ～ 650 K，能量品质较高，容易利用。

①涡轮复合式柴油机。利用柴油机废气驱动燃气涡轮，再将涡轮的功率传送到柴油机曲轴上，增大发动机输出功。

②柴油机与朗肯循环复合。柴油机的废气送入废气锅炉内加热水以产生蒸汽，蒸汽进入蒸汽涡轮驱动发电机。

③废气涡轮发电机组。废气驱动燃气涡轮带动发电机产生电能。

(2)冷却水温度利用

冷却水的温度较低，一般为 355 ～ 365 K，能量品质较低，利用困难。主要作为热源使用，可作生活用水、淡水发生器及制冷装置等。

1.4.5 提高内燃机动力性和经济性的技术措施

1. 表征内燃机动力性和经济性的关系式

(1)影响升功率的各因素

由式(1-110),得

$$P_L = \frac{3.47}{30\tau} \cdot \frac{H_u}{\phi_a L_0} \cdot n \cdot \rho_d \cdot \phi_c \cdot \eta_{et} = K_1 \cdot \frac{n}{\tau} \cdot \frac{\rho_s}{\phi_a} \cdot \phi_c \cdot \eta_{it} \cdot \eta_m \tag{1-119}$$

(2)影响油耗率的各因素

由式(1-102),得

$$b_e = \frac{3.6 \times 10^6}{H_u} \cdot \frac{1}{\eta_{it}\eta_m} = K_2 \cdot \frac{1}{\eta_{it}\eta_m} \tag{1-120}$$

式(1-119) 和式(1-120) 明确地表明了提高动力性能和经济性能的基本途径。

2. 技术措施

(1)采用排气涡轮增压加中冷技术,提高进气 ρ_s

从式(1-119) 可以看出,在保持过量空气系数 ϕ_a 等参数不变的情况下,增加吸进空气密度 ρ_s,可以多喷油,使发动机功率按比例增长。这就是在柴油机上安装排气涡轮增压器,通过预压缩进气来增加空气量的根本原因。进一步冷却进气,能提高增压空气密度。当采用高增压($\pi_b > 3$) 时,柴油机的 p_{me} 和 P_L 成倍增长,p_{me} 可超过 3 MPa,比质量 G_e 降到 2 kg/kW 以下,同时,还能改善柴油机的经济性和排烟。增压技术可以用来恢复在高原使用的内燃机的功率。采用带放气阀的增压器,在高工况时将部分排气放掉,可以防止增压器超速或使柴油机最高压力过大。采用变截面涡轮增压器,低转速时,让喷嘴环出口截面积自动减小,高转速时,让喷嘴环出口截面积增大,这样扩大了低油耗率的运行区,加速性能得到提高,排放和噪声获得改善。

汽油机由于受爆燃限制,压缩行程终了时的压力和温度不宜过高,这就限制了增压的压力,增压后一般提高 30% ~ 40%。

(2)合理组织燃烧过程,提高循环指示热效率 η_{it}

①对汽油机:应用电控汽油喷射,改善混合气形成质量;加强进气涡流、滚流;采用多气门技术;紧凑型燃烧室;与高能点火的火花塞的合理布置相匹配,应用稀燃、速燃和分层燃烧等新技术。

②对柴油机:电控高压共轨、多阶段柔性喷射技术,采用理想的喷油规律;4 气门喷油器中间正置;进气涡流可变技术,挤流和微涡流,前期加速混合,后期加快燃烧;环形燃烧室与多孔油嘴的喷束相匹配,均质充量低温火焰预混合燃烧(HCCI) 减少扩散燃烧。

通过减少冷却系、润滑系、排气系和表面辐射的热损失,提高指示热效率 η_{it}。

(3)改善换气过程,提高气缸的充量系数 ϕ_c

改善换气过程,不仅可以提高 ϕ_c,而且可以减少换气损失。在相同的进气管状态(p_d、T_d、ρ_d) 下能吸入更多的新鲜空气,喷入更多的燃料,在同样的燃烧条件下可以获得更多的有用功,从改善配气机械、凸轮轮廓线及管道流体动力性能等方面着手进行研究。

(4)提高内燃机的机械效率 η_m

靠合理选定各种热力和结构参数,合理选定活塞平均速度 V_m,提高零件的精度、减少其摩擦损失,减小驱动水泵、油泵等附属机构所消耗的功率以及改善发动机的润滑、冷却来实现。

(5)提高内燃机的转速 n

增加转速可以增加单位时间内每个气缸做功的次数,因而可提高发动机的输出功率,同时发动机的比质量也随之降低。因此,它是提高发动机功率和减小质量、尺寸的一个有效措施。

但转速增加受到燃烧恶化、充量系数 ϕ_c 和机械效率降低、零件使用寿命和可靠性降低以及发动机振动、噪声加剧等的限制。

一般车用汽油机:$n = 4\ 000 \sim 5\ 000$ r/min;

一般车用柴油机:$n < 3\ 000$ r/min。

(6)采用二冲程,提高升功率

理论上,采用二冲程相对四冲程可以使升功率提高一倍,但由于二冲程组织热力过程和结构设计上的行程损失,在相同工作容积和转速下,p_{me} 往往达不到四冲程的水平,P_L 只能提高 50% ~ 60%。

目前,除在大型低速船用柴油机和小型风冷汽油机(2.0 kW 以下)中二冲程占一定比例外,四冲程在机型数量上占绝大多数。

习　题

1-1　内燃机的特点是什么?往复活塞式内燃机是如何分类的?

1-2　解释下述名词术语:

(1)内燃机理想循环、实际循环、工作循环;

(2)气缸工作容积、发动机排量;

(3)压缩比;

(4)四冲程内燃机、二冲程内燃机;

(5)示功图作用、表示法。

1-3　研究理想循环的目的是什么?内燃机有哪三种理论循环?如何对其热效率表达式进行比较?从理想循环中可以得到哪些结论?在指导实际工作过程要受到哪些限制?

1-4　实际循环与理想循环相比有哪些损失?如何造成的?在四冲程非增压柴油机 p-V 示功图中画出损失的各部分。

1-5　何谓内燃机的热平衡?写出热平衡方程式及确定各项热量损失的表达式。

1-6　明确下述定义式:

(1)充量系数 ϕ_c;

(2)过量空气系数 ϕ_a 和总过量空气系数 ϕ_{at};

(3)空燃比 $a = A/F$ 及化学计量空燃比;

(4)燃空当量比 ϕ;

(5)残余废气系数 ϕ_r;

(6)理论分子变化系数。

1-7　简述内燃机实际循环热计算,并画出示功图。

1-8　什么是内燃机的指示参数?什么是内燃机的有效性能指标?主要有哪些有效性能指标?

1-9 什么是机械效率 η_m?怎样求得?提高机械效率的措施有哪些?

1-10 提高动力性和经济性的基本途径有哪些?试用关系式加以说明。

1-11 写出发动机功率 P_e 与平均有效压力 p_{me} 及 n 的关系式、功率 P_e 与转矩 T_{tq} 及 n 的关系式、发动机油耗率 b_e 与有效热效率 η_{et} 的关系式。

1-12 已知2100型非增压四冲程直喷式柴油机:缸径 D/行程 $S = 100$ mm/120 mm,标定工况的功率 P_e/转速 $n = 16.2$ kW/1 500 r·min^{-1},机械效率 $\eta_m = 0.80$,指示热效率 $\eta_{it} = 0.48$。试求:

(1)升功率 P_L,kW/L;

(2)平均有效压力 p_{me},MPa;

(3)转矩 T_{tq},N·m;

(4)有效油耗率 b_e,g/(kW·h)。

参考文献

[1] 孙建新. 内燃机构造与原理[M]. 2版. 北京:人民交通出版社,2009.

[2] 吴寿民,朱敏学. 船舶柴油机[M]. 北京:国防工业出版社,1982.

[3] 周龙保. 内燃机学[M]. 3版. 北京:机械工业出版社,2011.

[4] 刘永长. 内燃机原理[M]. 武汉:华中科技大学出版社,2001.

[5] 中国内燃机工业年鉴编委会. 中国内燃机工业年鉴2017[M]. 上海:上海交通大学出版社,2017.12.

[6] Heywood J B. Internal Combustion Engines Fundamentals[M]. McGraw Hill Book Company,1988.

[7] 李幼鹏. 柴油机原理[M]. 大连:大连理工大学出版社,1992.

[8] 包志国. 内燃机原理[M]. 北京:中国铁道出版社,1989.

第2章　内燃机的换气过程

换气过程(gas exchange process)是从排气开始，经进气、扫气过程到进、排气门(口)全部关闭为止的整个工质更换过程。它包括上一循环排气门开启时的排气过程和本循环进气门开启时的进气过程，使工作循环周而复始地持续进行。

换气过程的基本要求是彻底地排净气缸内废气($\phi_r \to 0$)，充分地吸入新鲜空气($\phi_c \to 1$)。换气过程的完善程度，影响内燃机气缸的热负荷、动力性、经济性和排放性。

换气时气体是在气门流通截面变化的情况下做不稳定流动，气缸内工质的压力和温度是随时间(曲轴转角)变化的。研究换气过程的目的是：减少进、排气流动阻力损失，为提高充量系数寻求措施，为燃料充分燃烧提供合适的缸内气体流动，并保证多缸机各缸的进气均匀性。

2.1　四冲程内燃机的换气过程

2.1.1　换气过程的阶段划分与换气损失

1. 配气相位及配气定时的确定

四冲程内燃机配气机构均采用气门换气方式，气缸盖上的进、排气门的开关是通过进、排气凸轮来控制的。

(1)配气相位图

进、排气门开启或关闭的角度用相位图表示，称为“配气相位图”(valve phasing diagram)。图2-1给出了四冲程柴油机换气过程的配气相位图与低压 p-V 示功图[1]。

(2)配气定时

进、排气门开启或关闭的瞬时，相对上、下止点的位置，以曲轴转角表示，称为“配气定时”(valve timing)。

①排气门开启角

排气门开启角(EVO)指从排气门开启瞬时到活塞下止点(BDC)所转过的曲轴转角(°CA)。因为它是在下止点之前提前开启，所以亦称为“排气提前角”θ_{ea}，一般为30～60°CA。提前开启的目的是利用气缸内的压力 p 高于排气管内的压力 p_r 的压差 Δp，减少泵气损失。

②排气门关闭角

排气门关闭角(EVC)指自活塞位于上止点(TDC)时刻到排气门关闭瞬时所转过的曲轴转角。因为它是在上止点之后适当晚关，所以又称为“排气迟后角”θ_{el}，一般为10～35°CA，增压机为40～65°CA。其目的是利用排气流动速度惯性，多排出一些废气。

排气过程是把燃烧废气排出气缸的过程，从排气门开启瞬时开始到排气门关闭瞬时结束的全过程。所转过的曲轴转角称为“排气持续期”，一般为 220 ～ 290°CA。

③进气门开启角

进气门开启角(IVO) 指从进气门开启瞬时到上止点所转过的曲轴转角(°CA)。因为它是在上止点之前开启，所以又称为“进气提前角”θ_{ia}，一般为 10 ～ 35°CA。其目的是活塞到上止点时，进气门已经打开了一个角度，减少进气阻力损失，多进一些新鲜空气。

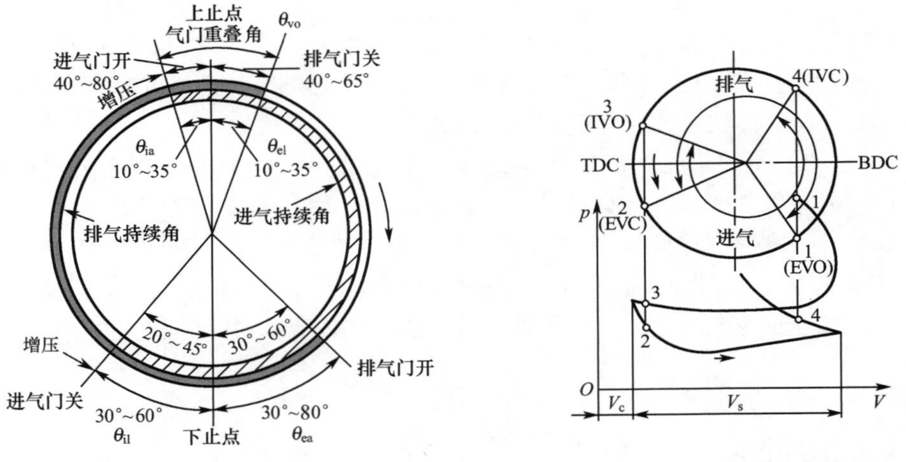

(a)配气相位示意图　　(b)低压 p-V 示功图

图 2-1　四冲程柴油机换气过程配气相位图与低压 p-V 示功图

④进气门关闭角

进气门关闭角(IVC) 指自活塞位于下止点时刻到进气门关闭瞬时所转过的曲轴转角。因为它是在下止点之后关闭，所以又称为“进气迟后角”θ_{il}，一般为 20 ～ 45°CA。其目的是利用进气过程中高速气流的惯性，继续充气，从而增加气缸内的充气量。

进气过程是充量进入气缸的过程，从进气门开启瞬时起到进气门关闭瞬时止的全过程。所转过的曲轴转角称为进气持续期，一般为 220 ～ 285°CA。

⑤气门重叠角 θ_{vo}

在进、排气上止点前后，出现进、排气门同时开启的时间，以曲轴转角表示，叫“气门重叠角”。它等于进气提前角 θ_{ia} 与排气迟后角 θ_{el} 之和，即 $\theta_{vo} = \theta_{ia} + \theta_{el}$，一般为 40 ～ 110°CA。在气门重叠开启期间，进气管、气缸、排气管三者直接相通，此时的气体流动方向就取决于三者之间的压力差。由于进、排气流动的惯性，一般排气不能倒灌。增压机气门重叠角较大，利用增压空气扫气以降低受热部件的热负荷。

(3)配气定时的确定

①排气提前角 θ_{ea} 的确定

排气门的开启越早，膨胀损失就越大，而强制排气损失会减少。一般汽油机的 θ_{ea} 小些，柴油机的 θ_{ea} 大些，增压柴油机的 θ_{ea} 更大一些，一般为 30 ～ 80°CA。

②进气迟后角 θ_{il} 的确定

如能正确选择 θ_{il}，可实现以补充进气来增加气缸空气量，有效提高充量系数 ϕ_c，有利于功率的增大。高速柴油机和增压柴油机的 θ_{il} 较大，一般为 25 ～ 60°CA。

③进气提前角 θ_{ia} 和排气迟后角 θ_{el} 的确定

a. 对增压柴油机，一般组织燃烧室扫气，气门重叠角选择较大，一般为 80 ～ 150°CA。但 θ_{ia} 太大，进气门开启时气缸内压力高于进气管压力，易造成废气向进气管倒流，污染进气系统；若 θ_{el} 太大，同一排气支管排气压力波相互作用，容易使废气从排气管向进气管倒流，增加气缸中残余废气量。另外，气门重叠角 θ_{vo} 较大时，应注意避免气门与活塞顶相碰。

b. 对于小功率非增压高速柴油机、高速汽油机、高增压下工作的潜艇主机，进、排气管压力差比较小，一般选择较小的 θ_{vo}，通常为 40 ～ 80°CA。主要考虑兼顾清除残余废气，减少换气损失，防止废气倒流。但 θ_{ia} 太小时，流动阻力增大，造成进气压力线下降。

（4）配气定时的确定方法

①参考经验数据方法确定

一般情况下，配气定时参考相类似的有关机型的数据，拟定几种方案，在单缸试验机上做对比试验。表 2-1 列出了几种四冲程内燃机的配气定时表。

表 2-1　几种四冲程内燃机配气定时表

机型	D/S / mm/mm	P_e/n / kW/(r·min^{-1})	θ_{ea} / BBDC	θ_{el} / ATDC	θ_{ia} / BTDC	θ_{il} / ABDC	θ_{vo} / TDC	p_b / MPa
4-ZA1	82/75	60/5 000	55	20	21	65	41	（汽油机）
6-135G	135/140	88/1 500	48	20	20	48	40	—
8-300	300/380	588/600	52	32	37	47	69	—
6-110Z	110/125	155/2 300	50	15	16	45	31	0.18（脉冲）
6-135Z	150/140	140/1 500	62	48	48	62	96	0.16（脉冲）
16V-240Z	240/275	2 941/1 100	40	40	40	40	80	0.246（脉冲）
8-300Z	300/3 800	803/600	55	40	40	75	80	0.132（定压）

②用工作过程模拟计算方法确定

进行工作过程模拟计算，通过定量分析比较，对最佳配气定时进行实机性能验证，能大大节约试验工作量。

2. 四冲程内燃机换气过程的阶段划分

图 2-2 给出了四冲程内燃机实测换气过程的气缸压力 p、排气管压力 p_r 随曲轴转角 φ 的变化关系，以及相应的进、排气门相对流通截面积的变化情况。根据气体流动的情况，四冲程内燃机换气过程可分为自由排气、强制排气、气门重叠、进气和过后充气 5 个阶段[2]。

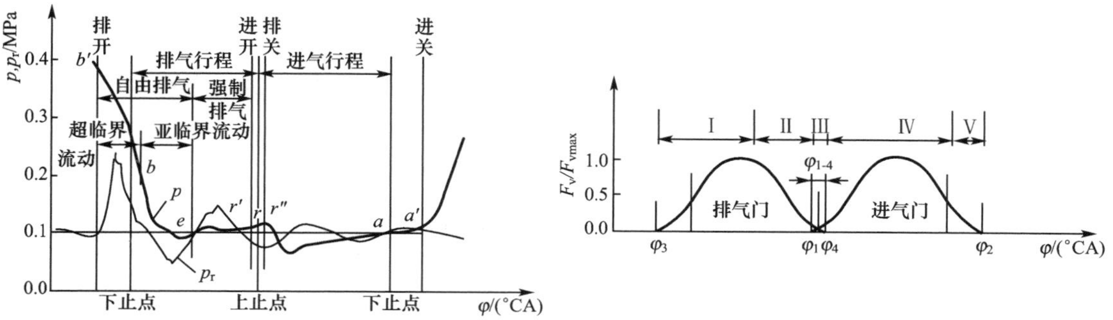

(a)p 和 p_r 随 φ 的变化　　(b)进、排气门相对流通截面积变化

图 2-2　四冲程柴油机换气过程的五个阶段

（1）自由排气阶段 Ⅰ（$b'e$）

从排气门开启 b' 点到气缸压力 p 等于排气管内压力 p_r 的 e 点，这个时期称为“自由排气

阶段”。因为排气门在下止点前打开，这时气缸压力 p 为 0.2 ～ 0.5 MPa，有正向压差。

①自由排气初期 $b'b$ 阶段是超临界流动，排气流速 $u = a$（音速）$=\sqrt{kRT} = 500 \sim 700$ m/s，临界压比$\dfrac{p_r}{p} \leqslant \left(\dfrac{2}{k+1}\right)^{\frac{k}{k-1}}$（临界值为 0.528，对排气 $k = 1.34$）。

②自由排气后期 be 阶段是亚临界流动，$u < a$，$\dfrac{p_r}{p} > \left(\dfrac{2}{k+1}\right)^{\frac{k}{k-1}}$，直到某一时刻 e 点，气缸压力 p 等于排气管压力 p_r 时，自由排气阶段结束。排气门由于提前打开存在膨胀损失。

(2)强制排气阶段 Ⅱ（er'）

从 $p = p_r$ 的 e 点到进气门开的 r' 点，它是靠活塞上行将气体推出气缸的一段排气时期，气缸压力 p 略大于排气管内平均压力 p_r（约 10 kPa）。

由于活塞上行速度和废气排出量都是不断变化的，所以排气压力差值也是随时间变化的；由于排气管内形成的压力波动，导致气缸内的压力波动。

当活塞接近上止点时，废气流出还有一定速度，气门处流动阻力存在排气损失，排气终点压力 p_r 大于环境压力 p_0，所以，排气门通常在上止点后 10 ～ 35°CA 关闭。

(3)气门重叠阶段 Ⅲ（$r'r''$）

进气门在上止点前 r' 点打开，排气门在上止点后 r'' 关闭，活塞在上止点附近，进、排气门同时开启的角度之和称为“气门重叠角”θ_{vo}。在气门重叠期间，进气管、气缸与排气管三者连通。

①对非增压机，由于气门开启小，加之排气惯性，不会发生排气倒灌入气缸。

②对增压机，由于进气压力 $p_b > p_r$，扫除燃烧室残余废气，降低热负荷，有助于增加缸内充量效果。

(4)进气阶段 Ⅳ（$r''a$）

排气门关闭后，残余废气膨胀到 $p_r = p_0$ 时才开始进气。由于进气阻力，气缸内压力 $p < p_0$，进气又被加热 ΔT，所以存在进气损失。在进气管内引起负压波，到了进气行程终了，气缸内的压力几乎回升到接近大气压力 p_0。

(5)过后充气阶段 Ⅴ（aa'）

由于进气门迟闭，利用进气流的惯性在下止点后继续充气，增加了气缸内的空气量，最好在气流速度等于零时进气门完全关闭。

3. 换气损失及其影响

换气损失定义为理论循环换气功与实际循环换气功之差。换气损失由排气损失和进气损失两部分组成。图 2-3 为非增压与增压四冲程内燃机的换气损失示意图。换气损失 = 排气损失（$w + x$）+ 进气损失 y。

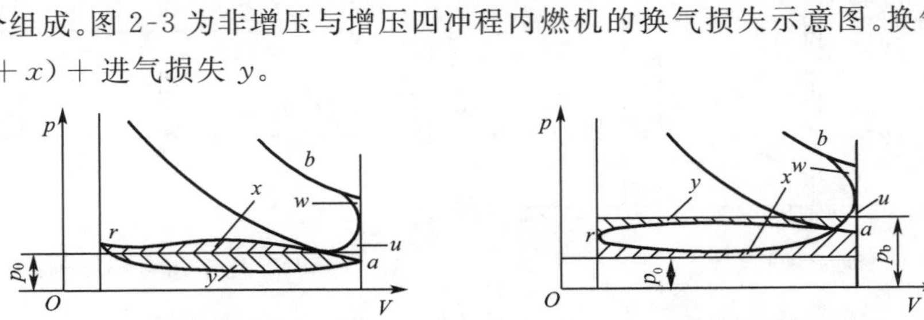

图 2-3　四冲程内燃机换气损失示意图

w— 膨胀损失；x— 推出损失；y— 进气损失；$x + y - u$— 泵气损失

(1) 排气损失

①排气损失

膨胀损失与推出损失之和，即$(w+x)$。

a. 膨胀损失 w　由于排气门提前打开，离开膨胀线，使面积减少 w，称为“膨胀损失”。

b. 推出损失 x　由于活塞上行强制排气行程所消耗的功，面积为 x，称为“推出损失”。

②排气提前角和转速对排气损失的影响[3]

a. 排气提前角 θ_{ea} 对排气损失的影响

当发动机转速 n 一定时，排气提前角 θ_{ea} 越大，排气门开启越早，膨胀损失 w 越大，而推出损失 x 越小，如图 2-4(a) 所示。

b. 转速 n 对排气损失的影响

如图 2-4(b) 所示，当排气提前角 θ_{ea} 一定，转速 n 增加时，对应的排气时间就变短，通过排气门排出的废气减少，膨胀损失减小，但却使缸内压力水平提高，推出损失 x 明显增大，总体上排气损失呈现增加趋势。所以排气提前角应随转速的增加而适当加大。

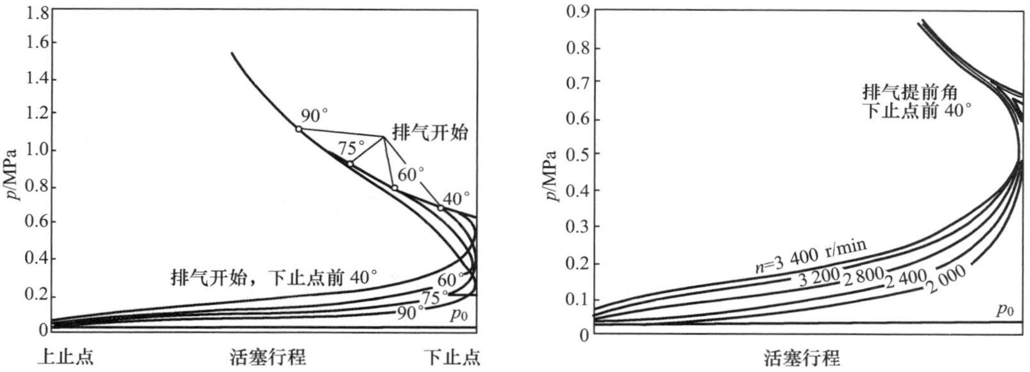

(a) 排气提前角 θ_{ea} 对排气损失的影响　(b) 转速 n 对排气损失的影响

图 2-4　θ_{ea} 和 n 对排气损失的影响

③减小排气损失采取的措施

a. 合理确定排气提前角 θ_{ea}，应使换气总损失最小，即$(w+x+y)_{min}$；且在任何工况下，具有高的 ϕ_c 和低的 ϕ_r。

b. 减小排气系统阻力，设计原则是降低排气背压，减小排气噪声。

c. 减小排气门处的流动损失，在设计时应保证排气门处的良好流体动力性能。排气道应当是渐扩型，以保证排出气体充分膨胀。

d. 排气管系中的消声器及后处理器(催化转化器)，设计时应尽可能降低流动阻力。

e. 采用最佳气门重叠角 θ_{vo}，应使扫气效果最好。

f. 对顶置式四气门内燃机，可采用可变的配气执行机构(variable valve actuator，VVA)技术。

(2)进气损失

①进气损失

进气损失为当进气门开启活塞下行吸气时，由于进气道和进气门处存在流动阻力损失，对自然吸气内燃机，使气缸内进气压力线低于大气压力(p_0)线；对增压内燃机，使缸内压力线低于增压压力（p_b）线。如图 2-3 所示，两线所围成的阴影部分面积 y 就是进气损失。流动阻力越大，缸内压力就低得越多，面积 y 就越大，进气损失就越多，进气过程消耗的功越大，使充量系数 ϕ_c 减小。

②发动机转速 n 对进气损失的影响

进气损失、排气损失与 n 的关系如图 2-5 所示，进气损失随内燃机转速升高而增大。与排气损失相比，进气损失随 n 升高数值虽然没有排气损失升高的大，且上升斜率也小一些，但它影响充量系数 ϕ_c，因此，进气损失对发动机的性能影响是明显的。

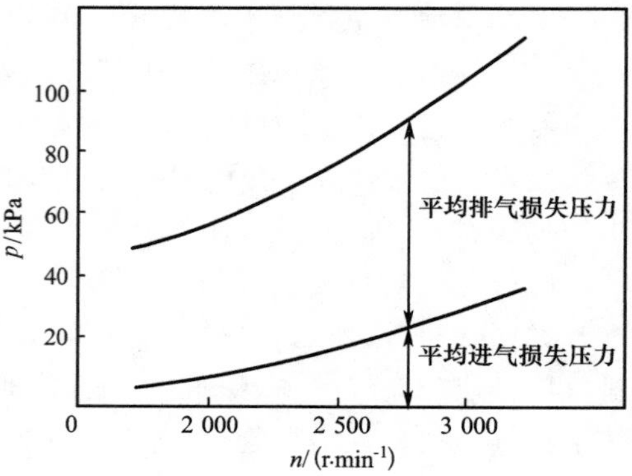

图 2-5　进气损失、排气损失与 n 的关系

③减小进气损失的措施

a. 适当增大进气提前角 θ_{ia}；

b. 加大进气门的流通截面积；

c. 正确设计进气道及进气管的流动路径；

d. 适当降低活塞平均速度 V_m。

4. 泵气功与泵气损失

(1)泵气功 W_{pw}

泵气功是指在强制排气行程和吸气行程缸内气体对活塞所做的功。

①对非增压内燃机，如图 2-3(a) 所示。

泵气功的大小为 $x+y-u$ 的封闭面积，对整个循环来说为负功。

$$W_{pw} = (x+y-u)L_p \tag{2-1}$$

式中　L_p—— 示功图的比例系数；

u—— 实际循环示功图圆弧面积，很小可以略去。

②对增压内燃机，如图 2-3(b) 所示。

泵气功的大小为由进气压力 p_b 和排气压力 p_r 所围成的矩形面积与实际换气过程损失 x 和 y 的面积之差。由于 $p_b > p_r$，泵气功为正功。

对定压增压内燃机，换气过程所获得的功 W_{pw} 为

$$W_{pw} = [(p_b - p_r)V_s - (x+y)]L_p \tag{2-2}$$

注意，式中的 p_b、p_r 和 V_s 是示功图上的尺寸，而非这些物理量本身的数值大小。

(2)泵气损失功 W_p

①泵气损失功是指与理论循环相比，内燃机的活塞在泵气过程所造成的功的损失。减小泵气损失对提高充气能力极为重要，泵气损失功的大小，为推出损失 x 和进气损失 y 的面积之和。

$$W_p = (x+y)L_p \tag{2-3}$$

对自然吸气内燃机，泵气损失功 W_p 在数值上与泵气功 W_{pw} 相等，同式(2-1)。

对增压内燃机，泵气损失功计算同式(2-3)。

②平均泵气损失压力 p_p

参照平均指示压力的概念，用平均泵气损失压力 p_p 来表示泵气损失的大小，其定义为

$$p_p = \frac{W_p}{V_s} \tag{2-4}$$

规定平均泵气损失压力 p_p 的符号为正，即 W_p 取绝对值。

2.1.2　充量系数与提高充量系数的措施

1. 四冲程内燃机的充量系数

充量系数 ϕ_c 是评价四冲程内燃机进气过程完善程度的重要参数，是衡量内燃机性能的重要指标。

(1)充量系数的定义式

充量系数 ϕ_c 是指内燃机每循环实际吸入气缸的新鲜充量 $m_1(M_1)$(即进气门关闭后留在气缸内的新鲜充量) 与进气状态下[对非增压机(p_0、T_0、ρ_0)，对增压机(p_b、T_b、ρ_b)，对二冲程机(p_s、T_s、ρ_s)] 充满气缸工作容积 V_s 的理论充量 $m_d(M_d)$ 之比。

$$\phi_c = \frac{m_1}{m_d} = \frac{M_1}{M_d} = \frac{(1-\phi_r)m_a}{m_d} = \frac{(1-\phi_r)\rho_a V_a}{\rho_d V_s} \tag{2-5}$$

式中　m_d—— 进气管状态(p_d、V_d、T_d、ρ_d) 下，理论上每循环可吸入气缸的新鲜充量；

m_a—— 进气门迟后，在气体状态为 p_a、V_a、T_a、ρ_a 时，气缸内气体的总质量。

其中

$$m_d = \frac{p_d V_d}{RT_d} = \rho_d V_s$$

$$m_a = \frac{p_a V_a}{RT_a} = \rho_a V_a$$

(2)充量系数的关系式

考虑到进气门迟后角的影响，引入补充进气比系数 ξ，则式(1-18) 可写成

$$\phi_c = \xi \cdot \frac{\varepsilon_c}{\varepsilon_c - 1} \cdot \frac{p_a}{p_d} \cdot \frac{T_d}{T_a} \cdot \frac{1}{1+\phi_r} \tag{2-6}$$

$$\xi = \frac{V'_s + V_c}{V_s + V_c} = \frac{m_a}{m_g} < 1$$

式中　$V'_s + V_c$—— 进气门关闭时缸内的容积；

V_c—— 余隙容积；

m_a—— 进气门关闭时气缸内气体的总质量，$m_a = \rho_a(V'_s + V_c)$；

m_g—— 换气后实际留在气缸内气体的总质量，$m_g = m_1 + m_r$。

扫气效率 η_s 为在一个工作循环中，当进、排气门(口) 全部关闭后，气缸内的新鲜空气量 m_1 与此时气缸内气体总量($m_1 + m_r$) 的质量比值

$$\eta_s = \frac{m_1}{m_g} = \frac{m_1}{m_1 + m_r} = \frac{1}{1+\phi_r} < 1 \tag{2-7}$$

将式(2-7) 代入式(2-6) 得充量系数关系式为

$$\phi_c = \xi \cdot \frac{\varepsilon_c}{\varepsilon_c - 1} \cdot \frac{p_a}{p_d} \cdot \frac{T_d}{T_a} \cdot \eta_s \tag{2-8}$$

2. 影响充量系数的各种因素

由式(2-8)可知，影响充量系数 ϕ_c 的因素有：进气终点气缸内气体的压力 p_a 和温度 T_a、残余废气系数 ϕ_r、压缩比 ε_c、配气定时及进气(或大气)状态。

(1)进气终点压力 p_a 的影响

由式(2-8)可知，ϕ_c 与 p_a 成正比，p_a 值越高，ϕ_c 值越大。

$$p_a = p_d - \Delta p_a \quad (\mathrm{kPa}) \tag{2-9}$$

式中 p_d—— 进气状态的气体压力，kPa；

Δp_a—— 由进气系统局部阻力引起气体流动时的压降。

$$\Delta p_a = \lambda_a \frac{\rho_d v_a^2}{2} \quad (\mathrm{kPa}) \tag{2-10}$$

其中 λ_a—— 管道阻力系数；

ρ_d—— 进气状态下气体的密度，$\mathrm{kg/m^3}$；

v_a—— 管道内气体的流速，m/s。

由式(2-10)可看出，局部阻力损失是流动过程中的主要损失，Δp_a 的大小主要取决于 v_a 和 λ_a。

①转速的影响

当负荷保持一定时，转速升高，进气流速 v_a 加大，使 Δp_a 升高，p_a 下降。

②负荷的影响

当转速一定时，对量调节的汽油机，负荷减小时，即节气门开度关小，则节流损失 Δp_a 增加，引起 p_a 下降；对质调节的柴油机，负荷减小时，Δp_a 基本不变，对 p_a 没有影响。

(2)进气终点温度 T_a 的影响

由式(2-8)知，ϕ_c 与 T_a 成反比，T_a 越低，工质密度越大，ϕ_c 越大。由于进气与进气管、气缸壁等高温零件接触被加热，进气终点的温度 T_a 高于进气状态的温度 T_d：

$$T_a = T_d + \Delta T \quad (\mathrm{K}) \tag{2-11}$$

$$\Delta T = \Delta T_w + \Delta T_r + \Delta T_g$$

式中 ΔT_w—— 新鲜空气进入发动机与高温零件接触而被加热的温度变化值；

ΔT_r—— 新鲜空气与高温残余废气混合而被加热的温度变化值；

ΔT_g—— 在汽油机上，空气经过进气管时受热的温度变化值。

(3)残余废气系数 ϕ_r 的影响

气缸中残余废气增多，不仅 ϕ_c 下降，而且使燃烧恶化。特别是在汽油机低负荷运转时，因节气门关小，新鲜充量减少，ϕ_r 会大大增加，可燃混合气被稀释，使燃烧过程缓慢，从而造成低负荷时工作不稳定，经济性和排放性变差。

(4)压缩比 ε_c 的影响

从式(2-6)分析，ε_c 增大，$\dfrac{\varepsilon_c}{\varepsilon_c - 1}$ 减小，则 ϕ_c 降低，但与此同时 ϕ_r 降低，则 ϕ_c 有可能增加。

(5)配气定时的影响

由式(2-8)知，由于进气门迟闭而 $\xi < 1$，新鲜充量的容积减小，但 p_a 却可能因有气流惯性而有所增加，合适的配气定时应考虑 ξp_a 具有最大值。

(6) 进气(或大气) 状态的影响

进气或大气压力 p_0 高，p_a 也随之增加，新鲜工质密度增大，虽然 ϕ_c 变化不大，但进气量增多；同理，进气或大气温度 T_0 降低，T_a 也随之降低，工质密度增大，实际进气量也增多。

3. 提高充量系数的技术措施

研究表明，减少进气系统的流动阻力损失，降低进气终了时的充量温度 T_a，合理选择配气定时，充分利用气流的动态效应，是提高充量系数 ϕ_c 的有效措施。

(1)减少进气系统的流动阻力损失

进气系统包括空气滤清器、进气总管、进气支管、进气道及进气门。进气阻力按气流流动性质分为沿程阻力和局部阻力。其中，沿程阻力是指管道摩擦阻力。它与管道长度、内壁表面粗糙度和气流速度有关；而局部阻力是流动过程中的阻力，是指流动截面大小、形状以及流动方向变化造成局部产生涡流所引起的损失。对于发动机进气流动过程而言，与沿程阻力相比，局部阻力所造成的流动损失较大，所以减小局部阻力损失，特别是减少气门座圈处的局部阻力损失，对提高充量系数有显著作用。

①进气门

在进气系统中，进气门处的流通截面积最小且变化最大，因此，提高进气门的流通能力并减少流动阻力损失是提高充量系数的主要措施之一。

a. 进气时面值与角面值

常用进气门的时面值或角面值来表示进气门的流通能力。

进气门时面值 $F_s \cdot \Delta t$ 是指进气门开启的流通面积 F_s 随时间 Δt 而变化的曲线所包含面积值，即开启面积 f_s 对时间 $\mathrm{d}t$ 的积分，为

$$F_s \cdot \Delta t = \int_0^t f_s \mathrm{d}t \quad (\mathrm{m}^2 \cdot \mathrm{s}) \tag{2-12}$$

进气门角面值 $F_s \cdot \Delta\varphi$ 是将时面值的时间 Δt 换成曲轴转角 $\Delta\varphi$，且 $\varphi = 6nt$，由此，角面值为

$$F_s \cdot \Delta\varphi = \frac{1}{6n}\int_{\varphi_{IO}}^{\varphi_{IC}} f_s \mathrm{d}\varphi = \frac{F_{sm}}{6n}(\varphi_{IC} - \varphi_{IO}) \quad [\mathrm{m}^2 \cdot (^\circ\mathrm{CA})] \tag{2-13}$$

式中　φ_{IO}—— 进气门开启相位角；

φ_{IC}—— 进气门关闭相位角；

F_{sm}—— 进气门开启期间平均开启面积。

图2-6(a) 为进气门座圈处结构图。图2-6(b) 为进气门升程 h_v 随曲轴转角 φ 变化的升程规律曲线 $h_v(\varphi)$，及进气门开启面积 f_s 随曲轴转角 φ 变化的面积曲线 $f_s(\varphi)$，曲线 $f_s(\varphi)$ 下面的面积即为角面值。

b. 进气流量 m_s

在整个进气门开启期间进入气缸的气体质量流量为

$$m_s = \frac{1}{6n}\int_{\varphi_{IO}}^{\varphi_{IC}} \mathrm{d}m_s = \frac{\mu_s}{6n} \cdot \rho_s \cdot v_{sm} \cdot \int_{\varphi_{IO}}^{\varphi_{IC}} f_s(\varphi)\mathrm{d}\varphi \quad (\mathrm{kg/s}) \tag{2-14}$$

式中　ρ_s—— 流经气门的气体密度，kg/m³；

v_{sm}—— 进气门处气体的平均速度，m/s；

μ_s—— 进气门处的流量系数，一般取 0.65 ～ 0.75；

$\int_{\varphi_{IO}}^{\varphi_{IC}} f_s(\varphi)\mathrm{d}\varphi$—— 进气门的角面值，$m^2 \cdot (°CA)$；

$f_s(\varphi)$—— 任一曲轴转角进气门开启时的截面积。可以认为就是进气门处气体通道的最小截面积，等于进气门锥面和进气门座之间的截锥圆环侧表面积，即

$$f_s(\varphi) = \pi[d_s + h_v(\varphi)\sin\theta\cos\theta] \cdot h_v(\varphi) \cdot \cos\theta \quad (cm^2) \tag{2-15}$$

其中　d_s—— 进气门阀盘直径，mm；

$h_v(\varphi)$—— 进气门升程，mm；

θ—— 进气门座面锥角，(°)。

当进气门升程 $h_v(\varphi)$ 较大时，$f(\varphi)$ 曲线中段 3 为常数，则取

$$f(\varphi) = \frac{\pi}{4}(d_s^2 - d_0^2) \tag{2-16}$$

式中　d_0—— 进气门阀杆直径，mm。

提高进气门的角面值是提高不同转速进气量的主要措施。在实际发动机中角面值不随转速变化，只与进气门升程 $h_v(\varphi)$ 有关，提高角面值就是减小图 2-6(b) 的 1、2 段，即尽可能提高进气门的开启和关闭速度。

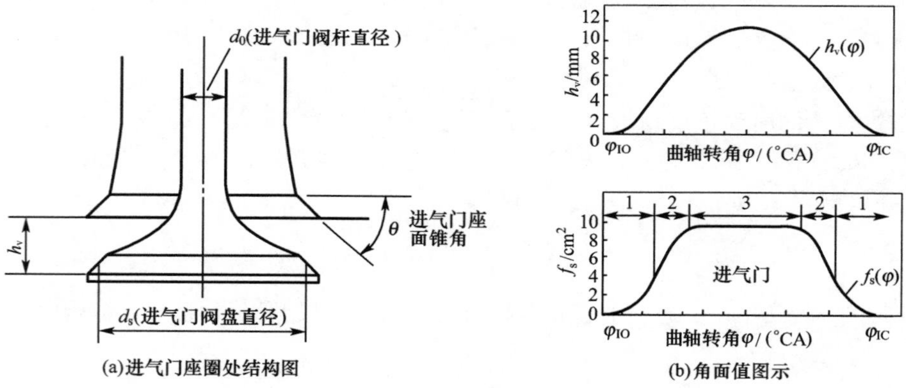

图 2-6　进气门结构及角面值示意图

c. 进气马赫数 Ma

进气门处的流动损失与其开启截面积的大小有关，而且对一定的开启截面积，还与该处的流动状态有关。这种进气门处的流动状态对 ϕ_c 的影响，用进气马赫数 Ma (Mach index) 来评价。

进气马赫数 Ma，是进气门处气体的平均速度 v_{sm} 与该处当时的音速 a 的比值。

$$Ma = \frac{v_{sm}}{a} \tag{2-17}$$

式中　a—— 进气门处该气体状态下的音速，对亚临界，$a = \sqrt{kRT} = \sqrt{kp/\rho}$；对超临界，$a = \sqrt{\frac{2k}{k+1}RT_s}$；

v_{sm}—— 进气门处的气体平均流速，为实际进入气缸的新鲜充量与进气门有效实面值 $F_s(t)$ 之比，即

$$v_{sm} = \frac{\phi_c V_s}{F_s(t)} = \frac{\phi_c V_s}{F_s \cdot \Delta t}$$

$$F_s \cdot \Delta t = \mu_s F_{sm}(t_{IC} - t_{IO}) = \frac{\mu_s F_{sm}}{6n}(\varphi_{IC} - \varphi_{IO})$$

将上式代入式(2-17)得马赫数 Ma 关系式

$$Ma = \frac{6n\phi_c V_s}{a\mu_s F_{sm}(\varphi_{IC} - \varphi_{IO})} \tag{2-18}$$

$$Ma \propto \left(\frac{D}{d_s}\right)^2 \cdot \frac{V_m}{a\,\mu_s(\varphi_{IC} - \varphi_{IO})} \tag{2-19}$$

式中　μ_s—— 进气门开启期间平均流量系数；

F_{sm}—— 进气门平均开启面积，m^2；

V_s—— 气缸工作容积，L；

φ_{IO}、φ_{IC}—— 进气门开、关角度，°CA；

V_m—— 活塞平均速度，m/s；

D—— 气缸直径，mm；

d_s—— 进气门阀盘直径，mm。

式(2-19)表明，进气门处平均进气马赫数 Ma 与进气门阀盘直径、形状、升程规律及活塞速度等因素有关，并且其大小与内燃机的转速成正比。图 2-7 示出了充量系数 ϕ_c 与平均进气马赫数 Ma 的关系。

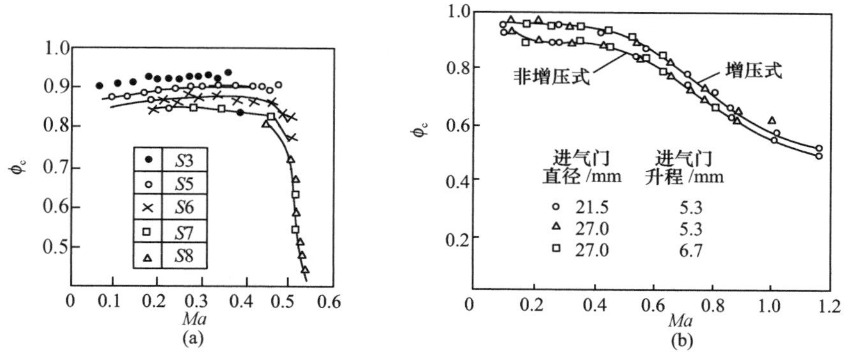

图 2-7　ϕ_c 与 Ma 的关系

平均进气马赫数越大，充量系数 ϕ_c 越小，当 Ma 超过 0.5 后，无论是增压机还是非增压机，ϕ_c 都开始明显下降，这一规律对于进气系统的设计和评价都具有参考价值。对汽油机，当 Ma 接近 0.5 时，ϕ_c 急剧下降，说明汽油机转速的提高要特别慎重。柴油机的 Ma 为 0.3 ~ 0.4 时，ϕ_c 可达 0.9，说明柴油机的进气能力尚有潜力。表 2-2 列出了几种国产四冲程内燃机在标定工况下的 Ma。

表 2-2　几种国产四冲程内燃机在标定工况下的 Ma

形式	型号	$\frac{D\times S}{mm^2}$	$\frac{P_e/n}{kW/(r\cdot min^{-1})}$	$\frac{d_s}{mm}$	$\frac{h_s}{mm}$	V_m/a	Ma
汽油机	SH-490Q	90×90	55/4 000	44	9.5	0.034 8	0.46
	495	95×115	36.8/2 000	42	10.6	0.022 2	0.32
柴油机	6105	105×120	79.5/2 400	46	12.3	0.027 8	0.37
	6135Q	135×140	101.5/2 000	59	16	0.029 8	0.40

d. 进气门阀盘直径和多气门结构

增大进气门阀盘直径 d_s，可增大进气门处流通截面积，减少流动损失，提高充量系数 ϕ_c。在双气门(一进一排)结构中，进气门阀盘直径可达活塞直径的45%～50%，气门面积与活塞面积之比为0.2～0.25，如图2-8(a)所示。为了进一步增大进气门流通截面积，可采用倾斜布置进而增加进气门阀盘直径，也可采用多气门结构。缸径大于80 mm时，采用二进二排四气门结构，如图2-8(b)所示；缸径小于80 mm时，采用三进二排的五气门结构，如图2-8(c)所示。

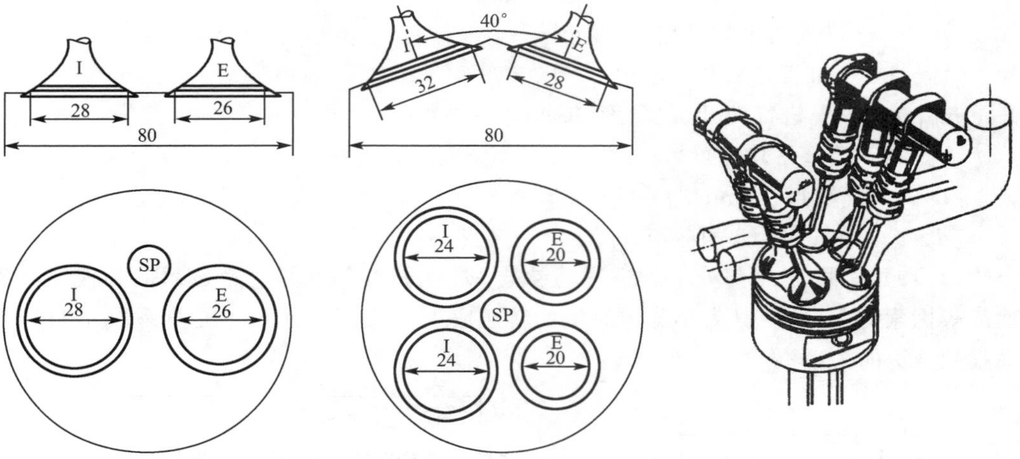

(a)双气门　(b)四气门　(c)五气门

图2-8　汽油机气门数及其布置

多气门结构与双气门相比的优点：增加了流通截面积，减小了流动阻力，使 ϕ_c 上升，充量加大，发动机最大转矩和标定转速提高。对汽油机，可使火花塞于中央布置，采用紧凑燃烧室，缩短火焰传播距离，提高抗爆性，从而提高 ε_c，改善经济性，并且实现可变技术。现代轿车大多数发动机采用多气门结构，见表2-3。四气门柴油机的喷油器可以垂直对称布置，与燃烧室匹配性好，对混合气形成和燃烧室内空气的有效利用极为有利，改善了柴油机性能。

表2-3　几种轿车汽油机多气门与双气门动力性对比

车名	一汽捷达		日本三菱		德国奥贝尔		法国别儒		瑞典萨伯	
气门数／缸	2/化油器	5/电喷	2/化油器	5/电喷	2/电喷	4/电喷	2/电喷	4/电喷	2/化油器	4/电喷
$\frac{T_{max}/n}{N\cdot m/(r\cdot min^{-1})}$	121/2 500	150/3 900	65.7/3 500	74.6/4 500	170/3 000	196/4 800	161/4 750	183/5 000	162/3 500	173/3 000
$\frac{P_e/n}{kW/(r\cdot min^{-1})}$	53/5 000	74/5 800	36.8/6 500	47.90/7 500	85/5 400	110/6 000	93.5/6 000	119/6 500	73/5 200	97/5 500

e. 进气门升程与凸轮型线

适当增大进气门升程，改进凸轮型线，减小运动件质量，增加零件刚度，在惯性力允许条件下使进气门开闭得尽可能快，从而增大时面值，提高通过能力。最大进气门升程 h_{vmax} 与进气门阀盘直径 d_s 之比 h_{vmax}/d_s 为0.26～0.28时，可获得良好的充气质量。升程与流量 q_m 的关系如图2-9所示。

f. 进气门处的流动形式

由于气流的惯性和气体的黏性，气体流经进气门时有如图2-10所示的三种形式。图

2-10(a) 为进气门升程较大时,在上边缘的 2 处和下边缘的 4 处产生气流脱离,形成锥形射流;图 2-10(b) 为进气门升程中等时,在上边缘脱离后又接触,在下边缘脱离形成射流;图 2-10(c) 为进气门升程较小时,射流夹着周围的气体一起运动,引起局部压力下降,使射流移向壁面。

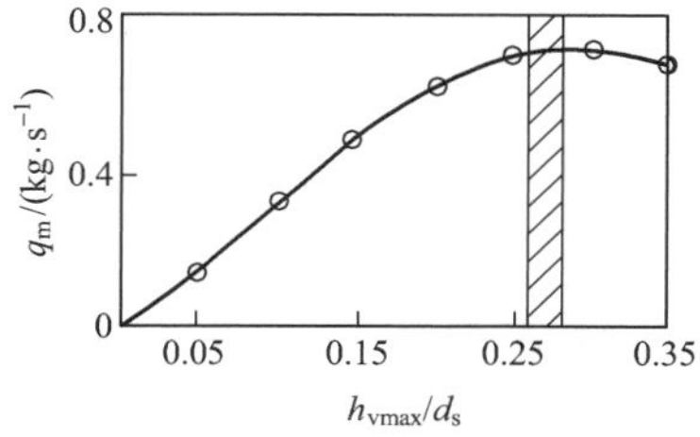

图 2-9　h_{vmax}/d_s 与 q_m 的关系

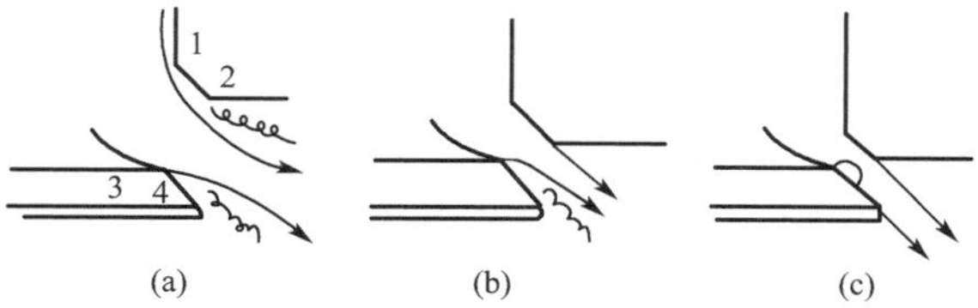

图 2-10　进气门处的流动形式图

试验证明,减小进气门座密封锥面的宽度可减小进气的流动阻力,增大充量系数。在一定升程范围内,对转角处进行修圆,可减少气流的分离,增大有效流通截面积,提高充量系数。

②进气道和进气管

要改善进气道的气体流动特性,必须保证足够的流通截面积。低流阻进气道,由气道进口到气门座的最小内径截面为渐缩形,气道要圆滑过渡,避免弯曲,在基本满足进气涡流要求的前提下,尽可能降低气道的阻力,提高充量系数 ϕ_c。

对柴油机而言,进气涡流有助于油束的扩散和混合气的形成,有利于减少热束缚,提高燃烧速度,并减少微粒物 PM 和炭烟的形成。对四气门柴油机而言,为促进涡流产生,进气道由一个切向直气道和一个螺旋气道组成,如图 2-11 所示,以增大高速区的充气效率。

对汽油机而言,经常在部分负荷工况下运转,在小负荷时希望用较小的进气门升程,以提高进气压差,从而产生较高的气流速度,增加涡流,提高火焰传播速度和燃烧速度,并在所有工况下都要求有一定的涡流强度。所以,越来越多的汽油机采用能产生滚流及滚流加涡流(纵涡流)的进气道形式,如图 2-12 所示,以产生燃烧所需的合适的涡流运动。

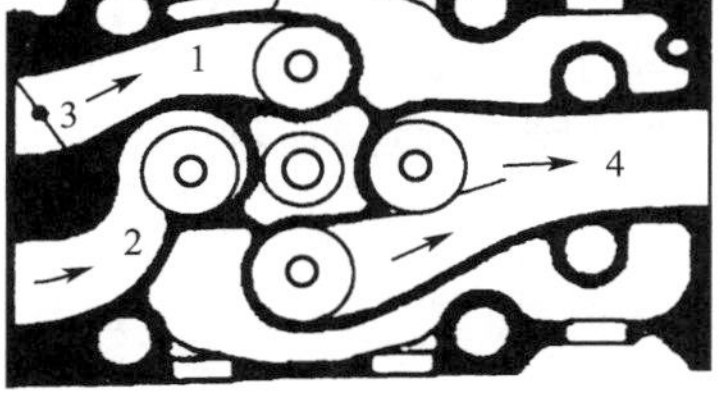

图 2-11　组合进气涡流系统

1— 切向直气道;2— 螺旋气道;3— 涡流控制阀(SCV);4— 排气道

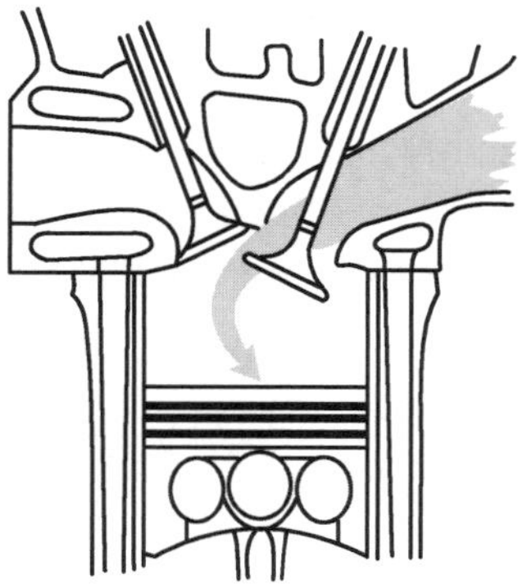

图 2-12　滚流进气道

要减少进气管的流动阻力,应保证有足够的流通截面,合理设计通道型线,避免急转弯和各缸进气量不均匀的现象。应特别注意保证支管出口截面与进气道进口截面处不发生错位过渡,因发生错位会产生局部涡流损失。一般将缸盖进气道进口截面用大圆角过渡来减轻错位造成的阻力损失。

③空气滤清器

空气滤清器的阻力随结构的不同而不同。随着使用时间的增加，阻力可能增至 3 kPa。应力求在保证滤清效果的前提下，尽可能减小阻力，如加大通过断面，改进滤清器性能，研制低阻高效的新型滤清器等。在使用中，应经常清理滤清器，及时更换滤芯等。

(2)合理选择配气定时

合理选择配气定时，特别是最佳进气迟后角 θ_{il}，是保证良好充气效果的重要措施。

①进气迟后角 θ_{il} 与充量系数 ϕ_c 的关系

图 2-13 给出了 105 型柴油机 $n=1\ 500$ r/min 时，ϕ_c 与 θ_{il} 的关系，当 θ_{il} 增大时，ϕ_c 出现最大值后明显下降。θ_{il} 能利用高速气流的惯性来增加每循环的充气量，当转速一定时，气流动能一定，θ_{il} 也一定。

图 2-14 给出了两种不同 θ_{il} 条件下，ϕ_c、P_e 与 n 的变化关系。

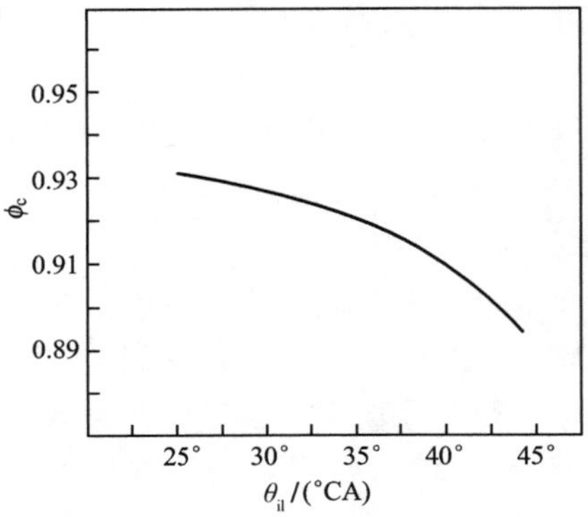

图 2-13 ϕ_c 与 θ_{il} 的关系

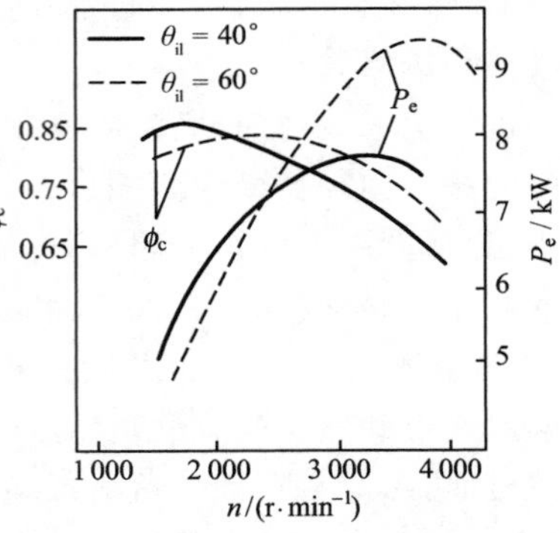

图 2-14 不同 θ_{il} 下 ϕ_c、P_e 与 n 的关系

随 θ_{il} 的增大，最佳 ϕ_c 的转速会增大。加大 θ_{il}，最佳 ϕ_c 出现在高转速，有利于最大功率的提高，但对中低速性能不利。减小 θ_{il}，能防止低转速进气倒流，有利于提高最大转矩，但高速时最大功率下降。

②减小排气迟后角 θ_{el}

在合理选择排气提前角保证排气损失最小的前提下，尽量减小排气迟后角，以提高热效率。当转速增加时，相应自由排气时间减少，为降低排气损失，应增加排气提前角。

③适当的气门重叠角 θ_{vo}

在气门重叠期间，可以利用排气管的压力波增加 ϕ_c，新鲜工质流过高温零件，降低热负荷，减少 NO_x 排放。

(3)可变技术

可变技术就是随使用工况(转速、负荷)变化，使发动机某系统结构参数随工况的变化而变化的技术。目的是既要满足高功率化的要求，又要保证中、低转速，中、小负荷的经济性和稳定性以及有一个较佳的 ϕ_c。可变技术包括：可变配气定时(variable valve timing，VVT)、可变进气门升程、可变气门定时及升程电控系统(VTEC)及电磁控制全可变气门机构、可变进气涡流以及可变进气管长度等。

①可变配气定时和进气门升程

可变配气定时结构采用高、低速两段式电控，功能是：低速时采用较小的进气门重叠角以及较小的进气门升程，防止缸内新鲜充量向进气系统倒流，以增加低速时的转矩，提高燃油经济性；高速时具有最大的进气门升程和进气迟后角，以最大限度地减小流动阻力，并充分利用过后充量，提高 ϕ_c，满足发动机高速时动力性的要求。

图 2-15 为日本三菱公司可变配气定时和进气门升程的电控装置（MIVEC）。

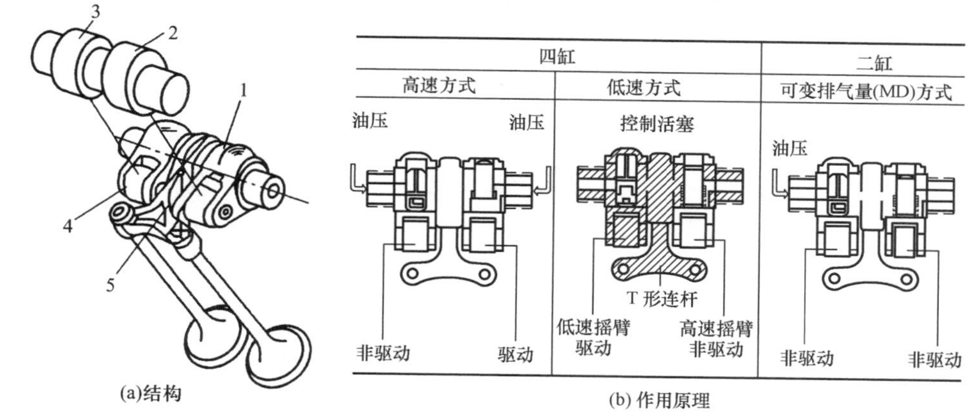

图 2-15　三菱公司电控装置图

1— 高速摇臂；2— 高速凸轮；3— 低速凸轮；4— 低速摇臂；5—T 形连杆

MIVEC 系统根据电控中心 ECU 的控制指令，对应发动机的实际工况，通过油压控制柱塞的连接状态，以选择高、低速凸轮中的某一个凸轮工作，由此驱动进气门，达到控制配气定时和进气门升程的目的。

图 2-16 为高、低速凸轮的配气相位及进气门升程特性。高、低速运行模态的切换由 ECU 根据所设定的发动机转速控制油压阀来完成。图 2-17 为采用 MIVEC 系统时发动机输出转矩的特性。

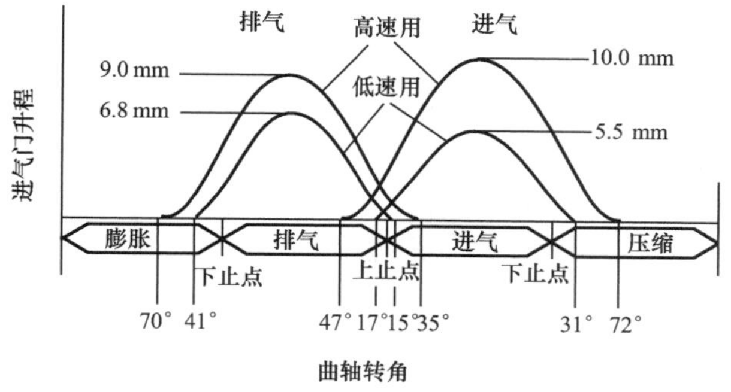

图 2-16　高、低速凸轮的配气相位及进气门升程特性

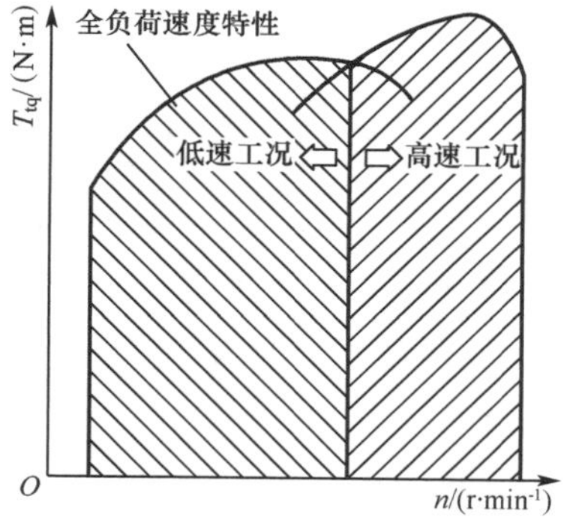

图 2-17　采用 MIVEC 系统时发动机输出转矩的特性

②可变进气管长度的进气系统

图 2-18 给出了可变进气管长度的进气系统，它的结构是一个长度固定的进气管，其上装有一个进气控制阀。低速时，进气控制阀关闭，管道进气变长，增大了进气流速，加强了惯性进气作用，提高了充量系数 ϕ_c，平均有效压力 p_{me} 也增大。高速时，进气控制阀打开，管道进气变短，降低了进气流阻，从而提高了充量系数 ϕ_c。采用进气管长度无级可变进气系统，

动力性能变好。

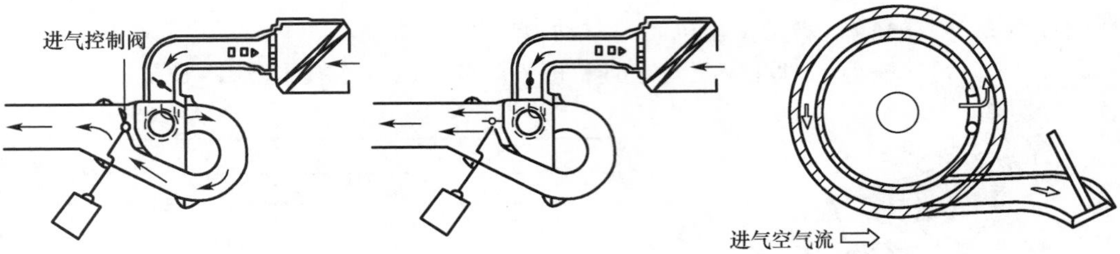

(a)低速时　(b)高速时　(c)长度无级可变

图 2-18　可变进气管长度的进气系统

2.1.3　进、排气系统的动态效应

进、排气流动过程是典型的不稳定流动过程，一般简化为一维不定常流动来处理。不定常流动中管内总伴有压力波的传播现象。压力波是可压缩弹性介质中“状态扰动”的传播。进、排气过程的这种不定常流动，使得进、排气门处的压力和流速不断改变，从而对充量系数、排气流率以及各缸进、排气的不均匀性都有不同的影响，这就是进、排气系统的动态效应。

1. 进气管内的动态效应

进气过程在内燃机实际循环中是间断和周期交变进行的。进气的气流在一定长的进气管内流动时，会引起一定的动力现象，具有相当的惯性和可压缩性。在特定的进气管条件下，可以利用进气流动的压力波来提高进气门关闭前的进气压力，增大充量系数，这就称为进气管内的动态效应，分为惯性效应和波动效应。

(1)惯性效应

当进气门开启时，由于活塞下行的抽吸作用使缸内压力很快降低，在进气管的气门端将产生负压，于是形成负压力波在管内传播。此负压力波在开口端被反射而形成正压力波，在 Δt 时间后返回气门端，如图 2-19 所示。设气门开启总时间为 Δt_s，若进气管长度 L 适当，且 $\Delta t < \Delta t_s$ 时，负压力波与正压力波将相互重合，在进气行程的后期成为正压力波。从负压力波发出到正压力波返回进气门所经历的时间 $\Delta t = 6n(\varphi_{IO} - \varphi_{IC})$，即选择 Δt 值使该正压力波返回恰好在进气门关闭前到达气门端，从而提高进气压力，增大充量系数，达到增压效果，这种效果称为“惯性效应”。

(2)波动效应

当进气门关闭后，进气管内流动的空气因急剧停止而受到压缩，在进气门产生正压力波，向开口端传播，如图 2-20 所示。如果使正压力波与下一循环的进气过程重合，就能使进气终了时压力升高，增加气缸充气量，这种效应称为“波动效应”。谐波增压进气系统就是应用了这个原理。

2. 排气管内的动态效应

(1)单缸机排气管中的动态效应[4]

图 2-21 给出了排气门开启后气流流过排气门的情况。当气门升程较小时，排气流速较大，随着升程加大，流速减小。排气管中的动态效应与进气管内很类似，也存在压力波动，所不同的

是，由于排气温度高、能量大，发出的是压缩密波，压力波振幅大。由管端第一次返回的是膨胀疏波。由于排气门管端压力下降有利于多排气，所以，同进气相反，利用的是返回疏波。

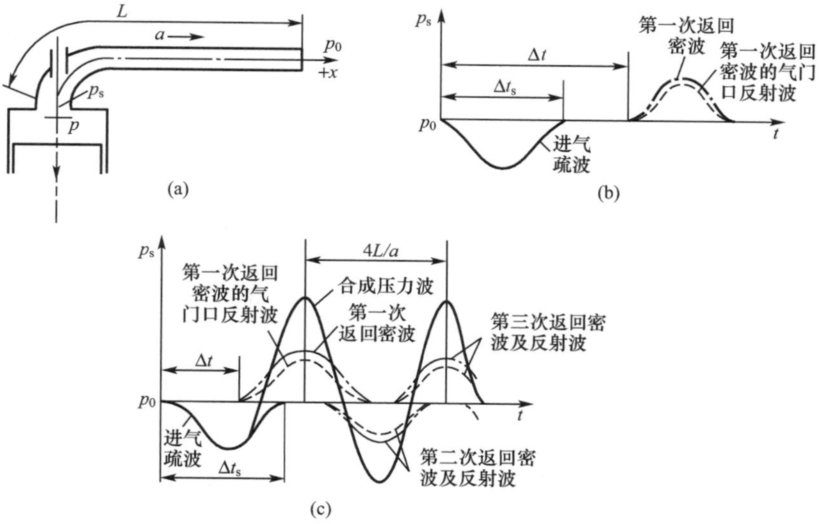

图 2-19　进气压力波

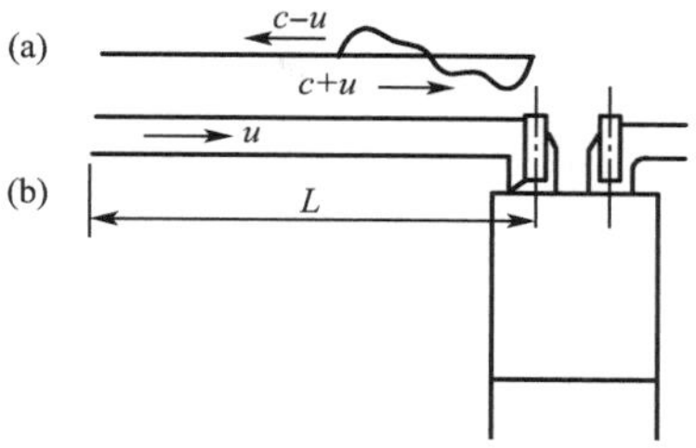

图 2-20　波动效应

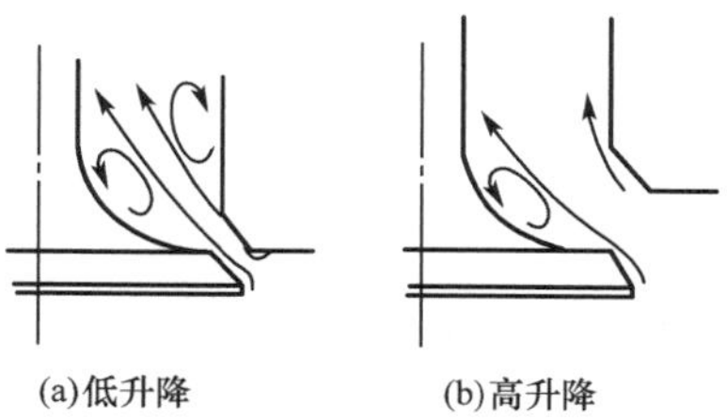

图 2-21　气流流过排气门的情况

由于排气流动速度快，特别是自由排气阶段的流速远比进气流动速度快，压力波速度按 $v+a$ 来计算。若能在排气过程后期，特别是气门重叠期，在排气管的气门端形成稳定的负压，便可减少缸内残余废气和泵气损失，并有利于新气进入气缸。

(2)多缸机的动态效应与各缸进气不均匀问题

①进气干扰与排气干扰

多缸机各缸的进气总管与歧管并联，若某一缸进气时，其他缸的疏波正巧到达，则会降低此缸的进气压力，使充量系数减小，此即所谓进气干扰现象，这就会引起多缸机各缸进气不均匀问题。

多缸机各缸的排气总管与歧管并联或串联，若某一缸排气时，正巧其他缸的排气密波到达，则会使该缸的排气背压上升，残余废气增多，也间接使充量系数减小，此所谓排气干扰现象，也会使各缸进气不均匀。

②采用独立的进、排气系统

为了消除各缸进气不均匀的现象，可把各缸中进、排气时间基本不重叠的几个缸合成一组，每组成为相对的独立进、排气系统。例如，6 缸四冲程内燃机，传统工作顺序为 1—5—3—6—2—4，可分为 1、2、3 缸和 4、5、6 缸两组分支，如图 2-22(b) 所示。这样各组的三个缸两两之间进、排气相位均相差 240°CA，接近各缸真实的进、排气总相位角。一缸气门开启，另两缸则基本关闭，这样就排除了“干扰”的可能性。还可以进一步选择合适的歧管长度，充分利用其动态效应来改善各缸的进、排气性能。

图 2-22 给出了某 6 缸汽油机进气管按上述方案进行改进前后不同转速时，各缸充量系数的差异及对比。图 2-22(a) 为改进前，转速为 2 800 r/min 时，各缸充量系数最大相差 9%；图 2-22(b) 为改进后，基本上消除各缸不均匀现象，总的充量系数还上升了 5% ～ 6%。

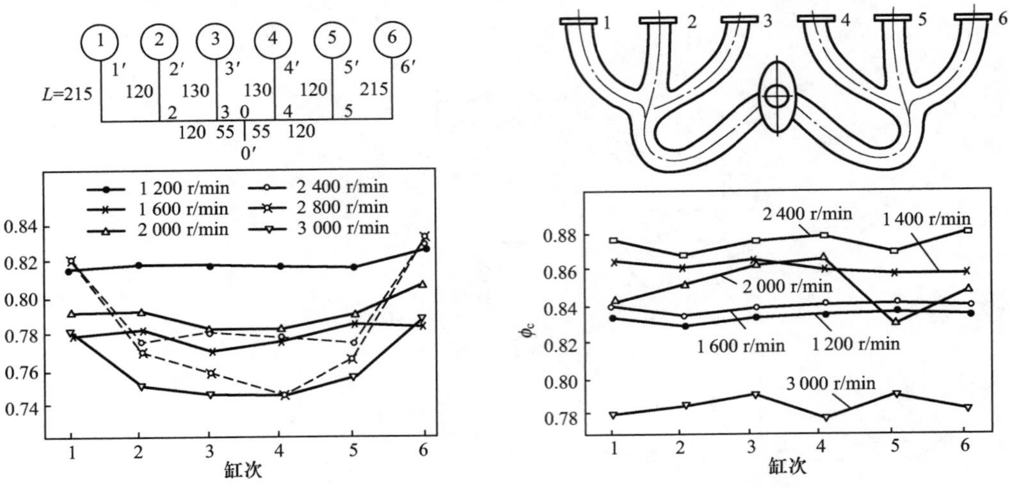

(a)改进前 (b)改进后

图 2-22　进气管改进前后对充量系数的影响

2.2　二冲程内燃机的换气过程

二冲程内燃机的换气过程与四冲程内燃机的截然不同，其换气方式是通过活塞来控制气缸下部的扫、排气口来实现的，换气时间短，为 130 ～ 150°CA。为保证换气质量，新鲜充量是由扫气泵来提供的。

2.2.1　换气形式的分类与时面值的确定

1. 换气形式的分类

(1)按气流在气缸内的流向分类

有横流扫气(cross scavenging)、回流扫气(loop scavenging) 和直流扫气(uniflow scavenging) 三种类型。

①横流扫气

图 2-23 为横流扫气方式及气口开度随曲轴转角变化图(h-φ 图)。

横流扫气结构特点是将扫气口与排气口布置在气缸套下部圆周的两侧对面，为使扫气进行得完善，扫气口、排气口的中心线与圆周方向和气缸中心线方向均有倾斜角，以控制气流方向。活塞顶与扫气口的倾斜角使气流扫到气缸顶部，气流呈横向扫过气缸。

由于扫、排气定时对称，且扫气口比排气口低而早关，产生额外排气。横流扫气在气缸顶部 A 区易残留废气，又可能在 B 区产生扫气短路现象，所以换气效果较差。

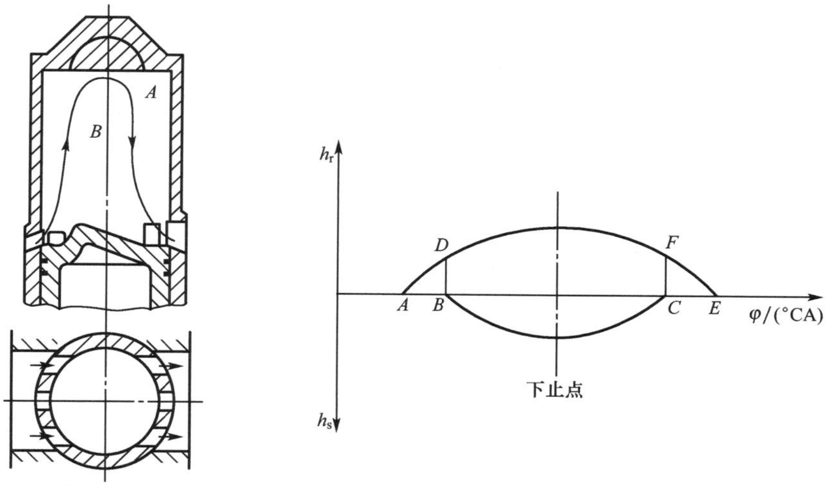

(a) 横流扫气方式　　(b) h-φ图

图 2-23　横流扫气方式及 h-φ 图

②回流扫气

图 2-24 为回流扫气方式及 h-φ 图。

回流扫气结构特点是将扫气口和排气口布置在气缸套下部圆周的同一侧，扫气口比排气口低，扫气口亦在圆周和沿气缸中心线两个方向有倾斜角，使扫气气流不仅纵向朝气缸顶流动，也横向沿缸壁转弯形成回流，将废气由排气口挤出。

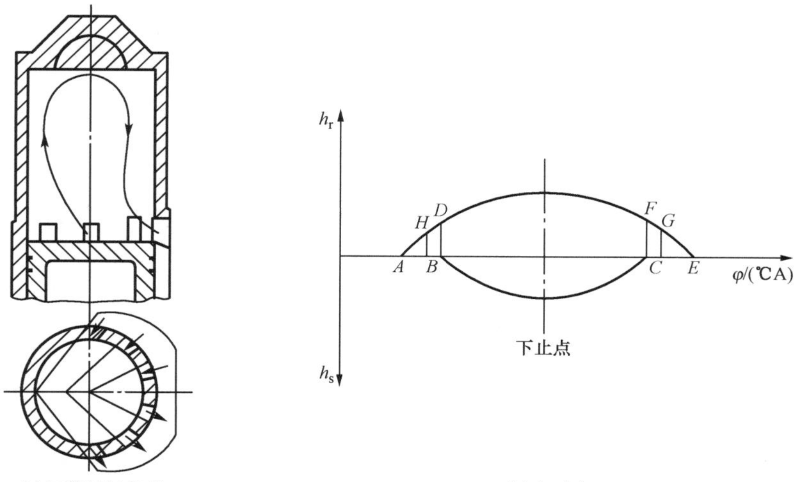

(a) 回流扫气方式　　(b) h-φ图

图 2-24　回流扫气方式及 h-φ 图

由回流扫气的 h-φ 图看出，扫、排气定时对称，且扫气口比排气口早关，也存在额外排气损失。回流扫气部分克服横流换气中新鲜充量短路的现象，扫气效果好于横流，同时结构简单，制造方便，因而在小型二冲程发动机上获得广泛应用。

③直流扫气

直流扫气通常为气口 - 气门直流换气方式，图 2-25(a)、(c) 分别为气口 - 气门直流扫气

方式和 h-φ 图。在气缸盖上的排气门由排气凸轮及配气机构控制，不受活塞运动影响。在气缸套下部沿整个圆周设置有扫气口，沿切线方向排列，与气缸中心线倾斜一定角度，扫气孔的启闭由活塞控制，使进入气缸的扫气空气旋转，在某一位置形成气垫，避免与废气相混，并将废气推出气缸。

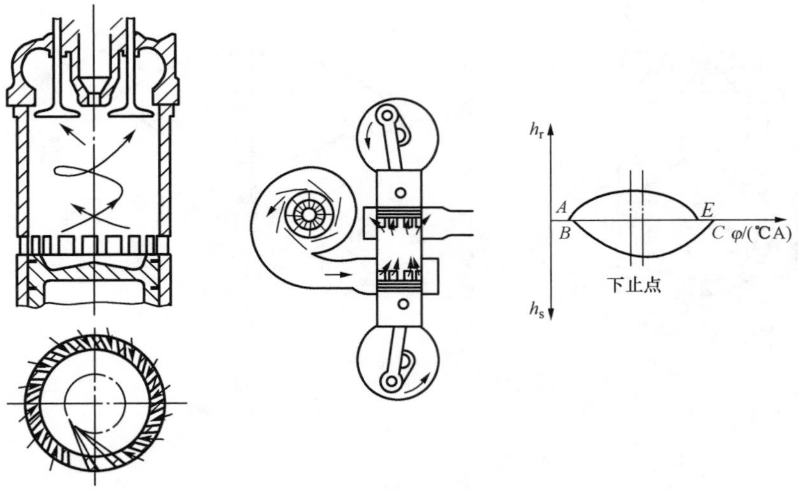

(a) 气口–气门直流扫气方式　(b) 气口–气口直流扫气方式　(c) h–φ图

图 2-25　直流扫气方式及 h-φ 图

由于排气门受凸轮控制，可以实现不对称换气定时，扫气仍定时对称。扫气口定时与排气门定时的协调，不仅可以消除额外排气损失，还可以向气缸额外充气，便于增压。由于扫气口沿整个圆周分布，孔高可以缩短，以减少行程损失。由于直流扫气效果好，空气充量多，因此应用范围较广，特别是在大型低速船用柴油机上获得广泛应用。

图 2-25(b) 为气口 - 气口直流扫气方式。上部的排气口由对向活塞控制，上、下两活塞运动错开一定曲轴转角(9° ～ 15°)，就可使排气口比扫气口早开、早闭，造成过后充气。

(2)按扫气泵形式分类[5]

有单独扫气泵、废气涡轮增压加机械罗茨泵两级增压和曲轴箱扫气三种类型。

由于二冲程内燃机的进、排气过程是重叠进行的，它利用新鲜空气扫除废气，则必须提高气缸新气的压力，故设置扫气泵。

①单独扫气泵方式

如图 2-26(a) 所示，这是一种借助于扫气泵将空气压力升高而实现扫气的方式。

扫气泵大多用转子泵或离心泵，直接由发动机曲轴增速驱动。一般扫气压力 p_s 为 140～150 kPa。

②废气涡轮增压加机械罗茨泵两级增压方式

如图 2-26(b) 所示，这种方式多用于二冲程直流扫气大型柴油机中，第一级为废气涡轮增压，增压空气经中间冷却器冷却，再由发动机驱动罗茨泵的第二级增压。因此扫气压力较高，p_s 为 140 ～ 200 kPa，甚至更高。

③曲轴箱扫气

曲轴箱扫气(crankcase scavenging) 如图 2-26(c) 所示，这是一种以曲轴箱作为扫气泵

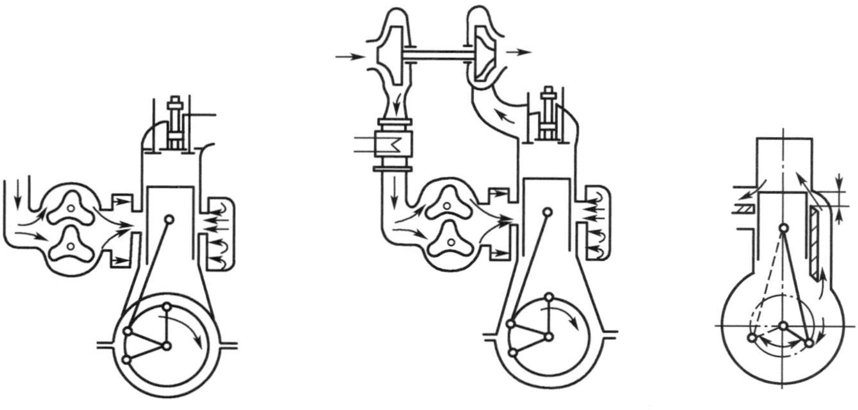

(a)单独扫气泵二冲程柴油机
(b)废气涡轮增压加机械罗茨泵两级增压
(c)曲轴箱扫气

图 2-26　按扫气泵形式分类

的压缩室，利用活塞下行运动压缩曲轴箱内的空气，使其进入气缸而实现扫气的方式。

这种方式多用于二冲程横流扫气小型汽油机中。结构特点是在气缸的下部开有扫气口、排气口和进气口。排气口和扫气口开闭由活塞顶部控制，进气口开闭由活塞下边缘控制。活塞下边缘关闭进气口后再下行，开始压缩曲轴箱中的工质，使其压力升高，从而起到扫气泵的作用。曲轴箱容积大，压缩比 ε_k 较低，一般为 1.3 ～ 1.55。扫气压力仅为 108 kPa 左右。

2. 时面值的确定

二冲程内燃机的换气质量对功率和性能影响很大。换气质量主要取决于气口的时面值和扫气气流在气缸内的正确流向。气口的形状和大小（时面值）是保证优良换气质量的关键。

(1)二冲程内燃机配气定时

二冲程内燃机气口大小和形状一经选定，配气定时就基本确定了，进而时面值也就确定了。表 2-4 列出了几种大功率二冲程直流扫气柴油机的配气定时。

表 2-4　几种二冲程直流扫气柴油机的配气定时

机型	i-D/S	P_e/n	p_{me}	扫气口		排气口		θ_{fj}
	mm/mm	kW/(r·min^{-1})	MPa	开 /BBDC	关 /ABDC	开 /BBDC	关 /ABDC	BTDC
10LE207	10-207/254×2	2 000/850	0.63	40	64	56	56	14
GM16-278A	16-222/267	1 600/750	0.638	60	60	79	46.5	—
GM20-645E	20-230/254	3 200/900	1.0	45	45	77	61	18
12VE230	12-230/300	2 200/750	0.884	44	44	90	52	22
6E390	16-390/450	2 000/500	0.56	49	49	76 ～ 82	46 ～ 52	2 ～ 4
9ESDZ43/82	9-430/820	4 500/200	0.945	39.5	39.5	90	56	13
6ESDZ75/160	6-750/1 600	12 000/115	1.11	43	43	90	56	7 ～ 8

(2)气口时面值的确定

①气口的时面值和角面值

二冲程内燃机与四冲程内燃机换气机构的差别之一是用气口代替了气门。同样，可用气口的时面值来反映二冲程内燃机气口（或气门）的流通能力。由流体力学可知，通过气口时气体的质量流量为

$$m_s = \mu_s \rho_s v_s f_s \cdot \Delta t \quad (\mathrm{kg/s}) \tag{2-20}$$

式中 μ_s—— 气口处流量系数；

ρ_s—— 气体的密度，$\mathrm{kg/m^3}$；

v_s—— 通过气口的气体流速，m/s；

f_s—— 气口或气门的通道截面积，$\mathrm{m^2}$；

Δt—— 气口的开启时间，$\Delta t = t_1 - t_2$，t_1 为气口开启时间，t_2 为气口关闭时间，s；

s—— 下标，表示扫气口的各参数。

在以上诸因素中，密度 ρ_s、流速 v_s 都取决于气口处的气体状态。假设流速 v_s 不变，当保持流量 m_s 一定时，转速 n 提高后，时间 Δt 则取决于气口的几何尺寸和转速，与其他因素无关，即面积 f_s 和时间 Δt 有密切关系，把 $f_s \cdot \Delta t$ 称为时面值。

时面值可用坐标形式表示，图 2-27 为二冲程柴油机横流扫气的气口时面值示意图。纵坐标 f_s 和 f_e 分别表示扫气口和排气口的瞬时截面值；横坐标为时间或曲轴转角 φ。

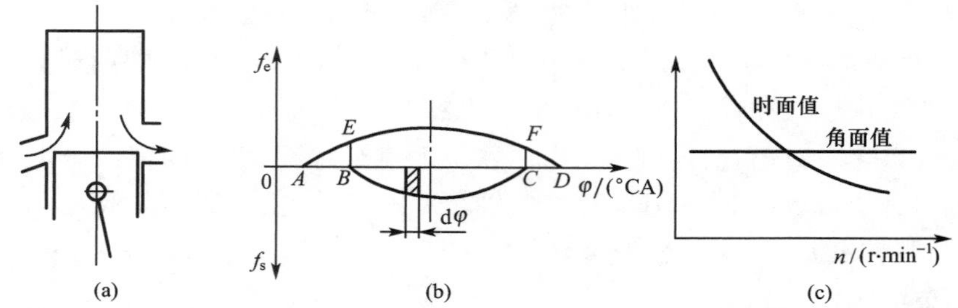

图 2-27 二冲程柴油机横流扫气的气口时面值示意图

若流速 v_s 不变，则整个扫气阶段(图中 B 到 C) 流经扫气口的空气质量为

$$m_s = \mu_s \rho_s v_s \int_{t_B}^{t_C} f_s(t)\mathrm{d}t \quad (\mathrm{kg}) \tag{2-21}$$

其中，积分$\int_{t_B}^{t_C} f_s(t)\mathrm{d}t$ 称为扫气阶段(t_B— t_C) 的时面值($\mathrm{m^2 \cdot s}$)；v_s 为通过扫气口的气体流速。

同样，流经排气口的排气量为

$$m_e = \mu_e \rho_e v_e \int_{t_A}^{t_D} f_e(t)\mathrm{d}t \quad (\mathrm{kg}) \tag{2-22}$$

其中，积分$\int_{t_A}^{t_D} f_e(t)\mathrm{d}t$ 称为排气阶段(t_A— t_D) 的时面值($\mathrm{m^2 \cdot s}$)；v_e 为通过排气口的气体流速。

曲轴转角 φ(°CA) 与时间 t(s) 的关系为

$$t = \frac{1}{6n}\varphi \tag{2-23}$$

将时面值中的时间 t 用曲轴转角 φ 表示，则积分$\int_{\varphi_B}^{\varphi_C} f_s(\varphi)\mathrm{d}\varphi$称为扫气阶段($\varphi_B$—$\varphi_C$) 的角面值[$\mathrm{m^2}$ · (°CA)]。

时面值与角面值的关系

$$\int_{t_B}^{t_C} f_s(t)\mathrm{d}t = \frac{1}{6n}\int_{t_B}^{t_C} f_s(\varphi)\mathrm{d}\varphi \tag{2-24}$$

对于同一尺寸的气口(f_s 一定),如图 2-27(c) 所示,当内燃机转速 n 增加时,时面值要减小,这是因为 Δt 减小的缘故,而角面值不变,这是因为 $\Delta\varphi$ 不变的缘故。

②时面值的确定

时面值可以通过作图法和计算法来确定。

a. 作图法求气口时面值[6]

当气口形状和尺寸确定后,f_s-φ 图与 h_s-φ 图就有了确定的比例关系。利用双圆心(o 及 o',且 $oo'=\dfrac{R^2}{2L}$)法,作扫气口 h_s-φ 和排气口 h_e-φ 图。选定一高度比例尺 L_h,使图上 1 cm 代表实际活塞位移 l cm,按比例用曲轴半径 $R=\dfrac{S}{2}$ 为半径作圆,圆心为 o,如图 2-28 所示,该圆与活塞下止点位置水平线相切,按 $oo'=\dfrac{R^2}{2L}$ 取 o' 点,L 为连杆长度。作排气口、扫气口上边缘水平线,交圆周于 b'、b_1' 和 a'、a_1',将 $4b_1'$ 圆周 4 等分,各点作水平线的垂线得排气口高 11′、22′、33′、44′。将 $4a'$ 圆周 4 等分,各点作水平线的垂线得扫气口高 44″、55′、66′、77′。

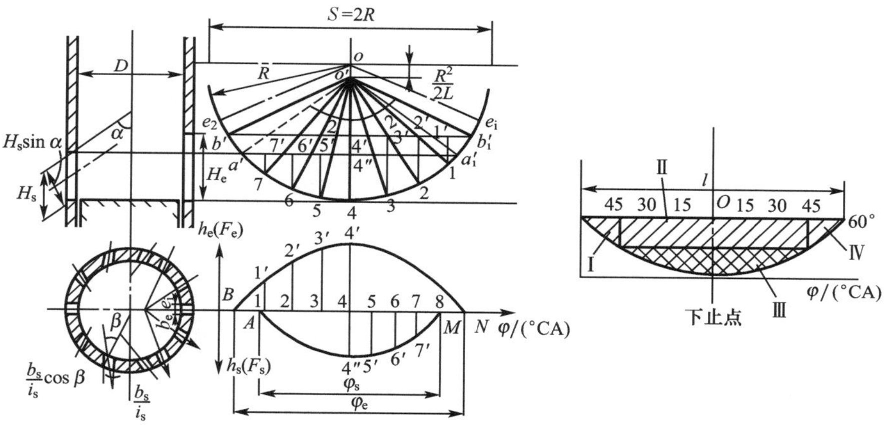

图 2-28　用作图法求气口时面值

横坐标比例尺为 L_φ,图上 $\overline{BN}$(cm) 代表实际曲轴转角 $\angle b'o'b_1'(\varphi_e)$,以下止点为中心作纵轴,向上为 h_e 轴,向下为 h_s 轴,横轴 φ 轴,取 $BN=\varphi_e$,均分 8 点,分别作排气口高 11′、22′、33′、44′,及对称右边一半,连接 B、1′、2′、3′、4′、…、N,得 h_e-φ 图;同样,下边取 AM 代表实际曲轴转角 $\angle a'o'a_1'(\varphi_s)$,按圆均分 8 点,分别作扫气口高 44″、55′、66′、77′,左半边全对称,连接 M、7′、6′、5′、4″、…、A,得 h_s-φ 图。求出面积再乘比例尺得相应的时面值。

Ⅰ—— 初排气阶段时面值;

Ⅱ—— 同时开启的排气时面值;

Ⅲ—— 同时开启的扫气时面值;

Ⅳ—— 额外排气时面值。

b. 计算法求气体流动所需的时面值

假定气体经气口做单向一维稳定连续绝热流动,则气体质量流量为

$$m=\mu f\psi\sqrt{\frac{p_1}{V_1}}\quad(\text{kg})\tag{2-25}$$

即

$$m = \frac{\mu f}{6n}\psi \frac{p_1}{\sqrt{RT_1}} \quad (\text{kg}) \tag{2-26}$$

式中　μ—— 气口(气门)处的流量系数,对二冲程内燃机,μ 为 0.65 ～ 0.75;

f—— 气口开启截面积,m^2;

ψ—— 通流函数;

n—— 内燃机转速,r/min。

对亚临界[扫气口及排气口(门)的亚临界排气期],$\frac{p_2}{p_1} > \left(\frac{2}{k+1}\right)^{\frac{k}{k-1}}$,则

$$\psi = \sqrt{\frac{2k}{k-1}\left[\left(\frac{p_2}{p_1}\right)^{\frac{2}{k}} - \left(\frac{p_2}{p_1}\right)^{\frac{k+1}{k}}\right]} \tag{2-27}$$

对超临界[排气口(门)的超临界排气期],$\frac{p_2}{p_1} \leqslant \left(\frac{2}{k+1}\right)^{\frac{k}{k-1}}$,通流函数达到最大值,即

$$\psi = \psi_{\max} = \left(\frac{2}{k+1}\right)^{\frac{1}{k-1}} \cdot \sqrt{\frac{2k}{k+1}} \tag{2-28}$$

式中　p_1—— 计算阶段开始时气体的压力,kPa;

p_2—— 计算阶段结束时气体的压力,kPa;

k—— 绝热指数。

根据流量公式(2-25),考虑自由排气阶段、扫气阶段、强制排气阶段的特点,假定整个换气过程中扫气空气压力 p_s、排气管废气压力 p_r 均为常数,气缸内平均压力在扫气和强制排气阶段也当作常数,则可得到换气过程各阶段理论上所需时面值的计算公式,进行时面值计算。

2.2.2　换气过程的阶段划分及其换气特点

1. 曲轴箱扫气汽油机的换气过程

图 2-29 给出了曲轴箱扫气汽油机的换气过程,包括配气相位图、气缸内的 p-V 图和曲轴箱的 p_s-V 图。

(1)相位图

a 点为下止点;h 点为扫气口关闭;g 点为排气口关闭;c' 点为火花塞点火点;c 点为上止点;z 点为燃烧结束点;b 点为排气口开;f 点为扫气口开;m 点为进气口开;n 点为进气口关闭。

(2)气缸内的 p-V 图

从示功图看出,二冲程换气过程没有泵气损失。

①压缩过程 gc',即从排气口关 g 点到火花塞跳火点火成功 c' 点止。

②燃烧过程 $c'cz$,即从火花塞跳火点火成功 c' 点到燃烧结束 z 点止。

③膨胀过程 zb,即从燃烧结束 z 点到排气口开 b 点止。

④排气过程 $bfahg$,即从排气口开 b 点到排气口关 g 点止。

⑤扫气过程 fah,即从扫气口开 f 点到扫气口关 h 点止。

(3)曲轴箱的 p_s-V 图

①进气过程 mcn,活塞处于上止点附近,活塞下端从打开进气口 m 点,到关闭进气口 n 点止。

②压气过程 nf，即活塞下行，曲轴箱容积减小，相应压力升高，到 f 点扫气口打开止。

③扫气过程 fah。

④曲轴箱真空过程 hm，即活塞上行，曲轴箱容积增大，相应压力下降到大气压力以下，为进气创造压差。

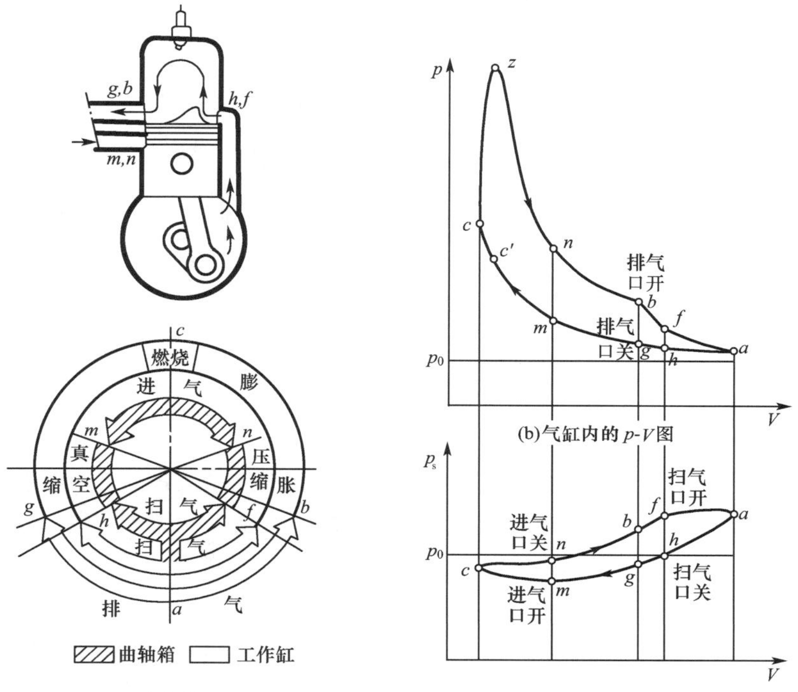

(a)配气相位图　(b)气缸内的 p-V 图　(c)曲轴箱的 p_s-V 图

图 2-29　曲轴箱扫气汽油机的换气过程

2. 二冲程内燃机换气过程的三个阶段

根据二冲程内燃机换气过程的特点，如图 2-30(c) 所示，通常把换气过程分为三个阶段：自由排气阶段、扫气与强制排气阶段、额外排气或额外充气阶段。

(1)自由排气阶段 Ⅰ(AR)

如图 2-30 所示 AR 段，是自由排气阶段，即从排气口(或排气门) 开启 A 点到缸内压力等于扫气阶段缸内的平均压力 p_{mg} 的 R 点止。此时扫气口已开启，大部分燃气是依靠缸内压力 p 和排气管内压力 p_r 的较大压力差排出气缸，而不是被扫气空气扫出去的。排气口刚打开时，缸内压力为 0.3～0.6 MPa，以音速流出，稍后 K 点变为亚音速自由排气，到 R 点压力已降到 0.11～0.13 MPa。

自由排气阶段根据燃气流出的速度又分为超临界流动 AK 段和亚临界流动阶段 KR 段，K 点为临界压力点。超临界阶段燃气流量只取决于缸内气体的状态和排气口(门) 流通截面积的大小，与排气管内气体状态无关。

(2)扫气与强制排气阶段 Ⅱ(RC)

图 2-30 中的 RC 段，即从缸内的平均压力 p_{mg} 的 R 点到 C 点(横流扫气的扫气口关，直流扫气的排气口关)。前半段 $RR'R''$ 缸内压力变化较大，后半段 $R''C$ 缸内压力较稳定，这段燃

气主要靠扫气压力 p_s 与缸内压力 p 和排气管内压力 p_r 的压力差排出，活塞推挤燃气排出作用较小。

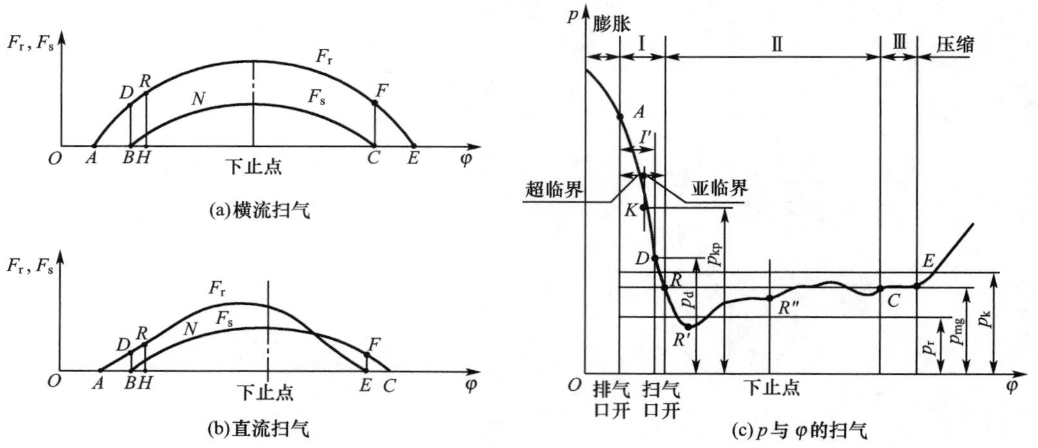

图 2-30 换气过程阶段划分

（3）额外排气或额外充气阶段 Ⅲ（CE）

图 2-30 中的 CE 段，即横流扫气的扫气口关 C 点到排气口关 E 点的额外排气阶段，或直流扫气的排气口关 C 点到扫气口关 E 点的额外充气阶段。由于额外充气时间很短，这时活塞已上行，压缩缸内气体，使缸内压力很快达到扫气压力 p_s。用扫气泵提高扫气压力才能在这一阶段向气缸充入较多的空气。

上述换气过程的三个阶段的时面值，用图 2-30(a)(b) 中曲线与横轴所包围的面积表示。

ADB 为自由排气阶段时面值；$BDFC$ 或 BDE 为强制排气阶段时面值；BNC 或 $BNFC$ 为扫气阶段时面值；CFE 为额外排气或额外充气时面值。

3. 二冲程内燃机的换气性能特点

（1）二冲程内燃机换气过程总持续角小，φ 为 120 ～ 150°CA，且进、排气重叠时期（扫气期）长，可长达换气时间的 70% ～ 80%。这表明，二冲程内燃机换气时间短，并且新鲜充量与废气掺混时间长，所以换气质量低，残余废气系数 ϕ_r 较大，又有大量新气流失。

（2）由于下止点前 65 ～ 75°CA 就开始排气，所以膨胀做功终止较早，使有效工作行程减小，再加之扫气要消耗较多的能量，所以指示热效率较低，燃油消耗率较高。

（3）二冲程内燃机变工况运行时，换气过程变化较大，易于偏离优化匹配状态，所以二冲程机变工况运行时的性能较差。

（4）二冲程汽油机由于扫气时使新鲜油气混合气扫出，不仅使经济性变差，也使 HC 排放量增加。

二冲程内燃机虽然单位时间的做功次数比四冲程内燃机多了一倍，但由于有较大的容积损失，加之换气效果差，带扫气泵消耗有效功，其动力性能（升功率）仅增大 50% ～ 70%。HC 排放高，热负荷高，容易出现排气口积炭和活塞顶局部过热。所以较多用在大型低速船舶和电站机组中。近年来，技术进步使二冲程内燃机的性能有了很大发展。日本本田汽车公司新研制的 S-2 型二冲程直列六缸水冷汽油机，已装在高性能的豪华轿车上；还研制出 S-2 型二冲程直列四缸水冷柴油机，该机具有低噪声、低振动的特点，最高燃烧压力下降，怠速稳定性好于四冲程柴油机。表 2-5 列出了本田公司 S-2 型二冲程内燃机的主要性能。

表 2-5　本田公司 S-2 型二冲程内燃机主要性能

型号	形式	排量 iV_s	P_e/n	T_{max}/n	空转速
		L	kW/(r · min^{-1})	N · m/(r · min^{-1})	r · min^{-1}
S-2	六缸水冷汽油机	3	176/3 000	490/2 800	600
S-2	四缸水冷柴油机	2.5	74/3 200	284/1 600	350

2.2.3　换气质量的评价指标及扫气效率的影响因素

1. 评价二冲程内燃机换气质量的指标

(1)扫气效率 η_s(给气效率)

在一个工作循环中,当扫气口、排气口(门)全部关闭后,留在气缸内的新鲜空气质量 m_1 与此时气缸内气体总质量(m_1+m_r)之间的比值,称为“扫气效率”。

$$\eta_s=\frac{m_1}{m_g}=\frac{m_1}{m_1+m_r}=\frac{1}{1+\phi_r}<1 \tag{2-29}$$

η_s 从数量上说明新气流失量的多少,是表征换气质量的参数。η_s 大,说明 ϕ_r 小,扫气效果好,换气质量高。η_s 的范围见表 2-6。

表 2-6　η_s 的范围

直流扫气 /%	回流扫气 /%	横流扫气 /%	曲轴箱扫气 /%
80 ~ 95	80 ~ 90	50 ~ 90	72 ~ 80

(2) 充量系数 ϕ_c

二冲程内燃机每一循环留在气缸内的新鲜空气充量 m_1 与扫气状态下充满有效工作容积的理论充量 m_s 之比,称为“充量系数”。由于二冲程内燃机有行程损失,则充量系数为

$$\phi_c=\frac{m_1}{m_s}=\frac{\varepsilon'_{ce}}{\varepsilon'_{ce}-1}\cdot\frac{p_a}{p_s}\cdot\frac{T_s}{T_a}(1-\psi_s)\cdot\eta_s \tag{2-30}$$

式中　ε'_{ce}—— 实际压缩比,$\varepsilon'_{ce}=1+(1-\psi_s)\dfrac{V_s}{V_c}$;

ψ_s—— 行程损失系数,$\psi_s=1-\dfrac{V'_s}{V_s}$,对于直流扫气,$\psi_s$ 为 0.08 ~ 0.16;

p_a、T_a—— 实际开始压缩时气缸内的压力(MPa) 和温度(K);

p_s、T_s—— 扫气的压力(MPa) 和温度(K)。

(3)扫气系数 ϕ_s

在一个工作循环中,通过扫气口的新鲜空气质量(扫气量)m_s 与扫气完毕后实际留在气缸内的新鲜空气质量 m_1 的比值,称为“扫气系数”。

$$\phi_s=\frac{m_s}{m_1}=\frac{m_d\phi_b}{m_d\phi_c}=\frac{\phi_b}{\phi_c} \tag{2-31}$$

式中　ϕ_b—— 扫气过量空气系数;

m_d—— 在进气管状态下,充满工作容积 V_s 的理论空气质量,kg;

ϕ_c—— 充量系数。

ϕ_s 是表示扫气完善程度的参数,ϕ_s 越小,说明扫气越完善,扫气质量越好。ϕ_s 的范围见表 2-7。

表 2-7 ϕ_s 的范围

直流扫气 /%	回流扫气 /%	横流扫气 /%	曲轴箱扫气 /%
90 ～ 95	80 ～ 90	50 ～ 90	72 ～ 80

(4) 扫气过量空气系数(给气比)ϕ_b

在一个工作循环中，由扫气泵供给的通过扫气口的新鲜空气质量 m_s 与在同样进气状态下充满工作容积 V_s 的理论空气质量 m_d 的比值，称为“扫气过量空气系数”。

$$\phi_b = \frac{m_s}{m_d} = \phi_s \phi_c \tag{2-32}$$

ϕ_b 反映每循环消耗新气量的多少，ϕ_b 过大，表示耗气量多，压气机消耗功率多，经济性差。ϕ_b 的范围见表 2-8。

表 2-8 ϕ_b 的范围

非增压高速内燃机	增压内燃机	曲轴箱扫气内燃机
1.2 ～ 1.5	1.4 ～ 1.7	0.5 ～ 0.9

(5) 总过量空气系数 ϕ_{as}

在一个工作循环中，通过扫气口的新鲜充量与理论上完全燃烧所需的充量之比，称为“总过量空气系数”。

$$\phi_{as} = \frac{m_s}{m_b l_0} = \phi_s \phi_a = \frac{\phi_b \phi_a}{\phi_c} \tag{2-33}$$

式中 m_b—— 每循环的喷油量，g/cyc；

l_0—— 化学计量比。

2. 影响扫气效率 η_s 的因素

(1)扫气形式对 η_s 的影响

图 2-31 给出了不同扫气形式的扫气效率 η_s，在相同给气比 ϕ_b 下，直流扫气效率最高，横流扫气效率最低，回流扫气效率居中。

(2)扫气压力 p_s 对 η_s 的影响

图 2-32 给出了不同扫气压力 $p_s = 1.1$ 和 $p_s = 1.7$ 条件下的扫气效率 η_s。在相同给气比 ϕ_b 下，扫气压力 p_s 增大，扫气效率 η_s 降低。

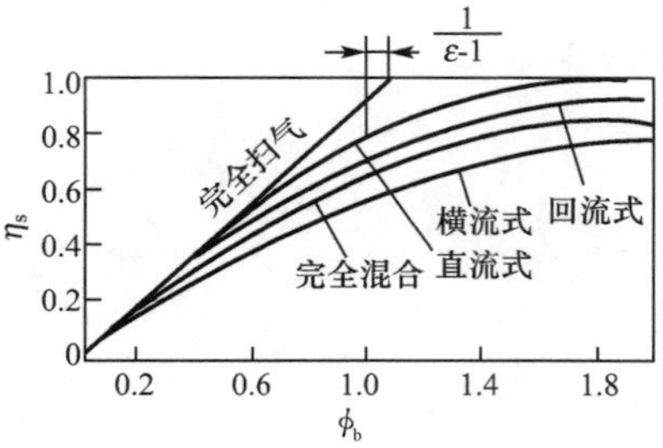

图 2-31 不同扫气形式的影响

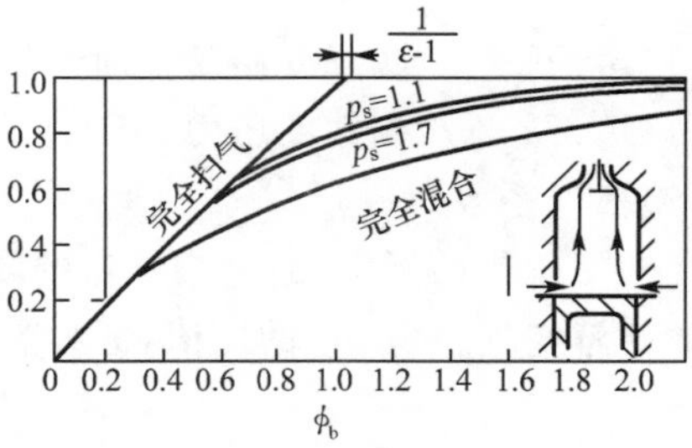

图 2-32 不同扫气压力的影响

(3)转速 n 对 η_s 的影响

图 2-33 给出了不同转速下的 η_s。当 n 一定时，扫气压力 p_s 升高，η_s 降低；当扫气压力一定时，n 升高，η_s 提高。

(4)时面值 $f_s \cdot \Delta t$ 对 η_s 的影响

通过图 2-34 可看出,时面值 $f_s \cdot \Delta t$ 增大,流阻减小,使 η_s 升高。

(5)排气背压 p_{ot} 对 η_s 的影响

排气背压增高,使扫气空气压力相应提高,并使扫气泵供气量下降,p_s 下降,使扫气质量变差,扫气效率 η_s 下降,p_i 下降,b_i 升高,如图 2-35 所示。

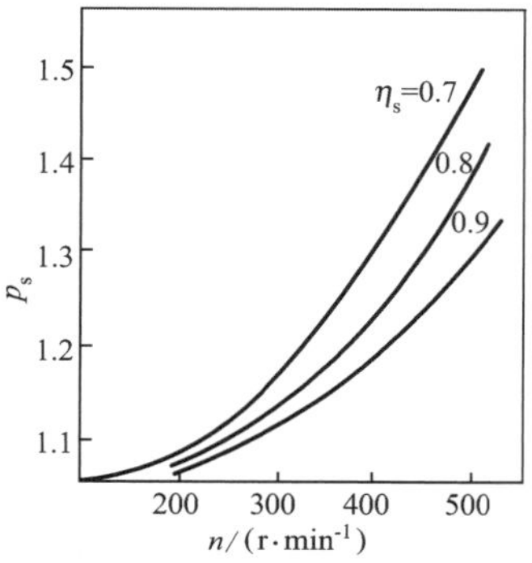

图 2-33　n 对 η_s 的影响

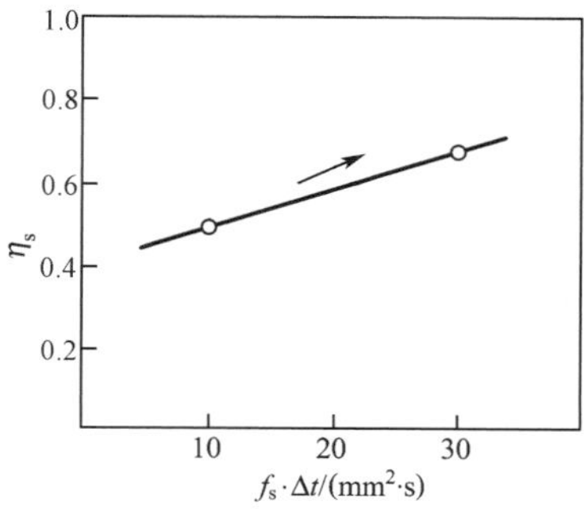

图 2-34　$f_s \cdot \Delta t$ 对 η_s 的影响

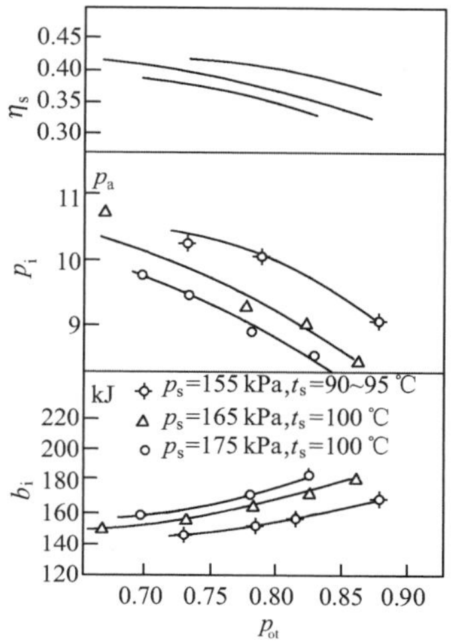

图 2-35　p_{ot} 对 η_s、p_i 和 b_i 的影响

3. 二冲程内燃机与四冲程内燃机换气特点的比较

二冲程内燃机换气过程与四冲程内燃机换气过程明显不同,见表 2-9。

表 2-9　换气特点比较

对比项目	二冲程内燃机	四冲程内燃机
结构及换气过程	在气缸套下部布置扫气孔或排气孔,用活塞控制开关;换气时进排气过程同时进行	在气缸盖上布置进、排气门,用配气机构控制开关;换气在两个不同的活塞行程中进行
换气时间 φ/(°CA)	换气时间很短,φ 为 120 ~ 150°CA,在下止点附近进行换气,换气质量较差	换气时间长,φ 为 420 ~ 450°CA,在大于两个行程内进行换气,换气质量较好
换气重叠角 $\Delta\varphi$/(°CA)	$\Delta\varphi$ 较大,占整个换气总时间的 70% ~ 80% 耗气量大	$\Delta\varphi$ 较小,非增压发动机占整个换气 3% ~ 8%,增压机占 20% ~ 30% 耗气量小
评价参数	扫气效率 $\eta_s < 1$ 扫气系数 ϕ_s 给气比 ϕ_b	充量系数 ϕ_c = 充气效率 η_v 过量空气系数 ϕ_a
残余废气系数 ϕ_r	ϕ_r 大,范围为 0.06 ~ 0.2 新鲜空气与缸内废气容易掺混	ϕ_r 小,范围为 0.03 ~ 0.06 掺混较小
流通能力	由于扫气口开在缸套上,进、排气流通能力大 功率提高有潜力	因进、排气门都布置在缸盖上,进、排气能力受到限制 功率提高潜力有限
泵气损失	无泵气损失 靠扫气压力清除废气,所以 p_s 必须大于 p'_r(排气背压)	有泵气损失 靠活塞推出功清除废气,有配气机构驱动损失

（续表）

对比项目	二冲程内燃机	四冲程内燃机
行程损失	有行程损失 s' 有效压缩比 ε_e 变工况经济性差	无行程损失 变工况性能好
扫气消耗功	消耗空气量大 扫气泵消耗功多 η_{et} 低	消耗空气量小 无扫气泵消耗功 η_{et} 高
经济性	b_e 高 变工况运行经济性差	b_e 低，高工况性能好 变工况油耗率上升平坦
HC 排放	排放量高 二冲程汽油机由于进、排气短路而流入排气管	排放量低 没有倒流现象
应用	小型汽油机 大型低速柴油机	应用广泛

习　题

2-1　何谓换气过程？换气过程的基本要求是什么？换气过程包括哪些损失？

2-2　四冲程内燃机换气过程分哪几个阶段？各阶段的特点是什么？

2-3　四冲程内燃机换气的评定参数有哪些？影响充量系数 ϕ_c 的因素有哪些？提高 ϕ_c 的措施有哪些？

2-4　何谓配气定时？进排气门提前开启和延迟关闭的原因是什么？什么是气门重叠角？它对工作过程有哪些影响？增压后将有什么变化？

2-5　何谓时面值？它对换气过程影响如何？何谓惯性效应和波动效应？

2-6　二冲程内燃机扫气方式有哪几种？换气过程分为哪几个阶段？

2-7　二冲程内燃机换气质量的评定参数是什么？影响 η_s 的因素有哪些？

2-8　试比较二冲程与四冲程内燃机的换气特点。

2-9　多气门结构有什么优点？为什么要采用可变技术？包括哪些可变技术？

参考文献

[1]　林学东．发动机原理［M］．北京：机械工业出版社，2008．

[2]　蒋德明．内燃机原理［M］．2 版．北京：机械工业出版社，1988．

[3]　刘峥，王建昕．汽车发动机原理教程［M］．北京：清华大学出版社，2001．

[4]　杨建华，龚金科，吴义虎．内燃机性能提高技术［M］．北京：人民交通出版社，2000．

[5]　秦有方，陈士尧，王文波．车辆内燃机原理［M］．北京：北京理工大学出版社，1997．

[6]　刘颖．柴油机原理［M］．武汉：华中工学院出版社，1984．

第3章　内燃机的燃料供给与调节

内燃机燃料供给与调节系统的主要功能是及时、精确地为内燃机气缸提供适量的燃料，以保证有效地进行气缸内混合气的形成与燃烧。燃料供给系统、进气系统和燃烧室是构成内燃机燃烧系统的三大要素，其中燃料供给系统是最关键的因素。

由于柴油机和汽油机所使用燃料理化特性的差异，致使在混合气形成、着火和燃烧模式上存在着差异，因而它们的燃料供给装置与负荷调节方式也明显不同，本章将分别详述。

3.1　内燃机的燃料及其性质

内燃机产生动力的来源是燃料的燃烧。点燃机和压燃机的差异主要在于燃用燃料性质的不同。燃料品质的发展促进了内燃机技术的进步。内燃机的性能与燃料的性质是密切相关的。

3.1.1　石油制品燃料及其对内燃机的适用性

1. 烃类燃料

柴油机燃用的燃料是柴油，汽油机燃用的燃料是汽油，它们都是石油炼制品。

石油的主要成分由碳(C)和氢(H)两种元素组成，质量分数为97%～98%，其他还有少量的硫(S)、氧(O)、氮(N)等元素。石油是多种碳氢化合物的混合物，分子式可写为C_nH_m，通常称为“烃”。烃中的碳原子数和分子结构对其性质有重要影响。

(1)碳原子数对性质的影响

根据烃分子中碳原子数的不同可构成不同相对分子质量和不同沸点的物质。炼制汽油和柴油最简便的方法就是利用沸点不同的直接分馏法，依次得到石油气、汽油、煤油、轻柴油、重柴油、渣油等，见表3-1。

表3-1　烃分子中碳原子数对理化性质的影响

油品名	碳原子数	沸点/℃	相对分子质量	密度/(kg·L^{-1})	自然温度/℃
石油气	C_1～C_4	常温	16～58	0.51～0.58	365～470
汽油	C_5～C_{11}	25～215	95～120	0.715～0.78	300～400
煤油	C_{11}～C_{15}	170～260	100～180	0.77～0.83	250
轻柴油	C_{16}～C_{23}	180～360	180～200	0.815～0.855	250
重柴油	C_{23}以上	360以上	220～280	—	—

(2)分子的化学结构对性质的影响

结构是开链还是环状，是饱和还是非饱和，是正构物还是异构物，对高温下分子的稳定性影响较大，见表3-2。

表 3-2 烃分子化学结构对理化性质的影响

类别	分子通式	结构式	性质
烷烃	C_nH_{2n+2}	正庚烷 C_7H_{16}(直链) 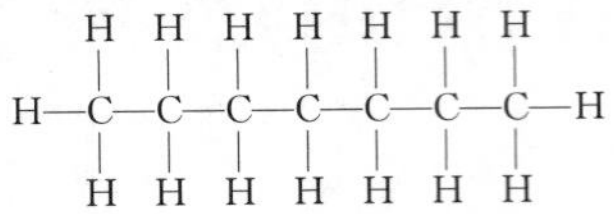 异辛烷 C_8H_{18}(支链) 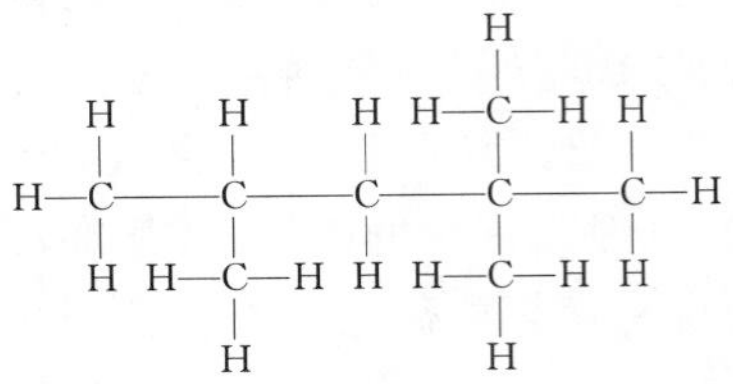	正构物呈饱和的开链式结构,含碳原子越多,结构越不紧凑 常温下化学性质较稳定,高温下易分解,自发着火滞燃期短,是柴油的良好成分 异构物支链式结构在高温下较稳定,是汽油中抗爆性较好的燃料
环烷烃	C_nH_{2n}	环己烷 C_6H_{12} 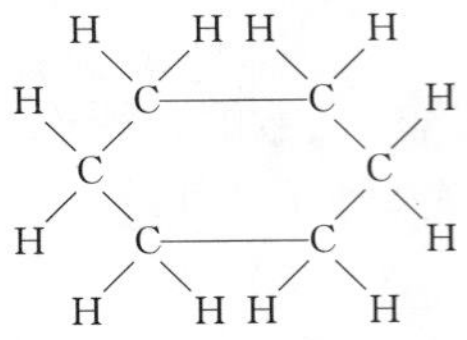	呈饱和的环状分子结构,不易分裂。热稳定性和自发着火温度比直链烷烃高,适宜作点燃式汽油机燃料
烯烃	C_nH_{2n}	乙烯 C_2H_4 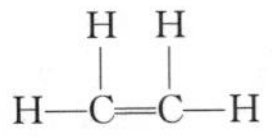	非饱和开链式结构,有一个双键,比烷烃难于自燃,是汽油中抗爆性好的成分。常温下化学安全性差,长期存储时易氧化成胶质
芳香烃	苯 C_nH_{2n-6}	甲苯 C_7H_8 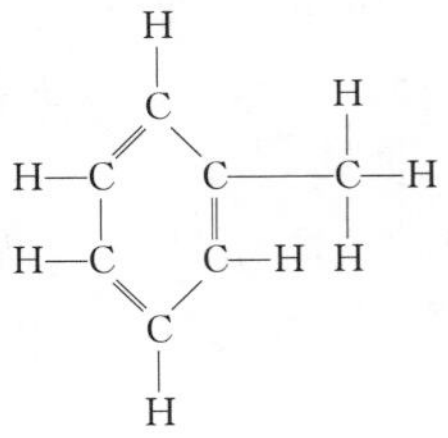	苯是芳香烃的基本化合物,6 个碳原子环状排列,单、双键交替相连,属不饱和烃
	萘 C_nH_{2n-12}	α- 甲基萘 $C_{11}H_{10}$ 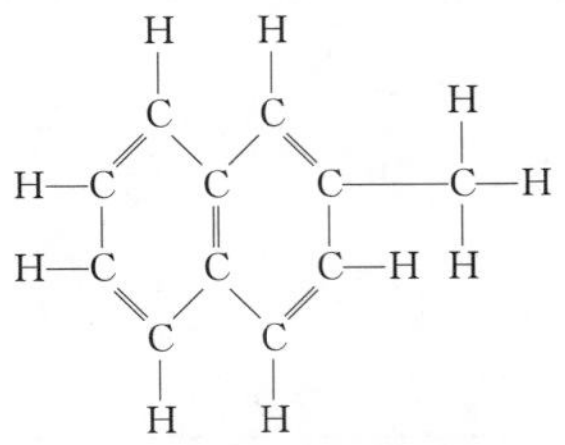	α- 甲基萘,含有苯基的成分,高温下分子不易破裂,化学安全性高,是汽油机中良好的抗爆剂

(3)不同炼制工艺方法对燃油性质的影响

开采出来的石油(原油)必须经过炼制才能得到满足内燃机要求的汽油和柴油。典型的工艺流程有直接蒸馏、热裂解、催化裂化、加氢裂化等,见表 3-3。

表 3-3　不同炼制方法对燃油性质的影响

燃油	直接蒸馏法	热裂解法	催化裂化法
汽油	稳定性好，烷烃和环烷烃的体积分数为 90% ～ 95%，芳香烃的体积分数为 5% ～ 9%，不含不饱和链状烃。其 MON 辛烷值(ON) 为 50% ～ 70%	含有较多的不饱和烃，储存中易产生胶质。抗爆性比直馏汽油好，其 MON 辛烷值为 58% ～ 68%	烷烃体积分数为 50% ～ 60%，环烷烃为 8% ～ 10%，芳香烃为 32% ～ 40%，品质高，抗爆性好，MON 辛烷值达为 77% ～ 84%，RON 辛烷值可达 90% 以上
柴油	芳香烃的体积分数为 20% ～ 30%，具有较高的十六烷值(CN)	含有大量不饱和烃，十六烷值较低，一般用作中、低速柴油机燃料	性能较好，可作为高品质柴油使用，用于高速柴油机中

2. 适用内燃机燃料的条件

(1)能源方面：储藏丰富，供应充足，而且造价适当。开采、炼油技术的进步，能满足日益发展的要求。

(2)常温下是液态(或气态)，理化性质适用于内燃机的喷射与燃烧。

(3)能量密度高，液体燃料的低热值 H_u 高于 18 MJ/kg，气体燃料的低热值 H_u 高于 5 MJ/kg。适于长距离使用，储运、管网设置安全方便。

(4)燃料本身对人体健康影响小，燃烧时产生的有害排放物及噪声通过一定措施能达到法规要求。

(5)燃料对发动机寿命及可靠性无不良影响，供给充足，造价不昂贵。

到目前为止，汽油与柴油是满足上述要求的最好燃料。随着世界石油储量日益减少，在内燃机上使用代用燃料的趋势正在加速。代用燃料主要有天然气、醇类燃料、生物燃料以及氢气等。

3.1.2　柴油的标准和理化性质

1. 国产柴油标准

压燃式柴油机燃用的燃料是柴油。其中轻柴油用于高速柴油机，重柴油用于中、低速柴油机，重油用于大型船用低速柴油机。

我国生产的轻柴油，其规格由 GB/T 19147—2016 规定，国产轻柴油的牌号按凝点不同分为 0 号、−10 号、−20 号、−35 号和 −50 号五级，牌号的命名是按凝点来确定的，其凝点分别不高于 0 ℃、−10 ℃、−20 ℃、−35 ℃ 和 −50 ℃。表 3-4 列出了车用柴油国 Ⅴ 与国 Ⅵ 标准。

表 3-4　车用柴油国 Ⅴ 与国 Ⅵ 标准(摘自 GB/T 19147—2016)

项目	国 Ⅴ					国 Ⅵ				
	0 号	−10 号	−20 号	−35 号	−50 号	0 号	−10 号	−20 号	−35 号	−50 号
氧化安定性(以总不溶物计)/(mg/100 mL)	(不大于)2.5					(不大于)2.5				
硫含量 /(mg/kg)	(不大于)10					(不大于)10				
酸度(以 KOH 计)/(mg/100 mL)	(不大于)7					(不大于)7				
10% 其余物残炭 /%(质量分数)	(不大于)0.3					(不大于)0.3				
灰分 /%(质量分数)	(不大于)0.01					(不大于)0.01				

（续表）

项目	国Ⅴ					国Ⅵ				
	0 号	－10 号	－20 号	－35 号	－50 号	0 号	－10 号	－20 号	－35 号	－50 号
铜片腐蚀(50 ℃,3 h)/ 级	(不大于)1					(不大于)1				
水含量 /%(体积分数)	痕迹					痕迹				
机械杂质	无					—				
总污染物含量 /(mg/kg)	—					(不大于)24				
润滑性:校正磨痕直径(60 ℃)/μm	(不大于)460					(不大于)460				
多环芳烃含量 /%(质量分数)	(不大于)11					(不大于)7				
运动黏度(20 ℃)/(mm^2/s)	3.0 ～ 8.0		2.5 ～ 8.0	1.8 ～ 7.0		3.0 ～ 8.0		2.5 ～ 8.0	1.8 ～ 7.0	
凝点 /℃ 不高于	0	－10	－20	－35	－50	0	－10	－20	－35	－50
冷凝点 /℃ 不高于	4	－5	－14	－29	－44	4	－5	－14	－29	－44
闪点(闭口)/℃ 不小于	60		50	45		60		50	45	
十六烷值 不小于	51		49	47		51		49	47	
十六烷值指数 不小于	46		46	43		46		46	43	
馏程										
50% 回收温度 /℃	(不高于)300					(不高于)300				
90% 回收温度 /℃	(不高于)355					(不高于)355				
95% 回收温度 /℃	(不高于)365					(不高于)365				
密度(20 ℃)/(kg/m^3)	810 ～ 850			790 ～ 840		810 ～ 845			790 ～ 840	
脂肪酸甲酯含量 /%(体积分数)	(不大于)1.0					(不大于)1.0				

注:车用柴油国 Ⅴ 标准 2019 年 1 月 1 日起废止,车用柴油国 Ⅵ 标准 2019 年 1 月 1 日起执行。

2. 柴油常用主要性能指标

（1）十六烷值

十六烷值(cetane number,CN)是评定柴油自燃性好坏的指标。自燃性是指在无外源点火的条件下,燃料与空气混合后能自行着火的性质。十六烷值高,自燃性好,着火延迟期短,在着火延迟期内气缸中形成可燃混合气量少,着火后压力升高率低,工作柔和,冷启动性也改善。

①十六烷值的测定

测定柴油的十六烷值时,需要在特殊的单缸试验机上按规定的条件将待测柴油与标准燃料的自燃性进行对比试验。所谓标准燃料,是由十六烷($C_{16}H_{34}$)和 α-甲基萘($C_{11}H_{10}$)按不同的比例混合而成的燃料。由于十六烷容易自燃,所以规定它的十六烷值为 100,而 α-甲基萘不容易自燃,规定其十六烷值为 0。标准燃料的自燃性可用其中十六烷的不同含量来调节。当被测定柴油的自燃性与所配置的标准燃料的自燃性相同时,标准燃料中十六烷的体积分数就定义为该种柴油的十六烷值。在有关标准中又提出了十六烷值指数(CI)的概念。

②不同分子结构对十六烷值的影响

自行着火的最低温度叫“自燃温度”。柴油的自燃温度较低,在 200 ～ 220 ℃,其十六烷值较高,CN 为 45 ～ 55。图 3-1 示出了燃料的不同分子结构对十六烷值和自燃性的影响。一般直链烷烃比环烷烃的十六烷值高。在直链烷烃中,相对分子质量越大(碳原子数越多),十六烷值越高。

柴油十六烷值高,着火性好,这就决定了柴油机是压燃机,可以采用高压缩比,一般压缩比大于16。对高速柴油机，混合和燃烧的时间相对较短，要求自燃性好，所以燃油为轻柴油。

(2)馏程

馏程是评价柴油蒸发性能的主要指标。可用一定体积(如100 mL)的燃油馏出某一体积百分比的温度范围来表示，常用50%、90%、95%的馏出温度来表示。馏出温度越低，柴油中所含轻馏分越多，蒸发性越好。轻柴油的全馏程为300～365 ℃。50%馏出温度表示柴油的平均蒸发性，主要影响柴油机的暖机、加速性和工作稳定性。

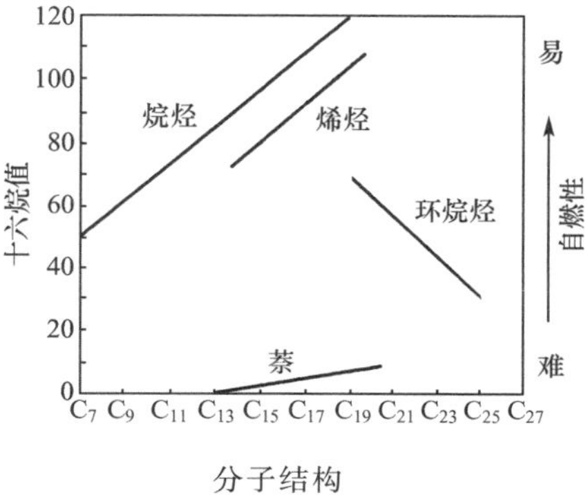

图3-1　燃料的不同分子结构对十六烷值和自燃性的影响

90%、95%馏出温度标志柴油中难以蒸发的重质成分的含量。重馏分含量增加，蒸发性变差，容易造成燃烧不完全，燃烧室积炭增多，动力性变差，机械磨损加剧。

(3)黏度

黏度表示燃料分子间的内聚力大小，表现为抵抗分子间相对运动的能力，表示柴油的流动性的好坏。它直接影响柴油机喷射系统的喷雾质量。当其他条件相同时，黏度越大，雾化后油滴的平均直径也越大，使得燃油与空气不易混合，造成柴油机的燃油消耗率升高，排气冒烟增加。黏度还影响喷油系统偶件的泄漏与润滑。柴油黏度大，流动性差，不易蒸发，这就决定了柴油机须使用高压喷油装置，使燃油雾化。

柴油的黏度常用动力黏度和运动黏度表示。

①动力黏度 μ

动力黏度是指当液体流动的速度梯度等于1时，单位面积上的内摩擦力的大小，用 μ 表示，在SI单位制中其单位是Pa·s(泊)或mPa·s(毫泊)。

②运动黏度 ν

运动黏度是指动力黏度与同温度下密度的比值，用 ν 表示，即 $\nu=\dfrac{\mu}{\rho}$。按国际标准在50 ℃下测定，单位为 cm^2/s(斯 st)，mm^2/s(厘斯 cst)。轻柴油在20 ℃时，ν 为2.5～8 cm^2/s。

(4)凝点

凝点是指柴油失去流动性而开始凝固的温度，是用来评定柴油低温流动性的指标。对应不同的环境温度，应采用不同凝点的柴油。

(5)低热值 H_u

1 kg燃料完全燃烧所释放的热量，叫“热值”或“发热量”。它表示燃料所具有的做功能力。热值越大的燃料，做功的能力就越强。燃料热值分为高热值和低热值。高热值就是把燃烧产物中水蒸气冷凝时放出的汽化潜热也计算在内；低热值就是不计汽化潜热。由于柴油机的排气温度较高，燃烧物中的水蒸气始终呈气态，无法利用水冷凝的汽化潜热，因此柴油机中柴油的热值一般指低热值，轻柴油的低热值约为42 500 kJ/kg。

(6)硫含量

硫天然地存在于原油中。柴油中含硫量越高,燃烧后产生的硫化物越多,明显增加排气中有害的污染物,不利于环保。硫燃烧后形成酸雨,不仅对零件有腐蚀性,而且对环境带来污染,还会增加机器磨损,使催化转化器装置寿命缩短。因此,各国燃油标准中对硫含量提出了严格的要求,2017 年开始,国 V 标准要求硫含量 < 10 mg/kg(10×10^{-6})。

柴油除了具有上述主要使用性能指标外,还有与储运、使用有关的安定性指标,如闪点、冷凝点;与磨损、腐蚀等有关的指标,如机械杂质、水分、灰分、酸度等。

3. 柴油的理化性质

为了便于对比分析,把柴油、汽油及代用燃料的理化性质列于表 3-5 中。

表 3-5　常用燃料的理化性质

燃料		0 号柴油	95 号汽油	压缩天然气 CNG	液化石油气 LPG	甲醇	乙醇
来源		石油炼制产品	石油制品	自由态油气田 20 MPa 为 CNG,−162 ℃ 为 LNG	在石油炼制过程中产生的液化气体	由 CO 和 H_2 化学合成	植物淀粉发酵蒸馏
分子式		$C_{15} \sim C_{23}$	$C_5 \sim C_{11}$	$C_1 \sim C_3$	$C_3 \sim C_4$	CH_3OH	C_2H_5OH
摩尔质量 /($kg \cdot mol^{-1}$)		180	114	16	44	32	46
质量分数	C	0.87	0.855	0.75	0.818	0.375	0.522
	H	0.126	0.145	0.25	0.182	0.125	0.130
	O	0.004	—	—	—	0.50	0.348
液态密度 /($kg \cdot L^{-1}$)		0.82 ~ 0.86	0.72 ~ 0.77	0.42	0.54	0.78	0.80
沸点 /℃		160 ~ 360	30 ~ 220	−161.5	−42.1	64.4	78.3
蒸发热 /($kJ \cdot kg^{-1}$)		—	334	510	426	1 100	862
理论空气量	kg/kg 燃料	14.3	14.8	17.4	15.8	6.52	9.05
	kmol/kg	0.495	0.512	0.595	0.541	0.223	0.31
	m^3/kg	11.1	11.5	13.33	12.12	5.0	6.95
自燃温度 /℃		250	400	632	504	500	420
闪点 /℃		50 ~ 65	−45	<−162	−73.3	10 ~ 11	9 ~ 21
燃料低热值 /($kJ \cdot kg^{-1}$)		42 500	44 000	50 000	46 420	20 260	27 200
辛烷值	RON	20 ~ 30	95	130	96 ~ 111	110	106
	MON	—	81 ~ 89	120 ~ 130	89 ~ 96	92	80
十六烷值(CN)		45 ~ 55	—	< 10	< 10	3	8
凝点 /℃		−1 ~ −4	−57	−183	—	−98	−114
动力黏度(20 ℃)/(0.1 Pa · s)		3.7	0.42	—	—	0.60	1.2
运动黏度(20 ℃)/(10^{-4} $m^2 \cdot s^{-1}$)		2.5 ~ 8.5	0.65 ~ 0.85	—	—	—	—
蒸气压 /kPa		< 1.37	40 ~ 85	—	1 274	30.4	15.3
汽化潜热 /($kJ \cdot kg^{-1}$)		251 ~ 270	310 ~ 320	510	426	1 100	862
着火极限 ϕ_a 范围		0.48 ~ 1.85	0.7 ~ 1.4	0.6 ~ 2.2	0.4 ~ 2.0	0.34 ~ 2.0	0.3 ~ 2.1

3.1.3　汽油的标准和理化性质

1. 无铅车用汽油规格和试验方法

点燃式汽油机燃用的燃料是由石油馏出的轻质汽油。无铅车用汽油按研究法辛烷值(RON)有 89 号、92 号和 95 号质量标准。应该严格按汽油机的压缩比 ε_c 选择合适的辛烷值汽油。ε_c 为 7.0～8.0，应选用 RON92 号车用汽油；ε_c 为 8.0～8.5，应选用 RON95 号车用汽油；ε_c 在 8.5 以上，应选用 RON98 号车用汽油。表 3-6 给出了车用汽油国 Ⅴ 标准和国 Ⅵ 标准。

表 3-6　车用汽油国 Ⅴ 与国 Ⅵ 规格标准(摘自 GB/T 17930—2016)

项目		国 Ⅴ			国 Ⅵ A			国 Ⅵ B		
		89 号	92 号	95 号	89 号	92 号	95 号	89 号	92 号	95 号
抗爆性										
研究法辛烷值(RON)	不小于	89	92	95	89	92	95	89	92	95
抗爆指数(RON＋MON)/2	不小于	84	87	90	84	87	90	84	87	90
铅含量 /(g·L^{-1})	不大于	0.005			0.005			0.005		
馏程										
10% 蒸发温度 /℃	不高于	70			70			70		
50% 蒸发温度 /℃	不高于	120			110			110		
90% 蒸发温度 /℃	不高于	190			190			190		
终馏点 /℃	不高于	205			205			205		
残留量 /%(体积分数)	不大于	2			2			2		
蒸汽压 /kPa										
11 月 1 日至 4 月 30 日		45～85			45～85			45～85		
5 月 1 日至 10 月 31 日		40～65			40～65			40～65		
胶质含量 /[mg·(100 mL)$^{-1}$]										
未洗胶纸含量(加入清洁剂前)	不大于	30			30			30		
溶剂洗胶纸含量	不大于	5			5			5		
诱导期 /min	不小于	480			480			480		
硫含量 /%(质量分数)	不大于	10			10			10		
硫醇(博士试验)		通过			通过			通过		
铜片腐蚀(50 ℃,3 h)/ 级	不大于	1			1			1		
水溶性酸或碱		无			无			无		
机械杂质及水分		无			无			无		
苯含量 /%(体积分数)	不大于	1.0			0.8			0.8		
芳烃含量 /%(体积分数)	不大于	40			35			35		
烯烃含量 /%(体积分数)	不大于	24			18			15		
氧含量 /%(质量分数)	不大于	2.7			2.7			2.7		
甲醇含量 /%(质量分数)	不大于	0.3			0.3			0.3		
锰含量 /(g·L^{-1})	不大于	0.002			0.002			0.002		
铁含量 /(g·L^{-1})	不大于	0.01			0.01			0.01		
密度(20 ℃)/(kg·m^{-3})		720～775			720～775			720～775		

注：车用汽油国 Ⅴ 标准 2019 年 1 月 1 日起废止，车用汽油国 Ⅵ A 标准 2019 年 1 月 1 日起执行；车用汽油国 Ⅵ A 标准 2023 年 1 月 1 日起废止，车用汽油国 ⅥB 标准 2023 年 1 月 1 日起执行。

2. 汽油常用主要性能指标

(1)辛烷值

辛烷值(octane number,ON) 是用来表征汽油抗爆性的一项指标。爆燃是汽油机一种不正常燃烧现象,影响爆燃的关键因素之一是汽油的品质。汽油的辛烷值越高,抗爆性越好。

汽油的辛烷值常用马达法(MON) 和研究法(RON) 来确定。我国规定用马达法测定。辛烷值的测定是在可调压缩比的专门试验机上进行。测定时,所用标准燃料是由抗爆性好的异辛烷(C_8H_{18}),令其辛烷值为 100,和容易爆燃的正庚烷(C_7H_{16}),令其辛烷值为 0,按不同的容积比例混合而成的燃料。将标准燃料与待测汽油进行抗爆性对比试验,当标准燃料与待测汽油的抗爆程度相同时,标准燃料中异辛烷的体积分数就定义为待测汽油的辛烷值。

马达法规定的试验转速和混合气温度比研究法规定的高,所以用马达法测出的辛烷值比研究法测出的辛烷值低,两者的换算关系是:研究法辛烷值 = 1.25 ×(马达法辛烷值 − 10)。若测得马达法辛烷值是 85 号汽油,换算为研究法辛烷值则为 95 号汽油。近年来,美国认为用抗爆指数(ONI) 来表征在各种工况时的抗爆性更合理,且 ONI =(研究法辛烷值 + 马达法辛烷值)/2,并将汽油按 ONI 分为 89、92、95 三个等级。

汽油辛烷值的大小取决于汽油的组分、炼制方法和抗爆剂。根据燃料的化学结构,辛烷值高低依次为烷烃 < 烯烃 < 环烷烃 < 芳香烃。以前用的抗爆剂是由四乙基铅[$Pb(C_2H_5)_4$]和溴代乙烷($C_2H_4Br_2$)组成的混合物,燃烧后会生成固态的氧化铅,带来铅污染。现已使用无铅汽油,常用的抗爆剂有甲基叔丁基醚(MTBE)、乙基叔丁基醚(ETBE)、乙醇(ethanol)、叔戊基甲醚(TAME) 等。

(2)馏程

汽油馏出温度的范围称为“馏程”,馏程是用来评价汽油蒸发性的一项指标。常以 10%、50% 和 90% 的馏出温度作为几个有代表含义的点。馏出温度越低,汽油中所含轻馏分越多,蒸发性越好。汽油的全馏程为 120 ~ 205 ℃。

①10% 的馏出温度。表示汽油中轻馏分含量的多少。馏出 10% 的温度标志着它的启动性。温度低表示轻馏分含量多,蒸发性好,冷启动容易。

②50% 的馏出温度。表示汽油的平均蒸发性。温度低标志蒸发性好,容易与空气混合形成合适的可燃混合气。影响发动机的暖车时间、加速性及工作的稳定性。

③90% 的馏出温度。标志燃料中含有难于挥发的重馏分的数量。此温度低,燃料中所含的重质成分少,进入气缸中能够完全挥发,有利于燃烧过程的进行。

汽油具有良好的蒸发性,决定了汽油机采用低压汽油喷射装置或化油器式喉管真空度就可以实现雾化,形成合适的可燃混合气。

(3)蒸气压

饱和蒸气压的大小也是反映汽油蒸发性好坏的标志,用来表征抵抗产生气阻现象的能力。当大气温度越高,大气压越低时,汽油的蒸气压就越高,越容易产生气阻。在高原、炎热夏天及重负荷条件下运行时,应防止产生气阻现象。

(4)黏度

汽油黏度低,运动黏度 ν 为 0.6 ~ 0.85 cm^2/s;密度小,ρ = 0.75 kg/L;自燃温度高,$t_{自燃}$ = 400 ℃。这就决定了汽油机必须点燃着火,要有专门点火装置。

(5)低热值

汽油具有高的低热值(H_u 为 4.4 MJ/kg) 及混合气热值,混合气均匀,且大多数情况下在当量混合比下(过量空气系数 $\phi_a=1$,瞬时过量空气系数 $\lambda=1$)燃烧。

3. 汽油的理化性质

汽油的理化性质见表 3-5。

3.1.4　内燃机的代用燃料及其性质

按内燃机中代用燃料的使用情况可分为气体燃料、含氧燃料和合成燃油。

(1)气体燃料

主要有压缩天然气(CNG)、液化石油气(LPG),其他有氢气(H_2)、煤层气、沼气(CH_4)等。

(2)含氧燃料

主要有甲醇、乙醇及二甲醚等。

(3)合成燃油

主要有以含碳原料通过费托(Fischer-Tropsch)法制成的合成柴油(FTD)、以天然气为原料的气制油(GTL)、以煤为原料的煤制油(CTL)及以生物质为原料的生物制油(BTL)。

1. 天然气

天然气(natural gas,NG)来源于气田气、油田伴生气和煤层气,资源丰富。它是以轻质碳氢化合物为主体的气体混合物,主要成分是甲烷(CH_4),占 85% ~ 95%,还有少量的丙烷和丁烷。

(1)天然气的理化性质(表 3-5)

①未燃碳氢化合物(HC)成分引起的光化学反应低,燃料中含碳的成分低,CO 排放量少。

②辛烷值高达 130,抗爆性好,可采用高压缩比,获得高热效率。

③天然气的着火界限范围宽,稀薄燃烧特性优越,运转范围广泛,NO_x 排放量少。

④由于是气体燃料,低温启动及低温运转性能良好。

(2)天然气在发动机上的应用方式

①常温常压下是气体,储运性能比液体燃料差,能量密度小,行驶距离短。

②压缩天然气(CNG),一般加压 20 ~ 30 MPa,装在储气罐内,经减压后供给发动机;燃料容器增加重量,呈气态吸入气缸,容积效率降低,所以功率降低 10% 左右。

③液化天然气(LNG),将天然气低温(− 162 ℃)液化储存,行驶距离长,但成本较高。

2. 液化石油气

液化石油气(liquefied petroleum gas,LPG)来源于油田、炼油厂或是以煤炭为原料制取的液体燃料。主要成分是丙烷(C_3H_8)和丁烷(C_4H_{10})。发动机用的 LPG 一般是纯丙烷,或是丙烷和丁烷的烃类混合物。

(1)LPG 的理化性质(表 3-5)

①常温常压下呈气态。在常温、0.2 ~ 0.6 MPa 下即可液化,一般储存压力为2.2 MPa,因此,LPG 容易汽化,易与空气形成均匀混合气,有利于完全燃烧。

②LPG 的热值略高于汽油。

③LPG 的辛烷值高,抗爆性优于汽油,允许采用较高的压缩比,有利于提高发动机的热效率。

(2)LPG 在发动机上的应用方式

①专为发动机用的 LPG 经减压后供发动机使用。

②可作为汽油 /LPG 双燃料点燃式发动机燃料。

3. 甲醇

甲醇(CH_3OH)(methanol)通常从煤、天然气、油页岩、重质燃料中提取,也可由 CO 和 H_2

合成制取。

(1)甲醇的理化性质(表 3-5)

①甲醇是液体燃料,储运方便。

②甲醇生产成本低,可大规模生产,也可与氮肥厂设备联产。

③辛烷值高,抗爆性好;许用压缩比高,动力性、经济性可提高;是含氧燃料,有利于改善燃烧,排放性好,是一种清洁代用燃料。

(2)甲醇在发动机上的应用方式

①可直接采用纯甲醇作为发动机燃料,即 M100。

②可按容积比与汽油掺混,如 M10,为汽油中掺混 10% 容积的甲醇。

4. 乙醇

变性燃料乙醇(CH_3CH_2OH)(ethanol) 是以淀粉质(玉米)、糖质(甘蔗) 为原料经发酵、蒸馏制得乙醇,也可由乙烯(C_2H_4) 和水合成。

(1)乙醇的理化性质(表 3-5)

①乙醇的辛烷值高,RON 辛烷值 = 106,可以用作无铅抗爆的添加剂,来替代甲基叔丁基醚(MTBE);无毒,对环境无危害;抗爆性好,对推广有利。

②含氧燃料,蒸发潜热高,可以实现无烟排放。

③热值低,但含氧量大,所需理论空气量比汽油少,所以混合气热值接近汽油,从而保证发动机动力性能不下降。

④乙醇生产成本高,耗粮多,生产过程中有大量 CO_2 排放,大量代用受到限制。

(2)乙醇在发动机上的应用方式

①纯烧乙醇,即 E100。

②掺烧乙醇,即乙醇汽油 E(10-20)。

5. 二甲醚

二甲醚(CH_3OCH_3)(dimethyl ether,DME) 是用天然气、煤、石油、焦炭或生物原料作为燃料,第一步先变成合成气(H_2、CO、CO_2),第二步变成甲醇,最后经脱水变成 DME。

(1)DME 的理化性质

①沸点 −25 ℃,常态下为气态;在室温下加压到 0.53 MPa 以上液化;对喷射压力要求不高;

②DME 的十六烷值高,RON 十六烷值为 55 ~ 60;着火温度比柴油低,$t_{着}$ = 295 ℃,着火性能好;

③DME 热值较低,密度较小,要达到柴油机动力性,必须加大循环供给量;

④DME 是含氧燃料,易完全燃烧,无炭烟,NO_x 排放量少。

(2)DME 在发动机上的应用方式

使用 DME 时必须封闭,且保持一定压力。

①纯 DME 缸内直喷压燃式;

②DME/柴油双燃料压燃式。

6. 生物柴油

生物柴油是动物脂肪或植物油通过酯化反应而得到的长链脂肪酸甲(乙) 酯组成的新型燃料。

(1)生物柴油的理化性质

生物柴油具有与柴油相近的理化性质,特点是:

①十六烷值高于柴油，着火性好，燃烧速度快。

②生物柴油含氧量高于柴油，燃烧过程中供氧充分，燃烧完全。

③生物柴油中含硫量很低，排放物中硫化物很少；不含芳烃，不增加大气中 CO_2 排放量，环保性好。

④可再生，无毒，具有高的生物降解率，泄漏时对环境无污染，安全性较好。

⑤低热值小于柴油，若发出同样的功率，供油量需加大。

(2)生物柴油在柴油机上的应用方式

①可单独使用，原柴油机供油系统不必做大的改变。

②柴油掺烧生物柴油，因为生物柴油能与柴油以任何比例相容，掺混 20%(容积比) 的生物柴油为 B20。

③生物柴油也可作为润滑剂或柴油添加剂来使用。

3.2　柴油机的燃油喷射与调节

3.2.1　对喷油系统的要求和分类

1. 柴油机对喷油系统提出的要求

(1)柴油机各工况下有高的喷油压力和喷油速率，以保证柴油良好的雾化和油气的均匀混合，并随工况的变化喷油压力可自由控制，喷油率可柔性控制。

(2)精确控制每循环喷油量应与柴油机运转工况相适应，且能随工况变化而自动变化。在工况不变时，各循环之间的喷油量应当均匀一致。对多缸柴油机，各缸喷油量应相等。

(3)在所运转的工况范围内，能保持最佳的喷油定时、短的喷油持续时间和理想的喷油规律，并且具有足够的响应速度。

(4)对喷雾特性的要求：油滴细且分布均匀，油束的锥角和贯穿距离与燃烧室形状及缸内空气运动实现优化匹配。

对喷射特性的要求：喷油压力、喷油量、喷油定时和喷油率应随柴油机的运行特性和工况的不同而变化，实现最佳优化。

2. 柴油机喷油系统的分类

柴油机喷油系统主要由产生高压的喷油泵和使燃油雾化的喷油嘴组成。喷油系统可分为机械式调节和电子控制两大类，如下框图所示：

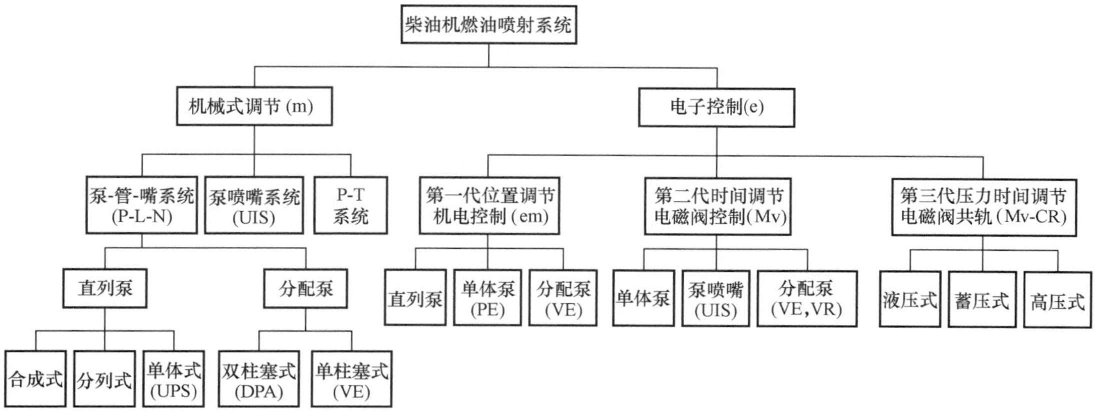

3. 常规机械控制喷油系统

(1)直列式喷油泵 - 高压油管 - 喷油嘴系统

直列式喷油泵 - 高压油管 - 喷油嘴系统(pump-line-nozzle,PLN)通常是用输油泵将燃油从油箱中抽出,经燃油滤清器送入直列往复柱塞式喷油泵,且供油柱塞是由供油凸轮来驱动的。喷油器由针阀弹簧控制的闭式喷油嘴构成。喷油泵与喷油器之间由高压油管连接,因此,称为直列式喷油泵 - 高压油管 - 喷油嘴系统。多余的燃油经回油管流回油箱。

图 3-2 为直列合成泵 - 高压油管 - 喷油嘴系统组成示意图。

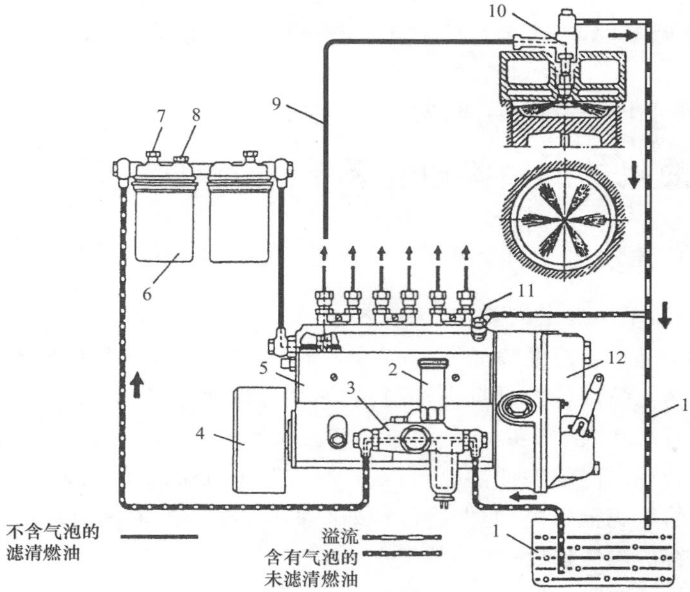

图 3-2　直列合成泵 - 高压油管 - 喷油嘴系统组成示意图

1— 油箱;2— 手动泵;3— 输油泵;4— 喷油提前器;5— 直列喷油泵;6— 滤清器;7— 放气旋塞;8— 加油旋塞;9— 高压油管;10— 喷油器;11— 回油阀;12— 调速器;13— 回油管

①合成泵喷油系统

系统中的喷油泵是将各缸供油分泵及供油凸轮安装在同一个油泵壳体中,且柱塞部件数量和气缸数相同,构成合成式喷油泵。以 Bosch 泵最具有代表性。图 3-3 为 A 型泵纵剖面图。

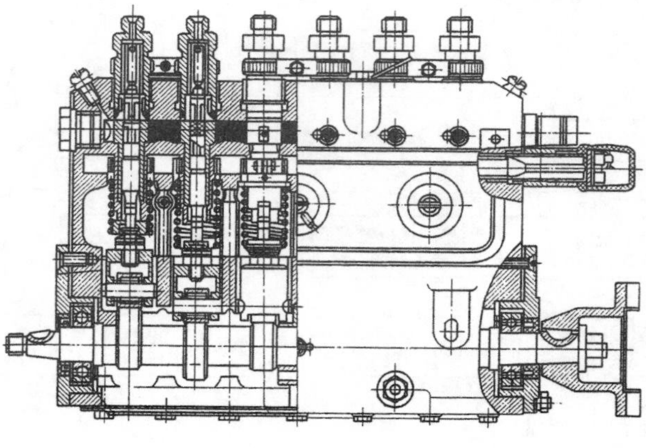

图 3-3　A 型泵纵剖面图

②单缸单体泵、多缸分列式喷油系统

图 3-4 为单体泵 - 高压油管 - 喷油嘴系统示意图。

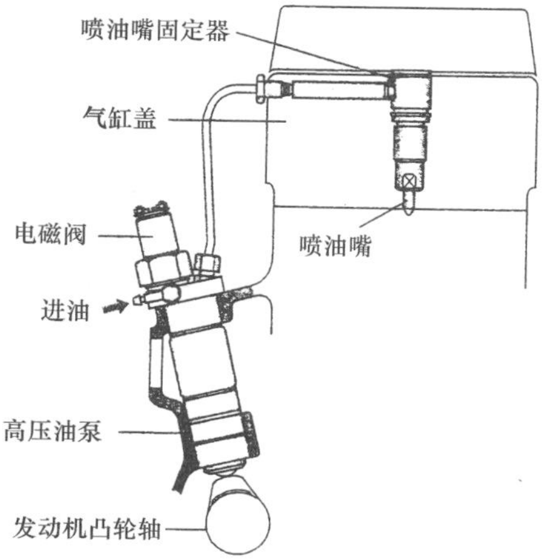

图 3-4　单体泵 - 高压油管 - 喷油嘴系统示意图

系统中的分列泵是将柱塞部件都装在一个油泵壳体内，而凸轮轴及调速机构安装在柴油机内部，且与喷油泵分离。

图 3-5 为分列式喷油泵的两种结构形式。

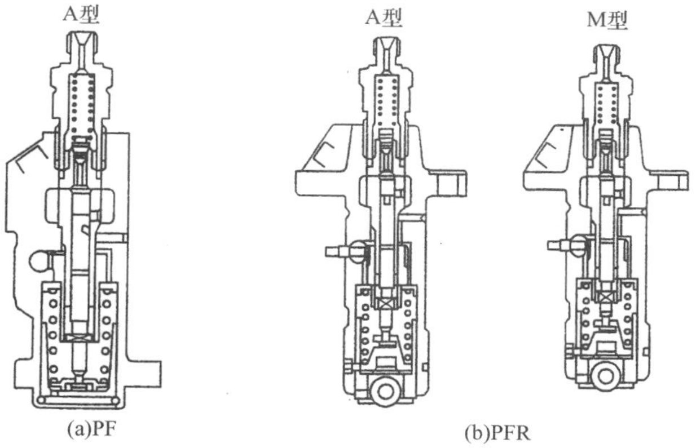

图 3-5　分列式喷油泵的两种结构形式

a. PF 型。如图 3-5(a) 所示，不带(或带有) 挺柱体滚轮，用于大型船舶、机车或固定式柴油机中。

b. PFR 型。如图 3-5(b) 所示，带挺柱体滚轮，用于农业机械、小型通用柴油机中。

(2)分配式喷油泵 - 高压油管 - 喷油嘴系统

分配式喷油泵 - 高压油管 - 喷油嘴系统(distributor-type injection pump) 的燃油供给为分配泵，按结构采用双柱塞或单柱塞对燃油加压，实现对多缸(4 ～ 6 缸) 柴油机各缸的供油进行调节和均匀分配，经高压油管到各喷油嘴。分配泵分为轴向柱塞式 VE 型和径向柱控式 VR 型(或 VP 型)。

图 3-6 为 VE 型分配式喷油泵 - 高压油管 - 喷油嘴系统示意图。

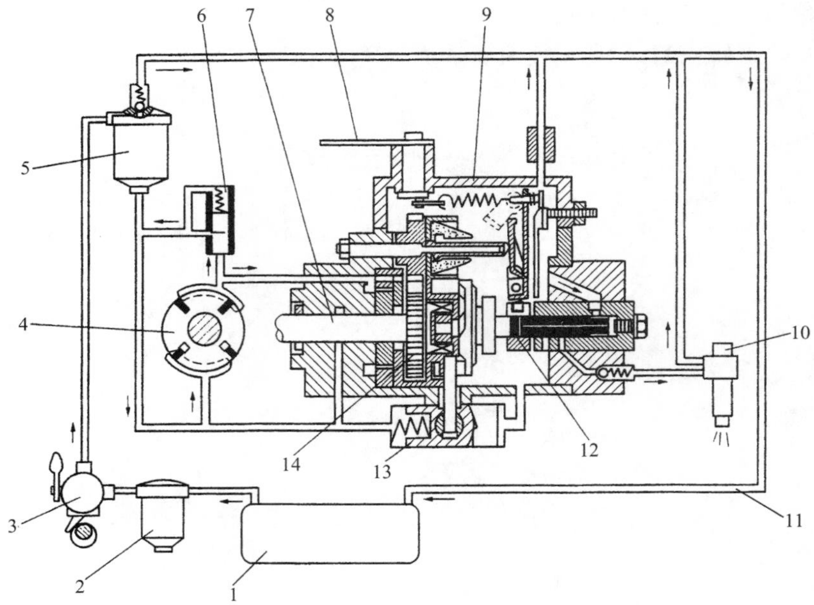

图 3-6 VE 型分配式喷油泵 - 高压油管 - 喷油嘴系统示意图

1— 柴油箱；2— 油水分离器；3— 一级输油泵；4— 二级输油泵；5— 柴油滤清器；6— 调压阀；7— 喷油泵传动轴；8— 调速手柄；9— 喷油泵体；10— 喷油器；11— 回油管；12— 分配柱塞；13— 喷油提前器；14— 调速器传动齿轮

该系统中 VE 型分配式喷油泵的特点是只有一个轴向分配柱塞 12，既与端面凸轮一同做旋转运动，又在凸轮型线的作用下做往复运动（脉动），凸轮数与气缸数相同，同时实现压油与向各缸配油的任务。供油腔内的高压燃油可达 70 MPa。供油量正比于柱塞的横截面积与供油行程的乘积。该分配泵还装有控制油量的调速器和控制喷油始点的提前器。此外，还设有增压补偿器和海拔高度补偿器等。

（3）泵喷嘴系统

图 3-7 示出了泵喷嘴系统（unit injector system，UIS）及凸轮驱动的泵喷嘴。

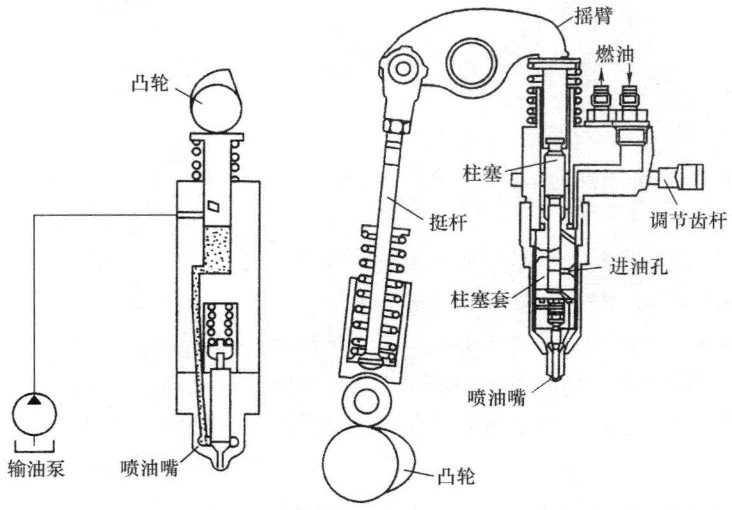

图 3-7 泵喷嘴系统及凸轮驱动的泵喷嘴

该系统是将喷油泵和喷油嘴合装为一体，省去了高压油管，直接安装在气缸盖上，柱塞由凸轮和摇臂等驱动供油。柱塞表面的控油斜槽，可以开启和关闭进油孔，控制供油始点和供油期，控制齿杆和调节齿圈使柱塞转动，改变供油行程，控制喷油量，所以，供油和调节油量的原理和直列泵相同。

由于没有高压油管，减小了高压容积，可以实现 150 MPa 的高压喷油。另外，可以减短喷油的延迟，几乎没有残余压力，没有压力波引起的异常喷射。

(4)P-T 燃油系统(美国 Cummins 公司)

图 3-8 为 P-T 燃油系统示意图。主要由 P-T 燃油泵(由输油泵 3、稳压器 4、滤清器 5、MVS全程式调速器 6、断油阀 7、节流阀 14 和 PTG 两极式调速器 16 等共同组成一体)及 P-T 喷油器 11 构成。

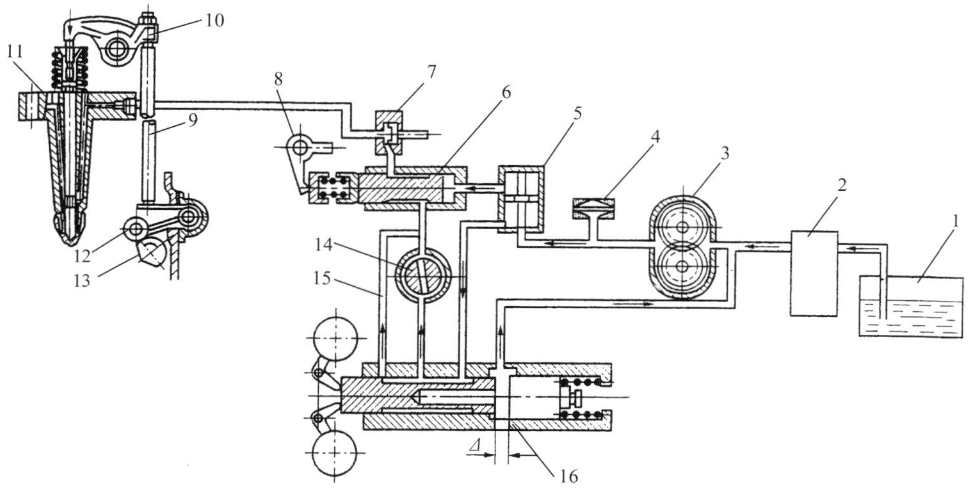

图 3-8　P-T 燃油系统示意图

1— 柴油箱；2、5— 滤清器；3— 输油泵；4— 稳压器；6—MVS 全程式调速器；7— 断油阀；8— 调速手柄；9— 喷油器推杆；10— 喷油器摇臂；11— 喷油器；12— 摆臂；13— 喷油凸轮；14— 节流阀；15— 怠速油道；16—PTG 两极式调速器

燃油经过滤清器进入 P-T 燃油泵，P-T 燃油泵起低压供油、调节和调速的作用。柴油在其内提高一定的压力后被送入 P-T 喷油器。根据向喷油器输送柴油的压力大小和喷油器计量孔开启时间的长短，喷油器将一定循环供油量以高压(110 ～ 120 MPa) 喷入气缸，而多余的柴油对喷油器进行润滑后，经回油管流回浮子油箱。

3.2.2　柱塞泵 - 管 - 嘴系统工作原理及结构参数确定

机械控制式喷油系统中，柱塞式喷油泵 - 高压油管 - 喷油嘴燃油系统应用最广泛，且具有代表性。该系统主要由分泵的柱塞副、出油阀和喷油嘴三大偶件组成。

1. 柱塞式喷油泵的构造特点、工作原理和主要参数的计算

柱塞式喷油泵是通过供油凸轮使柱塞往复运动(脉动) 来泵油的。可分为单体泵和合成泵。合成泵中每一缸的供油机构称为“分泵”。图 3-9 示出了 A 型喷油泵的分泵构造。

分泵主要由柱塞偶件、油量调节机构及出油阀偶件等组成。

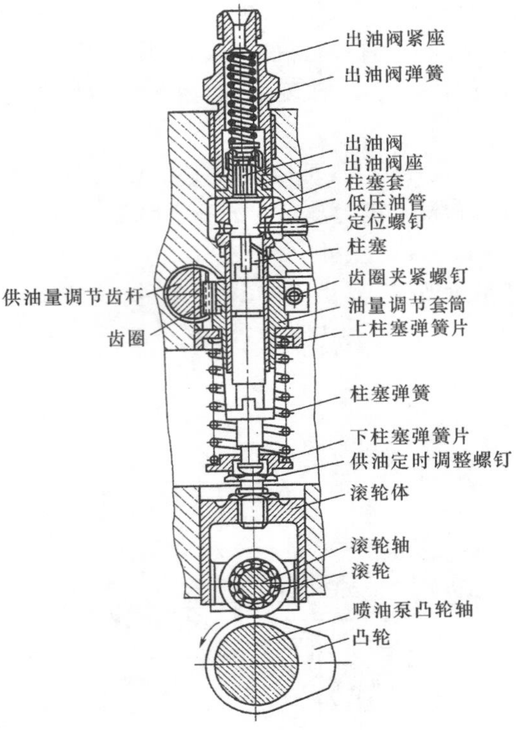

图 3-9 A 型喷油泵的分泵构造

(1)柱塞偶件

①构造

柱塞与柱塞套是一对精密配合的偶件,间隙为 0.001 5～0.002 5 mm,经研磨和选配而成,称为“柱塞副”,不能互换。图 3-10 示出了柱塞偶件,柱塞圆柱表面上铣有斜槽,有螺旋型(a) 和直线型(b)。图 3-11 上图示出了头部螺旋线形状,有下置式(a)、上置式(b) 和上下置式(c)。下图示出了斜槽旋向,分为左旋(f)、(g) 和右旋(d)、(e)。右旋的螺旋槽,向左转动柱塞时喷油量减少。槽内腔和柱塞顶端面高压泵腔由回油通道(孔) 相连。柱塞套上有进油孔和回油孔,都与喷油泵体上的低压油腔相通。

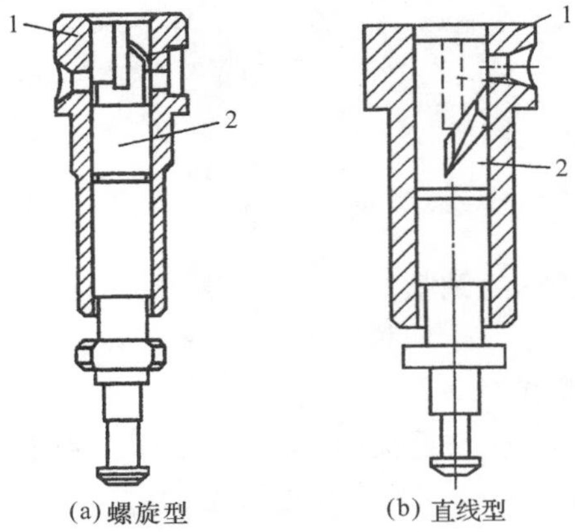

图 3-10 柱塞偶件
1— 柱塞套;2— 柱塞

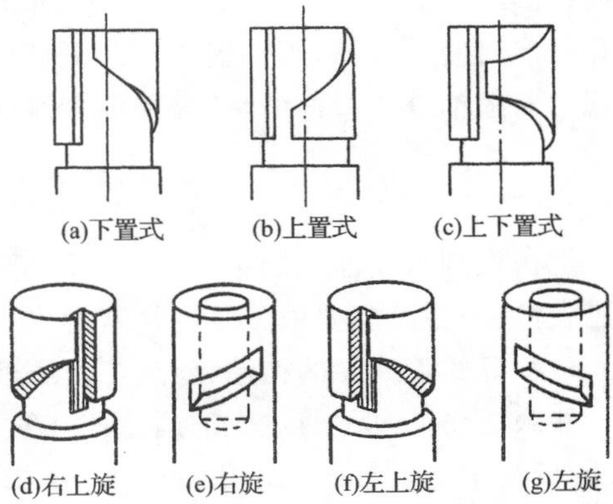

图 3-11 柱塞斜槽形状

②功用

产生高压　油泵凸轮通过滚轮体推动柱塞高速向上运动，由于柱塞和柱塞套之间精密配合，顶部密封泵腔燃油受压缩，产生高压为 70 ～ 110 MPa。凸轮达到最大升程后，在柱塞弹簧作用下，柱塞向下运动而复位。

定时分配　供油提前角 θ_{fs} 是柱塞顶部完全关闭进油孔的上边缘供油开始到活塞上止点（TDC）的曲轴转角，供油始点不随负荷变化。供油结束角是柱塞螺旋槽上边缘（或斜槽上斜边）打开油孔的下边缘到上止点的曲轴转角，供油终点随负荷的增大而变长。

油量调节　根据柴油机负荷和转速的变化，通过油量调节机构的齿杆相应转动柱塞改变其有效升程 h_e，相对改变了喷油泵的循环供油量。

③泵油原理

泵油的工作过程可分为进油、压油和回油过程，如图 3-12 所示。

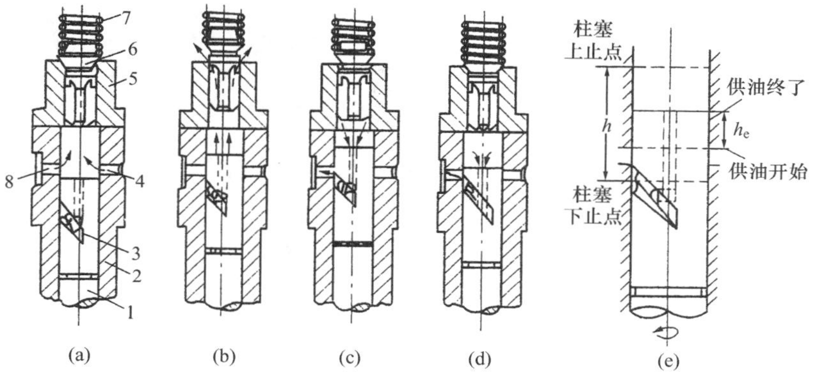

图 3-12　柱塞式喷油泵的泵油过程

1— 柱塞；2— 柱塞套；3— 斜槽；4、8— 进回油孔；5— 出油阀座；6— 出油阀；7— 出油阀弹簧

a. 进油过程[图 3-12(a)]

在柱塞弹簧的作用下，当柱塞处于最下端位置时，柴油从低压油道，经柱塞套上的进、回油孔流入柱塞顶部的泵腔，并迅速充满。

b. 压油过程[图 3-12(b)]

当柴油机曲轴驱动供油凸轮轴转动，其凸轮顶起滚轮时，使柱塞上移。起初使一部分柴油被挤回到低压油腔，直到柱塞上端侧面遮住进、回油孔的上边缘，此后柱塞继续上升，柱塞腔内的柴油被压缩，油压迅速升高。当油压大到足以克服柱塞上端出油阀弹簧力以及高压油管内的残余压力时，出油阀打开。当其环带离开出油阀座时，高压燃油便自柱塞腔经高压油管流向喷油器。

c. 回油过程[图 3-12(c)]

供油持续到当柱塞斜槽的边缘打开回油孔时，柱塞顶部高压油经中心孔通道和斜槽流回低压腔，高压油路的油压急剧下降。

d. 停油过程[图 3-12(d)]

当油压低于出油阀弹簧力时，出油阀迅速落座，并将高压油管与柱塞腔分隔，供油便立刻停止。而后柱塞直到下一循环进油之前不再泵油。

④柱塞的行程

根据油泵工作原理，柱塞由下止点到上止点的整个行程 h_{max} 分解为 4 段，如图 3-13(a) 所示。

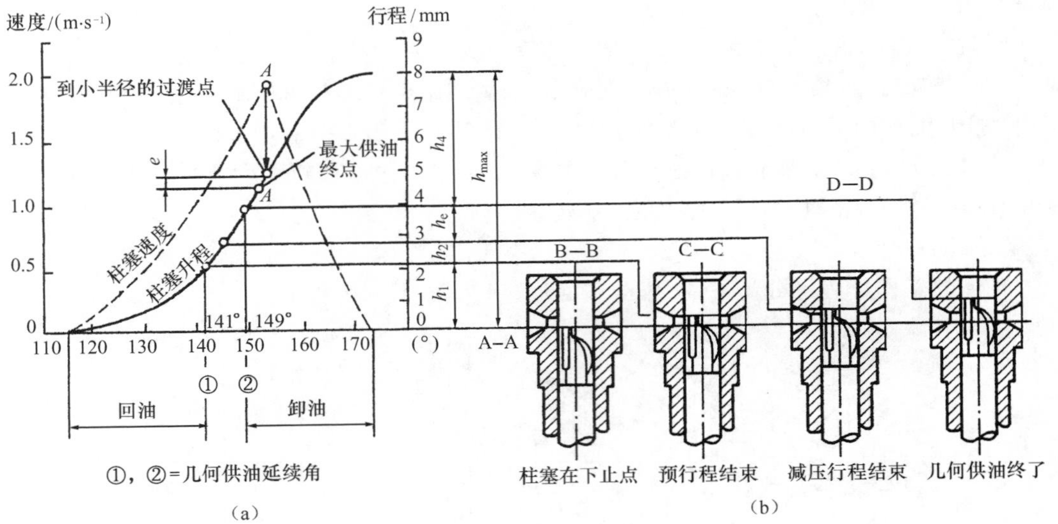

图 3-13　柱塞工作的理论行程

a. 预行程 h_1[图 3-13(a) 中 A—A 和 B—B 之间的距离]

柱塞处在下止点，滚轮与凸轮基圆相接触。柱塞由开始升起到进、回油孔关闭，这段行程称为“预行程”。不同的预行程反映在柱塞供油上是在不同的凸轮段工作。通过改变定时螺钉位置和推柱体垫片的厚度进行调整。

b. 减压行程 h_2[图 3-13(a) 中 B—B 和 C—C 之间的距离]

柱塞向上运动，从进油孔开始关闭到出油阀上升使减压带脱开阀座导向孔，即高压油供油开始点，这段柱塞行程称为“减压行程”。由于高压系统中增大了出油阀减压容积，使燃油压力下降。在柱塞直径一定的条件下，h_2 与减压容积成正比。在出油阀减压容积一定的条件下，h_2 与柱塞直径成反比。

c. 有效行程 h_e[图 3-13(a) 中 D—D 和 C—C 之间的距离]

从高压油供油开始到柱塞斜槽（或螺旋槽）打开回油孔，即停止供油这段柱塞行程称为“有效行程”。有效行程 h_e 的大小决定了循环供油量的大小，是通过改变柱塞斜槽与柱塞套上回油孔的相应位置来实现的。D—D 为几何供油终了[图 3-13(b)]。

d. 剩余行程 h_4

柱塞从回油孔打开的停止供油点开始到柱塞上止点这段行程称为“剩余行程”。这段行程内油泵不供油。剩余行程的大小为柱塞行程 h_{max}，即凸轮最大行程，减去其他三段行程之和，即 $h_4 = h_{max} - h_1 - h_2 - h_e$。

柱塞在上止点位置时，柱塞顶端平面与柱塞套顶端平面的距离称为“剩余间隙”，一般为 0.5 ～ 2.5 mm。

(2)出油阀偶件

①构成

出油阀偶件是由出油阀和阀座组成的一对精密偶件。位于油泵柱塞偶件的上方出口处，高压油管装在其上。出油阀实质上是一个自动单向阀，在柱塞产生油压作用下开启，在出油阀弹簧力和高压油管中油压共同作用下迅速关闭。

②功用

隔离止回的作用。在不供油时期，出油阀关闭，密封锥面把高压油路与柱塞上腔相隔离，以防止当柱塞下行时将高压油管中的燃油吸回油泵腔，起止回阀作用。

保持一定压力的作用。在停止供油的间隔期内，控制高压油管中保持一定的残余压力，有利于排出高压燃油系统中的空气，以便在下次供油时高压油管内燃油压力可以很快升高。

消除二次喷射的作用。在供油结束时，能使高压油管中的油压迅速降低，以保证断油干脆利落，消除二次喷射和喷油嘴滴油现象。

③出油阀的类型和工作原理

出油阀按结构形式有：等容式出油阀、等压式出油阀、阻尼式出油阀和缓冲式出油阀。其结构特点如图 3-14 所示。

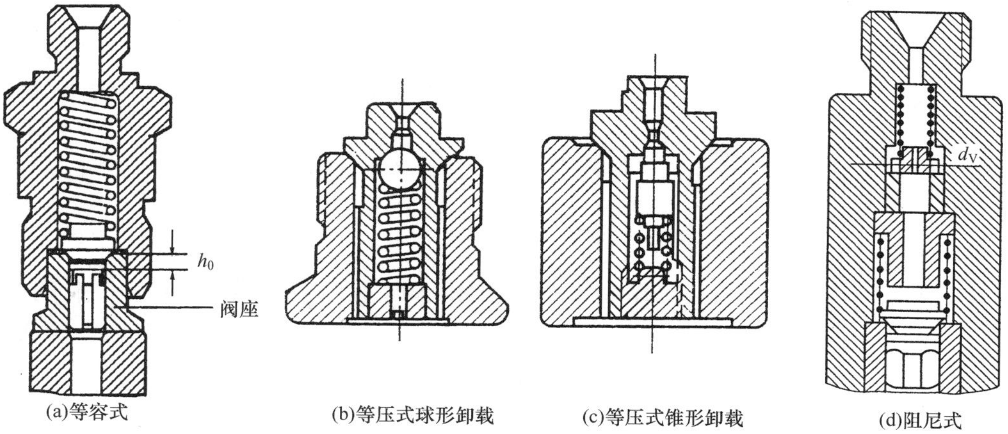

(a)等容式　(b)等压式球形卸载　(c)等压式锥形卸载　(d)阻尼式

图 3-14　出油阀结构特点

a. 等容式出油阀

结构如图 3-14(a) 所示。其结构特点是在出油阀密封锥面下部有一个圆柱形减压环带，并具有密封作用。当柱塞向上泵油并克服出油阀弹簧力和剩余压力时，出油阀开始升起，待减压环带离开出油阀座后，柴油即通过纵向槽开始供入高压油管。当供油结束时，首先是减压环带的下端进入出油阀座内，使柱塞上部油腔与高压油管隔开，供油结束。随着出油阀落座，使高压油管中增加了一个减压容积 V_0，并使其油压迅速降低，喷油器立即停止喷油。

出油阀减压容积 V_0 为

$$V_0 = \frac{\pi}{4} \cdot d_1^2 \cdot h_0 = \frac{p_p - p_{jo}}{E} \cdot V \quad (mm^3) \tag{3-1}$$

式中　d_1—— 出油阀直径，mm；

h_0—— 出油阀减压升程，一般为 1.4 ～ 4 mm；

p_p—— 喷油泵泵端最大峰值压力，MPa；

p_{jo}—— 喷油器针阀开启压力，MPa；

V—— 高压油路总容积，mm^3，对中小型柴油机，V 为 1 500 ～ 2 000 mm^3；

E—— 燃油弹性模量，一般为 2 000 ～ 2 500 MPa。

出油阀的开启压力一般为 0.5 ～ 0.8 MPa。

b. 等压式出油阀

其结构特点是在出油阀内再装一个等压卸载阀，有球形的，如图 3-14(b) 所示，有锥形的，如图 3-14(c)。在供油过程中卸载阀不起作用。只有当供油结束时，出油阀先落座，当高压油管中的残余压力高于等压卸载阀的开启压力时，等压卸载阀开启，燃油流回柱塞腔，直到限定的压力(0.5 ～ 1.0 MPa) 才关闭。可见等压出油阀可有效控制高压油管内正残余压力一定，实现较大的供油量，在宽广的转速和负荷范围内消除二次喷射和不齐喷射，不会产生穴蚀。

c. 阻尼式出油阀

如图 3-14(d) 所示，其结构特点是在等容式出油阀上部装一个阻尼阀，并有一个节流孔，其节流作用使出油阀落座速度减慢，从而防止高速大负荷时产生二次喷射，又避免低速小负荷时喷油不稳定现象发生。

(3)供油凸轮

油泵传动机构包括凸轮轴和滚轮传动部件。凸轮轴的功用是传出动力强制柱塞上行，使燃油产生高压，并保证各缸按着火顺序和一定规律供油。组合泵凸轮轴上有与气缸数相同的凸轮，它们分别控制各分缸的工作。

凸轮的型线和升程对柱塞的运动规律、供油压力、供油始点、供油规律以及最高工作转速都有重要的影响。

①凸轮型线类型

凸轮型线是指滚轮中心运动所决定的轨迹。型线类型有切线凸轮，分单向[图 3-15(a)]和双向[图 3-15(b)]，凹弧凸轮[图 3-15(c)]，凸弧凸轮[图 3-15(d)] 以及多圆弧凸轮和函数凸轮等。

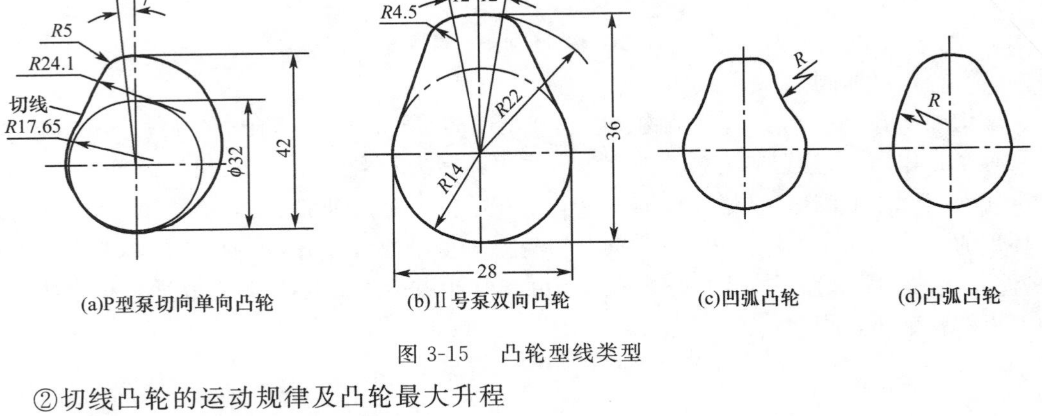

图 3-15　凸轮型线类型

②切线凸轮的运动规律及凸轮最大升程

a. 运动规律

切线凸轮工作段为一条与基圆 r_0 和顶圆 r_g 相切的直线，结构简单，应用广泛。图 3-16 为双向切线凸轮与滚轮挺柱机构示意图。按各几何参数关系，经数学推导求出柱塞升程 h_p、速

度 $v_p(h'_p)$ 和加速度 $a(h''_p)$ 在凸轮的各段型线上与凸轮轴转角 φ(°CA) 之间的关系式，根据这些关系式即可作出表征它们之间关系的曲线，称为“切线凸轮的运动规律”，如图 3-17 所示。图中的阴影部分，为利用凸轮的切线升程上升段的工作段，使柱塞向气缸供油。此时凸轮的速度和加速度都为上升段。

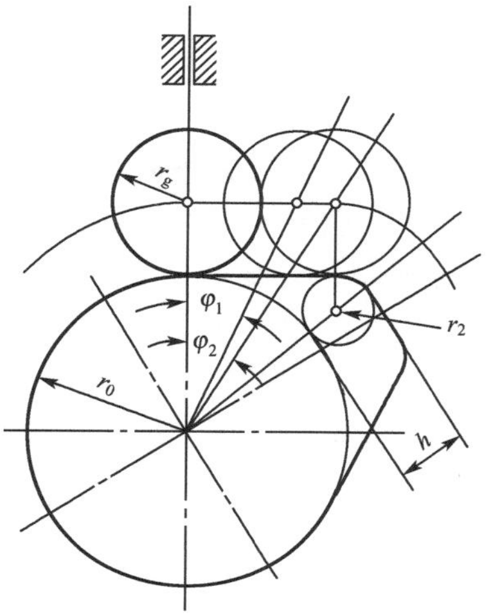

图 3-16　双向切线凸轮与滚轮挺柱机构示意图

r_0— 基圆半径；r_2— 顶部小圆弧半径；h— 最大升程；r_g— 滚轮半径；φ_1— 供油结束时滚轮位置的夹角；φ_2— 滚轮在切线与小圆弧分界点位置(最大速度点) 的夹角

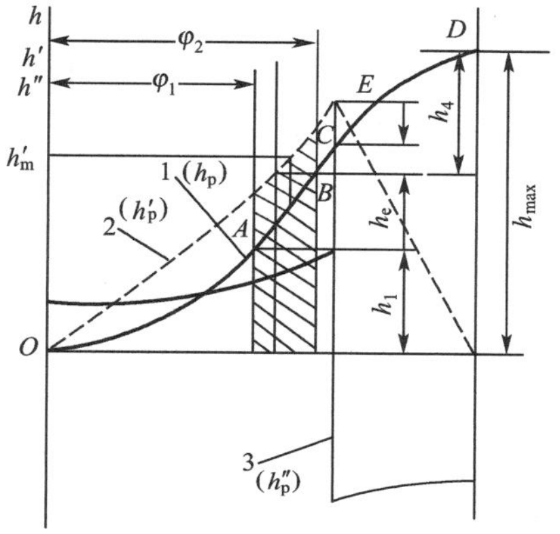

图 3-17　切线凸轮的运动规律

1— 升程曲线；2— 速度曲线；3— 加速度曲线

b. 凸轮最大升程 h_{max}

由图 3-17 中的升程曲线，凸轮最大升程由三部分组成：

$$h_{max} = h_1 + h_e + h_4 \tag{3-2}$$

式中　h_1—— 预升程，由柱塞开始升起点到关闭进油孔的供油始点 A 点；

h_e—— 有效升程，由供油始点 A 点到打开进油孔的供油终点 B 点；

h_4—— 剩余升程，由供油终点 B 点到最大升程点 D 点。

柱塞直径 d_p 与有效升程 h_e 的关系为

$$m_1 = \frac{d_p}{h_e} \tag{3-3}$$

据统计，m_1 一般为 4.0 ～ 6.0。

柱塞直径 d_p 与凸轮最大升程 h_{max} 的关系：h_{max} 为(1.0 ～ 2.0)d_p。

有效升程 h_e 与凸轮最大升程 h_{max} 的关系：取 $m_2 = \frac{h_{max}}{h_e}$。对非增压柴油机，$m_2$ 为 4.0 ～ 7.6；对增压柴油机，m_2 为 3.0 ～ 5.0。

c. 柱塞供油速度 h'_p

由图 3-17 中的速度曲线，E 点为柱塞运动速度的最大点，C 点为最大柱塞速度的升程曲线上的点。当循环供油量一定时，为了缩短供油持续期，应尽可能增加喷油速度，即将有效行程 h_e 的终点 B 点调整到距 C 点 0.3 mm 处，即 BC = 0.3 mm。h'_m 为 A 点与 B 点之间中点的柱塞平均速度，供油期为 AB 间的角度，小于 10°CA。

柱塞的供油速度：

$$h_p' = Cn_p \times 10^{-3} \quad (\mathrm{m/s}) \tag{3-4}$$

式中 n_p—— 凸轮轴转速，r/min；

C—— 从凸轮轴速度曲线中求得的值。

对高速机，h_p' 为 1.5 ～ 3.0 m/s。

(4)喷油泵的主要技术参数

①喷油泵的系列化

为了适应柴油机排量、功率和转速范围变化大的特点，把喷油泵分成多个系列，如果柴油机单缸功率在一定范围内增加或减少，则只需更换不同直径的柱塞偶件，就可以达到增加或减少最大循环供油量的目的，同时给生产和维修都带来很多方便。

②喷油泵的主要技术参数

世界上大部分地区都使用德国Bosch公司生产的柱塞式喷油泵。日本的DKK和ND公司也引进了该公司的生产许可证。我国威孚等公司除生产Bosch公司的喷油泵外，也形成了国产系列，主要参数见表3-7。

表 3-7　国产常用柱塞式喷油泵的主要参数

喷油泵系列	分泵中心距/mm	柱塞直径/mm	凸轮升程/mm	最大循环供油量/(mm³·循环⁻¹)	最大许用泵端压力/MPa	最大平均供油速率/[mm³·(°CA)⁻¹]	最高工作转速/(r·min⁻¹)	单缸泵功率/(kW·缸⁻¹)
Ⅰ	25	7 ～ 8.5	7,8	75	40	12	1 500	15
BQ、IW	25	6 ～ 9.5	7 ～ 9	115	70	19	2 200	20
Ⅱ	32	7 ～ 10	8	150	55	22	1 200	25
ZHB	32	8 ～ 11	10	200	65	26	1 500	25
Ⅲ	32	5 ～ 9.5	8,8.5,9	130	70	18	1 800	27
AD(AW)	32	9.5 ～ 10.5	10,11	210	70	29	1 500	30
MW	32	7 ～ 10	10,11,12	200	95	—	2 400	30
P_7、PE	32	9 ～ 11, 11 ～ 12	10,11,12	230(275)	75(100)	39,46	1 600,1 800	30,45
P、PW2000	35(38)	9 ～ 13	10 ～ 14	300(415)	100,200	53.5	1 400	45,55
B	40	9 ～ 12	10	225	60	37	1 100	60
Z	45	12 ～ 14	12	330	60	55	900	65
P_g	45	12 ～ 18	15	900	120	120	950	160

(5) 评定喷油泵工作能力的指标

通常用最大循环供油量、最大平均供油速率、最大许用泵端压力及最高工作转速作为评定喷油泵工作能力的指标。

①最大循环供油量 V_{pmax}

每一系列喷油泵的最大循环供油量是在最大许用的柱塞直径 d_p 下获得的几何供油量(mm^3/循环)，即柱塞排量，并设出油阀减压容积为零。采用标准切线凸轮，以最高柱塞速度时比相应的凸轮升程小0.3 mm处为供油终点，终点向前取7°凸轮轴转角为供油始点，此供油持续角内为柱塞有效升程 h_e。将计算所得的循环供油量定义为喷油泵的最大循环供油量 V_{pmax}。用几何供油量来评价喷油泵的工作能力具有实用价值。

柱塞直径 d_p 和有效升程 h_e 的确定：

a. 根据柴油机标定工况点的燃油消耗率和功率算出柴油机所需的每循环喷油量(mm^3/循环)

容积法：

$$V_b = \frac{b_e P_e \tau}{120 n \rho_f i} \times 10^3 \quad (\text{mm}^3/\text{循环}) \tag{3-5}$$

式中　P_e—— 柴油机标定功率，kW；

b_e—— 标定功率的燃油消耗率，g/(kW·h)；

n—— 柴油机转速，r/min；

i—— 柴油机气缸数；

ρ_f—— 柴油密度，g/cm^3；

τ—— 柴油机的冲程数，四冲程 $\tau = 4$，二冲程 $\tau = 2$。

b. 喷油泵柱塞在有效升程 h_e 内的几何供油量 V_p 应大于喷油量 V_b，即

$$V_p = V_b + \Delta V_1 \tag{3-6}$$

式中　ΔV_1—— 高压油路内，在最大许用泵端压力 p_{pmax} 与针阀开启压力 p_{op} 的压差作用下的燃油压缩量，即

$$\Delta V_1 = (p_{pmax} - p_{op}) \frac{\sum V}{E} \tag{3-7}$$

其中　$\sum V$—— 高压油路总容积，mm^3，对中小功率柴油机，$\sum V$ 为 1 500 ～ 2 000 mm^3；

E—— 燃油的弹性模量，E 一般为 1 500 ～ 2 500 MPa。

c. 由求出的 V_p，可在表 3-7 中选择柴油机所需的喷油泵系列。柱塞直径 d_p 的计算：

容积法：

$$V_p = \frac{\pi}{4} d_p^2 \cdot h_e \cdot \eta_f \tag{3-8}$$

式中　η_f—— 喷油泵供油系数，取 1.0 ～ 1.25，其主要与柱塞进、回油孔的节流作用有关。节流作用大，取大值。

由式(3-3)，$h_e = \dfrac{d_p}{m_1}$，代入式(3-8) 得

$$d_p = \sqrt[3]{\frac{4 V_p m_1}{\pi \eta_f}} \tag{3-9}$$

对计算值圆整，最后确定柱塞直径 d_p，d_p 一般为 8 ～ 12 mm。

再根据式(3-8)，计算有效供油升程：

$$h_e = \frac{4 V_p}{\pi d_p^2 \eta_f} \tag{3-10}$$

h_e 一般为 3 ～ 5 mm。

一般供油持续角 $\Delta\theta_{fs} \leqslant 7°\text{CA}$。

②最大平均供油速率 Q_{max}

平均供油速率是指喷油泵在供油持续期内每度凸轮轴转角的平均供油量。最大平均供油速率是指在最大循环供油量条件下(V_{pmax})，取供油持续角 $\Delta\theta_{fs} = 7°\text{CA}$ 作为计算依据，求得的平均供油速率，其表达式为

$$Q_{max} = \frac{V_{pmax}}{\Delta\theta_{fs}} = A_p h'_m \quad [\text{mm}^3/(°\text{CA})] \tag{3-11}$$

式中　A_p—— 柱塞面积，mm^2；

h'_m—— 柱塞在供油持续期内的平均上升速度，mm/(°CA)。

由式(3-11)可见，提高最大平均供油速率的有效途径为：增大柱塞直径 d_p 和提高柱塞平均速度 h'_m，即改变凸轮型线和增加预行程。同理，在相同的供油持续期内，提高最大平均供油速率，可以增加循环供油量。

③最大许用泵端压力 p_{pmax}

最大许用泵端压力是指喷油泵所能承受的泵端压力的峰值，是指柱塞腔的实际压力。为测量方便，一般用油管泵端峰值压力来替代。

为了提高喷油速率和改善雾化质量，要求提高喷油压力，即提高泵腔压力。由于喷孔的节流作用，油管嘴端峰值压力略高于泵端压力。为简便起见，常用泵端压力代替喷油压力。可见提高喷油压力就是提高泵腔的压力，这又受到喷油泵凸轮、推杆体及泵体等零件强度和刚度的限制，要求泵端压力小于最大许用泵端压力。因此，最大许用泵端压力是评价喷油泵强化程度与可靠性的重要指标。

泵端压力的计算：

$$p_p = a \cdot \rho_f \cdot \frac{d_p^2}{d_L^2} \cdot h'_p \cdot \omega_p \quad (\mathrm{MPa}) \tag{3-12}$$

式中 a—— 燃油中音速，$a = 1\ 300$ m/s；

ρ_f—— 燃油密度，$\rho_f = 0.83$ g/cm^3；

d_p—— 柱塞直径，mm；

d_L—— 高压油管内径，mm；

ω_p—— 凸轮运动速度，$\omega_p = \frac{\pi n_p}{30}$，其中 n_p 为凸轮轴转速；

h'_p—— 柱塞供油速度，且

$$h'_p = \frac{h'_m}{h_{max}} \cdot \frac{h_{max}}{d_p} \cdot d_p \times 10^{-3} \ (\mathrm{m/s})$$

$$\frac{h'_m}{d_p} = 1.8$$

不同燃烧系统要求的最大泵端压力不同，图 3-18 示出了不同燃烧系统所要求的最大泵端压力与最大平均供油速率之间的关系。

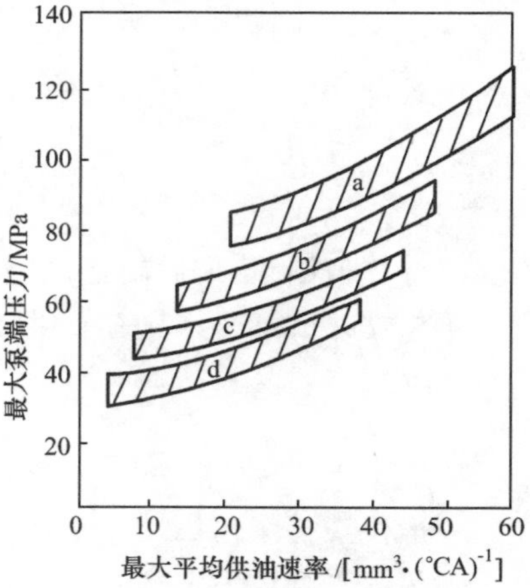

图 3-18 不同燃烧系统所要求的最大泵端压力与最大平均供油速率之间的关系

a— 直接喷射、增压、无涡流或低涡流；b— 直接喷射、增压、低涡流；c— 直接喷射，有涡流；d— 分隔式燃烧室

④最高工作转速 n_{pmax}

喷油泵工作转速受到两个条件限制。

a. 挺柱、滚轮与凸轮表面脱开

当喷油泵供油凸轮轴转速高到一定程度时，往复运动件(包括柱塞、挺柱体、滚轮等)在最大负加速度时的向上惯性力就会超过柱塞弹簧的作用力，使滚轮与凸轮表面之间脱开。转过一定角度后，弹簧力又会大于上述运动件向上的惯性力而重新恢复接触，在接触的瞬间，滚轮对凸轮产生猛烈的敲击。脱开和敲打频繁产生，二者表面极易损坏，同时会发生敲击噪声，这是不允许的。因此，把滚轮与凸轮之间不发生脱开现象的最

高转速作为喷油泵最高许用转速的限制条件之一。

b. 最大泵端压力 p_{pmax} 的限制

喷油泵供油量一定，但随转速提高，泵端压力会上升，要防止因转速过高而引起泵端压力超过许用值，成为油泵最高转速的限制条件之二。

2. 柴油机喷油器的结构、工作原理和参数选择

(1)喷油器

①结构

喷油器是柴油机燃油喷射系统的重要部件之一，安装在气缸盖上。图 3-19 示出了 135 型柴油机普通喷油器的结构。主要由喷油器体(9)、调压弹簧(8) 和喷油嘴偶件(12) 组成。喷油嘴的油嘴紧帽(11) 拧紧压在喷油器体的下端。喷油器体的上部装有调压弹簧，经顶杆(10) 作用于针阀上。针阀开启压力通过调压螺钉(2) 进行无级调节。为防止松动，用锁紧螺帽(7) 将调压螺钉紧固。

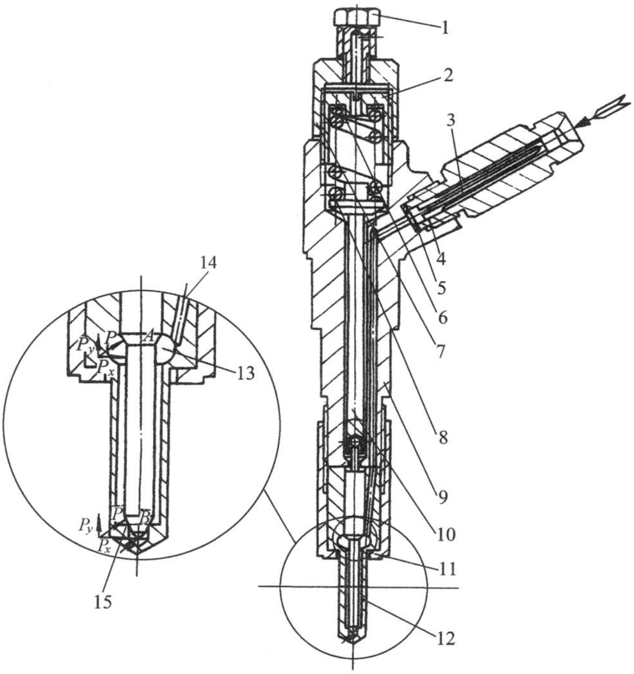

图 3-19　135 型柴油机普通喷油器的结构图

1— 回油管接头；2— 调压螺钉；3— 滤清针；4— 进油管接头；5，6— 垫片；7— 锁紧螺帽；8— 调压弹簧；9— 喷油器体；10— 顶杆；11— 油嘴紧帽；12— 喷油嘴偶件；13— 盛油槽；14— 进油孔；15— 喷孔

喷油器的作用是将高压燃油以雾状、喷束形式喷入燃烧室内，与缸内气流和燃烧室相配合，形成可燃混合气。喷油器除影响燃油的雾化质量、贯穿度、喷束锥角及分布等喷雾特性外，还对喷油压力、喷油始点、喷油持续时间和喷油率等喷射特性有重要影响。喷油器对柴油机的性能起着决定性的作用。

②工作原理[1]

喷油器的工作原理如图 3-20 所示，高压燃油经进油管接头和喷油器体内油道进入喷油嘴压力室盛油槽，油压作用于承压锥面上，当油压高于针阀开启压力 p_{jo} 时，克服弹簧力 p_{sp}，针阀上升而开启。针阀升程 h_n 由喷油器体下端面限制。

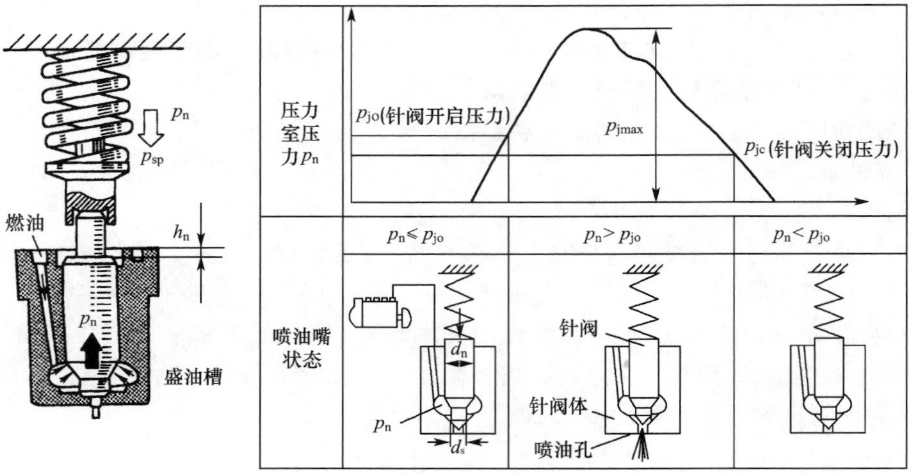

图 3-20　喷油器的工作原理

燃油通过喷孔喷入燃烧室。经针阀偶件间隙泄漏的燃油，由喷油器顶部回油管流回油箱。当喷油嘴压力室的压力 p_n 下降到低于针阀关闭压力 p_{jc} 时，针阀落座，停止喷油。

③喷油器的开启压力 p_{jo}

喷油器的开启压力为

$$p_{jo} = \frac{4p_n}{\pi(d_n^2 - d_s^2)} \quad \text{(MPa)} \tag{3-13}$$

喷嘴针阀关闭压力为

$$p_{jc} = \frac{4p_n}{\pi d_n^2} \quad \text{(MPa)} \tag{3-14}$$

式中　p_n—— 调压弹簧预紧力，N；

d_n—— 针阀上部导向段直径，mm；

d_s—— 针阀下部直径，mm。

对多孔喷油嘴，开启压力一般 p_{jo} 为 19 ～ 25 MPa。

比较式(3-13)和式(3-14)可知，$p_{jo} > p_{jc}$，p_{jc} 越接近 p_{jo}，喷雾质量越好，断油也越干脆。针阀开启压力 p_{jo} 不同于油管内燃油的峰值压力 p_{jmax}，一般 p_{jo} 越大，p_{jmax} 也越高，通常 p_{jmax} 为(2 ～ 4)p_{jo}。

④喷油器的类型

柴油机喷油器根据应用不同，有 4 种类型：普通喷油器、低惯量喷油器、双弹簧喷油器和强制冷却式喷油器，如图 3-21 所示。

(2)喷油嘴

①结构

闭式喷油嘴是由针阀和针阀体组成的又一对精密偶件，其配合间隙很小，为 0.005 ～ 0.025 mm。喷油嘴装在喷油器体的前端，其头部伸出气缸盖底平面，直接受到高温燃气的作用，承受较高的热负荷。闭式喷油嘴在不喷油期间，由于调压弹簧的作用，针阀密封锥面总是被压在阀座上，把燃烧室中的燃气与喷油器中的油腔隔开。由于雾化良好，断油干脆，不滴油，因而得到广泛应用。

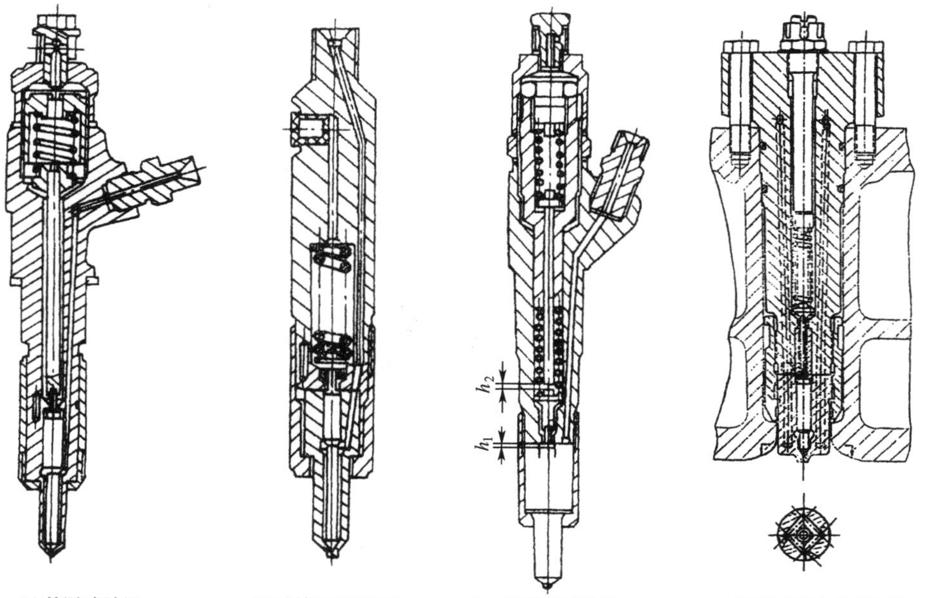

(a)普通喷油器　(b)低惯量喷油器　(c)双弹簧喷油器　(d)强制冷却式喷油器

图 3-21　喷油器类型

②分类

喷油嘴主要分为孔式喷油嘴和轴针式喷油嘴两大类。

a. 孔式喷油嘴

孔式喷油嘴主要用于直喷式柴油机，采用多喷孔有压力室喷油嘴，有 S、P 及 J 三种系列。按结构可分为：短型、长型、带双导向面的针阀型以及冷却型，如图 3-22 所示。

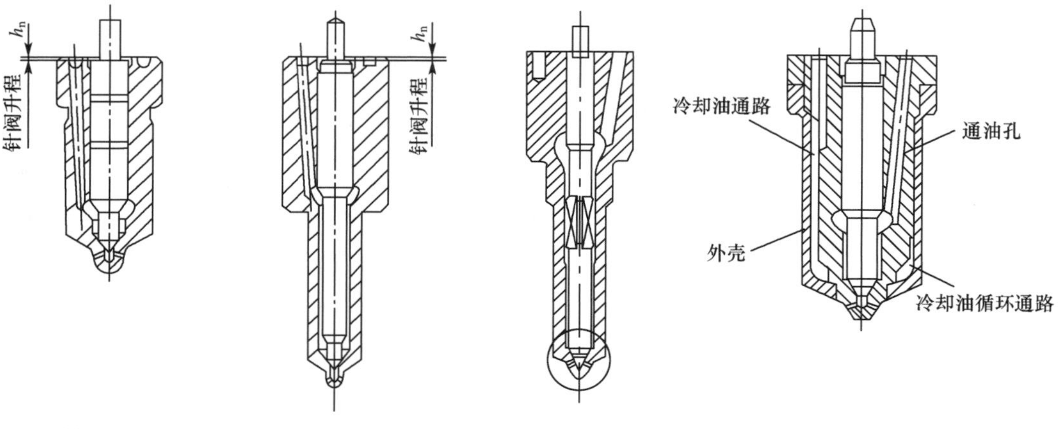

(a)短型　(b)长型　(c)带双导向面的针阀型　(d)冷却型

图 3-22　孔式喷油嘴类型

按压力室容积可分为：传统型压力室、阀头部做成双锥相接的小压力室和阀头遮盖喷孔的无压力室（valve covered orifice，VCO）。图 3-23 示出了压力室结构。

b. 轴针式喷油嘴

轴针式喷油嘴主要用于分开式燃烧室的柴油机中，只有一个喷油孔，压力室很小。有 S、P 和 T 三种系列。

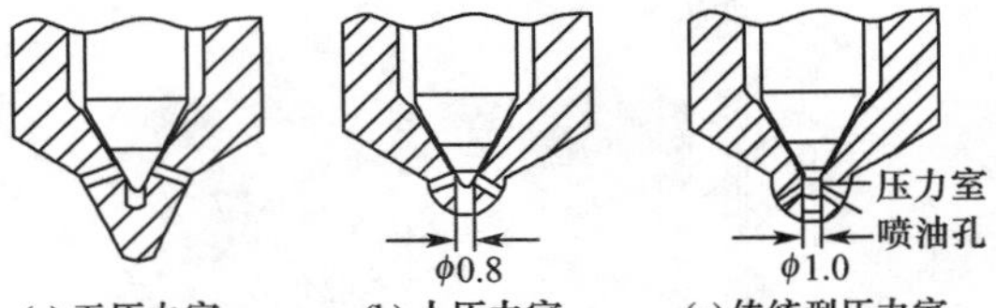

图 3-23　压力室结构

按喷嘴头部结构可分为：一般轴针式、节流式和分流式，如图 3-24 所示。

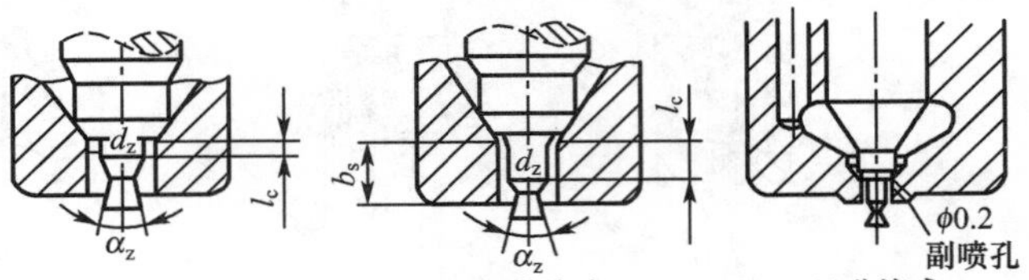

图 3-24　轴针式喷油嘴结构

(3) 喷油嘴的喷孔面积和流通特性

①喷油嘴流量系数 μ_n

流量系数 μ_n 是在一定条件下通过喷油嘴的实际喷油量和理论喷油量之比。它反映燃油在喷油嘴中由于节流、摩擦、干扰等所引起的能量损失。因此，μ_n 与喷射条件、喷油嘴结构、燃油特性有关。μ_n 一般为 0.6 ～ 0.7。μ_n 随 $\frac{l_0}{d_0}$ 增加而减小（l_0 为喷孔长度），并与加工质量有关，若喷孔内缘用电抛光、倒圆角后，μ_n 为 0.9 ～ 0.98。

②喷孔的有效流通截面积

在稳定流中，喷油嘴的有效流通截面积为

$$\mu_n A_n = \frac{Q_2}{\sqrt{\frac{2g}{\rho_f}(p_n - p_g)}} \quad (\mathrm{mm}^2) \tag{3-15}$$

式中　μ_n—— 喷油嘴的流量系数；

A_n—— 喷孔的总流通截面积；

Q_2—— 单位时间内的喷油量；

p_n—— 喷油嘴腔压力，可取平均值；

p_g—— 气缸压力，即喷油时的背压，亦可取平均值；

ρ_f—— 燃油密度。

③喷孔的当量流通截面积

当喷油嘴流道内有两个以上流通截面不等处时，把其中最小流道截面作为节流面，并把其面积当作喷油嘴的几何流通截面积，其他截面的影响由 μ_n 反映。

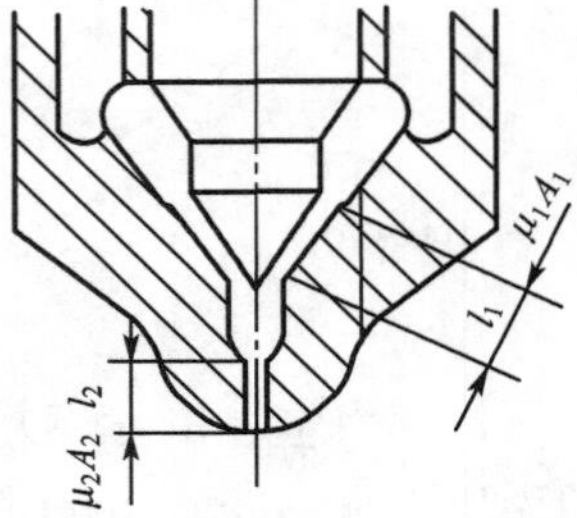

图 3-25　当量流通截面积

图 3-25 中 $\mu_1 A_1$ 为喷油嘴密封座面处有效流通截面积，$\mu_2 A_2$ 为喷孔处有效流通截面积。喷油嘴有效流通截面积则是这

两个流通截面积的当量值，即

$$\frac{1}{\mu_e A_e}=\sqrt{\left(\frac{1}{\mu_1 A_1}\right)^2+\left(\frac{1}{\mu_2 A_2}\right)^2} \tag{3-16}$$

④喷孔总流通截面积计算

$$A_n=\frac{6nV_b\times 10^{-3}}{\mu_n v_n \varphi_p}\quad (\mathrm{mm}^2) \tag{3-17}$$

式中　V_b—— 循环喷油量，mm^3/循环；

v_n—— 喷孔处燃油平均流速，$v_n=\sqrt{\frac{2\Delta p}{\rho_f}}$，$v_n$ 一般为 200 ～ 300 m/s；

φ_p—— 喷油持续角，对直喷式柴油机，φ_p 一般为 20 ～ 25°CA。

⑤喷孔直径的计算

A_n 确定后，孔式喷嘴的孔径可按下式确定：

$$d_n=\sqrt{\frac{4A_n}{\pi i_n}}\quad (\mathrm{mm}) \tag{3-18}$$

式中　i_n—— 喷孔数。

3.2.3　泵 - 管 - 嘴系统喷油过程分析与异常喷射消除方法

1. 喷油过程分析

喷油过程是指从喷油泵开始供油到喷油器停止喷油的过程。在全负荷时，喷油过程占 15 ～ 40°CA。图 3-26 示出了泵 - 管 - 嘴系统喷油过程。

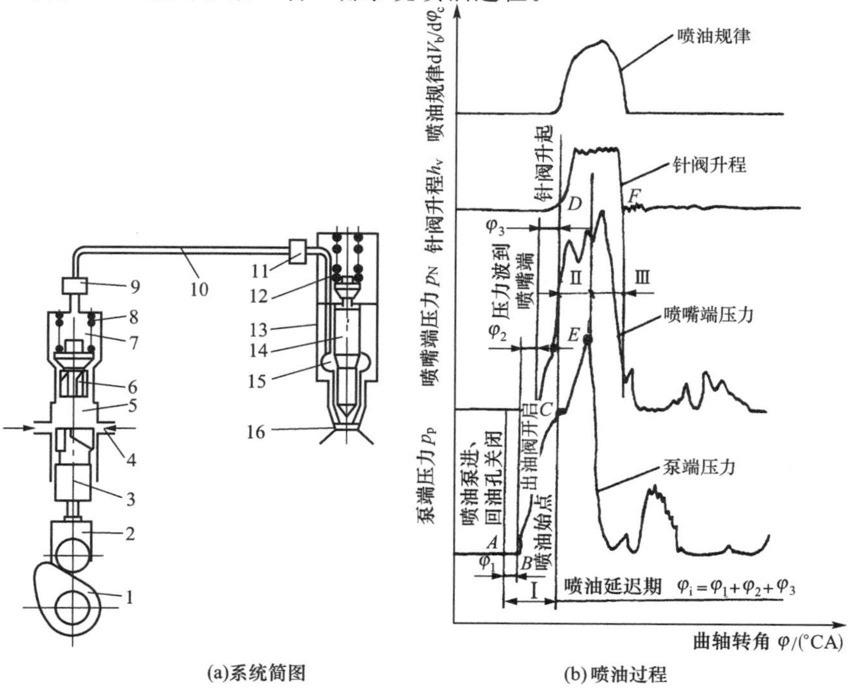

(a)系统简图　　(b)喷油过程

图 3-26　泵 - 管 - 嘴系统喷油过程

1— 凸轮；2— 拖挺体；3— 柱塞；4— 进、回油孔；5— 柱塞腔；6— 出油阀；7— 出油阀紧帽腔；8— 出油阀弹簧；9，11— 压力传感器；10— 高压油管；12— 针阀弹簧；13— 总成；14— 针阀；15— 压力室；16— 喷孔

用图3-26(a)中压力传感器9和11采集泵端压力 p_p 和喷嘴端压力 p_N，用电感式传感器测取针阀升程 h_v 随曲轴转角 φ 的变化曲线，如图 3-26(b) 所示。为了便于分析，将整个喷射过程划分为三个阶段：喷油延迟期 φ_i、主喷油期 φ_s 和喷油结束阶段 φ_z。

(1)第 Ⅰ 阶段 —— 喷油延迟期 $\varphi_i(A-D)$

从喷油泵柱塞关闭进油孔 A 点起，到喷油嘴针阀开启 D 点止，燃油刚喷入气缸，以曲轴转角计，用 φ_i(°CA) 表示，以时间计，用 $\tau_i = \dfrac{\varphi_i}{6n}$(ms) 表示。

$\tau_i = t_1 + t_2 + t_3$，其中 t_1 为泵油室燃油被压缩后，克服出油阀弹簧预紧力所需要的时间；t_2 为克服高压油管内残余压力 p_{ro}，油管膨胀、燃油压缩所需要的时间；t_3 为克服喷油器弹簧预紧力所需要的时间。

供油提前角(φ_{fs}) 为供油始点 B 到活塞上止点(TDC) 之间的曲轴转角；

喷油提前角(φ_{fj}) 为喷油始点 D 到活塞上止点(TDC) 之间的曲轴转角，且 $\varphi_{fj} < \varphi_{fs}$。

应尽量减小 τ_i，就是缩短压力波从泵端传到嘴端所需要的时间，以及燃油从残余压力 p_{ro} 升到针阀开启压力 p_{jo} 所需要的时间。

缩短 τ_i 的措施：

①提高柱塞供油速度，$\omega_p = \dfrac{dp}{d\varphi}$，即增大压力，升高速度，改变凸轮型线，凹弧凸轮供油速率比切线凸轮大。

②减小高压系统容积(泵油室、出油阀腔、油管内径及喷嘴压力室)。

③降低出油阀减压作用，即减小 Δp，$\Delta p = p_{jo} - p_{ro}$。

(2)第 Ⅱ 阶段 —— 主喷油期 $\varphi_s(D-E)$

是从向气缸内喷油 D 点开始到回油孔开即泵端压力 p_p 开始急剧下降点 E 点止的时间。此阶段嘴端压力有短暂下降(针阀抬起让开容积及部分燃油喷入燃烧室)，由于泵端还在继续供油，以及开始打开回油孔时的节流作用，嘴端压力又上升一段。所以，一般 $p_N > p_p$，且滞后泵端。

提高主喷油期 φ_s 喷油速率的措施：

①加大柱塞直径 d_p 和有效升程 h_e。

②供油凸轮型线轮廓高速段供油。

③增大柴油机负荷。

(3)第 Ⅲ 阶段 —— 喷油结束阶段 $\varphi_z(E-F)$

E 点为喷油泵停止供油；F 点为针阀落座，停止喷油。油管内压力急剧下降。但由于油管内燃油膨胀和油管收缩，燃油压力波动，若压力波动过大，针阀关闭后的第一个波峰超过针阀开启压力 p_{jo} 时，会有一小部分燃油喷出，即产生二次喷射。因为喷油压力下降，雾化变差，应尽量缩短后喷期。

避免二次喷射的措施：

①提高油管最大峰值压力 p_{max}。

②减小高压系统容积。

③加快出油阀减压容积作用，落座迅速。

2. 喷射过程的计算

对燃油喷射过程进行分析计算和调试工作，在柴油机开发过程中对取得良好的性能指标具有重要的影响。

(1)近似图解法

图解法是用作图的方法来求解高压油管内压力波动效应的方法。它利用表示压力、速度变化关系的状态平面图来说明高压油管内压力波反射的物理现象。在状态平面图上画出泵端和嘴端的压力图和速度图,可用来阐明各种不正常喷射产生的原因以及消除不正常喷射的各种措施。图解法具有直观和简便的特点。

(2)计算机数值计算

基于质量守恒定律的流体连续方程、动量定理的运动微分方程、能量守恒的能量微分方程,对喷射过程进行数学模拟,用差分法进行数值计算,研究喷油压力、喷油规律各参数变化对喷油特性的影响以及解决与整机匹配中的问题,具有高精度的特点。

3. 柴油机的异常喷射及消除方法

正常喷射是指在针阀升程开启时把该循环燃油连续一次性喷完,并且每次循环的喷油量保持不变。因此,应力求扩大供油系统的适应范围,减小不稳定的喷射区。图 3-27 为正常喷射的喷射压力和针阀升程曲线。

异常喷射是指由于高压油路的油管过长、高压容积过大和振动等因素的存在,以及系统设计各参数选择或配合不当,使压力波动严重,造成不正常喷射。常见的异常喷射有二次喷射、断续喷射、不规则喷射、隔次喷射、滴油和穴蚀等。

(1)二次喷射

①二次喷射现象

二次喷射是指在喷油终了时,喷油嘴的针阀落座后,在压力波动的影响下再次升起形成的第二次喷射,如图 3-28 所示。由于第二次喷射是在压力较低的情况下喷射的,导致部分燃油雾化不良,会产生燃烧不完全,炭烟增多,引起喷孔积炭堵塞。此外,二次喷射使整个喷油持续期拉长,进而使燃烧过程不能及时结束,后燃严重,经济性下降,零件过热。

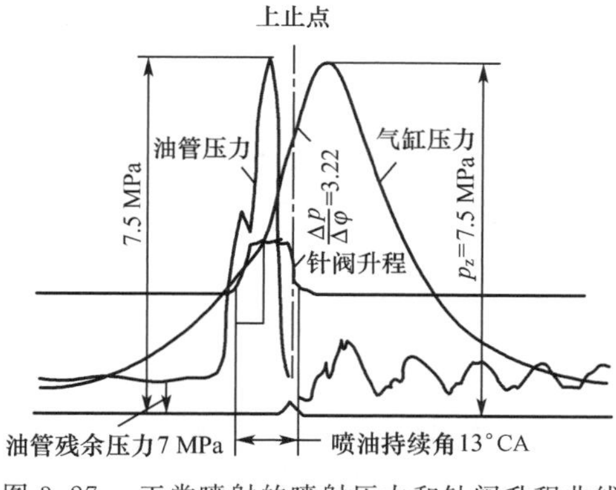

图 3-27　正常喷射的喷射压力和针阀升程曲线

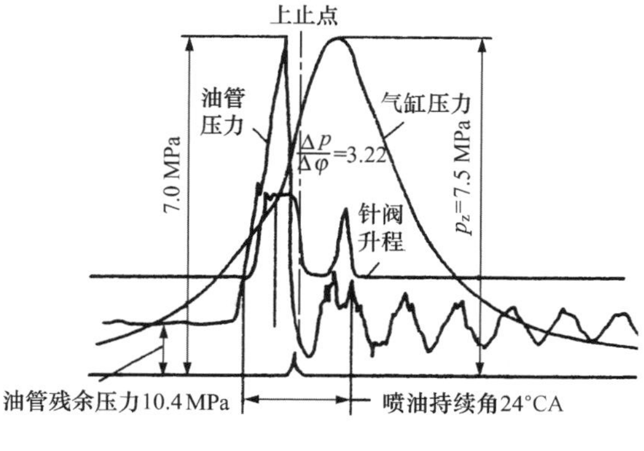

图 3-28　二次喷射的喷射压力和针阀升程曲线

②产生二次喷射的原因

二次喷射出现在高转速工况区。主喷射结束之后,由于燃油的可压缩性和压力波的传播,系统结构参数匹配不当,使泵端速度 u_p 大于嘴端速度 u_N,就产生二次喷射。

③消除二次喷射的方法

a. 减小出油阀腔容积和高压油路中的总容积;

b. 增大截面比:$\mu_n A_n / A_L$,即减小高压油管内径、增大油嘴的喷孔直径 d_n,同时通过增大柱塞直径或改变凸轮型线来增大泵端速度；

c. 增大出油阀卸载容积，也就是增大减压速度 u_s；

d. 增大出油阀弹簧刚度，一是提高出油阀的开启压力，二是促进出油阀落座，增大出油阀减压速度 u_s；

e. 提高针阀开启压力 p_{jo}；

f. 采用缓冲式出油阀或等压式出油阀。

(2)断续喷射

由于在某一瞬间喷油泵的供油量 Q_p 小于喷油器的喷出油量 Q_N 与填充针阀上升空出空间的油量之和，造成针阀在喷射过程中周期性地跳动，如图 3-29 所示。这时泵端压力 p_p 及针阀运动方向不断变化，容易导致针阀偶件的过度磨损。

断续喷射特性与供油速度 u_p 的大小有关，是在油泵输出量很小时发生的，并与针阀的静特性曲线形状有关，应合理选择系统参数。

(3)不规则喷射和隔次喷射

供油量过小时，每循环喷油量在喷射时不断变动，甚至出现有的循环不喷油的现象，称为“不规则喷射”。其极端场合就是隔次喷射，如图 3-30 所示。在柴油机怠速工况下易发生这种现象：怠速不稳定，工作粗暴，限制了最低稳定转速。由图 3-31 可以看出各种喷射形式的分布特性。

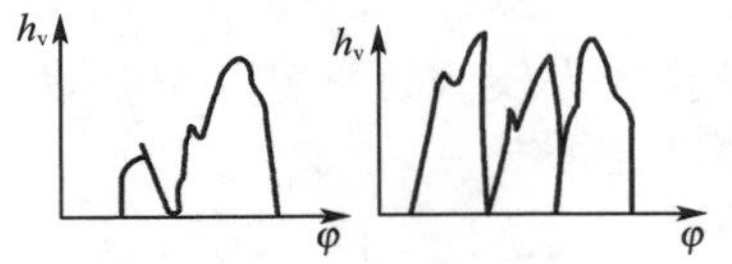

图 3-29　断续喷射针阀升程图

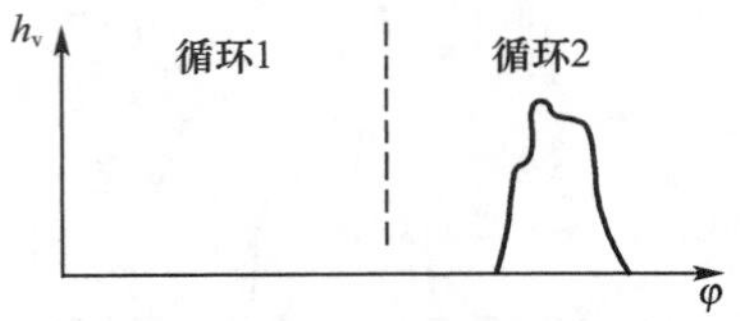

图 3-30　隔次喷射针阀升程图

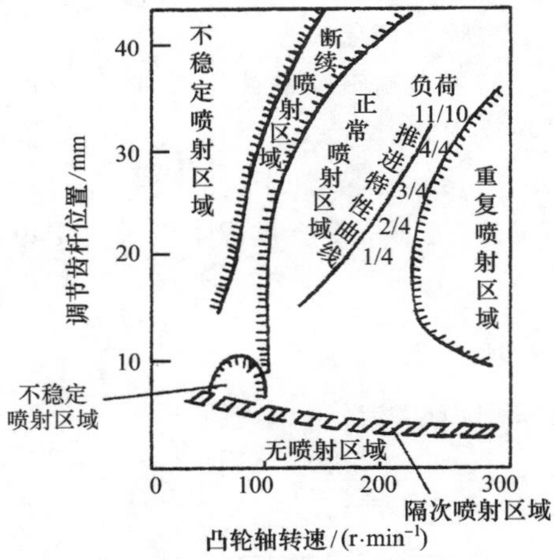

图 3-31　各种喷射形式的分布特性

(4) 滴油

在喷油器针阀密封正常的情况下，喷射终了时由于油管内的压力下降缓慢，而使针阀不能迅速落座，有少量燃油从喷孔流出的现象叫“滴油”。由于流出的燃油速度和压力极低，喷出晚，没雾化，易产生积炭并使喷孔堵塞，使油耗率升高，炭烟增大。

(5)穴蚀

喷射系统中的穴蚀破坏出现在系统内与燃油接触的金属表面上。

①穴蚀机理

穴蚀分为“波动穴蚀”和“流动穴蚀”。波动穴蚀一般发生在低负荷工况，流动穴蚀一般发生在高负荷工况。在高压油路中，高压容积内产生压力波动或脉动式高速流动时，由于局部地区出现极低的压力，当油压下降到相应温度燃油的饱和蒸气压力时，燃油即开始汽化，形成气泡，附在金属表面上，随后压力迅速升高使气泡爆裂而产生冲击波。这种冲击波多次作用于金属表面将引起穴蚀。穴蚀会影响到喷射系统的工作可靠性和使用寿命。

②产生穴蚀的原因

a. 出油阀减压速度 u_s 过大；

b. 喷嘴流通截面积 $\mu_n A_n$ 过大。

③避免穴蚀的方法

a. 控制喷孔流通截面积和出油阀卸载容积；

b. 采用等压式出油阀；

c. 采用有阶梯螺旋槽的柱塞；

d. 在高压油管中安装止回阀。

3.2.4　喷油特性和喷油规律

以柴油机喷油泵为核心的燃油供给系统的喷油特性是指喷油系统高压油路中的属性，包括喷油压力、喷油定时、喷油量、喷油速率和喷油规律等诸多因素的性能，对柴油机燃烧过程的品质和整机性能有着十分重要的影响。

1. 喷油压力

喷油压力(injection pressure)p_{inj} 指喷油持续期内喷嘴压力室内的压力，是由脉动式喷油泵产生高压并以压力波的形式传递到喷油嘴的。该压力随时间或油泵凸轮轴转角而变化，嘴端峰值压力略高于泵端峰值压力。工程实践中常以嘴端峰值压力作为喷油系统工作能力的指标。为简单起见，有时也用泵端峰值压力 p_{pmax} 代替喷油压力。泵端允许最高压力是评价喷油泵的强化程度与可靠性的指标，而喷油压力是保证柴油机有效与清洁燃烧的重要条件。

喷油压力是影响柴油机性能的最重要因素，特别是对直喷式柴油机，无论其燃烧室中有无涡流，燃油的雾化、贯穿和混合气形成主要是依靠喷油压力的能量。喷油压力越大，则喷油能量越大，喷雾粒度越细，喷油速率越高，混合气形成越均匀，燃烧越完全，因此柴油机的动力性、经济性和排放性都得以改善。

要达到欧Ⅴ以上的严格排放标准，采用高的喷油压力是最有效的措施。高喷油压力通常指高压油管中的峰值压力，应当不低于 120 MPa，最高可达 200 MPa。

各种高压喷油系统所能达到的喷油压力范围，如图 3-32 所示。

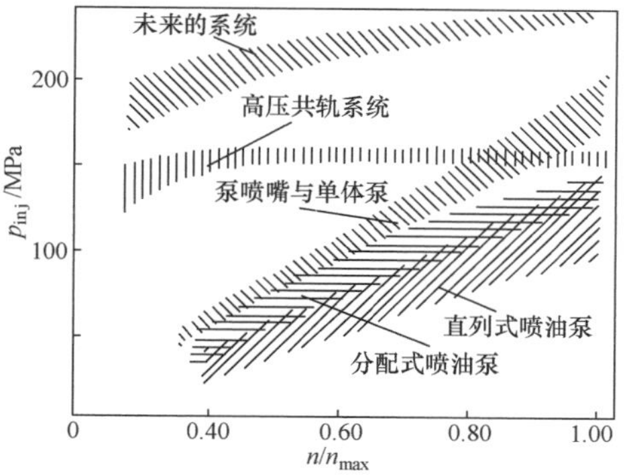

图 3-32　各种高压喷油系统所能达到的喷油压力范围

2. 喷油定时

喷油定时(injection timing)包括喷油时刻和持续期,它是间接地通过滞燃期来影响发动机性能的。表征参数有:喷油提前角、喷油延迟角、喷油持续角和供油提前角。

(1)喷油提前角 φ_{fj}

喷油提前角(fuel injection advance angle)是指从喷油器针阀升起开始喷油瞬时到活塞行至上止点(TDC)时所转过的曲轴转角,亦叫“喷油定时”(fuel injection timing)。若喷油提前角过大,燃烧开始点过早,气缸压力升高率过大,柴油机燃烧噪声增大,工作粗暴,NO_x 排放增加。若喷油提前角过小,则经济性变差,炭烟排放增加。因此要选择一个最佳喷油提前角。

(2)喷油延迟角 φ_{fl}

喷油延迟角(fuel injection lag angle)是指从出油阀升起瞬时到喷油器针阀升起瞬时所转过的曲轴转角,即供油提前角与喷油提前角的差值,$\varphi_{fl}=\varphi_{fs}-\varphi_{fj}$。希望尽量缩短喷油延迟角。

(3)喷油持续角(持续期)$\Delta\varphi_{fj}$

喷油持续角(fuel injection duration angle)是指从开始喷油到停止喷油,即从针阀升起到落座所转过的曲轴转角。

(4)供油提前角 φ_{fs}

供油提前角(fuel supply advance angle)是指从喷油泵出油阀升起,即喷油泵开始供油瞬时到活塞行至上止点时所转过的曲轴转角,亦叫“供油定时”(fuel supply timing),一般为 $18\sim25°CA$。

供油提前角是个调节参数。实际上,常用供油提前角来代替喷油提前角。最佳供油提前角是随柴油机的转速、负荷和温度等因素变化的。随转速升高,应使供油提前角提前。

3. 喷油泵的速度特性

喷油泵控制机构齿杆(或拉杆)位置固定不变时,油泵每循环喷油量 V_b 随油泵转速 n_p(或柴油机转速 n)变化的特性,即 $V_b=f(n_p)$ 称为“喷油泵的速度特性”。齿杆在标定工况油量位置时的这一特性又叫作“喷油泵的速度外特性”。循环喷油量随转速的变化特性曲线,称为“喷油泵的速度特性曲线”,如图 3-33 所示。

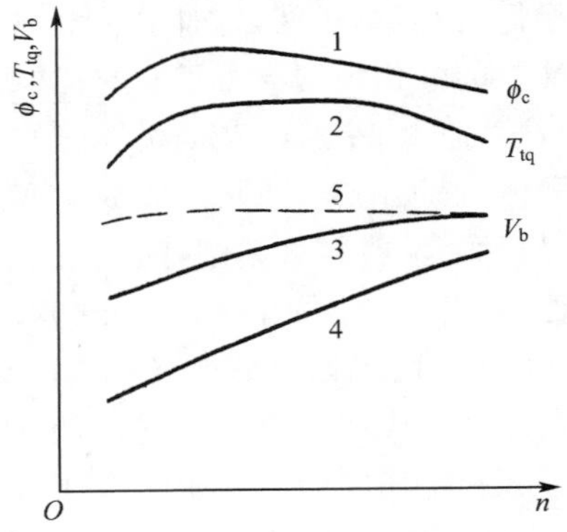

图 3-33 常用柴油机喷油泵的速度特性曲线

1— 柴油机充量系数;2— 柴油机转矩曲线;3— 喷油泵速度特性(外特性);4— 喷油泵速度特性(部分负荷特性);5— 对喷油泵外特性期望的校正值

由图可看出,喷油泵速度特性的特征是每循环供油量随转速升高而增加,对外特性(实线 3)的 V_b 先上升而后趋于平坦,对部分负荷速度特性(实线 4)的 V_b 则随 n 升高而上升。

4. 循环供油量与喷油量

(1)循环供油量

循环供油量是喷油泵每循环供入高压油管的燃油量。

①容积单位

$$V_p=A_p h_e \eta_f \quad (mm^3) \tag{3-19}$$

式中 A_p—— 柱塞面积,mm^2;

η_f—— 喷油泵供油系数；

h_e—— 柱塞有效升程，mm。

②质量单位

$$m_p = V_p \rho_f \quad (\text{mg})$$

式中　ρ_f—— 燃油密度，mg/mm^3。

(2)标定工况循环喷油量

标定工况循环喷油量是喷油嘴在标定工况下每循环喷入气缸内的燃油量。

对四冲程柴油机

①容积单位

$$V_b = \frac{P_e b_e}{30\tau n \rho_f} \times 10^3 \quad (\text{mm}^3/\text{循环})$$

②质量单位

$$m_b = V_b \rho_f = \frac{P_e b_e}{30\tau n} \times 10^3 \quad (\text{mg}/\text{循环}) \tag{3-20}$$

5. 供油速率与喷油速率

(1)供油速率

供油速率是单位时间 dt(或单位喷油泵凸轮轴转角 dφ_c)内供入高压油管的燃油量 dV_p。

①单位时间

$$\frac{dV_p}{dt} = A_p \cdot \eta_f \cdot \frac{dh_e}{dt} = A_p \eta_f u_p \quad (\text{mm}^3/\text{s}) \tag{3-21}$$

②单位凸轮轴转角

$$\frac{dV_p}{d\varphi_c} = A_p \cdot \eta_f \cdot \frac{dh_e}{d\varphi_c} = A_p \eta_f \omega_p = A_p \cdot \eta_f \cdot \frac{u_p}{6n_p} \quad (\text{mm}^3/°\text{CA}) \tag{3-22}$$

(2)喷油速率

喷油速率是单位时间 dt(或单位凸轮轴转角 dφ_c)从喷油嘴的喷孔喷出的燃油量 dV_b。

①单位时间

$$\frac{dV_b}{dt} = \mu_n A_n u_n = \mu_n A_n \sqrt{\frac{2\Delta p}{\rho_f}} \times 10^3 \quad (\text{mm}^3/\text{s}) \tag{3-23}$$

式中　A_n—— 喷孔总的流通截面积，mm^2；

u_n—— 喷孔处燃油喷出速度，m/s。

②单位凸轮轴转角

$$\frac{dV_b}{d\varphi_c} = \frac{\mu_n A_n}{6n_p} \sqrt{\frac{2\Delta p}{\rho_f}} \times 10^3 \quad (\text{mm}^3/°\text{CA}) \tag{3-24}$$

式中　$\Delta p = p_{fj} - p_g$，即喷嘴前后压差，其中，p_{fj} 为喷油压力，MPa；p_g 为气缸内背压，MPa；

n_p—— 喷油泵凸轮轴转速，r/min。

6. 供油规律与喷油规律

(1)供油规律

供油速率$\frac{dV_p}{d\varphi_c}$随油泵凸轮轴转角 φ_c 的变化关系称为“供油规律”。它是由喷油泵柱塞的几何尺寸和运动规律确定的。图 3-34 中供油规律实线下面与横坐标轴所包围的面积是循环供油量。

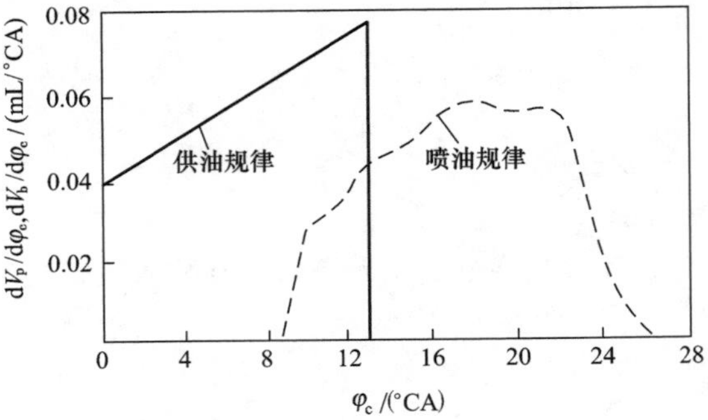

图 3-34 供油规律与喷油规律的比较

（喷油嘴 ZS_0SJ_2，$n=750$ r/min）

(2)喷油规律

喷油速率$\dfrac{dV_b}{d\varphi_c}$随喷油泵凸轮轴转角 φ_c 的变化关系称为“喷油规律”。喷油规律对柴油机的排放和噪声有重要影响。

图 3-34 中喷油规律虚线下面与横坐标轴所包围的面积是循环喷油量。

$$Q_B = \int_0^{\Delta\varphi_{fj}} \frac{dV_b}{d\varphi_c} d\varphi_c \tag{3-25}$$

式中 $\Delta\varphi_{fj}$—— 喷油持续角，由开始喷油到喷油结束的角。

(3)喷油规律与供油规律比较

图 3-34 示出了供油规律与喷油规律的比较。

①二者的不同点

a. 喷油始点比供油始点推迟了 9°CA；

b. 喷油持续角比供油持续角延长了 4°CA；

c. 最大喷油速率比最大供油速率低；

d. 曲线形状发生了变化。

②造成上述不同点的原因

a. 高压下，燃油的可压缩性

压缩系数：

$$\beta_f = \frac{V_0 - V}{V_0(p - p_0)} = -\frac{dV}{V_0 dp} \tag{3-26}$$

式中 V_0、p_0—— 压缩前的燃油容积和压力；

V、p—— 压缩后的燃油容积和压力。

负号表示压缩，其值随压力的增大而减小，当压力为 0 ～ 50 MPa 时，柴油的 β_f 为 $4\times10^{-4} \sim 6.5\times10^{-4}$ MPa^{-1}，压缩系数 β_f 的倒数称为“燃料的弹性模量”，即

$$E_f = \frac{1}{\beta_f} = \frac{V_0(p - p_0)}{V_0 - V} \quad (\text{MPa}) \tag{3-27}$$

柴油的 E_f 一般为 $1.5\times10^3 \sim 2.0\times10^3$ MPa。

b. 高压油管的容积变化

系统内产生压力波的传播，高压油管的弹性变形引起高压容积的变化，内径变化为

$$\Delta r = \frac{r}{E}\left(\frac{R^2 + r^2}{R^2 - r^2} + \mu\right)\Delta p \tag{3-28}$$

管路容积变化为

$$\Delta V = 2\pi r \Delta r \cdot L \tag{3-29}$$

式中　Δr—— 高压油管的外壁半径 R 与内壁的半径 r 之差，mm；

L—— 高压油管长度，mm；

E—— 金属的弹性模量，$E_{钢} = 2.16 \times 10^5$ MPa；

μ—— 泊松系数，$\mu_{钢} = 0.3$。

c. 压力波的往复反射叠加作用

(4)喷油规律的测量方法

①动量法

在距喷孔出口一定距离处垂直放置一块测量平板，油束撞击平板后，喷流做 90° 的转向，测量平板受力和喷流平均流速随时间改变的变化率，可计算出喷油率和喷油规律。

②压力 - 升程法

测量喷油嘴针阀腔压力和针阀升程随时间的变化历程，或者将高压油管喷油器端测出的压力换算到针阀腔，再根据背压、针阀座面和喷孔的有效截面积等，由式(3-24) 计算出喷油规律。

③Bosch 长管法

在油泵试验台上用长管仪测出喷油规律。

$$\frac{dV_b}{d\varphi_c} = \frac{f_L}{6 n_p a \rho_f} \cdot p_f \tag{3-30}$$

式中　f_L—— 细长管截面积；

a—— 声音在燃油中的传播速度，$a = \sqrt{E_f/\rho_f}$；

p_f—— 长管中油压。

(5)对理想喷油规律的要求

按照喷射过程对燃烧过程的影响情况，将喷油速率曲线划分为三个时期，如图 3-35 所示。

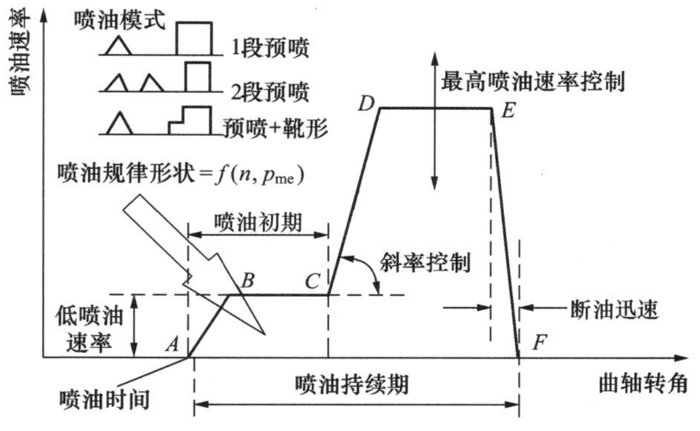

图 3-35　理想喷油规律特性

①喷油初期 AC 段，着火滞延期，从喷油开始到着火开始的时期，是预混合燃料量形成期，要求低喷油速率。

②喷油中期 CE 段，从着火开始到喷油压力达到最大的时期，相当于扩散燃烧期，要求这段具有高的喷油速率，以达到高的燃烧速率。

③喷油后期 EF 段，从最大喷油压力到喷油结束的时期，要求缩短后期喷油，实现快速断油。

所谓理想喷油规律是指最佳的喷油速率形状和最短的喷油持续期。要求更高的喷油压力、喷油速率以及更短的喷油持续期。

为避免工作过于粗暴和高 NO_x 排放，同时具有低的烟度和油耗率，最好能实现英国里卡多(Ricardo) 公司提出的初期喷油速率低、中期喷油速率高、后期喷油速率快速下降，呈“先缓后急”或“靴形”的喷油规律，也可通过采用预喷射和由 ECU 控制的多次喷射的方法来实现。

(6)影响喷油规律的因素

①负荷的影响

若柴油机转速和定时不变，随着负荷增大，喷油量增加，初期喷油率基本保持不变，主喷油速率随之增大，如图 3-36 所示。

②转速的影响

如图 3-37 所示，随转速的增加，喷油规律的形状应由三角形、靴形向矩形组合逐步过渡。

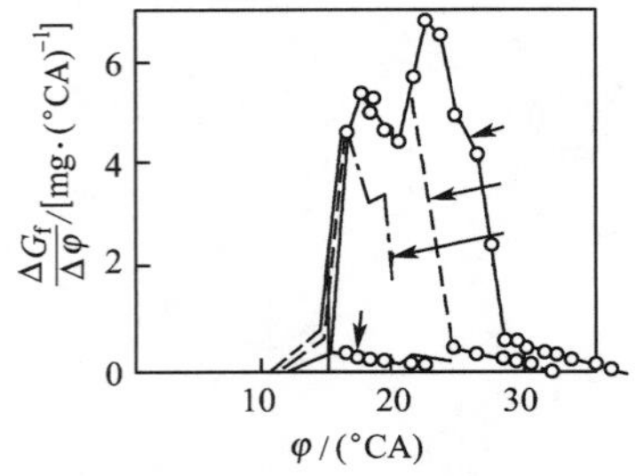

图 3-36 负荷对喷油规律的影响

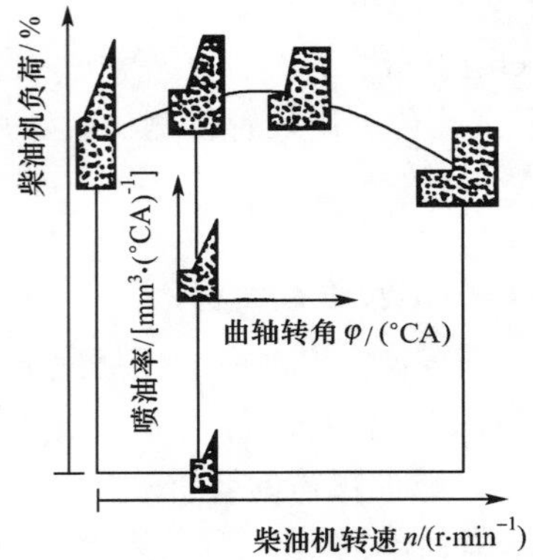

图 3-37 不同工况下的理想喷油规律

若喷油量不变，转速 n 对喷油规律的影响如图 3-38 所示。随转速增加，喷油始点后移，喷油持续角增大。为此，在喷油初期，喷油速率要低，随后的主喷油需要喷油速率急剧增加。为防止低转速时雾化质量变差，可通过提高喷油压力来增大喷油速率。

③喷油泵的影响

a. 不同类型喷油泵的影响

P 型喷油泵喷油压力高，喷油速率快，喷油期短。

b. 柱塞直径 d_p 的影响

如图 3-39 所示，若保持喷油量不变，柱塞直径增大后，供油速率增加，有效行程减小，喷油延迟角及持续角都减小，性能改善。

c. 供油凸轮型线的影响

如图 3-40 所示，当保持转速、柱塞有效行程和泵油始点不变，使用两种不同外形凸轮时，用较陡凸轮，柱塞上升较快，喷油时间提早，持续时间缩短。凹弧凸轮比切线凸轮供油速率快。

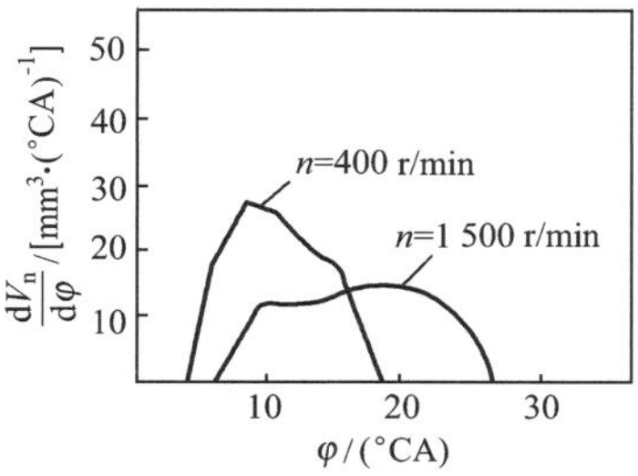

图 3-38　转速对喷油规律的影响

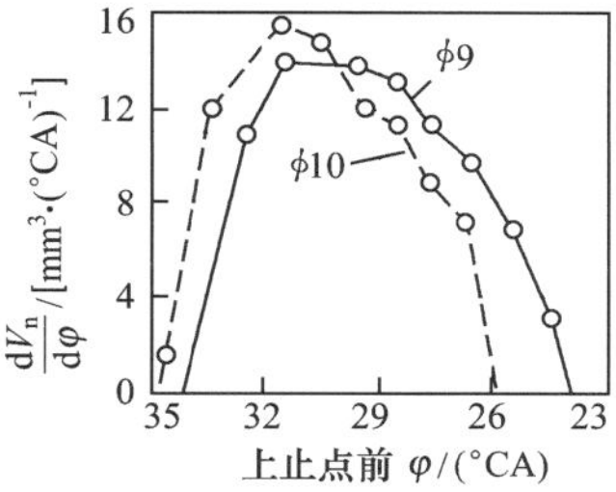

图 3-39　柱塞直径对喷油规律的影响

d. 出油阀直径 d_v 的影响

直径 d_v 增大，喷油速率下降。

④高压油管长度的影响

若高压油管内径相同，长度增加后将发生如图 3-41 所示的变化。喷油规律形状大致不变，但整个喷油延迟。

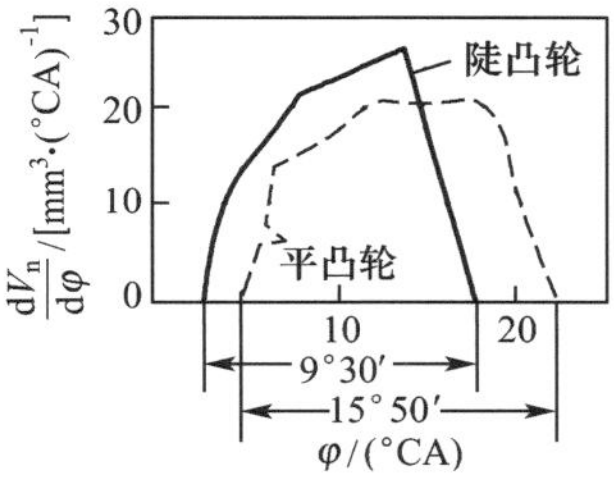

图 3-40　凸轮型线对喷油规律的影响

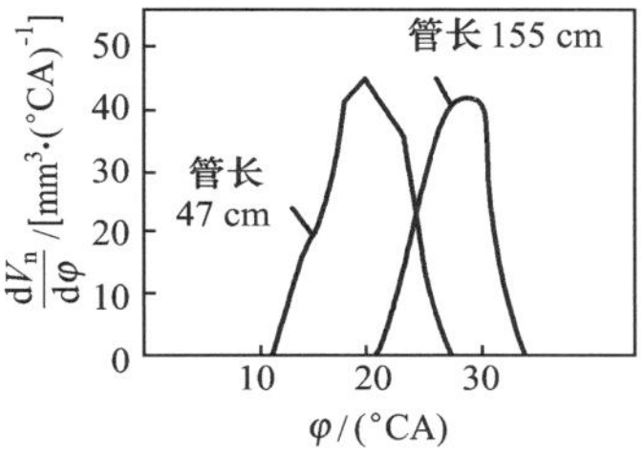

图 3-41　油管长度对喷油规律的影响

⑤喷孔截面积的影响

如图 3-42 所示，喷孔截面积 A_n 加大，喷孔流量系数增大，喷油持续角缩小。但是，喷孔截面积过大，喷油压力将显著下降，使雾化变差。

⑥针阀开启压力 p_{jo} 的影响

若其他条件不变，针阀开启压力对喷油规律的影响如图 3-43 所示。当针阀开启压力提高后，初期喷油量有所减少，后期喷油量增加，喷油持续期减短。

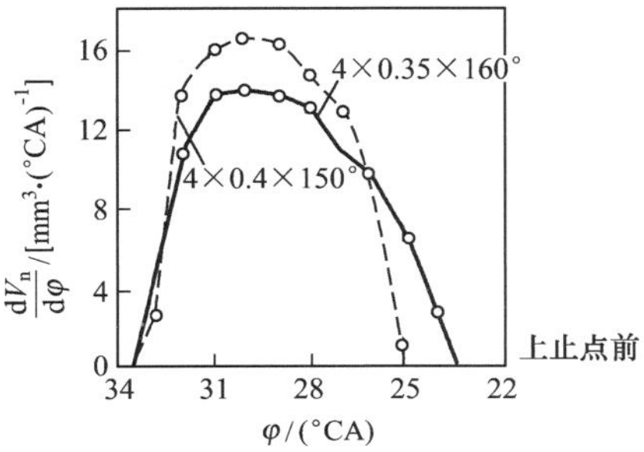

图 3-42　喷孔截面积对喷油规律的影响

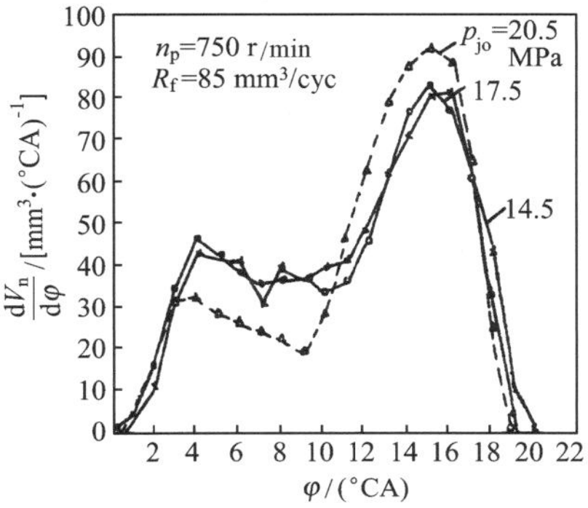

图 3-43　针阀开启压力对喷油规律的影响

⑦喷油定时的影响

只改变喷油定时，喷油规律本身变化不大，但喷油规律与活塞位置的配合关系发生变化，延迟喷油将使着火滞燃期缩短，着火点在上止点附近，NO_x 排放减少，但燃油消耗率升高。

⑧电控喷油系统的影响

柔性控制喷油是实现理想喷油规律的有效方法。

3.2.5 燃油的雾化和喷雾特性

在直喷式柴油机中，液体燃料在高喷油压力下，从喷嘴高速喷出，形成雾状喷束。雾化后的燃料以气态与空气混合形成可燃混合气，在高温高压下压缩着火燃烧，因此燃油雾化特性对柴油机燃烧的完全与及时是十分重要的。

1. 燃油喷雾

(1)雾化

雾化是指柴油机中，在高压喷射和高密度空气阻力作用下，燃烧室内的燃料被分裂成直径非常细微的油滴的过程。雾化的目的是极大增加油滴表面积，提高其与空气的接触及混合；增大导热性，加快蒸发速率。

(2)对喷雾的要求

①良好的雾化

通常用雾化的细度和均匀度来衡量，即油滴的平均直径要小，油滴的均匀性要好。

②足够的贯穿度

要求油束在缸内高压介质中具有足够的贯穿力，前端可到达燃烧室壁面前，但不碰壁。

③燃料在燃烧室内均匀分布

要求喷雾扩展到燃烧室整个空间，而且消除局部过浓区，这就要求喷雾与燃烧室形状和空气运动良好地配合。

(3)喷束的形成过程

燃油在高的喷油压力 p_{inj}(80～170 MPa) 与喷油时缸内空气压力 p_c(4～8 MPa) 的压力差 $\Delta p = p_{inj} - p_c$(76～162 MPa) 作用下，以极高的喷射出口速度 u_f(100～140 m/s)，呈高度湍流状态喷到缸内，并受到缸内高密度 ρ_a(15～25 kg/m^3) 和高温(600～800 K) 空气阻力作用，形成喷束(喷注)。

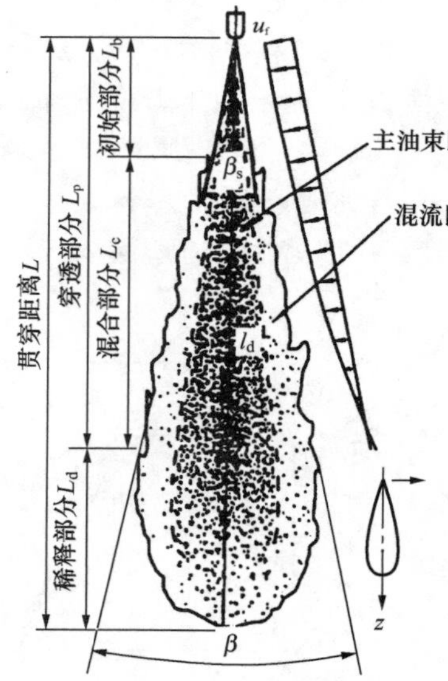

图 3-44 在静止喷雾中的喷束简图

整个喷雾流动过程可分为三个阶段。

①液注阶段

是指从喷嘴喷出后，燃油一直保持密集液注状态的一段距离，即图 3-44 中的初始部分 L_b。

②分裂阶段

是指液注在一定距离之后，由于在湍流和液体表面张力的作用下产生初扰力，引起油束分裂成碎片的所谓分裂距离，即图 3-44 中的混合部分 L_c。

③雾化阶段

是指分裂后的油滴在流动的内扰力以及卷入的空气介质摩擦阻力的作用下，被进一步分裂成更细的燃油微粒，粒径一般为 10 ～ 50 μm，即图 3-44 中的稀释部分 L_d。

2. 喷雾特性

喷雾特性是燃油喷入燃烧室后的属性，包括喷雾的空间形态：贯穿距离 L，表征喷雾在高压空气中贯穿能力的参数；喷雾锥角 β，表征喷雾在燃烧室内离散能力的参数。物理形态：油滴索特平均直径 SMD，表征雾化细度的参数；均匀度及浓度分布，表征油滴尺寸大小的分布情况。

(1)贯穿距离(喷注射程)L

燃油喷束的贯穿距离 L 是从喷孔口起到喷束前锋能达到的最大的直线距离，为时间 t 的函数，如图 3-45 所示。

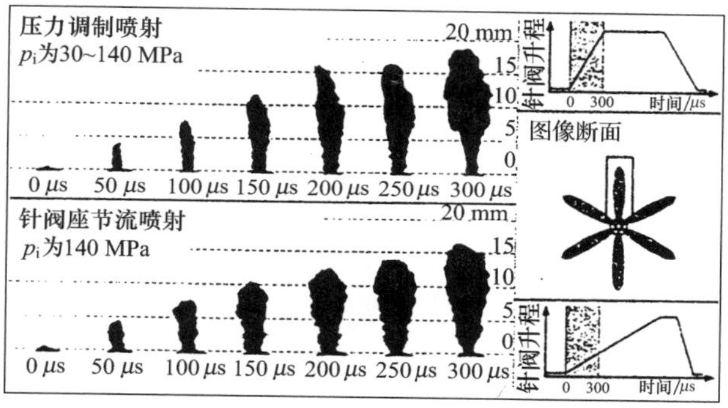

图 3-45　贯穿距离 L 与时间 t 的关系

在室温下燃油喷入静止空气时，初始油束顶端的贯穿距离 L 与时间 t 呈线性关系，随着油束分裂其增长关系为$\sqrt{t}$。

①[日]广安博之(Hiroyasu)等导出的关于孔式喷油嘴贯穿距离 L 的关系式：

在分裂前(t 为 0 ～ t_b)，喷油开始($t = 0$)到油束开始分裂($t = t_b$)，碎裂长度：

$$L_b = 0.39\left(\frac{2\Delta p}{\rho_f}\right)^{0.5} \cdot t \quad (\text{mm}) \tag{3-31}$$

发生分裂后($t > t_b$)，环境气体的密度 ρ_a 对其运动起主要影响作用。当 $t > t_b$ 时，贯穿距离：

$$L = 2.95\left(\frac{\Delta p}{\rho_a}\right)^{0.25} \cdot (d_n \cdot t)^{0.5} \quad (\text{mm}) \tag{3-32}$$

$$t_b = 28.65 d_n \cdot \rho_f \cdot (\Delta p \cdot \rho_a)^{-0.5} \quad (\text{ms}) \tag{3-33}$$

式中　$\Delta p = p_{inj} - p_c$—— 喷孔前后压力差，kPa；

ρ_f—— 燃油的密度，g/cm³；

ρ_a—— 缸内压缩空气的密度，g/cm³，一般为 17.1 ～ 26.4 g/cm³；

t—— 喷油开始后某一瞬时，ms；

d_n—— 喷孔直径，mm。

②[英]邓特(Dent)根据射流理论，于 1971 年提出的关系式：

$$L = 3.07\left(\frac{\Delta p}{\rho_a}\right)^{0.25} \cdot (d_n \cdot t)^{0.5} \cdot \left(\frac{293}{T_a}\right)^{0.25} \quad (\text{mm}) \tag{3-34}$$

式中　$\frac{293}{T_a}$—— 温度修正因子；

T_a—— 缸内压缩空气的温度，K。

③[英] 里卡多(Ricardo) 研究所推荐采用的和栗公式：

$$L = 51.73\left(\frac{\Delta p}{\rho_a}\right)^{0.25} \cdot (d_n \cdot t)^{0.5} \quad (\text{mm}) \tag{3-35}$$

④[瑞士] 苏尔寿(Sulzer) 公司的鲁斯卡登(G. Lustaorten) 利用流体模拟技术做了大量试验，于 1994 年发表如下公式：

$$L = 2 \cdot u_0^{0.54}\left(\frac{\rho_f}{\rho_a}\right)^{0.23} \cdot d_n^{0.46} \cdot t^{0.54} \quad (\text{mm}) \tag{3-36}$$

式中　u_0—— 喷口处燃油初速度，m/s，$u_0 = \mu_n\left(\frac{2\Delta p}{\rho_f}\right)^{0.5}$。

由上述贯穿距离的表达式可看出，$L = f(\Delta p^{0.25} \cdot d_n^{0.5} \cdot t^{0.5} \cdot \rho_f^{0.25} \cdot \rho_a^{-0.25})$。

当喷孔处压差增加、喷孔直径增大、喷射时间增长、燃油密度增加和空气密度减小时，喷束贯穿距离 L 趋于增大。

喷束贯穿率是相对评价指标，其定义为

$$\phi_p = \frac{L_i(\text{滞燃期内喷束贯穿距离})}{L_c(\text{喷孔到燃烧室壁面的直线距离})} \tag{3-37}$$

对于无涡流或弱涡流直喷式柴油机，一般贯穿率小于 1，以避免油束吹到壁面上；对于强涡流直喷式柴油机，喷束偏转，为保证喷束仍能燃烧至壁面附近，应使贯穿率大于或等于 1。对近年出现的撞击喷雾，贯穿率要大于 1。

(2)喷雾锥角 β

喷束离开喷孔出口后，由于射流扩散效应和背压的阻力作用，形成锥形喷雾，喷孔出口处油束包络线之间的夹角称为“喷束锥角”β_s。在油束充分扩散后，其外缘包络线的夹角称为“喷雾锥角”β。β 与贯穿距离 L 有密切关系，β 过大，L 会减小；β 过小，则燃油雾化程度会变差。

①孔式喷油嘴的喷雾锥角关系式：

$$\tan\frac{\beta}{2} = \frac{4\pi}{A} \cdot \left(\frac{\rho_a}{\rho_f}\right)^{0.5} \cdot \frac{\sqrt{3}}{6} \tag{3-38}$$

式中　A—— 常数，一般 $A = 4.9$；

ρ_a—— 空气密度，kg/m^3；

ρ_f—— 燃油密度，kg/m^3。

②谢特凯(Sitkei) 公式(1964 年)：

$$\beta = 3 \times 10^{-2}(l_n/d_n)^{-0.3} \cdot (\rho_f/\rho_a)^{0.1} \cdot Re^{0.7} \tag{3-39}$$

式中　l_n/d_n—— 喷孔长径比；

Re—— 雷诺数，$Re = \frac{ud_n}{\nu}$，其中，u 为喷孔处平均流速，m/s；ν 为燃油的运动黏度，4×10^{-6} m^2/s。

③广安博之和新井公式(1980 年)[2]：

无涡流时，

$$\beta = 0.05(\rho_a \cdot \Delta p)^{0.25} \cdot d_n^{0.5} \cdot \nu_a^{-0.5} \tag{3-40}$$

式中　ν_a—— 空气的运动黏度，m^2/s。

有涡流时，

$$\beta_s = \left(1 + \frac{\pi n_s L}{30 u_0}\right)^2 \beta \tag{3-41}$$

式中　L—— 无涡流时的贯穿距离；

β—— 无涡流时的喷雾锥角。

影响 β 的因素：

$$\beta = f(\rho_a^{0.25} \Delta p^{0.25} d_n^{0.5}, \rho_f^{-0.25} \nu_a^{-0.5})$$

当缸内空气密度增加、喷孔处压差增加、喷孔直径增加及燃油密度、黏度减小时，β 有增大趋势。

(3)油滴细度

表示油滴的大小，即雾化细度。采用油滴平均直径来表示。常采用索特(Sauter) 平均直径(SMD) 来表示。

若保持油滴群的表面积和体积不变，则 SMD 是指在一次喷射中，全部油滴体积的总和与全部油滴表面积的总和的比值：

$$\mathrm{SMD} = d_{32} = \frac{\sum_i^k N_i d_i^3}{\sum_i^k N_i d_i^2} \tag{3-42}$$

式中　k—— 直径分档数；

N_i—— 一次喷射后，直径为 d_i 的油滴数量。

①里卡多(Ricardo) 公司提出的适用于高速柴油机的 SMD 的公式：

$$\mathrm{SMD} = 207.6 d_n^{0.418} \cdot \Delta p^{-0.351} \tag{3-43}$$

②Elkotb 公式(1982 年)：

$$\mathrm{SMD} = 3.08 \times 10^6 \cdot \nu^{0.385} \cdot \sigma^{0.737} \cdot \rho_f^{0.737} \cdot \rho_a^{0.06} \cdot \Delta p^{-0.54} \tag{3-44}$$

式中　σ—— 燃油表面张力，N/m；

ν—— 燃油的运动黏度，m^2/s。

③广安博之公式(1974 年)：

$$d_{32} = 2.33 \times 10^{-3} \cdot \Delta p^{-0.135} \cdot \rho_a^{0.121} \cdot V_b^{0.131} \tag{3-45}$$

式中　V_b—— 循环喷油量，mm^3/cyc；

ρ_a—— 空气密度，kg/m^3；

Δp—— 喷孔前后的压力差，Pa。

影响 d_{32} 的因素：

由上述公式看出，油滴的 SMD(或 d_{32})，取决于喷孔直径 d_n、喷孔前后压力差 Δp、燃油和空气的密度 ρ_f、ρ_a，以及燃油的惯性力、黏性力和表面张力等。

(4)油滴均匀度

油滴均匀度是指喷束中油滴大小的分布情况，有四种表达式：数量积分分布、数量微分分布、重量积分分布和重量微分分布。

①油滴大小沿喷束截面呈正态分布，如图 3-46 所示。

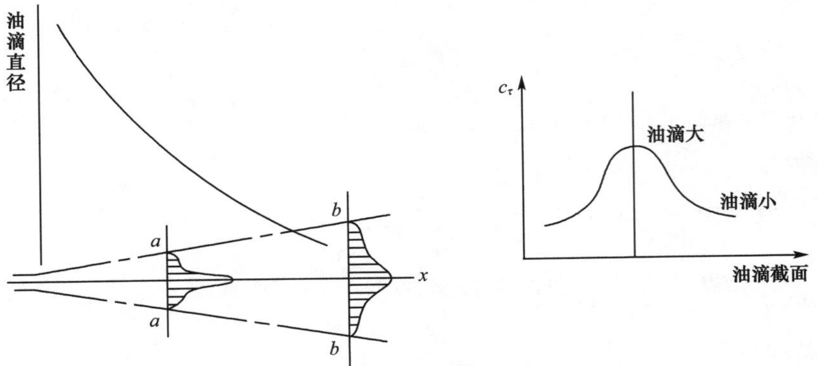

图 3-46 油滴大小沿喷束截面分布

轴线核心区，油滴大、浓度大；边缘稀混区，油滴小、浓度稀；喷孔近端油滴大，喷孔远端油滴小。

②油滴数量分布曲线

滴数分布：

$$n_f = \frac{N_i}{\sum N_i} \tag{3-46}$$

式中 N_i—— 不同直径的滴数；

$\sum N_i$—— 总滴数。

③油滴直径及其分布的影响因素

图 3-47 示出了不同喷油压力 p_{inj} 对油滴直径 d_{32} 的影响。随着喷油压力的提高，油滴直径分布曲线变得瘦长，而又靠向小油滴尺寸一边。

若保持喷孔总面积不变，孔数减少，喷孔直径增大，则油滴直径随之增大。

针阀开启压力增加，则使从喷嘴出来的喷雾运动速度增加，因此 d_{32} 减小。

燃油被加热，喷雾粒子变细。图 3-48 为燃油温度对喷雾分布的影响。

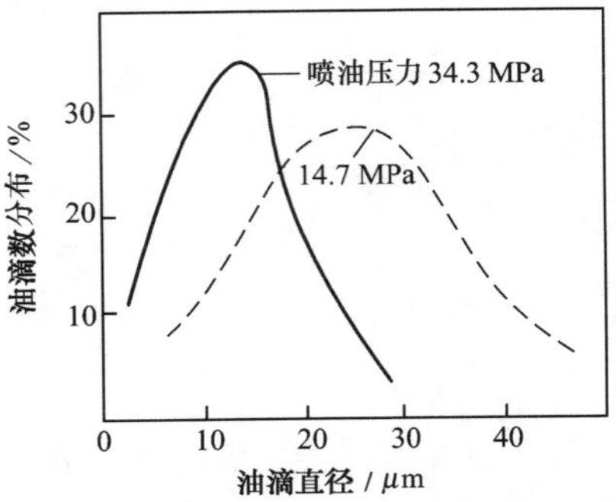

图 3-47 喷油压力对油滴直径的影响

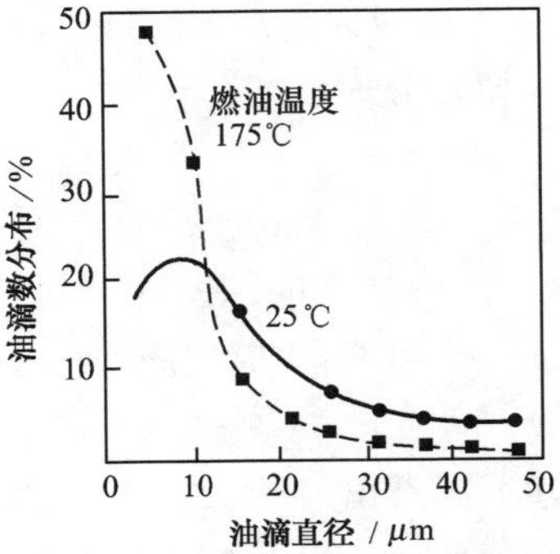

图 3-48 燃油温度对喷雾分布的影响

(5)喷束汽化

喷束中的细小油滴需蒸发成油气后与空气混合和燃烧。在发动机正常运行条件下，油滴的汽化过程相对整个燃烧时期要更快，因而燃烧在很大程度上是受限于混合而不是受限于汽化。

3.2.6　调速器

1. 机械控制喷油的柴油机上必须安装调速器

(1)调速器的功用

调速器的功用是在各种负荷条件下,控制柴油机的转速在设计范围之内。

①随着外界负荷的变化,自动调节喷油泵齿杆位置而改变循环供油量,使柴油机始终保持在规定的转速下稳定运行。

②控制最高转速,防止柴油机超速运转,即防止“飞车”。

③控制最低稳定转速,保证在最低转速(怠速)下能稳定运转。

(2)柴油机上必须装调速器的原因

它是由柴油机的速度特性和喷油泵的速度特性所决定的。

柴油机是采用“质调节”方式工作,即若保持柴油机转速不变时,负荷的变化是通过调节喷油泵齿杆的位置从而改变每循环供油量来实现的,如图 3-49(a) 所示。各个油量调节齿杆位置下,转矩 T_{tq} 随转速 n 的变化呈上凸的较平坦的曲线,且最大转矩 T_{tqmax} 一般在 60% 标定转速附近。

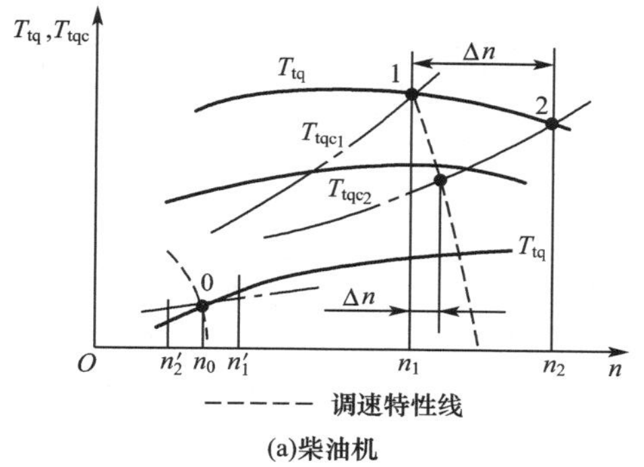

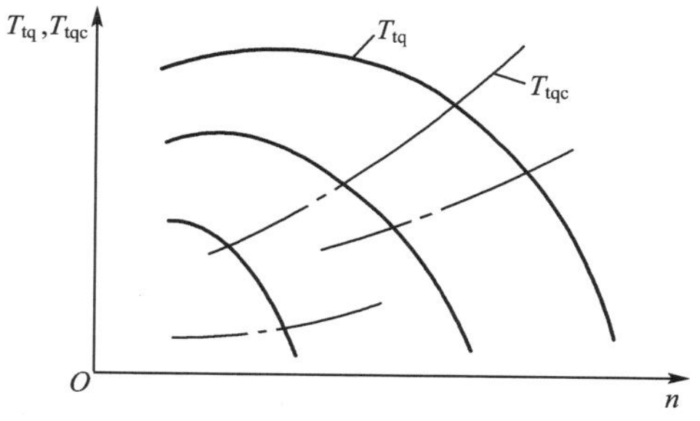

图 3-49　汽油机与柴油机的自调节性能比较

①当齿杆固定在大油量位置时,即图 3-49(a) 所示最上方实线(外特性曲线),输出转矩 T_{tq} 与阻力矩 T_{tqc1}(点划线表示)相平衡,交点 1 为平衡点,柴油机以对应转速 n_1 稳定运行。当负荷减小,即阻力矩从 T_{tqc1} 降到 T_{tqc2} 时,T_{tq} 与 T_{tqc2} 的交点 2 为新的平衡点,转速升高为 n_2,由于曲线 T_{tq} 变化平坦,即 ΔT 很小,而转速变化 $\Delta n = n_2 - n_1$ 很大,当 n_2 大于最高转速 n_{max} 时,产生“飞车”。

②当齿杆固定在小油量位置时,即图 3-49(a) 最下方实线 T_{tq},与阻力矩相平衡交点为 0,对应转速为 n_0。由于转矩曲线处于上升段,斜率 $\frac{dT_{tq}}{dn} > \frac{dT_{tqc}}{dn}$,柴油机将无法稳定运行。因为当负荷少许变化而使转速稍有上升时,如由 n_0 变到 n_1',则因转矩始终大于阻力矩致使转速不断上升;反之,当转速下降由 n_0 变到 n_2' 时,又会因转矩低于阻力矩而使转速不断下降直至熄火。

③由于柴油机各齿杆位置的转矩 T_{tq} 随转速 n 变化的速度特性呈平坦上凸的曲线,外界负荷变化时,柴油机转矩变化 ΔT 很小,而转速变化 Δn 很大,这说明柴油机稳定性差,即适应能力小。

内燃机动力性能对外界阻力变化的适应能力,用适应系数 $\phi_{n \cdot tq}$ 表征:

$$\phi_{n\cdot tq} = \phi_n \phi_{tq} \tag{3-47}$$

式中 ϕ_n—— 转速储备系数，$\phi_n = \frac{n_e}{n_{tq}}$，标定转速 n_e 与最大转矩转速 n_{tq} 的比值；

ϕ_{tq}—— 转矩储备系数，$\phi_{tq} = \frac{T_{max}}{T_{tq}}$，全负荷速度特性曲线上的最大转矩 T_{max} 与标定工况下该曲线上的转矩 T_{tq} 的比值。

为了避免出现上述柴油机在高速大负荷时，外界负荷变小，柴油机转速剧增，产生 $n > n_{max}$ 的飞车；反之，在低速或怠速时，外界负荷突然变大，柴油机转速剧减，产生 $n < n_{min}$ 的熄火；以及两者之间各工况的运行不稳定的现象，在柴油机上必须安装调速器。装有调速器的柴油机当外负荷发生改变时，能自动地改变喷油泵的供油量，使柴油机输出的功率随外负荷同步变化，维持柴油机的稳定运转，即按调速特性运行，如图 3-49(a) 中虚线所示。

汽油机是采用“量调节”方式工作，即利用节气门的开度大小控制进入气缸的可燃混合气量的多少，以适应负荷的变化。其各个节气门开度的转矩 T_{tq} 随转速 n 的变化的速度特性曲线呈明显下降趋势，如图 3-49(b) 所示，这就决定了汽油机具有很好的自调节的适应能力，因此，在汽油机上一般不需要加装调速器。

(3)调速器的组成与调节系统

①调速器的组成

调速器由转速感应元件和执行机构组成。如图 3-50 所示。

②调节系统

调节系统包括调速器及调节对象 —— 柴油机，是一个封闭回路系统。此回路适用于转速调节或负荷变化。图 3-50 中箭头表示反馈到调速器去的方向，以反映稳定状态的改变使调速器开始起调节作用。

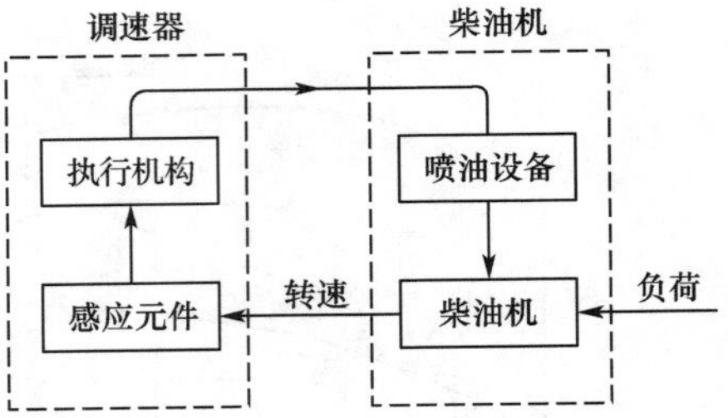

图 3-50 调速器的组成及调节系统

(4)调速器的分类

①按结构与工作原理分类

a. 机械离心式(直接作用式) 调速器，如图 3-51(a) 所示。

b.液压式(间接作用式) 调速器，如图 3-51(b) 所示。

c.气动膜片式调速器。

d.复合式(机械 - 气动，机械 - 液压) 调速器。

e.电子式调速器，如图 3-51(c) 所示。

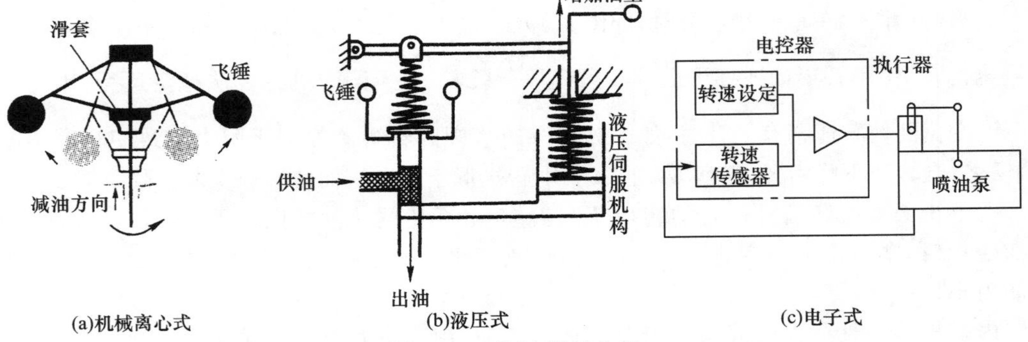

图 3-51 调速器的分类

②按调速功能分类

a. 单制式调速器

只限制高速工况，主要用于恒定转速的柴油机，如发电机组。

b. 两极式调速器

如图 3-52 所示，只对怠速和高速进行控制，主要用于转速变化频繁的柴油机，如车用柴油机。型号有德国 Bosch 公司的 RAD、RSV、RQ 型等。

c. 全速式调速器

如图 3-53 所示，对从怠速到高速的所有转速都能自动控制在一定范围内，应用最广泛，如拖拉机、重型汽车、机车和船舶等，常用型号有 RSV、RQN 等。

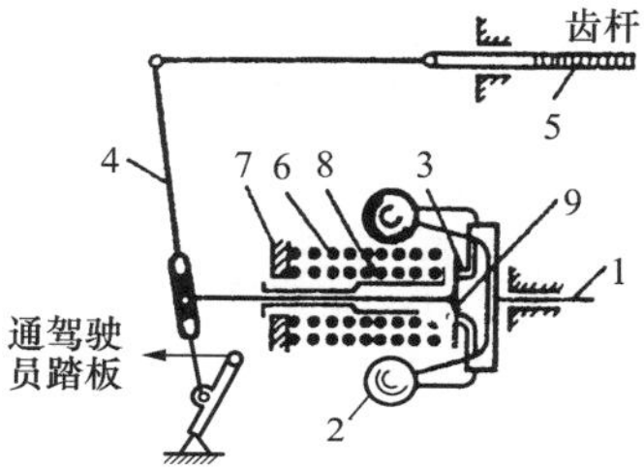

图 3-52　两极式调速器示意图

1— 调速器轴；2— 飞球；3— 传动盘；4— 传动机杆；5— 齿杆；6— 低速（外）弹簧；7— 弹簧座；8— 高速（内）弹簧；9— 套筒

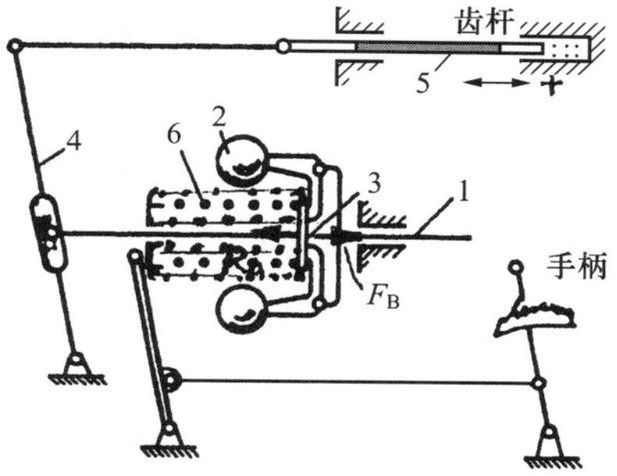

图 3-53　全速式调速器示意图

1— 调速器轴；2— 飞球；3— 滑动盘；4— 调整杠杆；5— 齿杆；6— 三根调速弹簧

d.全速两极组合式调速器

兼有全速与两极调速器的功能，适用于工程车辆，在行驶时用两极式调速，作业时用全速式调速，以保证工作稳定可靠。

2. 机械离心式调速器

德国 Bosch 公司的 RQ 型机械式两极调速器和 RSV 型机械式全速调速器应用最广泛。RSV 型机械式全速调速器可与 A 型、AD 型、M 型和 P 型柱塞式喷油泵相匹配，是比较典型的调速器。下面以 RSV 型机械式全速调速器为例，简要说明机械式调速器的结构和工作原理。

(1)RSV 型机械式全速调速器的结构

图 3-54 示出了 Bosch 公司 S 系列中的 RSV 型调速器。结构特点：有一套紧凑的杠杆系统，并具有独特的可变调速率装置。

①转速感应元件

一对飞锤 5，并可绕飞锤销转动。调速弹簧 1 是一根独立安装的拉力弹簧，它一头挂在调速杠杆 2 上，另一头挂在弹簧挂耳上。还有启动弹簧、怠速弹簧和校正弹簧。

②执行元件

调速杠杆 2 和调速套筒 4。

(2)RSV 型机械式全速调速器性能曲线

RSV 型机械式全速调速器任意一个手柄位置，即齿杆行程 S，都有一个调速器起作用的转速。就是说，调速器在全部转速范围内起控制作用。齿杆行程 S 与油泵转速 n 的关系称为

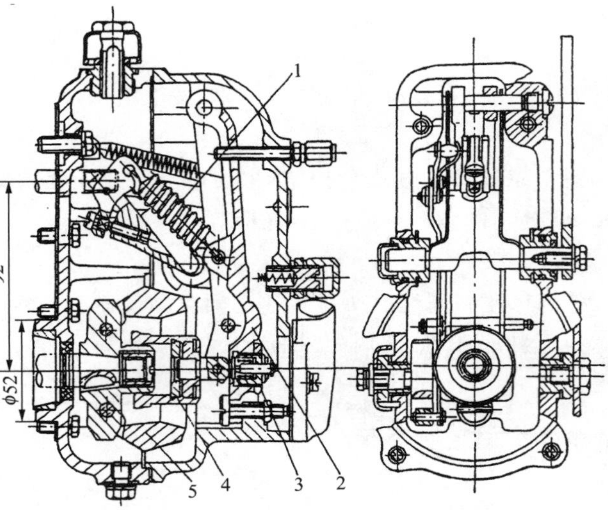

图 3-54　RSV 型调速器

1— 调速弹簧；2— 调速杠杆；3— 校正器；4— 调速套筒；5— 飞锤

调速性能曲线。如图 3-55 所示，图中 *FE* 段为启动工况。1 线 *DG* 段为手柄在全速位置的控制区，其中 *DA* 段为调速器不起作用区，*BA* 段为标定工况控制区，*AG* 段为最高转速调节区。2 线 *EK* 段为手柄在怠速位置的控制区，其中 *DJ* 段为调速弹簧在怠速位置的控制区，*EJ* 段为调速弹簧和怠速稳定弹簧合力控制区，*JK* 段为怠速弹簧控制区。此外，可根据需要，通过对调速弹簧的微量调整，使调速率改变。

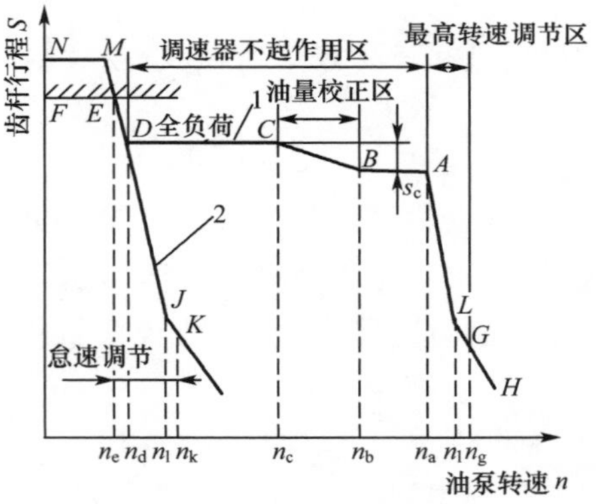

图 3-55　RSV 型调速器调速性能曲线

1— 全速位置；2— 怠速位置

(3)机械式全速调速器与两极调速器工作特性的比较

从图 3-56 可看出，从工况 *A* 点到目标工况 *B* 点所走的路径不同。

①对全速调速器，当工况从 *A* 点变化到 *B* 点时，踏下油门，加大调速弹簧预紧力，调速器起作用，先从 *A* 点沿调速特性线运行到外特性线上 *C* 点，再沿外特性线 *CD* 转到调速特性线上的目标工况 *B* 点，是一条 *A*—*C*—*D*—*B* 折线。变工况所需时间长，操纵手柄在任何位置冷启动时均能顺利启动。

②对两极调速器，加速时可从 *A* 点直接到 *B* 点，是一条 *A*—*B* 直线。变工况加速时间短，

但冷启动时，操纵手柄一定要置于最大供油位置才能启动。

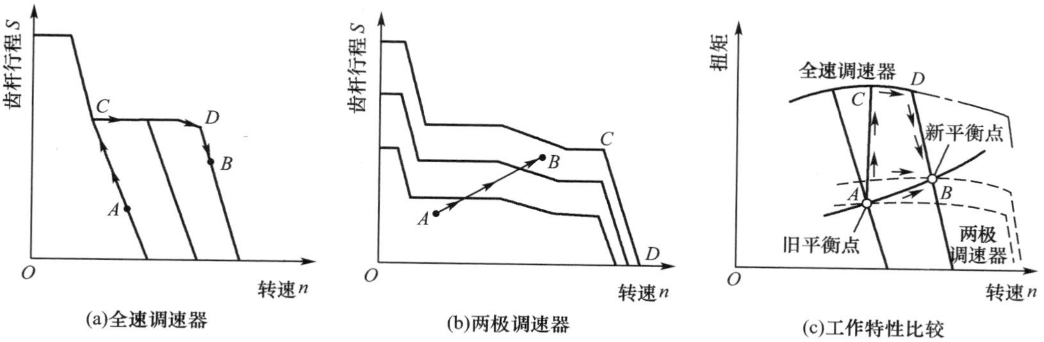

图 3-56　全速调速器与两极调速器工作特性的比较

机械离心式调速器，直接由感应元件经过执行机构来移动油量调节齿杆，结构简单，维护方便，但移动油量调节齿杆的力较小。广泛应用于高速小功率柴油机上。

3. 液压式调速器

液压式调速器是间接作用式调速器，它是在感应元件和油量调节机构之间加入一个液压放大元件，使工作能力大大加强，并且兼有控制和执行的功能。因此，应用于中型大功率柴油机上。

(1)液压式调速器的组成

①感应元件(飞锤或飞球)。

②控制机构(滑阀比较器)。

③放大机构(伺服器- 动力活塞)。

④执行机构(杠杆式或表盘式液压系统)。

⑤驱动机构。

(2)液压调速系统(图 3-57)

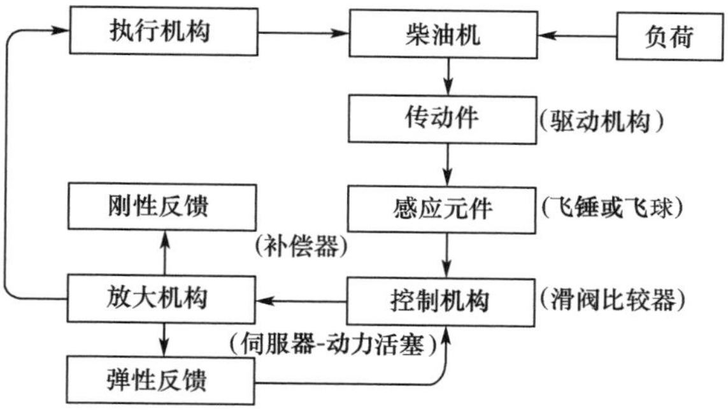

图 3-57　液压调速系统

(3) 液压式调速器工作原理

为提高调速器的工作稳定性，通常都装有反馈装置。图 3-58 示出了刚性和弹性反馈液压式调速器的工作原理图。

当负荷减小时，柴油机转速升高，飞球 12 张开，推动套筒 10 右移，带动滑阀 8 右移，压力油进入伺服器活塞 5 右腔，伺服器活塞左移，使左腔与低压腔相通，同时拉动齿杆向减油方向移动。缓冲器活塞 3 左移，使连在一起的滑阀左移。弹性反馈可以减小转速波动，其稳定调

速率 $\delta_2 = 0$。

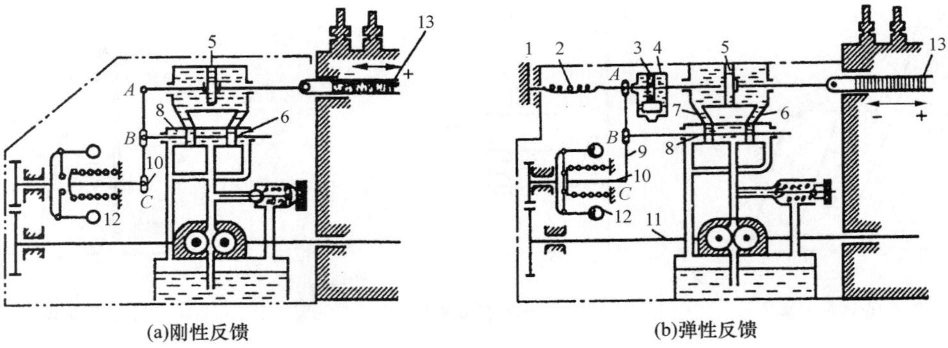

图 3-58 刚性和弹性反馈液压式调速器的工作原理图

1— 调速器体;2— 弹簧;3— 缓冲器活塞;4— 缓冲器;5— 伺服器活塞;6、8— 滑阀;7— 伺服器;9— 杠杆;10— 套筒;11— 传动轴;12— 飞球;13— 齿杆

4. 电子调速器

(1)E 系列电子调速器

E 系列电子调速器是成都仪表厂从德国海茵茨曼公司引进的。

①组成

E 系列(E6 ~ E30)分别应用在 150 ~ 5 000 kW 的发动机调速系统中。属全电子调速器,不需要机械液压传动,其组成如图 3-59 所示。

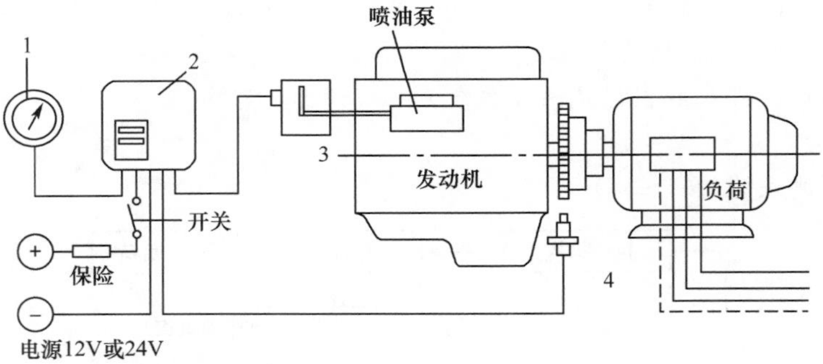

图 3-59 E 系列电子调速器的组成示意图

1— 转速调整电位器;2— 控制器;3— 执行器;4— 转速传感器

②工作原理

电子调速器的特点是可分别独立地解决调速特性;在装有全部附件的情况下,能够确定最佳的扭矩特性、怠速特性和过渡特性等。

用转速调整电位器设定需要的转速,传感器通过飞轮上的齿圈测量出发动机转速实际值,并送至控制器;在控制器中实际值与设定值相比较,其比较的差值经控制线路的整理、放大,驱动执行器输出轴,通过调节连杆拉动喷油泵齿杆进行供油量的调节,从而达到保持设定转速的目的。

还可根据发动机使用场合的不同选择不均匀度的大小。当执行无差调节时,电子控制系统会将负荷变化而引起的设定转速与实际转速之间的差值消除,使发动机保持原设定的转速。根据机组需要,也可调节不均匀度电位器,以使调速器获得满意的稳定调速率。

(2)RED 系列电子调速器

RED-Ⅳ 型电子调速器是日本杰克赛尔公司生产的与直列式合成泵组装在一起的产品,有两级式和全程式两种电子调速器,可以应用于卡车、公共汽车、发电机组、工程机械等各种柴油机的控制系统场合。

①组成

图 3-60 给出了 RED-Ⅳ 型电子调速器的结构图。

布置在电子调速器执行机构中的控制电路转伺服电路、驱动电路和传感器电路。

②用于发电机组的控制系统

柴油机发电机组采用 RED-Ⅳ 型电子调速器能满足对稳态调速率和动态调速率的严格要求。

发电机组的控制系统如图 3-61 所示。

控制系统的特征是:

a. 调速性能高,恒速调速时的稳态调速率为零。

b. 响应特性好,瞬时调速率在 1% 以下。

c. 柴油机与发电机组容易匹配。

d. 喷油泵体与调速器设计成一体型,容易安装。

e. 带有故障自诊断系统,维修方便。

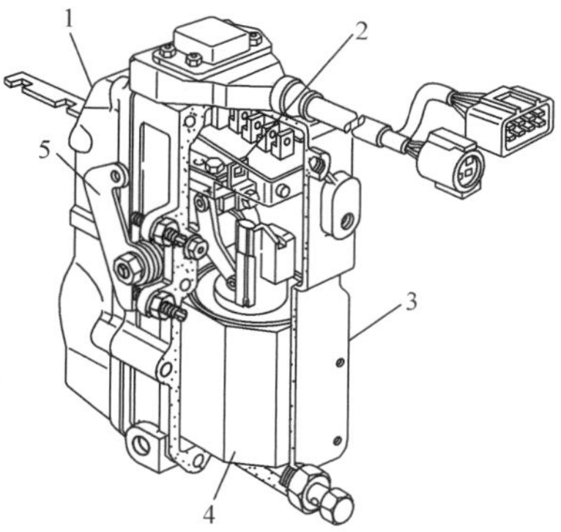

图 3-60　RED-Ⅳ 型电子调速器的结构图

1— 壳体;2— 齿杆传感器;3— 盖板;4— 执行器;5— 订油杆

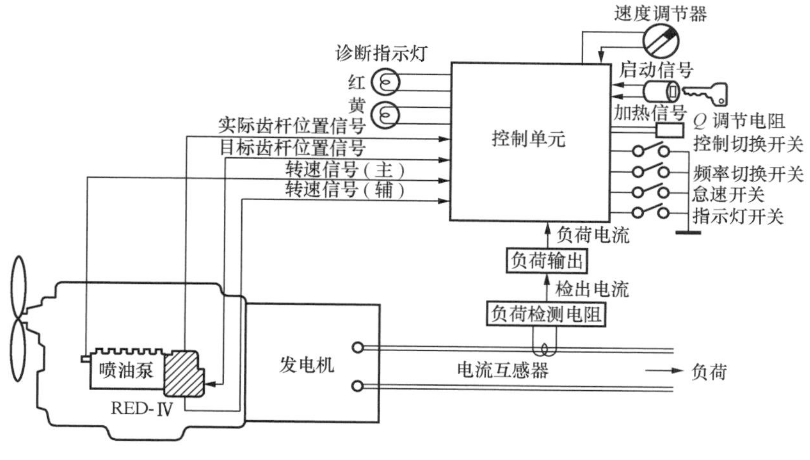

图 3-61　发电机组的控制系统

5. 调速器的性能指标

柴油机是通过调速器调节到所需的转速,并且稳定运行。调速率是评定柴油机工作稳定性好坏的指标,在标定工况下通过突变负荷测得。分为瞬时调速率 δ_1 和稳定调速率 δ_2,如图 3-62 所示。

(1)瞬时调速率 δ_1(不均匀度)

δ_1 是由于突变负荷引起转速变化瞬时幅度的状况,表示过渡过程中转速瞬时增长的百分比:

$$\delta_1 = \left|\frac{n_2 - n_1}{n_e}\right| \times 100\% \tag{3-48}$$

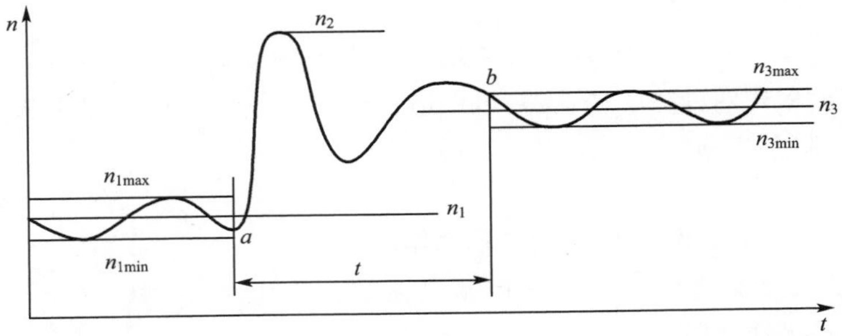

图 3-62 突变负荷时转速的变化

式中 n_1—— 突变负荷前的稳定转速；

n_2—— 突变负荷时柴油机的最高瞬时转速；

n_e—— 标定转速。

δ_1 表示调速器对外界负荷突变的敏感性，一般 $\delta_1 \leqslant 12\%$，过渡时间 t 为 5 ～ 10 s；对发电用柴油机，要求 δ_1 为 5% ～ 10%，过渡时间 t 为 3 ～ 5 s。

(2)稳定调速率 δ_2

δ_2 是由于突变负荷引起转速变化的状况，其表达式为

$$\delta_2 = \left|\frac{n_3 - n_1}{n_e}\right| \times 100\% \tag{3-49}$$

式中 n_3—— 突变负荷后的稳定转速。

δ_2 表示外界负荷改变时，柴油机的稳定工作能力。δ_2 越小，表示工作越稳定，一般要求 $\delta_2 \leqslant 8\%$。对于汽车、拖拉机，δ_2 为 6% ～ 10%(4 级)；对于工程机械，δ_2 为 8% ～ 12%(4 级)；对于发电机组，$\delta_2 = 5\%$(3 级)。

(3)转速波动率 ψ

ψ 是在负荷不变的运转条件下，在一定时间测定的最大转速 n_{max}(或最小转速 n_{min}) 与该时间内的平均转速 n_m 之差，除以平均转速 n_m，再取绝对值的百分比，即

$$\psi = \left|\frac{n_{max}(\text{或 } n_{min}) - n_m}{n_m}\right| \times 100\% \tag{3-50}$$

式中 n_m—— 平均转速，$n_m = \dfrac{n_{max} + n_{min}}{2}$。

一般 $\psi \leqslant 1\%$。

(4)转速稳定时间(波动时间)

装有调速器的柴油机运转时，负荷突变后转速从开始变化到恢复稳定所需的时间(图 3-62 中从 a 到 b 所需的时间 t)。

对一般柴油机，t 为 5 ～ 10 s；对发电机组，t 为 3 ～ 5 s。

(5)游车

带调速器的柴油机，由于调速系统动力稳定性不好，或每循环喷油不均匀，引起转速持续、周期性地在一定范围内变化，叫作游车。

6. 调速器与喷油泵的匹配

目前正在柴油机上使用的机械式喷油和调速系统，一般是采用柱塞式喷油泵与机械式或液压式调速器相匹配，组合喷油泵往往与调速器组装在一起，因此通常又称为常规喷油控制系统。该系统能精确地控制供油量和供油定时。在车用高速柴油机上还装有离心式机械提前器，它装在直列喷油泵凸轮轴和柴油机驱动轴之间，其从动盘装在喷油泵的凸轮轴上，驱动盘通过方向节与驱动轴相连接，利用提前器内飞锤产生的离心力和弹簧力的平衡关系，改变两轴之间的相对角度，使供油提前角可随柴油机转速升高而自动提前调节。其性能指标为：最高喷油压力为 80 ～ 120 MPa，标定工况下各缸供油均匀性为标定供油量平均值的1% ～ 2%，供油提前角控制精度为 0.5 ～ 1°CA，喷油泵使用寿命为 8 000 ～ 12 000 h。

随着对柴油机节能、排放与噪声方面的要求日益严格，在柴油机喷油系统研究开发过程中，要提高喷油压力和喷油率，精确柔性控制喷油量和喷油定时以及对喷油规律进行优化，以保证在各个工况下，柴油机及其燃料供给与调节系统之间实现合理最佳匹配。为此，必须对柴油机的燃油喷射与调节系统实行电子控制。

3.2.7　柴油机电控喷油系统

柴油机电控喷油系统（electronic control system，ECS）自 20 世纪 70 年代问世以来，随着软硬件技术的发展，越来越显示出比常规机械控制喷油系统更突出的优越性，被称为柴油机技术发展史上的第三个里程碑。电控喷油系统是当前柴油机技术发展的重要方向之一。

1. 柴油机电控喷油系统的特点

（1）可实现燃油高压喷射，可达 300 MPa

平均喷油压力高，在所有工况范围内喷油压力实现灵活选定和准确调节，低速小负荷也能获得最佳混合气。共轨式电控喷油系统可以保证全过程有效高压喷射，与发动机转速无关。

（2）高精度优化控制喷油定时和喷油量

①喷油定时的控制精度为 0.5°CA。

②响应速度快（0.1 ms），可实现多次喷射。

③预喷油量小（1.0 mm^3）。

④低驱动转矩均衡，多缸喷油量的均匀性好。

（3）控制自由度大，可对瞬时喷油速率进行灵活控制

①喷油规律可灵活调整，喷油相位可自由选择，实现初期喷油速率低，以降低 NO_x 排放和噪声。

②喷射结束时能快速断油，以降低 PM 和 HC 排放。

③控制功能齐全，对不同工况进行适当调整，实现整个运行范围内参数优化。电控喷油的柴油机上，不用安装调速器。

④把电控技术与柴油机运行工况配合起来，电控技术可明显提高低温启动性、怠速稳定性，改善经济性和排放性。

（4）柔性喷油控制，实现多参数、多目标的优化

不仅考虑转速及负荷的变化，而且能对所有与环境及运行工况有关的参数（大气压力、水温、油温等）进行校正。还可以对电控喷油技术与变涡流、可变涡轮几何截面积、EGR 率等

进行协调控制。

2. 柴油机电控喷油系统的功能

(1)控制喷油量

控制喷油量包括:基本喷油量、启动喷油量、加速时喷油量、不均匀油量补偿、高速转速控制和定车速控制。图 3-63(a) 为每循环最大喷油量控制的脉谱(MAP) 图。

(2)控制喷油定时

控制喷油定时包括:基本喷油定时、启动喷油定时、低温时喷油定时控制。图 3-63(b) 为喷油定时控制的脉谱(MAP) 图。

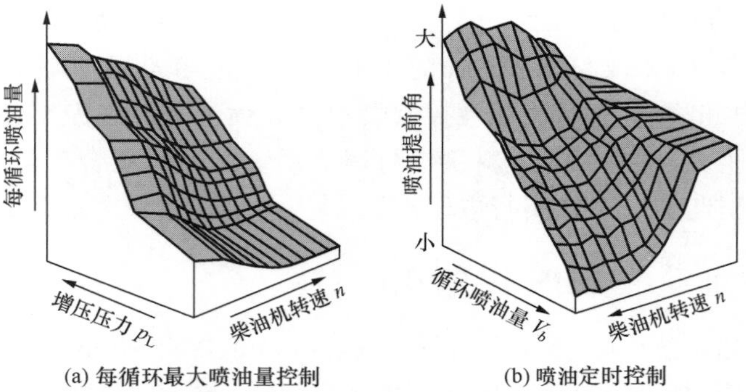

图 3-63 车用柴油机的每循环最大喷油量控制和喷油定时控制的脉谱图

(3)控制喷油压力

图 3-64 为喷油压力控制框图。

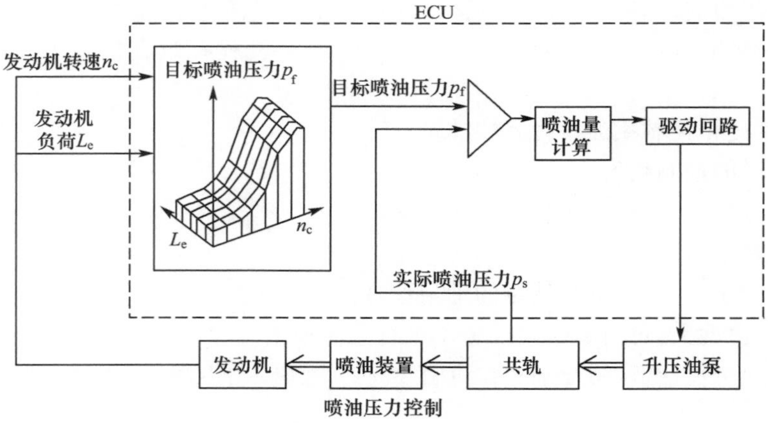

图 3-64 喷油压力控制框图

(4)喷油率控制(预喷油量和预行程控制)

(5)附加功能

3. 柴油机电控喷油系统的组成

柴油机电控喷油系统由三部分组成:传感器(sensors)、电控单元(electronic control unit,ECU) 和执行器(actuators)。柴油机电控喷油系统的框图如图 3-65 所示。

(1) 传感器及工况目标设定(图 3-65 的左边部分)

①传感器主要有:进气和环境压力传感器,进气温度、冷却水温度、机油温度和燃油温度

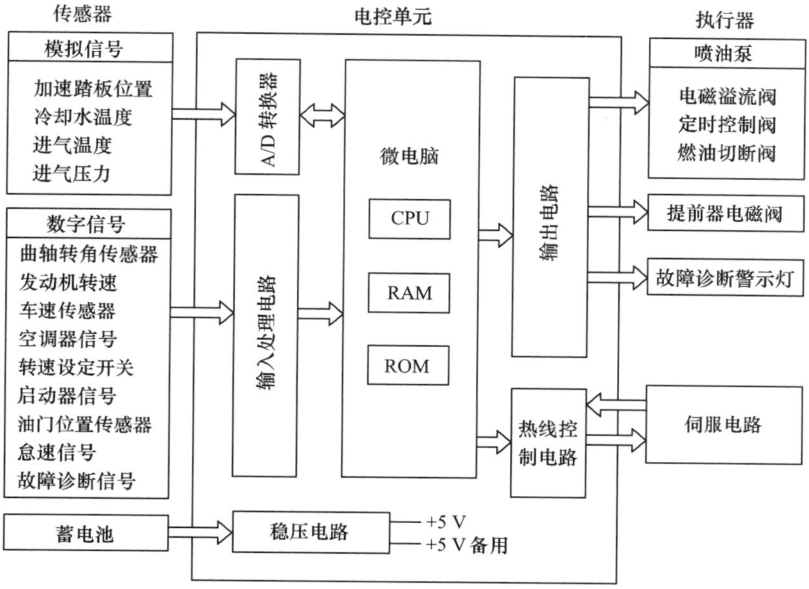

图 3-65　柴油机电控喷油系统的框图

传感器，进气流量传感器，喷油泵油量调节机构的位移传感器，曲轴转角信号和柴油机转速传感器，汽车行驶车速传感器，喷油器针阀升程传感器等。

目标设定值包括：转速设定和负荷设定（操纵杆位置传感器）。

②传感器的作用：用以提取检测柴油机当前运行时各种压力、温度、流量、位置和转速等信号，其中多数为模拟信号，另一些为数字信号，然后送入电控单元（ECU）。模拟信号要经过 A/D 转换器。数字信号要输入处理电路，经过过滤、整形及放大处理后，全部变成计算机能够接收的量程合适的数字信号，从而确定柴油机的运行状态。

（2）电控单元（ECU）（图 3-65 的中间部分）

此部分是柴油机的控制核心。

①它的硬件部分包括：微处理器、各种存储器（RAM、ROM、EPROM 和 EEPROM）、可现场改写的非易失存储器（FLASH）、输入 / 输出（F/O）接口及数据总线等。

②它的软件内容是柴油机的各种性能调节曲线、图表[设定好的控制脉谱（MAP）图]和控制算法，其作用是接收和处理由传感器输入的所有信息。一方面，根据传感器的输入信号来判断柴油机当前的运行工况；另一方面，按照软件程序进行运算，根据算出的值去查找有关 MAP 图的对应值，即对计算值与目标值两者之间进行比较，再将这些最佳数值经输出电路转为电信号，发出各种控制脉冲指令，驱动各种执行器。

（3）执行器（图 3-65 的右边部分）

①执行器主要有：高速电磁溢流阀、定时控制阀、燃油切断阀、步进电机、排气再循环（exhaust gas recirculation，EGR）率阀控制、可变喷嘴截面积的涡轮增压器（variable geometry turbocharger，VGT）等。

②执行器的功能：接收电控单元传来的指令，并完成所需调控的各项任务，根据调节方式不同，采用不同的执行器，在位置式控制方式中，采用电磁控制线圈，使喷油泵齿杆达到油量控制目标位置，采用控制阀使喷油泵达到预定的供油提前角；在时间式控制方式中，采用

电磁控制阀或压电晶体控制阀来控制喷油器针阀的启闭；在 EGR、VGT 的控制方式中，采用电磁控制阀或步进电机来控制。

4. 位置控制式电控燃油喷射系统

到目前为止，柴油机电控燃油喷射系统已推出了三代产品。位置控制式电控燃油喷射系统为 20 世纪 90 年代初第一代产品。

(1)特点

它原样保留了传统喷油系统中喷油泵的控制循环喷油量的机械传动机构及供油定时调节机构，只是对齿杆或滑套的运动位置由机械 / 液压式调速器控制改为电磁执行机构电子控制，即用电子调速器控制。还可用改变柱塞预行程的办法，改变喷油定时和供油速率，从而提高了控制精度和高低工况的适应性。位置控制式喷油分为位置控制直列泵和位置控制分配泵。在直列泵上，它是通过控制喷油泵齿杆位移来控制喷油量，通过控制液压提前器来实现喷油定时控制；在分配泵上，它是通过控制滑套位移来控制喷油量，控制 VE 型泵上的提前器或改变凸轮相位来进行喷油延时控制。

位置控制方式便于现有发动机进行升级改造，而无须对柴油机结构进行改动。但缺点是控制的自由度比较小，对喷油压力和喷油速率尚不能进行控制。

位置控制方式有电控直列泵(L) 系统和电控分配泵(D) 系统。表 3-8 列出了几种典型的位置控制式电控燃油喷射系统产品。

表 3-8 几种典型的位置控制式电控燃油喷射系统产品

形式	系统名称	油量的控制方式	定时的控制方式
电控直列泵(L)	德国 Bosch 公司 EDR	控制直列泵齿杆位置	控制提前角
	美国 Caterpiller 公司 PEEC	控制直列泵齿杆位置	改变凸轮相位
	日本 Zexel 公司 COPEC	线性直流电动机控制齿杆	电磁阀控制液压提前角
	日本 Zexel 公司 TECS	控制齿杆位置	控制滑套改变预行程
电控分配泵(D)	日本 Denso 公司 ECD-V3	通过杠杆控制滑套位移	控制 VE 型泵上原有的提前器
	德国 Bosch 公司 EDC	电磁阀直接控制滑套	控制 VE 型泵上原有的提前器
	英国 Lucas 公司 EPIC	控制分配转子轴向位移	改变内凸轮环相位
	美国 Standyne 公司 PCF	控制凸轮从动体轴向位移	控制泵上原有的提前器
	美国 AMBAC 公司 100 型	通过杠杆控制滑套位移	改变凸轮相位

(2)德国 Bosch 公司位置控制式电控直列泵系统

如图 3-66 所示为电控直列泵燃油喷射系统的概念图，由发动机的状态和环境条件的各种传感器、电控单元、电子调速器执行机构及电子提前器执行机构组成。

①柴油机电子调速器

柴油机电子调速器(electronic diesel regulator，EDR) 电控燃油喷射系统采用 RE25 电子调速器(油量调节机构)，如图 3-67 所示，主要由电液伺服阀 3、单作用液压油缸 2、齿杆位移传感器 1 和转速传感器 5 组成。

图 3-68 所示为电子调速器控制喷油量的原理图[3]。当电流流过线性线圈 3 时，滑动铁芯 4 被拉向左，即图示箭头方向，压缩复位弹簧 2，使滑动铁芯在某一个平衡位置停住。

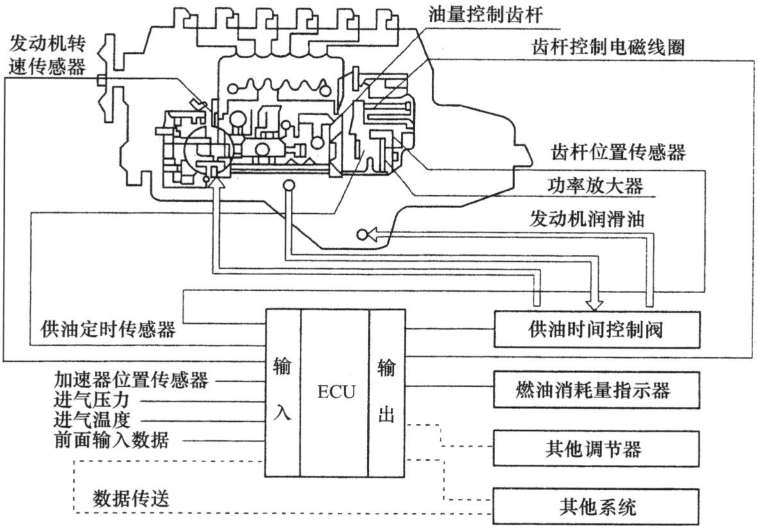

图 3-66　电控直列泵燃油喷射系统的概念图

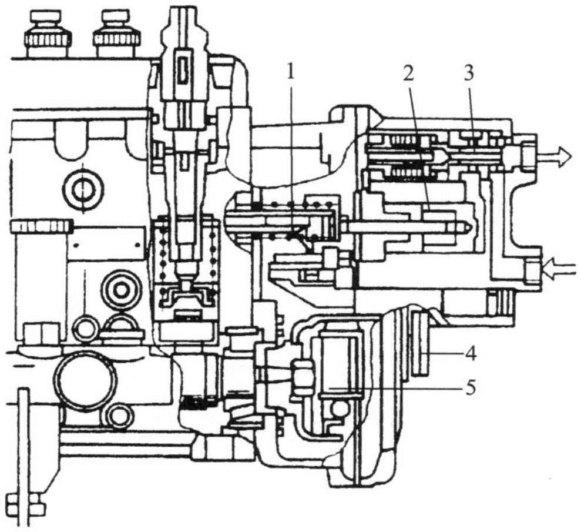

图 3-67　RE25 电子调速器

1— 齿杆位移传感器；2— 单作用液压油缸；3— 电液伺服阀；4— 接头；5— 转速传感器

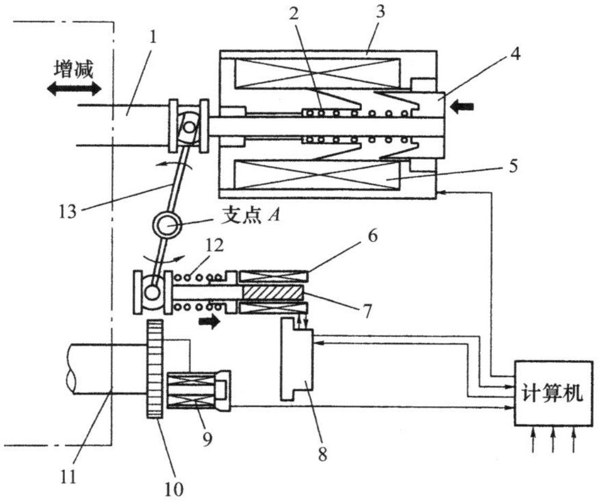

图 3-68　电子调速器控制喷油量的原理图

1— 调节齿杆；2— 复位弹簧；3— 线性线圈；4— 滑动铁芯；5— 线圈；6— 齿杆位置传感器；7— 传感器芯；8— 传感器放大器；9— 转速传感器；10— 齿轮；11— 喷油泵凸轮轴；12— 复位弹簧；13— 联结杆

现在，假设调节齿杆 1 向增加喷油量方向移动，和调节齿杆连动的联结杆 13 则以支点 A 为中心，向逆时针方向移动，相应联结杆的下端带动传感器芯 7 向右方移动，因此，齿杆位置传感器 6 的输出发生了变化。

齿杆位置传感器 6 送来的信号经过传感器放大器 8 整流、放大，输入到计算机中。然后，计算机将该信号和齿杆位置的目标值进行比较，根据两者的差值向线性螺线管发出驱动信号，改变喷油量。

②电子提前器

图 3-69 所示为偏心凸轮方式的电子提前器执行机构。它位于发动机驱动轴与凸轮轴之间，采用液压调节两轴之间的相位。电磁阀由电控单元驱动，控制作用在油压活塞上的油压。油压活塞左右移动使转换机构上下运动，从而改变驱动轴和凸轮轴之间的相位。

图 3-70 所示为相位差的检出方法。在驱动轴上装有转速脉冲发生器，在凸轮轴上装有提前角脉冲发生器。对应两个脉冲发生器分别装有传感器，从这两个传感器的信号 n_e 和 n_p 可检出两者的相位差。

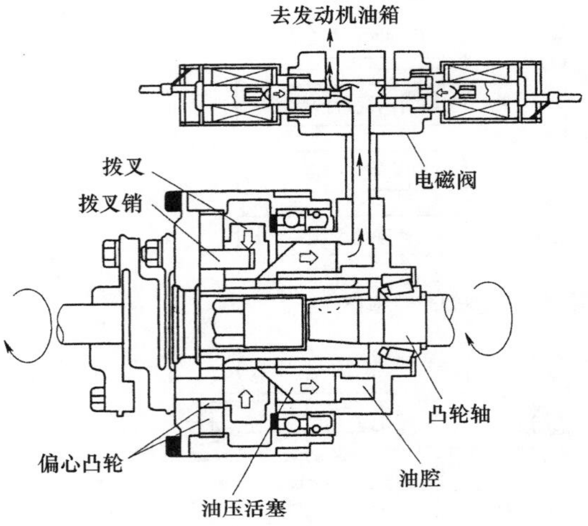

图 3-69 电子提前器的执行机构

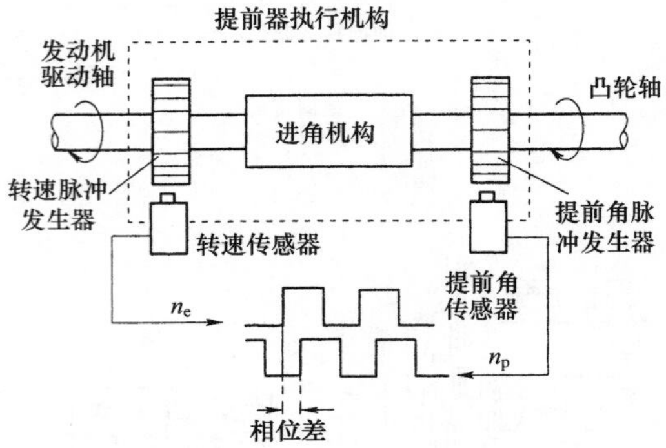

图 3-70 相位差的检出方法

5. 时间控制的脉动式电控喷油系统

(1)特点

该系统为第二代产品，它只保留了传统机械控制喷油系统的凸轮供油(脉动) 方式，取消了齿杆或滑套及柱塞上的控制斜槽、提前器等供油量、定时的调节机构，这种系统可以保留原来的泵 - 管 - 嘴系统，但脉动式柱塞只具备供油加压功能，也可以采用新型的产生高压的燃油系统。所谓的时间控制是在高压油路中利用一个或几个高速电磁阀的启闭来控制喷油泵和喷油器的适时喷射。一般情况下，电磁阀关闭，执行喷油；电磁阀打开，喷油结束。喷油量的多少是由喷油压力的大小与喷油器针阀开启时间长短来决定的，而喷油定时(供油始点和持续期) 由控制电磁阀的开启时刻确定，这样就可以实现喷油量、喷油定时和喷油速率的柔性和综合控制。系统的供油加压与供油调节在结构上是分开的两个独立部件。供油加压由凸轮驱动柱塞完成，这样使传统喷油泵结构简化，强度得以提高，高压泵油能力加强。供油量、供油定时的控制则由高速电磁阀单独完成，这样可以提高计量精度，增加系统功能和控制的灵活性。

时间控制式电控喷油系统按喷油泵的结构分为四种：时间控制式电控直列泵系统、电控分配泵系统、电控单体泵系统和电控泵喷嘴系统。表 3-9 列出了几种典型的时间控制式电控喷油系统的控制方式。

表 3-9　几种典型的时间控制式电控喷油系统的控制方式

类型	系统名称	油量的控制方式	定时的控制方式
电控分配泵(DS)	日本 Denso 公司 ECD-V4 德国 Bosch 公司 VP44 美国 Standyne 公司 DS	控制电磁阀的开、闭时间	控制电磁阀的开、闭时刻
电控单体泵(UPS) 电控直列泵(LS) 电控泵喷嘴(UIS)	德国 Bosch 公司 UPS 中国成都威特电喷公司 WP2000 美国 Detroit 公司 DDEC 英国 Lucas 公司 EUI	控制电磁阀的开、闭时间	控制电磁阀的开、闭时刻

(2)ECD-V4 型电控分配泵[日本电装(Denso) 公司]

①结构特点

图 3-71 和图 3-72 示出了 ECD-V4 型电控分配泵的结构图及框图。

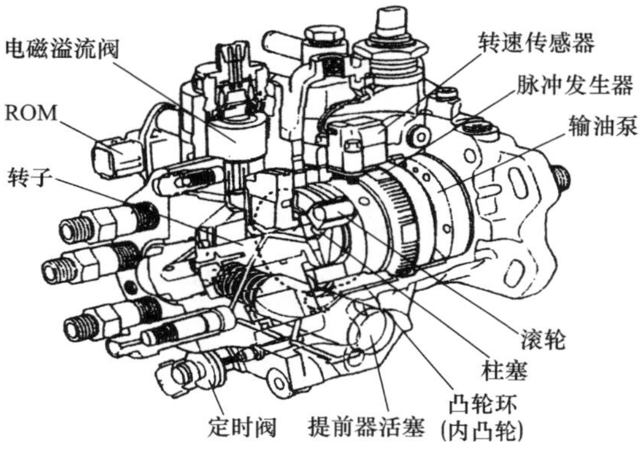

图 3-71　ECD-V4 型电控分配泵的结构图

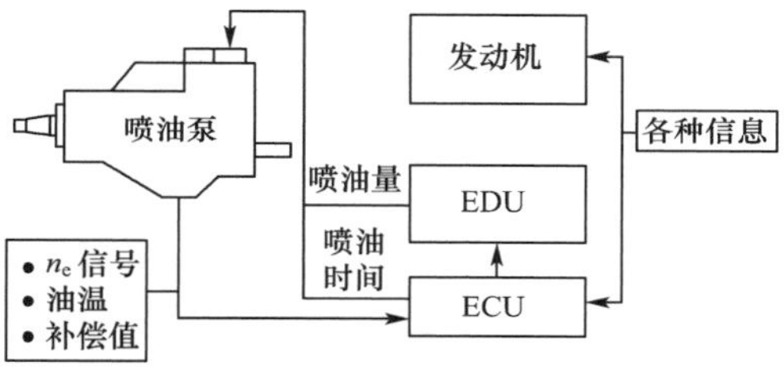

图 3-72　ECD-V4 型电控分配泵的框图

a. 采用新型内凸轮结构，径向柱塞压油，喷油压力与发动机转速有关，从 30 MPa 到最大 130 MPa。最大喷油量为 90 mm^3/ 行程。喷油范围可变，0 ～ 36°CA。

b. 采用直接作用式电磁溢流阀，具有响应快、溢流速率高的特性。为了改善喷油结束时的断油特性，改成节流型的溢流阀。为了进一步提高溢流阀的高速驱动性能，采用了电控驱动模块 EDU。

c. 采用 ROM 修正，对喷油量、喷油时间控制用更加精确的 MAP 图。

d. 高喷油压力和高精度调节的喷油参数保证燃油良好雾化，使排放和噪声大大降低。应用于排量 4 ～ 5 L 的直喷式增压柴油机上，配用由轿车到重型卡车的车辆，大批量生产。

②工作原理

图 3-73 示出了 ECD-V4 型电控分配泵的系统图。

该系统主要由电磁溢流阀、定时阀的分配泵、喷油器、各种传感器和电控单元组成。

柴油机驱动凸轮轴，同时驱动内部的输油泵，燃油从油泵吸出再送入内部输油腔内，其压力为 1.5 ～ 2.0 MPa。

高速电磁溢流阀装在连接分配泵腔的燃油通路内，根据电控单元传来的信息控制进油、断油和实行预喷射。

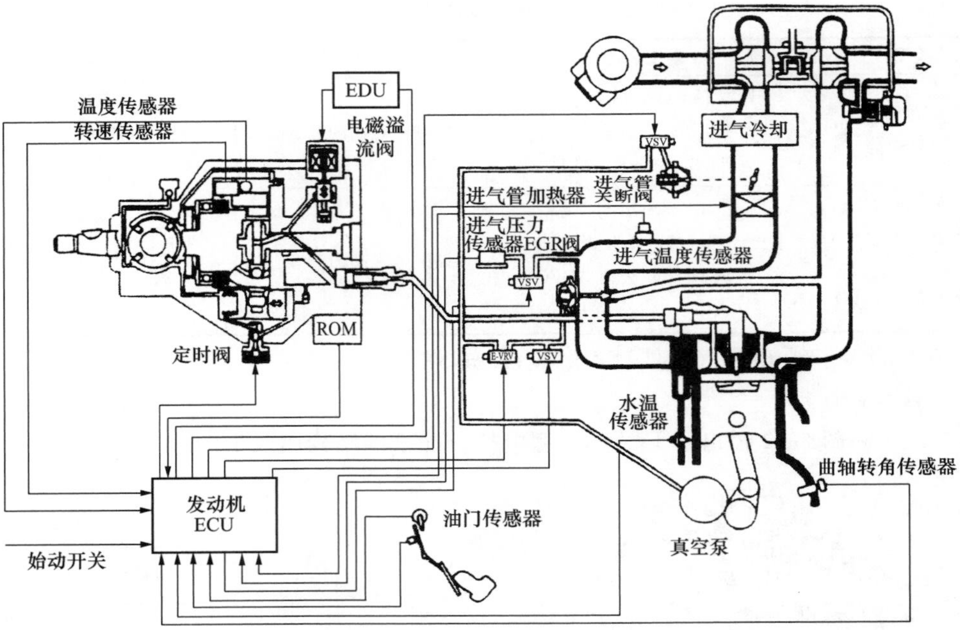

图 3-73 ECD-V4 型电控分配泵的系统图

当溢流阀通电时，阀在电磁力作用下被打开，使高、低压腔间的油路隔断，油压迅速升高，高压油从分配转子流经出油阀，流向喷油器，喷油开始。

当溢流阀断电时，阀在弹簧力作用下被关闭，使高压腔与低压腔之间被连通，迅速泄流，压力立刻降低，喷油结束。

采用针阀遮孔型(valve covered orifice,VCO) 喷油嘴(无压力室喷油嘴)，多孔 6×0.19，预行程设置为 0.04 mm，开启压力为 27.64 MPa。

③控制功能

a. 喷油量控制。根据各传感器的信息，计算出相适合工况的最佳喷油量，通过控制电磁阀的通电持续时间，来决定喷油量的大小。

b. 喷油定时控制。电控单元根据传感器信息，发出适合该工况的最佳喷油时刻，即控制电磁阀开始通电的时刻。

c. 喷油率控制。取决于凸轮的型线及双弹簧喷油器的作用，对喷油速率较理想的控制。

d. 具有怠速控制、发动机转矩控制、进气节流控制、EGR 控制及诊断功能。

(3)电控单体泵系统(Bosch 公司)

①电控单体泵系统结构

如图 3-74 所示，该系统结构简图主要由装有电磁阀控制的单体泵、喷油器、各种传感器及电控单元组成。单体泵采用中置式凸轮轴驱动，一般直接安装在发动机的气缸体上，但须改动气缸体。若不改动气缸体，可采用外挂单体泵的方式。它能采用较大直径柱塞，承受很高的泵端压力，可达 160 MPa。使用常规喷油器装在气缸盖的中间，占用位置小，更换方便。喷油器与单体泵之间具有短的高压油管。该系统在卡车柴油机上广泛使用，在中、大型大功率柴油机上也很适用。

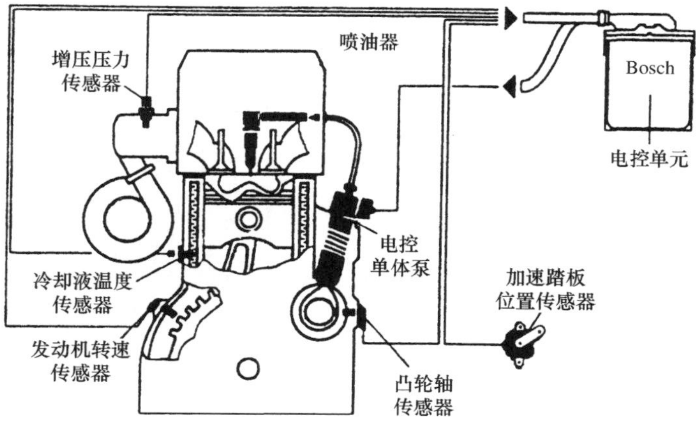

图 3-74　电控单体泵系统(UPS)结构简图

②控制原理

图 3-75 为德国 Bosch 公司的电控单体泵系统工作原理示意图。

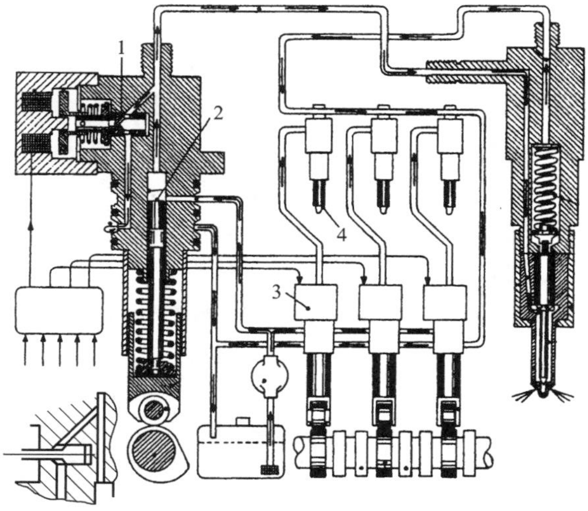

图 3-75　电控单体泵系统工作原理示意图

1— 电磁阀杆;2— 柱塞;3— 电磁式溢流阀;4— 喷油器

在泵体高压腔的上部装有高速电磁式溢流阀,它是二位二通常开式高速电磁开关阀,实现喷油量和喷油定时的联合控制。电磁阀杆头部是一个菌状锥形阀。不通电时,锥阀口开启。油泵柱塞向上压油时,柱塞上腔的燃油经锥阀口和低压油路流回油箱。当通电时,在电磁力作用下,阀杆锥阀口关闭,柱塞上腔的油压上升,并压向高压油管,使喷油器喷油。可见,电磁阀通电使阀杆锥阀口关闭时刻就实现了对喷油定时的控制。通过控制通电时间的长短,即锥阀关闭时间的长短,就实现了对喷油量大小的控制。该系统柱塞只起压油作用,但供油规律受供油凸轮形状的影响,供油压力受凸轮转速的影响。

(4) 电控直列泵系统 WP2[4](成都威特电喷公司)

① 电控直列泵系统 WP2

如图 3-76 所示的电控直列泵系统 WP2,主要由装有电磁阀控制的泵体单元的组合泵总成、喷油器、各种传感器和 ECU 电控单元等组成。

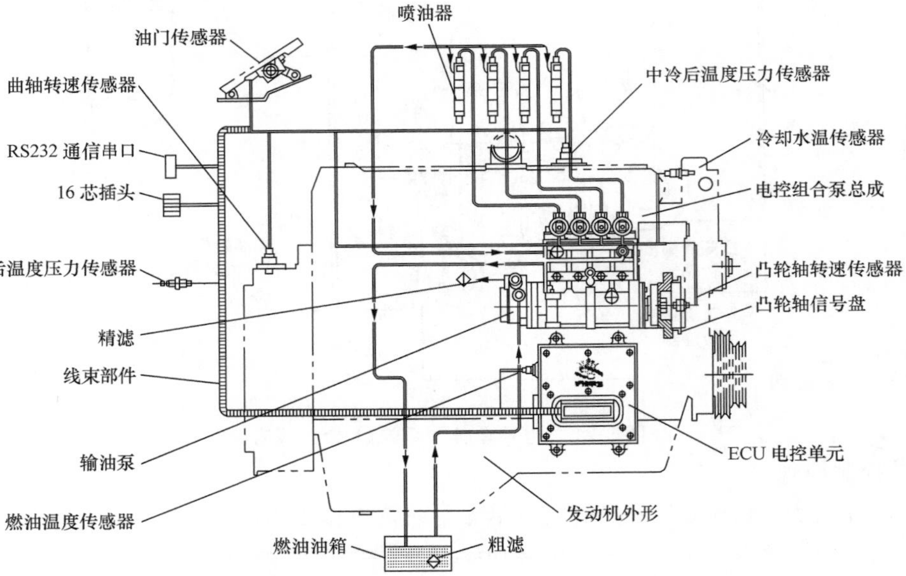

图 3-76　电控直列泵系统 WP2 系列图

电控组合泵是系统的核心组件。组合泵体采用全封闭结构，直列泵体为外挂式，直接安装在柴油机的气缸体上，凸轮轴的传动盘与柴油机的驱动盘连接。四支（或六支）泵芯单元被集成在一个组合泵箱体内，每个泵芯就是一个电控单体泵单元。柱塞通过推柱组件由油泵凸轮驱动，往复式柱塞泵产生供油压力，高压燃油通过一个高速电磁阀的开启和关闭达到喷油定时和喷油量的控制，属脉动式时间控制供油系统。

威特 WP 系列电控组合泵有 WP1 系列总成（匹配中小功率机型）和 WP2 系列总成（匹配中大功率机型）。

WP2 系列分为四缸泵总成和六缸泵总成，参数见表 3-10。

表 3-10　　WP2 系列总成参数

项目	单位	参数
柱塞直径	mm	ϕ11，ϕ12
许用泵端压力	MPa	180（国 Ⅳ）
最大循环喷油量	mm^3	150，220
匹配柴油机最大功率	kW/缸	50
柴油机许用额定转速	r/min	2 800
油泵电磁阀驱动电源	V	DC 8 ～ 32

②泵体单元工作原理

泵体单元是燃油系统的喷油执行器，由电磁阀偶件、柱塞偶件、出油阀组件等组成，如图 3-77 所示。

电磁阀装在泵体高压腔的上部，它是二位二通常开式高速电磁开关。电磁阀组件如图 3-78 所示。它通过 ECU 驱动电流的通断吸附衔铁 2 带动阀杆 3 运动。不通电时，电磁阀的锥面密封 5 为常开状态，柱塞下行，柱塞腔吸油，在柱塞上升行程中柱塞压缩柱塞腔内的燃油，经电磁阀锥而开启通道，再经泵体的溢流孔流回油箱。当柱塞运动到电磁阀工作位置时，

ECU给电磁铁通电，衔铁立刻带动阀杆3左移关闭电磁阀，燃油在柱塞腔及高压油管内压缩建立高压，当压力达到喷油器的开启压力时，喷油器喷油。当完成喷油后，ECU关闭电磁铁驱动电流，阀杆在弹簧力作用下右移，锥面开启通道，使高压燃油泄流，压力降低，喷油器停止喷油。以此循环。可见喷油定时，就是ECU通电使电磁阀锥面关闭的时刻，喷油量的大小就是ECU通电时间的长短。电磁阀具有很高的响应速度，高供油速率选择在供油凸轮型线的高速段的合适相位。

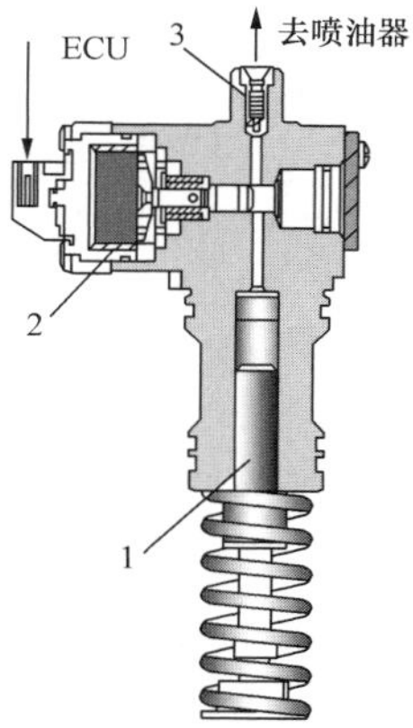

图3-77　泵体单元

1—柱塞偶件；2—电磁阀偶件；3—出油阀组件

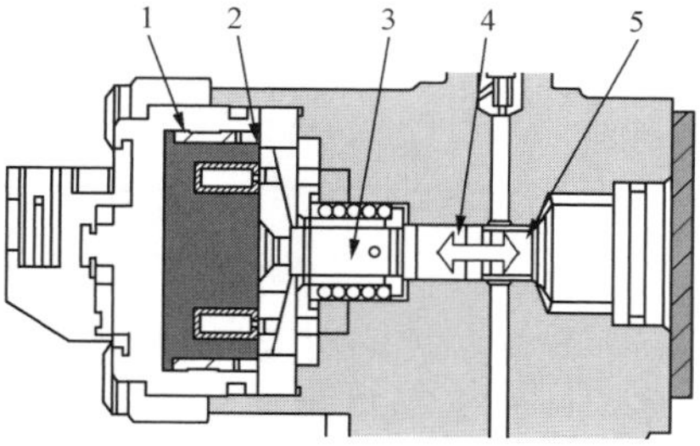

图3-78　电磁阀组件

1—电磁铁；2—衔铁；3—阀杆；4—偶件密封面；5—锥面密封

③电控系统

柴油机控制过程就是根据曲轴转速信号、油门位置信号、压力和温度信号来确定柴油机运行状态，然后查找相应的MAP图，确定喷油量和喷油定时，输出正确的信号，驱动电磁阀，实现喷油量和喷油定时的精确控制，图3-79为喷油系统的控制逻辑简图。

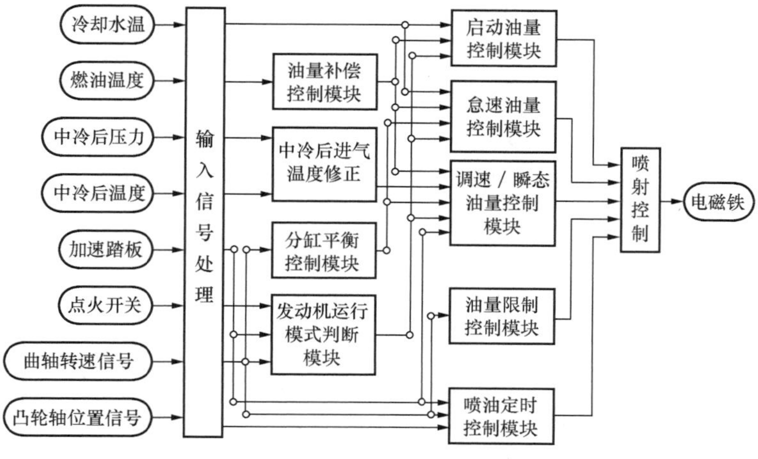

图3-79　喷油系统的控制逻辑简图

④ 应用实例

WP泵系列是我国第一家电控喷油系列产品，成功匹配国内十余家发动机企业20多种机型，正在占据中国柴油机市场。

玉林柴油机厂 YC4E170-31 型柴油机与 WP2 四缸泵匹配试验的外特性曲线如图 3-80 所示。

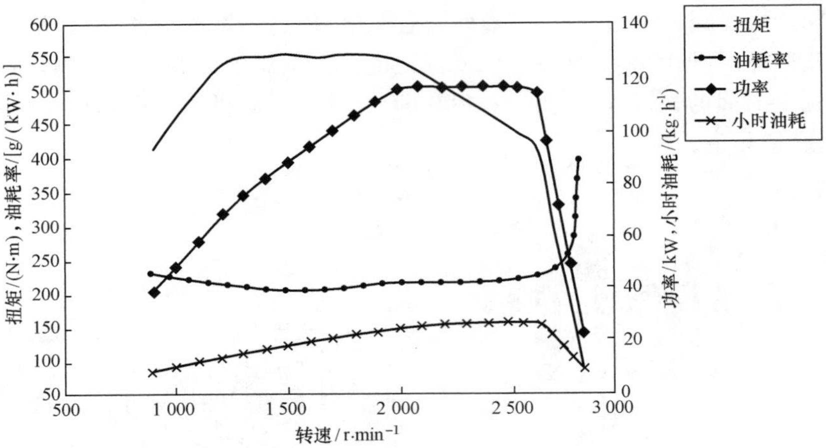

图 3-80 YC4E170-31 型柴油机与 WP2 四缸泵匹配试验的外特性曲线

YC4E170-31 型柴油机排气污染物检测达国标 Ⅲ 标准，数据见表 3-11。

表 3-11 YC4E170-31 型柴油机排气污染物检测结果

项目	单位	检测结果	标准限值
CO	g/(kW·h)	0.53	2.1
HC	g/(kW·h)	0.24	0.66
NO_x	g/(kW·h)	4.9	5.0
PM	g/(kW·h)	0.10	0.08

6. 时间 - 压力式电控喷油系统

(1)特点

时间 - 压力式电控喷油系统，即电控共轨式喷油系统(common rail system，CRS)是 20 世纪 90 年代中期推向市场的第三代新型柴油机电控喷油技术产品。它摒弃了传统的泵 - 管 - 嘴脉动供油的形式，用一个高压油泵在柴油机的驱动下，以一定的速比连续将高压燃油输送到共轨内，高压燃油再由共轨送入各缸喷油器。高压油泵并不直接控制喷油，而是向共轨内供油，并维持所需的共轨压力。其喷油嘴采用压力 - 时间式燃油计量原理，通过连续调节共轨压力来控制喷油压力，用高速泄油电磁阀或压电晶体执行器由电控单元来灵活控制喷油量和喷油定时。这种系统的优点是：

①喷油压力的建立与喷油过程无关，可实现高压喷射，喷油压力最高已达 270 MPa。

②燃油喷射压力不受转速的影响，喷油持续期不受负荷的影响，并可以自由调节，因此可以改善柴油机的低速、低负荷性能。

③喷油定时、喷油量可柔性调节，可以实现预喷射和多次喷射，不同工况下都能获得优化的喷油速率曲线形状，实现理想喷油规律，从而可以改善全工况范围内的综合性能。

④由于供油泵采用连续方式供油，其驱动峰值转矩比脉动式供油系统小，有利于柴油机工作平稳，降低了对油泵结构的强度要求。

⑤具有良好的喷射特性，优化燃烧过程，明显改善柴油机的经济性和排放性。

⑥可以自由选用未来理想的 De-NO_x 催化器的延迟喷射系统。

⑦结构简单，适应范围广，小到小型 4 缸 65 mm 缸径轿车上应用，大到 7 800 kW 船用低速柴油机上成功应用。

可见，电控共轨喷射系统代表着未来柴油机燃油系统的发展方向。

表 3-12 列出了几种典型的时间 - 压力式电控喷油系统。

表 3-12　几种典型的时间 - 压力式电控喷油系统

系统名称	高压的实现	油量的控制	压力的调节
美国 Caterpillar 公司 HEUI	液压活塞和柱塞	控制阀控制喷油开始和结束	控制高压机油轨的压力
日本 Denso 公司 ECD-U2	高压供油泵	控制电磁三通阀的开、关时间	油泵油量调节阀调节到共轨的油量
德国 Bosch 公司 CRS	高压供油泵	控制喷油器电磁阀	通过高压油泵压力调节阀
美国 BKM 公司 Servojet	增压柱塞组件	电控压力调节器	电磁阀控制进入低压油腔的油量

(2)HEUI 中压共轨液压式电控喷油系统(美国 Caterpillar 公司)

①HEUI 电控共轨喷油系统的组成

图 3-81 示出了 6 缸柴油机的 HEUI 共轨喷油系统示意图。

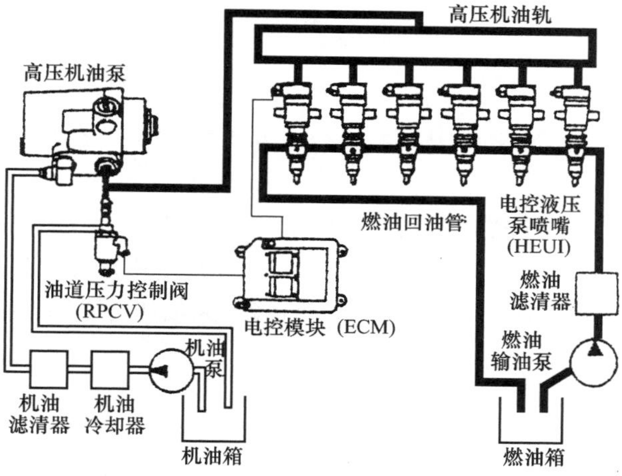

图 3-81　6 缸柴油机的 HEUI 共轨喷油系统示意图

该系统是由装有电磁阀的增压活塞式电控液压泵喷嘴、高压机油轨和低压燃油管两套油路系统、各种传感器及电控模块(ECM) 组成。整体式喷油器是核心部件，其上部为高压(10 ～ 23 MPa) 机油轨，中部为增压活塞，下部为低压(0.2 ～ 0.4 MPa) 燃油管。

②整体式电控液压泵喷嘴的结构和工作原理[4]

图 3-82 示出了电控液压泵喷嘴及新型提前喷射计量式液压泵喷嘴结构图。取消了用凸轮直接驱动柱塞的压力方式，而采用中压机油轨中的压力机油以液压方式驱动喷油器中的柴油增压活塞对燃油增压来实现燃油的高压喷射，具有泵油、计量和喷射雾化等功能。

整体式电控泵喷嘴的工作原理：

a. 准备喷射

当电磁阀线圈断电时，控制(提升) 阀靠其弹簧力的作用，封住阀座，阻止来自机油轨中的中压机油进入增压活塞上端的增压腔。而低压柴油由燃油管路送入增压活塞下端的燃油室内。

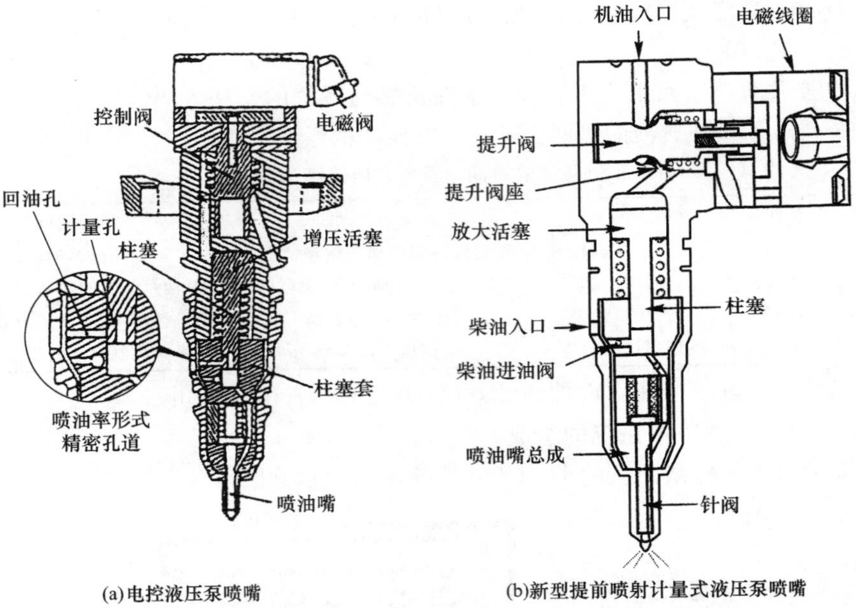

图 3-82 HEUI 系统的电控液压泵喷嘴及新型提前喷射计量式液压泵喷嘴结构图

b. 引燃喷射

当电磁阀线圈通电时,电磁力拉动提升阀上移,下阀座打开,中压机油进入增压活塞上腔,使柱塞开始向下移动。当柴油进油孔遮住后,柴油压力升高,针阀开启喷出少量柴油(预喷射计量)。当柱塞上引燃喷射凹槽与回油孔相通时,柴油压力下降,结束引燃喷射。

c. 延迟喷射

把引燃喷射结束后到主喷射开始之前这段时间,称为延迟喷射期。

d. 主喷射

当柱塞上的回油穿过回油孔时,柴油压力再升高,进行主喷射,增压活塞面积与柱塞面积比为 7∶1,主喷射压力可达 150 MPa。

e. 结束喷射

当电磁阀线圈断电时,回位弹簧使提升阀杆上移,则下座面关闭,上通道打开,使中压机油泄出。

电磁阀通电的持续时间,决定了喷油量。通电的开始时刻,决定了喷油始点。预喷射量孔控制预喷。喷油压力与轨中机油压力有关,而与柴油机的转速和负荷无关。

由于该系统复杂,液压响应较慢,限制了多次喷射的可能性,使应用范围局限于 Navistar 公司的 T444E、DT446 及 Caterpillar 公司的 3116、3408E 等少数机型。

(3)ECD-U2 高压共轨喷油系统[6](日本 Denso 公司)

①系统的组成

图 3-83 示出了 ECD-U2 系统组成示意图,主要由高压喷油泵、共轨管、带电磁阀的喷油器、各传感器和电控单元(ECU)组成。新型 ECD-U2 高压共轨系统每一个行程可采用 5 种喷油率形式:引燃喷射、预主喷射、后喷射、主喷射后喷射及结束喷射,以改善排放。高压喷油泵和喷油器是该系统的关键部件。

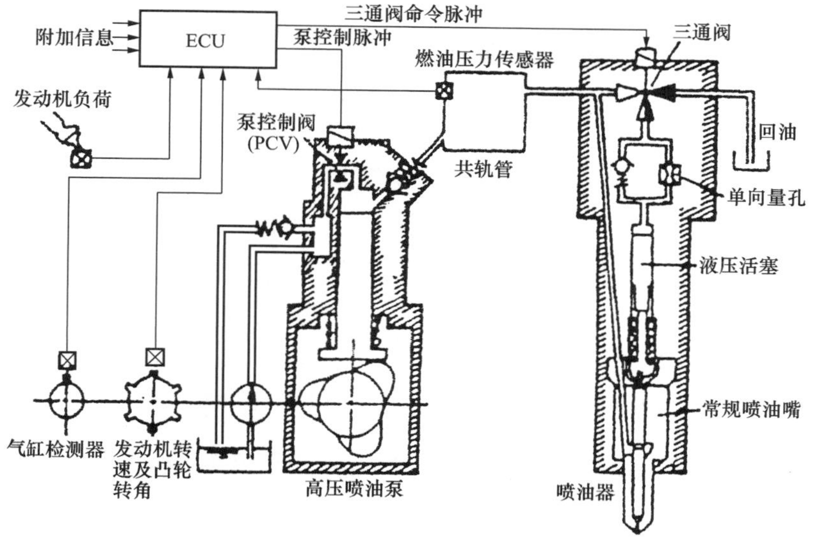

图 3-83　ECD-U2 系统组成示意图

②高压喷油泵的结构特点和工作原理

a. 高压喷油泵的结构特点

图 3-84 示出了 ECD-U2 系统高压喷油泵结构图，不采用分缸脉动供油结构，而是利用脉动泵油原理设计的 2 缸直列泵，凸轮为近似三角形的三次工作凸轮驱动柱塞，产生的高压燃油送入大容积的共轨管内。共轨管内的油压由电磁阀控制，高压喷油泵的功能是形成共轨管内的压力（即喷油压力），进行供油量的控制。共轨管内油压大小由 ECU 控制泵控制阀（PCV）的开或关来调节。通过压力传感器、ECU 和 PCV 组成的闭环形式来计量柱塞室的低压燃油量，向共轨管内供入的供油量由 PCV 通电和断电的时刻决定。而且高压喷油泵的供油定时与燃油的喷油同步，不会发生供过于耗或不足的情况，因此，共轨管内的油压是稳定的（100 ～ 135 MPa）。

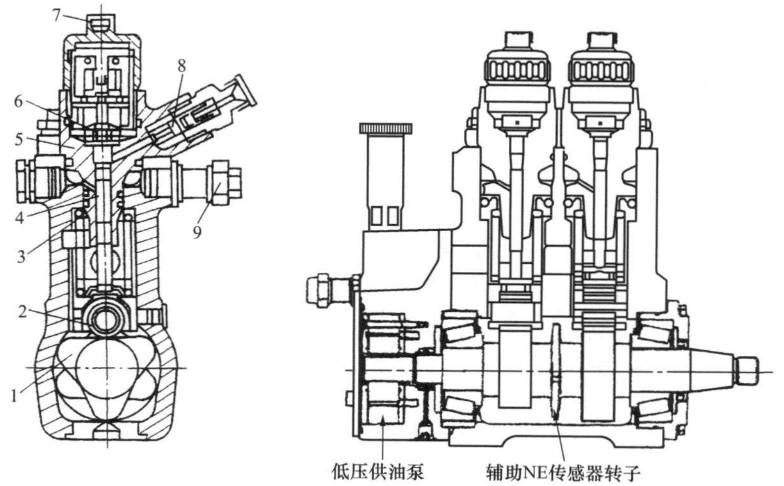

图 3-84　ECD-U2 系统高压喷油泵结构图

1— 三次工作凸轮；2— 挺柱体；3— 柱塞弹簧；4— 柱塞；5— 柱塞套；6— 电磁阀；7— 接头；8— 出油阀；9— 溢流阀

b. 高压喷油泵的工作原理

图 3-85 示出了高压喷油泵的工作原理示意图。

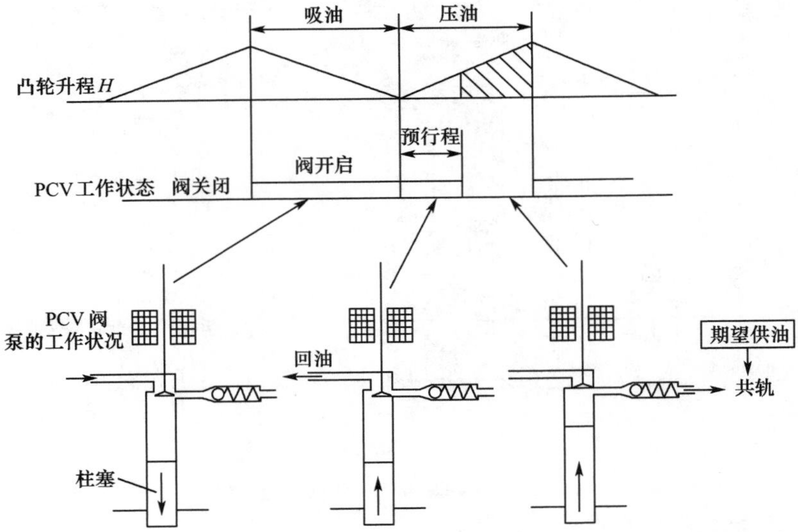

图 3-85　高压喷油泵的工作原理示意图

当柱塞下行时，PCV 未通电，保持打开状态，低压燃油经 PCV 被吸入柱塞上方。柱塞开始上行时，若 PCV 尚未通电，则仍处于开启状态，吸入的燃油并未升压，经 PCV 又流回低压腔。

当 PCV 通电时，回油通道被关闭，柱塞上方的燃油被压缩，使压力上升，高压燃油经出油阀压入共轨管内。控制阀关闭后的柱塞行程与供油量对应。如果使控制阀的开启时间（柱塞的预行程）改变，则供油量随之改变，从而可以控制共轨压力。

当凸轮旋转过最大升程后，柱塞进入下降行程，柱塞腔内的压力降低。这时出油阀关闭，压油停止。PCV 断电，控制阀开启，低压燃油将吸入柱塞上方，又恢复到原初始状态。

可见，压力控制阀的功用是通过调节供入共轨管内的燃油量来调节共轨管内的燃油压力。通过控制 PCV 通电和断电的时刻来控制向共轨管内供入的燃油量。

③喷油器的结构和工作原理

a. 喷油器的结构

图 3-86 示出了 ECD-U2 系统喷油器的结构图。

喷油器的主要零件是喷油嘴、液压活塞、节流量孔及高速双向电磁阀（TWV）。电磁阀有两种结构：二位二通阀和二位三通阀。由于初期采用的二位三通阀燃油泄漏问题严重，已经被废止。新结构的 ECD-U2 系统采用二位二通阀结构。双向电磁阀由固定的内阀和活动的外阀组成，两个阀精密装配在同轴上。

b. 喷油器的工作原理[5]

图 3-87 示出了 ECD-U2 系统喷油器的工作原理，图 3-87(a) 为不喷油时的情况，图 3-87(b) 为开始喷油时的情况，图 3-87(c) 为结束喷油时的情况。

不喷油：当电磁阀不通电时，阀弹簧力及液压力使外阀向下，外阀座将回油孔封闭，共轨管内的高压油（18 ～ 130 MPa）经量孔 1 进入液压活塞上部的控制油腔，使喷油嘴的针阀处于关闭状态，此时不喷油。

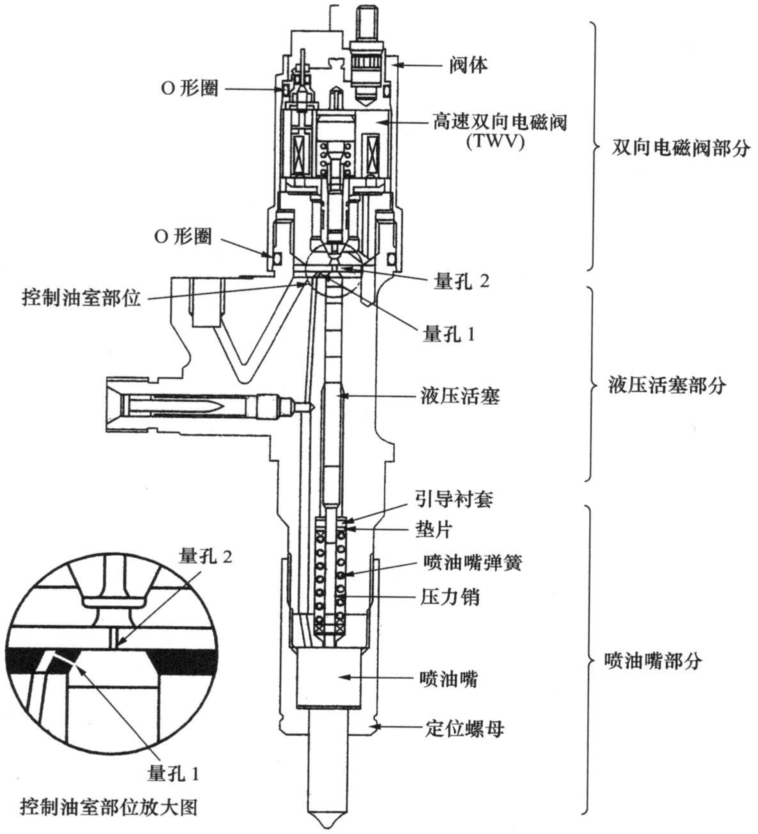

图 3-86　ECD-U2 系统喷油器的结构图

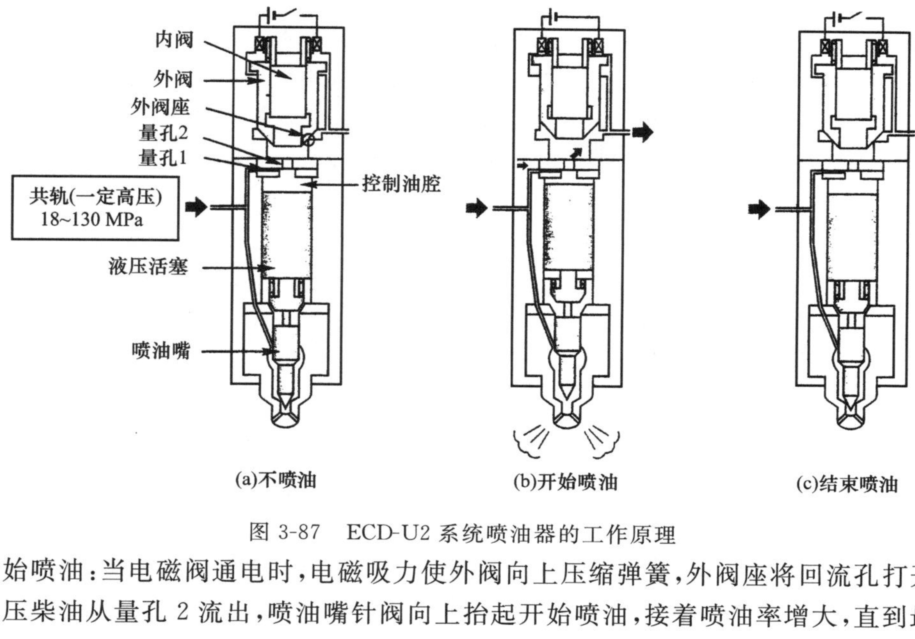

图 3-87　ECD-U2 系统喷油器的工作原理

开始喷油：当电磁阀通电时，电磁吸力使外阀向上压缩弹簧，外阀座将回流孔打开，控制室内高压柴油从量孔 2 流出，喷油嘴针阀向上抬起开始喷油，接着喷油率增大，直到最大。

结束喷油：当电磁阀收到来自 ECU 的指令断电时，阀回位弹簧力及液压力重新又使外阀向下，外阀座封闭回流孔，此时来自共轨管的高压油经量孔 1 立即进入控制油腔，使喷油嘴针阀向下，快速结束喷油行程。

④系统的控制优点

该系统是典型的“时间 - 压力”调节系统。

喷油始点和喷油延续时间由指令脉冲决定，与转速及负荷无关，因此可自由控制时间。

喷油量是由喷油器电磁阀通电脉冲宽度决定的。以共轨压力为参数改变脉冲宽度，可以得到一条线性的喷油量特性曲线。利用这一特性曲线，在全部工作范围内可得到如目标设定的调速特性，实现理想的喷油率脉谱图。

对喷油速率控制　指在一定时间内控制通过喷油孔柴油量的比例。可实现引燃喷射、主喷射和分段喷射。

对喷油规律曲线控制　靴形喷油规律是利用喷油器中设在三通阀和液压活塞之间的靴形阀的工作特性来实现的。

在低转速(500 r/min) 共轨管中压力也可达到 100 MPa。该系统在低速、低负荷工况控制性能良好。

ECD-U2 系统已成功用于日野公司 J08C 中型卡车 6 缸柴油机。该机排量为 7.96 L，$\varepsilon_c = 19.2$，$P_e/n = 147$ kW/2 900 r·min^{-1}，$T_{tqmax}/n = 530$ N·m/1 700 r·min^{-1}，$b_{emin} = 211$ g/kW·h^{-1}，达到欧 Ⅲ 排放标准。

(4)高压共轨喷油系统(CRS)(德国 Bosch 公司)

①轿车用柴油机电控高压共轨系统的组成

该系统主要有 CRS1、CRS2、CRS3.0、CRS3.2 和 CRS3.3 系列。由燃油供给和电子控制两部分组成，如图 3-88 所示，包括电动输油泵、VP 转子式高压泵、共轨管、带电磁阀的喷油器、电控单元(ECU)、各种传感器及执行器等。

该电控共轨系统中，由于将产生高压与控制喷射的功能分开，共轨管只起着蓄压器的作用，共轨管中的燃油压力可以由 ECU 及泵控制阀(PCV) 控制，不受柴油机转速的影响，因而在低速下也能保证良好的喷雾特性。喷油量(喷油持续时间)、喷油定时及喷油规律则通过 ECU 与电控喷油器上的高速电磁阀实现全工况范围内实时柔性精确控制，增大了调节自由度，改善了控制精度，使轿车柴油机达到了较佳的燃油消耗率，排放实现欧 Ⅳ 排放标准及较低的噪声，应用前景广泛。

②VP 转子式高压泵的结构特点和工作原理

VP 系列(VP37、VP44) 电控转子(分配) 式高压泵的功用是将低压柴油快速加压成共轨管内 135 MPa 的高压柴油，并能提供额外柴油以供迅速启动用。VP37 型多用于轿车柴油机，VP44 型多用于重型车用柴油机。

a. VP 转子式高压泵的结构(图 3-89)

VP 转子式高压泵总成由三个径向排列、互相呈 120° 夹角的柱塞组成。三个泵油柱塞由驱动轴上的偏心凸轮驱动进行往复运动，每个泵油柱塞都压有回位弹簧，使柱塞垫块始终与偏心凸轮驱动平面接触。驱动轴由柴油机驱动，其转速为柴油机转速的一半。驱动轴每转一圈，有三个压油行程，使油压连续且稳定。在三组柱塞的其中一组设有关断阀。在驱动轴的对面设有一个油压控制阀。

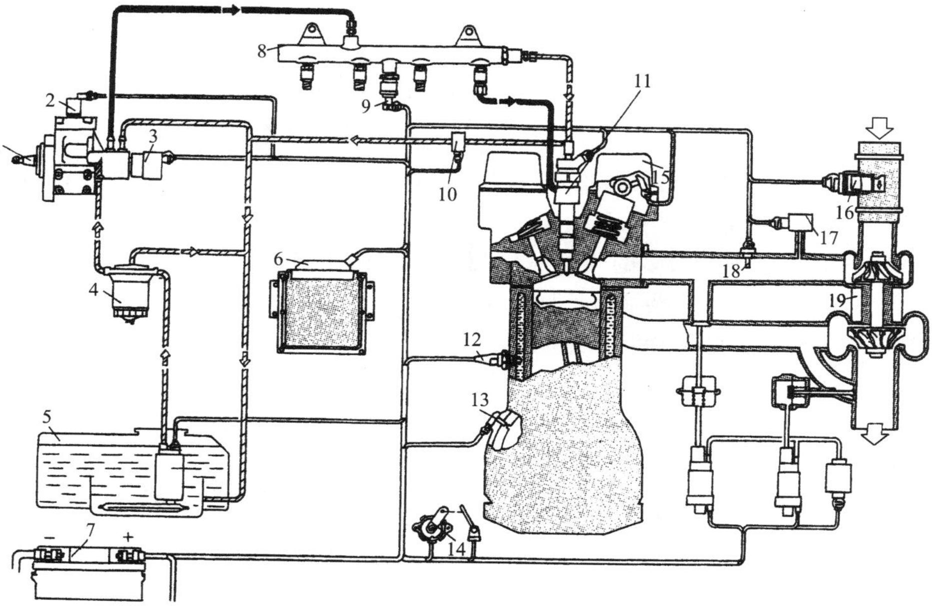

图 3-88　电控高压共轨系统的组成

1— 高压泵；2— 泵控制阀；3— 压力调节阀；4— 燃油滤清器；5— 燃油箱(包括精滤器与电动输油泵)；6— 电控器(ECU)；7— 蓄电池；8— 蓄压器(共轨)；9— 压力传感器；10— 温度传感器；11— 喷油器；12— 冷却液温度传感器；13— 曲轴转角信号与转速传感器；14— 加速踏板传感器；15— 凸轮轴转速传感器；16— 空气流量传感器；17— 增压压力传感器；18— 进气温度传感器；19— 涡轮增压器

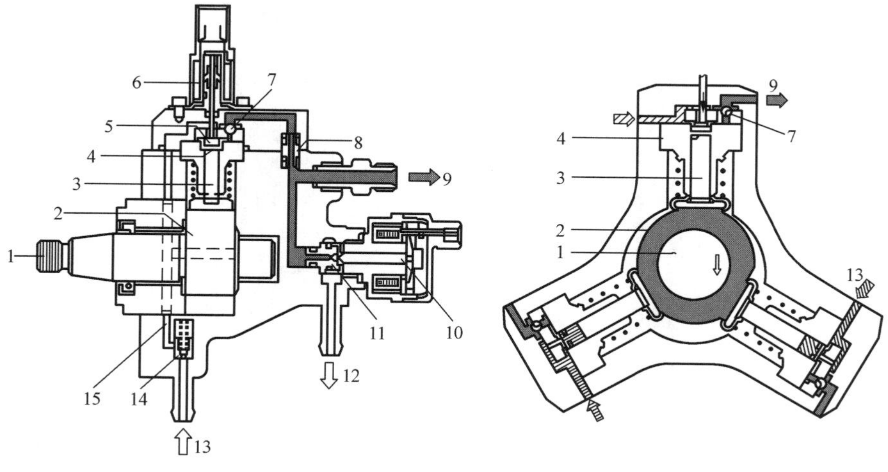

图 3-89　VP 转子式高压泵的结构

1— 驱动轴；2— 偏心凸轮；3— 径向柱塞；4— 径向柱塞顶部空间；5— 进油阀；6— 停油电磁阀；7— 出油阀；8— 密封件；9— 通往高压油轨；10— 调压阀；11— 球阀；12— 回油孔；13— 进油孔；14— 带节流孔的安全阀；15— 通往进油阀的低压油道

b. VP 转子式高压泵的工作原理

来自低压输油泵的低压柴油(0.15 ～ 0.2 MPa)，从柴油入口，经安全阀，进入低压油道。当柱塞在弹簧力作用下向下运动时，为吸油行程，进油阀开启，低压柴油进入柱塞上方泵腔；当柱塞到达下止点时，进油阀关闭。当柱塞由凸轮驱动上行时，泵腔内柴油被压缩升压后推开出油阀，经汇集通道，输送到共轨管中。

为保持共轨管内正确的油压，在高压泵上设有泵控制阀(PCV)，它是电子控制的球阀。不通电时，只要油压超过阀弹簧力，PCV 即打开，并且根据送油量大小，PCV 会保持一定的开度。

当通电时，弹簧力加上电磁力使 PCV 关闭，使共轨管内的油压提高。要改变送油量或送油压力，可用脉冲宽度调节(PWN) 方式改变电流量，以产生不同的电磁力来变化操作。

当共轨管不需要送入太多的柴油时(如怠速)，关断阀打开，阀中央的销杆将进油阀推开，使该组柱塞无送油作用，柴油被压回低压油道中。

③带电磁阀喷油器的结构及工作原理[6]

a. 带电磁阀喷油器的结构(图 3-90)

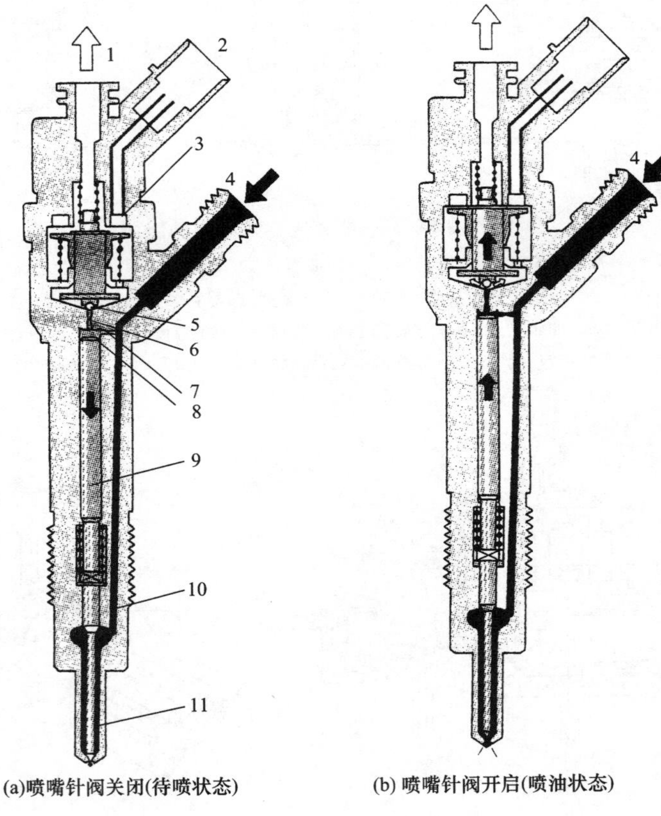

(a)喷嘴针阀关闭(待喷状态)　(b) 喷嘴针阀开启(喷油状态)

图 3-90　带电磁阀喷油器的结构

1— 回油；2— 电控接口；3— 电磁阀；4— 高压进油(来自共轨管)；5— 球阀；
6— 溢流孔；7— 进油孔；8— 柱塞上腔；9— 控制柱塞；10— 高压油道；11— 针阀

喷油器由三部分组成：上部为电磁阀及其所控制的单向球阀，中部为液压控制柱塞，下部为喷油嘴总成。结构不需要做大的改动，就可以直接装在现有 DI 系统的气缸盖上。

b. 喷油器的工作原理

针阀关闭，喷油嘴不喷油状态：当电磁阀不通电时，阀弹簧力将球阀紧压在泄油孔座上，泄油孔被封闭。来自共轨管的高压油，一路经喷油嘴油道进入下端的针阀油腔，另一路经进油孔进入控制柱塞上端的控制油腔，上端再加弹簧力，其合力大于针阀底端的压力，使针阀紧闭，喷油嘴不喷油。

针阀刚打开状态：当电磁阀通电时，电磁力大于阀弹簧力，使阀轴迅速上移，球阀打开泄油孔出口，几乎就在全开的瞬间，电流值降为保持所需电磁力。由于控制油腔压力降低，针阀底端压力高于控制柱塞上方的油压，故针阀上移，喷油嘴打开，开始向气缸喷油。

喷油嘴全开状态：针阀向上打开的速度，取决于进油孔与泄油孔流速的差异。针阀升至最高点时，喷油嘴全开，此时，喷射压力与共轨管内的油压几乎相等。

喷油嘴全闭状态：当电磁阀断电时，球阀关闭泄油孔出口，控制柱塞再次下移，针阀关闭，喷油立即停止。

喷油量是由电磁阀持续打开的时间与喷射压力的大小来决定的。

④压电晶体式电控喷油器

2003 年发展到了第三代，采用压电式喷油器，喷油压力达 160 MPa，与共轨管内压力相同，应用在 Audi New A8 型 3.0 L 轿车柴油机上，油耗率减少，排放达欧 Ⅲ 标准。

2007 年发展到了第四代，采用压电晶体喷油器，喷油压力可达 270 MPa，并能实现预喷射和多次喷油。图 3-91 示出了装有压电晶体堆的两种喷油器。

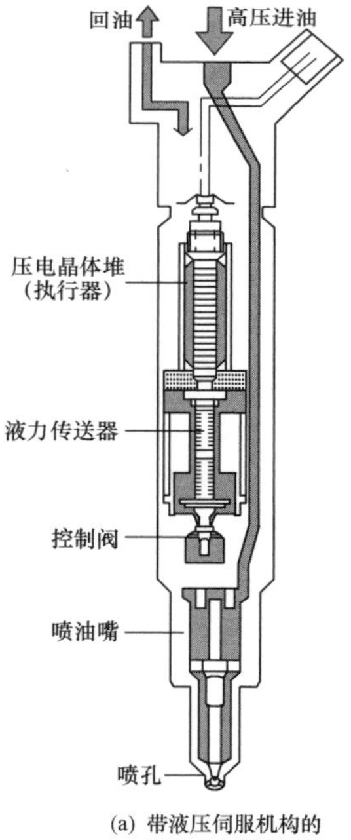

(a) 带液压伺服机构的压电式电控喷油器

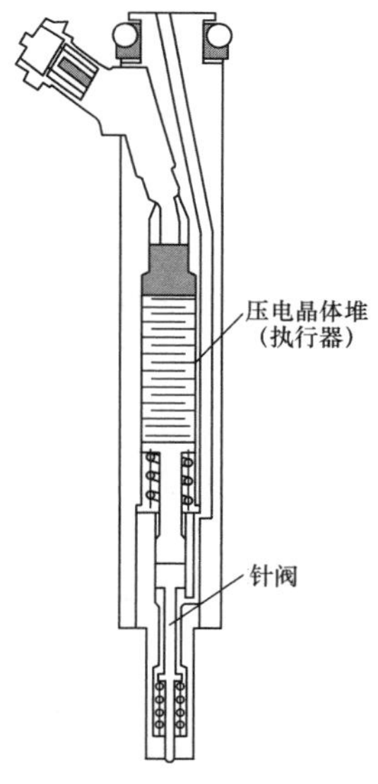

(b) 压电晶体直接作用的外形式电控喷油器

图 3-91　带压电晶体堆的两种喷油器

压电晶体式电控喷油器主要由压电晶体堆（执行器）、液力传送器（伺吸活塞）及控制阀组成。工作原理是喷油器的控制用压电晶体堆来取代电磁阀。天然晶体材料具有在电场作用下能迅速产生变形的特性，晶体堆的体积膨胀起着泵的作用，并借助于液力传送器来推动一个控制阀，控制活塞又把共轨压力（或回油压力）与喷嘴针阀背面接通。这是由于压电晶体堆只需要用很小的力推动处于压力平衡状态的活塞就可以了。不通电时，压电晶体堆不变形，控制阀关闭，控制活塞的回油与喷嘴针阀背面接通，喷油器不喷油。当通电时，压电晶体堆迅速变形打开控制阀，控制活塞把共轨压力与喷嘴针阀压力腔接通，针阀开启喷油。

压电晶体式电控喷油器在喷油过程中实现了更及时、更精确与更灵活的控制，响应速度快(150 μs)，加快了针阀开启速度(1.3 m/s)，压电晶体式喷油压力提高至 180 ～ 200 MPa，喷油持续期缩短至 1 ～ 2 ms。可以进行预喷射，喷油量可控制在 1 ～ 2 mm^3，可以进行多次喷射，还有结构紧凑、重量轻的特点。

Bosch 公司 CRS-27 共轨喷射系统的喷油压力达到 270 MPa，安装于满足欧 Ⅵ 排放法规要求的柴油机中。

3.3 汽油机的燃油供给与控制

3.3.1 汽油机的燃油供给方式及对混合气浓度的基本要求

1. 汽油机的燃油供给方式

汽油机的燃油供给方式有化油器式和汽油喷射式两种，见表 3-13。

表 3-13 汽油机的燃油供给方式

<table>
<tr><th colspan="2">供给方式</th><th>供给部位</th><th>可燃混合气性质</th><th>调节方式</th></tr>
<tr><td colspan="2">化油器式</td><td>进气总管</td><td rowspan="2">均质可燃混合气，$\phi_a < 1.15$</td><td rowspan="3">量调节</td></tr>
<tr><td rowspan="4">汽油喷射式</td><td>单点</td><td>进气管</td></tr>
<tr><td>多点</td><td>各缸进气管</td><td>不均匀分层混合气，$\phi_a < 1.5$</td></tr>
<tr><td rowspan="2">直喷</td><td rowspan="2">各气缸内</td><td>中、低工况压缩行程喷油，不均匀，$\phi_a < 3$</td><td>质调节</td></tr>
<tr><td>高工况进气行程喷油，均匀混合，$\phi_a \approx 1$</td><td>量调节</td></tr>
</table>

2. 汽油机对供油装置的要求

(1)装置使混合气是均质的

通过化油器的喷嘴或低压喷油器使液态汽油微粒化；通过组织较强的空气运动促使油滴汽化；通过与燃烧室形状的配合使混合气分布均匀。

(2)装置使混合气浓度与汽油机工况相适应

根据工况对应控制相适应的燃油计量，即配制一定数量的混合气；根据工况对应相适应的空燃比，即配制一定浓度的可燃混合气。所谓可燃混合气是指燃料与空气混合并在可能着火燃烧的浓度范围内的混合气。

(3)混合气浓度(成分)的两种表示法

可燃混合气中空气与燃油的比例称为“可燃混合气的浓度(成分)”。通常用空燃比和过量空气系数来表示。

①空燃比(A/F)

空燃比(A/F)—— 可燃混合气中空气质量(m_a)与燃油质量(m_f)之比，用 α 表示。

理论空燃比(化学计量空燃比)$l_0 = 14.8$，表示理论上 1 kg 汽油完全燃烧需要 14.8 kg 的空气，此时的混合气称为“理论混合气”。$\alpha < 14.8$，为浓混合气；$\alpha > 14.8$，为稀混合气。

燃空比(F/A)—— 空燃比的倒数($1/\alpha$)。

燃空当量比 ϕ—— 燃空比与理论燃空比的比值。

②过量空气系数 ϕ_a

过量空气系数(空燃当量比)ϕ_a——燃烧 1 kg 燃油实际供给的空气质量与理论上完全燃烧 1 kg 燃油所需的空气质量之比。过量空气系数为燃空当量比的倒数，即 $\phi_a = \frac{1}{\phi}$。$\phi_a = 1$，为理论混合气；$\phi_a < 1$，为浓混合气；$\phi_a > 1$，为稀混合气。

③ϕ_a 与 α 的关系

$\alpha = \phi_a l_0$。ϕ_a 与 α 在数值上的对应关系见表 3-14。

表 3-14　**ϕ_a 与 α 在数值上的对应关系**

ϕ_a	α	ϕ_a	α	ϕ_a	α	ϕ_a	α	ϕ_a	α
0.6	8.9	0.7	10.4	0.8	11.8	0.9	13.3	1.0	14.8
1.1	16.3	1.2	17.8	1.3	19.2	1.4	20.7		

3. 汽油机对混合气浓度的基本要求

(1)混合气浓度 ϕ_a 对汽油机性能的影响

当汽油机转速不变，节气门开度一定(全开)，并且点火提前角为最佳时，通过改变量孔尺寸来改变 ϕ_a，则功率 P_e 和油耗率 b_e 随 ϕ_a 的变化曲线，称为“汽油的混合气浓度的调整特性”。如图 3-92 所示，P_e 随 ϕ_a 的增加，呈上凸的曲线，最大功率点为 A，对应的过量空气系数用 ϕ_{ap} 表示，此时的混合气称为“功率混合气”，ϕ_{ap} 为 0.85 ～ 0.95，即要求浓混合气。油耗率 b_e 随 ϕ_a 的增加，呈下凹的曲线，最低油耗率点为 B，对应的过量空气系数用 ϕ_{ab} 表示，此时的混合气称为“经济混合气”，ϕ_{ab} 为1.05 ～ 1.15，即要求稀混合气。由调整特性可说明以下三点：

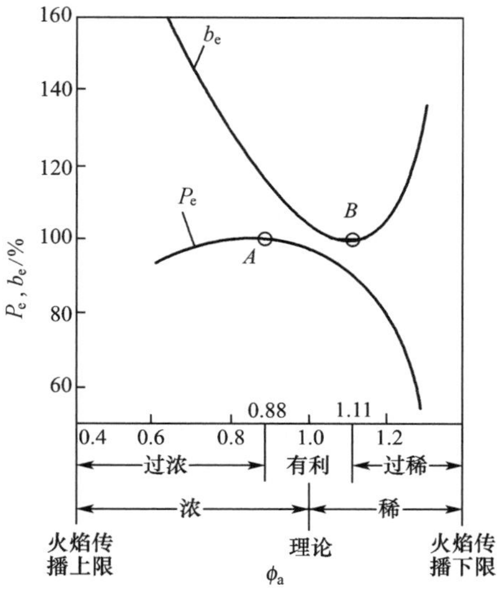

图 3-92　汽油的混合气浓度的调整特性
(发动机转速不变，节气门全开)
P_e— 发动机有效功率；b_e— 发动机有效油耗率

①最大功率点和最低油耗率点是不对应的，就是说最高动力性和最佳经济性不能同时得到。

②混合气浓度过浓或过稀，动力性和经济性都不理想。

③混合气浓度在 ϕ_a 为 0.85 ～ 1.11 时最有利于获得较好的动力性和经济性。

(2)汽油机不同工况对混合气浓度 ϕ_a 的要求。

①启动时，为使汽油机顺利启动，要求化油器供给 ϕ_a 为 0.2 ～ 0.6 的浓混合气。

②怠速时，负荷(节气门开度)$\psi < 20\%$，转速 n 为 700 ～ 1 000 r/min，要求 ϕ_a 为 0.6 ～ 0.8 的浓混合气。

③小(低)工况：小负荷 ψ 为 20% ～ 50%，低转速 n 为 1 000 ～ 2 000 r/min，要求 ϕ_a 为 0.7 ～ 0.9 的较浓混合气。

④中等工况：中负荷 ψ 为 50% ～ 90%，中转速 n 为 2 000 ～ 3 600 r/min，要求 ϕ_a 为 0.9 ～ 1.1 的最佳混合气。

⑤大(高)工况：大负荷 ψ 为 90% ～ 100%，高转速 n 为 3 600 ～ 4 000 r/min，要求 ϕ_a 为 0.8 ～ 0.9 的浓混合气。

由上所述，对常在中等工况下工作的车用汽油机，要求化油器能随负荷的增加，供给由浓逐渐变稀的混合气，直到供给经济混合气。从大负荷到全负荷阶段又要求混合气由稀变浓，最后加浓到功率混合气。如图 3-92 中上凸的理想化油器特性曲线。

3.3.2 化油器式汽油机供油系统

1.化油器式供油系统

(1)组成(图 3-93)

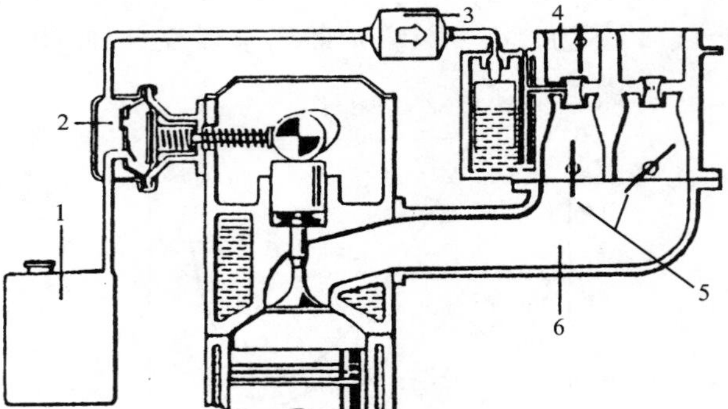

图 3-93 化油器式供油系统组成

1— 汽油箱；2— 汽油泵；3— 滤清器；4— 化油器；5— 节气门；6— 进气支管

①燃油路径：汽油箱 — 汽油泵 — 滤清器 — 化油器 — 喷嘴 — 喉管处流出。

②空气路径：空气滤清器 — 阻风门 — 喉管处与燃油混合 — 节气门 — 加热器 — 进气支管 — 进气门 — 气缸。

③混合气形成处：节气门 — 加热器 — 进气支管 — 进气门 — 气缸。

(2)功能

①在气缸外部混合，用化油器使汽油雾化，与空气按一定比例混合，形成均匀混合气。

②通过调节主量孔流通截面的大小改变流出的油量，来改变进入气缸混合气的浓度。

③通过调节节气门开度 ψ 的大小(%)，来改变进入气缸混合气的量，从而改变负荷的大小。(进入气缸的燃油量取决于喉管的真空度，即取决于流过喉管的空气量)

2. 简单化油器

（1）简单化油器的组成（图 3-94）

简单化油器实际上是一个只有主供油系的化油器。由主喷嘴、喉管（文特利管）、节气门、主量孔及浮子室组成。

在吸气过程中，进气气流流经喉管时，因气流加速使压力降低，而产生一定真空，将浮子室中的燃油经主喷嘴吸入喉管，雾化后与进入的空气混合成可燃混合气，再进入气缸。

（2）简单化油器的特性（图 3-95）

混合气的浓度 ϕ_a 只取决于进气流量 m_a 和喉管的真空度 Δp_n。用压力差来表示真空度：$\Delta p_n = p_0 - p_n$，p_0 为喉管上方空气滤清器之后的压力，一般视为大气压力，即浮子室液面到下面主量孔的高度 H_1；p_n 为喉管最小截面处的绝对压力，即主喷嘴出口到下面主量孔的高度 H_2；所以，真空度也可以用高度差来表示：$\Delta H = H_2 - H_1$。

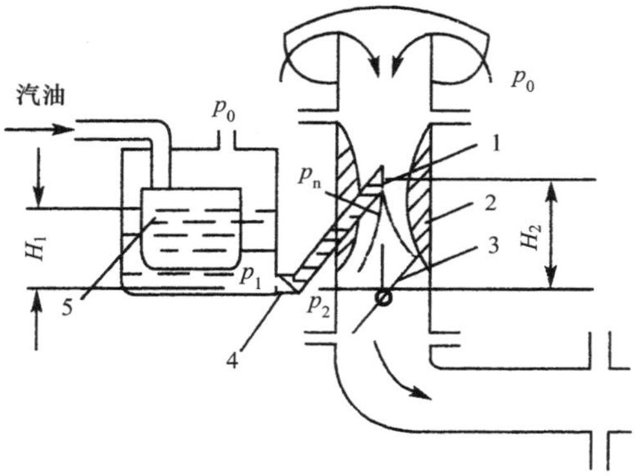

图 3-94　简单化油器的组成

1— 主喷嘴；2— 喉管；3— 节气门；4— 主量孔；5— 浮子室

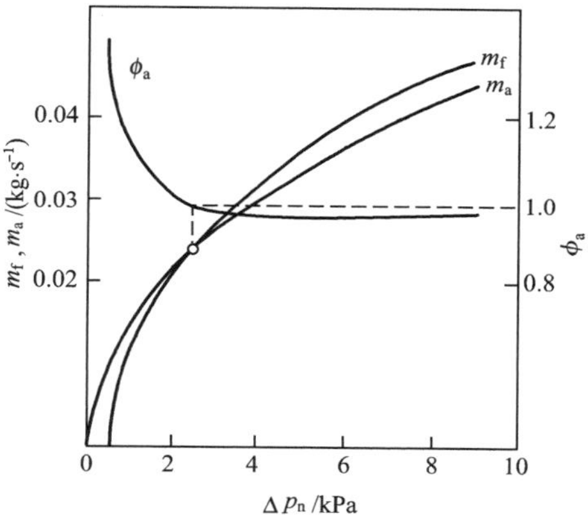

图 3-95　简单化油器的特性

节气门开启过程中，流通截面积增大，相应进气流量 m_a 增加，并且压力差 Δp_n 是与节气门开度 ψ 成正比的。

简单化油器的进气流量计算式为

$$m_a = \mu_a f_a v_a \rho_a \tag{3-51}$$

式中　μ_a—— 空气流经喉管的流量系数；

f_a—— 喉管最小截面积，m^2；

ρ_a—— 通过喉管的空气密度，kg/m^3；

v_a—— 喉管处的空气流速，m/s，$v_a = \sqrt{2\Delta p_n / \rho_a}$。

将 v_a 代入式（3-51）得

$$m_a = \mu_a \cdot f_a \cdot \sqrt{2\Delta p_n \rho_a} \tag{3-52}$$

通过主喷嘴（即通过主量孔）的供油量为

$$m_f = \mu_f \cdot f_f \cdot v_f \cdot \rho_f = \mu_f \cdot f_f \cdot \sqrt{2\Delta p \rho_f} \tag{3-53}$$

式中　μ_f—— 燃油经主量孔的流量系数；

f_f—— 主量孔截面积，m^2；

ρ_f—— 燃油的密度，kg/m^3；

Δp—— 主量孔前后的压差，$\Delta p = p_1 - p_2$。

因为 $p_1 = p_0 + gH_1\rho_f$，$p_2 = p_n + gH_2\rho_f$，所以 $\Delta p = \Delta p_n - g\Delta H\rho_f$。

将 Δp 代入式(3-53) 整理后得

$$m_f = \mu_f \cdot f_f \cdot \sqrt{2(\Delta p_n - g\Delta H\rho_f)\rho_f} \tag{3-54}$$

简单化油器供给的混合气空燃当量比为

$$\phi_a = \frac{m_a}{m_f l_0} = \frac{\mu_a f_a}{\mu_f f_f l_0} \cdot \sqrt{\frac{\rho_a}{\rho_f}} \cdot \sqrt{\frac{\Delta p_n}{\Delta p_n - g\Delta H\rho_f}} \tag{3-55}$$

当化油器和燃油性质一定时，$\frac{f_a}{f_f l_0} \cdot \sqrt{\frac{\rho_a}{\rho_f}}$ 为常数，ϕ_a 主要受$\frac{\mu_a}{\mu_f}$ 和 $\sqrt{\frac{\Delta p_n}{\Delta p_n - g\Delta H\rho_f}}$ 的影响。所以 $\phi_a = f(\Delta p_n)$ 曲线就是简单化油器的特性曲线。

当转速 n 一定时，若发动机负荷增大，即节气门开度 ψ 增大，在初期开度 ψ(即 Δp_n) 较小时，$m_a > m_f$，则 $\phi_a > 1$，为稀混合气。随着节气门开度 ψ 增大($\psi > 40\%$)，燃油流出量 m_f 增大，$m_f > m_a$，使 ϕ_a 经 $\phi_a = 1$ 到 $\phi_a < 1$，为浓混合气。所以简单化油器的特性是：随 Δp_n 的增大，ϕ_a 由稀到浓。这与理想化油器要求的特性 —— 随负荷的增大，ϕ_a 是浓 — 稀 — 浓相差太大，就是说用简单化油器的汽油机将无法正常工作，必须对简单化油器进行各种校正和增加辅助装置。

3. 理想化油器

理想化油器是能全面满足汽油机在各种工况下对混合气浓度 ϕ_a 要求的化油器。

(1)理想化油器的特性

理想化油器的特性是指汽油机转速不变时，要求混合气浓度 ϕ_a 随节气门开度(负荷) 的变化规律，如图 3-96 中曲线 3 所示。

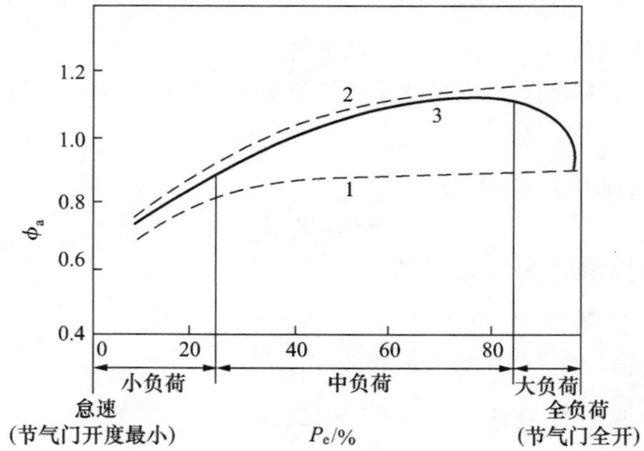

图 3-96 理想化油器的特性

1— 相应于最大功率时的 ϕ_a；2— 相应于最低燃油消耗率时的 ϕ_a；3— 理想化油器特性曲线

图 3-96 中曲线 1 为汽油机在各种负荷下最大功率的混合气浓度，曲线 2 为汽油机在各种负荷下最低燃油消耗率的混合气浓度。

理想化油器特性曲线 3 应在曲线 1 和曲线 2 之间所限定的区域，在小负荷与中负荷区段，曲线 3 应靠近经济混合比曲线 2，而在大负荷及全负荷区段，曲线 3 应靠近最大功率混合气浓度曲线 1。

(2)理想化油器特性的获取

图 3-97 中实线为简单化油器特性曲线，要通过各种校正来达到理想化油器特性的要求，现将曲线分为 Ⅰ(低负荷)、Ⅱ(中负荷)、Ⅲ(大负荷) 三个区段。图中真空度 $\Delta p_n < g\Delta H\rho_f$ 段为喷嘴不出油。

①对怠速或小负荷的 Ⅰ 区段，简单化油器的混合气过稀，甚至不出油，校正方法是：要附加怠速油系进行怠速供油，同时，由怠速圆滑过渡到主喷油段，满足低速供油和平稳过渡的要求。

②对中等负荷的 Ⅱ 区段，简单化油器的混合气偏浓，校正方法是：采用渗气补偿装置(带泡沫管的补偿油井)来校正。

③对大负荷或满负荷的 Ⅲ 区段，简单化油器的混合气偏稀，校正方法是：要加装省油器，使节气门开度从 85% 左右开始逐步加大到 100%。

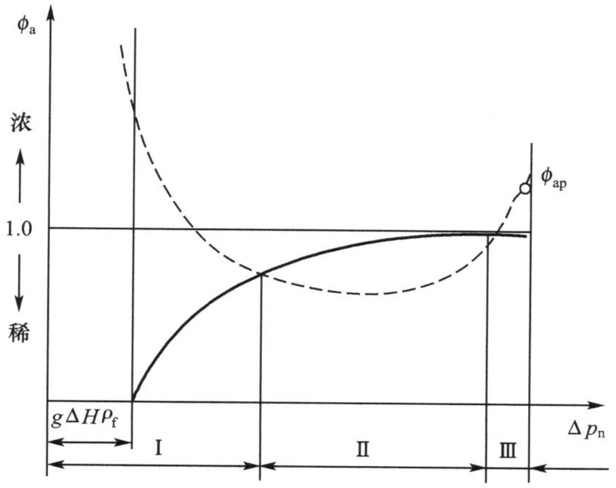

图 3-97　简单化油器特性的获取

4. 现代化油器

现代实用型化油器具有五大工作系统。

(1)启动系统

其功能是在汽油机冷启动时，供给过浓混合气(ϕ_a 为 0.2 ～ 0.6)，实现顺利启动。

(2)怠速系统

其功能是汽油机空载和过渡到小负荷时，供给浓混合气(ϕ_a 为 0.6 ～ 0.8)。

(3)主供油系统

其功能是在怠速以外的所有工况都起供油作用。通常用于使小、中工况得到较稀的混合气，以保证经济性。

(4)加浓系统(省油装置)

通常用于全负荷加浓混合气(ϕ_a 为 0.8 ～ 0.9)。加浓泵有机械传动方式和真空传动方式。

(5)加速系统

通常用于加速时迅速加浓混合气。加速泵有活塞式和膜片式。

此外，现代化油器还附设有：海拔高度校正器、热怠速补偿阀、怠速截止电磁阀和节气门控制器等。

3.3.3　电控汽油喷射系统

化油器式燃油系统可燃混合气的形成和控制是通过化油器来实现的，根据发动机的工况可以调节混合气的浓度，但控制精度不高，不能满足现代汽车严格排放标准的限值及提高动力性和经济性的要求。自 20 世纪 90 年代以来，电控汽油喷射系统在一些发达国家已经取代了化油器式燃油系统。我国自 2001 年起新生产的轿车全部取消了化油器。

电控汽油喷射系统(electronic fuel injection,EFI)是通过空气流量计预先测定空气量,然后利用电控单元(ECU)根据进气量的多少控制喷油器,将一定数量和压力的汽油直接喷射到进气管或气缸中,与进入的空气混合形成最佳混合气浓度的可燃混合气的供油装置,如图 3-98 所示。

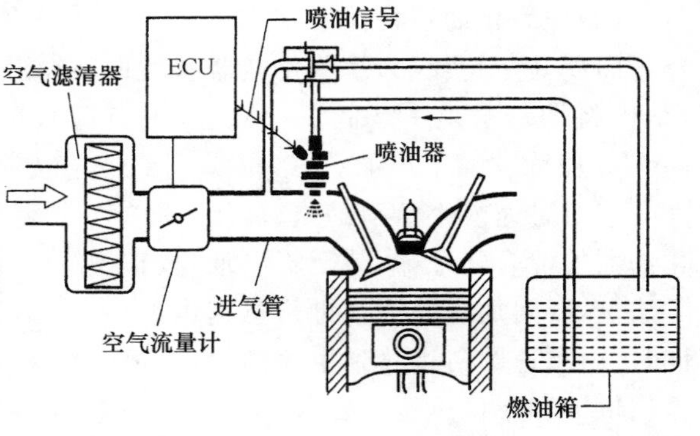

图 3-98　电控汽油喷射系统

1. 电控汽油喷射系统的优点

(1)进气管中没有喉管,增大了进气管直径,减少了进气阻力,提高了充量系数 ϕ_c;采用燃油喷射,雾化质量提高,不需要对进气管加热来促进燃油蒸发,使进气温度 T_a 降低,充气效率提高,从而提高了发动机的功率,一般提高 5% ~ 10%。

(2)由于进气温度 T_a 低,使爆燃得到有效控制,有可能采用较高的压缩比 ε_c,从而可提高发动机的热效率 η_t。

(3)对可燃混合气的空燃比进行精确控制,使发动机在任何工况下都处于最佳的工作状态,因此响应性好。由于燃油雾化与发动机转速无关,因而发动机的冷启动性能良好。

(4)采用多点喷射精确控制各缸每循环的喷油量和喷油时刻,保证了各缸分配的均匀性,节省燃油,油耗率降低 5% ~ 10%,并减少排放 15% ~ 20%。

(5)有利于采用现代技术:

①可实现电控点火、电控 EGR 及满足三效催化转化装置的严格要求。

②可实现增压加中冷,进一步提高性能指标。

③可实现分层快速燃烧及稀混合气燃烧。

2. 汽油喷射系统的分类

(1)按控制装置的形式分类

①机械控制式

K 型(K-Jetronic) 系统,通过机械与液压传动,分配器调节喷油量,连续喷射。

②机电混合控制式

KE 型(KE-Jetronic) 系统,采用数据监测功能,精确控制各特定工况喷油量。

③电子控制式

D 型(D-Jetronic) 系统,由进气管压力及发动机转速算出进气量,间歇喷射;

L 型(L-Jetronic) 系统,用翼片式流量计测进气量,控制喷油时间、限制喷油量,多点间歇喷射;

LH 型(LH-Jetroinc) 系统,用热线式流量计测进气量,与 L 型一样的闭环控制;

Mono-Jetronic 系统,为单点间歇喷射。

④Motronic 系统

此系统为电子点火和电控汽油喷射组合的管理系统。

KE-Motronic 系统,以连续喷射的 KE-Jetronic 系统为基础;

M-Motronic 系统,以多点间歇式进气管燃油喷射 L-Jetronic 系统为基础;

Mono-Motronic 系统，以单点间歇式进气管燃油喷射 Mono-Jetronic 系统为基础；

ME-Motronic 系统，以 M 系统加电子节气门控制(electronic throttle control,ETC) 为基础。

⑤MED-Jetronic 系统

此系统为电子直接喷射、电子点火和电控节气门的组合系统。

(2)按喷射的控制方式分类

①连续喷射方式

在发动机工作期间，喷油器连续不断地向进气管内喷油，且大部分汽油是在进气门关闭时喷射的，用于 K-Jetronic、KE-Jetronic 和 KE-Motronic 系统。

②间歇喷射方式

在发动机工作期间，每缸每次有一个限定的持续时间，汽油间歇地喷入进气管内。电控汽油喷射系统都采用间歇喷射方式。

间歇喷射还可按各缸喷射时间分为同时喷射、分组喷射和顺序喷射。

a. 同时喷射，是指电控单元(ECU) 发出同一个指令控制各缸喷油器同时喷油，如图 3-99(a) 所示。

b. 分组喷射，是指各缸喷油器分成两组，每一组喷油器共用一根导线与 ECU 连接，ECU 在不同时刻先后发出两个喷油指令，分别控制两组喷油器交替喷射，如图 3-99(b) 所示。

c. 顺序喷射，是指喷油器按发动机各缸工作顺序进行喷射。ECU 根据曲轴位置、传感器信号，辨别各缸的进气行程，适时发出各缸喷油指令以实现顺序喷射，如图 3-99(c) 所示。

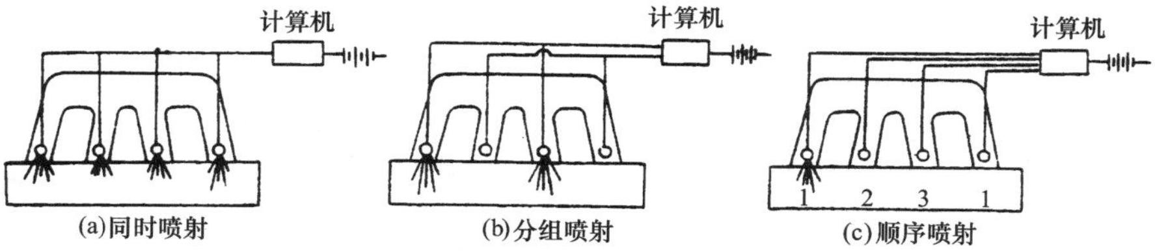

图 3-99　间歇喷射方式

(3) 按喷射位置分类

①气缸内直接喷射

气缸内直接喷射(gasoline direct injection,GDI) 指将喷油器安装于每个气缸盖上直接向气缸内喷油，如图 3-100 所示，需要较高的喷油压力(8.0～12.0 MPa)。

②单点喷射

喷油器安装在节气门体上，而节气门体又装在节气门前的进气总管上，因此称为“节气门体喷射”(throttle body injection,TBI)，如图 3-101 所示。由于一台汽油机只装一个电磁喷油器在节气门体上，所以又称为“单点喷射”(single-point injection,SPI)，如图 3-102 所示。喷油压力较低，为 0.20 ～ 0.35 MPa。

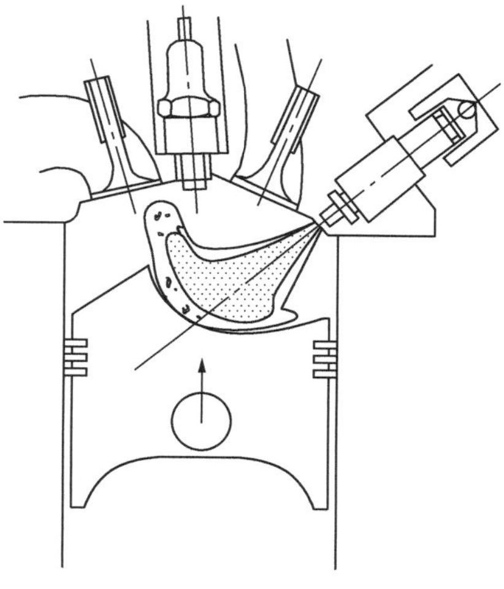

图 3-100　气缸内直接喷射

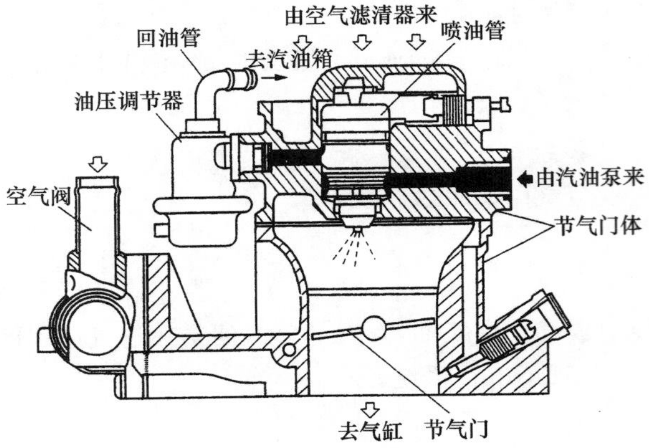

图 3-101 节气门体喷射示意图

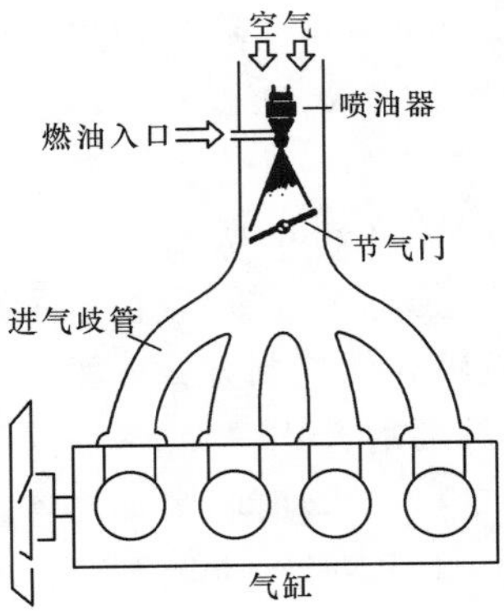

图 3-102 单点喷射示意图

③多点喷射

多点喷射(multi-point injection,MPI)指在每个气缸进气门前的歧管处装有一只喷油器,喷油器数与气缸数相同,称为“多点喷射”,如图 3-103 所示。由 ECU 控制按序喷射,以 0.20～0.35 MPa 的喷射压力,将汽油直接喷到进气门前方的进气歧管,所以也叫“进气道喷射”,如图 3-104 所示。燃油与空气一起进入气缸形成混合气,各缸分配均匀,所以应用很普遍。

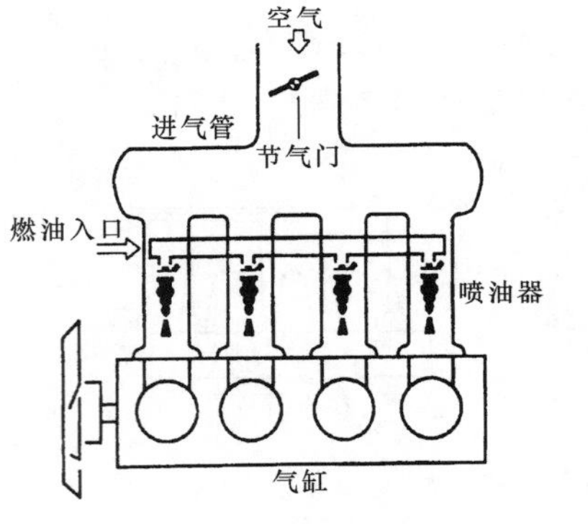

图 3-103 多点喷射示意图

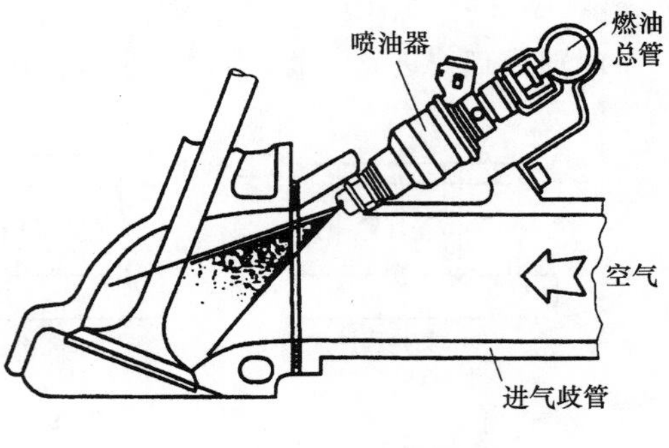

图 3-104 进气道喷射示意图

(4) 按进气量的计量方式分类

①进气管压力计量(速度-密度方式检测进气量)。

②体积流量计量:翼片(旋转叶片)式,卡门旋涡式。

③质量流量计量:热线式,热膜式。

(5)按有无反馈信号控制分类

①开环控制:脉谱(MAP)图控制。

②闭环控制:PID(proportional integral differential) 控制,反馈控制,模糊控制等。

3. 多点电控汽油喷射

Bosch 公司 L 型(L-Jetronic) 电控汽油喷射系统是多点电控汽油喷射的典型机型。由于 L 型电控汽油喷射系统具有油耗低、输出升功率大、工况适应性广、废气排放少的优点,在轿车汽油机上获得了广泛应用。并且目前对控制功能进行了扩展,以期提高发动机的性能。图

3-105 示出了 L 型电控汽油喷射系统示意图。

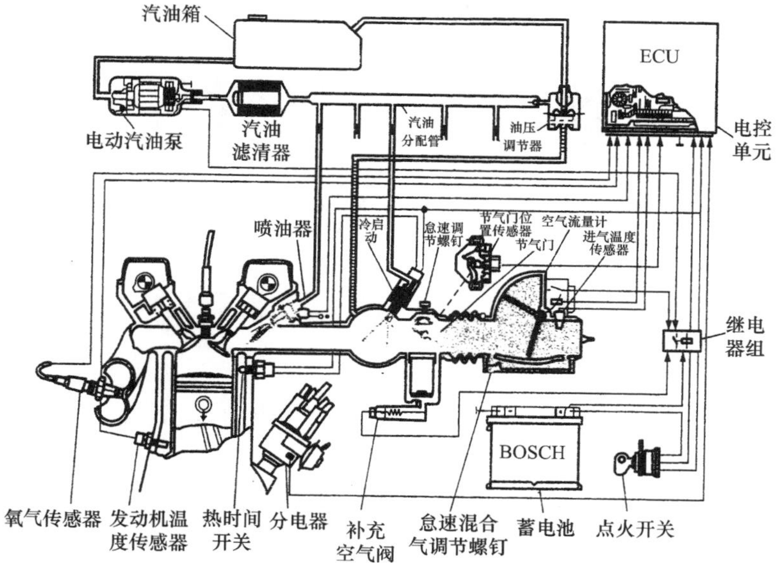

图 3-105　L 型电控汽油喷射系统示意图

(1)特点

①L 型电控汽油喷射系统为多点间歇式顺序汽油喷射，统一受控于 ECU，在任何时刻和任何负荷下都保证最优的喷油量，并且确保各缸均等。

②采用翼片式空气流量计直接测量发动机的进气量，并以发动机的进气量和发动机转速作为基本控制参数，通过 ECU 计算出基本喷油量的大小；并以装在排气管的氧气传感器测量排气中的氧气；采用空燃比闭环控制，以进行喷油量的修正，从而提高了喷油量的控制精度，使发动机在任何工况下，都能保持瞬时空燃比 $\lambda = 1.0 \pm 0.01$ 的控制精度。

③接收节气门位置、冷却水温度、空气温度等传感器检测到的表征发动机运行工况的信号作为喷油量的校正，从而使发动机运转稳定。

(2)组成

L 型电控汽油喷射系统一般由燃油供给子系统、进气子系统和电子控制子系统三部分组成。在点火与燃油喷射相结合的 EFI 中还包含有点火系统。

①燃油供给子系统

a. 组成及功能

L 型电控汽油喷射系统的燃油供给部分如图 3-106 所示，主要由电动汽油泵、滤清器、分配管、压力调节器及喷油器等组成。

其功用是供给发动机燃烧过程所需的燃油。燃油从燃油箱经过电动汽油泵升压到 0.25 ～ 0.3 MPa，经滤清器过滤后进入分配管。经压力调节器使喷油压力保持恒定(0.25 MPa)。由分配支管分送到各喷油器，根据 ECU 发出的指令开启喷油器针阀，喷油量由喷油器电磁阀通电时间长短决定。将计量后的燃油喷入各缸进气道。为了改善发动机的冷启动性，在进气总管处安装一个冷启动阀。为了消除管路中油压产生的微小扰动，有些发动机的供油系统中还装有油压脉动阻尼器。

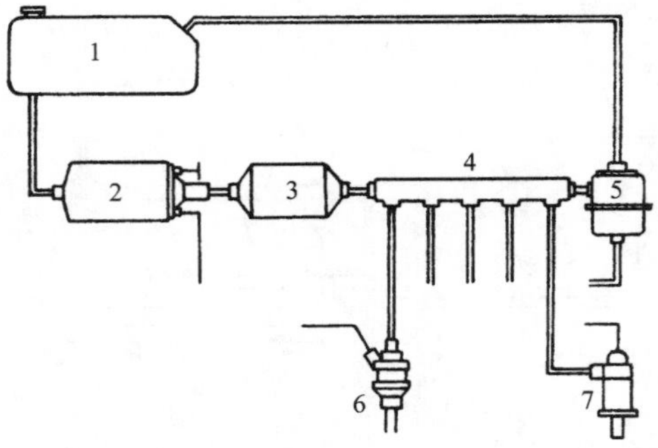

图 3-106 L 型电控汽油喷射系统的燃油供给部分

1— 燃油箱;2— 电动汽油泵;3— 滤清器;4— 分配管;5— 压力调节器;6— 喷油器;7— 冷启动阀

喷油器是电控汽油喷射系统最重要的部件,其结构如图 3-107 所示。

b. 轴针式电磁喷油器[7]

它是由喷油器外壳、电磁线圈、装有衔铁的针阀及阀体组成的。当线圈中无电流时,针阀在弹簧的作用下使针阀紧压在阀座上,此时不喷油。当 ECU 有指令、线圈中通电时,便产生电磁作用力,针阀克服弹簧力升起,升程约为 0.1 mm,使燃油通过轴针头部环形间隙喷出,并将燃油雾化以一定的喷雾角喷入进气道。喷油量的大小取决于喷油脉冲持续期,即通电时间,为 1 ~ 1.5 ms。为了使燃油分配均匀和减少冷凝损失,应尽量避免燃油在进气管壁面上湿润。

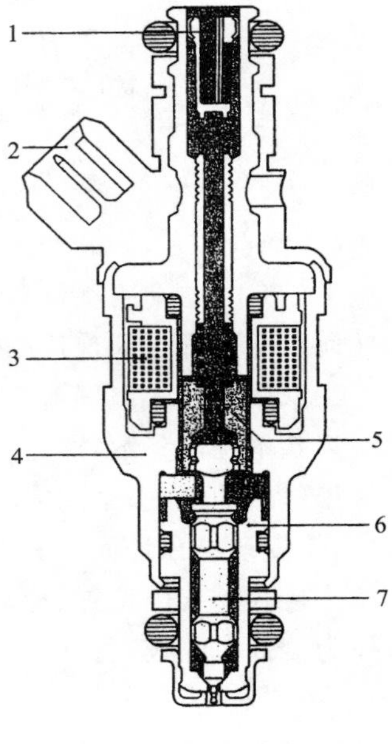

图 3-107 喷油器结构

1— 燃油筛网;2— 电线接头;3— 电磁线圈;4— 喷油器外壳;5— 衔铁;6— 阀体;7— 阀轴针

②进气子系统

a. 组成及功能

L 型电控汽油喷射系统的空气供给部分如图 3-108 所示,主要由空气滤清器、空气流量计及节气门等组成。

空气经空气滤清器过滤后,通过空气流量计(空气流量传感器)计量空气流量后,再经过节气门进入气缸。

b. 翼片式空气流量计结构及工作原理

翼片式空气流量计又称“旋转叶片式空气流量计”,为体积流量型流量计。图 3-109 为翼片式空气流量计的工作原理示意图。其主要由缓冲叶片、缓冲室、空气叶片、主流道、旁通空气道、回位(卷)弹簧、电位计及旁通空气调节螺钉等组成。

空气叶片实际上就是一个空气流通阀,当没有空气流过时,卷簧总是使空气叶片处于关闭主流道的位置。在销轴的一端装有电位计,它将翼片转动的角度转换为电压信号输出给 ECU。

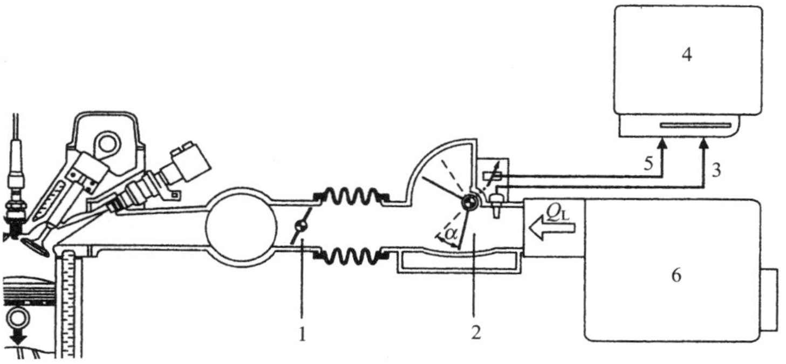

图 3-108　L 型电控汽油喷射系统的空气供给部分

1— 节气门；2— 空气流量计；3— 传给 ECU 的进气温度信号；4— ECU；5— 传给 ECU 的空气流量信号；6— 空气滤清器；Q_L— 进气质量流量；α— 偏转角

当发动机怠速工作时，由于节气门接近关闭，因此通过主流道的空气流量很小，则气流推动翼片偏转的角度很小，图 3-109(a) 中与翼片同轴的电位计输出一个微弱的电压信号给 ECU，ECU 向喷油器输出的电脉冲宽度很短。这时，流经旁通空气道的空气未经流量计，不影响喷油量，却使混合气变稀，使 CO 的排放量减少。

当发动机在高速大负荷运转时，节气门接近全开，吸入的空气量较多且全部流过主流道，空气推动翼片偏转较大的角度，电位计则输出较强的电压信号，如图 3-109(b) 所示，ECU 相应输出的电脉冲宽度较长。

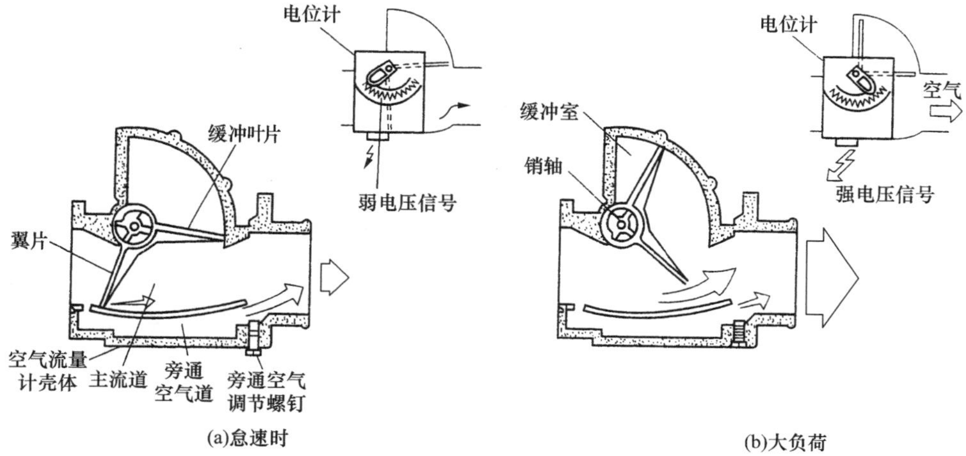

图 3-109　翼片式空气流量计的工作原理示意图

翼片偏转时，缓冲叶片随之一起转动。由于缓冲叶片受到缓冲室内空气的阻尼作用，可避免翼片发生振摆。

旁通空气调节螺钉用来调节怠速时旁通空气量的大小，从而调节怠速时混合气的浓度。

③电子控制子系统

汽油机电控汽油喷射系统(EFI)，实现了相对空燃比 λ 闭环反馈控制。其一般由各种传感器、电控单元(ECU) 和执行器三部分组成。

图 3-110 示出了 EFI 系统组成的原理图。

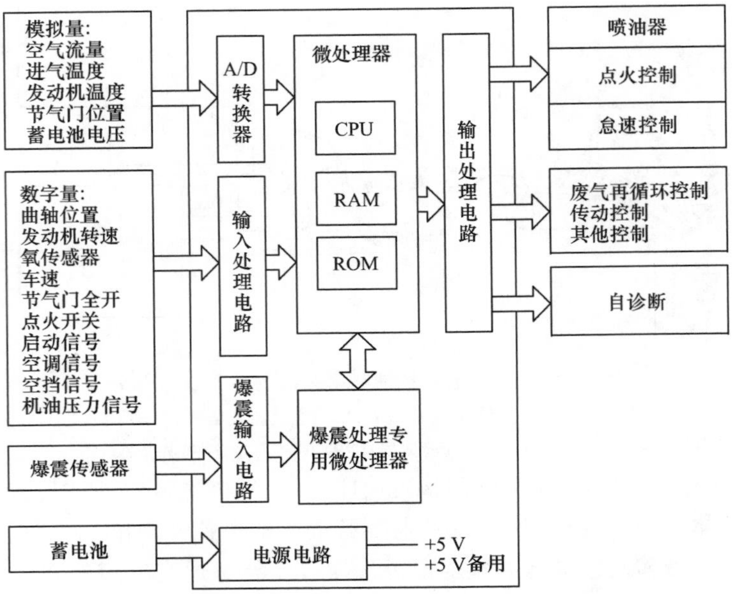

图 3-110 EFI 系统组成的原理图

图 3-110 左边所示为各种传感器和开关，它们可以将驾驶员的意图、汽油机的工况和环境信息转化为计算机能接收的电信号之后，及时、真实地传给 ECU。

图 3-110 中部为 ECU，根据来自各个传感器输入的模拟信号(连续变量)、数字信号(离散变量) 及开关信号，通过其内存的程序、控制软件并结合存储的各种标定数据与图表，对输入的各种信号进行运算处理、逻辑判断，并确定最佳控制量，然后以相应的电信号向各执行器输出控制指令。

图 3-110 右边所示为各种执行器，它们接收来自 ECU 的控制指令，并将其转变为控制信号，以驱动各执行器按要求进行工作。一般输出的是数字弱信号，因此输出电流需要将弱信号进行功率放大。

4. 气缸内电子控制汽油直接喷射

德国 Bosch 公司 MED7-Motronic 电子控制汽油直接喷射系统是缸内直喷(GDI) 的典型机型。

(1)系统组成

图 3-111 为 MED7-Motronic 系统的布置图。它是缺内直喷、电子点火和电子节气门控制的组合系统。结构特点：气缸盖底部呈蓬形，火花塞布置在中心位置。垂直进气道产生较强的进气滚流。涡流式喷油器布置在进气门侧，12 MPa 的喷油压力形成的喷雾直接喷向活塞顶上的特殊形状的燃烧室。有喷雾、壁面、气流三种引导模式。

(2)电子控制汽油直喷的特点

吸入的空气量可由电子控制节气门自由调整。采用热线式空气质量流量计用来精确测量进气量。混合气的相对空燃比是由通用的 LSU 和 LSF 型 λ 氧气传感器严格控制。这两个传感器分别安装在催化转化器前部和后部的排气流中。这些装置不仅适用于 $\lambda=1$ 运行时的闭环控制，也适用于稀混合气燃烧运行的控制和催化剂再生。排气再循环(EGR) 率精确调整是很重要的，特别是在过渡工况时，因此必须安装压力传感器，以测量进气压力。

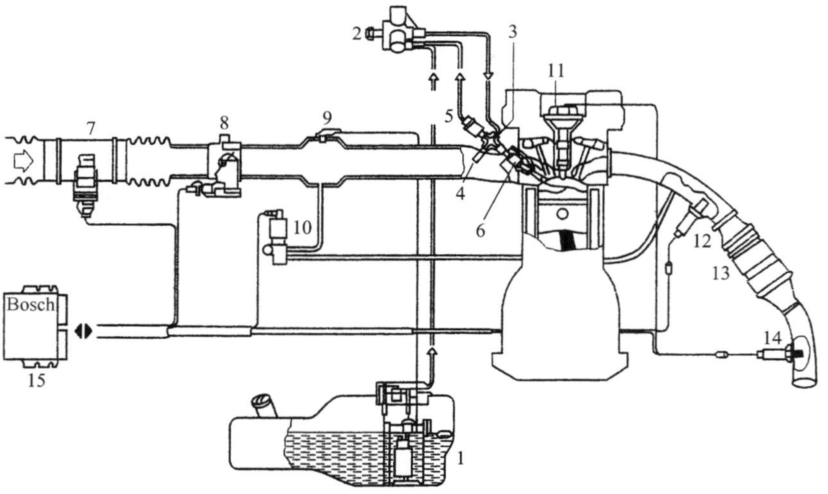

图 3-111　MED7-Motronic 系统的布置图

1—供油模块(包括低压油泵);2—高压油泵;3—燃油蓄压器;4—燃油压力传感器;5—燃油压力控制阀;6—电磁高压涡流喷油器;7—空气质量流量传感器;8—节气门装置(电子油门);9—进气歧管压力传感器;10—EGR 阀;11—点火线圈;12—上游宽带氧气传感器;13—NO_x 催化转化器;14—下游宽带氧气传感器;15—ECU

高压喷射系统设计成蓄压器喷射系统。燃油可在任意时间由电磁控制的高压喷油器(喷油压力达 12 MPa) 直接喷入燃烧室,消除了节气门所引起的泵气损失。由于汽油的汽化吸热作用,使燃烧室温度降低,提高了充气效率,有助于提高功率,并有利于抑制早燃、爆震等现象。

在全负荷时采用均质预混合气燃烧模式。此时,汽油喷射与进气同步,汽油在进气和压缩过程中得到完全雾化,混合气均匀地充满燃烧室,点火后混合气可以得到充分燃烧。此均质预混合气燃烧模式工作时,混合气的空燃比为理论空燃比。

在部分负荷时采用分层燃烧模式。直到压缩行程时才喷射燃油,在缸内紊流的作用下,在火花塞附近形成浓混合气,以保证点火;在远离火花塞的地方则是稀混合气。此时,燃烧室空间为整体较稀的分层混合气,使燃油消耗率降低。

3.4　内燃机的代用燃料供给装置

3.4.1　压缩天然气供给系统

1. 燃用压缩天然气的特点

(1)压缩天然气(compressed natural gas,CNG) 发动机热效率较高。

①由于 CNG 的研究法辛烷值高(RON = 130),具有高的抗爆性。一般采用压缩比 $\varepsilon_c =$ 12,允许达 15,可使理论循环热效率提高 7% ～ 12%。

②CNG 以纯气态进入气缸,混合气的形成质量和分布质量好,燃烧完全,有利于热效率的提高。

(2)混合气着火界限宽,ϕ_a 为 0.6 ～ 1.8。

(3)燃用 CNG 时,NO_x 排放量少,CO 和 PM 排放低,排气中 CO_2 生成量低。

(4)动力性下降约 20%,CNG 混合气热值低,体积热值低 12%,进气量仅为燃用汽油的 90%。

(5)CNG 着火温度比汽油高,火焰传播速度慢,因此需要较高的点火能。

(6)CNG 能量密度小,携带性差,行驶半径小。

CNG 被认为是车用发动机较理想的代用燃料。

2. CNG 发动机的分类

20 世纪 90 年代以来,天然气汽车得到了快速的发展。CNG 发动机喷射方式从缸外预混合发展到复合供气、缸内直接喷射。燃料的使用从两用燃料、双燃料发展到单一燃料。燃料供给系统从机械式混合器发展到电子控制喷射系统,电喷系统由单点开环控制发展到多点闭环喷射控制系统,可有效提高 CNG 发动机的动力性。

3. 单一 CNG 燃料发动机供给系统

单一 CNG 燃料、电火花点燃、高压缩比 ε_c 的专用发动机,近年来采用电控 CNG 气体燃料喷射系统,可使发动机效率大幅度提高,获得良好的动力性、经济性和排放性。图 3-112 示出了单一 CNG 燃料发动机的燃料供给系统。

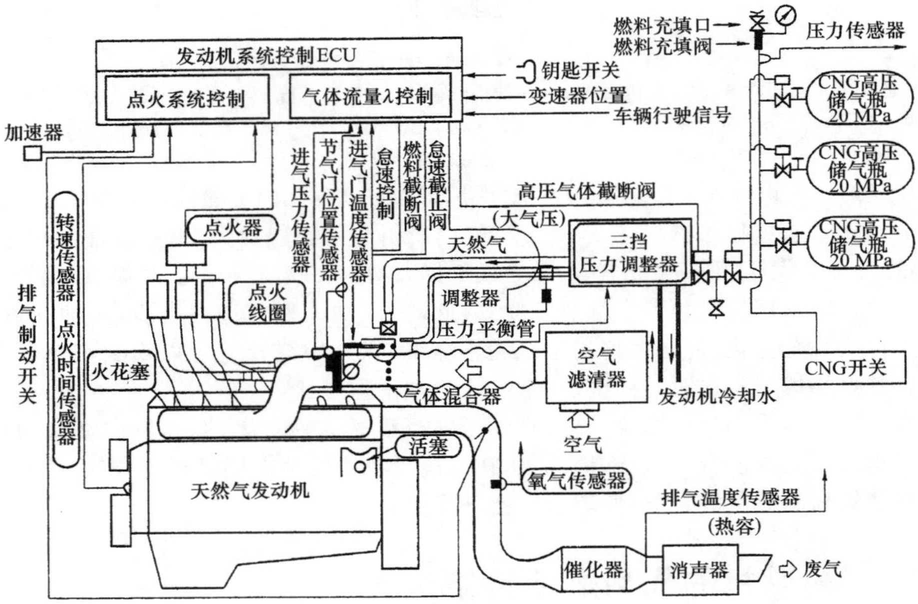

图 3-112 单一 CNG 燃料发动机的燃料供给系统

燃料供给系统由储气系统、燃气供给系统、燃料转换系统和控制系统等部分组成。气瓶中的高压 CNG(20 MPa) 经过三挡压力调整器减压后,供给每个喷气嘴,每个喷气嘴的喷射量由 ECU 控制。通过采用多点顺序喷射(MPI 系统) 向每个缸的进气门前歧管供气,可以精确控制每个喷气嘴的喷气量,精确控制反馈的空燃比,降低各气缸间空燃比的差异,改善发动机的性能。

电控系统由各传感器、ECU、执行模块及执行器组成。氧气传感器、压力传感器、转速传感器等采集各工况信息,经处理变为电信号输送给 ECU,经运算处理确定发动机在不同转速、负荷、温度等工况下的天然气喷射量,向执行器按喷射定时输出脉冲信号,控制喷射的整个工作过程,同时查询点火定时的 MAP 图,确定各缸点火时刻,实现准确点火。

为了保证发动机在 MAP 存储的最优过量空气系数 ϕ_a 下工作,ECU 根据氧气传感器信号、进气温度、压力及天然气的温度、压力等信号实时修正天然气的喷射量,发送给执行模块，实现天然气多点顺序喷射。

3.4.2　液化石油气供给系统

1. 燃用液化石油气的特点

(1)大幅度降低有害气体排放

CO 排放量显著减少，HC 和 NO_x 排放量也有改善，CO_2 排放量减少。

(2)有利于合理利用能源

液化石油气(liquefied petroleum gas，LPG)是炼油厂、油气田的一种副产品，使能源利用多样化，能源消耗结构趋于合理。

(3)使用性能优越

辛烷值高(RON = 110)，抗爆性好，燃点优于汽油，热值高于汽油，与空气混合质量好，燃烧完全，启动性好，动力性下降小。但行驶距离受到限制(小于 400 km)。

2. LPG 发动机的发展

自 20 世纪 90 年代以来，LPG 发动机技术发展较快，成为内燃机行业中新一类重要产品。按燃料供给方式和系统结构特征不同到目前可分为 7 个发展阶段：

(1)第一代为 LPG 汽化装置系统，称为化油器式混合方式。

(2)第二代是电控化油器反馈混合方式 LPG 发动机。

(3)第三代是电子控制空燃比(A/F)混合方式的燃料喷射系统。

(4)第四代是电子控制气体喷射(单点和多点)系统。

(5)第五代是电子控制 LPG 进气歧管多点液体喷射系统。

(6)第六代为火花点火式 LPG 缸内直接喷射供给系统。

(7)第七代为压燃式 LPG 缸内直接喷射供给系统。

3. 电控 LPG 多点液体喷射供给系统[8]

图 3-113 为电控 LPG 多点液体喷射供给系统简图。

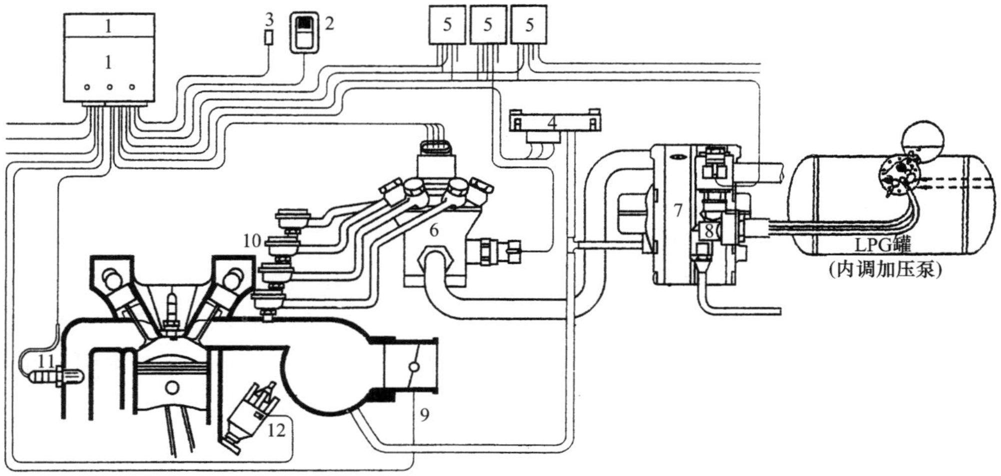

图 3-113　电控 LPG 多点液体喷射供给系统简图

1— 微处理器；2— 燃料选择开关；3— 诊断插口；4— 进气歧管绝对压力传感器；5— 继电器；6— 分配器；7— 蒸发/压力调节器；8— 燃气截止阀；9— 节气门位置传感器；10— 喷嘴；11— 氧气传感器(λ)；12— 发动机转速信号

该系统为汽油/LPG两用燃料系统，属第五代电子控制LPG进气歧管多点液体喷射系统。在LPG罐内装有燃料泵，泵的转速可以按发动机的负荷进行5级变速，通常加压到0.5 MPa供给到压力调节器，经过分配器到各缸的LPG喷油器进气歧管液体喷射。其控制与基准发动机的ECU联动，并且有专用的辅助ECU控制LPG的喷射量。在启动时为防止冻结和检查汽油系统，采用汽油启动，待热机后自动转换成LPG。由于是液体喷射，故能获得与汽油机完全一样的输出功率、转矩和燃油消耗率，能达到严格的欧Ⅳ排放标准。这种双燃料发动机是目前欧洲应用的主要方式。

3.4.3 醇类燃料在发动机中的燃用方式

1. 甲醇和乙醇的特点

(1)辛烷值(RON)比汽油高，抗爆性好，许用压缩比高。十六烷值(CN)很低，着火性差。所以它们是汽油机好的代用燃料，也可作为提高汽油辛烷值的优良添加剂。普通汽油与15%的甲醇混合，即M15，辛烷值可以达到优质汽油的水平。普通汽油(90号)与10%变性燃料乙醇混合，即E10乙醇汽油，辛烷值可以达到93号汽油的水平。

(2)都是含氧的有机化合物，由于含氧量高，有利于改善燃烧，使有害排放物降低。

(3)汽化潜热比汽油大，高的汽化潜热使醇类燃料低温启动性差，低温运行性能差。

(4)甲醇和乙醇的热值都较低，但在理论空燃比A/F下，它们的单位质量的醇类燃料(kJ/kg)或单位体积混合气的热值(kJ/m^3)和汽油的理论混合气的热值相差不大，采取相应燃料供给系统，不会影响动力性。

(5)醇类燃料的着火范围比汽油宽，能在稀混合气区工作。

甲醇与汽油在常温下不能互溶，混合燃料存在分层，吸水性强，因此混合燃料要加助溶剂；乙醇与汽油互溶性好些。甲醇对金属有腐蚀作用，对橡胶件有溶胀作用。

2. 甲醇和乙醇的燃用方法

(1)掺烧

掺烧是醇类燃料与汽油按一定容积比例配制成混合燃料的主要应用方式。甲醇汽油混合燃料通常用MX表示，M是甲醇英文methanol的第一个字母，X表示甲醇掺混的体积比例，如M15表示甲醇占15%。同理，乙醇汽油混合燃料通常用EX表示，如E10表示乙醇占10%。E10和M15目前已在汽油机上获得实用。

(2)纯烧

可以直接设计纯烧醇类燃料的发动机。纯甲醇燃料用M100表示，纯乙醇燃料用E100表示。纯烧燃料发动机必须在结构及燃料装置上进行改动，如德国MAN公司研发的M256型6LUH增压中冷甲醇发动机，采用单孔ϕ1.1喷嘴，Bosch P7-100型$d_p=13$的喷油泵，点火系统为高压电容放电点火装置。带有专用高压点火线圈，并由电子控制。点火提前角应增大，点火能要增强，点火时间要延长。采用多点喷射改善混合气均匀性，采用提高ε_c和对混合气调整更稀空燃比A/F工作。

因此，纯烧醇类燃料发动机结构变动较大，目前很少应用纯烧。

(3)甲醇改质气

甲醇改质气是针对甲醇与汽油掺混易分层，纯甲醇燃料冷启动困难而采取的应用方式。甲醇改质，是在甲醇燃料发动机上安装一个裂解装置，它利用发动机排气余热，使甲醇在一定温

度(300 ℃)和催化剂的作用下裂解成 H_2 和 CO,然后再供入发动机气缸。裂解反应如下:

$$CH_3OH \xrightarrow{催化剂} CO + 2H_2 - Q_R$$

这是吸热反应。甲醇蒸发需要吸收汽化潜热,故甲醇改质后低热值增大了 20%,这个热值增量是从排气的余热来获得的,从而可使热效率得到提高。

催化剂采用金属钯(Pd),改质气的成分和数量取决于催化剂的温度。催化剂的温度越高,转换率就越大,H_2 和 CO 生成的数量增多。当催化剂温度大于 300 ℃ 后,绝大多数甲醇参与了改质,完全生成了 H_2 和 CO。甲醇改质后的性质有了很大变化,比较结果见表 3-15。

表 3-15　甲醇改质气与甲醇、汽油燃料性质比较

项目	甲醇改质气	甲醇	汽油
分子式与成分	H_2/66.7%(mol)　CO/33.3%(mol)	CH_3OH	C_8H_{18}
相对分子质量	10.65	32	114
理论空燃比 $\frac{A}{F}$/(kg·kg^{-1})	6.51	6.51	14.7
低热值 H_u/(MJ·kg^{-1})	24.31	20.26	44.52
理论混合气热值 /(MJ·m^{-3})	3.433	3.56	3.82
最大火焰传播速度 /(cm·s^{-1})	215	37.3	38
着火界限 ϕ_a	0.4 ～ 7	0.34 ～ 2.0	0.7 ～ 1.4
最小点火能(理论混合气)	0.018(H_2)	—	0.25 ～ 0.3

由表 3-15 可看出,甲醇改质气有与 H_2 相近的燃烧特性,易于完全燃烧。着火界限很宽,可以稀混合气燃烧。其辛烷值高,许用压缩比高。由于回收了一部分排气热量,使热效率提高。CO 和 HC 排放少,NO_x 排放也降低。

(4)变性燃料乙醇

变性燃料乙醇指乙醇脱水后再添加变性剂而生成的以乙醇为主(> 92.1%,体积比)的燃料,其理化指标见表 3-16。

表 3-16　变性燃料乙醇的理化指标(GB 18350—2013)

项目	指标	项目	指标
乙醇 /%	(不小于)92.1	铜含量 /(mg·L^{-1})	(不大于)0.08
甲醇 /%	(不大于)0.5	硫含量 /(mg·kg^{-1})	(不大于)30
水分 /%	(不大于)0.8	酸度 /(mg·L^{-1})	(不大于)56
溶剂洗胶质 /[mg·(100 mL)$^{-1}$]	(不大于)5.0	外观	清澈透明,无可见悬浮物和沉淀物
无机氯 /(mg·L^{-1})	(不大于)8		

3.4.4　乳化燃料及其使用技术

1. 乳化燃料

乳化燃料(emulsified fuel)是指利用乳化剂通过乳化装置使燃料与水混合成均匀的乳化油。主要用于乳化柴油、乳化重油等。

掺水方法:

(1)喷水法,是通过附加喷嘴单点喷水到进气管中或多点喷水到进气歧管中。

(2)乳化柴油法,是预先把一定比例的纯净水加入柴油、再添加 1% 的乳化剂,通过乳化装置把柴油与水混合成均匀的油包水型的乳化柴油,然后由柴油机原供油系统通过喷油嘴喷入燃烧室。若加水比例合适，油水混合均匀，且稳定性好。试验比较表明，乳化柴油的效果比其他掺水法都好。

使用乳化柴油，能降低燃油消耗率，改善经济性，还能同时降低炭烟、PM 和 NO_x 排放。

2. 乳化柴油技术

(1)乳化油的稳定性

水与油是互不相溶的，它们之间要以均匀的混合物存在，需要制成均匀多相体系的乳化油。具有实际应用意义的油包水型乳化油，用 W/O 来表示。水以分散微细球状均匀地悬浮在油中，把能维持很长时间的乳化状态称为乳化油的稳定性好。

(2)影响乳化油稳定性的因素

①油品性质

从密度、黏度、表面张力及组分而言，与水差别越大，混合后越不稳定。乳化汽油稳定性最差，乳化重油的稳定性较好，乳化柴油稳定性居中。

②掺水率

乳化油的掺水率，即油中含水的质量百分比，用 ξ_w 表示，其定义式为

$$\xi_w = \frac{\text{水}}{\text{油}+\text{水}+\text{乳化剂}} \times 100\% \tag{3-56}$$

研究表明，ξ_w 越高，稳定性越差，乳化油越容易分层。ξ_w 有一个范围，一般为 8% ～ 15%。轻质柴油用下限，重质柴油用上限。

③乳化剂

选用适当的乳化剂对乳化油的稳定性有关键性的影响。通常采用乳化剂的亲水亲油平衡值(HLB) 来选择和复配乳化剂。乳化剂在水珠和油的界面上形成具机械强度的薄膜。因此应以亲油为主，兼有亲水性。复合型乳化剂是将亲油性乳化剂与亲水性乳化剂按比例调配成的亲油 - 亲水性乳化剂，一般为 8∶1 ～ 10∶1，为 W/O 型。表 3-17 列出了几种乳化剂及其 HLB 值配比。

乳化油的加剂率叫“乳化剂添加率”，用 ξ_{em} 表示，其定义式为

$$\xi_{em} = \frac{\text{乳化剂}}{\text{油}+\text{水}+\text{乳化剂}} \times 100\% \tag{3-57}$$

ξ_{em} 越大，乳化油的稳定性越好，但成本增加，ξ_{em} 一般为 1% ～ 3%。

表 3-17　　几种乳化剂及其 HLB 值配比

亲油性乳化剂(A)	亲水性乳化剂(B)	两种 HLB 值配比
span80 型	AN 型	6∶1
span80 型	OP 型	10∶1
span80 型	6501 型	11∶1
span80 型	Tween80 型	15∶1
span80 型	TX-10 型	17∶1
span80 型	OP 型 + Tween80 型	30∶(1+1)
span80 型 + span60 型	OP 型 + AN 型	(13+2)∶(0.5+1)

④乳化方法

乳化方法有超声波法、胶体磨法和机械搅拌法等。

乳化顺序：先调配复合型乳化剂，按一定加剂率加入柴油中，然后再加入水(按质量比)，

搅拌 20 分钟到半小时后使用。

⑤乳化油中水珠直径大小及分布

水珠并不是等直径的，一般在 0.05 ～ 1.0 μm。当直径小于 0.05 μm 时，乳化油为透明色；当直径为0.1 ～ 1.0 μm 时，乳化油呈蓝白色；当直径大于 1.0 μm 时，乳化油为乳白色。呈正态分布，并且水珠直径小，均匀分布。

3. 乳化柴油的特性

(1)沸点和蒸馏曲线

乳化柴油的蒸馏曲线多数区段高于原柴油蒸馏曲线，即在同一温度下蒸馏出的量多于原柴油相应的馏出量，这对于蒸发和燃烧是有利的。

(2)闪点和十六烷值

乳化柴油闪点升高，这对于储存和安全性有利。随掺水率增大，十六烷值降低，使着火延迟，低温启动困难。

(3)热值 H_{ue} 有所降低，H_{ue} 一般为 35 ～ 40 MJ/kg，与掺水率有关：

$$H_{ue} = \xi_o H_u + \xi_e H_{em} \tag{3-58}$$

式中　H_u—— 燃料低热值，轻柴油 $H_u = 42.5$ MJ/kg，重油 $H_u = 40$ MJ/kg；

H_{em}—— 乳化剂热值，H_{em} 为 30 ～ 35 MJ/kg；

ξ_o、ξ_e—— 分别为含油率和含乳化剂率，%。

(4)密度和黏度

乳化柴油的密度 ρ_f 有所升高，一般 $\rho_f = 0.9$ kg/L，黏度略有下降。

(5)燃烧界限浓度都提高了，所以燃烧范围扩大了。

4. 乳化柴油燃烧的节油和降低排放机理

(1)节油机理

①掺水后燃烧会发生一系列附加化学反应。产生 H、O 和 · OH 等原子和自由基等活性物质，大大活化了整个燃烧过程。

②微爆效应。对油包水型乳化油中的内相水，燃烧受热快，急剧汽化；由水蒸气造成的压力突破膜壳，产生“微爆”作用，使油和水获得了第二次雾化、扩散和均化，分布均匀，空气利用率提高，燃烧完全，降低了油耗率。

③增加燃烧等容度，相应燃烧期缩短，减少后燃并降低了排气温度。

(2)降低排放机理

①降低了燃烧的峰值温度和局部高温。

由于掺水后，水的汽化潜热及低热值降低，燃烧后缸内峰值温度下降，因此，NO_x 排放量明显下降。

②含水燃烧后，与炭进行水煤气反应：

$$H_2O + C \longrightarrow CO + H_2 - 125.7 \text{ kJ}$$

$$2H_2O + C \longrightarrow CO_2 + 2H_2 - 75.14 \text{ kJ}$$

能明显减少积炭、结胶和含炭颗粒，有效消除燃烧室内炽热点。同时又是吸热反应，使燃烧温度降低，燃烧速度减慢，因此烟度降低，NO_x 排放量降低。

③含水燃料燃烧后，过热蒸气充满了燃烧室，对空气进行了稀释，从而防止了局部富氧，因而也扼制了 NO_x 的生成。

5. 2135 型柴油机燃用乳化重油举例

2135 型柴油机，$\varepsilon_c = 16.5$，$iV_s = 4$ L，标定工况 $P_e/n = 29.4$ kW/ 1 500 r·min^{-1}，$p_e = 0.6$ MPa，供油提前角 $\theta_{fs} = 22°$CA(BTDC)。

将重油稀释使用是最实用有效的办法。乳化重油(重油 $\xi_{01} = 50\%$，0 号柴油 $\xi_{02} = 39\%$，水 $\xi_w = 10\%$，乳化剂 $\xi_e = 1\%$) 与复合重油(重油 $\xi_{01} = 50\%$，0 号柴油 $\xi_{02} = 50\%$) 性能相比较，对负荷特性 25%、50%、75%、100%，4 个工况对比试验结果为：油耗率下降 11.2%，炭烟排放量下降 24.5%，NO_x 排放量下降 28.3%。

习　题

3-1 柴油的主要性能是什么？用什么来表征柴油的着火性？汽油的主要性能是什么？用什么来表征汽油的抗爆性？内燃机的代用燃料有哪些？主要性质是什么？

3-2 柴油机对喷油系统提出的要求是什么？柴油机喷油系统是如何分类的？

3-3 泵-管-嘴(PLN)燃油喷射系统的喷油过程三个阶段是怎样划分的？

3-4 简述下列概念：供油提前角；喷油提前角；喷油延迟角；喷油持续角；瞬时调速率；稳定调速率。

3-5 柴油机不正常喷射有哪些？产生原因是什么？采取何种措施？

3-6 什么是供油规律？什么是喷油规律？

3-7 燃油的喷雾特性有哪些？柴油机上为什么要装调速器？

3-8 柴油机电控喷油系统的特点有哪些？电控喷油系统的组成有什么？

3-9 汽油机电控喷油系统的特点、电控系统的分类和组成各是什么？

3-10 缸内直喷(GDI)汽油机的特点是什么？

3-11 CNG 发动机如何分类？描述单一 CNG 燃料发动机的供给系统。

3-12 乳化柴油的特性是什么？

参考文献

[1] 徐家龙. 柴油机电控喷油技术 [M]. 北京：人民交通出版社，2004.

[2] 高宗英，朱剑明. 柴油机燃料供给与调节 [M]. 北京：机械工业出版社，2010.

[3] 李明海，徐小林，张铁臣. 内燃机结构 [M]. 北京：中国水利水电出版社，2010.

[4] 朱元宪. 威特电控组合泵 WP 系列产品开发报告[J]. 成都：威特电喷有限责任公司，2008.

[5] 黄靖雄，赖瑞海. 电控柴油机结构与原理 [M]. 北京：人民交通出版社，2008.

[6] 唐开元，欧阳光耀. 高等内燃机学 [M]. 北京：国防工业出版社，2008.

[7] 卓斌，刘启华. 车用汽油机燃料喷射与电子控制 [M]. 北京：机械工业出版社，1999.

[8] 孙济美. 天然气和液化石油气汽车 [M]. 北京：北京理工大学出版社，1999.

第4章　内燃机混合气的形成与燃烧

混合气的形成与燃烧过程是内燃机气缸内燃料燃烧的化学能转变为热能的重要过程。混合气的浓度和均匀性影响燃烧的开始时刻、持续时间及完全性，关系到气缸内工质的压力变化和热功转换程度。混合气形成的质量除与燃料及其喷射系统有关外，还与缸内气体运动特性和燃烧室的结构有重要关系。

4.1　内燃机气缸内的气流运动

4.1.1　气缸内气流运动的作用及形式

1. 气流运动的作用

组织最佳强度的气缸内气流运动，对内燃机混合气的形成和燃烧过程具有重要作用。

(1)对汽油机的作用

气流运动可以加快油气的均匀混合，控制燃烧过程，提高火焰传播速度，降低燃烧循环变动，减少燃油高温裂解及适应稀混合气燃烧或分层充气燃烧方式。

(2)对柴油机的作用

气流运动可以减小混合气局部过浓或过稀区域，促进油气混合均质化，加快扩散火焰燃烧速率，缩短燃烧持续期，有利于降低炭烟，缓解控制 NO_x 排放与降低燃油消耗率之间的矛盾。

2. 气流运动的形式

(1)涡流(swirl)，包括进气涡流、压缩涡流和燃烧涡流。

(2)挤流(squish)，有正向挤流和逆向挤流。

(3)滚流(tumble) 和斜轴涡流。

(4)湍流(turbulence)，也称为“紊流” 或“微涡流”，是无组织、无规则的脉动气流。

气缸内的实际情况，往往是以上几种气流同时共存，相互叠加交织在一起。

4.1.2　各种气流运动的主要特征和评定参数

1. 进气涡流的特征和评定参数

(1)进气涡流

在进气过程中，靠进气道组织绕气缸轴线的气流旋转运动，称为“进气涡流”。适当的进气涡流引发缸内的热力混合效应，加速混合气的形成，有助于燃油在燃烧室内的均匀分布。研究表明，进气涡流可以持续到燃烧膨胀过程。进气涡流的大小由进气道的结构、形状、加工质量和发动机转速来决定。

(2)进气涡流形成的方法

进气涡流是利用进气道内腔、进气门形状以及进气门相对气缸壁位置,使气流获得方向性旋转而形成的。产生的方法有:带导气屏的进气门、切向进气道、螺旋进气道、组合进气道和可变涡流进气道。图 4-1 为其中几种进气道进气涡流形成的方法及进气门出口处的流速分布。

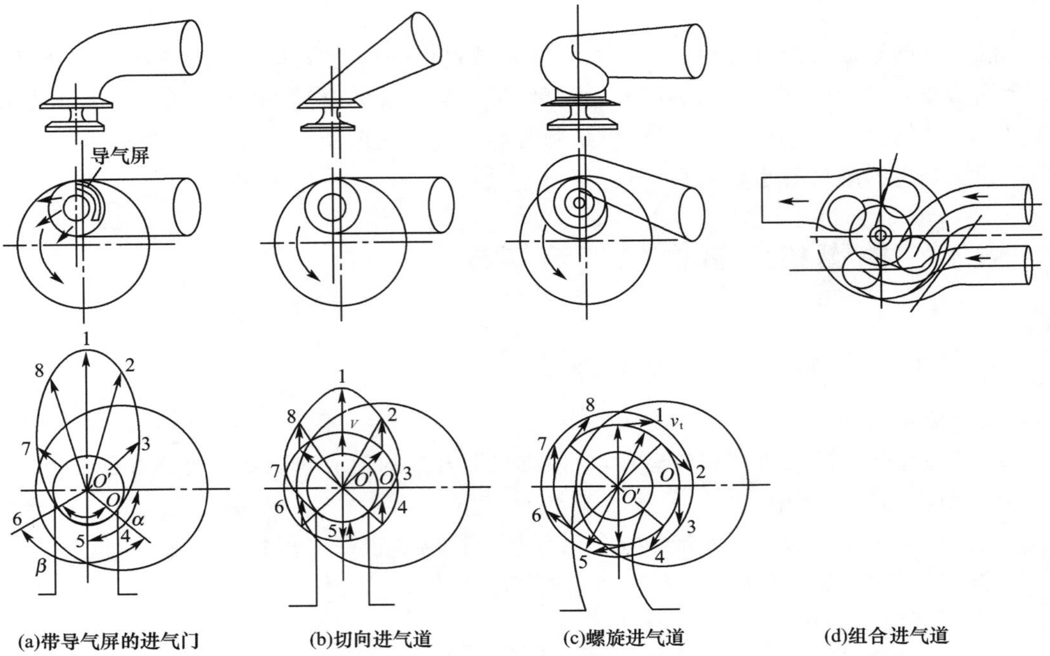

图 4-1 几种进气道进气涡流形成的方法及进气门出口处的流速分布

①带导气屏的进气门[图 4-1(a)]

导气屏设置在进气门上,包角 β 为 80°～120°,安装位置可以旋转调节。靠气缸壁面的约束,强制空气从导气屏前面以不同角度流入气缸,形成对气缸中心的动量矩而产生旋流。试验时为调整方便,涡流比 Ω 为 0～4。但导气屏使流动不对称,减小了流通截面积,使阻力增大,充量系数下降,因此目前已不采用。

②切向进气道[图 4-1(b)]

气道形状比较平直,在进气门座前明显收缩,气道母线与气缸相切,气流单边进入气缸,靠缸壁约束而形成空气旋流,进气门出口处速度分布不均匀,增加一个沿切向气道方向的速度,进气门升程对切向进气道涡流影响较大,进气门升程较大时,涡流速率较高,涡流比 Ω 为 1～2。切向气道仅用于低涡流强度的场合,它在气缸盖中容易布置。

③螺旋进气道[图 4-1(c)]

在进气门座上方的进气门腔内做成螺旋形,使气流在螺旋进气道内形成一定强度的旋转,因此在进气门升程较小时,涡流速率较高。在进气门口处为平直气道,在均匀速度分布的基础上,增加一个切向速度 v_t 与切向气流合成较强旋流,涡流比 Ω 为 1.5～3。强涡流螺旋进气道质量对燃烧性能影响比较大,因此对铸造和加工要求较高。

④组合进气道[图 4-1(d)]

适用于喷油器中心布置的四气门气缸盖，有两个排气门和两个进气门，其中一个进气门为切向进气道，另一个进气门为螺旋进气道，在两个进气门气缸处形成切向和螺旋的进气涡流。

⑤可变涡流进气道

可变涡流进气道是使进气涡流强度随发动机转速和负荷的变化而变化的高低涡流进气道。图 4-2 示出了日本五十铃公司采用的副气道方式、导向叶片方式及空气喷管方式可变涡流进气道。在低速高负荷时须用强涡流，使油耗率和烟度同时降低；高速高负荷及中速中负荷时须用弱涡流及中涡流，使油耗率和 NO_x 排放同时降低。图 4-3 所示为最佳涡流与发动机负荷和转速关系图。

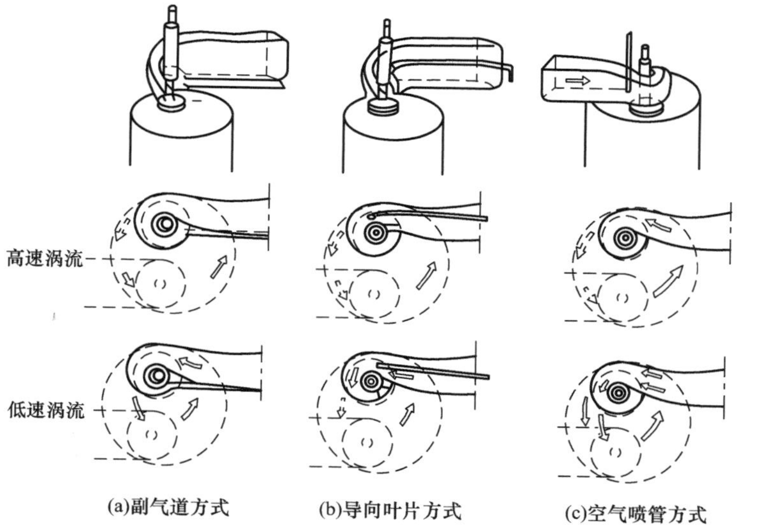

图 4-2　五十铃公司采用的可变涡流进气道

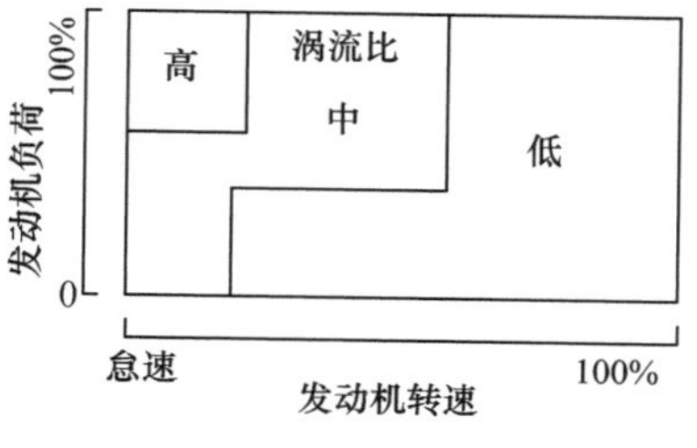

图 4-3　最佳涡流与发动机负荷和转速关系图

(3) 涡流强度及其测定

进气道的质量指标主要有流动阻力和涡流强度。

①涡流强度

常用涡流比(swirl ratio)Ω 来表示涡流强度的大小：

$$\Omega = \frac{\omega_R}{\omega_e} = \frac{n_R}{n} = \frac{\rho V_s n_R}{30m} \tag{4-1}$$

式中　ω_R——叶片旋转角速度，rad/s；

ω_e—— 发动机旋转角速度，rad/s；

n_R—— 叶片转速，r/min；

n—— 发动机转速，r/min；

V_s—— 试验台气缸工作容积，L；

m—— 孔板流量计实测的空气质量流量，kg/min。

②涡流强度的测定

涡流强度通常用里卡多方法评定。一般用如图 4-4 所示的气道稳流试验装置测定涡流强度。还可以利用水模拟、热线风速计和激光多普勒测速仪（LDV）进行测量。

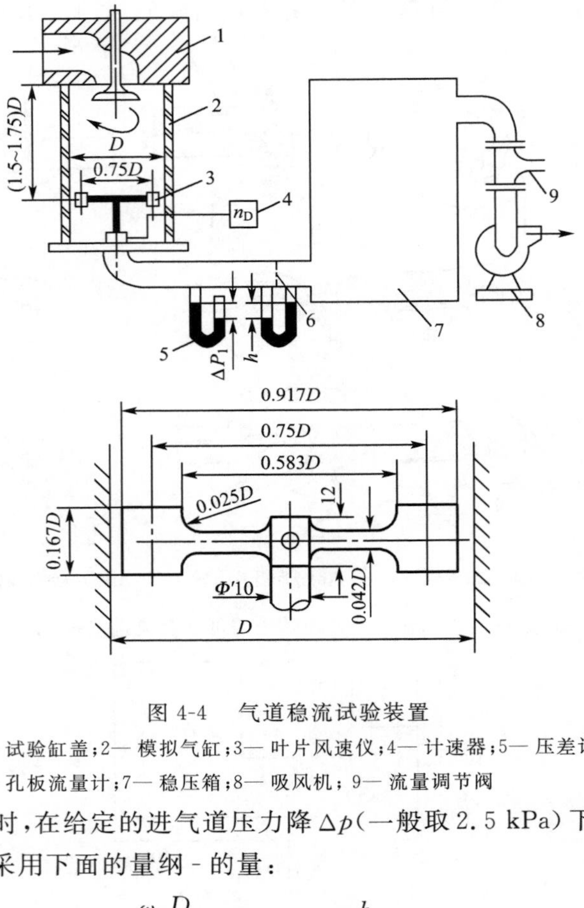

图 4-4 气道稳流试验装置

1— 试验缸盖；2— 模拟气缸；3— 叶片风速仪；4— 计速器；5— 压差计；
6— 孔板流量计；7— 稳压箱；8— 吸风机；9— 流量调节阀

气门升程 h 一定时，在给定的进气道压力降 Δp（一般取 2.5 kPa）下，测定风速仪角速度 ω_R 及流量 Q。试验中采用下面的量纲 - 的量：

$$N_R = \frac{\omega_R D}{v_0}\text{（涡流数）}, \quad \frac{h}{D}\text{（气门升程）}$$

其中 v_0—— 理论进气速度，m/s，$v_0 = \sqrt{2\Delta p/\rho}$；

D—— 气缸直径，mm；

h—— 气门升程，mm。

流量系数为流过气门座的实际空气体积流量与理论空气流量之比

$$C_F = \frac{Q}{A v_0}$$

式中 Q—— 实测空气体积流量，L/min；

A—— 气门座内截面面积，mm^2。

$$A=\frac{\pi}{4}i_v d_v^2$$

其中　i_v—— 进气门数目；

d_v—— 气门座内径，mm。

用无量纲参数比较气道时，可不受流体温度、压力和流速的影响。

2. 压缩涡流与燃烧涡流的特征和形成方法

(1)压缩涡流

在压缩行程中利用活塞的推挤作用，将气缸内的空气挤压进涡流室空间形成的有组织的旋转空气运动，称为“压缩涡流”。图 4-5(a) 为涡流室柴油机轴针式喷嘴顺气流方向喷油，压缩涡流促进了涡流室中的燃料与空气混合。涡流大小由燃烧室形状、通道尺寸、角度及位置决定。

(2)燃烧涡流

利用分隔式燃烧室副室中一部分燃料的燃烧能量将其中的混合气高速喷入主燃烧室，并在主燃烧室里形成气流旋转运动，称为“燃烧涡流”。图 4-5(b) 为预燃室柴油机由于油气从通道小孔冲入主燃烧室速度很快，因此燃烧涡流扰动强烈，加速了主燃烧室的混合燃烧。

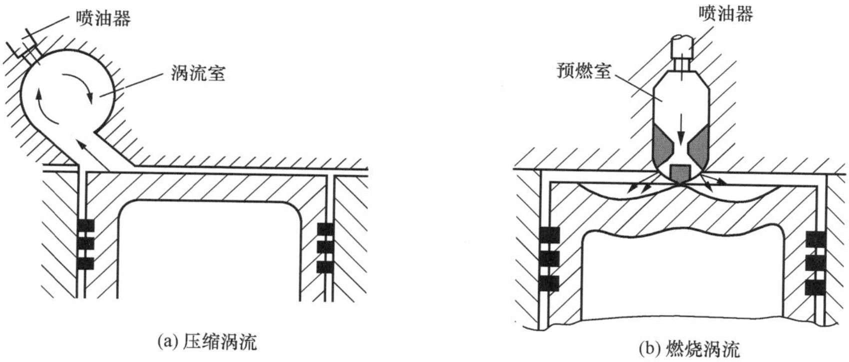

图 4-5　涡流室中压缩涡流及预燃室中燃烧涡流

3. 挤流的特征和形成方法

缩口形燃烧室如图 4-6(a) 所示。

由于燃烧室喉口直径较小，当活塞上行时，在压缩过程后期[图 4-6(a) 左半图]，活塞顶面的环形部分和气缸盖底面彼此靠近时，将空气挤压进燃烧室凹坑内形成的径向或横向气流运动，称为“压缩挤流”(30 ～ 50 m/s)。

当活塞下行时，在膨胀过程初期[图 4-6(a) 右半图]，燃气又流向外围环形空间，进一步促进混合燃烧，产生向外的膨胀流动，称“逆挤流”。挤流强度主要由喉口直径 d_k、挤气面积和挤气间隙的大小决定。挤流速度 ω 随曲轴转角的变化关系如图 4-6(b) 所示。由图可见，在上止点前 10°CA 左右，挤流速度 ω 最大，d_k/D 最小。

汽油机紧凑型燃烧室有利于较强的挤气流动，增强燃烧室内的湍流强度，促进混合气快速燃烧。

逆挤流在柴油机上有助于混合气从燃烧室内流出，促进缸内空气混合与燃烧，对降低排放十分有利。

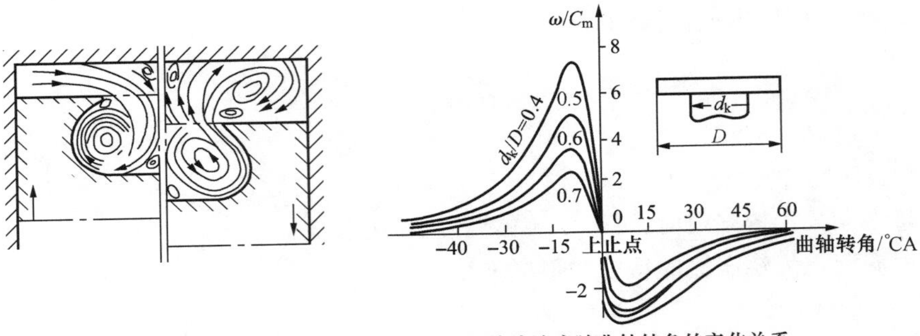

(a) 缩口形燃烧室　　(b) 挤流速度随曲轴转角的变化关系

图 4-6　燃烧室内挤流及挤流速度图

由于挤流不降低充量系数，且流动损失也很小，所以在小型高速柴油机中得到广泛应用。

4. 滚流的特征和形成方法

在进气过程中形成的绕垂直于气缸轴线的有组织的空气旋流，称为“滚流”或“横轴涡流”。图 4-7(a) 所示为进气过程。

在压缩过程中滚流动量衰减较小，如图 4-7(b) 所示。

当活塞接近压缩上止点时，大尺度的滚流将破裂成许多小尺度的涡流，如图 4-7(c) 所示，使湍流强度和湍流动能增加，大大提高火焰传播速度，改善了发动机性能。

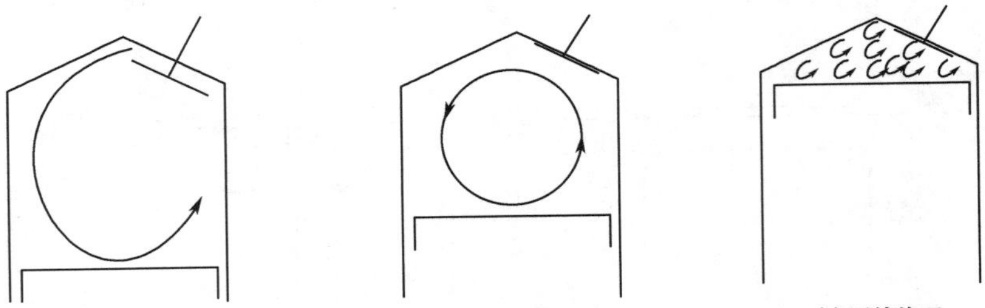

(a)进气过程　　(b)压缩过程　　(c)压缩终了

图 4-7　滚流产生过程

滚流较适于四气门汽油机中，在双进气道中的一个进气道内安装旋转控制阀，通过改变旋转控制阀的开度，即可形成不同角度的斜向旋流。横轴涡流可以认为是由进气涡流和滚流两部分组合而成的，滚流近年在直喷式汽油机上获得广泛应用。

5. 湍流的特征和湍流强度

(1)湍流的特征

在气缸中形成的无规则、非正常、三维、有旋的气流运动，称为“湍流”或“紊流”。湍流的基本特征在于其具有随机性质的涡旋，又称为“微涡流”(micro swirl) 结构。微涡流是出现在燃烧室多处局部空间内运动范围和尺寸均较小的涡流。湍流能引起相邻各层流体间动量、热量、质量等的交换和脉动。在湍流中，工质传输和混合速率大大高于分子间的扩散速率、气缸内气流的平均速度，湍流特性对工质的混合、燃烧和排放有重大的影响。湍流在汽油机中可提高火焰传播速度；在柴油机中可以改善混合气的形成和加快燃烧速度。

近年来研究发现，混合气形成过程除利用进气涡流、压缩挤流以及燃烧产生的气流运动外，还采用特殊形状的燃烧室产生的湍流和微涡流。所谓微涡流，就是在进气道或燃烧室中所产生的空气紊流，又称为“小尺度涡流”，其对混合气形成及燃烧有良好的促进作用。

图4-8示出了日本小松微涡流燃烧室（MTCC）。ω形燃烧室的上部为四角形，下部为圆形回转体，上、下两部连接处经切削加工成圆滑过渡。在进气涡流进入燃烧室后，在四角处使气流分离，产生逆向微涡流，在下部圆弧处形成微涡流，由于上、下涡流相互作用又生成剪切涡流。

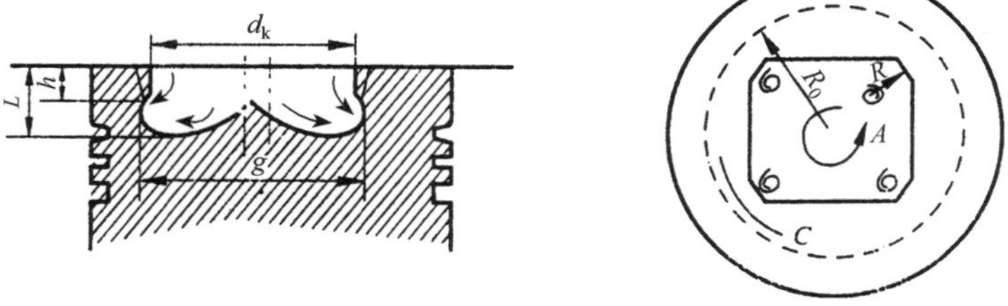

图4-8　小松微涡流燃烧室

（2）湍流强度[1]

湍流强度是指脉动速度分量的均方根，即

$$u' = \lim_{t\to\infty}\left[\frac{1}{\tau_0}\int_{t_0}^{t_0+\tau_0} u^2(t)\,\mathrm{d}t\right]^{1/2} = \sqrt{\overline{u^2}} \tag{4-2}$$

式中　τ_0——对瞬时速度 $U(t)$ 取平均的一个时间区段；

$u(t)$——脉动速度分量。

对一般湍流场，如图4-9（a）所示，某处的瞬时速度为

$$U(t) = \overline{U}(t) + u(t) \tag{4-3}$$

式中　$\overline{U}(t)$——平均速度。

内燃机气缸内是周期性湍流场，如图4-9（b）所示，其曲轴转角位置为 φ 时的瞬时速度为

$$U(\varphi) = \overline{U}(\varphi) + u(\varphi) \tag{4-4}$$

式中　$u(\varphi)$——围绕相位平均速度的脉动速度分量；

$\overline{U}(\varphi)$——气缸内气流的相位平均速度。

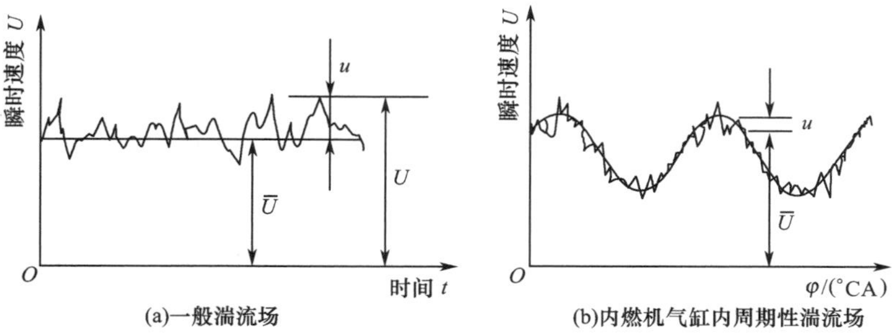

图4-9　湍流场某处的瞬时速度

$$\overline{U}(\varphi) = \frac{1}{N}\sum_{i=0}^{N-1} U(\varphi + i\tau\pi) \tag{4-5}$$

其中　N——取的循环数；

τ—— 冲程数，四冲程机 $\tau=4$，二冲程机 $\tau=2$。

气缸内的湍流强度为

$$u'(\varphi)=\sqrt{\frac{1}{N}\sum_{i=0}^{N-1}[U^2(\varphi+i\tau\pi)-\overline{U}^2(\varphi)]} \tag{4-6}$$

通常用热线风速仪或激光多普勒测速仪（LDV）测量气流的瞬时速度 $U(\varphi)$，并利用式(4-4)、式(4-5)求出 $U(\varphi)$ 和 $\overline{U}(\varphi)$，然后由式(4-6)得到湍流强度 $u'(\varphi)$。

6. 热分层效应(热混合效应)

直喷式燃烧室内的空气涡流可以促使油束分散，扩大混合的范围。

在有适当涡流强度的活塞顶内的燃烧室中，燃油喷到燃烧室周边地区，在较强空气涡流旋转离心力的影响下，燃烧后或正在燃烧的高温燃烧产物或燃气，因其密度小而被卷吸到燃烧室中央区；而尚未参加燃烧的新鲜空气、燃油蒸汽及其混合气，因其密度大而被离心力甩到周边区，形成分层混合燃烧，从而充分利用了周边空气，使燃烧完善，这种现象称为“热混合效应”。

4.1.3 气缸内气流运动对混合气形成和燃烧过程的影响

1. 对混合气形成的影响

(1)空气涡流产生热混合作用

扩大了空气与燃油的混合范围，加速了已燃气体火焰与未燃混合气的相互扩散和渗透，提高了燃油与空气的混合速率，缩短了滞燃期，提高了经济性。

(2)气流运动促进油气均匀混合和均匀分布

较强的气流运动加快了油滴与压缩空气的热交换速度，缩短了油滴蒸发时间，增加了燃油分子与氧分子的接触面积和碰撞概率，从而改善了混合气的均匀性。

(3)气流运动速度增大，增大空气利用率，缩短燃期。

2. 对燃烧过程的影响

(1)对压燃式内燃机，气流运动可缩短着火滞燃期 τ_i，减少了预混合燃烧量，扩大了火焰锋面面积，加快了扩散燃烧速度。在延迟喷油时，可以缩短燃烧持续期，实现快速燃烧，同时减少了后燃，改善了燃烧过程，提高了燃烧效率。

(2)对点燃式内燃机，气流运动可缩短点火滞燃期。

(3)气流运动加快燃烧速度，使燃烧过程及时、完全，热效率提高，油耗率降低，排放改善。

4.2 汽油机混合气的形成与燃烧

传统汽油机的混合气是均匀预混合气，须用电火花点燃，燃烧是快速预混合燃烧。

4.2.1 汽油机混合气形成的方式与特点

1. 混合气形成的方式

在汽油机中，汽油和空气在火花塞点火前已经按一定比例预先混合形成均质的可燃预混合气，形成方式主要有化油器式和汽油低压喷射式两类，见表 4-1。

表 4-1　汽油机的混合气形成方式

形成方式		类型简图	混合部位	形成位置	可燃混合气形成
化油器式		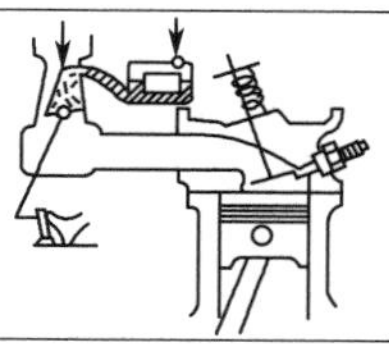	进气喉管处真空度	气缸外部	时间长，均匀 $\phi_a < 1.1$
汽油低压喷射式	单点喷射	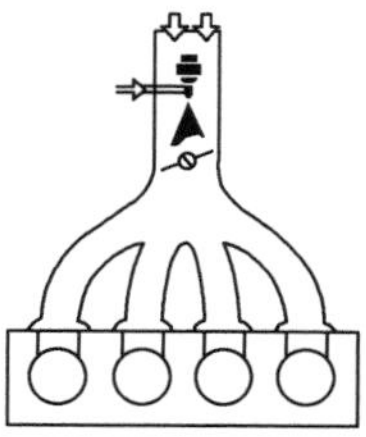	进气总管处	气缸外部	时间较短，不均匀
	多点喷射	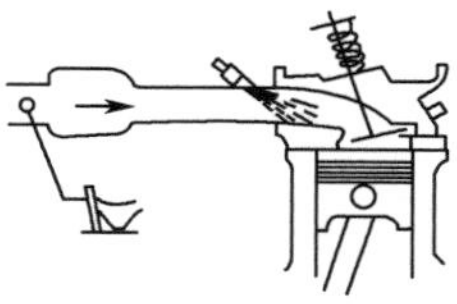	进气门前	气缸外部	时间短 ϕ_a 为 $0.8 \sim 1.1$
	缸内直接喷射	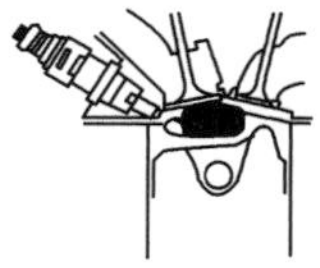	气缸内部	气缸内部	中低负荷，压缩行程喷入高负荷，进气行程喷入

2. 混合气形成的特点

(1)预制的可燃混合气除缸内直接喷射外都是在气缸外部形成的

①所用燃料汽油具有黏度低、挥发性好、自燃温度高的特点，仅利用喉管真空度或低压喷射就能实现良好的雾化，且必须用火花塞点燃。

②紧凑型燃烧室和火花塞的合理布置，促使混合气在气缸内较好地分布。

③通过组织适当的空气运动，促进油气的均匀混合。

④要求气缸内混合比在可燃范围内，在压缩行程上止点前(BTDC)$20 \sim 30°$CA，用火花塞点燃着火，具有足够的点火能量，保证每次点火成功。

(2)混合气是单一气相，混合气的浓度接近理论空燃比

①混合气形成时间长，进气门开启的吸气过程和压缩过程都是混合过程，混合时间为 $400 \sim 500°$CA。混合路径长，从气缸外的进气管、节气门、进气门到气缸内，形成均质可燃预混合气。

②负荷调节方式为“量调节”，当汽油机保持某一转速不变时，负荷变化是通过改变节气门开度 ψ 的大小，即改变混合气的量多少来实现的，而进入气缸的混合气浓度，即空燃比 A/F 变化不大。这种通过改变混合气量多少来调节负荷大小的方式，称为汽油机的量调节。

③空气利用率高，燃烧速度快，燃烧期短，所以汽油机转速高，功率密度大。

④在燃烧期间，混合气浓度有最佳范围，ϕ_a 为 $0.88 \sim 1.11$(经济混合气浓度 $\phi_a = 1.1$，

功率混合气浓度 $\phi_a = 0.9$)。

⑤由火花塞点燃,点燃后在火花塞附近形成火焰核,并以此为中心,火焰呈球面传播,且燃烧速度快,燃烧时间短。

(3)空气充量系数 ϕ_c 和几何压缩比 ε_c 较低

①由于进气系统存在节气门,造成进气阻力大,因此,空气充量系数 ϕ_c 小。为使燃料汽化蒸发,在进气中间进行加热,使得 ϕ_c 也进一步减小。

②由于压缩过程中压缩的是油与气的混合气,为防止爆燃,必须采用低压缩比,一般 $\varepsilon_c < 10$。对分层充气燃烧方式的直喷汽油机,ε_c 可达 12。因此,热效率低,油耗率高。

3. 影响混合气质量(均匀性)的主要因素

喷出的燃料一经与空气接触,燃料的汽化过程就开始了。汽化过程就是使燃料液滴转变为气相过程,汽化质量好,混合气均匀性就好。影响燃料汽化质量的主要因素有燃料的雾化细度、混合气温度、混合气压力和气流运动。

(1)雾化细度的影响

所谓雾化细度,即油滴直径 d_f 的大小。在喷雾中,小直径的油滴越多,燃料的汽化速度越快。

(2)混合气温度的影响

燃料汽化百分数,随着混合气温度升高而增大,即混合气温度越高,燃料汽化的速度就越快。

(3)混合气压力的影响

混合气压力越低,燃料蒸气在混合气中的浓度越小,则燃料越容易汽化。

(4)气流运动的影响

气缸内气流的平均流速和湍流特性对油气的均匀混合有重大影响。适当的湍流可改善混合气的形成与燃烧,对实现分层充气燃烧发挥重要作用。

4.2.2 汽油机的燃烧过程与影响因素

预混合燃烧是指在燃烧过程中,如果混合过程比燃烧反应要快得多,或者在火花塞点火燃烧之前,燃料气体或燃烧蒸气与空气已按一定比例充分混合形成气相的可燃混合气;火焰传播速度就是燃烧速度;燃烧持续时间主要取决于化学效应动力学因素。综上所述可认为,汽油机和气体燃料发动机的可燃混合气燃烧,基本上都属于预混合燃烧。在 p-V 示功图上,属定容加热过程。

1. 汽油机正常燃烧过程的阶段划分

正常燃烧过程是指燃烧过程唯一地由定时的火花塞点火开始,火焰核心形成,且火焰前锋以一定的速度传至整个燃烧室,一直到燃油基本烧完为止所经历的过程。一般燃烧持续期为 25 ~ 40°CA。在此期间,火焰的传播速度、火焰前锋面的形状无急剧变化。

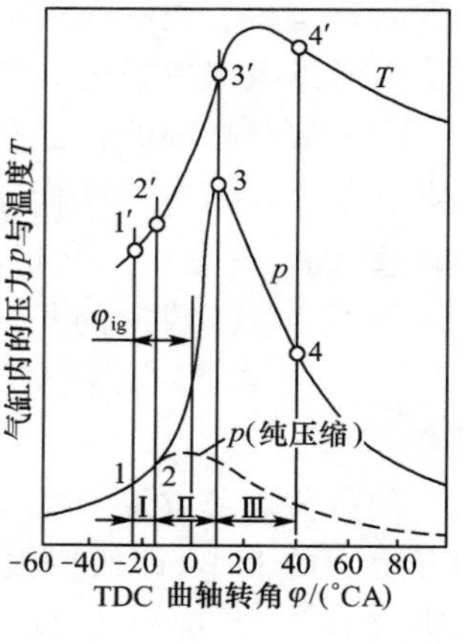

图 4-10 汽油机燃烧过程的阶段划分

(1)按展开的示功图来划分,燃烧过程分为着火滞燃期、主燃期和后燃期三个阶段,如图 4-10 所示。

①第 Ⅰ 阶段为着火滞燃期 τ_i，图 4-10 中 1—2 段，$\tau_i = \frac{\varphi_i}{6n}$。

点 1 是电火花跳火瞬间。点火提前角 φ_{ig} 为点 1 到上止点(TDC)之间的曲轴转角。

点 2 是火焰核心形成，燃烧开始，压力上升线与纯压缩线分离点。

特点：着火滞燃期约占整个燃烧期的 10%，气缸内工质的压力和温度没有明显升高。仅形成中间产物，放热很少。

为使着火性能好，保持工作稳定，各循环间压力波动小，应尽量缩短着火滞燃期。

影响着火滞燃期 τ_i 的因素有：

a. 燃料本身的分子结构和物理化学性质。辛烷值高的燃料着火滞燃期短。

b. 点火时缸内混合气压力和温度。它与压缩比 ε_c 有关，ε_c 高，压力和温度就高。

c. 点火时缸内混合气浓度 ϕ_a。如图 4-11 所示，当 ϕ_a 为 0.8～0.9 时，燃烧速度最快，τ_i 最短。

d. 混合气的运动状况。微涡流的存在，有助于提高活化中心的扩展能力，加快火焰传播，使着火滞燃期缩短。

e. 火花点火能量。点火能量大时，着火滞燃期就缩短。

f. 残余废气量 M_r。M_r 减少时，着火滞燃期缩短。

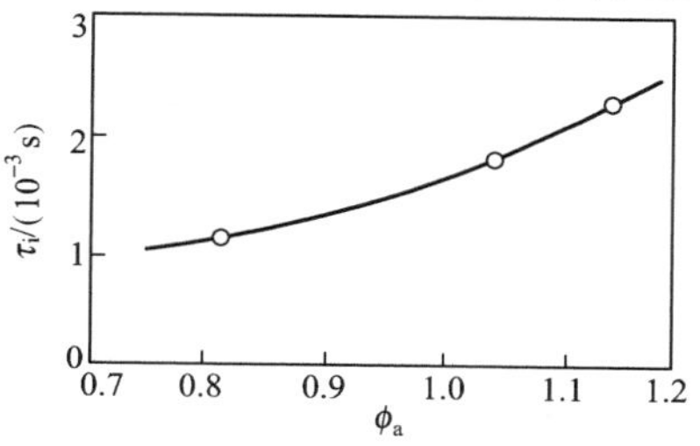

图 4-11　ϕ_a 对 τ_i 的影响

②第 Ⅱ 阶段为主(急)燃期，图 4-10 中 2—3 段。

点 3 一般为最高压力点，点 3′ 为最高温度点(有时点 3 与点 3′ 重合)。当然，取放热率骤然下降的时刻作为急燃期终点更为合理，一般点 3 在上止点后(ATDC)12～15°CA。

特点：大部分燃料(接近 80%)是在这阶段烧完的，缸内压力和温度急剧升高，压升率($dp/d\varphi$)高，为 0.2～0.4 MPa/(°CA)，火焰传播速度快(50～60 m/s)。图 4-10 中点 3 出现的时刻对发动机性能影响很大，若出现过早，$dp/d\varphi$ 增大，p_{max} 高，负功增加；若出现过迟，后膨胀比 δ 减小，传热损失增加，排温 t_r 升高。因此，主燃烧期对汽油机性能有决定性影响，点 3 出现的时刻，一般可通过改变 φ_{ig} 予以调整。

影响 $dp/d\varphi$ 的因素：

a. 火焰传播速度：速度越快，$dp/d\varphi$ 就越大；

b. 火花塞位置：传播距离越远，着火滞燃期越长，则 $dp/d\varphi$ 越大；

c. 燃烧室形状：半球形燃烧室，$dp/d\varphi$ 较小。

③第 Ⅲ 阶段是后燃期，图 4-10 中的 3—4 段。

点 4 是燃料基本烧完的点，总燃料量的 10% 左右被燃烧掉。由于燃料与空气的混合并非完全均匀，加上燃烧产物在高温下可能发生热分解，因此，在火焰锋面传到末端混合气后，缸内仍有未完全燃烧的燃料存在。

特点：活塞下行，缸内工质的温度和压力下降，热能转化为功的能力减弱，因此，应尽量缩短后燃期。

(2)按已燃质量分量来划分，燃烧过程分为火焰发展期、快速燃烧期和总燃烧期三个阶段，如图 4-12 所示。

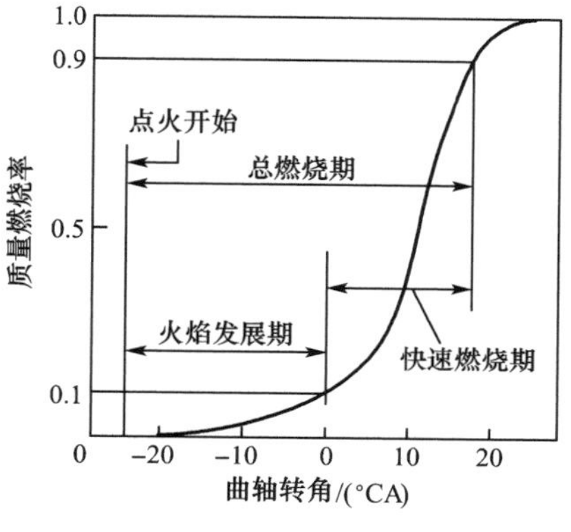

图 4-12　按已燃质量分量划分燃烧过程示意图

①火焰发展期，相当于示功图燃烧过程分段的着火滞燃期 τ_i，是指从火花塞点火到燃料化学能释放 10% 之间的曲轴转角间隔期；τ_i 为气缸内 10% 的燃料烧完的时间。

②快速燃烧期，指从火焰扩展阶段（通常指已燃质量百分数达到 10%）到火焰传播终点（通常指已燃质量百分数达到 90%）之间的曲轴转角间隔期，是大量工质（80%）燃烧所需的曲轴转角间隔。

③总燃烧期，是火焰发展期与快速燃烧期之和，是整个燃烧过程的持续期，即全部工质（> 90%）烧完所用的时间。

2. 影响汽油机燃烧过程的主要因素

（1）结构因素的影响

①压缩比 ε_c 的影响

提高压缩比可以提高发动机的功率和热效率，但压缩比的提高使压缩终了可燃混合气的温度和压力增加，易发生爆燃。为保证汽油机有尽可能大的压缩比，而又不发生爆燃，主要措施是提高汽油的辛烷值和改进燃烧室设计。图 4-13 示出了汽油的辛烷值与压缩比的关系。当前汽油机常用压缩比为7 ~ 10。

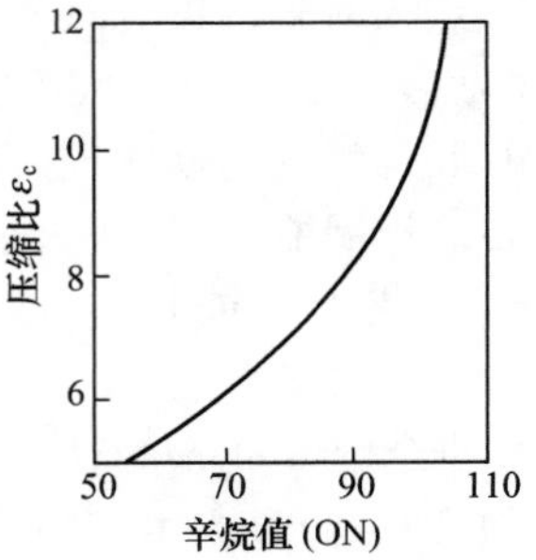

图 4-13　辛烷值与压缩比的关系

②燃烧室的影响

汽油机燃烧室的结构不仅直接影响燃烧过程的传播速度、放热率、传热损失及爆燃倾向，还影响发动机的充气效率，从而影响发动机的性能。紧凑型燃烧室有利于减少产生爆燃的倾向。

③缸内气流运动的影响

近年来已开始重视汽油机缸内气流运动的作用，这对提高燃烧速度，加快火焰前锋传播速度，缩短燃烧期，改善部分负荷燃烧稳定性，抑制爆燃都有较大的影响。

④火花塞的个数和位置的影响

火花塞靠近燃烧室中心，或增加火花塞数目，使燃烧速度加快，持续期缩短。

⑤气缸尺寸的影响

气缸直径 D 增加，燃烧室的尺寸也相应增加，但燃烧室的面容比（F/V）下降，散热面积相应减小，因而散热损失减少。但增大气缸直径将增大火焰传播距离，并增加末端混合气的温度，爆燃倾向随之增加，因此，汽油机缸径不宜过大，常小于100 mm。

⑥气缸盖、活塞材料的影响

气缸盖和活塞采用铝合金材料时，比采用铸铁材料表面温度低，发动机热负荷明显下降，发动机产生爆燃的倾向减小。

（2）混合气的质量及运行因素的影响

①燃料性质的影响

由于爆燃是燃料在发动机中的自燃现象，因此，燃料的性质直接影响爆燃现象。燃料对发动机发生爆燃的抵抗能力称为“燃料的抗爆性”。表示燃料爆燃倾向的指标为辛烷值（ON）。研究法辛烷值（RON）和马达法辛烷值（MON）是评定汽油抗爆性的两种指标。我国通常用 MON，目前国际上广泛采用 RON 和 MON 的平均值，即燃料抗爆指数来表征。

$$\text{抗爆指数} = \frac{\text{RON} + \text{MON}}{2}$$

MON 为 80 的汽油相当于 RON 为 90 的汽油。

燃料的抗爆性高，可将汽油机的压缩比提高，改善发动机的燃油经济性。

②混合气浓度的影响

过量空气系数 ϕ_a 的大小，主要影响火焰传播速度，因此，也影响燃烧过程。

当 ϕ_a 为0.8～0.95 时，着火滞燃期 τ_i 短，火焰传播速度（S_f）快，如图 4-14 所示，相应燃烧最高温度和最高压力大，发动机发出的功率也大，这种浓度的混合气通常称为“功率混合气”。

当 ϕ_a 为 1.05～1.15 时，燃烧较完全，燃烧热效率高，发动机经济性好，因此把这种浓度的混合气称为“经济混合气”。

当 ϕ_a 为 1.4～1.5 时，混合气过稀，火焰难以传播，不能稳定运行，称为“火焰传播下限”。

当 ϕ_a 为 0.4～0.5 时，混合气过浓，由于严重缺氧不能燃烧，称为“火焰传播上限”。

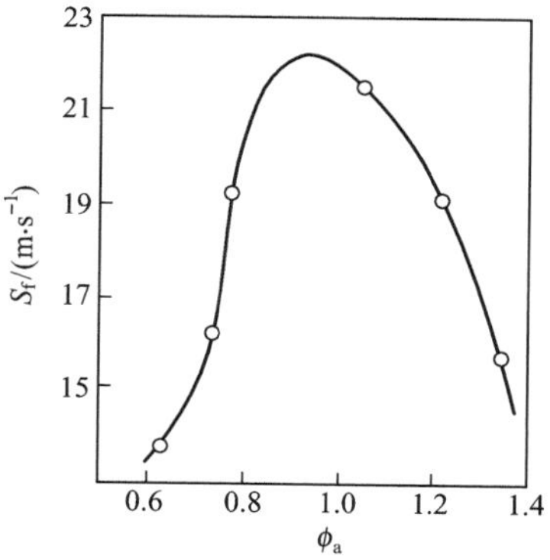

图 4-14　ϕ_a 对 S_f 的影响

在混合气浓度界限内（$0.8<\phi_a<1.2$），燃烧过程正常进行。

③点火提前角 φ_{ig}（点火定时）的影响

若点火提前角过早，因大部分混合气是在压缩过程中燃烧，使气缸内压力升高过早，增加了压缩负功，最大压力 p_{max} 增高，峰值点提前，使末端混合气产生爆燃的倾向增加，机械负荷和噪声增大。

若点火提前角过迟，因混合气的燃烧延迟到膨胀过程中进行，燃烧的最高压力和最高温度都将降低，功率下降，燃烧时间延长，排气温度升高，效率下降，油耗率增加。

若点火提前角适当，燃烧最高压力和温度出现在上止点后 12～15°CA，燃烧及时，热利用率高，获得较大的功率和较低的油耗率，同时，压力升高率也不高，这种对应最大功率和最低油耗率的点火提前角，称为“最佳点火提前角”。

保持节气门开度 ψ、转速 n 以及混合气浓度 ϕ_a 一定，记录功率 P_e、油耗率 b_e、排气温度 t_r，随点火提前角 φ_{ig} 的变化，称为“汽油机点火提前角特性”，如图 4-15 所示。

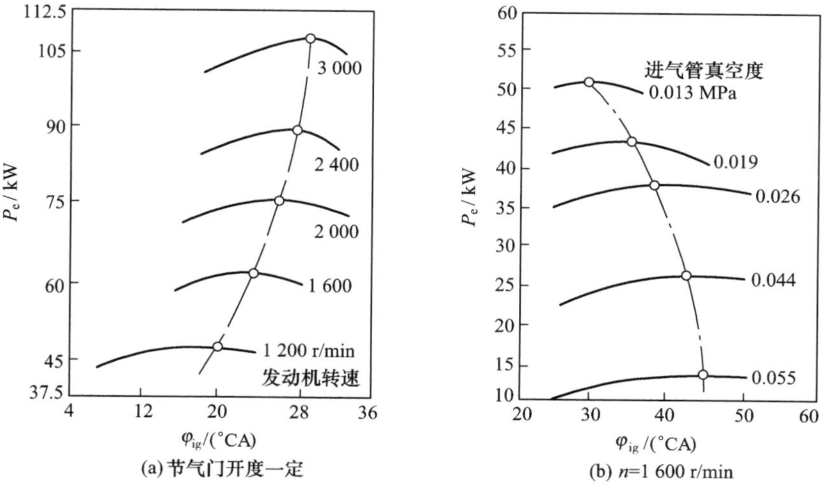

图 4-15　汽油机点火提前角特性

图 4-15(a) 节气门开度一定，随转速增加，最佳点火提前角应提前，因此，在汽油机上装有点火提前角的离心式自动调节装置，或采用电子控制方式调节。

图 4-15(b) 发动机转速一定($n = 1\ 600$ r/min)，随负荷增大(节气门开度增大)，最佳点火提前角应该减小，因此，在汽油机中均采用点火提前角真空调节器来自动调节。

④转速 n 的影响

当汽油机的转速提高时，混合气进入气缸的流速增加，压缩气流也加强，这些都改善了燃料与空气的混合。转速提高，气缸漏气和散热损失减少，使压缩终了时的温度增加，因而，使火焰传播速度 S_f 加快。由于转速提高，以曲轴转角计的燃烧时间也有所增加。为了使燃烧过程有效地进行，应该相应地加大点火提前角，如图 4-16 所示。

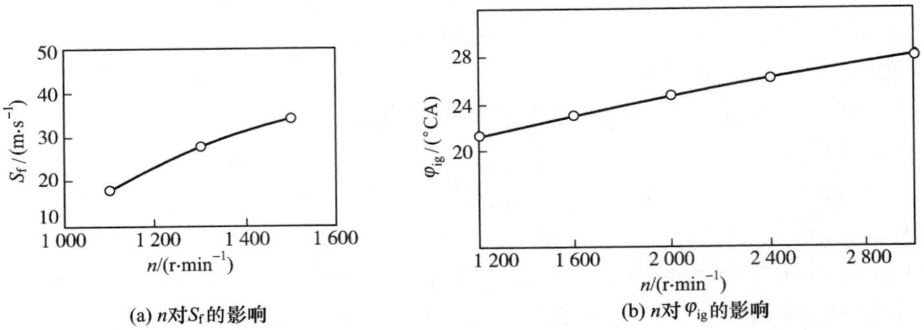

图 4-16　n 对 S_f 和 φ_{ig} 的影响

转速提高时，由于火焰传播速率加快，当远端混合气还未达到自燃时，火焰前锋已经到达，所以在高转速时一般不易发生爆燃。因此，当发动机在运转中发生爆燃时，可用车辆降挡运行的办法来消除。

⑤负荷的影响

在汽油机中，当负荷发生变化时，可通过改变节气门的开度，调节进入气缸的混合气数量来适应负荷的变化。当负荷减小时，由于节气门开度减小，进入气缸内的混合气量减少，但气缸内残余废气量并无显著变化，这使残余废气所占的比例相应增加，对混合气稀释作用加大；而且燃烧室壁面温度因负荷减小而下降。这些因素使混合气的焰前反应减慢，着火滞燃期延长，火焰传播速度下降，为此，随着负荷的减小，最佳点火提前角要提前，如图 4-17 所示。当负荷增大时，混合气数量增加，容易产生爆燃。当运转中的汽油机产生爆燃时，可以通过减少负荷的办法来消除。

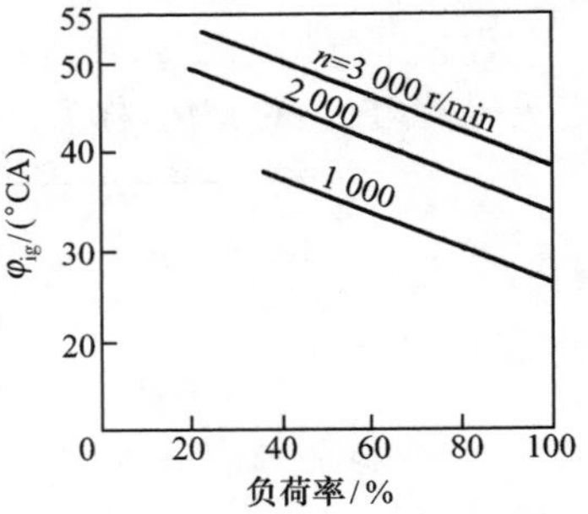

图 4-17　最佳点火提前角随负荷率的变化

4.2.3　汽油机的点火过程与火焰传播

1. 点火过程与点火能量

(1)火花塞点火过程

汽油机压缩的是均匀混合气，尽管其温度和压力不断上升，但氧化反应进行缓慢，生成的反应活化中心很少，难以自燃形成火焰核心，因此，必须采用强制点燃方式。

从火花塞放电开始到使混合气产生自身有传播能力的稳定火核(源)为止,称为“点火过程”。这是在第Ⅰ阶段滞燃期中进行的瞬间过程,它是使局部混合气温度骤然升高,燃料和空气分子被电离成活化中心,导致火核生成,到支持火焰发展的过渡过程。

①汽油机点火系统分类:线圈点火(CI,机械式);晶体管点火(TI,电子式);半导体点火(SI,电子式);无分电器半导体点火(DLI,电子式)。

②晶体管普通电子点火系统,用电子开关代替有触点点火系统中的机械式断电装置,使用可靠,系统简图如图 4-18(a)所示,主要由点火开关、点火线圈、无触点分电器及 IC 芯片的点火控制器等组成。

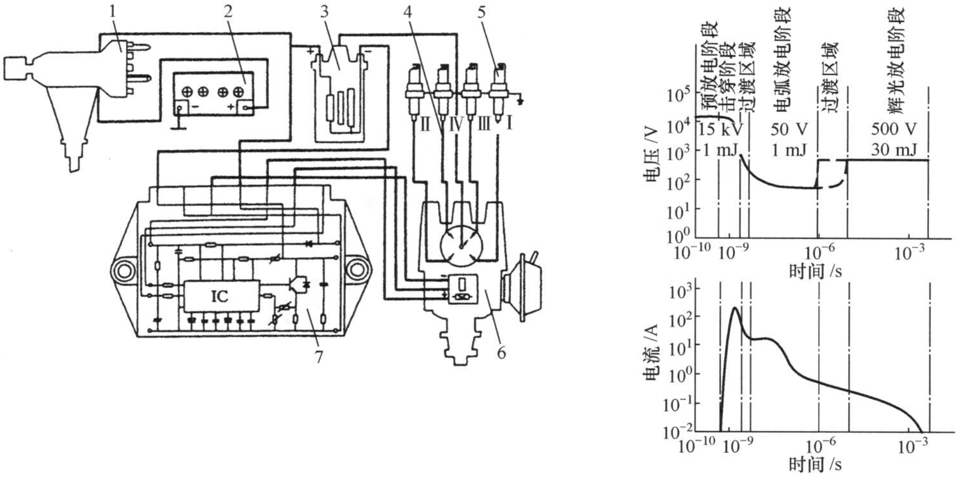

(a) 晶体管普通电子点火系统简图　　(b) 点火系统工作时电压、电流的变化

图 4-18　点火系统

1— 点火开关;2— 蓄电池;3— 点火线圈;4— 高压阻尼线;5— 火花塞;6— 霍尔效应式无触点分电器;7— 点火控制器

③火花点火的着火过程是复杂的物理化学过程。图 4-18(b)示出了高压线圈点火系统工作时电压、电流随时间的变化,整个过程可分为击穿、电弧放电和辉光放电三个阶段。

④火核形成。电火花提供活化能,经过链反应,活化中心大大增加,于是在电极周围的混合气温度迅速升高产生急剧的氧化反应,形成火焰中心(火核),被认为是点火成功。

(2)点火能及影响点火成功的因素

①点火能为点火成功所需要的最小能量。点火能越小,点火越容易成功。

②点火能计算式

蓄电池的线圈点火能 E_b 一般与在初级电流切断之前初级线圈的储蓄能成正比,即

$$E_b = \frac{L_1 I_1^2}{2} \tag{4-7}$$

式中　L_1—— 初级线圈的自感系数;

I_1—— 初级电流。

$$I_1 = \frac{V}{R_1}(1 - e^{\frac{R_1}{L_1}\cdot t})$$

其中　V—— 施加在线圈上的端电压;

R_1—— 初级线圈的阻抗;

t—— 通电时间。

③影响点火成功的因素

a. 放电性质(电容放电或电感放电)、点火能和点火持续时间

b. 混合气状态

主要因素是混合气浓度、混合气温度、压力及火花塞附近混合气流动状态。

c. 火花塞参数和火花塞位置

一般火花塞间隙 s 为 0.6 ～ 1.0 mm,在燃烧室中间布置时点火能最小。

d. 燃烧室形状

半球形燃烧室点火易成功。

2. 点火提前角及点火界限

(1)点火提前角(点火定时)φ_{ig}

点火提前角是指从火花塞跳火瞬时到活塞行至上止点时所转过的曲轴转角,用 φ_{ig} 表示。

汽油机工作对每一工况都存在最佳点火提前角,活塞位于上止点时,火焰应大致扩散到燃烧室容积的一半,点火定时一般为上止点前(BTDC)20 ～ 30°CA,这时功率最大,油耗率最低。

若负荷保持不变,汽油机转速升高时,最佳点火提前角须相应增大;若汽油机的转速维持不变,最佳点火提前角应随负荷减小相应加大。

(2)点火界限(或可燃界限)

①点火界限

混合气的点火只能在一定的浓度范围内才能获得成功,这个浓度范围就称为“点火界限”。图 4-19 示出了点火界限关系图。纵坐标为点火能 E_b,横坐标为过量空气系数 ϕ_a,E_b 与 ϕ_a 呈 U 形曲线关系,U 形曲线内部为着火区,在 $\phi_a = 1.0$ 时,出现 E_b 的最小值。ϕ_a 过小或过大都会使 E_b 上升,且存在可燃混合气浓度的上限稀限 $\phi_{amax} = 1.35$ 和下限浓限 $\phi_{amin} = 0.5$。

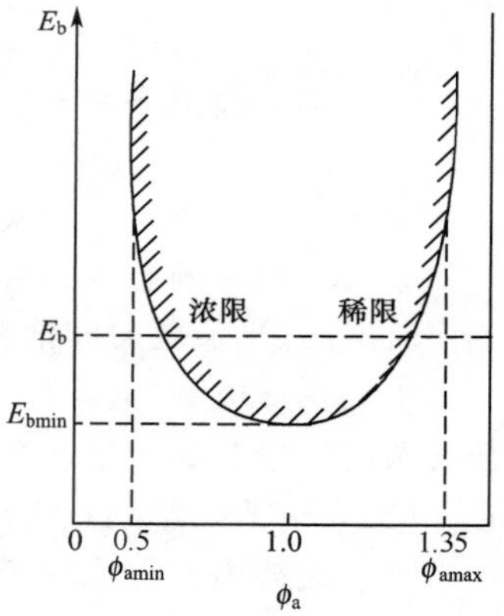

图 4-19 E_b 与 ϕ_a 的关系

②影响点火界限的因素

a. 可燃混合气初始温度 T_a 的影响:T_a 增高,使放热率增大,散热率减小,扩大了点火范围。

b. 含有大量惰性气体分子的影响:残余废气系数 ϕ_r 增加,点火界限变窄。

c. 混合气压力 p 的影响:降低混合气的压力,特别当混合气压力小于大气压力 p_0 时,则其点火界限很快变窄。

d. 混合气流速的影响:流速的增加有利于将火核吹离电极,从而减小电极的冷却作用,使点火界限变宽。当流速增加超过某一定值时,过强对流所造成的高传热速率将使火核无法建立,从而导致点火界限变窄。

3. 预混合气中火焰传播

(1)火焰传播与火焰前锋面

①火焰传播

点火过程中形成的火核,首先点燃其周围的混合气,火焰范围逐渐扩大,并随着热量的

释放，远端混合气的温度和压力不断升高，燃烧逐渐加速。由于各处混合气的浓度、温度和压力是一致的，因而，火焰在各方向的扩展速度基本相等，即火焰从火核开始以平滑的球形表面高速地向燃烧室的各个方向传播，使未燃混合气燃烧，这种燃烧现象称为“火焰传播”。

②火焰前锋面

燃烧主要在厚度为 δ 的火焰面上进行，称为“火焰前锋面”，特点是火焰前锋面界面明显，把未燃混合气与已燃产物分开。

③火焰传播方式

根据混合气运动状态不同，分为层流火焰传播和湍流火焰传播。

(2)层流火焰[2]

①层流火焰前锋面的构造(图 4-20)

混合气呈静止或层流状态，雷诺数 $Re < 2\ 300$。

火焰前锋面很薄，$\delta \approx 1$ mm，包括预热区 δ_p 和反应区 δ_c，在此区域内混合气有着极大的温度梯度和浓度梯度，在火焰面上进行剧烈的化学反应，95% 的化学能集中在反应区释放。火焰前锋面形状平滑。火焰亮度一般。

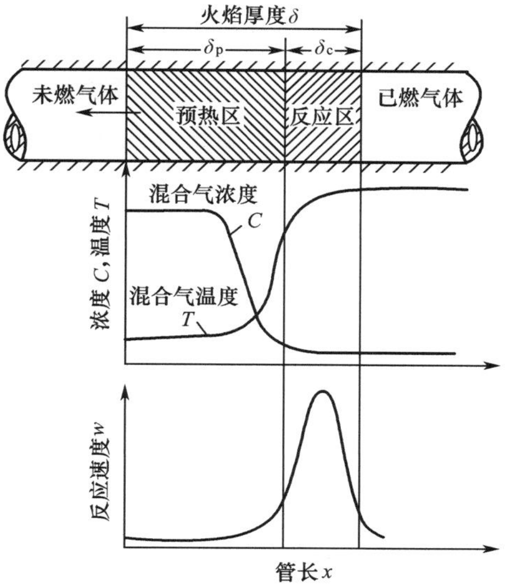

图 4-20　层流火焰前锋面的构造

②层流火焰传播速度 S_L

即火焰速度，是指火焰前锋面在法线方向相对未燃混合气的移动速度，用 S_L 表示。

$$S_L = \frac{dm_b/dt}{A_f\rho_u} = \frac{dV_b/dt}{A_f} \quad (m/s) \tag{4-8}$$

式中　dm_b/dt—— 质量燃烧速率，是指单位时间燃烧混合气的质量，kg/s；

dV_b/dt—— 体积燃烧速率，是指单位时间燃烧混合气的体积，m^3/s；

A_f—— 火焰前锋面表面积，m^2；

ρ_u—— 未燃混合气密度，kg/m^3。

汽油机层流火焰传播速度为 0.4 ～ 1.8 m/s。

实际计算 S_L 时采用经验关系式：

$$S_L = S_{L0}\left(\frac{T_u}{288}\right)^{\alpha}\left(\frac{p}{101.3}\right)^{\beta} \quad (m/s) \tag{4-9}$$

式中　p—— 气体压力，kPa；

T_u—— 火焰前锋面未燃气体温度，K；

α、β、S_{L0}—— 与当量比 ϕ 有关的经验常数。

$$\alpha = 21.8 - 0.8(\phi - 1)$$

$$\beta = 0.22(\phi - 1) - 0.16$$

$$S_{L0} = 30.5 - 54.9(\phi - 1.21)^2$$

其中　ϕ—— 当量比，对汽油机，$\phi = \dfrac{14.8}{A/F} = \dfrac{1}{\phi_a}$。

③放热速率

$$\frac{\mathrm{d}Q_{\mathrm{B}}}{\mathrm{d}t}=S_{\mathrm{L}}A_{\mathrm{f}}\rho_{\mathrm{u}}H_{\mathrm{u}}\quad(\mathrm{kJ/s})\tag{4-10}$$

式中　H_{u}—— 混合气热值，kJ/kg。

(3)湍流火焰

层流火焰传播速度远不能满足实际发动机燃烧要求，实际汽油机中的火焰传播是以湍流方式进行的。所谓湍流，是指由流体质点组成的微元气体所进行的无规则的脉动运动。

①火焰前锋面的构造

表 4-2 为层流火焰与湍流火焰比较。

表 4-2　　层流火焰与湍流火焰比较

项目	雷诺数 Re	混合气流动状态	火焰前锋面形状	火焰前锋面 δ	前锋面形状	火焰亮度
层流火焰	$<2\ 300$	层流	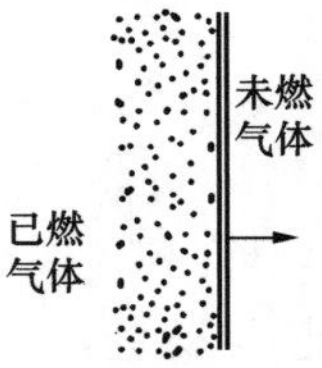	$\delta<1$ mm，很薄	平滑	一般
湍流火焰	$2\ 300\sim6\ 000$	大尺度，弱湍流	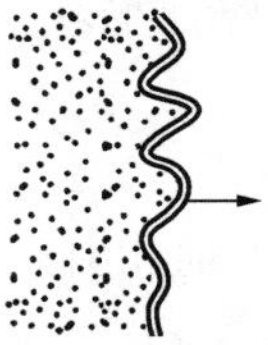	δ 增厚	扭曲变形，褶皱	较高
	$>6\ 000$	小尺度，强湍流	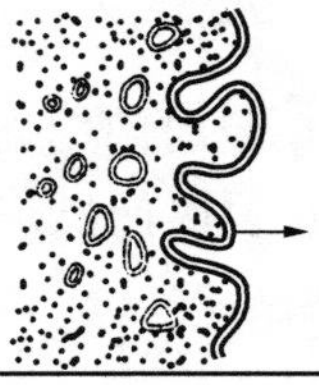	δ 很厚	明显凸凹不平，内部分裂出许多小的未燃混合气区	极高

②湍流火焰速度 S_{T}

湍流使火焰面明显增大，化学反应速度加快，因此湍流火焰速度增加，实际汽油机中的燃烧速率受火焰传播速度控制。

火焰速度比定义：

$$FSR=S_{\mathrm{T}}/S_{\mathrm{L}}$$

则

$$S_{\mathrm{T}}=S_{\mathrm{L}}\cdot FSR\tag{4-11}$$

当缸内湍流强度不高时，卢卡斯(Lucas)给出了便于计算的经验公式[3]：

$$S_{\mathrm{T}}=S_{\mathrm{L}}(1+0.001\ 79n)\tag{4-12}$$

式中　n—— 发动机转速，r/min。

(4)影响火焰传播速度 S_{L}、S_{T} 的因素

①雷诺数 Re 的影响

$S_{\mathrm{T}}/S_{\mathrm{L}}$ 与 Re 的关系如图 4-21 所示。当 $Re<2\ 300$ 时，为层流火焰，其传播速度为 S_{L}，前

锋面薄且平滑；当 Re 为 2 300 ～ 6 000 时，为湍流火焰，火焰传播速度为 S_T，$S_T \propto \sqrt{Re}$，火焰前锋面变厚，出现褶皱；当 $Re > 6\,000$ 时，为强湍流，$S_T \propto Re$，火焰前锋面很厚，且凹凸不平。

②湍流强度 u' 的影响

火焰速度与湍流强度比的关系，如图 4-22 所示。火焰速度比 S_T/S_L 与湍流强度 u' 呈线性关系，如当 $S_T/S_L = 5$ 时，$u' = 4$ m/s。

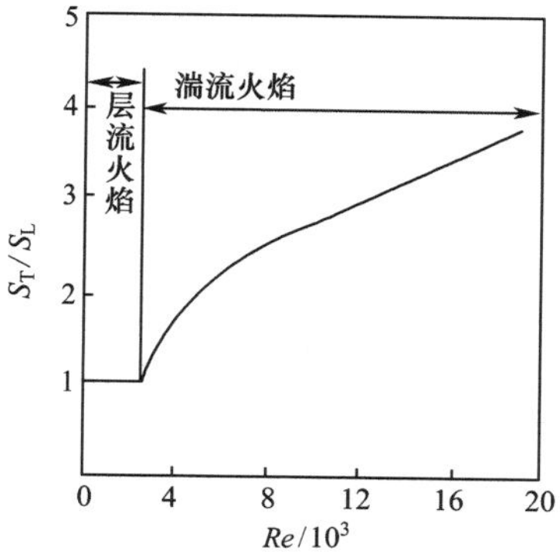

图 4-21　S_T/S_L 与 Re 的关系

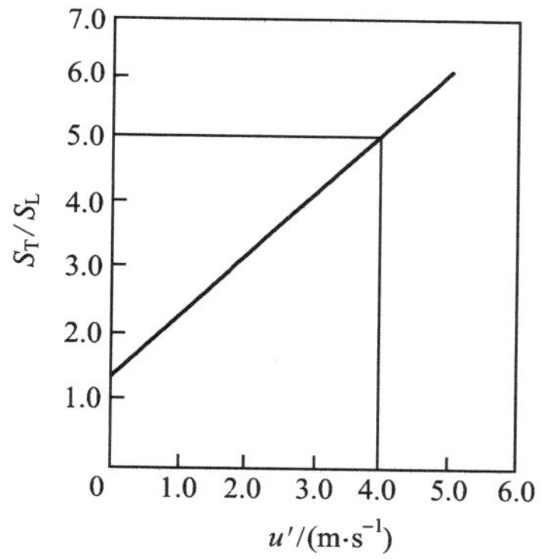

图 4-22　S_T/S_L 与 u' 的关系

4.2.4　汽油机的不正常燃烧与不规则燃烧

1. 汽油机的不正常燃烧 —— 爆燃和表面点火

所谓不正常燃烧是指产生爆燃或炽热表面点火的燃烧，即形成除火花塞点火源以外的新的点火源。

(1)爆燃

①定义

爆燃指汽油机在燃烧过程中，由于远端混合气完成焰前反应，在火花塞点火的火焰前锋面到达之前引起自燃，火焰以极高速度传播，使局部压力、温度很高，并伴有冲击波反复撞击缸壁，发出剧烈尖锐的敲击声，这种现象称为“爆燃”。

爆燃现象常在压缩比高时出现，其机理如图 4-23(a) 所示。

如图 4-23(b) 示功图所示，在急燃期的终点 3 处发生高频大振幅的波动，压升率 dp/dt 曲线也是高频、大幅度波动，发出频率为 3 000 ～ 7 000 Hz 的金属振音；强烈爆燃使发动机功率下降，转速降低，运转不稳定，机身有振动；冷却系统过热，水温、油温均明显升高；爆燃严重时，冒黑烟。

②危害

汽油机热负荷和散热损失急剧增加；机械负荷增大；动力性下降；经济性恶化；活塞等受热部件烧蚀甚至烧熔；排气异常。

③影响因素

a. 提高燃料本身的抗爆性，用高辛烷值汽油，如 98 号汽油，我国目前专用无铅汽油辛烷值改进剂主要使用甲基叔丁基醚(MTBE)。

b. 不发生爆燃的必要条件：

$$t_1 < t_2$$

式中　t_1—— 火核形成到火焰前锋传播到末端混合气为止所需的时间；

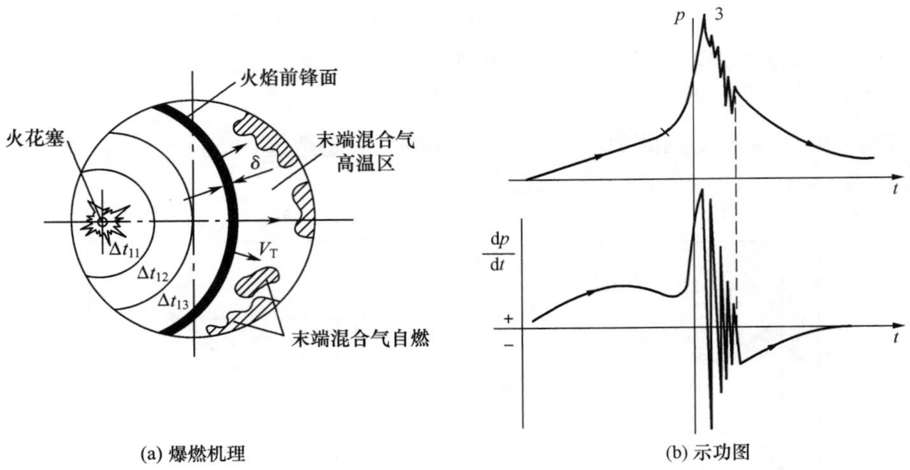

图 4-23 爆燃机理与示功图

t_2—— 由火核形成至末端混合气自燃所需的时间。

凡是使 t_1 缩短和使 t_2 延长的因素，均可抑制爆燃。

表 4-3 列出了影响 t_1 与 t_2 的因素。

表 4-3　　影响 t_1 与 t_2 的因素

缩短 t_1		延长 t_2	
减小火焰传播距离	减小缸径，紧凑型燃烧室 火花塞中央布置	合理冷却末端混合气	增大燃烧室末端区域容面比 采用导热性好的材料 优化气缸盖冷却系统设计
加速火焰传播速度	提高 ε_c，以提高压缩温度 T_c 增强湍流强度 减小 ϕ_r 控制 ϕ_a 为 0.8 ～ 1.0 增大点火提前角 φ_{ig} 提高进气温度 T_a	延长 t_2 措施	降低 ε_c，以降低末端混合气的 T、p 增大 ϕ_r 避免 ϕ_a 为 0.8 ～ 1.0 区域 减小 φ_{ig}，以降低 p_{max} 降低进气温度，增压中冷，喷水

④防止爆燃措施

降低压缩比 ε_c，进气口喷射汽油机的压缩比一般不超过 8，推迟点火提前角 φ_{ig}；火花塞布置在燃烧室中央或排气门附近；增大空气流动；冷却末端混合气及提高燃烧室扫气作用等。

(2)表面点火

①定义

在汽油机中，凡不是靠电火花点燃，而是由燃烧室内炽热表面引起的混合气自燃，称为“表面点火”。

形成炽热表面的部位有：排气门头部、火花塞裙部、燃烧室内壁凸起部，另外还有表面积炭处。表面点火现象有早火、后火，如图 4-24 所示。

早火：在火花塞点火之前，混合气已被炽热表面点燃。

后火：表面点火在火花塞点火之后点燃。

激爆：由积炭引起的炽热点火，引起爆燃性表面点火。

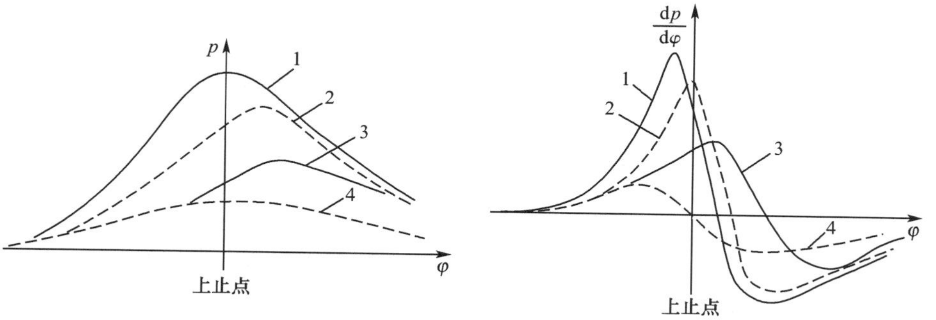

图 4-24　表面点火现象

1— 早火；2— 正常点火；3— 后火；4— 倒拖

②危害

使燃烧过程变成不可控制的大面积、同时点火，燃烧速度、最高爆压和最高温度比正常燃烧大得多。

早火使压缩行程的负功增大，动力性降低和经济性恶化，NO_x 排放量升高；燃烧室热负荷、机械负荷增加；没有压力冲击波，低频振动(600 ～ 1 200 Hz) 产生低沉敲击噪音，热效率下降。

③影响因素

a. 燃料性质：异辛烷抗表面点火性好，芳香烃、醇类燃料抗表面点火性差。

b. 压缩比：高压缩比强化汽油机，使压缩终点温度 T_{ω} 升高，容易积炭。

c. 点火能：当点火能小时易表面点火。

d. 运转因素：转速 n 升高和负荷(节气门开度 ψ) 增大时促使表面点火。

e. 使用因素：浓混合气($\phi_a = 0.8 \sim 0.9$) 及点火提前角 φ_{ig} 增大，促使表面点火。

④防止表面点火的主要措施

增加燃料中抗点火性好的成分，如异辛烷等；选用低沸点汽油，以减少重馏分形成积炭；防止燃烧室温度过高，降低压缩比和减小点火提前角；合理设计燃烧室形状，使排气门和火花塞等处得到合理冷却，避免尖角和突出部；控制润滑油消耗率，选用结焦性小的润滑油。

2. 汽油机的不规则燃烧 —— 循环波动和各缸工作不均匀

(1)循环波动

①定义

循环波动指各循环之间的燃烧变动。在汽油机以某一工况稳定运行时，循环波动指这一循环与上一循环燃烧过程进行情况的变化，具体表现在：

a. 压力曲线的变化，即每一循环的气缸示功图是不同的，循环波动现象如图 4-25 所示，最大燃烧压力 p_{max} 为 2.5 ～ 3.5 MPa。

b. p_{max} 位置及着火时刻的变化，由示功图计算出的放热率 $dQ/d\varphi$ 的最大值和最小值相差两倍左右。

c. 火焰传播情况的变化，已燃和未燃的容积随时间的变化。

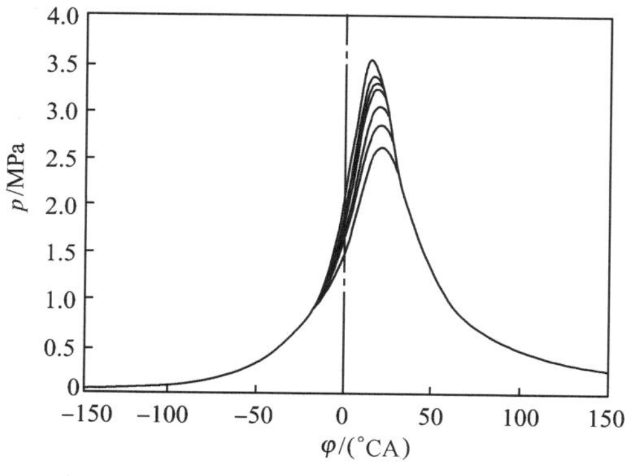

图 4-25　循环波动现象

d. 功率输出的变化。

②危害

使发动机转速 n 和输出转矩 T_m 产生波动，动力性下降；限制了使用低辛烷值汽油和采用高压缩比 ε_c；使燃油消耗率 b_e 和 HC 排放升高；由于燃烧过程的不稳定，使振动和噪声增大，零件寿命下降；影响发动机性能的提高和新技术的采用，使稀薄燃烧成为难点。

③表征参数

循环压力的波动用最大燃烧压力 p_{max} 的循环波动率 δ_p 来表征。

$$\delta_p = \frac{\sigma_p}{\overline{p_{max}}} \times 100\% \tag{4-13}$$

式中　σ_p——p_{max} 的标准偏差；

　　$\overline{p_{max}}$——p_{max} 的平均值。

燃烧动力性的波动用平均指示压力变动系数 Cov_{imep} 来表征。

$$Cov_{imep} = \frac{\sigma_{imep}}{\overline{p_{mi}}} \times 100\% \tag{4-14}$$

式中　σ_{imep}——平均指示压力 p_{mi} 的偏差；

　　$\overline{p_{mi}}$——平均指示压力 p_{mi} 的平均值。

④产生原因

燃烧过程中气缸内气体的运动状况循环变化，燃烧室内流场特别是湍流强度分布是极不均匀的；每循环气缸内，特别是火花塞附近的混合气成分，以及空气、燃料和废气混合情况是随时间不断变化的。

⑤影响因素及改善措施

a. 过量空气系数 ϕ_a 的影响

一般 ϕ_a 为 0.8～1.0 时的循环波动最小，混合气过浓或过稀会使循环波动率增大。采用化学计量比混合气有助于减少循环变动。

b. 混合气不均匀性的影响

循环间混合气混合不均匀容易造成循环波动。通过适当增大气流运动和湍流强度来改善混合气的均匀性。

c. 残余废气系数 ϕ_r 的影响

ϕ_r 过大，则点火不稳定，燃烧速率变慢，循环波动率增大。合理控制残余废气量，通过合理设计燃烧室和组织扫气，以防止火花塞周围废气过浓。

d. 发动机工况的影响

低负荷（会使 ϕ_r 增大）和低转速（会使湍流强度降低）时循环波动率增大，应提高转速运行。

e. 点火能的影响

采用高能点火和多火花塞点火以降低循环波动率。

(2)各缸工作不均匀

多缸机的各缸间燃烧差异称为“各缸工作不均匀”。

①产生原因

各缸之间燃烧差异：由于各缸之间进气充量不均匀，ϕ_c 不同；各缸混合气的成分（浓度）分布不均匀，ϕ_a 不同。

②表征参数

一般用不均匀度 D_i 表示第 i 缸的工作不均匀性，评价参数可以用 ϕ_a、ϕ_c、p_e、b_e 和 p_{max} 来表示，如用 ϕ_c 来考虑，则

$$D_i(\phi_c) = \frac{\phi_{ci} - \phi_{cm}}{\phi_{cm}} \times 100\% \tag{4-15}$$

式中　ϕ_{ci}—— 第 i 缸的充量系数；

ϕ_{cm}—— 各缸充量系数的平均值。

也可用各缸间的最大不均匀度 D_{max} 评价整机不均匀性，D_{max} 可达 20%。

4.2.5　汽油机的燃烧室与传统预混合燃烧方式

1. 汽油机燃烧室

汽油机燃烧室结构对充量系数 ϕ_c、火焰传播速度 S_T、放热率 $dQ/d\varphi$、传热损失、爆燃性能及排放有重要影响。所以，燃烧室的设计在一定程度上决定了燃烧过程。

(1)对燃烧室的基本要求

①好的抗爆性、抗表面点火性能及工作柔和性

a. 结构要紧凑

一般以面容比(A/V)即燃烧室表面积 A 与其容积 V 之比来表征。A/V 值小，则燃烧室紧凑，优点是火焰传播距离小，不易发生爆燃，可以提高压缩比 ε_c，相对散热损失小，热效率高，熄火面积小，HC 排量少。几种燃烧室的 A/V 与 HC 的关系如图 4-26 所示。

b. 形状要合理

使得混合气均匀分布，燃烧持续期短(< 60°CA)，使压力上升速度不致过高，即燃烧速度变化率小。图 4-27 示出了不同燃烧室火焰前锋面积与火焰传播距离的关系。

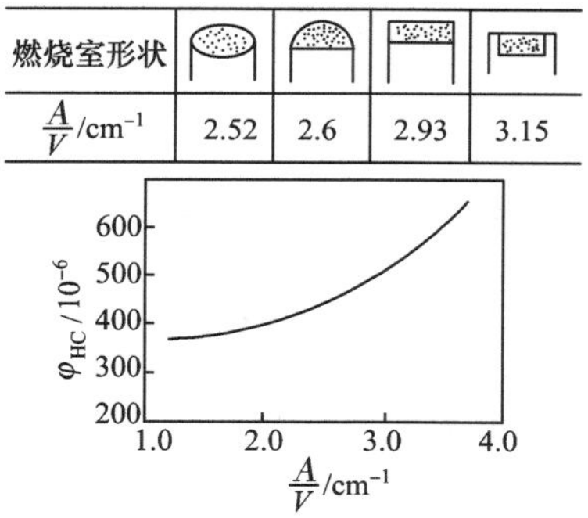

图 4-26　几种燃烧室的 A/V 与 HC 的关系

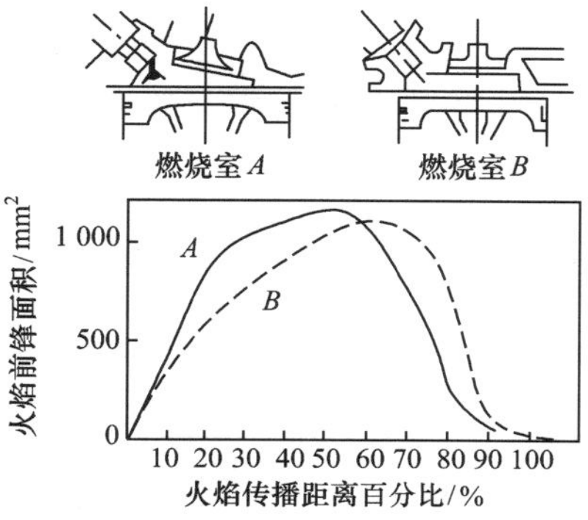

图 4-27　不同燃烧室火焰前锋面积与火焰传播距离的关系

c. 火花塞位置安排要适当

要利用新鲜混合气充分扫除火花塞周围的残余废气，保证点火成功。冷启动和低负荷时

工作稳定性好，各循环燃烧波动小。尽量布置在使末端混合气受热少的位置，如排气门附近。应使火焰面变化分配合理，确保运转平稳。火焰传播距离应尽可能短。另外，不同的火花塞位置对燃料辛烷值要求也不同，如图 4-28 所示。

②高的充气性能

有足够大的进、排气门流通截面，合理的气流流向，气道平滑过渡，减少转弯阻力损失。

③低的耗油率和排放

组织合理的气流运动，具有适当的涡流和挤流。强度适当的进气涡流，特别是湍流，可使油气混合进一步均匀，明显提高燃烧速度，降低循环波动率。

④合理的容积分布

燃烧室容积分布合理使工作柔和、燃烧噪声小。

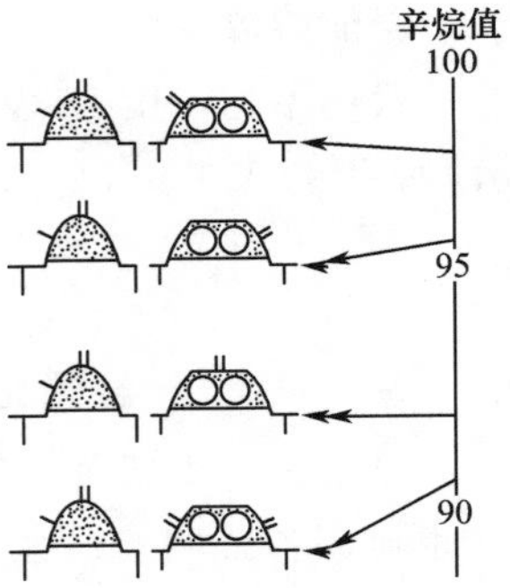

图 4-28 顶置气门燃烧室火花塞位置与辛烷值要求

($n = 1\ 000$ r/min; $\varepsilon_c = 9$)

(2)汽油机燃烧室的分类

根据配气机构的布置，燃烧室可分为侧置气门式和顶置气门式。

①侧置式 L 形燃烧室结构简单，但不紧凑，散热损失多，燃烧速度低，现已不大采用。

②顶置式常用紧凑型燃烧室，有碗形、浴盆形、楔形、半球形和蓬形。

③近年来，为了改善汽油机的经济性，降低排污，提高压缩比，出现了采用均质稀薄混合气、分层充气及缸内直喷式等新型燃烧方式的燃烧室。

(3)常规汽油机燃烧室的特点

①碗形燃烧室

碗形燃烧室形状如碗且在活塞顶内，如图 4-29 所示，和直喷式柴油机的燃烧室相类似。具有紧凑性、蓄热性好，散热损失少的特点。压缩后期在活塞上部空间和燃烧室周边处的空气，自动挤向碗形燃烧室内，并形成强烈的挤流和紊流，从而提高了火焰传播速度和燃烧速率，增加了放热的及时性和燃烧的等容度，其压缩比可达 11。采用这种燃烧室着火滞燃期短、点火提前角小，可以燃用较稀的混合气。热效率较高，耗油率较低。由于进、排气门都在同一个平面内，因此，这种燃烧室的进、排气道截面积相对较小。

②浴盆形燃烧室

浴盆形燃烧室形状呈倒置长形浴盆状，基本容积在气缸盖内。盆室只将排气门和火花塞两个热源包括在内，且将排、进气门分置于上、下两个不同平面内，如图 4-30 所示的 Ricard 公司高压缩比、紧凑型 HRCC 燃烧室，从而扩大了进气门通道面积。进气门处于挤气面积范围，挤气面积大，挤气流强，能扰动燃烧室内的混合气并加快火焰传播。火花塞靠近排气门，这种燃烧室紧凑性好，火焰传播距离短。火焰传播速度和燃烧速度快，燃烧持续期短，提高燃烧的及时性和等密度。图 4-30 中 H 为燃烧室高度，L 为盆室长度，认为 $L/H = 3.5$ 时最好，挤气面积从一般的 40% 扩大到 60%，点火提前角可减少到 5 ~ 6°CA，压缩比为 12 ~ 13，空燃比 A/F 可为 18 ~ 22。

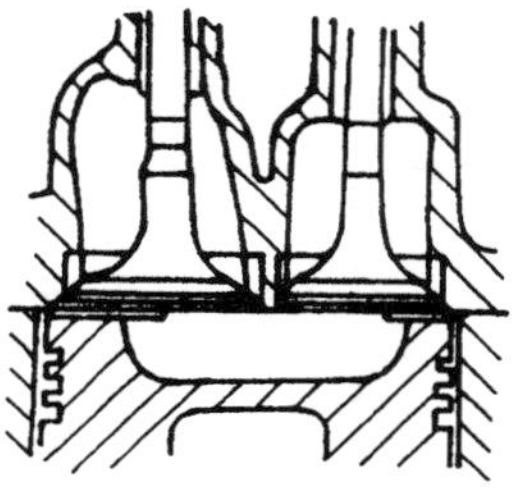

图 4-29　碗形燃烧室

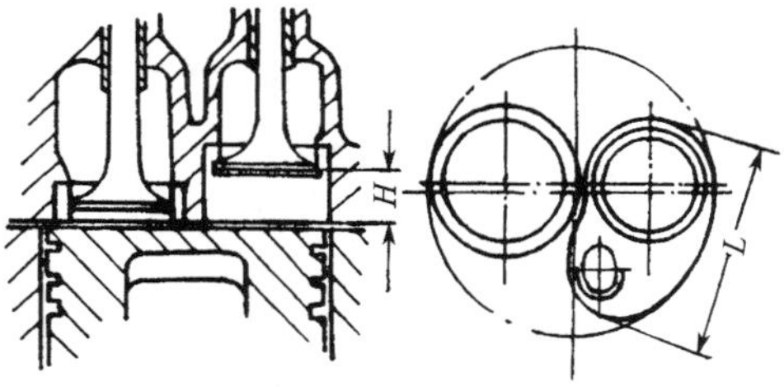

图 4-30　浴盆形燃烧室

③楔形燃烧室

如图 4-31 所示，燃烧室的截面呈楔形，主容积在气缸盖内，且进、排气门和火花塞集中布置。气门倾斜 6°～30°，使气道转变小，气门直径大，所以充气性能好。火花塞布置在楔形顶处，对着进、排气门之间，在远离火花塞的活塞顶部有一定的挤气面积，末端混合气冷却作用较强，又能使气流扰动，压缩比为 9.5～10.5，动力性和经济性较好。由于混合气集中在火花塞处，燃烧速度大，$\Delta p/\Delta\varphi$ 较高，工作粗暴，NO_x 排量较高。车用汽油机采用较广泛，491、489(GM2.0) 汽油机均采用楔形燃烧室。

④半球形燃烧室/蓬形燃烧室

结构如图 4-32 所示，进、排气门分置两侧，并在两个平面内，所以进、排气道流畅，阻力小，充量系数 ϕ_c 大，容积全部处于气缸内，有利于增大进、排气门面积和采用 4 气门结构，用双顶置凸轮轴直接驱动，火花塞位于半球中间，散热损失低，高速性和加速性好，转速 5 000 r/min 以上的汽油机大多数采用半球形燃烧室。但由于火花塞附近有较大容积，使燃烧速率大，压力升高率大，工作粗暴，NO_x 排放较大，末端混合气冷却较差，气门驱动机构较复杂。

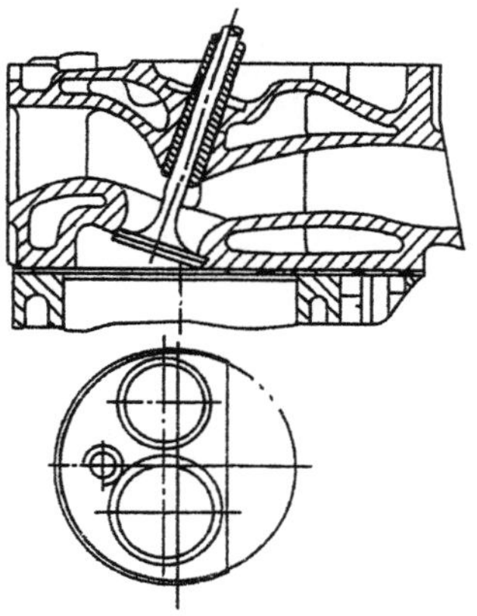

图 4-31　楔形燃烧室

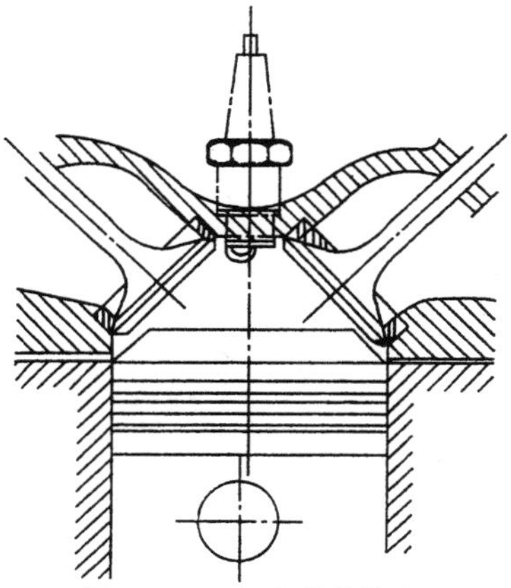

图 4-32　半球形燃烧室

⑤四种常用燃烧室特点比较(表 4-4)

表 4-4　　四种常用燃烧室特点比较

类型	结构形式	燃烧室布置/形式	活塞	火花塞布置	火焰传播距离	面容比(A/V)	压缩比 ε	挤气强度
浴盆形燃烧室	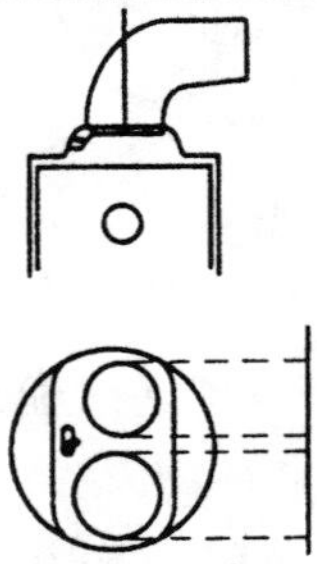	气缸盖底部/椭圆形	活塞平顶	稍受限制,进、排气之间	长	大	7～7.5	较强
楔形燃烧室	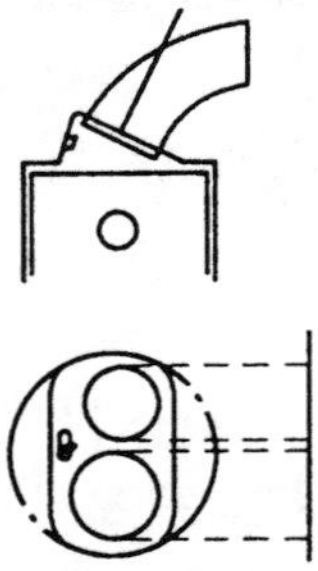	气缸盖上/斜楔形	平顶	置于楔角处	长	中	9～10.5	强
半球燃烧室	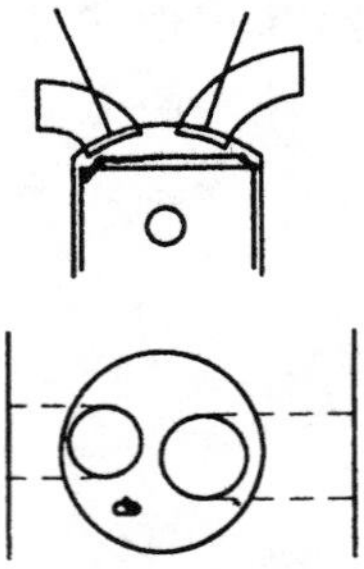	气缸盖上/半球形	锥台	中间受限	短	小	10～11	弱
蓬形燃烧室	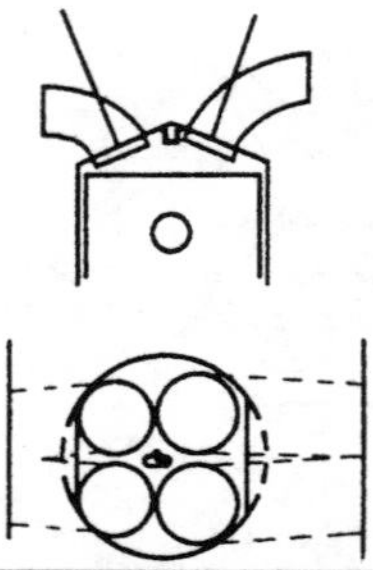	气缸盖上/屋脊形	平顶	中间受限	短	小	10～11	弱

类型	充量系数 ϕ_c	进气门面积	气门系统布置	热损失	p_{max}, $dp/d\varphi$	噪声	NO_x 排放	HC 排放	表面点火	η_t
浴盆形燃烧室	低	小	易	大	低	低	低	高	易	低
楔形燃烧室	中	中	中	中	较高	良	高	高	易	较好
半球燃烧室	高	难	难	中	高	高	高	低	低	好
蓬形燃烧室	高	复杂	复杂	中	高	高	高	低	低	好

2. 传统预混合燃烧方式

(1)预混合燃烧

常规汽油机通常采用普通紧凑型燃烧室，混合气形成方式是传统均匀预混合气，相对应的是预混合燃烧，着火方式是火花点燃，称为“均质充量火花点燃”(homogeneous charge spark ignition，HCSI) 模式。

(2)传统预混合燃烧方式的缺点

①空燃比范围小，一般为 12.6 ～ 17。特别是用三效催化器的汽油机，要求混合气浓度在化学计量比 14.8 附近，一般为 14.1 ～ 15.6。从图 4-33 看出，这一范围空燃比的 NO_x、HC 和 CO 排放量是较高的。

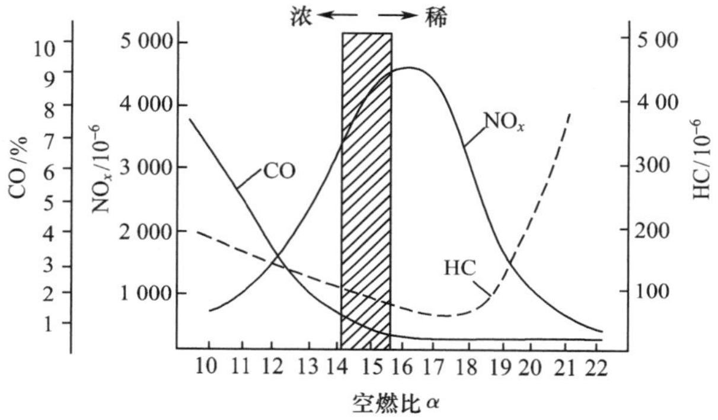

图 4-33　常规汽油机 NO_x、HC 和 CO 排放量与空燃比的关系

②为了防止爆燃，采用较低压缩比，一般为 7 ～ 11，导致热效率低，油耗率较高。

③进气阻力大。一般采用节气门对混合气充量进行调节(量调节)，这使得进气损失较大。因而，常规汽油机限制了其性能的进一步提高。

4.2.6　汽油机新型燃烧方式

1. 稀薄燃烧方式

稀薄燃烧(lean mixture combustion) 是指汽油机在混合气的空燃比 α 大于 17 的稀混合气下工作，且能保证动力性的新型燃烧方式。

稀燃汽油机分两大类：一类是非直喷式稀燃汽油机，包括均质稀燃汽油机和分层充气稀燃汽油机，在 α 为 17 ～ 25 时稳定工作；另一类是缸内直喷式稀燃汽油机，在 α 为25 ～ 40 时稳定工作。

图 4-34 示出了不同燃烧方式的性能对比。

稀燃汽油机的优点：

①采用稀混合气可降低排放。由图 4-33 看出，当 α 为 16 ～ 18 时，NO_x、HC

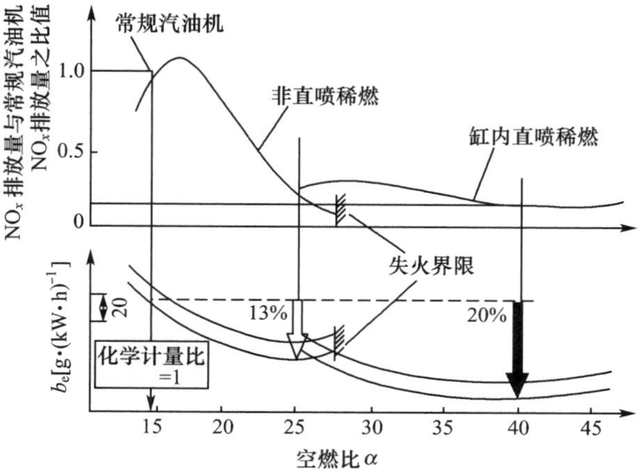

图 4-34　不同燃烧方式的性能对比

及 CO 排放量都降低。

②燃烧方式可降低油耗率 b_e。由图 4-34 看出，油耗率 b_e 改善 2% ～ 5%。这是由于稀燃使爆燃倾向降低，压缩比可以提高到 12。可降低燃烧温度，热损失减小。气体的比热容比增大，热效率提高 2% ～ 5%。

③部分负荷取消节气门截流，可减小泵气损失 15%。

④缸内直喷(GDI) 汽油机的进气道没有燃油附壁现象，进气只有新鲜空气，提高了充量系数，使最大转矩提高 5% 左右。

⑤采用两次喷射，形成分层混合气，先期参与燃烧的浓区，具有很高的火焰传播速度。

稀燃技术是汽油机的一种新型燃烧方式，电控喷油和 GDI 为实现汽油机稀燃方式提供了重要条件。表 4-5 列出了采用稀燃方式的几种典型汽油机燃烧系统。

表 4-5　稀燃方式典型汽油机燃烧系统

喷油形式	稀燃方式	汽油机燃烧系统
非直喷 (carburetor/PFI)	均质稀燃(HCSI 模式)	TGP 湍流室(20 世纪 70 年代)(丰田公司) 双火花塞半球形燃烧室 MCA-JET 燃烧室(三菱公司)
	分层充气稀燃(SCSI 模式)	复合涡流可控制燃烧系统(本田公司) 轴向分层稀燃系统 滚流分层稀燃系统(三菱公司) 四气门分层稀燃系统(1990 年确认)(AVL 公司)
缸内直喷 (GDI)	—	德士古可控燃烧系统 缸内直喷稀燃系统(福特公司) 4G93 缸内直喷稀燃系统(1993 年确认)(三菱公司) D-4 缸内直喷稀燃系统(1996 年确认)(丰田公司)

(1) 非直喷式汽油机的均质稀燃

在均质混合燃烧的化油器(carburetor) 和进气道喷射(PFI) 汽油机上，通过采用改进燃烧室、高涡流或湍流以及高能点火等技术措施，可使汽油机的稳定燃烧界限扩展到空燃比 α 为 17 左右，随着空燃比的增大，油耗率 b_e 和 NO_x 排放降低。

①TGP 湍流室(丰田公司)(图 4-35)

在主燃烧室中设有一个预燃室，即湍流室(turbulence generating pot，TGP)，产生湍流，其容积 V_P 与主燃烧室容积 V_M 之比不大于 20%。喷口连通主、副燃烧室，喷口处配置了火花塞。主燃烧室形成均质稀混合气。在压缩过程中，新鲜混合气进入湍流室产生适当的湍流，并对火花塞间隙进行扫气，促进着火。湍流室内混合气被点燃后，压力升高，形成的火焰喷束冲入主燃烧室，使主燃烧室产生强烈的湍流，增大主燃烧室气流扰动和扩大火焰传播面积，促进主燃烧室的燃烧。从图 4-36 放热率曲线比较看出，湍流室使燃烧放热量重心提前。从图 4-37 看出，$\alpha > 17$ 时，燃烧完全，NO_x 排放量低于常规汽油机。

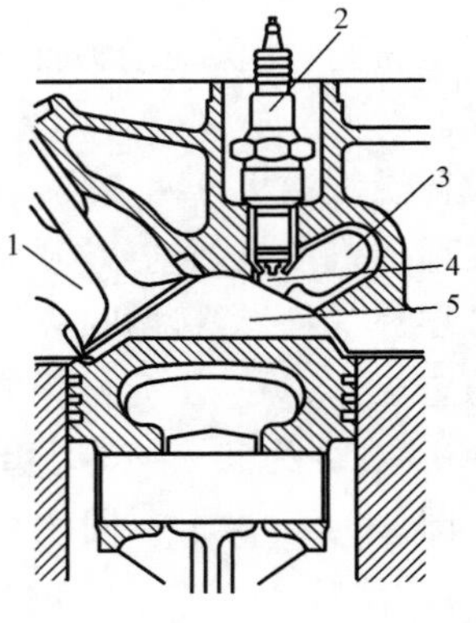

图 4-35　TGP 湍流室

1— 进气口；2— 火花塞；3— 湍流室；4— 气道；5— 主燃烧室

②双火花塞半球形燃烧室(图 4-38)

设在气缸盖中的半球形燃烧室,在中心离两边等距离处各布置一个火花塞,并呈一定的倾斜角。因而,火焰传播距离仅为缸径的一半。点火提前角可减小,这样提高了点火时混合气的压力和温度,使着火性能得到改善,燃烧持续时间缩短,从而提高了发动机性能。

③MCA-JET 燃烧室(三菱公司)(图 4-39)

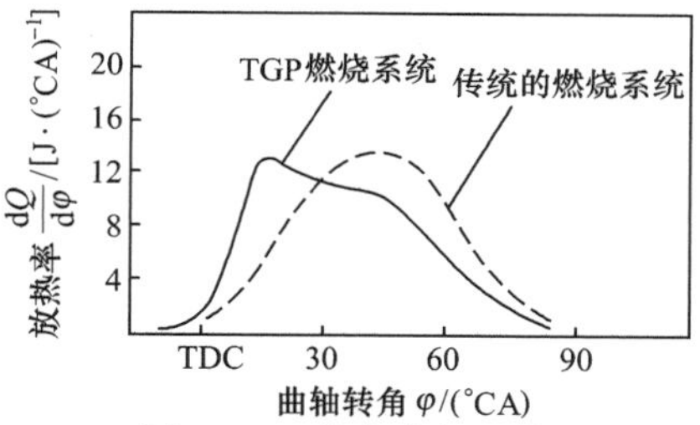

图 4-36　放热率的比较

($i=4, iV_s=2$ L; $n=2\ 000$ r/min, $A/F=15$)

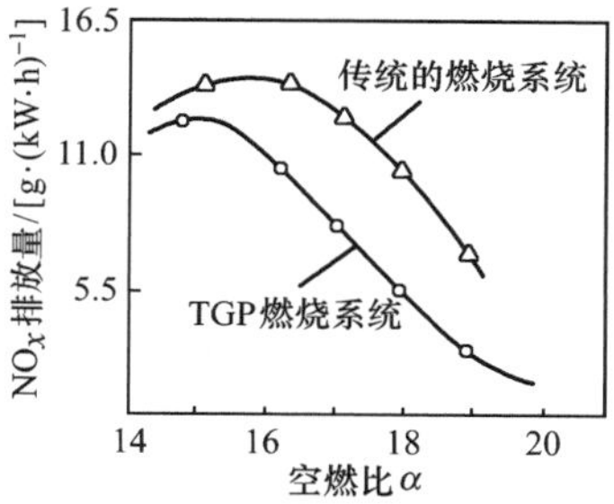

图 4-37　降低 NO_x 排放量的比较

($i=4, iV_s=2$ L; $n=2\ 400$ r/min)

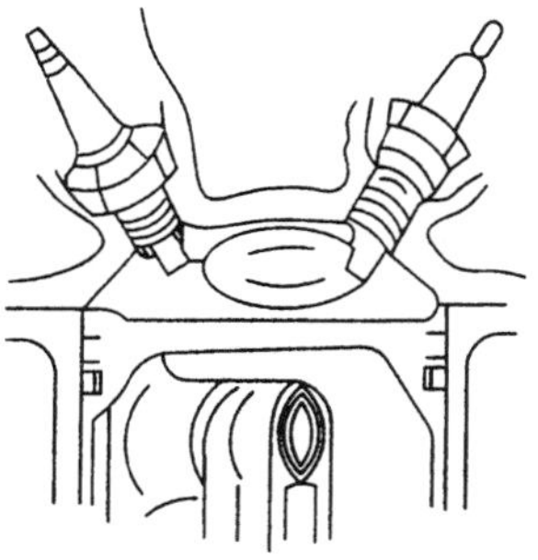

图 4-38　双火花塞半球形燃烧室示意图

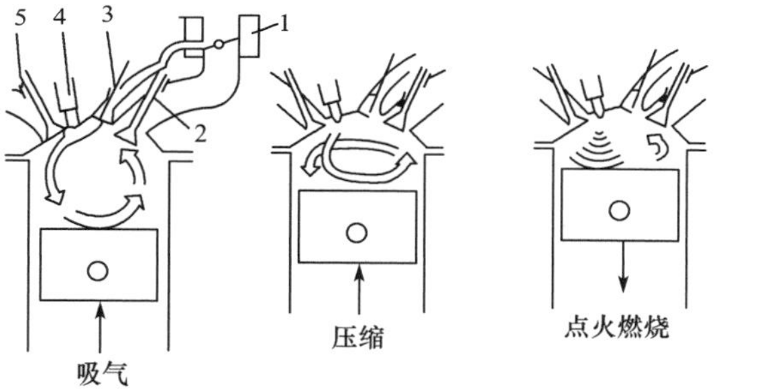

图 4-39　MCA-JET 燃烧室结构及性能

1— 化油器;2— 进气门;3— 喷射阀;4— 火花塞;5— 排气门

主燃烧室为紧凑的半球形,增设喷射阀,并装在排气门之前,由进气门摇臂控制,火花塞呈一定倾斜角布置,并在喷射阀附近。喷射阀以极稀混合气吹向火花塞方向,一边对火花塞扫气,一边产生强涡流,促进着火和燃烧。试验表明,低负荷燃烧改善,$\alpha=24$ 也能稳定燃烧,经济性和排放性均有改善。

(2)非直喷式汽油机的分层充气稀燃

采用分层充气稀燃是为了解决均质稀燃点火困难,加快燃烧速度和扩大稀燃界限。就是要合理组织气缸内的混合气分布,在火花塞附近形成具有良好着火条件的较浓可燃混合气,而周边区域呈较稀的混合气。

分层充气稀燃的特点是混合气浓度界限变宽,稳定工作空燃比 α 为 20 ～ 25。可进一步提高压缩比 ε_c,使燃油消耗率降低 13% 左右。加大气流运动,使燃烧速度加快,NO_x 排放量显著降低。

分层充气稀燃可分为两大类:非直喷分层燃烧和缸内直喷分层燃烧。

①复合涡流可控制燃烧系统

本田公司的复合涡流可控制燃烧系统(compound vortex controlled combustion,CVCC) 实际上是一种分区燃烧方式,如图 4-40 所示,有主、副两个燃烧室和两个化油器,提供不同过量空气系数的混合气，通过进气道分区实现分层燃烧。主燃烧室与副燃烧室之间通过一个较大主通道和3个较小分通道连接。工作时，向主燃烧室供给较稀混合气，α为20～21.5，向副燃烧室供给少量浓混合气，α为12.5～13.5。在压缩过程中，副燃烧室内形成易于着火的混合气。火花塞首先点燃副燃烧室中的混合气。由副燃烧室从通道喷出火焰点燃主燃烧室的稀混合气，称为"喷焰燃烧"。由于实现分层燃烧，使燃烧较完全，燃油消耗率可降低20%。

图4-41示出了复合涡流可控制燃烧系统的排放性。由于主燃烧室不组织涡流，加上主、副燃烧室之间大的连接通道只能引起一定的燃烧紊流，因此燃烧速度不高，有过后燃烧，使NO_x排放量仅为一般汽油机的1/3。同时由于富氧和燃烧较慢的原因，排气温度高，且排气继续氧化，使HC和CO排放量也有所降低。

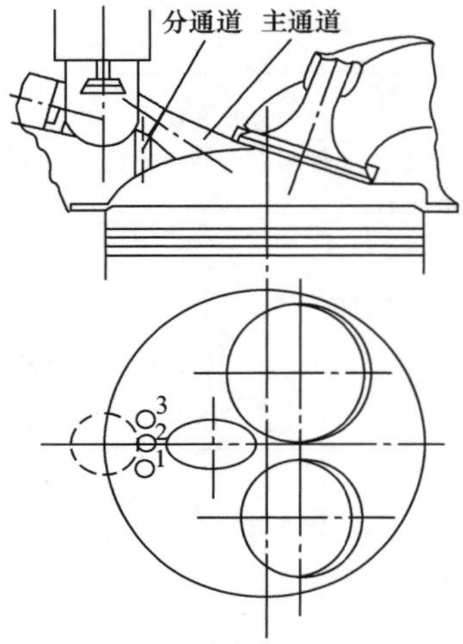

图4-40　复合涡流可控制燃烧系统(带有分通道)

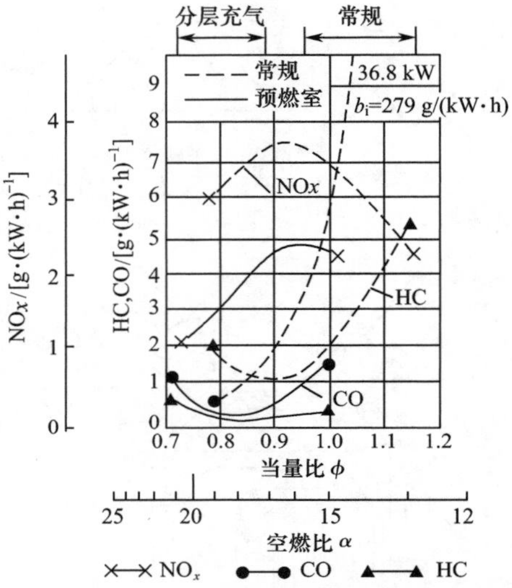

图4-41　复合涡流可控制燃烧系统的排放性

②轴向分层稀燃系统

这种系统的工作原理如图4-42所示，是利用导气屏组织较强的进气涡流。进气过程早期只有空气进入气缸，进气过程后期当进气门开启到接近最大升程时，通过安装在进气道上的喷油器将燃料喷入缸内，沿气缸轴的分层，上部靠近火花塞处产生较浓混合气，下部为稀混合气。这种分层一直维持到压缩行程后期，它可在$\alpha=22$下稳定工作，燃油消耗率比均质稀燃降低12%。

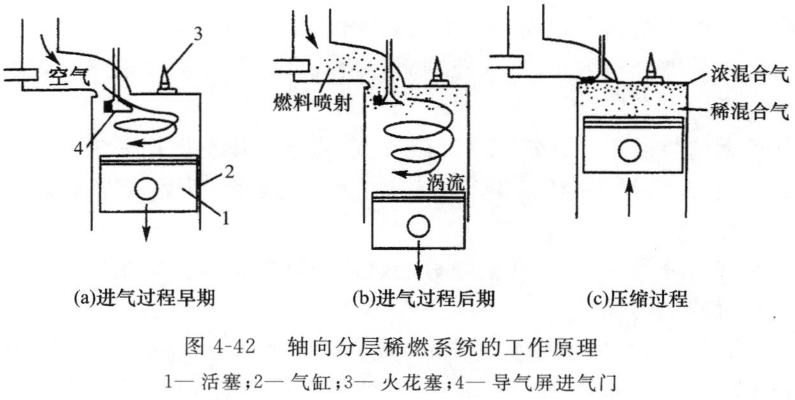

图4-42　轴向分层稀燃系统的工作原理

1—活塞；2—气缸；3—火花塞；4—导气屏进气门

③滚流分层稀燃系统

在进气过程中形成的绕垂直于气缸轴线方向旋转的有组织的空气旋流，称为“滚流”，也叫“横向涡流(纵涡)”。图 4-43 示出了三种进气形式的比较，可看出滚流的湍流强度比涡流强很多。图 4-44 示出了三菱公司的滚流分层稀燃(MVV)系统，在进气道中设置两块薄的垂直隔板，且一直延伸到进气口部位，控制进入气缸的气流，气流在气缸中部产生三股独立滚流，外层两股滚流仅由空气形成，中间一股是小空燃比的混合气，这样强的空气和燃料的线形气流大大抑制了水平涡流的形成，同时防止它们彼此混合，使燃料和空气在压缩过程中维持分层，在 α 为 23 ～ 25 时，火花塞周围形成较浓混合气，向缸壁逐渐稀化，节油率为 13%。

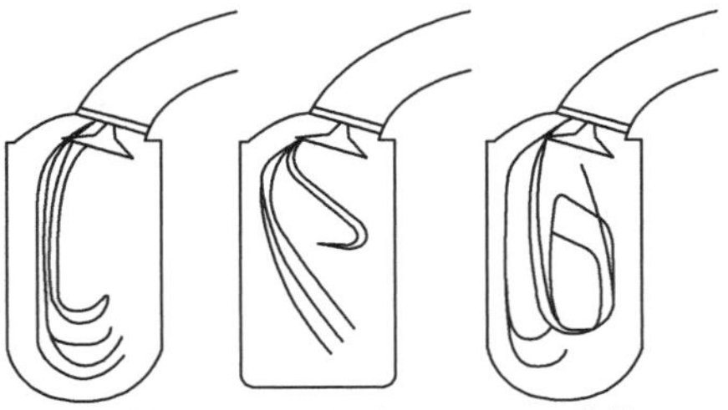

图 4-43　三种进气形式的比较

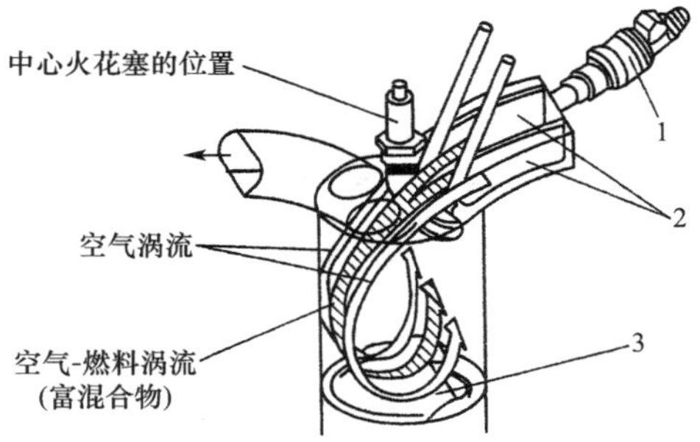

图 4-44　滚流分层稀燃系统

1— 喷油器；2— 进气口隔板；3— 滚流控制活塞

④四气门分层稀燃系统[4]

AVL 公司 1990 年提出的四气门高压缩快速燃烧(high compression fast burn，HCFB) 系统，如图 4-45 所示。切向进气道产生进气涡流，中性进气道末端与气缸中线的夹角较小而产生向下的气流，该气流与活塞运动相结合，产生一种旋转轴线平行于曲轴中心线的滚流，在中性进气道内装有涡流控制阀，控制两个进气道中的滚流量比。双油束喷油器装置在控制阀的下游处，两支油束分别喷入两个进气道，且两支油束油量相等，持续时间相同。

当涡流控制阀不是完全开启时，中性进气道的混合气较浓，切向进气道的混合气较稀，造成分层充气，如果配以恰当的燃烧室形状，能使空气分层保持到点火时刻。涡流控制阀的开启由电控单元根据工况确定。

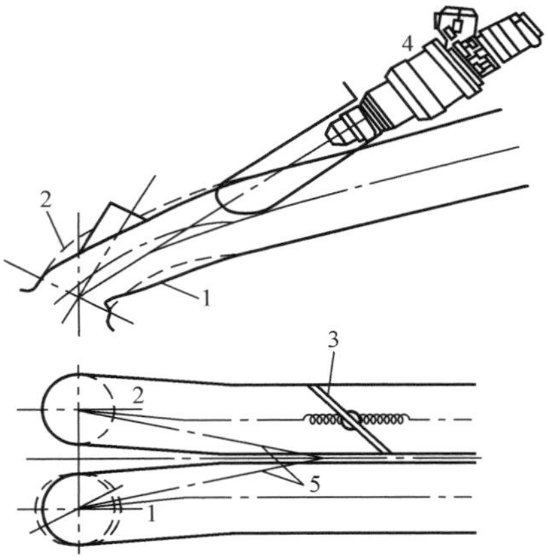

图 4-45　四气门高压缩快速燃烧系统

1— 切向进气道；2— 中性进气道；3— 涡流控制阀；4— 双油束喷油器；5— 双油束

(3) 缸内直喷式稀燃

汽油机缸内直喷(GDI)是指喷油嘴用 25 MPa 以上的低压直接向气缸内喷射汽油。缸内直喷式非均质混合方式较好地解决了分层充气浓混合气难维持很长时间及不能保证稳定着火的问题。部分负荷时，在压缩过程后期，才开始喷油形成分层混合气。在火花塞周围的浓混合气来不及变稀就被点燃了。远离火花塞的边缘区域为稀混合气，一般 α 在 20 ～ 25 或理论空燃比，或最大功率空燃比下工作。

①德士古可控燃烧系统

德士古可控燃烧系统(Texaco controlled combustion system，TCCS)采用缸内直接喷射燃烧方式。如图 4-46 所示，统一式燃烧室为直口深坑形，位于活塞顶内。

此系统吸入气缸的是空气，由导气屏或螺旋进气道产生强进气涡流，在压缩上止点前(BTDC)30°CA 左右，单孔喷油嘴顺气流方向将汽油喷入气缸，燃油随气流流动，火花塞位于喷油嘴下方边缘，此处混合气浓，容易点燃。着火后火焰、燃气随旋转气流扩展，被气流带离火花塞及喷油嘴，同时新鲜空气又被涡流带到燃油喷射区。这种燃烧系统并不一定利用气缸中的全部空气。小负荷时，燃烧产物扩展区域并不大，随负荷增加，喷油持续期延长，燃烧产物区域也随之扩展。

②缸内直喷稀燃系统(福特公司)

福特公司的缸内直喷稀燃(PROCO)系统，如图 4-47 所示。燃烧室呈深碗形，在活塞顶部，喷油器正置，低压空锥大油滴直接把汽油喷入燃烧室，利用切向进气道产生的进气涡流和滚流与较强的压缩挤流形成的复合涡流，促进燃油与空气的快速混合，双火花塞附近形成空燃比为15 的混合气，其他区域空燃比大于 25 的稀混合气保证稳定工作。点燃后迅速扩散，传播距离短。因燃油在缸内蒸发吸收一部分空气热量，使温度下降，充量系数 ϕ_c 提高。由于是直喷，采用负荷质调节，使缸内充量得到冷却，可以使用较大的压缩比，ε_c 达 11.5，热效率提高，燃油经济性较好。部分负荷功率提高 10%，油耗率下降 12%。可大幅度降低冷启动时的 HC 排放。

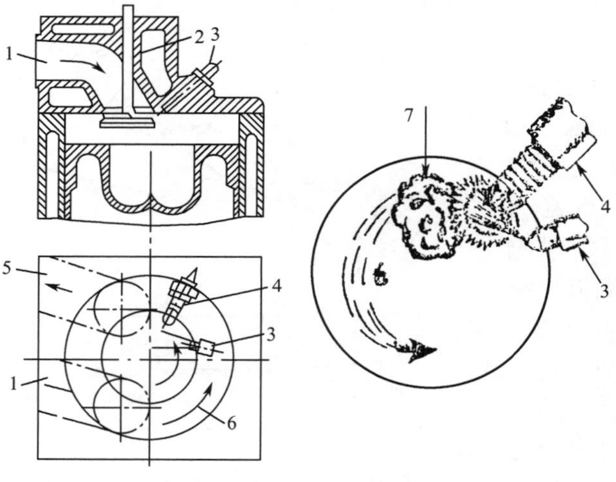

图 4-46 德士古可控燃烧系统

1— 进气道；2— 带导气屏进气门；3— 喷油嘴；4— 火花塞；5— 排气道；6— 进气涡流；7— 火焰前锋面

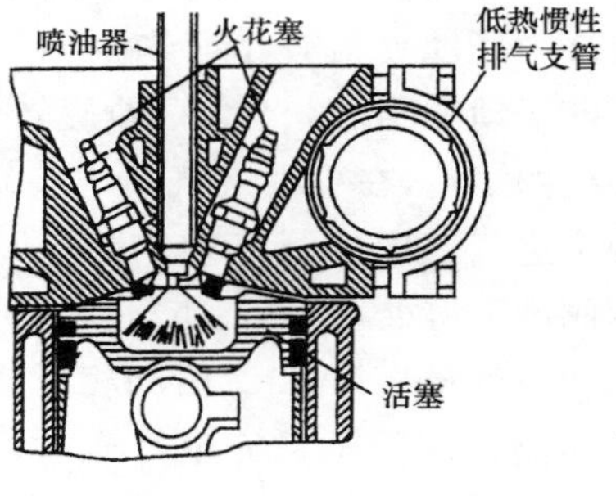

图 4-47 缸内直喷稀燃系统

③4G93 缸内直喷稀燃系统(三菱公司)

表 4-6 列出了 4G93 汽油机的主要性能参数。

表 4-6 **4G93 汽油机的主要性能参数**

项目	参数	项目	参数
型号	4G93 缸内直喷	进气道	立式
$\frac{D}{S}$ mm	81/89	燃烧室	缸盖单坡屋顶，活塞曲顶面
缸数 i	4	燃油供给方式	缸内直燃
iV_s/L	1.834	喷油压力 /MPa	5.0
进、排气门	DOHC，2 进、2 排	燃油	97 号标准汽油

图 4-48 所示为三菱公司 4G93 缸内直喷燃烧系统示意图。该系统的主要特点是，利用立式进气道在气缸中产生逆向翻滚气流。采用一个高压(喷油压力 5 MPa) 的旋流式喷油器，使喷出的燃油有好的贯穿度和合适的雾化度(喷雾粒度 SMD 达 25 μm)，能满足不同工况对喷雾的要求。通过单坡屋顶(缸盖上)和弯曲顶面(活塞上) 的燃烧室与喷油时刻、组合气流的良好匹配，可以精确控制点火时火花塞附近的空燃比，使点火可靠，保证全工况范围实现分层、均质两段混合方式平顺切换。

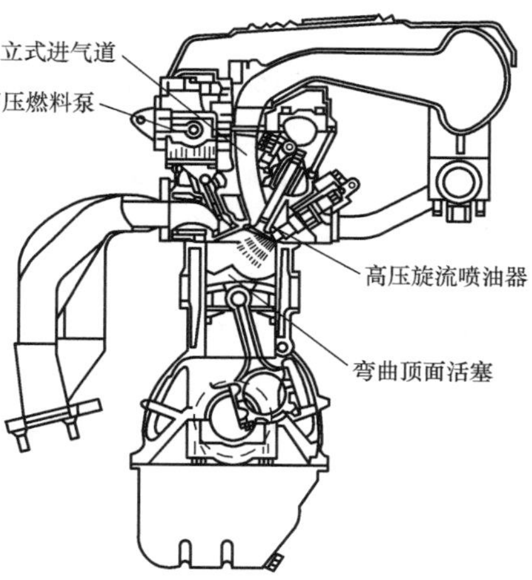

图 4-48　三菱缸内直喷燃烧系统

小负荷时，在压缩行程后期喷油，实现火花塞附近较浓混合气，其他区域较稀混合气的分层燃烧。

大负荷时，在进气行程喷油，以实现化学计量比浓混合气的均匀燃烧。

④D-4 缸内直喷稀燃系统(丰田公司)

表 4-7 列出了丰田公司开发的 D-4 缸内直喷稀燃发动机的主要性能参数。

图 4-49 示出了丰田公司开发的 D-4 缸内直喷稀燃汽油机燃烧系统示意图。其工作特点是通过安装在进气道上的电子涡流控制阀，形成不同斜向角度的进气涡流。燃烧室为半球屋顶形，活塞顶部为深盆形，与进气涡流旋向以及高精度的喷油时间和喷油方向控制相配合，在火花塞周围形成较浓的易点燃的浓混合气区域，其他为稀混合气区。

表 4-7　　D-4 缸内直喷稀燃发动机的主要性能参数

项目	参数	项目	参数
型号	D-4 缸内直喷	$\frac{T_{max}}{n}$/[N·m/(r·min^{-1})]	188/4 600
$\frac{D}{S}$/mm	86/86	进、排气门	DOHC，2 进、2 排
缸数 i	4	进气道	螺旋进气道，涡流控制阀
iV_s/L	2.0	燃烧室	缸盖上屋顶，活塞上深盆
$\frac{P_e}{n}$/[kW/(r·min^{-1})]	115/6 300	喷油压力 /MPa	8 ～ 13

该系统采用高压(8 ～ 13 MPa) 旋流喷油器，可实现高度微粒化喷射(喷雾粒度 SMD ＜ 5 μm)，有效抑制扩散燃烧所产生的黑烟。

灵活的电喷系统，可在不同工况下采用不同的燃烧方式，以保证所有工况下都能稳定燃烧。

在低速部分负荷时，在压缩行程后期喷油，形成明显的分层燃烧；在高速大负荷时，在进气行程初期喷油，以实现均质化学计量比燃烧；在中等负荷时，则有弱分层燃烧和均质燃烧两个区域。

为了控制分层燃烧时 NO_x 的产生，采用了电控废气再循环(EGR) 系统。该系统还带有氧气传感器、紧凑耦合三效催化器和吸附还原型稀燃催化器。

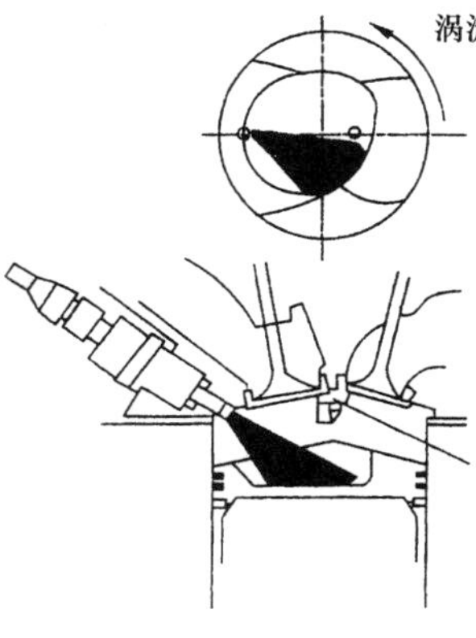

图 4-49　汽油机燃烧 D-4 缸内直喷稀燃系统示意图

该 D-4 稀燃系统具有高输出功率和较好的经济性。

2. 均质当量比燃烧方式

以分层稀燃为特点的第一代 GDI 汽油机油耗率明显降低，排放已达到欧 Ⅱ(国 Ⅱ) 标准，但存在点火极限差和对三效催化剂适应的问题。随着汽油机排放法规严格化，2005 年以后以均质当量比燃烧模式为特点的第二代 GDI 汽油机开始成为主流，结合增压、VVT 和后处理器等技术，能兼顾降低油耗和满足欧 Ⅳ(国 Ⅳ) 排放标准两方面的目标。实现均质当量比燃烧方式，除了燃烧室形状、火花塞布置及强进气涡流的优化配合外，还有一个重要因素就是采用电控高压多孔喷油器，提供灵活多次喷油方式，能够自由控制汽油机混合气形成和混合比，在点火时刻前，缸内形成基本均匀的理论空燃比混合气。下面列举三个典型的均质当量比 GDI 汽油机燃烧系统。

(1)3GR-FSE 均质当量比缸内直喷式汽油机(丰田公司)

图 4-50 示出了丰田公司 2005 年开发的 V6-3.0L(3GR-FSE) 型 GDI 汽油机燃烧系统，采用均质当量比燃烧方式，是第二代 D-4 发动机。

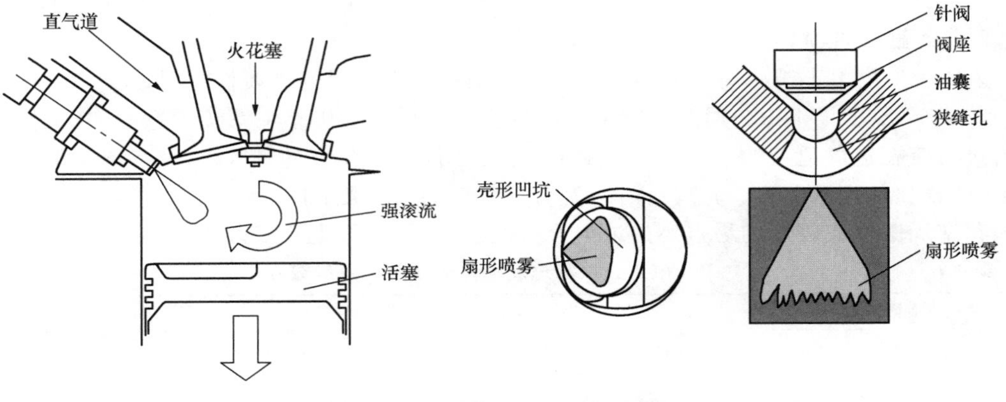

图 4-50 3GR-FSE 型 GDI 汽油机燃烧系统

火花塞布置在燃烧室的中部，降低了活塞顶壳型凹坑深度，使压缩比提高到 11。采用双直气道优化，获得了高滚流比和高流量系数。喷油器位于进气道下方，采用狭缝喷嘴，呈扇形喷雾，进气冲程提早喷射，与强滚流相配合，形成均质混合气。同时采用进、排气双可变气门正时系统，以及减小发动机摩擦的技术，获得了发动机的动力性、经济性和排放性的综合优化。最大功率为 183 kW/6 300 $r \cdot min^{-1}$，最大转矩为 312 $N \cdot m$/3 600 $r \cdot min^{-1}$。在暖机时，采用分层燃烧技术以实现催化剂快速起燃，有效降低了 THC 排放。可以达到美国超低排放(ULEV) 标准。

(2)TSI 均质当量比缸内直喷式汽油机(大众公司)

大众公司 2005 年推出了机械和涡轮复合增压的 TSI(twincharged stratified injection) 直喷式汽油机，采用当量比燃烧方式，是 TSI 直喷稀燃方式的升级。燃烧系统如图 4-51 所示。

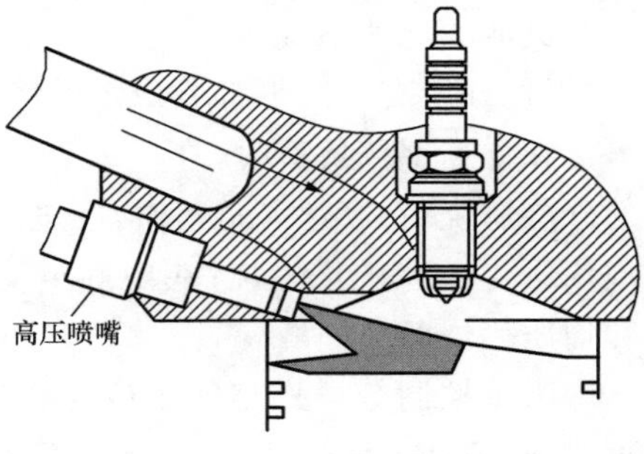

图 4-51 TSI 燃烧系统

火花塞布置在蓬顶燃烧室中央，在活塞顶进气侧设有浅凹坑燃烧室，高压喷油器在进气道的下部，多孔喷束与浅凹坑良好配合。进气道的强进气滚流与喷雾形成均质混合气。

该系统抗爆性好，在高增压压力 0.25 MPa 下，允许压缩比达到 10，获得较高的动力性，平均有效压力可达 2.16 MPa，升功率 90 kW/L，升转矩 172.6 N·m/L。图 4-52 示出了 1.4 升 TSI 发动机油耗特性，低油耗区域分布范围很宽，最低油耗可在 235 g/(kW·h) 以下。

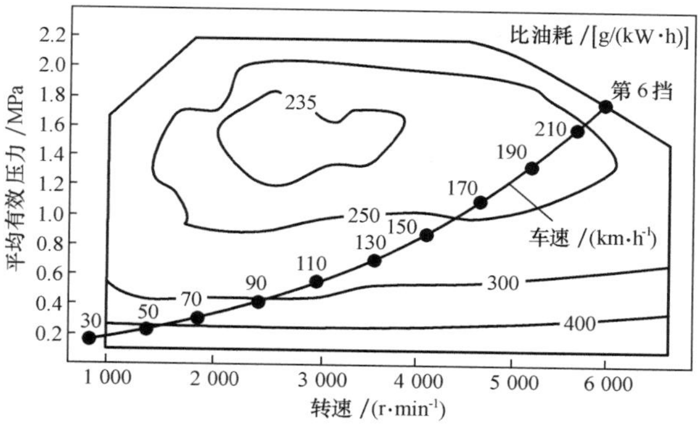

图 4-52　1.4 升 TSI 发动机油耗特性

(3)均质当量比 GDI 汽油机(通用公司)

通用公司 2008 年推出了均质当量比燃烧方式的 GDI 汽油机，燃烧系统如图 4-53 所示。

火花塞于蓬形燃烧室中心布置。喷油器布置在进气阀侧，采用高压多孔喷油嘴，并优化了喷孔数目和方向。活塞浅坑形状用 CFD 优化设计，防止了喷雾稀释机油。优化的进气道具有较高的气流速度和充气效率。与喷雾配合形成均质混合气，并采用较高的压缩比(11.3)，与传统的 PFI 汽油机相比，获得了较大的动力性，最大功率提高了 15%，油耗降低 8% 左右。

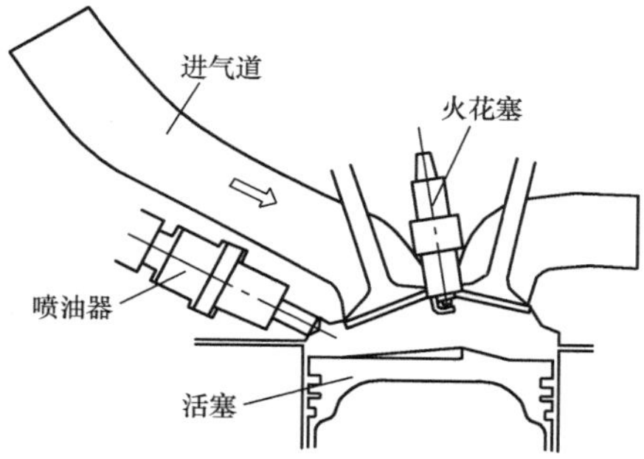

图 4-53　均质当量比 GDI 燃烧系统

3. 均质充量压缩着火(HCCI 燃烧方式)

(1)汽油机 HCCI 燃烧方式

均质充量压缩着火(homogeneous charge compression ignition，HCCI) 是汽油机燃烧的一种新型燃烧方式，是一种可控自燃着火燃烧，而实现不产生爆燃的稳定燃烧过程，因此也称为“可控自燃着火”(controlled auto ignition，CAI)。

在汽油机实现 HCCI 燃烧的可行性：

①汽油机的压缩比低，热效率低，转换到 HCCI 方式后可提高热效率；

②汽油燃料较容易制备成均质预混合气；

③汽油机的电子控制技术和可变进气系统的研究比较完善，容易对混合气的浓度进行调整，使之符合 HCCI 燃烧的要求。

(2)汽油机 HCCI 燃烧特点

①HCCI 燃烧速率由化学动力学控制

空气与燃料混合形成均匀的稀薄预混合气，靠压缩混合气的温度提高到燃料的自燃点以上，几乎多点同时自燃，燃烧由化学动力学控制。燃烧迅速，没有一般火花点火方式燃烧中的压力波动现象，循环变动较小。燃烧过程中没有可见火焰传播，因而可降低时间损失。

②HCCI 燃烧具有高的热效率

对这样的高辛烷值燃料，在着火前混合气温度为1 050～1 100 K，这段时间内热量释放较少，散热损失小，可降低冷却损失。由于 HCCI 燃烧是稀混合气低温燃烧，并且集中在10°CA 内迅速完成，高压化而使高 ε 成为可能，因而具有较高的热效率。

③HCCI 燃烧可降低泵气损失

由于空燃比(A/F)的稀薄界限较高，可以将节气门的开度设定的较大，因而降低了泵气损失。

(3) 汽油机 HCCI 采用的主要方法

①提高进气温度

一般采用电加热的方法控制进气温度。为保持汽油机在转速、负荷变化时有合理的燃烧相位，正研究利用废气回热的方法对进气温度快速管理。

②提高压缩比

压缩比提高后使压缩终点温度提高，达到混合气自燃，压缩比为 15～18。为防止爆燃，压缩比为 12～13，同时引入一定量的热 EGR。理想方法是采用可变压缩比。

③采用 EGR

汽油机废气再循环的作用，一是提高进气温度和压缩终点温度，以利于自燃着火；另一个是控制燃烧速率，实现低温燃烧。用负气门重叠法(negative valve overlap，NVO)形成内部 EGR，为 HCCI 着火控制提供响应快、成本低的有效手段。

(4) 汽油机 HCCI 产业化难点

①着火时刻和稳定着火难以控制，有必要采用闭环反馈控制进行解决。

②燃烧速率难以控制，大面积同时着火，易出现粗暴燃烧。

③运行工况，即转速和负荷工作范围狭窄，若使范围扩大，需对混合气浓度及 EGR 率等参数进行协调控制。

(5) 典型汽油机 HCCI 燃烧研究实例

①奥地利 AVL 研究所以 HCCI 方式工作的四缸 CSI 直喷式汽油机

AVL 研究所 2003 年在单缸机试验基础上，开发了四缸压缩与火花点火(compression and spark ignition，CSI)直喷式汽油机，排量 2 L($D \times S = 86$ mm×86 mm)。图 4-54 示出了 CSI 发动机的外形。

CSI 四缸 GDI 汽油机，火花塞布置于蓬形燃烧室顶部中央，活塞顶燃烧室凹坑采用壁面引导式与喷雾配合。每缸四个气门，两个进气门装有电子液力气门驱动(EHVA)系统，集成在气缸盖上。每缸的一个排气门升程靠快速电磁阀液力驱动。可实现 3 mm 升程的二次开启以形成内部 EGR 效应。图 4-55 为 CSI 发动机的运行策略和气门正时控制策略。部分负荷时采用 HCCI 压燃模式，高负荷时采用均质混合气点燃(HCSI)模式，ECU 按 MAP 图可靠控制两种运行模式之间的转换，能在宽广的转速($n < 3\ 500$ r/min)和负荷(平均指示压力 $p_{mi} < 0.55$ MPa)的工况范围内实现 HCCI 燃烧。比传统汽油机 NO_x 降低 95% 以上，油耗最大降低 26%。

图 4-54　CSI 发动机的外形

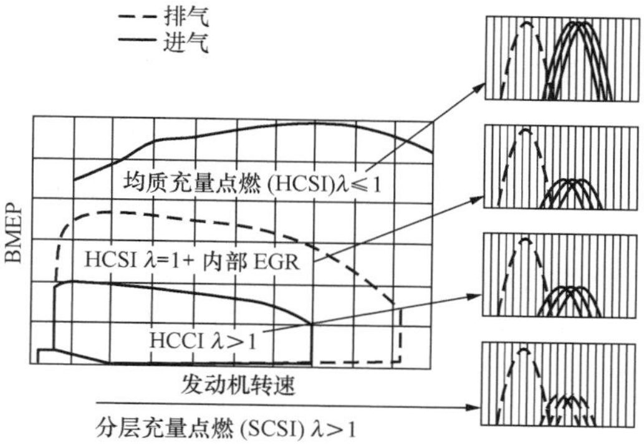

图 4-55　CSI 发动机的运行策略和气门正时控制策略

②ASSCI 燃烧系统(清华大学)

清华大学 2005 年开发的分层混合气火花辅助点火的(assisted spark stratified compression ignition,ASSCI) 燃烧系统控制概念如图 4-56 所示。主要是采用多次喷射与负气门重叠(NVO),以及火花点火相结合,可根据不同工况分别试验完全的 HCCI 燃烧、活化氛围燃烧(RCCI)、分层混合气控制燃烧(SCCI) 以及火花点火辅助压燃(SICI) 等多种汽油点火燃烧方式。其中 NVO 是用一个循环内完成切换的双凸轮系统实现的,这就使 HCCI 燃烧模式与传统 SI 燃烧模式能够快速切换。研究表明,火花点火辅助可以提高某些工况下 HCCI 的着火稳定性。

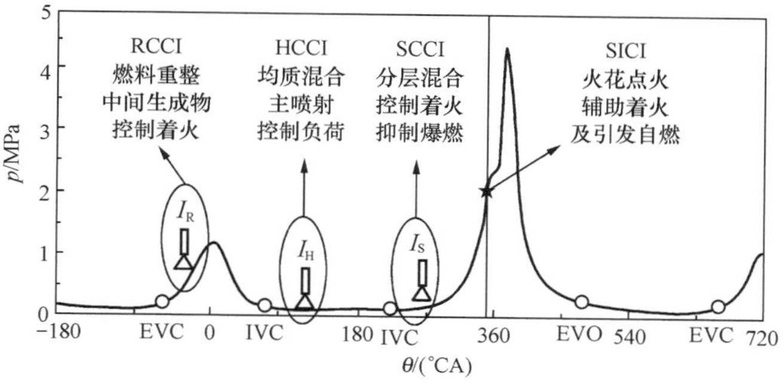

图 4-56　ASSCI 燃烧系统控制概念

图 4-57 给出了一台四缸机采用 ASSCI 燃烧系统的 NO_x 排放试验结果,与进气道喷射(PFI) 汽油比较,NO_x 降低 99%,油耗降低 10% ~ 30%。

③通用公司 HCCI 概念车

通用汽车公司 2007 年推出了首台汽油 HCCI 概念车,该车安装了一台采用 HCCI 燃烧方式的四缸直喷汽油机,排量为 2.2 L,最大输出功率为 134 kW,最大转矩为 230 N·m,采用可变气门相位机构。双凸轮实现负气门重叠内部 EGR,以及缸压传感器反馈控制等技术。道路测试表明,在 90 km/h 以内车速行驶,汽油机为 HCCI 模式,油耗可降低 15%,并且在火花点火模式和 HCCI 燃烧模式之间进行顺畅切换。

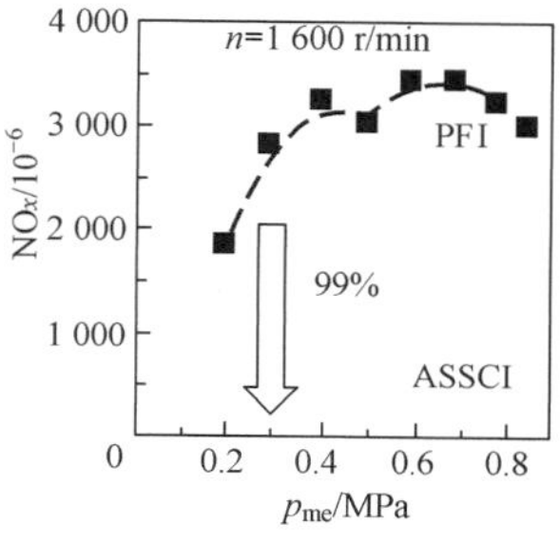

图 4-57　采用 ASSCI 燃烧系统的 NO_x 排放比较

4.3 柴油机混合气的形成与燃烧

4.3.1 柴油机混合气形成的方式与特点

1. 混合气形成的方式

(1)按混合气形成的位置分为空间雾化燃烧方式、油膜蒸发方式、复合混合方式及均质预混合方式。

表 4-8 列出了四种混合气形成方式的比较[4]。

表 4-8　柴油机的混合气形成方式

形式方式	形成简图	燃烧室	燃料分布	空气运动	混合能量
空间雾化	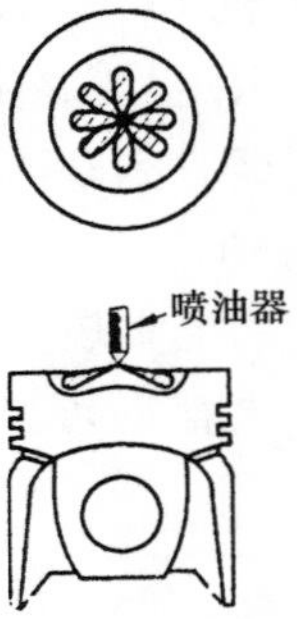	开式	高压空间喷射 均匀分布	无涡流	喷束能量加空气运动
油膜蒸发	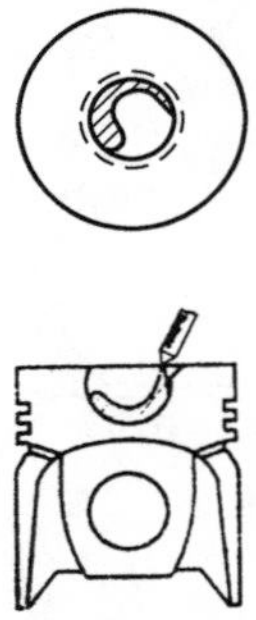	球形	大部分喷涂于壁面 油膜蒸发	强涡流	强涡流能量
复合混合	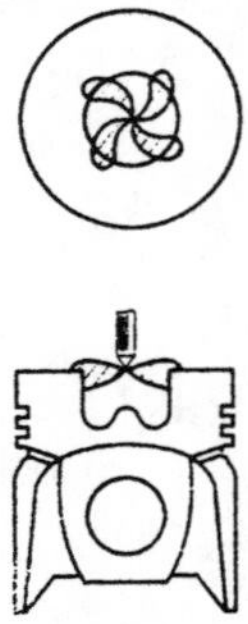	半开式	大部分空间 小部分壁面	小涡流，挤流	复合型，微涡流

续表

形式方式	形成简图	燃烧室	燃料分布	空气运动	混合能量
均质预混合	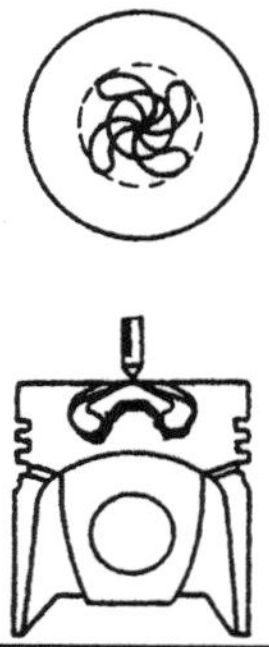	各种形式	均匀预混合气	弱涡流	早期，气相

(2)按混合气形成的进程分为预混合和扩散混合。

①预混合

燃料早期喷入气缸，在着火前形成均匀的预混合气，燃烧效率较高。但预混合量太大会使 $dp/d\varphi$ 增高和燃烧粗暴。

②扩散混合

着火前未形成混合气的燃油以及着火后继续喷入气缸的燃油，通过由燃烧产生的气体扰动和高温辐射而扩散、汽化并形成混合的过程。

(3)按空间混合方式分为一次混合和二次混合。

①一次混合

直喷开式燃烧室，燃油与空气在一个空间，一次完成混合。

②二次混合

分开式燃烧室，由副燃烧室和主燃烧室组成，主、副燃烧室之间有通道，先在副燃烧室一次混合，高压已燃气体冲入主燃烧室进行二次混合。

2. 柴油机混合气形成的特点

(1)可燃混合气是在气缸内部形成的

①混合气形成时间极短，即从压缩行程上止点前(BTDC)15 ～ 25°CA 燃油喷入气缸起，到喷油结束止，喷油期为 20 ～ 40°CA。

②由于柴油黏度较大，因此具有蒸发性差、十六烷值高、自燃温度低的性质特点。

须用高压喷油装置进行高压喷射(120 ～ 250 MPa)，使燃油雾化成非常细小的液滴，且能压缩自行着火；要组织适当的空气运动，产生强烈扰动，促使油滴与空气在缸内良好混合；要与燃烧室形状恰当配合，促使油滴在燃烧室内较好分布；在混合气形成中，燃料蒸气与空气的比例要在一定的着火界限内。

③混合气形成过程及温度、浓度的变化规律

如图 4-58 所示，油滴喷入气缸后，立即开始蒸发、扩散，经一段时间之后，油滴外围形成由燃油蒸气和空气组成的混合气，混合气的浓度随距油滴中心距离增长而变稀，混合气过浓及过稀都不能着火，这个界限之内称为“可燃混合气着火区”。

可燃混合气必须加热到某一临界温度，低于这个温度不能着火，自行着火的最低温度称为“着火温度”或“自燃温度”。柴油的着火温度低于汽油，如图 4-59 所示。

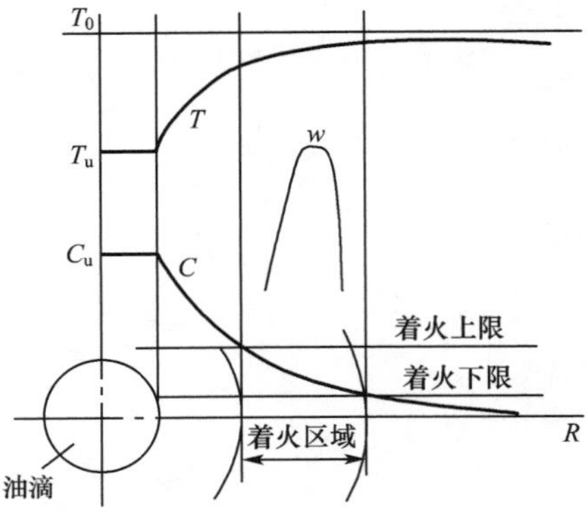

图 4-58 混合气形成中的温度 T 和浓度 C 变化

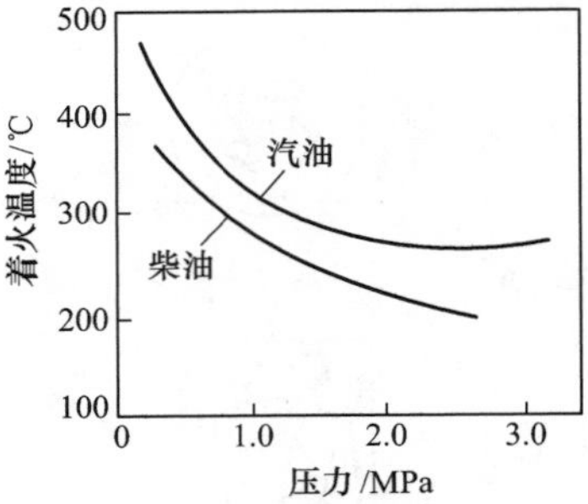

图 4-59 柴油与汽油的着火温度

(2)混合气是不均匀的、气液两相的

燃油大部分是在着火后喷入气缸的，造成了边喷油、边混合、边燃烧，即大部分是扩散燃烧，使燃油雾化、蒸发、扩散等物理过程与焰前反应、热分解等化学过程交织在一起，即混合过程与燃烧过程在一段时间内重叠进行，因此：

①缸内混合气的空燃比(A/F) 随时间和空间是不断变化的。

②负荷调节方式为“质调节”。若柴油机保持某一转速不变，即进入气缸的空气量变化不大，则负荷的变化是通过改变喷油泵齿杆的位置，就是说改变进入气缸的每循环供油量来实现的，使气缸内混合气的 A/F 发生了变化，即随负荷的增大，A/F 减小。这种通过改变供油量的多少来改变负荷大小的方式，称为“质调节”。

③在燃烧中还有再混合，混合气形成速度决定了燃烧放热速度。柴油主要是扩散燃烧，在燃烧期间，可用很稀的可燃混合气，过量空气系数 ϕ_a 大，ϕ_a 为 1.5 ～ 2.2。

(3)具有高充量系数 ϕ_c 和高压缩比 ε_c

①进气系统内流动的仅是空气，无喉管、节气门，因此，进气道尺寸大、阻力小，使充量系数 ϕ_c 提高。

②在压缩过程中缸内仅是空气，可采用高压缩比，为压缩着火创造了条件。因此，能获得高效、非均相燃烧。

③局部混合气过浓是导致柴油机炭烟排放高的根源；富氧及较高的燃烧温度是导致 NO_x 排放高的根源。

3. 影响混合气形成的因素

(1)理想混合气形成的要求

①燃油喷入燃烧室后在尽可能短的时间内与周围空气均匀混合，形成可燃混合气。

②着火后继续喷入的燃油及时得到足够的空气及混合所需的能量，如喷注动量、气流运动能量，混合要迅速。

③避免燃油直接进入高温缺氧区而引起裂解。

(2)影响可燃混合气形成的因素

为了促进可燃混合气形成，要组织燃料和空气的相对运动。这种相对运动是由燃料的高压喷射产生强烈扰动和组织燃烧室内的气流运动所形成的，燃油喷射、气流运动及燃烧室结构的配合，是影响可燃混合气形成质量的重要因素。

①燃料喷雾的影响

提高喷雾质量，增大油滴细度及均匀度，大大增加燃料蒸发的表面积，可以实现迅速混合的目的。采用多孔油嘴，增加喷孔数目，减小孔径，可使雾化质量提高。

高喷油压力，使喷油初速增大，在喷孔中燃油扰动程度及流出喷孔后介质阻力增大，雾化细度和均匀度提高，雾化质量好，如图 4-60 所示，图中纵坐标是某一直径油粒占全部油粒的百分数，曲线 a 的喷油压力大于曲线 b。

②燃烧室内温度的影响

柴油沸点约为 210 ℃，压缩空气温度远高于 210 ℃，所以燃油很快蒸发。燃烧室内的温度状态主要取决于 ε_c、燃烧室结构形式及柴油机运转条件。

③空气运动的影响

空气运动促使油滴分散到更大的容积范围里去。转速愈高，涡流就愈强，气流对油束的吹散作用也愈大。

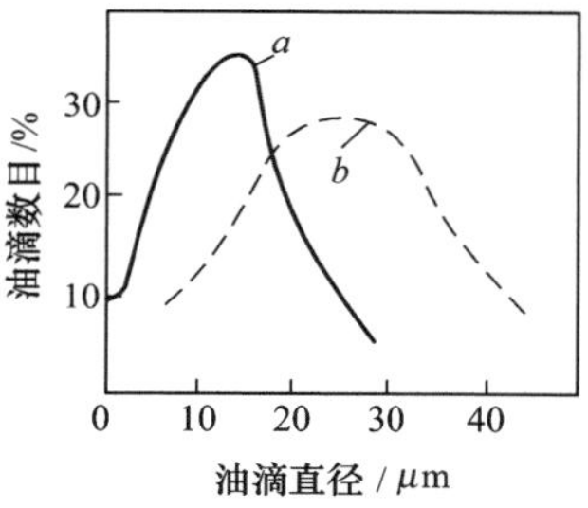

图 4-60　喷油压力的影响

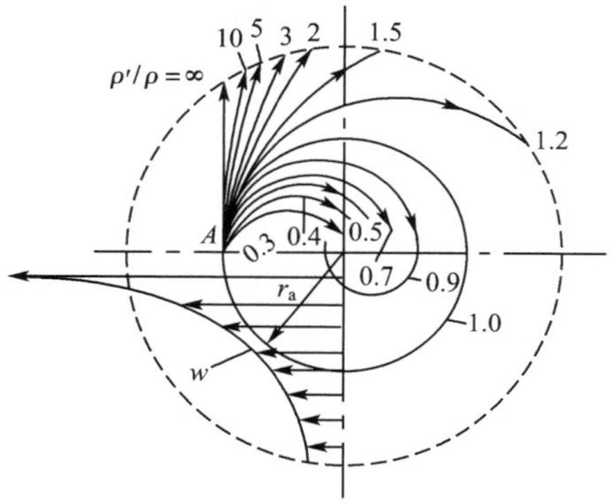

图 4-61　随空气运动的燃烧质点轨迹及热力混合

热混合作用对混合气的形成有重要影响。如图 4-61 所示，气流的切向速度随燃烧室半径增大而减小。在燃烧室壁面附近的气流速度小，但压力大。在燃烧室中心附近的气流速度大，但压力小。设质点 A 的密度为 ρ'，空气介质的密度为 ρ，当 $\rho'=\rho$ 时，质点 A 做圆周运动；当 $\rho'/\rho>1$ 时，质点 A 由于惯性力起主导作用，将沿一条螺旋线的轨迹做离心运动；当 $\rho'/\rho<1$ 时，质点 A 由于质量引起的向心力起主导作用，将沿螺旋线轨迹做向心运动。对于液体油滴或燃油蒸气，其密度比空气大，$\rho'/\rho>400$，因此将沿螺旋线轨迹向外飞向缸壁；对于已燃的气体，其密度比空气小，$\rho'/\rho<0.3$，因此运动轨迹为螺旋线方向向内。由于火焰向心运动，会将中心部分的新鲜空气挤向外壁与未燃燃料混合，这样就使已燃气体与未燃物分开，促使了混合气形成和燃烧，这种混合作用叫作“热力混合”。

4.3.2　柴油机的燃烧过程与影响因素

柴油机的燃烧过程一般分为两个阶段：前期通常指上止点前，为预混合燃烧阶段；后期为扩散燃烧阶段。整个燃烧过程所占的时间极短，为 30～60°CA(2～5 ms)，所处的空间很小，燃烧反应物很不均匀且与燃烧产物共处同一空间，着火方式是压缩自燃和多点着火。具有定容与定压混合加热的性质。

预混合燃烧：在滞燃期内，若喷入气缸的燃料在着火前已蒸发，并与空气混合，那么，这部分燃料的燃烧称作“预混合燃烧”。

扩散燃烧：柴油机的大部分燃料是在着火后喷入气缸的，它处于一边与空气混合，一边燃烧的情况。着火后喷入气缸的燃料所进行的燃烧叫“扩散燃烧”。

1. 燃烧过程的划分

燃烧过程的研究方法有：采用高速摄影法，观察和记录缸内着火及燃烧火焰的传播情况；采用光谱分析法，确定缸内瞬时火焰温度；用数据采集方法，测取缸内压力、针阀升程、油管压力随曲轴转角变化曲线。

由于示功图很容易获取，因此，数据采集方法应用最为广泛。

根据展开示功图气缸中工质压力和温度的变化规律，将柴油机燃烧过程划分为滞燃期、速燃期、缓燃期和后燃期四个阶段，如图 4-62 所示。

(1) 第 Ⅰ 阶段为滞燃期，也称“着火延迟期”，如图 4-62(a) 中的 1—2 段。

从喷油开始点 1 到开始着火瞬时点 2，即压力线脱离压缩线开始急剧上升的着火点。这段时间称为“滞燃期”，用 τ_i 表示，τ_i 一般为 1 ～ 3 ms。相对应的曲轴转角称为“着火延迟角”，即喷油提前角与着火提前角之差：$\varphi_i = 6n\tau_i$，φ_i 一般为 5 ～ 10°CA。

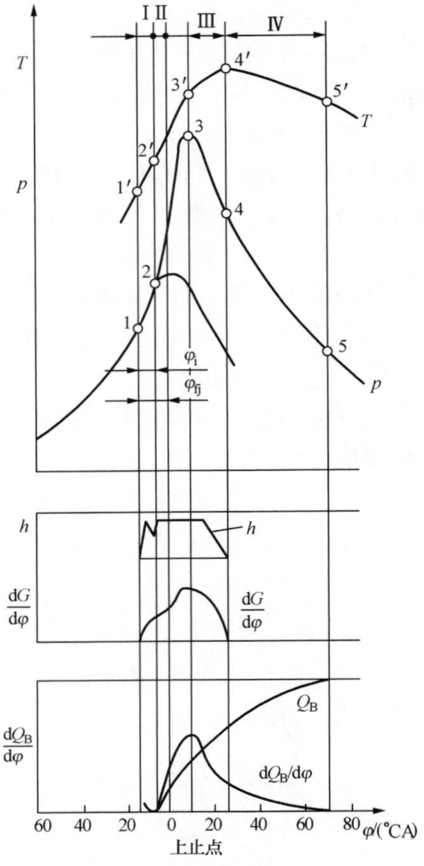

(a) 划分四个阶段

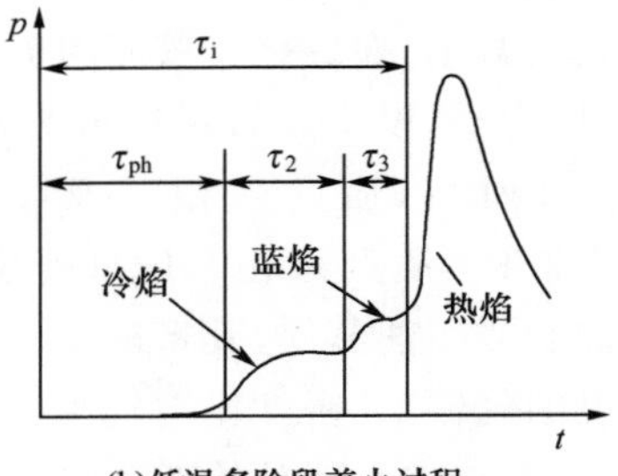

(b)低温多阶段着火过程

图 4-62　柴油机燃烧过程

①滞燃期 τ_i 是柴油机着火和燃烧过程中的一个重要参数，包括物理滞燃期和化学滞燃期：

$$\tau_i = \tau_{ph} + \tau_{ch}$$

式中　τ_{ph}—— 物理滞燃期，包括燃油的雾化、加热、蒸发、汽化、扩散与空气形成预混合气的物理过程；

τ_{ch}—— 化学滞燃期，包括进行分子裂化、低温氧化的冷焰期和活化中心积累的蓝焰期。$\tau_{ch} = \tau_2 + \tau_3$。

低温多阶段着火过程如图 4-62(b) 所示。

②应尽量缩短滞燃期

τ_i 影响启动性，τ_i 越短，则启动越容易；τ_i 影响粗暴性，τ_i 越短，则预混合油量越少，p_{max} 和 $dp/d\varphi$ 越小，工作越柔和；τ_i 长短应适当，过短则有可能造成炭烟过高。

③滞燃期 τ_i 的计算式

$$\tau_i = A + Cp_c^{-n} e^{\frac{B}{T_c}} \quad (ms) \tag{4-16}$$

式中　A、B、C、n—— 常数；

p_c—— 喷油始点时的缸内压力，MPa，p_c 一般为 3.0 ～ 4.0 MPa；

T_c—— 喷油始点时的缸内温度，K，T_c 一般为 650 ～ 850 K。

a. 伏尔佛（Wolff ）的 τ_i 经验公式（1938 年）

$$\tau_i = 0.44 p_c^{-1.19} e^{\frac{4650}{T_c}} \quad (ms) \tag{4-17}$$

式中　p_c—— 开始喷油时燃烧室内压力，MPa；

T_c—— 开始喷油时燃烧室内温度，K。

b. 广安博之等的轻柴油的 τ_i 公式（1975 年）

$$\tau_i = 0.276 p_c^{-1.23} \phi^{-1.60} e^{\frac{7280}{T_c}} \quad (ms) \tag{4-18}$$

式中　ϕ—— 氧的浓度，试验时氧的浓度为 0.6 ～ 1.0。

c. 顾宏中教授研究了 2135 型柴油机的滞燃期总结出的公式（1980 年）

$$\tau_i = 0.1 + 2.627 p_c^{-0.87} e^{\frac{1967}{T_c}} \tag{4-19}$$

d. 高速直喷式柴油机的 τ_i 公式

$$\tau_i = 685 \frac{\varphi_{fj}^{0.6}}{n \cdot (CN)^{0.9} \cdot \varepsilon_c^{1.25}} \cdot \left(\frac{p_a}{p}\right)^{0.4} \left(\frac{T_a}{T}\right)^{3.2} \quad (ms) \tag{4-20}$$

式中　p_a、T_a—— 环境压力（MPa）和温度（K）；

p、T—— 缸内工质压力（MPa）和温度（K）；

CN—— 十六烷值；

φ_{fj}—— 喷油提前角，°CA。

e. 何学良根据大量计算、试验结果，提出的小型高速直喷非增压柴油机 τ_i 公式[5]

$$\tau_i = C p_c^{-0.8} e^{\frac{4650}{T_c}} \quad (ms) \tag{4-21}$$

式中　p_c、T_c—— 喷油始点的缸内工质压力（kPa）和温度（K）；

C—— 常数，C 一般为 0.8 ～ 1.2，当 p_c、T_c 较高时，C 取较大值；十六烷值低的燃料，C 取较小值。

（2）第 Ⅱ 阶段为速燃期，又称“预混合燃烧期”，如图 4-62（a）中的 2—3 段。

从压力开始急剧上升的点 2 到最高压力的点 3，称为“速（急）燃期”。

在着火延迟期内喷入气缸的燃油都已经过不同程度的物理化学准备，一旦着火，第 Ⅰ 阶段已喷入气缸的燃油几乎一起燃烧，由于这时活塞已靠近上止点，气缸容积小，因此，燃烧室内的压力、温度急剧上升，接近等容燃烧，最大燃烧压力 p_z 达到最大值 p_{max}，除受滞燃期 τ_i 内的预混合量影响外，还与压缩比 ε_c、压缩始点压力 p_c 有关。

压力升高的程度一般用最大压力升高率 $(dp/d\varphi)_{max}$ 或平均压力升高率 $\Delta p/\Delta\varphi$ 表示：

$$\frac{\Delta p}{\Delta \varphi} = \frac{p_3 - p_2}{\varphi_3 - \varphi_2} \tag{4-22}$$

式中　p_2、p_3—— 第 Ⅱ 阶段起点和终点的压力，kPa；

φ_2、φ_3—— 第 Ⅱ 阶段起点和终点的角相位，°CA。

压力升高率过大，柴油机工作粗暴，最大燃烧压力 p_z 增大。压力升高率决定柴油机的平稳性、噪声和振动，一般应在 0.3 MPa/°CA 以下。

最大燃烧压力 p_z 过大使发动机负荷增大，影响柴油机的可靠性和寿命，一般柴油机限制最大 p_z，一般小于 10 MPa。相应放热率曲线出现第 1 个峰值，放热量约为总放热量的 1/3。

所以，应尽量控制压力升高率。一方面是要缩短滞燃期 τ_i，另一方面是减少滞燃期 τ_i 内喷入的燃料量。

(3)第 Ⅲ 阶段为缓燃期,如图 4-62(a) 中的 3—4 段。

从最大压力点 3 到最高温度点 4,称为“缓燃期”。特点是:

①活塞开始下行,气缸容积增大,虽然温度升高,但缸内压力下降,使燃烧速度减慢。

②工质燃烧放热、膨胀做功过程,缸内温度高,排气中 NO_x 含量高。

③缸内空气逐渐减少,燃烧进展缓慢,具有扩散燃烧的特征。到缓燃期末,放热量为 70% ~ 80%。如果这阶段还在继续喷油,容易裂解,形成炭烟。

所以,应尽量完善和加速缓燃期。

(4)第 Ⅳ 阶段为后燃期,也称“补燃期”,如图 4-62(a) 中的 4—5 段。

点 4 为缸内最高温度点,点 5 为燃油基本烧完点,一般当放热量达到总放热量的 95% ~ 97% 时,就可以认为后燃期结束。特点是:

① 后喷的燃油混合不均,没有及时烧完,拖到膨胀线上,燃烧速率继续降低,放热速率 $dQ_B/d\varphi$ 也逐渐减小到零。

② 由于气缸容积增大,缸内压力和温度继续降低。若后燃期拖长,将使热利用率下降,散热损失增加,排温和热负荷升高,油耗率升高,炭烟增加。

因此,应尽量缩短后燃期。

2. 影响柴油机燃烧过程的主要因素

影响柴油机燃烧过程的关键是控制滞燃期和扩散燃烧速度。然而,控制滞燃期的关键又在于控制压缩温度和压力,压缩温度和压力的提高都使滞燃期缩短。

(1)燃料的理化性质

影响柴油机燃烧过程主要因素之一是燃料的理化性质,其中主要是柴油的着火性和蒸发性。

①柴油的着火性用十六烷值(CN)或柴油指数来评定。十六烷值愈高,自燃能力愈强,着火滞燃期愈短,发动机工作愈平稳。但十六烷值也不能过高,否则在高温下裂解产生难于燃烧的炭粒,随废气排出气缸,使发动机冒黑烟,油耗率增大。一般高速柴油机燃用的柴油的十六烷值为 40 ~ 60。

②柴油的蒸发性,即挥发性。蒸发性良好时,容易和空气形成可燃混合气,有利于在低温下启动发动机。喷射时容易形成较细的油滴,着火滞燃期越短,燃烧越完全,发动机工作越平稳。但馏分过轻时,滞燃期中蒸发量过大,着火时几乎全部燃料参加燃烧过程,会导致压力升高率过大,发动机工作粗暴。因此,希望馏程范围较窄,为 250 ~ 350 ℃。

(2)燃料的雾化质量

雾化质量是指雾化细微度、均匀度。雾化良好的燃料,有利于促进燃料与空气的均匀混合,加快燃烧速度,改善速燃期的燃烧状况,保证燃烧迅速而完全。

雾化质量取决于燃料的黏度和表面张力的大小。表面张力较小时,雾化的液滴较细。黏度适中,有利于油束在燃烧室内的均匀分布。

若燃料的黏度已定,喷油嘴的结构与设计应保证燃油喷出的油束液滴直径小,分布合理,使着火滞燃期缩短,燃烧完全。

(3)燃烧室的热力状态

燃烧室内的热力状态是指压缩终了时的空气温度和压力。若该温度和压力较高，则燃料着火前的化学反应速度加快，蒸发和混合也较快，因而使着火滞燃期缩短，发动机工作柔和。

燃烧室内的热力状态取决于进气状况、压缩比、燃烧室形状及冷却状态等因素，适当增大 ε_c，压缩终点温度 T_{co} 提高，使着火滞燃期缩短，燃烧完全。

与喷束和气流相匹配的燃烧室形状，可以使混合气分布均匀，着火滞燃期缩短，使燃烧状况得到改善。

在冬季冷车状态下启动柴油机，由于环境空气及气缸温度较低，压缩后热能损失大，使压缩后空气温度降低，造成启动困难。因此，柴油机在冷启动时必须暖缸，以改善启动性能。

减小活塞环的漏气，可使压缩终点的温度 T_{co} 和压力 p_{co} 升高，改善启动性能和燃烧状况。

(4)气缸内的工质运动及换气质量

改善换气过程，提高换气质量，使每循环充入缸内的新鲜空气量 M_1 增大、充量系数 ϕ_c 提高，对促进可燃混合气的形成和改善燃烧状况及排放都是有利的。

适当增加气缸内空气的涡流强度，可以提高燃油的蒸发速度，促进可燃混合气的形成，如图 4-63 所示。

空气涡流运动可以促进油束分散，增大混合范围，改善高温空气对柴油的加热，使着火滞燃期缩短，燃烧速度加快，燃烧也较完善。

但是，若进气涡流过大，会使流动损失增加，充量系数 ϕ_c 降低；若涡流过强，会使散热损失增加，当燃烧室温度较低，导致着火滞延期增长。

(5)喷油规律

不同的喷油规律对燃烧过程影响很大。若喷油率“先缓后急”，则初期可燃混合气量少，相应初期放热量少，压力升高率和缸内最大压力都下降，但热效率也下降。因此，应适当选用喷油规律，根据具体要求折中。

(6)喷油提前角

喷油提前角对燃烧性能的影响，如图 4-64 所示。

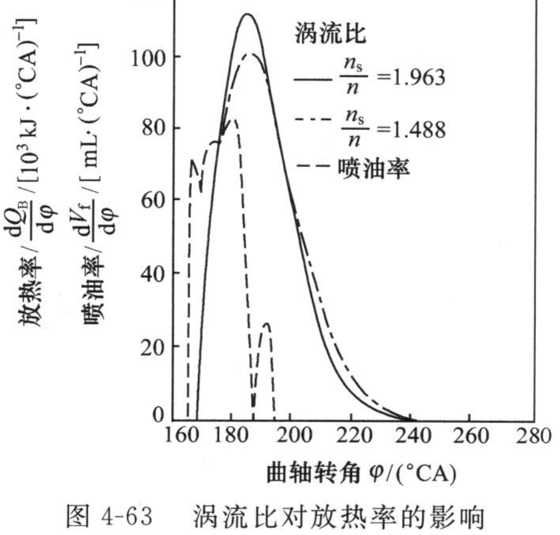

图 4-63　涡流比对放热率的影响

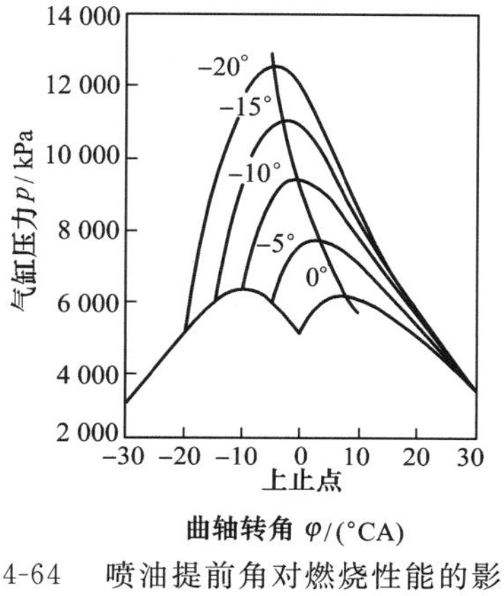

图 4-64　喷油提前角对燃烧性能的影响

喷油提前角推迟，燃油喷入气缸时，缸内的压力和温度相对较高，使着火延迟期缩短，压力升高率及最大燃烧压力降低，燃烧平稳，NO_x 排放有所下降，燃油消耗率稍增大。

(7)转速

柴油机转速升高时，由于气体的涡流强度增强，燃料的雾化蒸发条件得到改善。同时，压缩过程的时间缩短，漏气和散热损失减少，使得压缩终了的温度升高，混合气形成的时间缩短，燃烧改善。

但转速增加，高压油管内燃油压力波的传播速度不变，所以，喷油延迟角及喷油持续期将随之增加，最终导致放热率滞后，热效率降低，排温升高，烟度增大。因此，随着转速的升高，应将喷油提前角提前。

(8)负荷

柴油机负荷增加时，缸内工作温度升高，着火滞燃期缩短，燃烧得到改善。当负荷过高时，空燃比(A/F)减小，容易导致燃烧不完全并冒烟。由于在缓燃期中喷入的燃油随负荷的增加而增加，因而易使后燃期增长。

(9)增压

当增压压力 p_b 增高时，ϕ_a 增大，燃烧改善，但最大燃烧压力 p_{max} 增高，因此增压机相应减小压缩比 ε_c。为减小热负荷，进、排气门重叠角相应增大。

3. 对柴油机燃烧的基本要求

根据柴油机燃烧过程的进行情况，对柴油机燃烧的基本要求概括如下：

(1)柴油能完全而及时地燃烧

“完全”是指喷入缸内的燃油在燃烧过程中所含的化学能(热值)全部转变为热能；“及时”是指在恰当的曲轴转角范围内，就是在上止点附近有效地进行燃烧，以利于提高柴油机的经济性并防止热负荷过高。

(2)燃烧过程平稳

要求燃烧过程中的压力升高率 $dp/d\varphi$ 和最大燃烧压力 p_z 适当而不过高，以避免机械负荷过大，工作粗暴和产生大的噪声。

(3)提高缸内空气的利用率

在同样的空气量条件下，使尽可能多的燃油完全燃烧，以利于提高柴油机的平均有效压力，即提高动力性。

(4)减少有害排气污染物。

4.3.3 柴油机的燃烧放热规律及影响因素

1. 燃烧放热规律

(1)定义

燃料燃烧瞬时放热速率 $dQ_B/d\varphi$ 和累计燃烧放热百分比 X 随曲轴转角 φ(或时间 t)的变化规律，称为“放热规律”。

图 4-65 示出了根据实测高速四冲程柴油机的示功图计算得到的燃烧放热规律。图中的瞬时放热率 $dQ_B/d\varphi$ 是指燃烧过程中，某一时刻单位曲轴转角内燃料燃烧所放出的热量，其最大值称为“放热率峰值”。

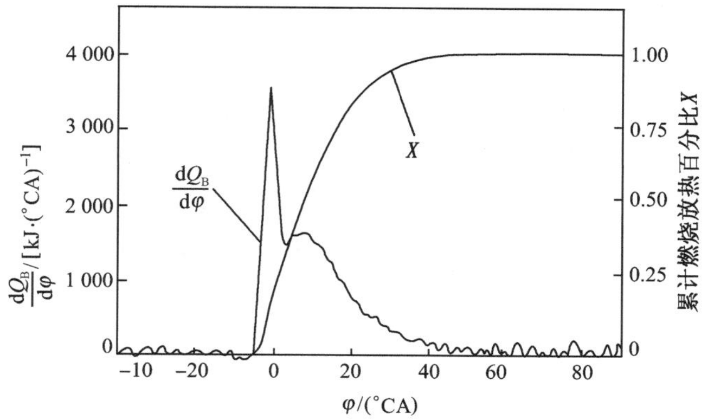

图 4-65　燃烧放热规律

燃烧百分率，即累计燃烧放热百分比 X，是指燃烧过程开始到某一时刻为止，已经燃烧的燃油量占每循环的喷油量的百分比。

$$X=\frac{\text{已经燃烧的燃油量 } g_b}{\text{每循环的喷油量 } m_b}=\frac{Q_{bx}}{Q_b}=\frac{g_b H_u}{m_b H_u}$$

(2)放热规律的阶段划分

放热率曲线可以划分为三个阶段，如图 4-66 所示。

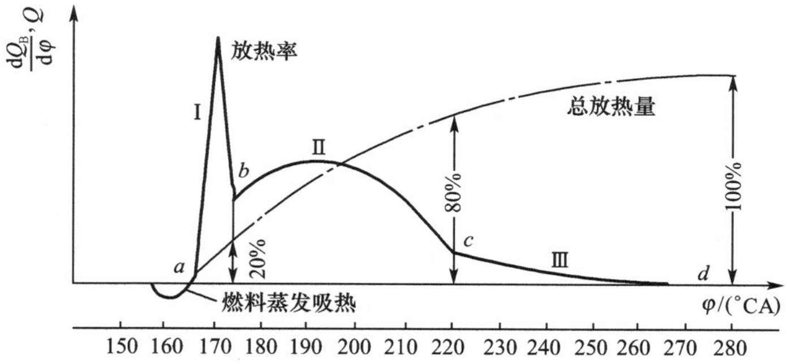

图 4-66　放热率曲线的三个阶段

①预混合燃烧阶段 Ⅰ(a—b 段)

着火开始点 a 到上止点 b 的一段时间，放热率呈第一峰值，其特点是，在滞燃期内喷入气缸的燃油与空气混合形成的预混合气一旦着火形成预混合气火焰，即迅速燃烧，引起放热率急剧上升，很快达到第一个尖峰。把滞燃期内已准备好的可燃混合气全部燃烧完毕，放热率迅速从峰值下降到点 b。a—b 段约占 5 ～ 7°CA，其间累计放热量约占循环总热量的 20％。其放热率的大小主要由滞燃期准备的燃料量决定。

②扩散燃烧阶段 Ⅱ(b—c 段)

第一峰值结束点 b 到第二峰值结束点 c，放热率呈第二个峰值，其特点是放热率受燃料与空气混合速率的控制。滞燃期后继续喷入的燃料边与空气混合边燃烧，形成扩散燃烧火焰，因此，燃烧放热将取决于燃料喷射规律及燃料与空气的混合和扩散过程。一般来说，随着火焰前锋面积的扩大，燃烧速度也有所提高。因此，放热率曲线出现了第二个峰值。此阶段延续约40°CA，其间放热量约占整个循环放热量的 60％。

③尾部燃烧阶段 Ⅲ(c—d 段)

由第二峰值结束点 c 到燃烧结束点 d。其特点是,随着活塞下行,缸内的空气、燃料耗尽,温度、压力、密度下降,放热率很低,逐渐趋于零。该阶段的火焰仍为扩散火焰,延续到60°CA,放热量约占循环总热量的 20%。

(3)放热规律三要素

三要素指的是燃烧放热始点(相位)、放热持续期和放热率曲线的形状,如图 4-67(a) 所示。

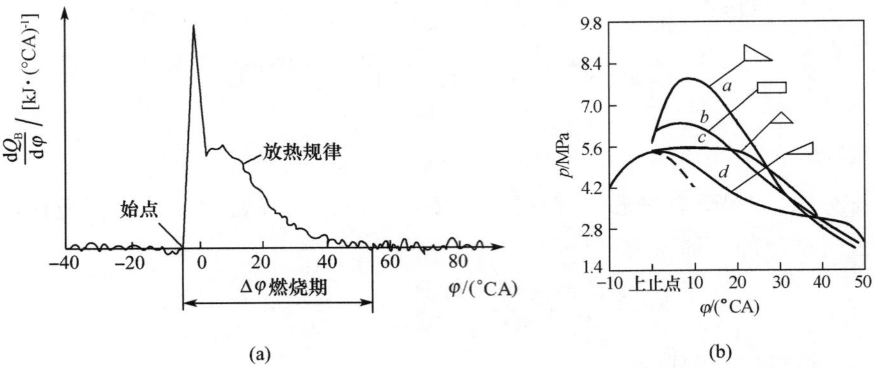

图 4-67 放热率曲线形状对压力变化的影响

①放热始点

决定了放热率曲线距压缩上止点的位置。在持续期和放热率曲线形状不变的前提下,也就决定了放热率中心(指放热率曲线包围的面心)距上止点的距离。这一要素对循环热效率、压力升高率和燃烧最大压力都有重大影响。

②放热持续期

一定程度上是理论循环定压放热初膨胀比 ρ_0 大小的反映。显然这是决定循环热效率的一个极为关键的因素,对有害排放量也有较大的影响。

③放热率曲线的形状

决定了前后放热量的比例,对噪声($dp/d\varphi$)、振动和有害气体排放量也有很大的影响。图 4-67(b) 示出了放热始点为 0°CA、放热总量相同、持续期均为 40°CA 的条件下,放热率曲线形状的变化。曲线 a 呈先快后慢的前三角形,初期放热多,压力迅速上升,最大爆发压力 p_z 达8 MPa,指示热效率 η_{it} 最高为 52.9%;曲线 b 呈放热率接近不变的矩形,p_z = 6.4 MPa,η_{it} = 49.1%;曲线 c 呈正三角形,中间放热多,近似等压燃烧,p_z = 5.8 MPa,η_{it} = 49.3%;曲线 d 呈先缓后快的三角形,p_z 最低,为 5.3 MPa,指示热效率也最低,η_{it} = 45.4%。

由以上分析可知,中峰的正三角形放热规律,既可以获得不高的最大爆发压力 p_z,又有较高的热效率,它是通过近似的等压燃烧来实现的。

2. 理想放热规律的曲线形成

从放热率的观点出发,同时实现低油耗、低排放的燃烧理念,理想放热规律曲线对喷油速率提出如下要求:初期喷油量要少,且雾化要好,以减少预混合燃油量;主喷油期要呈加速状态;喷射末期断油要快。为此,现代柴油机喷油规律的趋势有三角形喷油速率、靴形喷油速率和多次喷油速率,如图 4-68 所示。

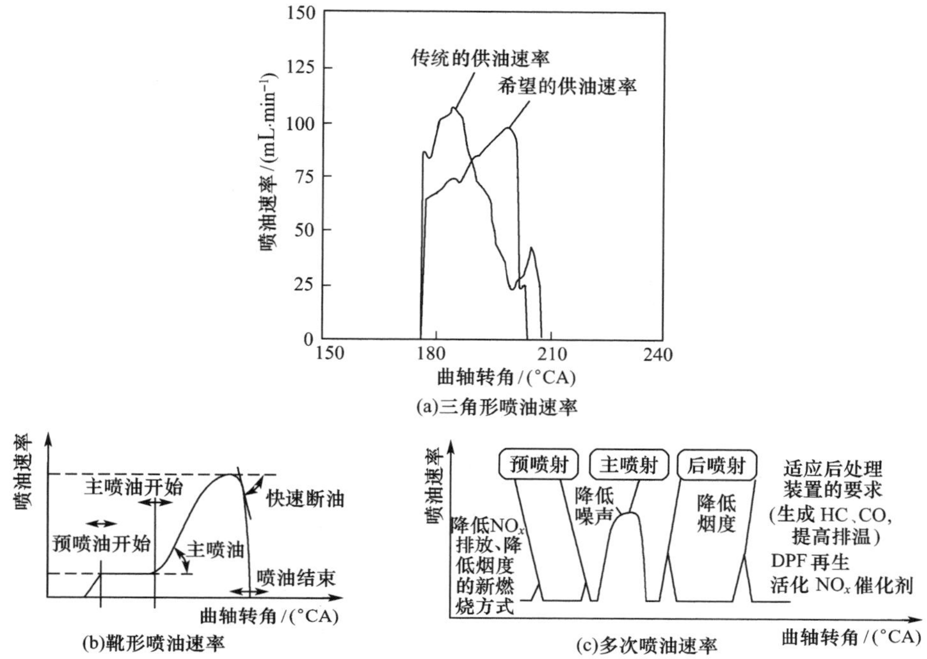

图 4-68　喷油速率图形

对柴油机理想燃烧过程:滞燃期要缩短,速燃期不要过急,缓燃期要加快,后燃期不要过长的理想放热规律,如图 4-69 所示。

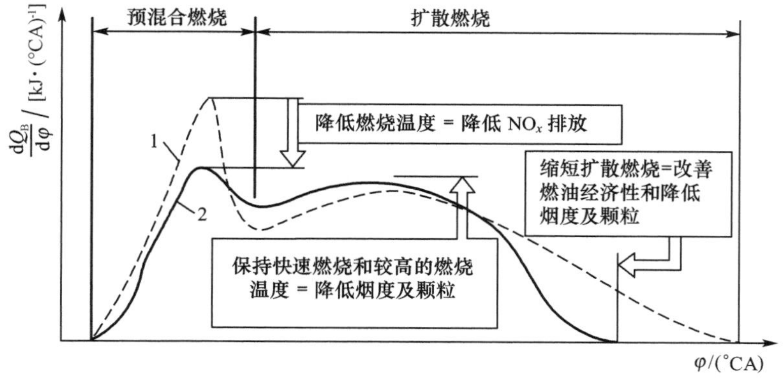

图 4-69　理想放热规律

(1)放热率曲线形状的控制

由双峰形控制呈单峰正三角形放热。

①缩短滞燃期,减少预混合燃烧,使第一峰值大大降低,降低初始燃烧温度,也就降低了 NO_x 排放。

②强化中期扩散燃烧,燃烧速度加快,温度相应增高,降低了 PM 排放。

③缩短后期燃烧,使扩散燃烧期缩短,保证低的油耗率,降低了炭烟排放。

(2)放热始点的控制

希望放热始点的位置能保证最大燃烧压力 p_z 出现在上止点后 10 ～ 15°CA。因此:

①需对喷油提前角 φ_{fj} 进行调控，在最佳喷油提前角下能获得最大的功率 P_e 和最小的油耗率 b_{emin}。柴油机最佳喷油提前角应随转速的升高和负荷的增大而自动提前。

②需对滞燃期进行控制，减少滞燃期的预喷油量，这是通过控制初始喷油率来实现的。

(3)放热持续期的控制

柴油机的放热规律反映了燃烧过程的特征，影响油耗率、燃烧排放和噪声。

放热持续期原则上是越短越好，柴油机一般小于 50°CA。

①取决于喷油持续角 $\Delta\varphi_{fj}$ 的大小，喷油时间越长，则扩散燃烧期越长。

②取决于扩散燃烧期内混合气形成的快慢和完善程度。

3. 影响放热规律的主要因素

(1)燃烧系统对放热规律的影响

不同的混合气形成和燃烧方式，对放热规律有不同的影响。图 4-70 示出了直喷式、M 燃烧式、挤流口式及德士古式四种燃烧方式对放热规律的影响。

由图中比较看出，M 燃烧方式具有正三角形的放热规律。

(2)涡流强度的影响

图 4-71 示出了用改变导气屏角度来改变涡流强度的三条放热规律曲线比较。导气屏包角 120°，对称线的位置代表导气屏的位置，导气屏在位置 1 时，涡流强度最大，能使混合气加速形成，滞燃期最长，预混合燃料量增多，第一峰值升高，第二峰值下降。导气屏在位置 2 时，涡流强度居中。导气屏在位置 3 时，涡流强度最小。

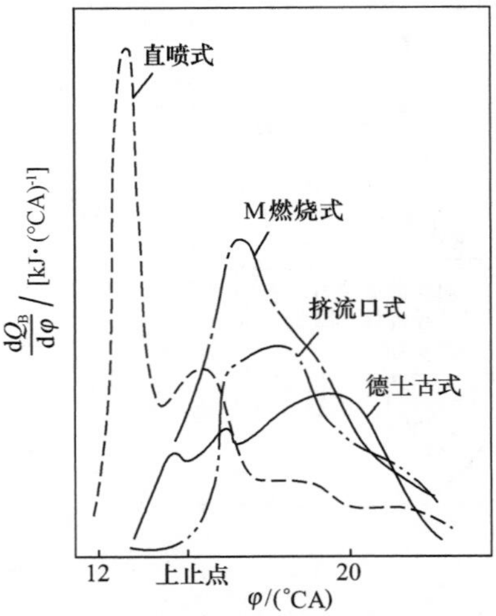

图 4-70　不同燃烧系统放热率比较

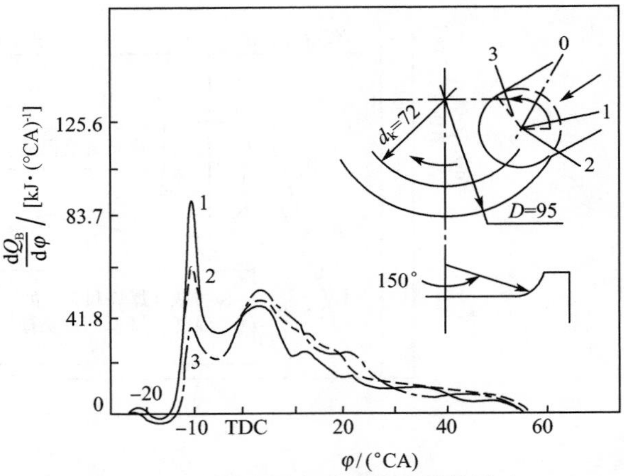

图 4-71　涡流强度对放热规律的影响

(3) 燃料十六烷值的影响

图 4-72 示出了不同十六烷值(36 和 62) 对放热规律的影响。

十六烷值高，其着火性能好，滞燃期短，在喷油提前角相同时，其着火早，第一峰值低。

不同品质的燃料，其放热规律主要在滞燃期和速燃期区别较大，而燃烧后期区别较小。

(4)柱塞直径 d_p 的影响

图 4-73 示出了不同柱塞直径($\phi 9$、$\phi 10$) 对放热规律的影响。

柱塞直径增大，喷油速率加快，即在相同的时间内喷入气缸内的燃油增多，从而参加预混合燃烧的燃料量较多，因此，第一个峰值也较高。

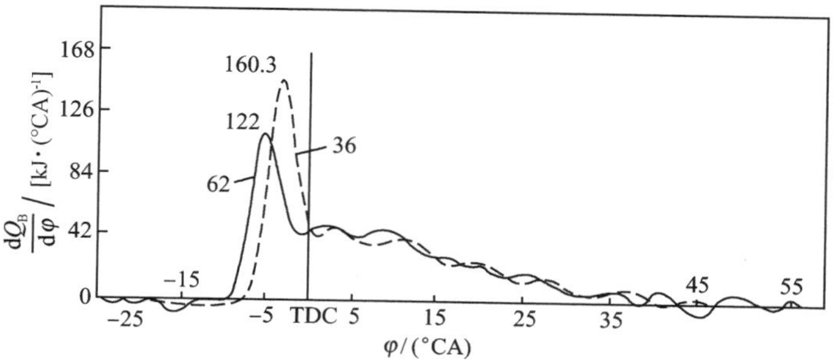

图 4-72　十六烷值对放热规律的影响

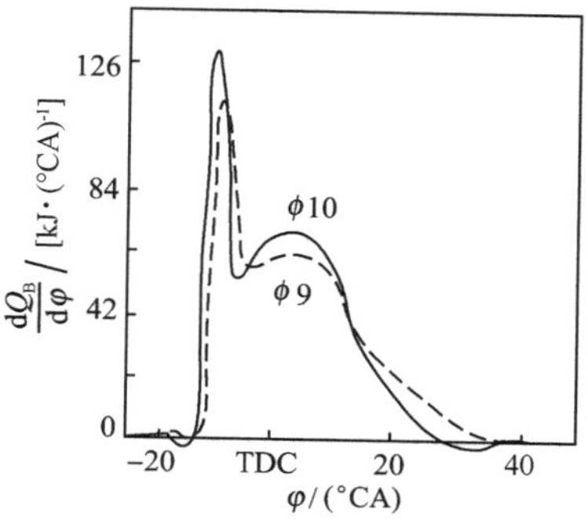

图 4-73　柱塞直径对放热规律的影响

(5)喷孔数目 i_n 和孔径 d_n 的影响

图 4-74 示出了喷孔面积一定时，喷孔数目和孔径对放热规律的影响。

喷孔数目少而孔径大的 6×0.31 喷油嘴，油滴较大，雾化较差，滞燃期增长，其放热第一峰值较高。喷孔数目增多、孔径减小的 9×0.25 喷油嘴，由于喷孔数目多，雾化较好，在气流运动下各喷注之间相互干扰重叠，混合气品质变差，滞燃期短，第一峰值低。

(6)启喷压力 p_{jo} 的影响

图 4-75 示出了启喷压力对放热规律的影响。

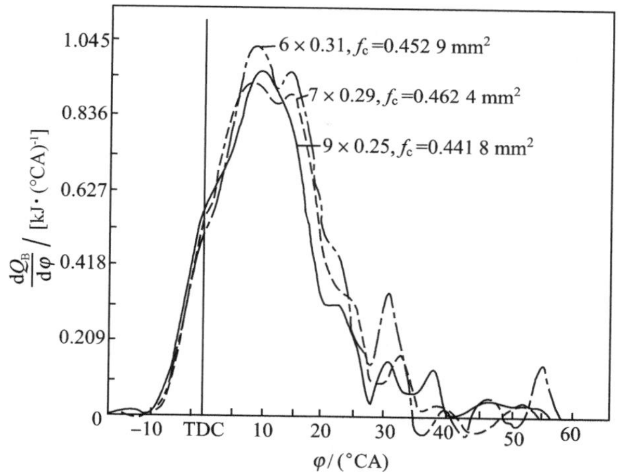

图 4-74　喷孔数目和孔径对放热规律的影响

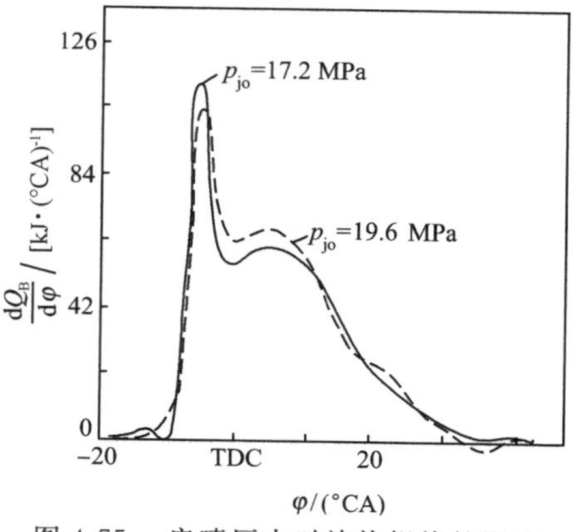

图 4-75　启喷压力对放热规律的影响

当启喷压力增大后，滞燃期短，着火较早，在滞燃期内参加预混合燃烧的燃料量较少，以致第一峰值较低。

(7)喷油提前角 φ_{fj} 的影响

图 4-76 示出了喷油提前角对放热规律的影响。

由 φ_{fj} 为 15° 和 21° 的放热规律曲线比较看出，喷油提前角 φ_{fj} 越大，喷油时气缸内的温度和压力越低，因而滞燃期增长。当负荷和转速一定时，喷油提前角提前，第一放热峰值增高，而第二峰值却较低，放热规律曲线向上止点前偏移。

(8)喷油规律的影响

喷油规律对放热规律有关键性的影响。图 4-77 示出了喷油规律对放热规律的影响。

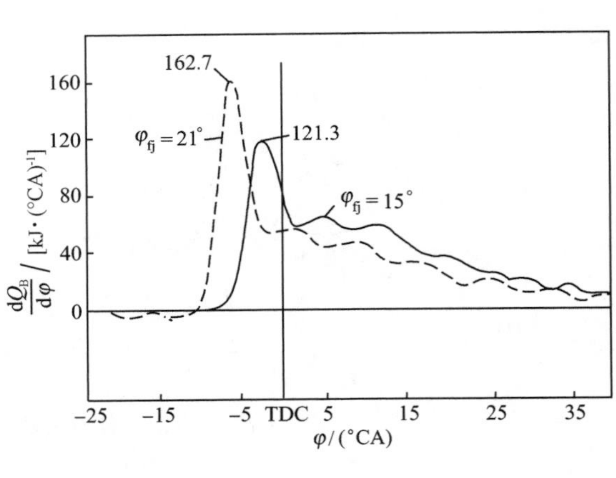

图 4-76 喷油提前角对放热规律的影响

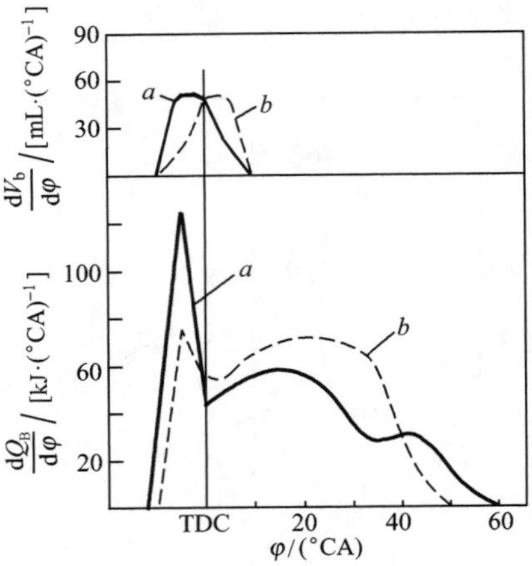

图 4-77 喷油规律对放热规律的影响

喷油规律曲线 a，初期喷油率高，初始曲线陡峭，放热规律曲线第一峰值也高，第二峰值较低。

喷油规律曲线 b，初期喷油率低，喷油规律曲线呈“先缓后急”的形状，当曲线 b 的喷油持续期与曲线 a 相同时，放热规律曲线第一峰值低，第二峰值升高，燃烧持续期缩短。

(9)负荷的影响

发动机负荷是影响放热率图形的主要因素。

如图 4-78 所示，负荷越大，即每循环喷油量越多，则放热规律曲线的第一峰值和第二峰值越高，其形面重心也愈靠近上止点。这是因为每循环的喷油量越多，则单位时间或曲轴转角内放出的热量愈多，即放热率愈高。

(10)转速的影响

主要是转速升高后对滞燃期、缸内气流运动和喷油压力引起的变化。

图 4-79 示出了转速为 1 000 r/min、1 800 r/min 及 2 500 r/min 的放热规律曲线比较。

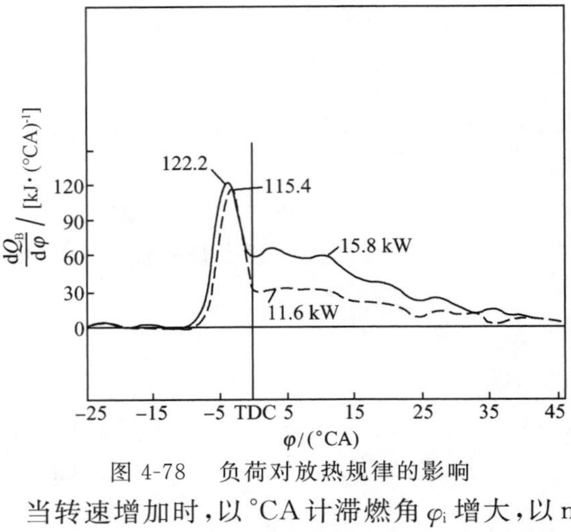

图 4-78 负荷对放热规律的影响

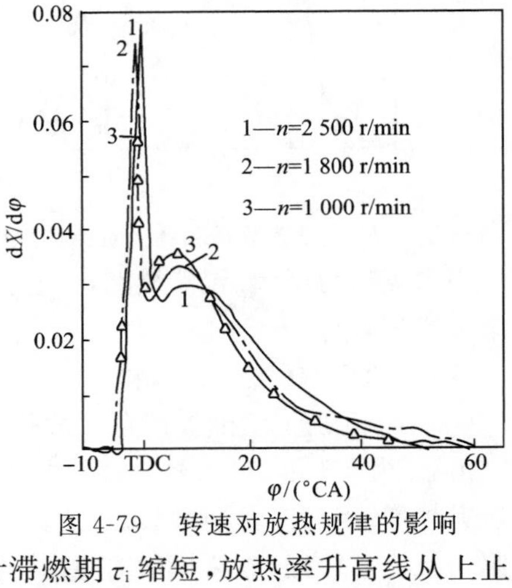

图 4-79 转速对放热规律的影响

当转速增加时，以°CA 计滞燃角 φ_i 增大，以 ms 计滞燃期 τ_i 缩短，放热率升高线从上止点前会靠近上止点，第一峰值增加，第二峰值下降，即预混合燃烧油量增加，扩散燃烧油量减少。气流运动和喷油压力增加都使第一峰值升高。

4. 放热规律的计算

(1)研究放热规律的目的

通过对放热规律曲线形态、放热峰值的大小以及相应曲轴转角位置的分析比较,可以分析和评价喷油系统和燃烧系统的品质,可以从宏观上就组织燃烧的合理性,如燃烧放热速率是否理想、燃烧进行是否完善等进行判断。同时,还可由放热规律确定燃烧始点、燃烧持续期和放热率,为合理选择柴油机工作参数,提高和改进柴油机的性能提供依据。所以,计算燃烧放热规律是分析进而改进燃烧过程的一种十分有效的手段。

(2)计算燃烧放热规律的三种方法

①根据喷油规律求算放热规律,即把柴油机放热规律看成是依次进入燃烧室的各份燃料按照同一模式燃烧放热的总和,由此算出放热率,进而以此来建立表示喷油规律与放热规律之间关系的数学表达式,如林慰梓(Lyn)提出的由喷油速率计算放热速率的模型。

②由燃烧过程的放热模型(包括经验和半经验数学模型,以及准维和多维燃烧模型)预测柴油机的放热规律。

③从实测采集的示功图计算放热规律。

(3)用实测示功图计算燃烧放热率[6]

计算方法为单区模型。选取气缸作为计算的热力系统,假定气缸内的工质为均匀状态的理想气体,不计漏气损失。

根据热力学第一定律,气缸内燃料燃烧放热率等于气缸内工质热力学能的变化率与工质作用于活塞做功变化率及工质通过系统边界的散热率之和:

$$\frac{\mathrm{d}Q_{\mathrm{B}}}{\mathrm{d}\varphi}=\frac{\mathrm{d}(GU)}{\mathrm{d}\varphi}+p\frac{\mathrm{d}V}{\mathrm{d}\varphi}+\frac{\mathrm{d}Q_{\mathrm{w}}}{\mathrm{d}\varphi} \tag{4-23}$$

用差分法计算放热规律,先将示功图按一定的曲轴转角间隔步长,分成若干小区段($i=1,2,\cdots,n$),n 为区段,如图 4-80 所示,上止点前后 40°CA 范围内,一般步长取 1°CA,其余可取 2°CA,将式(4-23)写成差分形式

$$\frac{\Delta Q_{\mathrm{B}}}{\Delta\varphi}=\frac{\Delta(GU)}{\Delta\varphi}+p\frac{\Delta V}{\Delta\varphi}+\frac{\Delta Q_{\mathrm{w}}}{\Delta\varphi} \tag{4-24}$$

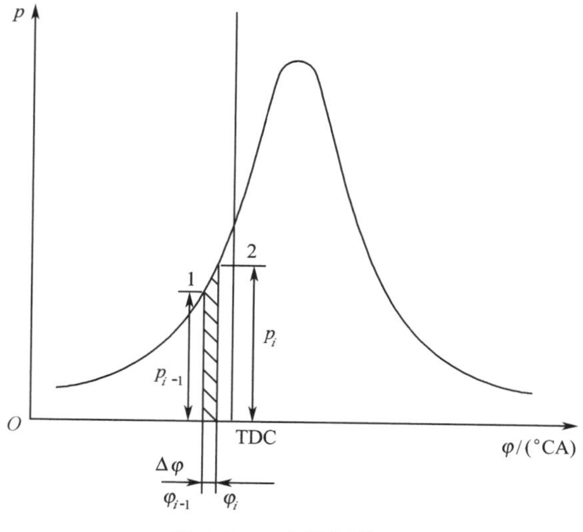

图 4-80　小段划分

为了计算各步长 $\Delta\varphi$ 内的燃烧放热量 ΔQ_{B},只要分别求出各步长内能的变化 $\Delta(GU)$、功的变化 $p\Delta V$ 和散热量变化 ΔQ_{w} 即可。

放热率及累计放热量的计算:

①燃烧放热率

$$\frac{\mathrm{d}Q_{\mathrm{B}}}{\mathrm{d}\varphi}=\frac{p\dfrac{\mathrm{d}V}{\mathrm{d}\varphi}-\dfrac{\mathrm{d}Q_{\mathrm{w}}}{\mathrm{d}\varphi}+\dfrac{1}{R}\cdot\dfrac{\partial U}{\partial T}\left(V\dfrac{\mathrm{d}p}{\mathrm{d}\varphi}+\varphi\dfrac{\mathrm{d}V}{\mathrm{d}\varphi}\right)}{1-\dfrac{1}{H_{\mathrm{U}}}\left(U\dfrac{\partial U}{\partial T}T_{\mathrm{w}}-m\dfrac{\partial U}{\partial K}\cdot\dfrac{K}{m_{\mathrm{f}}}\right)} \tag{4-25}$$

式中　K—— 传热系数，$kJ/(m^2 \cdot K \cdot h)$。

②累计放热量

$$Q_{B,i} = \sum_{i=1}^{n} \frac{Q_{\Delta i}}{\Delta\varphi}(\varphi_i - \varphi_{i-1}) + \sum_{i=1}^{n} \frac{Q_{w,i}}{\Delta\varphi}(\varphi_i - \varphi_{i-1}) = g_f H_u \tag{4-26}$$

③燃烧循环油量百分数 X 的迭代计算

$$X = \frac{Q_{B,i}}{g_f H_u} \approx 1 \tag{4-27}$$

计算时必须知道该时刻已烧掉循环油量的百分数，而 X 又是一个待求量。所以，只能先给出 X 的初值进行迭代计算，即每个计算步长先给 X 初值，按上述步骤求出 Q_B，然后再求出 X，取前后两次求得的 X 进行比较，若满足误差要求，则转入下一步计算，否则重新迭代直至收敛为止。

4.3.4　柴油机的不正常燃烧

1. 粗暴现象

粗暴现象(敲缸)是柴油机不正常燃烧，是大量可燃预混合气在上止点前燃烧室内多处、大面积、同时自燃的结果，如图 4-81 所示。

(1)与汽油机爆燃的相同点

①都属不正常燃烧。

②都是预混合气的自燃结果。

③都呈现高频大振幅的锯齿波。

(2)与汽油机爆燃的不同点

①粗暴发生的时间早，在示功图上是速燃期的开始。

②上止点前后压力上升段出现高频振动锯齿波。

③缸内压力状况，在示功图膨胀线上仍然是均匀的，不影响功率大小。

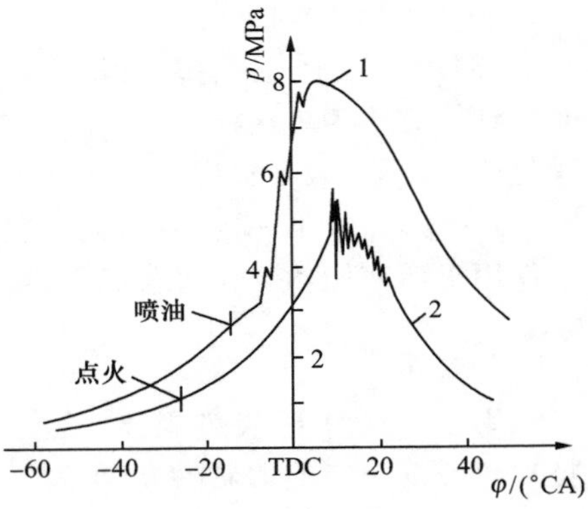

图 4-81　柴油机工作粗暴示意图

1— 柴油机；2— 汽油机

2. 工作粗暴的危害

(1)机械负荷增大

柴油机发生工作粗暴时，最大燃烧压力 p_{max} 和压力升高率 $(dp/d\varphi)_{max}$ 都急剧增高，受压力波的剧烈冲击，相关零部件机械负荷增加，机械磨损加剧，零件寿命下降。

(2)热负荷增大

粗暴发生时，也使缸内温度明显上升，散热损失增大，主要受热件热负荷增加。

(3)振动与噪声增大

发动机产生强烈的振动和刺耳的敲缸噪声，并造成运转不稳定。

3. 产生粗暴的原因

(1)喷油提前角过大，使着火滞燃期增长，且滞燃期内可燃混合气量多。

(2)喷油规律曲线形状不合适，初期喷油速率过大，着火前喷油量多。

(3)冷启动和怠速时，由于缸内温度较低，着火滞燃期长，导致压力升高率增大，因而使燃烧噪声增大，一般称为“急速敲缸”。

4. 防止粗暴的措施

(1)适当减小喷油提前角，使着火滞燃期缩短，以降低压力升高率。

(2)合适的喷油规律曲线形状，即降低初期的喷油速率，如采用“先缓后急”或“靴形”的喷油规律，预喷射采用电控喷油，减小着火滞燃期内的喷油量，以控制放热规律。

(3)缩短着火滞燃期，选择十六烷值高的燃料及在燃烧室内造成着火热区等。

4.3.5　柴油机的燃烧室与常规的扩散燃烧方式

1. 柴油机燃烧室的作用及分类

(1)燃烧室的作用

燃烧室是组织混合气形成和进行燃烧的地方。燃烧室的结构形状、尺寸大小对加快混合气形成速度、提高空气利用率和完善燃烧过程起着重要作用。

可按各种不同类型的燃烧室、燃油喷射方式和气流运动形式的最佳匹配，组成各式各样的燃烧系统。

(2)燃烧室的分类

根据混合气形成和燃烧室结构的特点，柴油机的燃烧室基本上分为两大类：直喷式(开式和半开式)和分隔式(涡流室和预燃室)，见表 4-9。

表 4-9　柴油机燃烧室类型

直喷式燃烧室(DI)					间接喷射式(分隔式)燃烧室(IDI)	
浅盆形(开式)		深坑形(半开式)				
浅盆形	浅 ω 形	深 ω 形	球形(M 形)	微涡流形	涡流室	预燃室
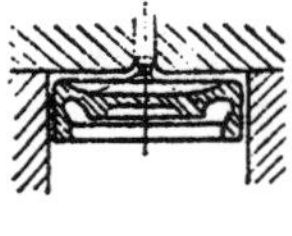		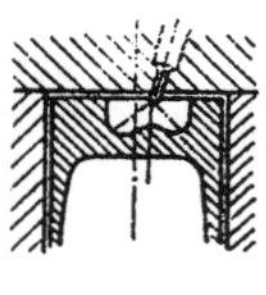	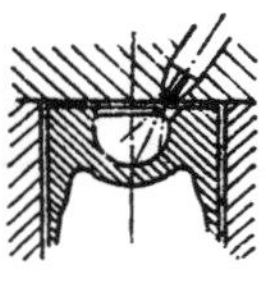	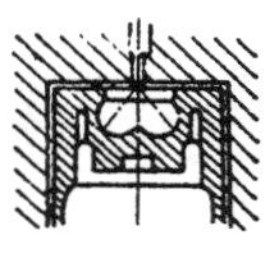	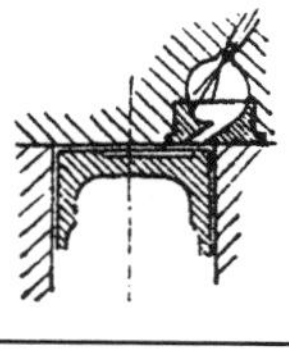	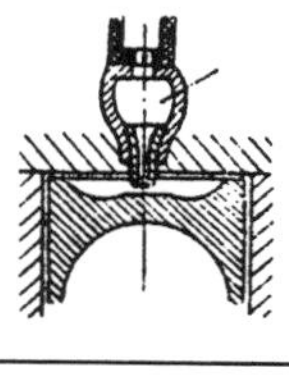

2. 直喷式燃烧室的特点

(1)开式燃烧室

开式燃烧室是由气缸盖底面、气缸套上部内壁面及活塞顶面之间形成的一个空间，形状简单。

①结构特点

图 4-82 示出了浅 ω 形燃烧室的结构。

该燃烧室在活塞顶上呈浅 ω 形，中心呈圆锥体突起，与油束夹角相匹配。凹坑口径大，d_k/D 为 0.72～0.88，室浅，d_k/h 为 5～7，燃烧室容积较大，V_k/V_c 为 0.6～0.68，结构紧凑，相对散热面积 F_k/V_k 小，传热损失少。

②混合气形成特点

燃油直接喷入燃烧室空间，一般属于空间雾化混合，主要靠喷雾质量。采用多孔喷油嘴，孔数多，i_n 为 6～12；孔径小，d_n 为 0.2～0.4 mm；油束夹角大，φ_n 为 140°～155°；喷油嘴伸出缸盖底平面约 3 mm；采用高喷油压力，启喷压力 p_{jo} 为 22 ～ 30 MPa，油管嘴端峰值压力 p_N 为 80 ～ 150 MPa；贯穿率 L/L' 约为 1.0，避免油束碰壁，如图 4-83 所示。

一般不组织进气涡流，在高速机上组织微弱涡流，流动损失小，缸内空气运动微弱，靠喷束的扩展促使燃油与空气混合，周围空气被油束卷吸而产生加速运动，如图 4-84 所示，混合燃烧速度相对较慢。

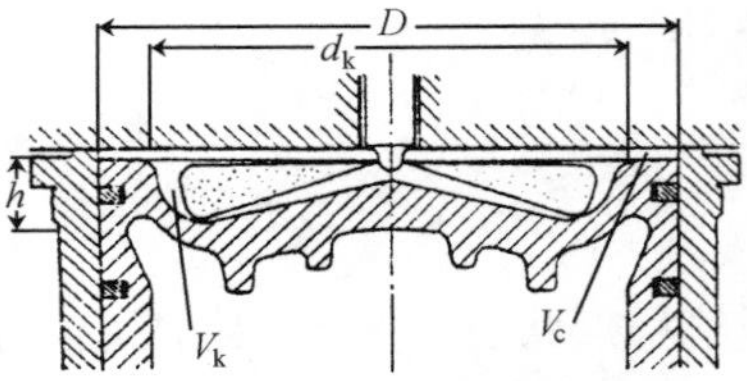

图 4-82　浅 ω 形燃烧室

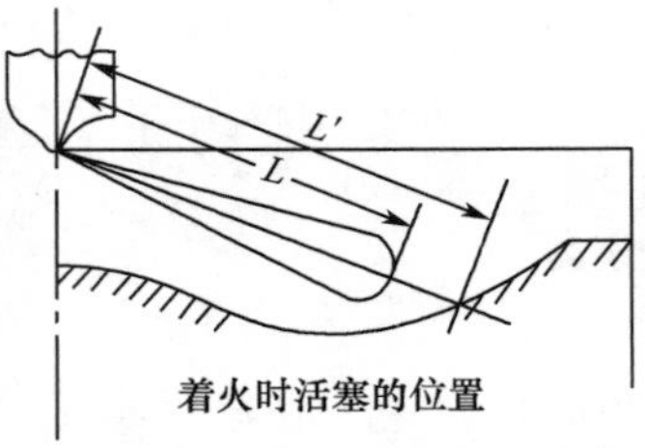

图 4-83　油束贯穿距离

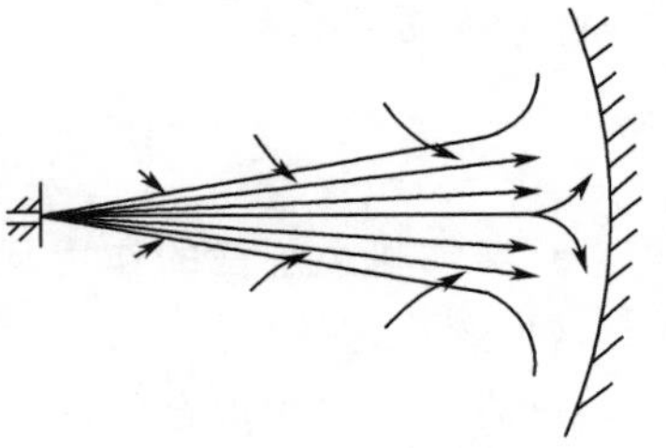
图 4-84　油束卷吸空气

③性能特点

启动性好，经济性好，炭烟低，但 NO_x 排放偏高。p_{max} 及 $dp/d\varphi$ 较大，机械负荷大，噪声较大。对转速敏感，限制转速 n 一般不能超过 2 300 r/min，主要用于缸径 $D>$ 180 mm 的柴油机。

(2)深 ω 形燃烧室

①燃烧室结构

图 4-85 示出了半开式深 ω 形燃烧室。图 4-85(a) 为 135 型柴油机，图 4-85(b) 为 110 型柴油机。

口径小，为直口或微缩口，中部为锥体或锥台。一般 d_k/D 为 0.4 ～ 0.6，室深 d_k/h 为 1.5 ～3.5。相对容积比大，V_k/V_c 为 0.75 ～ 0.85，混合气形成和燃烧主要在燃烧室内进行，应尽量减少余隙容积 V_c，使空气尽可能集中在燃烧室内，以改善空气利用率，而且 V_k/V_c 增加，使相对散热面积减小。挤流加强，有利于混合气的形成和燃烧。

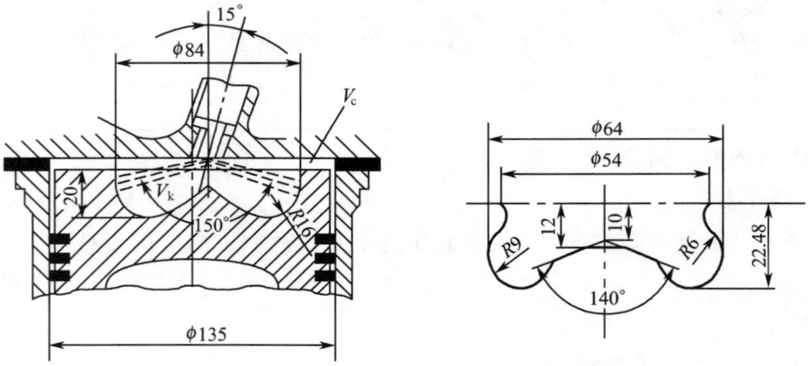

(a)直口心形　　(b)缩口锥角形

图 4-85　半开式深 ω 形燃烧室

②混合气形成特点

采用螺旋进气道或切向进气道组织中等强度的进气涡流。涡流比 Ω 一般为 1.8 ～ 2.2，加上压缩挤流，大大促进了混合气的形成。

采用多孔喷嘴，孔数少于开式，一般为 4 ～ 6 孔；孔径较大，$d_n>$ 0.25 mm；喷射锥角在

140° ～ 160°；油束穿透率适当。提高喷油速率和缩短喷油持续时间，在涡流作用下，油束间的空气能充分利用，保证迅速混合。深 ω 形燃烧室是以空间雾化混合为主。保证在进气涡流作用下，油束仍有足够的射程，冲击到壁面并能反弹，造成燃油的再分布。

③性能特点

启动性、运转情况以及对喷雾和燃油品质的要求都介于开式与分隔式燃烧室之间，但对进气道要求较高。深 ω 形燃烧室适合于缸径 $D < 135$ mm 的小型高速柴油机，应用广泛，具有代表性。

(3)球形燃烧室

①燃烧室结构

图 4-86 示出的球形燃烧室位于活塞的顶部，呈较深的球形凹坑。喉口直径与活塞直径比 d_k/D 为 0.35 ～ 0.45，相对散热面积 F_k/V_k 较大。

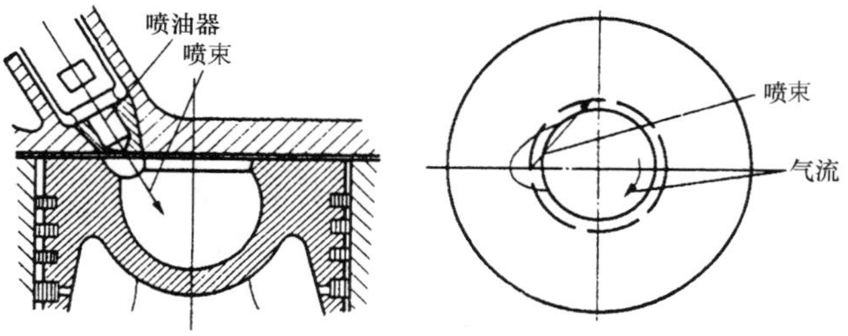

图 4-86　球形燃烧室

②混合气形成特点

以油膜蒸发混合方式为主形成混合气，解决了直喷式柴油机噪声和冒烟的问题，是德国 MAN 公司茅瑞尔(J. S. Meurer) 博士于 1951 年提出的，也称为“M 燃烧系统”。

利用螺旋进气道，组织强烈的进气涡流(涡流比 Ω 为 3.8 ～ 4.5) 及足够大的充量系数 ϕ_c。

采用双孔或单孔喷油嘴，将大部分燃油顺着进气涡流方向喷涂在球形壁面上，喷油压力为 17 ～ 19 MPa，在强进气涡流作用下，形成一层很薄的油膜(0.15 mm)，占表面积 3/4 以上，燃烧室壁温控制在 200 ～ 350 ℃，使喷射壁面上的燃料在低温下蒸发，以控制燃料的裂解反应。蒸发的油量与空气形成均匀混合气。少部分喷射空间的油雾，完成着火准备，形成火核，然后以此火核点燃蒸发形成的可燃混合气，随着燃烧进行，大量热辐射在油膜上，使油膜加速蒸发，不断提供新混合气，保证迅速燃烧，这就是 M 燃烧理论。

由于是油膜蒸发形成的混合气，开始燃烧的混合气量少，因此 p_{max} 和 $dp/d\varphi$ 低，工作柔和，燃烧噪声小。可使用多种燃料，空气利用率高，油耗率也较低，高负荷烟度好。曾用于缸径为 75 ～ 130 mm 的小型高速柴油机上。由于在加速时易冒黑烟，启动困难，以及对进气道、喷油嘴质量和使用条件等因素很敏感，因此，目前很少采用球形燃烧室。

3. 分隔式燃烧室的特点

燃烧室被明显地分隔成两部分：一部分由活塞顶面和气缸盖底面组成，称为“主燃烧室”；另一部分在气缸盖内，称为“副燃烧室”；两室之间以一个或数个通道相连。分隔式燃烧室有涡流室式燃烧室和预燃室式燃烧室两种。

(1)涡流室式燃烧室

①结构特点(图 4-87)

气缸盖内的涡流室形状有近似球形、吊钟形等,但须偏置一侧,涡流室容积比,即涡流室容积 V_b 与整个燃烧室压缩容积 V_c 之比,一般为 50% ~ 70%;活塞顶部的主燃烧室有双涡流凹坑、马蹄形、彗星 Ⅱ 号等。

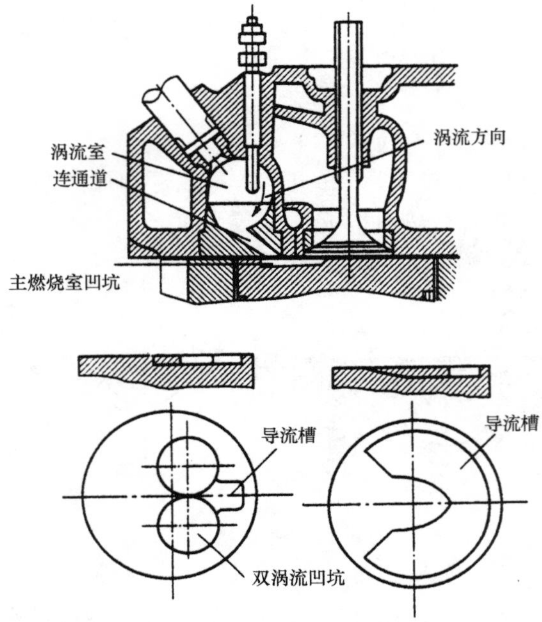

(a) 慧星Ⅱ号　　(b) 马蹄形

图 4-87　涡流室式燃烧室的结构

涡流室与主燃烧室之间的通道,其方向与活塞顶呈一定的倾斜角(35°),还有双倾斜角通道(35°/45°),须切向进入,形状有扁长形、豌豆形等。截面积约为活塞截面积的 1% ~ 3.5%,以降低流动损失和改善混合气形成。喷油器安装在涡流室里。

②混合气形成与燃烧特点

压缩过程中,空气从主燃烧室经通道流入涡流室,在涡流室内形成强烈的有组织的压缩涡流,压缩涡流在混合气形成中起主要作用。

采用单孔轴针式喷油嘴顺气流喷入涡流室中,以空间混合为主,着火后一部分燃料在涡流室中混合燃烧,使涡流室内的压力和温度迅速升高。未燃的燃料在膨胀冲程初期与燃气一起经通道高速喷入主燃烧室内,活塞顶部的导流槽或浅凹坑使流入主燃烧室内的工质再次形成强烈的涡流,称为"二次涡流"。应用于缸径 $D \leqslant 100$ mm 的小型高速柴油机,以加速燃油与主燃室内空气的混合和燃烧。

(2)预燃室式燃烧室

①结构特点(图 4-88)

置于气缸盖中的预燃室一般装在气缸中心线上(对 4 气门柴油机),是由耐热合金钢制成的单独零件。预燃室容积约占压缩容积的 35% ~ 45%。主燃烧室在活塞顶上,常用浅 ω 形,与喷束相适应。预燃室与主燃烧室之间由 1 个或数个(2 ~ 8 个)孔道相连。喷油嘴安装在预燃室的中心线上。

图 4-89 示出了 PA4-185 型柴油机可变通道预燃室的结构。喷孔大，完全开放，以减少压缩冲程节流损失。装在活塞及中心的圆柱形凸块伸入喷孔内，活塞上下运动来改变通道截面积。

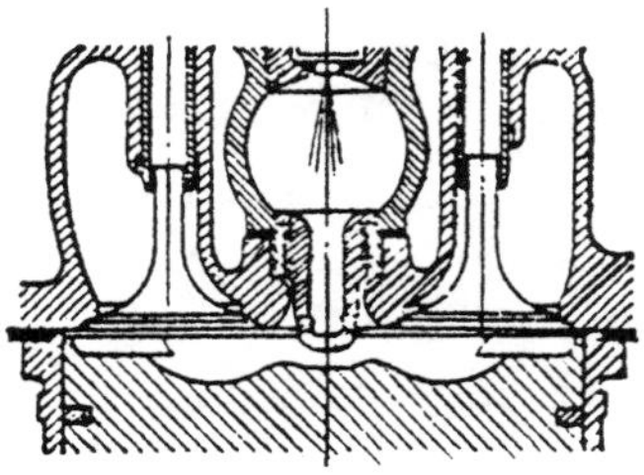

图 4-88　预燃室式燃烧室的结构

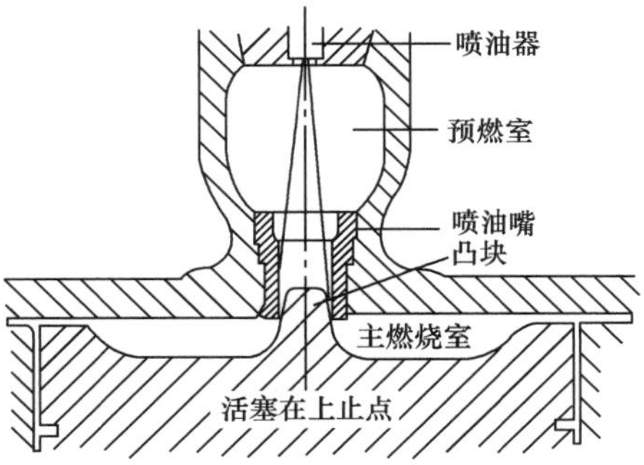

图 4-89　可变通道预燃室的结构

②混合气形成与燃烧特点

采用单孔轴针式喷油嘴把燃油直接喷射到预燃室中。在压缩冲程中，气缸内部分空气被压入预燃室，由于连接孔道不是相切的，所以空气流过孔道后在预燃室中并不产生有组织的强烈涡流，而是产生强烈的紊流，空气紊流使一部分燃料雾化混合，当着火燃烧后，预燃室中的压力、温度迅速升高，利用这部分燃料燃烧的能量将燃烧室中的混合气高速喷入主燃烧室，并在主燃烧室内造成空气运动，即形成燃烧涡流（二次涡流），促使大部分燃料在主燃烧室内混合燃烧。

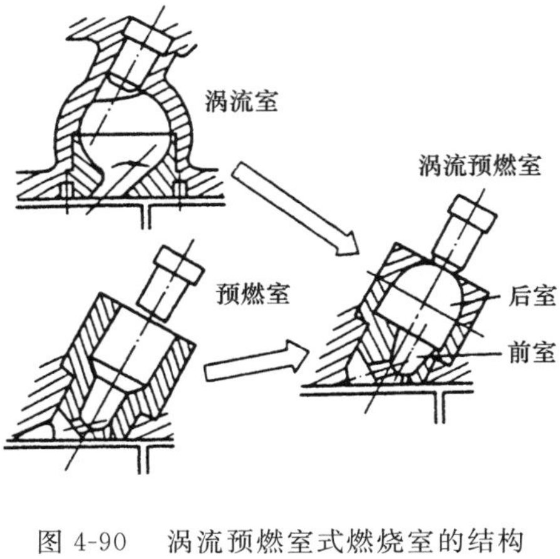

图 4-90　涡流预燃室式燃烧室的结构

(3)涡流预燃室式燃烧室

①结构特点(图 4-90)

由前、后两个室组成，前室有 1 个主喷孔和 2 ～ 3 个副喷孔，后室为吊钟形，前、后室中心线错开，V_k/V_c 为 42% ～ 55%，F_k/F_c 为 0.6% ～ 1%，喷油嘴和前室的喷孔大致处于同一中心线，以改善启动性。

②混合气形成与燃烧特点

后室具有较强的涡流和湍流，燃烧后在主燃烧室产生的二次涡流，有利于改善混合气的形成和燃烧，提高了平均有效压力 p_{me}，降低了油耗率 b_e 和烟度。冷启动性能改善。在高负荷时，NO_x 和 HC 排放量也少于一般分隔式燃烧室。适合于小型高速柴油机。

(4)直喷式燃烧室与分隔式燃烧室的比较

为了便于分析，现将两种燃烧室的比较列于表 4-10。

表 4-10 直喷式燃烧室与分隔式燃烧室的比较

燃烧室类型		燃烧形状	几何压缩比 ε_c	混合气形成方式	空气运动	要求雾化质量	喷孔数 i_n	喷孔直径 d_n/mm	启喷压力 p_{jo}/MPa	(全负荷)过量空气系数 ϕ_a	空气利用率/%	热损失和流动损失	热负荷	排气温度 t_r/℃
直喷式燃烧室	开式	浅ω(盆)形	12～15	空间雾化为主	无涡流或弱涡流	高	多孔 6～12	0.2～0.4	22～30	1.6～2.2	50	小	小	＜650
直喷式燃烧室	半开式	深ω(坑)形	16～18	空气雾化为主	中、强进气涡流＋挤压涡	较高	多孔 4～6	0.25～0.35	17～19	1.4～1.7	76	较小	较小	＜650
直喷式燃烧室	半开式	球(M)形	17～19	油膜蒸发	强进气涡流＋挤压涡流	一般	单孔或多孔	0.10～0.35	17～19	1.3～1.5	77	较小	稍大	＜650
分隔式燃烧		涡流室	18～22	空间雾化为主	压缩涡流	较低	轴针单孔	1.0～1.5	12～15	1.2～1.6	77	大	大	＞750
分隔式燃烧		预燃室	18～22	空间雾化	燃烧涡流	低	轴针单孔	1.0～1.5	12～14	1.2～1.6	60	最大	最大	＞750

燃烧室类型		最大燃烧压力 p_{max}/MPa	平均有效压力 p_{me}/MPa	增压压比 π_b	机械负荷	燃烧噪声	油耗率/[g·(kW·h)$^{-1}$]	烟度 R_b/RUB	PM排放	NO_x排放	HC排放	启动性	适应转速 n/(r·min^{-1})	适应缸径 D/mm
直喷式燃烧室	开式	＜13	1.0～2.5	＞2.2	大	大	190～240	差	较低	高	较低	容易	≤1 500	≥200
直喷式燃烧室	半开式	7～9	0.6～0.8	1～2.0	较大	大	218～245	稍差	高	较高	高	较易	＜4 000	≤150
直喷式燃烧室	半开式	5～6	0.7～0.9	1～2.0	较大	低	218～245	良好	低	较高，中等	低	难	＜5 000	≤100
分隔式燃烧		5.5～6.5	0.6～0.8	＜1.8	小	低	213～272	较好	低	低	低	难	＜1 500	≤100
分隔式燃烧		5.5～7.5	0.6～0.8	＜1.8	小	低	245～292	较好	低	低	低	最难	＜3 500	100～185

4. 柴油机新型直喷式燃烧室

近些年来，国内外许多公司、院校开发了一些新型直喷式燃烧室，在降低排放方面很有成效，本书介绍几种新型燃烧室。

(1)TRB 燃烧室(丰田公司)

①双收口平底燃烧室 TRB(图 4-91)

结构特点是在小收口的唇部下面侧壁上增加了一个反射凸缘，形成了双收口，中间底部为平底。侧壁的双收口及不同曲率半径的凸缘使燃烧室在上、下层不同方向内形成多层次的涡流和湍流。油束喷注恰好撞击在反射凸缘的凹坑壁上，使燃油在壁面散射，减少沿壁射流，形成半壁射流，借助强复合气流运动，改善了混合气的质量。试验证明，性能改善，HC 排放减少。

②缺口唇边燃烧室 TRB-Ⅱ（图 4-92）

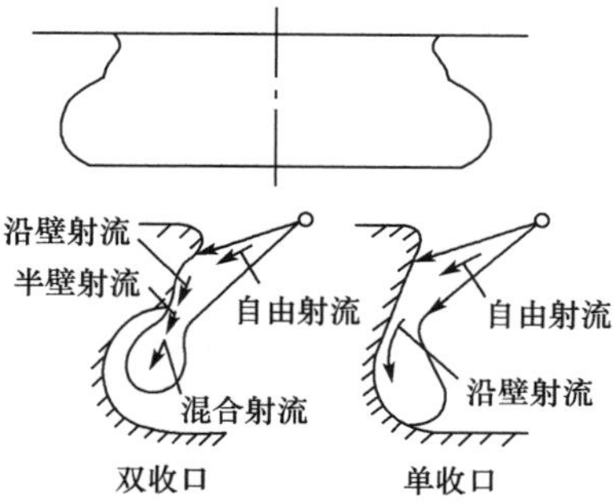

图 4-91　TRB 燃烧室的结构

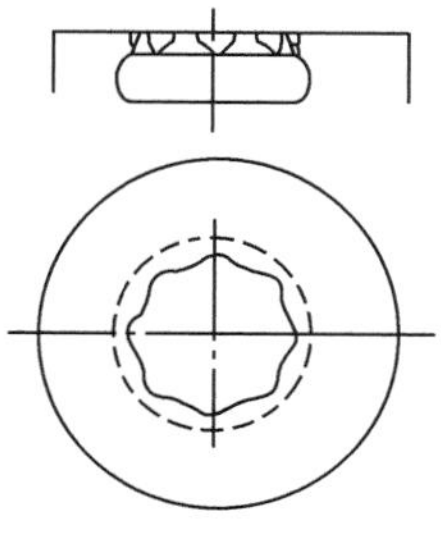

图 4-92　TRB-Ⅱ 燃烧室

结构特点是挤流口唇边设置了 8 个缺口，其作用是在产生逆挤流时，从缺口流出的混合气增强挤流区局部湍流强度，从而加速扩散燃烧。试验表明，在保证低油耗率的情况下，降低了高负荷时的烟度。

（2）双层流动型 RGB 燃烧室（图 4-93）（AVL 公司）

①结构特点

收口并带有凸缘，中部为锥台状凸起，呈哑铃形燃烧室内形成双层强空气湍流，不仅湍流强度大，而且存续期长，直至上止点后 50°CA，高的涡流强度保持到燃烧结束，加快了后燃烧，使燃烧期缩短。

②匹配优点

由于它对进气涡流具有一定的加强和保持作用，所以对进气涡流要求低，在 $\Omega < 1.8$ 时仍可以取得低油耗率和低烟度（$R_b < 1.4$ BSU）；供油提前角范围广（14 ～ 18°CA），最佳供油提前角小，对启动有利。

图 4-93(b) 表明了 RGB 燃烧室降低排放的效果，工况运转中微粒（PM）排放量可减少 32%，全负荷点烟度降低了 40%。

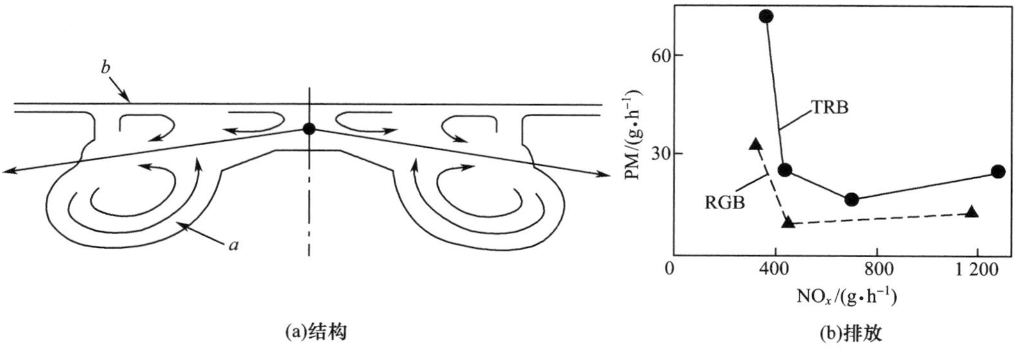

图 4-93　双层流动型 RGB 燃烧室

（3）Quadram 燃烧室（图 4-94）（波金斯公司）

结构特点是大收口平底燃烧室，增强了挤流强度和逆挤流强度，减少了燃烧室的流动死区。在燃烧室回转体口侧壁上，增加 4 个均布的小圆弧凹坑，产生高紊流包（high turbulence pocket)，由于进口处紊流较强，抑制了混合气过早进入顶部余隙中，从而促进了混合。紊流包使高强度涡流保持时间较长，改善后期的混合和加速燃烧。因此降低了炭烟排放，有助于延迟喷油定时，可降低燃油消耗率 b_e 和 NO_x 排放。

(4)SA6D140H 柴油机深 ω 形燃烧室(图 4-95)(小松公司)

结构特点是深ω形燃烧室，多孔喷油嘴气缸中心正置。上、下两排油孔，12个喷孔交错均布与燃烧室相匹配。促进了油雾与空气均匀良好混合，改善了柴油机的性能。

(5)双卷流燃烧室(图 4-96)

北京理工大学为解决柴油机的爆压高、油耗高的难题而开发了双卷流燃烧系统(DSCS)。

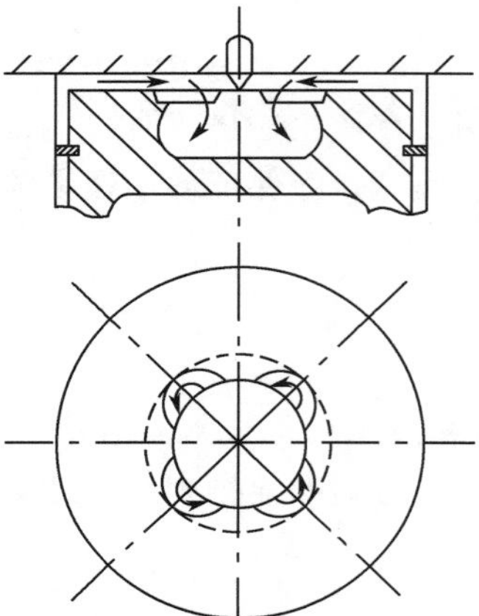

图 4-94 Quadram 燃烧室

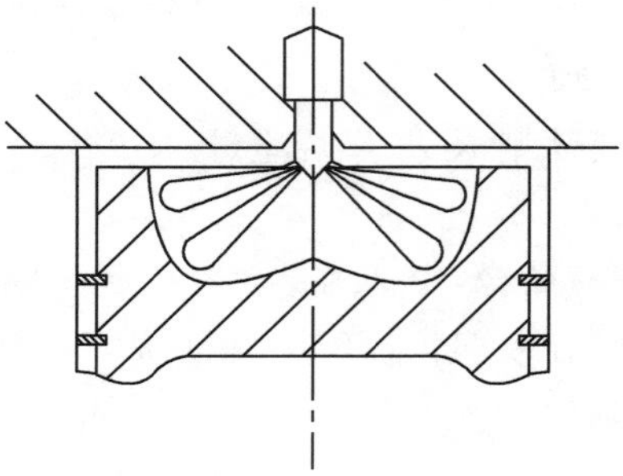

图 4-95 深 ω 形燃烧室

结构特点是浅双 ω 形燃烧室，大圆盘与小圆盘的两弧相交形成弧脊，被分为外室和内室，内室中间呈锥台凸起。燃烧室为无涡流或弱涡流。兼用多孔喷油嘴，油束在接近着火时撞击弧脊，分裂并内外翻卷，形成双卷流。大部分落入外室底沿环壁卷动，小部分落入内室沿壁向内卷动，内、外室分布均匀合理，混合和燃烧较好。6V150 柴油机试验结果为节油 5% ～ 9%，最高燃烧压力下降 0.7 ～ 1.0 MPa。

(6)双收口燃烧室(图 4-97)

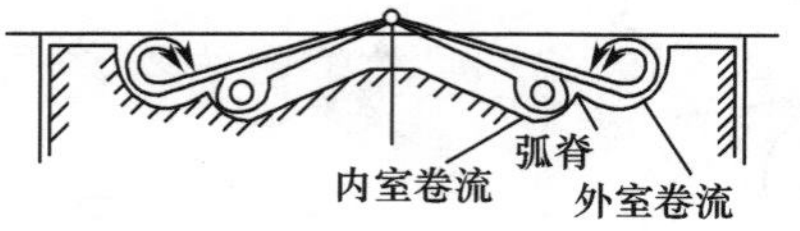

图 4-96 双卷流燃烧室

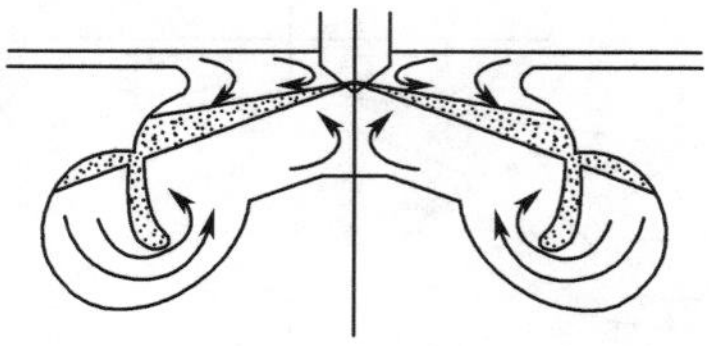

图 4-97 双收口燃烧室

大连理工大学为解决柴油机油耗率与排放之间的矛盾开发了双收口燃烧室(DCLC)。

结构特点是双收口缘、双层湍流式的燃烧室，呈大收口 ω 形，双弧唇缘相交的凸缘可引导喷束从壁面上剥离，室中呈大的锥台凸起，在燃烧室上部喉口附近形成较强的挤流，底部则由于壁面形状的限制而形成湍流，即所谓的双层流动，采用多孔(4 ～ 6 孔) 喷油嘴，油束撞击凸缘面剥离，迅速被湍流卷吸，促进油气快速混合，提高了混合气分布的均匀度。当活塞下行时，上部形成逆挤流，并且下部湍流维持时间较长，使后期燃烧速率加快。这种燃烧系统在 1135 柴油机上能组织较佳的均匀预混合气，实现了可控的上止点后着火。近似等压燃烧，达到较佳的油耗率和较低排放，并具有多种燃料的适应性。

5. 柴油机常规扩散燃烧方式

(1)柴油机扩散燃烧方式

传统的直喷式柴油机多采用常规燃烧室，混合气形成方式是非均质的，分布是非均匀的，着火方式为压缩自燃，燃烧是扩散燃烧，称为“非均质混合气压燃”(stratified charge compression ignition，SCCI) 模式。

传统直喷式柴油机采用机械脉动式供油泵及多孔喷油器，接近压缩上止点喷油，滞燃期短，压缩自燃，多点同时着火，喷油期长，着火后边喷油、边混合、边燃烧。混合气的浓度分布很不均匀，局部存在过浓区。燃烧是以扩散燃烧为主，火焰前锋面是混合气空燃比 $\alpha\approx1.0$ 的扩散火焰，燃烧速度受控于混合速率，燃烧放热时间长。

(2)扩散燃烧方式的缺点

由于混合不均匀，燃烧放热先急后缓，燃烧持续期长，因而缸内燃烧温度高，排气温度高，导致柴油机炭烟大。

由于非均质压燃，多点同时着火，扩散燃烧，燃烧粗暴，压升率高，导致柴油机 NO_x 排放高。

由图 4-98 的 ϕ-T 图看出，传统常规直喷式柴油机正处于高炭烟和高 NO_x 的生成区域。

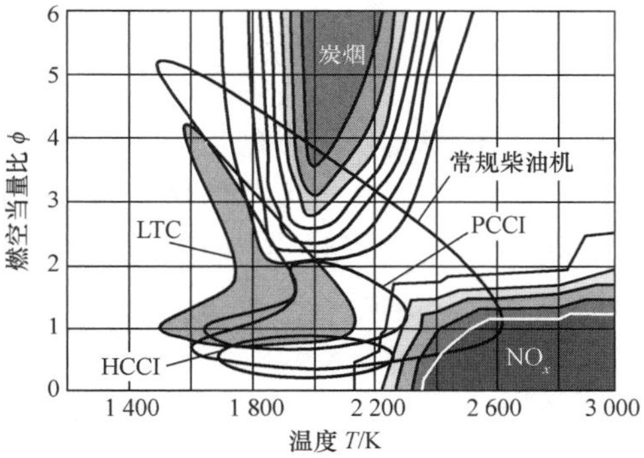

图 4-98　柴油机燃烧的 ϕ-T 图

4.3.6　柴油机新型燃烧方式

传统柴油机的高 NO_x、高 PM 排放，不能满足日益严格的排放法规的要求。通过长期深入的探索和创新性研究，采用新型燃烧方式，通过改变柴油机的均质混合和降低缸内的燃烧温度可有效地降低柴油机排放，提高热效率。进入 21 世纪以来，柴油机的新型燃烧方式不断涌现，它们是预混合压缩燃烧(premixed charge compression ignition，PCCI)、低温燃烧(low temperature combustion，LTC) 和均质充量压燃 (homogeneous charge compression ignition，HCCI)[7]。在柴油机燃烧的 ϕ-T 图(图 4-98) 中可看出它们燃烧排放的分布区域。表 4-11 列出了这三种新型燃烧方式的典型燃烧系统。

表 4-11　　三种新型燃烧方式的典型燃烧系统

燃烧方式	典型燃烧系统
预混合压缩燃烧方式（PCCI）	热预混合燃烧（HPC） 预混合稀薄燃烧（PREDIC） 均匀高扩散预混合燃烧系统（UNIBUS） 小锥角直喷燃烧系统（NADI）
低温燃烧方式（LTC）	多次喷射与 BUMP 燃烧室（MULINBUMP）复合燃烧 日产公司低温预混合 MK 燃烧系统 丰田公司 LTC 燃烧系统
均质充量压燃方式（HCCI）	射流控制压缩着火（JCCI）燃烧系统 美国西南研究院的均质稀薄 HCCI 燃烧系统 1KD-FTV 型直喷柴油机 HCCI 燃烧系统

1. 柴油机预混合压缩燃烧方式

柴油机预混合压缩燃烧方式，即预混合压缩着火，就是在柴油机压缩冲程期间采用燃油早喷，或电控多次喷射。有充分的时间形成均质预混合气，压缩着火时刻是由化学反应动力控制的。消除了传统的扩散燃烧，燃烧速率快，燃烧期短。在图 4-98 的 ϕ-T 图上可看出 PCCI 方式在常规柴油机扩散燃烧的下方，ϕ 为 1 ～ 2.5，T 为 1 800 ～ 2 200 K，炭烟和 NO_x 排放明显降低。

（1）柴油机热预混合燃烧方式[8]

胡国栋教授于 20 世纪 80 年代初提出的柴油机热预混合燃烧（hot premixed combustion，HPC）方式与 HCCI 燃烧概念是基本一致的。

HPC 方式的特点是利用可快速形成均质稀薄混合气的伞喷油嘴，在压缩着火前快速形成均匀稀薄预混合气，从而实现较低缸内压力和温度下的快速燃烧，达到高效、清洁燃烧的目的。

①采用伞喷油嘴，如图 4-99(a) 所示，针阀头部呈倒锥台状，具有油滴微细、分布均匀、喷油速率快、喷油期短的特点；

②采用在压缩行程早期，上止点前(BTDC)28 ～ 30°CA 喷油，启喷压力高，p_{jo} 为 24 ～ 28 MPa，控制在上止点附近着火，着火前将全部燃油喷入缸内，实现了具有热预混合特征的燃烧；

③采用收口挤流式的燃烧室相匹配，如图 4-99(b) 所示，促进均匀预混合形成，减少局部过浓区，加速后期燃烧。

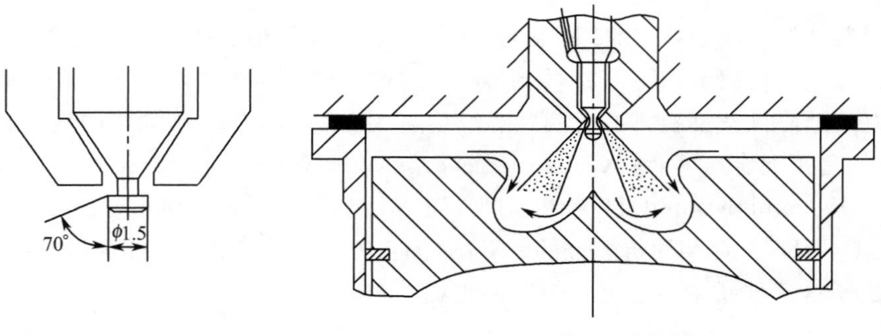

(a) 伞喷油嘴　　(b) 收口挤流式燃烧室

图 4-99　HPC 燃烧系统

在四气门直喷式 135 型试验机上实现 HPC 燃烧方式，试验表明：

最大燃烧压力和压升率降低，燃烧速率快，燃烧期短，近似等压燃烧，放热规律图呈一个峰值，NO_x 排放明显下降；

在中、低负荷时由于空气充足，混合气均匀，燃烧充分，油耗率明显改善，炭烟排放降低；

在大负荷时，由于后喷的燃油属扩散燃烧，加上过量空气系数 ϕ_a 减小，因而炭烟排放变差，通过低增压、加大 ϕ_a 或燃料中掺水等措施，可得到良好解决。

(2)预混合稀薄燃烧方式

预混合稀薄燃烧(premixed lean diesel combustion，PREDIC)方式是由日本 New ACE 研究所提出来的一种新型混合燃烧方式。它针对预混合稀燃柴油机的三个缺点，即 HC 和 CO 排放量增加、油耗率偏高、运转范围小，只能在部分负荷下工作进行改进。

试验机为四气门单缸试验机，$D \times S = 135\ \text{mm} \times 140\ \text{mm}$，如图 4-100 所示。

采用两套喷射系统、三个喷油嘴，侧置的两个喷油嘴由供油泵供油，最大喷油压力为 120 MPa；中央布置的喷油嘴，由高压发生器供油，最大喷油压力为 250 MPa，均为电控蓄压系统，并带有进气加热装置、EGR 冷却以及外源模拟增压系统。在压缩冲程的早期，在增压状态下，用两个侧置喷油器喷油，生成预混合稀薄混合气。燃烧后在合适的时刻，中央布置的喷油器喷入柴油进行扩散燃烧，使柴油机达到高功率。

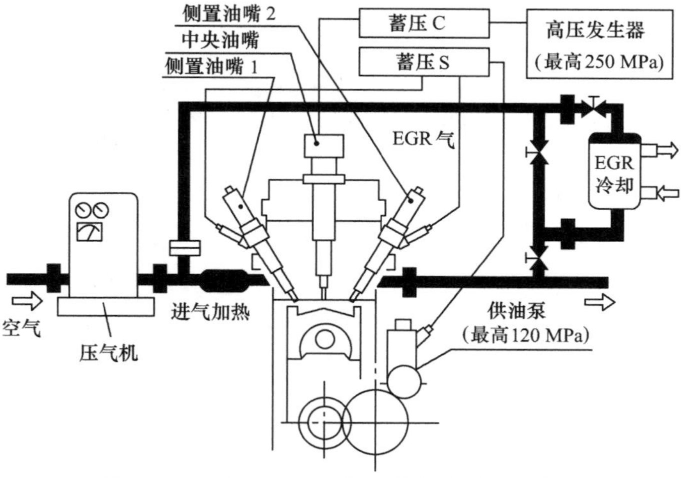

图 4-100　PREDIC 135/140 单缸试验机示意图

(3)均匀高扩散预混合燃烧系统

丰田公司开发的均匀高扩散预混合燃烧系统(uniform bulk combustion system，UNIBUS)，亦叫均质燃烧系统，用以实现 HCCI 燃烧方式。

通过共轨喷油系统采用了早喷和主喷的两次喷油技术，如图 4-101 所示。第一次喷油在压缩行程时期，喷油定时设在上止点前(BTDC) $-54 \sim -24$°CA 变化，喷油量在 $5 \sim 15\ \text{mm}^3$/循环变化。喷入的燃料和空气在燃烧室中充分混合，在着火前，混合气部分氧化，发生低温冷焰反应，而不是热裂解，形成支链中间产物；第二次为主喷油，用作合理控制预混合气的着火高温反应，喷油定时保持上止点前 -13°CA 恒定不变，喷油量保持在 $15\ \text{mm}^3$/循环值不变。喷油终了几度曲轴转角后着火，混合气趋于更均匀。表明随着增压压力的提高，着火定时稍有提前，压力升高率明显降低。

UNIBUS 燃烧系统采用了伞喷油嘴，如图 4-102 所示。第一次提前喷油时，由于射流的贯穿度小，完全避免了燃油撞击到缸壁上；利用喷嘴末端的射流导向突缘，降低了射流速度，改善了燃油的空间分布。采用蓄压式喷油器，由压电式执行器驱动，燃油流经高流通面积的喷油嘴，喷入压力很低的缸内空间，得到了高质量的雾化，喷油速率快，并在最短的喷油期内喷入气缸，以便快速形成混合气，防止压缩过程中的燃油分解。控制主着火时刻在上止点（TDC）附近，并采用大量 EGR 率的废气再循环技术。

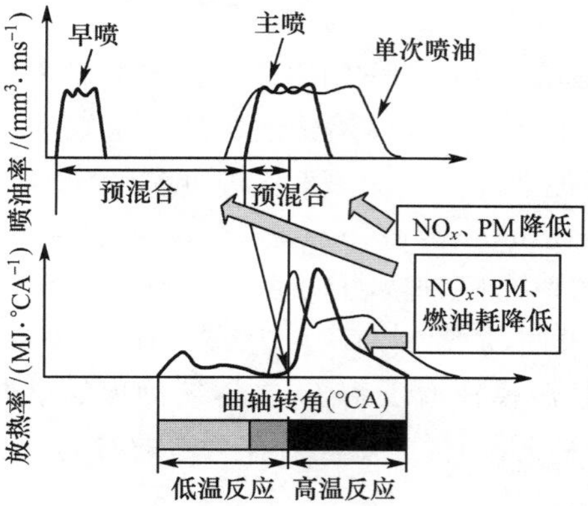

图 4-101 两次喷油对策

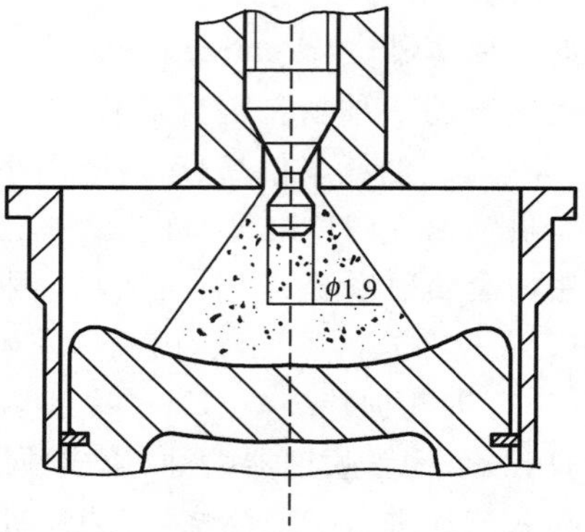

图 4-102 喷油嘴结构示意图

（4）小锥角直喷燃烧系统

由法国石油研究院（IFP）于 2002 年提出的小锥角直喷（narrow angle direct injection，NADI）燃烧系统，其概念图如图 4-103 所示。采用新的活塞顶 ω 形凹坑结构，特殊的小喷孔锥角（50° ～ 100°）多次喷射的共轨喷油系统。

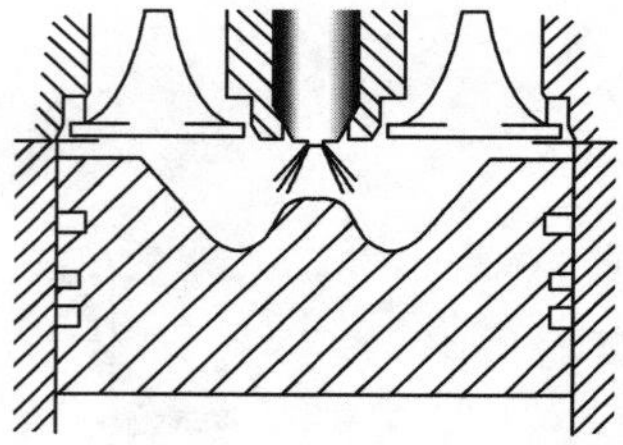

图 4-103 NADI 燃烧系统概念图

该燃烧系统的特点：两种燃烧模式相结合，即低负荷、中负荷时采用高度预混合燃烧模式 HPC，以达到低的 NO_x 和炭烟排放；在高负荷及全负荷时采用传统的燃烧模式，以达到相应的功率和转矩。柴油机燃烧系统必须在这两种燃烧系统之间进行很好的转换。开发出了优化的燃烧室、创新设计的进气冷却系统、多次喷射的共轨喷油系统。

2. 柴油机低温燃烧方式

柴油机低温燃烧（LTC）就是控制气缸内燃烧温度低于炭烟和 NO_x 的生成温度（小于 2 000 K）。低的燃烧温度是通过采用延迟喷油或多次喷油实现的。采用冷却 EGR、降低氧浓度、稀释空燃比（A/F）及降低压缩比 ε_0 等技术措施实现低温预混合燃烧。由图 4-98 的 ϕ-T 图上看出，LTC 方式在 PCCI 左侧的低温区，不会产生炭烟排放，且远离 NO_x 生成区。

（1）多次喷射与 BUMP 燃烧室复合燃烧系统

苏万华院士提出的基于多次喷射与 BUMP 燃烧室（multi injection and bump combustion chamber，MULINBUMP）复合燃烧系统，是一种能够实现均质混合气快速燃烧的新 HCCI 燃烧方式[9]。

该复合燃烧系统的特点：

①燃烧室具有限流沿结构，混合气形成的喷雾如图 4-104 所示。在燃烧室壁面上设置了

高 1.2 mm 的限流沿(BUMP)，油束撞壁射流在遇到限流沿时会剥离壁面，形成二次空间射流，极大地扩大了撞壁射流与周围空气的空间体积，混合速率增大了近 40 倍，出现“闪混”现象，并且壁面燃烧堆积量大幅度减少。

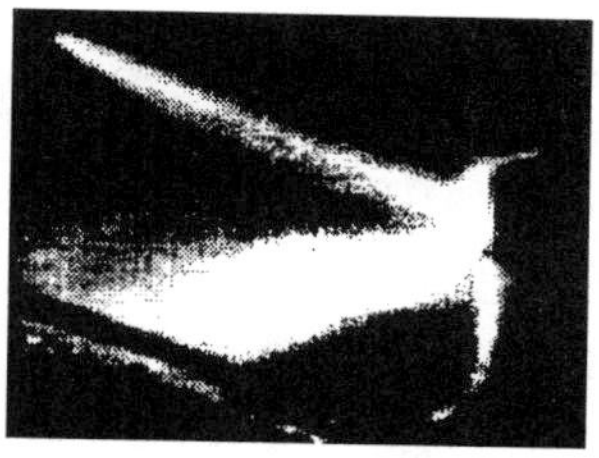

图 4-104　BUMP 燃烧混合气形成

②通过电控高压共轨的喷油器，控制燃油多次喷射，如图 4-105 所示。喷射由 4 个窄脉冲和 1 个主脉冲组成。通过脉冲宽度、脉冲间隔及脉冲时刻的调节来控制柴油预混合气的自燃着火速率和燃烧速率，研究比较多脉冲不同定时的缸内压力和放热率，以及多脉冲加主喷射对炭烟排放的影响。

③高涡轮增压加中间冷却，迅速形成高 A/F 的稀薄混合气。

④高 EGR 率，以降低火焰温度，实现低温燃烧。

MULINBUMP 复合燃烧过程如图 4-106 所示。

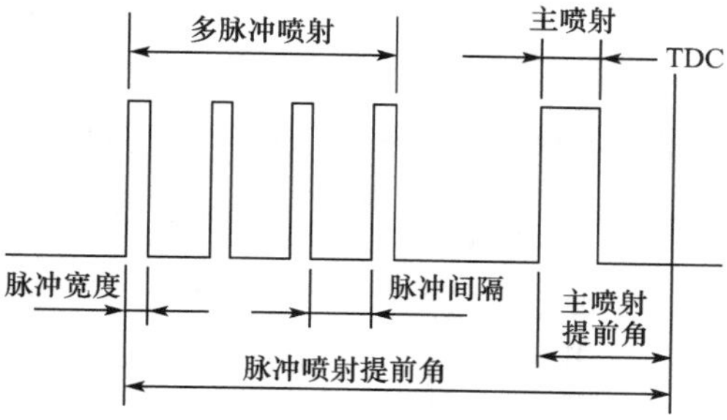

图 4-105　多脉冲喷射示意图

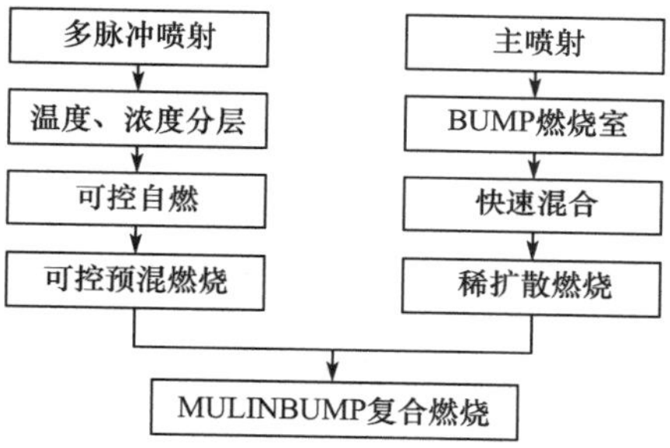

图 4-106　MULINBUMP 复合燃烧过程示意图

它是多脉冲喷射的可控预混合气与主喷射的稀扩散燃烧相结合，该燃烧过程具有与直喷式柴油机相当的热效率，而且同时改善了 NO_x 排放和炭烟排放，即采用 EGR 条件下，NO_x 排放在低负荷和高负荷时都很低，炭烟排放始终小于0.5 BSU。

(2)低温预混合燃烧方式

日产公司提出的调节动力学低温预混合(modulated kinetics，MK)燃烧方式，其特征是低温预混合燃烧。图 4-107 示出了 MK 燃烧方式概念示意图，是一种旨在同时降低直喷式柴油机 NO_x 和炭烟排放的燃烧方式。

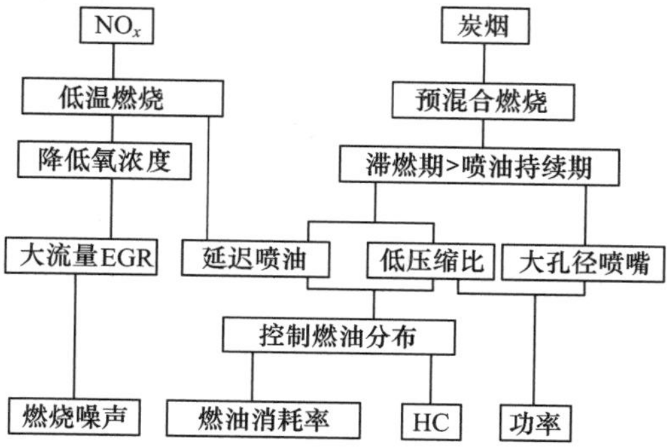

图 4-107　MK 燃烧方式概念示意图

①MK 燃烧方式的特征

与前述的“预混合稀薄燃烧”早期喷射(100°CA BTDC)的差异是“低温预混合燃烧”大幅度延迟喷油定时至上止点附近(3°CA ATDC);并适当降低压缩比 ε_c,以延长着火滞燃期 τ_i;为促进燃油向外分布,采用直口 ω 形燃烧室;使用高压 EV 泵和大喷孔直径的无压力室喷油嘴,以缩短喷油持续期,使滞燃期大于喷油持续期,且控制燃油分布均匀;扩大预混合燃烧比例,以实现低炭烟排放。

在 MK 燃烧方式中,通过采用高达 45% 的 EGR 率来降低缸内的氧浓度并降低火焰温度,从而实现低温燃烧,NO_x 排放下降率达 95%,同时炭烟也很低。图 4-108 示出了 MK 燃烧方式的 NO_x 降低率。

②MK 燃烧方式的摄影和燃烧特性

MK 预混合燃烧要依靠燃烧室形状和涡流比为 3 ~ 5 的强进气涡流等控制气体流动来促进燃料分散在氧分子周围,并且要在滞燃期中结束喷油。图 4-109 上面示出了 MK 燃烧方式与传统燃烧的火焰对比照片,可以看出 MK 燃烧方式在整个燃烧期间几乎观察不到明亮辉焰,这也说明其燃烧温度低,而发光强度弱,有效减少了炭烟的形成。

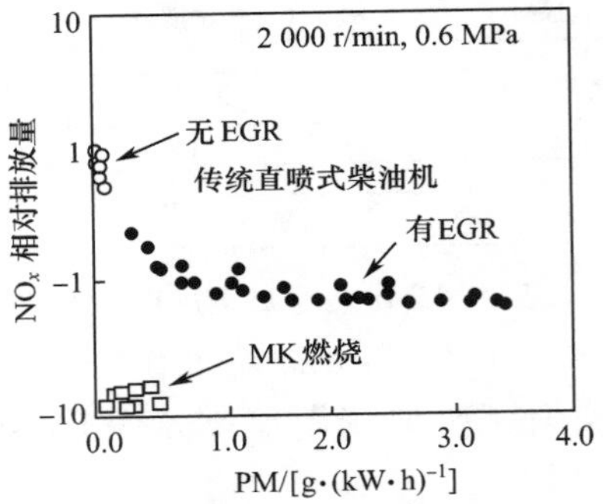

图 4-108 MK 燃烧方式的 NO_x 降低率

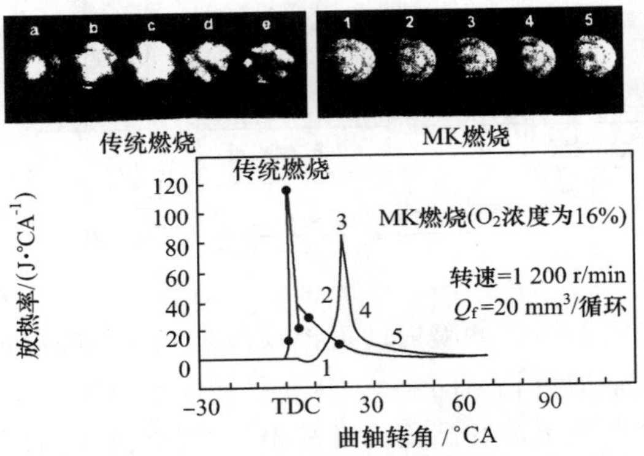

图 4-109 MK 燃烧方式与传统燃烧的火焰及放热率对比

图 4-109 下面示出了 MK 燃烧与传统直喷柴油机燃烧放热率曲线形状的对比。传播燃烧过程由预混合燃烧和扩散燃烧出现两部分组成,而 MK 燃烧全部是预混合燃烧。由于延迟喷油定时,燃烧开始时间晚,燃烧率上升极低,压升率低,燃烧噪声小。

日产公司采用 MK 燃烧概念的 YD25DDT 型柴油机已于 1998 年批量进入市场。

(3)低温燃烧方式

由丰田公司提出的低温燃烧(low temperature combustion,LTC)方式,与 MK、HCCI 概念有所不同,它是一种能够实现浓混合气的无烟低温燃烧技术。

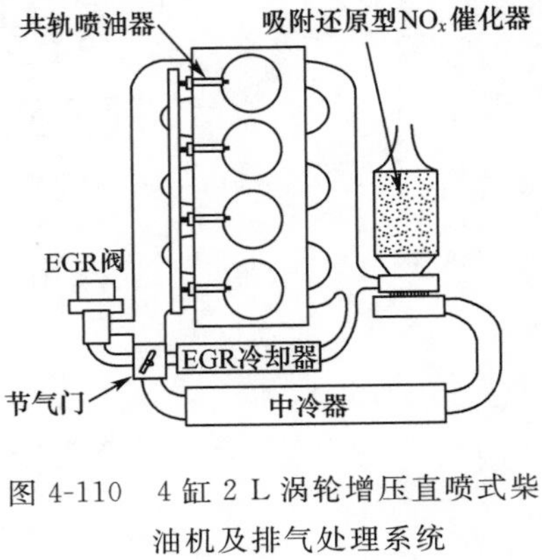

图 4-110 4 缸 2 L 涡轮增压直喷式柴油机及排气处理系统

图 4-110 示出了 4 缸 2 L 涡轮增压直喷式(TDI)柴油机及排气处理系统。LTC 系统不改变压缩比、燃烧室形状和喷油系统。它是采用通过大流量的 EGR 来进一步降低燃烧温度,在 EGR 系统的路径上配置了大型 EGR 冷却器。此外,在排气系统中配置了吸附还原型

NO_x 催化器，空燃比 A/F 是通过改变 EGR 率来改变的。

3. 均质充量压燃方式

20 世纪末，内燃机领域的重大突破是 HCCI 新概念燃烧。其创新点在于柴油机燃烧像汽油机那样着火前形成均质的混合气，消除扩散燃烧。采用较高压缩比 ε_c，压缩可控着火，实现近似等压燃烧。同时要具有良好的化学反应动力学效应，以实现低温火焰燃烧。在图 4-98 的 ϕ-T 图上看出，HCCI 方式分布在 LTC 区域的下面，浓度在当量空燃比 ϕ 在 1.0 以下，温度在 700 ～ 2 000 K 的较窄范围，炭烟和 NO_x 排放是最低的。

(1) HCCI 燃烧方式的对策

柴油机 HCCI 燃烧方式所面临的关键问题是均质预混合气的形成、燃烧相位的控制及运行范围的扩大。

①形成均质预混合气的方法

a. 电控喷油系统是关键。为增长预混合时间，采用缸内早喷、主喷及后喷的多次喷射；采用高的喷油压力（160 MPa 以上）和高的喷油速率，以增加混合速度和缩短喷油期；改进喷油嘴的结构，优化喷孔的尺寸，使喷雾与燃烧室形状良好匹配，与气流运动相配合，以提高混合气的均匀度。

b. 改善燃油的活性。燃油的成分和特性对 HCCI 方式的混合气形成有重要影响。单一燃料柴油本身具有低温和高温两阶段反应特性。低温气化性差，但雾化性好，自燃着火性好。但预混合稀燃不如汽油。将柴、汽油进行混合，或用双燃料，是解决混合气均匀性和着火自燃的一个手段。

c. 采用内部 EGR，与可变气门正时（VVT）相配合采用负阀重叠（negative valve overlap，NVO），电控 EGR 阀打开，将一定量的废气存留在气缸内，使得缸内的温度较高，这有利于燃油蒸发，形成较均匀的预混合气。

②控制自燃着火始点和燃烧速率的方法

a. 控制混合气在压缩行程结束时的温度，通过改变压缩比和进气温度来实现。

b. 改变气门定时，特别是改变排气门定时，可以改变残余废气量和缸内充质的温度，影响着火时刻。采用可变气门正时（VVT），拓宽运行范围。

c. 控制 EGR 率和 A/F 浓度，就能控制燃烧速率。

d. 活塞顶部的燃烧室形状及与喷雾的配合，对燃烧速率有明显影响。

e. 湍流对燃烧速率有较大的影响。

(2) HCCI 燃烧方式的几个燃烧系统实例

①射流控制压缩着火系统

大连理工大学内燃机研究所提出的射流控制压缩着火（jet controlled compression ignition，JCCI）系统，采用高温射流控制预混合气的着火相位。其特征如下：

a. 主燃烧室的喷油器采用 V 形交叉喷嘴，如图 4-111 所示。在压缩行程早期，将柴油或柴油和汽油的混合燃料喷入主燃烧室，各喷孔喷出的喷雾体积大、贯穿距短、呈扇形分布，有利于形成均匀预混合气。

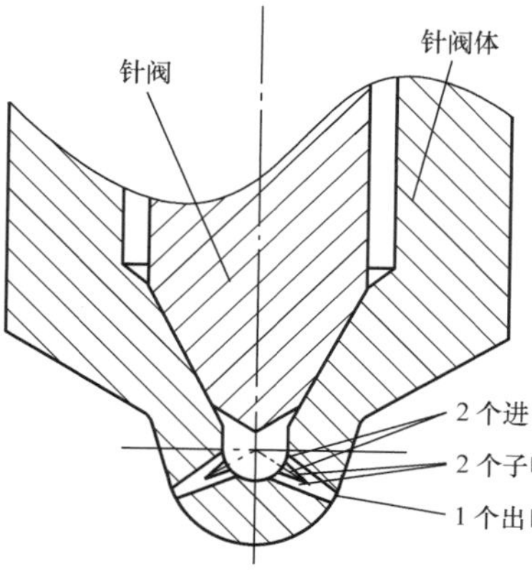

图 4-111　高扰动 V 形交叉喷嘴结构示意图

b. 在气缸盖上增加了一个点火室，如图 4-112(a) 所示。点火室的上部布置有火花塞和气体燃料喷阀，点火室的下部由通道孔与主燃烧室之间相连通。在适当的时刻，点火室的喷阀打开，气体燃料充入点火室，在上止点附近，由火花塞点燃点火室内的混合气，产生的高温高压射流由通道口喷入主燃烧室，在主燃烧室内形成多点火核并着火，如图 4-112(b) 所示。

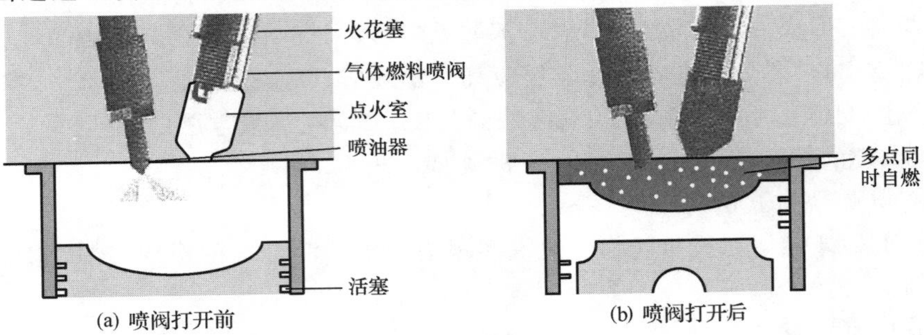

图 4-112 火焰射流控制压燃系统示意图

c. 此燃烧系统采用较低的压缩比，使得混合气不能被压燃，采用高膨胀比保证高效率，利用 EGR，适当降低燃烧速率。缸内着火的时刻与火花塞点火定时直接相关，因此这种燃烧系统的压缩着火相位是可控的。着火后燃烧相当迅速，可以实现高效和低 NO_x、低炭烟排放。

②均质稀薄 HCCI 燃烧系统

美国西南研究院在一台试验机上进行了 HCCI 燃烧系统试验，试验装置如图 4-113 所示。

该燃烧系统的特征：

a. 柴油在进气口喷射。对喷油系统要求不高，为加速混合，采用进气空气电加热（大于 370 ℃），混合气均匀性好。

b. 在压缩行程末期自燃着火。喷油提前角对燃烧始点控制能力有限，而燃料蒸发对气缸内温度-时间历程影响最大。

c. 增大了 ε_c，由 16.5 提高到 17～19，EGR 率约为 30%，稀混合气浓度 ϕ_a 为 3～6，用增压的方法保持大的 A/F 来达到非增压机的功率。

d. 燃烧速度快，压升率高，可大于 0.5 MPa/°CA，实现了稀薄混合气等容燃烧，燃烧持续期短。最大平均指示压力 p_{mi} 可达 1.3 MPa，热效率 η_{et} 大于 47%。

e. HCCI 均质稀薄预混合气没有过浓区，没有扩散燃烧和扩散火焰传播，因而炭烟排放很少，几乎为零；由于燃烧室内不产生局部高温区，HCCI 的 NO_x 排放很低，如图 4-114 所示。但在高负荷大于 85% 负荷时，NO_x 排放激增，表明在高负荷下运行技术还不成熟。

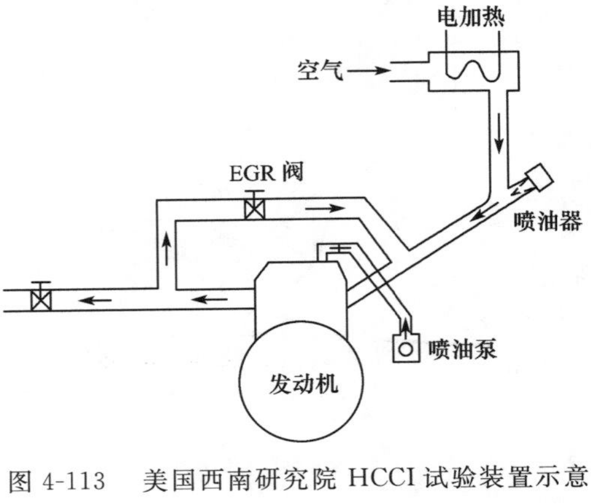

图 4-113 美国西南研究院 HCCI 试验装置示意图

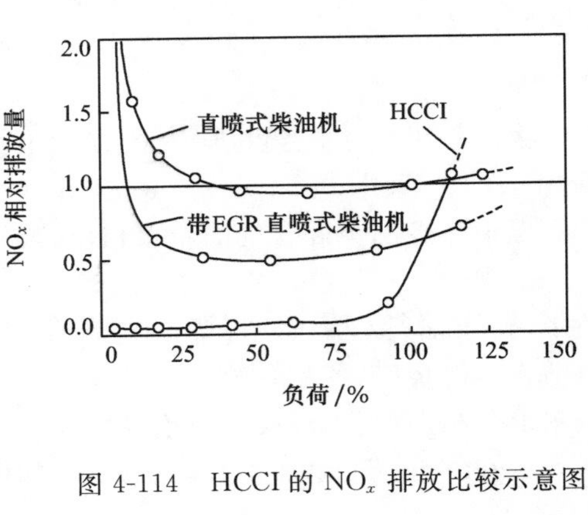

图 4-114 HCCI 的 NO_x 排放比较示意图

③1 KD-FTV 型直喷柴油机 HCCI 燃烧系统

a. 试验机为丰田公司 1 KD-FTV 型四冲程直喷柴油机，表 4-12 列出了该机的主要技术规格。

表 4-12　　1 KD-FTV 型四冲程直喷柴油机技术规格

项目	技术规格
型式	4 缸、双顶置凸轮轴、4 气门
排量 /L	3
缸径 $D\times$ 行程 S/(mm × mm)	96 × 103
压缩比	18.4
燃烧室	直喷式，挤流口型
喷油系统	电控共轨喷油系统，孔式喷嘴
进气系统	可变喷嘴环面积涡轮增压中冷，EGR
燃油(柴油)	十六烷值 = 5.3，硫分 = 300×10^{-6}

b. 实现 HCCI 燃烧对策

图 4-115 为 HCCI 燃烧用的试验装置示意图。

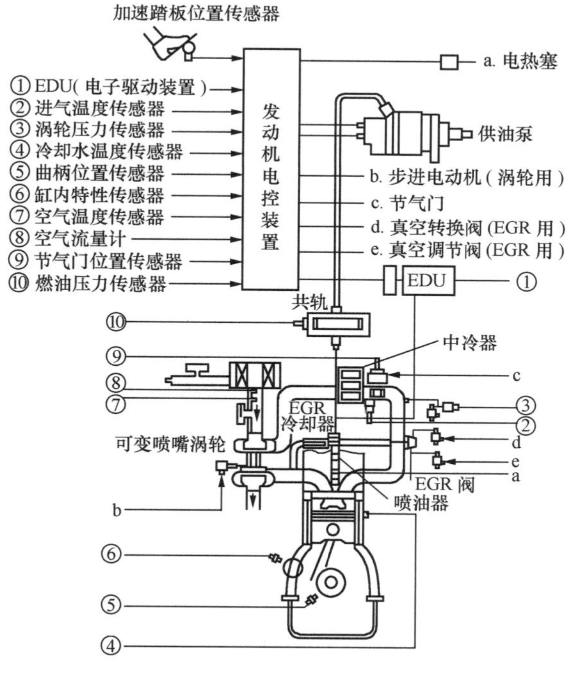

图 4-115　HCCI 燃烧用的试验装置示意图

为了实现 HCCI 燃烧的着火控制，采用两次喷油技术。第一次喷油是上止点前的早喷，对喷油定时、喷油量进气温度和增压压力进行精确控制，实现燃油扩散混合的低温反应；第二次喷油是在上止点后喷入低温反应的燃油中，对预混合气着火及高温反应能够控制，实现成片的高扩散燃烧，且燃烧期很短。2000 年 8 月，在 1 KD-FTV 型发动机上应用 HCCI 燃烧概念(UNIBUS)，试验工况中实现了 NO_x 低于 7×10^{-6} 和炭烟接近零的排放。

习 题

4-1 分析内燃机缸内空气运动形式及它们对混合气形成和燃烧过程的影响。

4-2 何谓湍流?形成方法及特征参数是什么?

4-3 汽油机混合气形成的方式和特点是什么?影响混合气质量的主要因素是什么?

4-4 汽油机燃烧过程划分为哪几个阶段?如何划分?影响燃烧过程的主要因素是什么?

4-5 简述汽油机点火过程、点火界限、点火能、点火提前角的定义。为什么汽油机上要安装点火提前真空调节装置和点火提前离心式自动调节器?汽油机火焰传播速度是什么?

4-6 简述汽油机的不正常燃烧与不规则燃烧、影响爆燃的因素以及汽油机燃烧室设计的要求。

4-7 何谓均质稀燃和分层稀燃的新型燃烧方式?汽油机 HCCI 方式的特点是什么?

4-8 柴油机混合气形成的方式和特点是什么?影响混合气形成的主要因素是什么?

4-9 柴油机燃烧过程分几个阶段?如何划分?影响燃烧过程的主要因素及柴油机着火滞燃期及影响因素是什么?

4-10 燃烧放热规律的定义是什么?划分几个阶段?三要素是什么?理想放热规律中形状及影响因素是什么?

4-11 简述柴油机缸内气流运动的形式及对混合气形成和燃烧过程的影响以及柴油机燃烧室的分类和特点。

4-12 柴油机新型燃烧方式有哪些?柴油机 HCCI 方式的特点是什么?

参考文献

[1] 蒋德明.内燃机燃烧与排放学[M].西安:西安交通大学出版社,2001.
[2] 刘圣华,姚明宇,张宝剑.洁净燃烧技术[M].北京:化学工业出版社,2006.
[3] 魏象仪.内燃机燃烧学[M].大连:大连理工大学出版社,1992.
[4] 韩同群.汽车发动机原理[M].北京:北京大学出版社,2007.
[5] 何学良,李疏松.内燃机燃烧学[M].北京:机械工业出版社,1995.
[6] 周俊杰.柴油机工作过程数值计算[M].大连:大连理工大学出版社,1990.
[7] 解茂昭.内燃机计算燃烧学[M].2版.大连:大连理工大学出版社,2005.
[8] 胡国栋.船用柴油机燃烧[M].北京:国防工业出版社,1983.
[9] 苏万华,赵华,王建昕,等.均质压燃低温燃烧发动机理论与技术[M].北京:科学出版社,2010.

第 5 章　内燃机运行特性与动力装置匹配

内燃机性能指标（P_e、T_{tq}、p_{me}、b_e）和排放指标（NO_x、PM 等）或工作过程主要参数（ϕ_a、ϕ_c、η_i、η_m、η_e、T_r、p_z）随调整情况或运转工况改变而变化的关系，称为“内燃机特性”。此特性通常用曲线来表示，称为“内燃机特性曲线”。

内燃机的调节特性：指主要性能参数随各项调节参数改变而变化的关系，如汽油机的点火提前角和混合气的空燃比（A/F），柴油机的喷油提前角和循环喷油量的调整特性等。

内燃机的使用特性：指性能指标随运转工况改变而变化的关系，如速度特性、负荷特性、万有特性、排放特性、推进特性和柴油机的调速特性等。

内燃机的特性通常都是在试验台架上按规定的试验方法进行测定的。本章重点介绍特性曲线的形状、分析曲线的方法和影响曲线的各种因素。

5.1　内燃机的运行工况与运转参数分析

5.1.1　内燃机的运行工况

1. 运行工况的概念

工况是指内燃机的实际运转状态（即所处的工作状况）。工况以功率 P_e（或转矩 T_{tq}）和转速 n 来表示。

动（瞬）态工况：发动机变速或变负荷动态运行时，如启动或加、减负荷时，工况随时间变化而变化，称为“动态工况”，亦称为“变工况”，就是运转状态频繁变化的工况。

稳定工况：发动机稳定运行中，转速 n 和功率 P_e 保持不变，即运转状态不变的工况。

过渡工况：运转状态变化过程中的工况。

发动机稳定工况时表征参数有三个：功率 P_e、平均有效压力 p_{me}（或转矩 T_{tq}）和转速 n。

$$P_e = \frac{iV_s}{30\tau} \cdot p_{me} \cdot n \times 10^{-3} \tag{5-1}$$

$$P_e = \frac{1}{9\ 550} \cdot T_{tq} \cdot n \tag{5-2}$$

这三个参数中，只有两个是独立变量，就是说，当任意两个参数固定后，第三个参数即可被确定，发动机的工况也就一定。因此，p_{me} 与 n 都同样可以表征内燃机的工况。

标定工况：在标定功率和标定转速下的工况。

经济工况：在内燃机油耗率较低的功率和转速下运转的工况。

2. 运行工况的分类[1]

内燃机运行工况可以用工况图来表示，n 为横坐标，P_e 为纵坐标，如图 5-1 所示。内燃机与工作机械合理匹配，根据所带动的工作机械要求可分为三类：

(1)第一类工况 —— 点工况(图 5-1 中 A 点)

内燃机只在固定的工况下运行,即功率 P_e 和转速 n 都保持不变,如柴油机驱动水泵排灌,由于水流量与扬程不变,所以在工况图上仅为一点 A,这称为"点工况配合"。这类工况又称为"固定式内燃机工况"。

(2)第二类工况 —— 线工况

内燃机功率 P_e 与转速 n 成一定函数关系。

①铅直线 1。内燃机转速保持不变(n = 常数),而功率 P_e(负荷) 变化,这样的特性称为"负荷特性"。例如带发电机工作时,为保证输出电压和频率的恒定,采用定速调速器来保持内燃机转速不变,负荷呈阶跃式变化,功率随发动机负荷大小可由零变到额定值,如图 5-1 中铅直线 1 所示。

②曲线 2。流体阻力工况。油门位置一定,流体阻力变化使转速改变,并且 P_e 与 n 按一定规律变化:$P_e = Kn^3$,称为"螺旋桨特性"(推进特性),如图 5-1 中曲线 2 所示。

③曲线 3。变动油门位置,转速和负荷以一定的规律同时变化,称为"速度特性"。油门固定标定功率位置时,转速与负荷同时变化的对应曲线称为"外特性",如图 5-1 中曲线 3 所示。

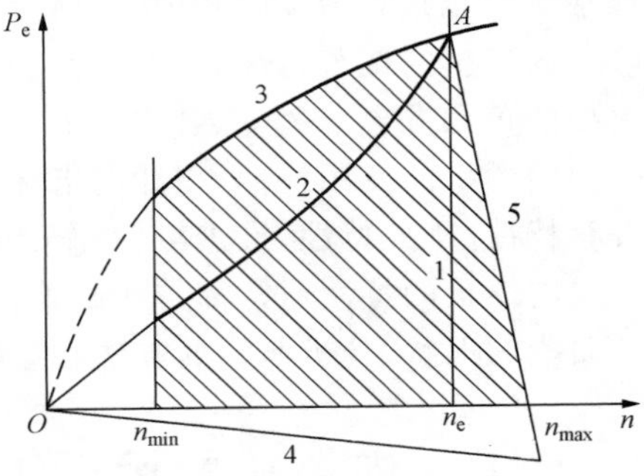

图 5-1 内燃机运行工况图

(3)第三类工况 —— 面工况(图 5-1 中斜线区域)

功率与转速都独立地在很大范围内变化,且之间没有一定的函数关系。

如驱动汽车、叉车等运输车辆的内燃机,其转速取决于行车速度,可以从最低稳定转速 n_{min} 一直变到最高转速 n_{max};其转矩取决于行驶阻力,可以从零一直变到某转速下的最大转矩。变化范围在图中斜线区域内运行的对应特性,称为"万有特性"。其范围上限曲线 3 为最大功率曲线,左边为最低稳定转速,右边为最高许用转速,曲线 5 为调速特性曲线,曲线 4 为机械损失功率线。

5.1.2 内燃机有效性能指标与运转参数之间的函数关系

内燃机输出的有效性能指标有:有效功率 P_e、平均有效压力 p_{me}、有效转矩 T_{tq}、油耗率 b_e 以及每小时燃油消耗量 B。这些指标与内燃机工作参数的关系可推导如下:

每循环加热量 Q 为

$$Q = \frac{V_s H_u}{\phi_a L_0} \cdot \phi_c \cdot \rho_0 = m_b \cdot H_u \quad (\text{kJ/ 循环}) \tag{5-3}$$

式中 V_s—— 工作容积,m^3;

H_u—— 燃料低热值,kJ/kg;

L_0—— 理论空气量;

ϕ_a—— 过量空气系数;

ϕ_c—— 充量系数;

ρ_0—— 大气状态下空气密度,kg/m^3,一般 $\rho_0 = 1.29\ kg/m^3$;

m_b—— 每循环的喷油量,mg/循环,$m_b = \frac{\phi_c \rho_0}{\phi_a L_0} \cdot V_s = \frac{P_e b_e}{30ni} \times 10^3$。

根据平均有效压力 p_{me} 的定义:

$$p_{me} = \frac{W_e}{V_s} = \frac{\eta_{et} Q}{V_s} \quad (\text{MPa}) \tag{5-4}$$

式中　W_e—— 每循环有效功，kJ；

η_{et}—— 有效热效率，%。

则平均有效压力

$$p_{me}=\frac{\rho_0 H_u}{\phi_a L_0}\cdot\eta_{et}\cdot\phi_c=\frac{H_u}{L_0}\cdot\rho_0\cdot\frac{\eta_i}{\phi_a}\cdot\eta_m\cdot\phi_c=K\cdot\frac{\phi_c}{\phi_a}\cdot\eta_i\cdot\eta_m \tag{5-5}$$

式中　η_i—— 指示热效率，%；

η_m—— 机械效率，%；

K—— 比例常数。

由 $p_{me}=3.14\dfrac{T_{tq}}{iV_s}\cdot\tau$ 及 $\eta_{et}=\dfrac{3.6}{b_e H_u}\times10^6$，并根据式(5-1) 及式(5-5) 可写成：

(1)功率

$$P_e=\frac{iV_s}{30\tau}\times10^{-3}\cdot p_{me}\cdot n=K_1\cdot\frac{\phi_c}{\phi_a}\cdot\eta_i\cdot\eta_m\cdot n\quad(\text{kW}) \tag{5-6}$$

(2)转矩

$$T_{tq}=\frac{iV_s}{3.14\tau}\cdot p_{me}=K_2\cdot\frac{\phi_c}{\phi_a}\cdot\eta_i\cdot\eta_m=K_2'\cdot m_b\cdot\eta_i\cdot\eta_m\quad(\text{N}\cdot\text{m}) \tag{5-7}$$

(3)油耗率

$$b_e=\frac{3.6}{\eta_{et}H_u}\times10^6=K_3\cdot\frac{1}{\eta_i\eta_m}\quad[\text{g/(kW}\cdot\text{h)}] \tag{5-8}$$

(4)耗油量

$$B=b_e P_e=K_4\cdot\frac{\phi_c}{\phi_a}\cdot n\quad(\text{kg/h}) \tag{5-9}$$

式中　K_1、K_2、K_2'、K_3、K_4—— 比例常数；

τ—— 冲程数，四冲程 $\tau=4$，二冲程 $\tau=2$。

上述公式将内燃机重要性能指标与工作过程主要参数联系起来。要了解 p_{me}、T_{tq}、P_e、b_e、B 随工况变化的情况，就必须分析 ϕ_c、η_i、η_m 随工况的变化，称此为间接分析法。

5.1.3 “量调节”与“质调节”

1.“量调节”是汽油机的负荷调节方式

当汽油机保持某一转速不变时，其负荷的变化是通过改变节气门的开度，即直接改变进入气缸的混合气量来实现的，而进入气缸混合气的空燃比(*A*/*F*) 变化不大，这种通过改变混合气量的多少来调节负荷的大小的方式称为“量调节”。

2.“质调节”是柴油机的负荷调节方式

当柴油机保持某一转速不变时，进入气缸的空气量变化不大，其负荷的变化是通过改变进入气缸的每循环喷油量来实现的，而进入气缸的混合气浓度发生了变化，随负荷增大，浓度减小，这种通过改变供油量的多少来改变负荷大小的方式称为“质调节”。

5.2 内燃机的运行特性

5.2.1 内燃机的负荷特性

内燃机转速不变时，其主要性能参数(b_e、t_r 等) 随负荷变化而变化的关系，称为负荷特性。此时，须改变内燃机油门，来调整有效转矩，以适应外界阻力矩变化，保持内燃机转速不变。

当转速不变时，由式(5-1)、式(5-2)知，有效功率 P_e 与有效转矩 T_{tq}、平均有效压力 p_{me} 互为正比，因此，负荷特性的横坐标为负荷，通常可用功率 P_e(负荷率 P/P_e)或平均有效压力 p_{me} 表示；纵坐标主要是油耗量 B 或油耗率 b_e，还可以绘出排气温度 t_r、最大燃烧压力 p_{max}、烟度 R_b、机械效率 η_m 等性能参数变化的关系曲线。

1. 柴油机的负荷特性

(1)定义

当柴油机保持某一转速不变($n=$ 常数)，通过移动喷油泵齿杆或拉杆位置，改变每循环喷油量 m_b 时，主要性能参数 B、b_e 随 P_e(或 P/P_e、p_{me})改变而变化的规律，称为柴油机负荷特性，用曲线的形式表示出来，就称为柴油机负荷特性曲线[2]。

(2)测取

负荷特性曲线是通过发动机台架试验测取的，应将柴油机的供油提前角 θ_{fs}、冷却水温度、润滑油温度等调整到最佳状态进行。由于柴油机负荷调节方法为"质调节"，故在试验台上是通过调节测功机的转矩大小来调节柴油机油门手柄位置，实质上是改变过量空气系数 ϕ_a 的大小，保持其转速不变来实现的。图 5-2 示出了 1135 柴油机负荷特性曲线[2]。

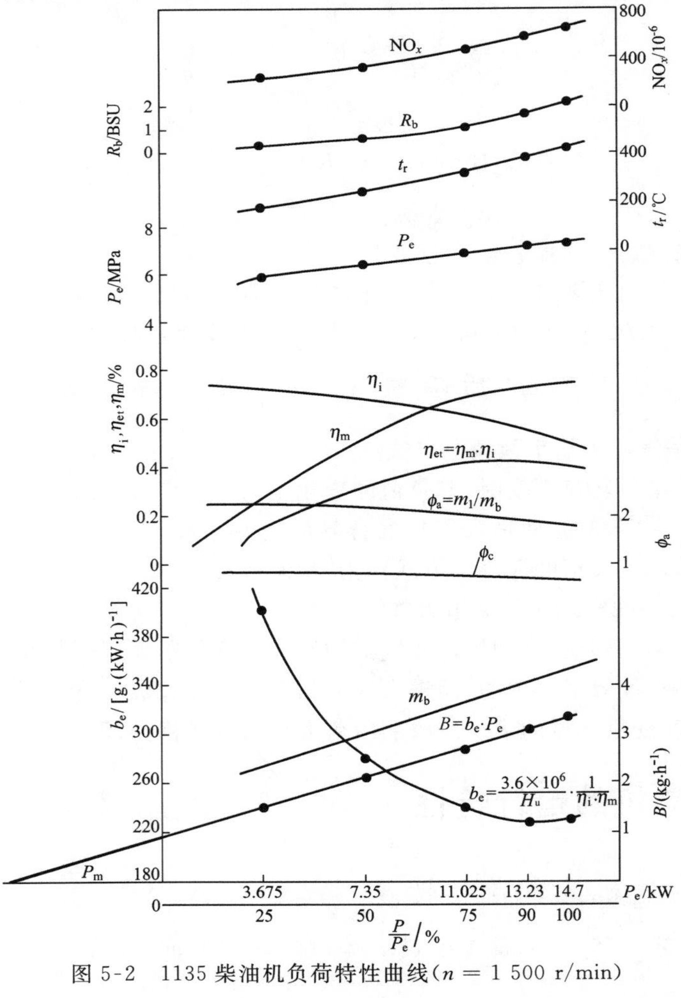

图 5-2 1135 柴油机负荷特性曲线($n=1\ 500$ r/min)

（3）曲线形状分析

横坐标为负荷，通常用功率 P_e 或负荷率 P/P_e（%）表示。

纵坐标为油耗率 b_e、耗油量 B、爆压 p_z、排温 t_r、烟度 R_b、过量空气系数 ϕ_a、充量系数 ϕ_c、指示效率 η_i、机械效率 η_m 和有效热效率 η_{et} 等。

①油耗率 b_e

由式(5-8)可知，b_e 曲线变化取决于 η_i 和 η_m 的变化。

a. $\eta_m = \dfrac{p_{me}}{p_{me}+p_{mm}} = \dfrac{1}{1+\dfrac{p_{mm}}{p_{me}}}$，当负荷增大时，$p_{mm}$ 变化不大，而 p_{me} 增加，则 $\dfrac{p_{mm}}{p_{me}}$ 随负荷增大而减小，所以 η_m 随负荷增加而增大。

b. 随着负荷增加，循环喷油量 m_b 增加，ϕ_a 减小，当 ϕ_a 降低到一定程度时，不完全燃烧加剧，使 η_i 明显降低，高负荷时 η_i 下降速度更快。

c. $\eta_{et}=\eta_i\eta_m$，$\eta_{et}=\dfrac{3.6\times10^6}{H_u}\cdot\dfrac{1}{b_e}$，是上凸的曲线。随负荷增大，$\eta_m$ 增大，而 η_i 下降很小，η_{et} 增大。当在高负荷时，η_m 增加变慢，而 η_i 下降明显，综合结果，η_{et} 下降。故某一位置是 η_{et} 的最大值点，这一点也是 b_e 的最小值点。

d. $b_e\propto\dfrac{1}{\eta_{et}}$，随负荷增大，是上凹的曲线。低负荷明显下降，随负荷增大，曲线下降变慢，在 η_{et} 最大时，b_e 最小（约 90% 负荷），在全负荷时 b_e 又升高。

②耗油量 B

由式(5-9)知，随着负荷增加，喷油量 m_b 增大。ϕ_c 变化不大，ϕ_a 减小，因此 B 呈线性增大。

③爆压 p_z 和排温 t_r

随负荷增大，供油量增加，p_z 和 t_r 升高。

④烟度 R_b 和 NO_x 排放

随负荷增大，供油量增加，ϕ_a 减小，燃烧变差，因此 R_b 增大，缸内燃烧温度升高，NO_x 排放增大。

⑤过量空气系数 ϕ_a

ϕ_a 随负荷增大而下降。

$$\phi_a = \frac{m_1}{m_b l_0}$$

式中　m_1—— 每循环实际进入气缸的空气量，随负荷增大，m_1 变化不大；

　　　m_b—— 每循环实际喷入气缸的燃油量，随负荷增大，m_b 增加，ϕ_a 减小。

⑥充量系数 ϕ_c

$$\phi_c = \frac{\varepsilon_c}{\varepsilon_c-1}\cdot\frac{p_a}{p_0}\cdot\frac{T_0}{T_a}\cdot\frac{1}{1+\phi_r}$$

由 $T_a=\dfrac{T_0+\Delta T+\phi_r T_r}{1+\phi_r}$ 可知，随负荷增大，ΔT 增加，T_a 和 ϕ_r 增大，因此 ϕ_c 减小。

2. 汽油机的负荷特性

(1)定义

当汽油机保持某一转速不变，而逐渐改变节气门开度，即改变进入气缸的混合气量时，每小时的耗油量 B 和油耗率 b_e 随功率 P_e 变化关系，称为汽油机负荷特性，用曲线的形式表示出来，就称为汽油机负荷特性曲线。

(2)测取

在汽油机试验台上，调整到最佳状态(最佳点火提前角和理想过量空气系数) 下进行测取。汽油机负荷调节方法是“量调节”，调节汽油机节气门开度，同时调节测功器的转矩大小，保持转速不变。图 5-3 示出了 25Y-6100Q 汽油机的负荷特性曲线。

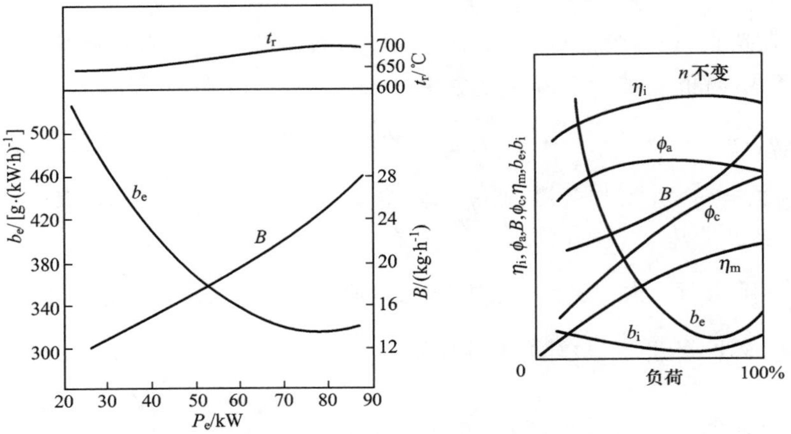

图 5-3　25Y-6100Q 汽油机的负荷特性曲线(n = 2 600 r/min)

(3) 曲线形状分析

横坐标为负荷，通常用功率 P_e(kW) 表示；纵坐标为经济特性参数 b_e、ϕ_a、η_m、η_i。

①油耗率 b_e

b_e 随负荷增大，呈下凹的曲线，在近 90% 负荷处 b_e 最低。由式(5-8) 知：

a. 随着负荷增加，节气门开大，气缸内残余废气系数 ϕ_r 相对减小，可燃混合气燃烧速度增加，由于热损失减少，燃料汽化条件改善，η_i 提高。

b. $\eta_m = 1 - \dfrac{p_m}{p_i}$，随节气门开度增大，$p_i$ 增加，η_m 随负荷的增加而提高。

所以，b_e 随负荷增大急速下降。在大负荷时需要浓混合气，ϕ_a 为 0.4 ~ 0.9，不完全燃烧加剧，η_i 下降，b_e 上升。

②耗油量 B

由 $B = K_4 \cdot \dfrac{\phi_c}{\phi_a} \cdot n$ 知，B 取决于节气门开度 ψ 和混合气成分。随节气门开度 ψ 增大，混合气量增加，则充量系数 ϕ_c 增大，ϕ_a 变化较小，所以 B 增大。

③排气温度 t_r

随节气门开度 ψ 增大，混合气量增加，所以排气温度 t_r 增大。

5.2.2　内燃机的速度特性

速度特性是指当内燃机燃料供给调节机构位置固定不变时，其性能参数（T_{tq}、P_e、b_e 等）随转速 n 改变而变化的关系。其曲线称为速度特性曲线。

1. 柴油机的速度特性

(1)定义

将喷油泵齿杆或油门拉杆位置固定不变，柴油机性能指标（T_{tq}、P_e、B、b_e）随转速 n 变化而变化的关系，称为柴油机的速度特性。

(2)外特性

将齿杆位置固定在标定功率 P_e 循环供油量的位置，测得的标定功率（全负荷）速度特性称为"外特性"，该曲线只有一条。

(3)曲线形状分析

图 5-4 所示为 6110ZLA 型柴油机外特性曲线。

横坐标为发动机转速 n(r/min)。

纵坐标为性能参数 T_{tq}、P_e、B、b_e 及 ϕ_a、ϕ_c、η_i、η_m、η_e 等。

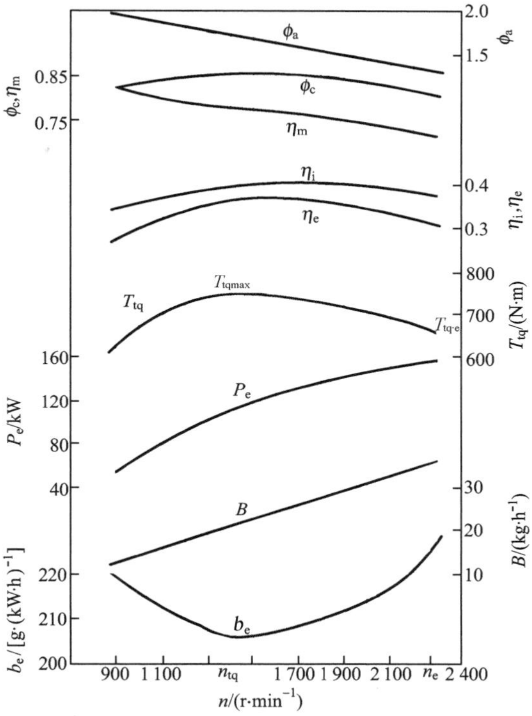

图 5-4　6110ZLA 型柴油机外特性曲线

①转矩 T_{tq} 曲线上凸，随转速 n 变化较平缓，由式(5-7)知，转矩随 n 的变化取决于 m_b、η_i、η_m 随 n 的变化，如图 5-4 所示。

a. 随转速提高，循环喷油量 m_b 增加。

b. ϕ_c 在某一转速下较高，而低于或高于此转速时，ϕ_c 均低于最大值。

c. η_i 在某一转速下稍高，而后随转速上升而降低，原因是随着转速升高，ϕ_c 降低，m_b 增加，使 ϕ_a 减小，燃烧恶化，不完全燃烧严重，使 η_i 降低。转速过低时，因空气涡流减弱，燃烧速度减慢，燃烧不良及热损失增加，使 η_i 降低。总之，η_i 曲线比较平坦。

d. η_m 随着转速的升高而降低。

e. 柴油机随转速升高，尽管 η_m 下降，但因 m_b 增加和 η_i 曲线平坦，所以 T_{tq} 曲线变化平坦。

f. 转矩储备系数 $\phi_{tq}=\dfrac{T_{tqmax}}{T_{tq\cdot e}}$，$T_{tqmax}$ 为全负荷速度特性曲线上的最大转矩值，$T_{tq\cdot e}$ 为对应标定转速的转矩值；转速储备系数 $\phi_n=\dfrac{n}{n_{tq}}$，n_{tq} 为对应最大转矩值的转速；适应性系数 $\phi_{ntq}=\phi_n\phi_{tq}$，为转速储备系数和转矩储备系数的乘积，表明内燃机动力性能对外界阻力变化的适应能力。

②油耗率 b_e 曲线

按式(5-8)，b_e 曲线呈下凹形状，在中间某一转速最低，但整条曲线变化不是很大。这是

因为随着 n 的升高，η_e 曲线是中间高、两端低的上凸形。

③功率 P_e 曲线

按公式 $P_e=\frac{1}{9\ 550}\cdot T_{tq}\cdot n$，因为 T_{tq} 曲线变化平坦，故 P_e 曲线的形状取决于转速的变化，即 P_e 与 n 近似成正比增加。

(4)部分速度特性

当齿杆固定在小于标定功率循环供油量各个位置上时，测得的速度特性称为“部分速度特性”，部分速度特性曲线有无数条。

图 5-5 示出了 6135 型柴油机部分速度特性曲线[3]。

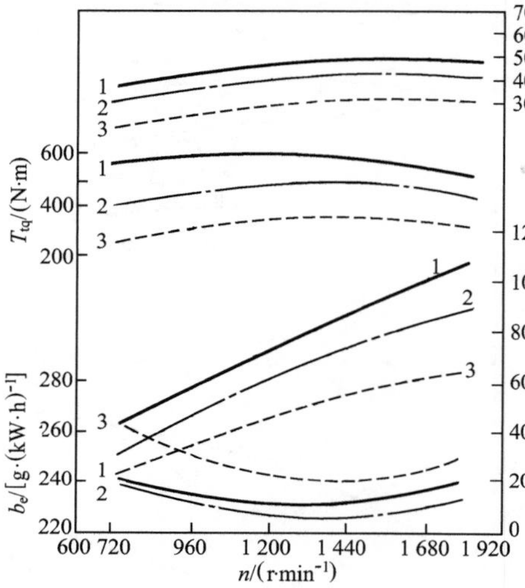

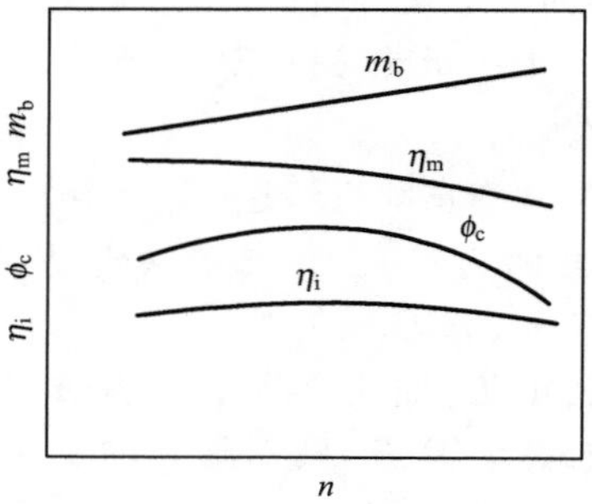

图 5-5 6135 型柴油机部分速度特性曲线

1—90% 负荷；2—75% 负荷；3—50% 负荷

随油门位置减小，循环喷油量 m_b 减少，但是 m_b 随转速 n 的变化趋势与标定功率油门位置时是相似的，也是随着 n 的提高而上升，所以 T_{tq} 在部分特性时的曲线与外特性的 T_{tq} 曲线相平行，即 T_{tq} 随 n 变化不大。

汽车柴油机经常在部分负荷下工作，所以在进行柴油机性能试验时，还应该做标定功率的 90%、75%、50%、25% 的部分速度特性试验。

2. 汽油机的速度特性

(1)定义

将汽油机节气门的开度固定不变，其有效功率 P_e、转矩 T_{tq}、油耗率 b_e 和油耗量 B 等性能参数随转速 n 变化而变化的关系，称为“汽油机的速度特性”。

(2)测取

节气门开度保持不变，改变测功器的负荷，在不同转速下测出各稳定工况的 P_e、T_{tq}、b_e 和 B 数值，并绘出这些指标参数随 n 的变化曲线。试验时汽油机应处于最佳状态。

(3)分类

①外特性是指节气门全开时所测得的速度特性，外特性曲线只有一条。

②部分特性是指节气门部分开启时所测得的速度特性，部分特性曲线有无数条。

(4)部分速度特性

汽车大部分工况是在部分负荷下工作，因节气门开度较小，节流损失增大，进气终了压

力 p_a 下降，引起 ϕ_c 降低，且随 n 的升高，ϕ_c 迅速下降，故节气门开度越小，T_{tq} 随 n 降低得越快，最大转矩 T_{tqmax} 和最大功率 P_{emax} 及其对应的转速 n 向低速方向移动，如图 5-6 所示。

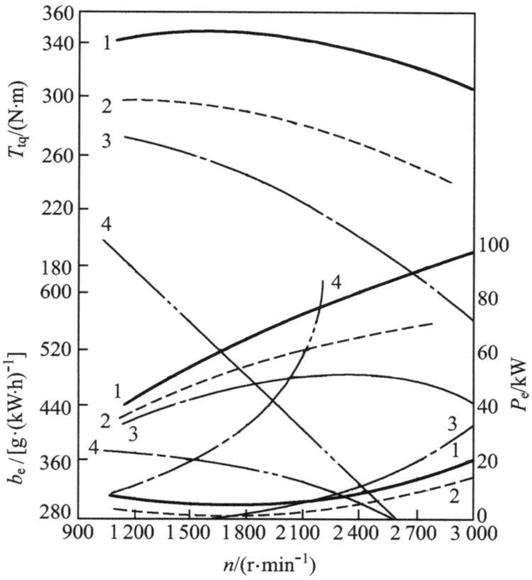

图 5-6　汽油机部分速度特性曲线

1—全负荷；2—75% 负荷；3—50% 负荷；4—25% 负荷

（5）外特性曲线

①有效转矩 T_{tq} 曲线

下弯变化较陡，由公式（5-7）知，有效转矩 T_{tq} 随 n 的变化取决于 $\frac{\phi_c}{\phi_a}\cdot\eta_i\cdot\eta_m$ 随 n 的变化，如图 5-7 所示。

a. 充量系数 ϕ_c

节气门开度固定，ϕ_c 是在某一转速时最大，即在设计工况时 ϕ_c 最大。低于或高于设计工况时 ϕ_c 均低于最大值。

b. 指示热效率 η_i

在某一转速时，η_i 有最高值。当 n 较低时，燃烧室的空气涡流弱，火焰传递速度慢，可燃混合气燃烧速度小，同时在 n 低时，气缸漏气多，散热快，η_i 低。在 n 高时，以曲轴转角计燃烧持续时间长，燃烧效率低，η_i 也降低。不过 η_i 曲线变化平坦，对 T_{tq} 影响较小。

c. 机械效率 η_m

当转速升高时，因机械损失大，η_m 降低。

d. 有效转矩 T_{tq}

在节气门开度一定时，ϕ_a 基本不随 n 变化，n 由低逐渐升高，η_i、ϕ_c 均上升，显然 η_m 略有下降，但总趋势呈 T_{tq} 上升，到某一点 T_{tq} 达最大值 T_{tqmax}。随着 n 继续升高，由于 η_i、η_m、ϕ_c 均下降，致使 T_{tq} 迅速下降、变化较陡。

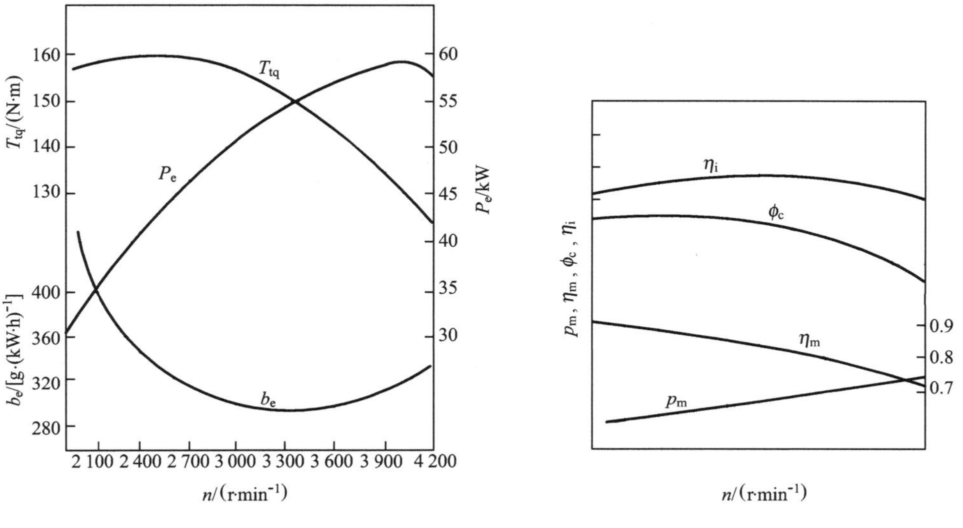

图 5-7　BJ-492Q 汽油机外特性曲线

②有效功率 P_e 曲线

由 $P_e=\frac{1}{9\ 550}\cdot T_{tq}\cdot n$ 可知，开始时，随着 n 的升高，T_{tq} 也增加，所以 P_e 迅速上升，直到 T_{tq} 到最大值以后，P_e 上升变得平缓，当 $T_{tq}\cdot n$ 达到最大值时，P_e 达到最大值，此后 n 再增加，已抵不过 T_{tq} 的下降，故 P_e 反而下降。

③耗油率 b_e 曲线

由式(5-8)，综合 η_i、η_m 的变化，b_e 在中间某一转速时最低，当 n 高于此转速时 η_i、η_m 随转速上升而下降，b_e 随之增加。当 n 低于此转速时，因 η_i 的上升弥补不了 η_m 的下降，b_e 也上升。总之，b_e 曲线变化较平坦。

外特性代表了汽油机的最高动力性能，外特性因试验条件不同，又分为：

①使用外特性

试验时发动机带全部附件，输出功率为净功率，大多数发动机特性属于这一类。

②校正功率特性

试验时不带风扇、气泵及空气滤清器等，输出功率为总功率。

5.2.3 柴油机的调速特性

柴油机为了保证高速时不超速飞车，且低速时能稳定运行，必须装有两极式或全程式调速器。

1. 全程式调速器的调速特性

(1)调速特性线的两种表示法[4]

①速度特性形式的调速特性

在某一工况位置时(如标定转速 n_e)，固定调速手柄，卸去负荷空车运转(n_{max})，然后逐渐增加负荷，恢复到原来工况(n_e)，其间由调速器自动控制相应供油量的大小，在此过程中柴油机的功率 P_e、转矩 T_{tq}、油耗率 b_e 等参数随转速 n 改变而变化的关系称为“速度特性形式的调速特性”。如图 5-8 所示，以转速 n 为横坐标，以转矩 T_{tq}、功率 P_e、油耗率 b_e 等性能指标为纵坐标，图中的 a—b—c 线，即为调速器工作的速度特性形式的调速特性曲线。a 点油量调节拉杆处于最大供油量(标定功率)位置，转速 n 处于标定转速 n_e；当外界阻力减小，转矩降到了 b 点时，调速器的调速弹簧起作用，自动带动油量调节拉杆减小供油量，柴油机转速重新稳定在 n_b；当外界负荷全部卸掉，转矩为零时(c 点)，调速器将拉杆减少到最小供油量，柴油机空转，转速为 n_{max}。可以看出，调速器使柴油机的转矩曲线得到改造，由标定值变到零，而转速则变化很小，由 n_e 变到 n_{max}，从而保证了柴油机的工作稳定。

②负荷特性形式的调速特性

调速手柄位置固定，在调速器起作用时，柴油机的性能参数(T_{tq}、n、b_e)随负荷(P_e)改变而变化的关系称为负荷特性形式的调速特性。它相当于负荷特性的形式，是以负荷(P_e)为横坐标，以 T_{tq}、n、b_e 等性能指标为纵坐标，如图 5-9 所示。

(2)全程调速器各转速调速特性

操作者可通过不断改变调速手柄固定位置，即改变调速弹簧的预紧力，来改变调速器起作用的转速，从而得到不同转速下的调速特性。

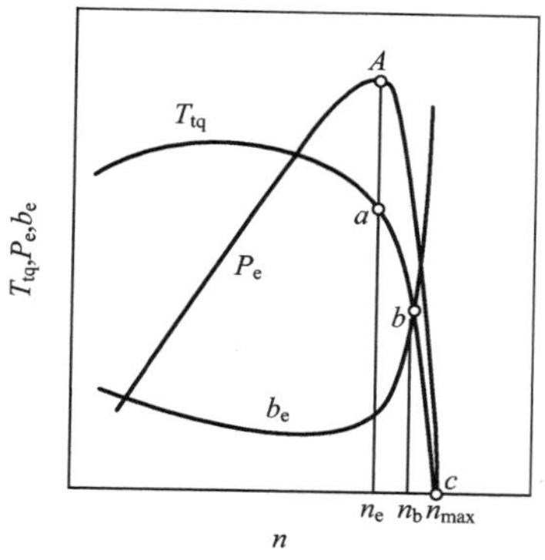

图 5-8　速度特性形式的调速特性曲线

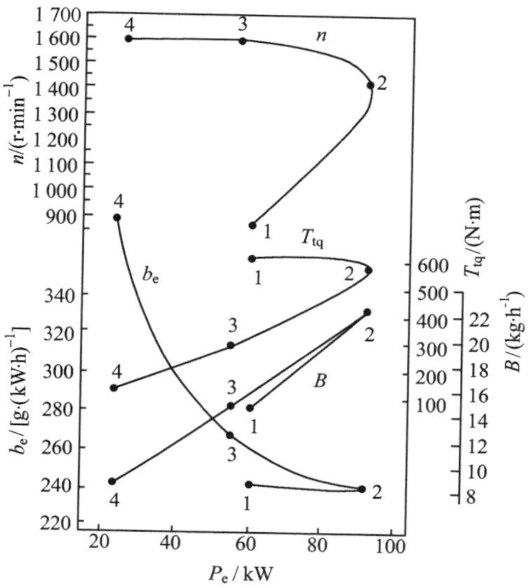

图 5-9　负荷特性形式的调速特性曲线

图 5-10 示出了不同的调速手柄固定位置全程式调速器的调速特性曲线，即图中 2 ～ 5 的竖直线，每一个调速手柄固定位置只对应一条调速特性曲线，并且都从低速时的外特性水平线开始，到了各自的调速转速后才变为下降的调速特性曲线。调速手柄（加速踏板）位置越大，则调速转速越高。可以说这样的调速曲线有无数条，形成了由调速曲线构成的一个调速器起作用的面，由于从低速直到最大工作转速调速都能起作用，故称全程式调速器。

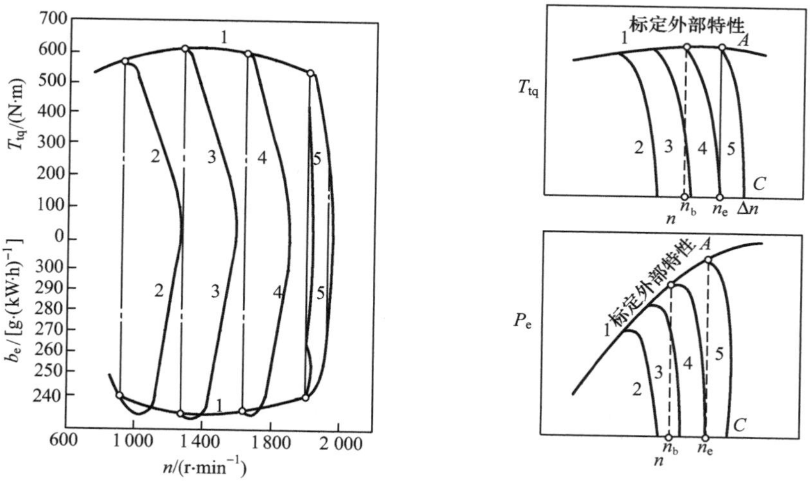

图 5-10　全程式调速器的调速特性曲线

2. 两极式调速器的调速特性

图 5-11 示出了不同调速手柄固定位置的两极式调速器的调速特性曲线。

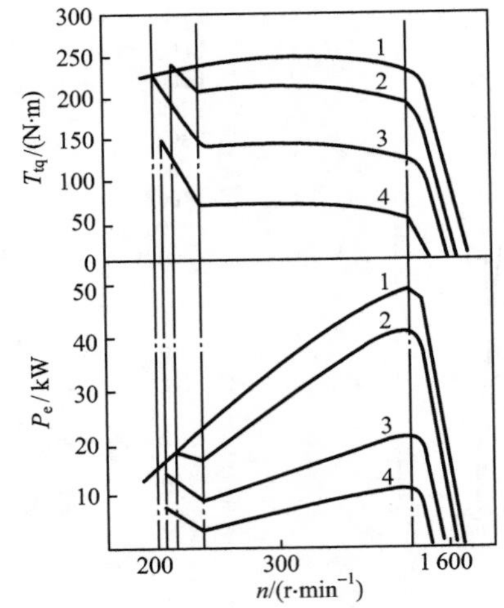

5-11 两极式调速器的调速特性曲线

由图看出，两极式调速器只有在调试好的最低转速范围及最高的转速范围起作用，转矩曲线产生急剧变化，即按斜线部分的调速特性曲线变化。而在低速和高速之间的转速由操作者直接控制油量，调速器不起作用，按曲线 1 为外特性，曲线 2 ～ 4 为部分负荷下的速度特性变化。

图 5-11 的下半部分图为功率 P_e 随转速 n 的变化。

5.2.4 内燃机的万有特性

万有特性，又称为“多参数(组合) 特性”。为了在一张图上较全面地表示内燃机面工况的性能，常用包含多参数(3 个以上) 之间的变化关系的特性曲线来描述，称为“万有特性”[5]。

横坐标为转速 n，纵坐标(右侧) 为平均有效压力 p_{me}，纵坐标(左侧) 为转矩 T_{tq}，在图上画出许多等油耗率(b_e) 曲线、等功率(P_e) 曲线，根据需要还可画出等过量空气系数(ϕ_a) 曲线、等排气温度曲线、冒烟极限等。

1. 柴油机的万有特性

(1)万有特性曲线分析

图 5-12 示出了 135/150 型增压柴油机的万有特性曲线，表示了各种运行工况下的各种性能特性。界限 $D—C—B$ 线为外特性，D 点为外特性曲线上最低稳定转速点，C 点为最大扭矩 T_{tqmax} 点，B 点为最大功率 P_e 点，A 点为装有调速器的柴油机的最高转速点。

等油耗率曲线内层 b_e 越小，经济性越好。最经济区大致在中部偏左上。等油耗率曲线圈横向较长时，表示柴油机负荷变化不大，而转速变化较大，油耗率变化较小。

①最低油耗率 b_{emin}，中等负荷经济区宽；

②等油耗率曲线高低变化平坦；

③等功率线向高速延伸时，油耗率变化不大。

(2)万有特性曲线制取

对于柴油机，一般采用不同转速的负荷特性法；对于汽油机，一般用不同节气门开度的速度特性法。图 5-13 为负荷特性法作出的万有特性曲线。

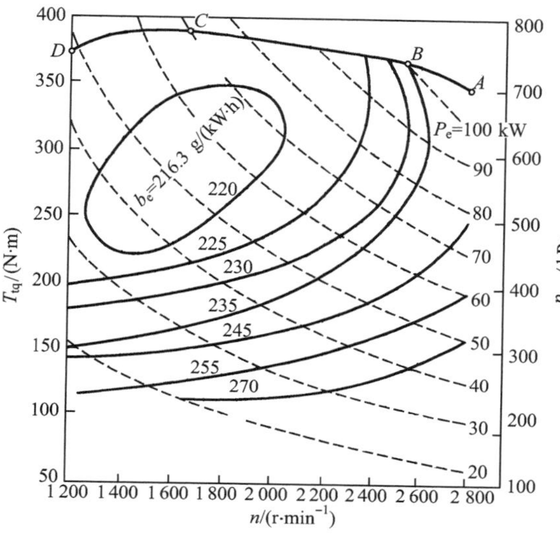

图 5-12　135/150 型增压柴油机的万有特性曲线

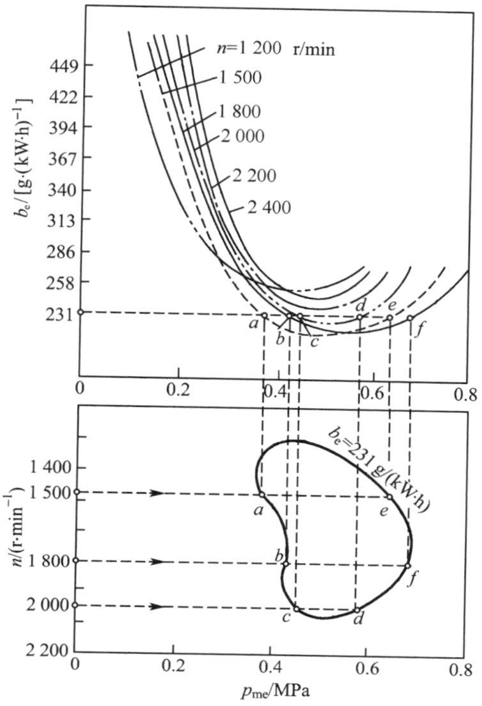

图 5-13　负载特性法做出的万有特性曲线

①将不同转速 n 下的负荷特性以 p_{me} 为横坐标，b_e 为纵坐标，画在图的上边。

②将以相同比例，p_{me} 为横坐标，n 为纵坐标的 n-p_{me} 坐标面，画在图的下边。

③将不同转速($n=1\ 500$ r/min、1 800 r/min、2 000 r/min)的负荷特性曲线与某油耗率[231 g/(kW·h)]的各交点 a、b、c、d、e、f 移至万有特性图中的相应转速坐标上，标上记号，再将 b_e 值相等的各点连成光滑曲线，即为等油耗率曲线，各等油耗率曲线是不能相交的。

④根据式(5-1)即可作出等功率曲线。在 n-p_{me} 坐标中它是一组双曲线，如图 5-12 所示的虚线。再将外特性线 $p_{me}=f(n)$ 曲线画在万有特性图上，构成上边界线，即图 5-12 中 D—C—B 曲线。

$$p_{me}=P_e/(Kn)$$

测取数据时，应保持内燃机水温、油温稳定。

2. 汽油机的万有特性

图 5-14 所示为 2 L 轿车汽油机的万有特性曲线。

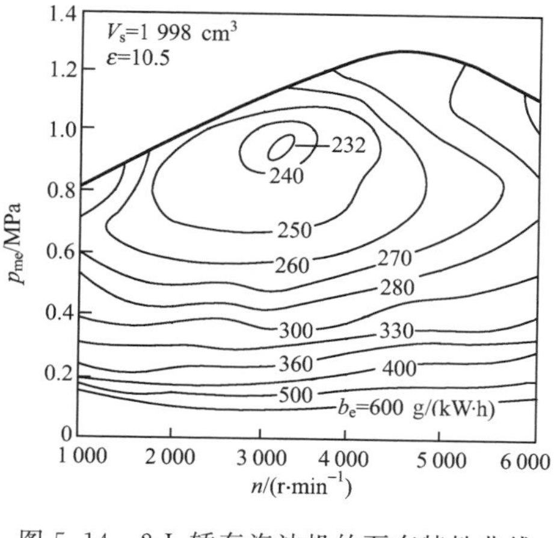

图 5-14　2 L 轿车汽油机的万有特性曲线

与柴油机的万有特性相比，汽油机的万有特性具有如下特点：

(1)最低油耗率偏高，经济区域偏小；等油耗率曲线在低转速区向大负荷收敛，这说明汽油机在低转速低负荷时的油耗率随负荷的减小而急剧增大。在实际使用中，应尽量避免这种情况。

(2)汽油机的等功率线随转速升高而斜穿等油耗率曲线，转速越高越费油，故在实际使用中，当汽车等功率运行时，驾驶员应尽量使用高速挡以便节油。

汽油机变负荷时，平均油耗率偏高。

5.2.5 柴油机螺旋桨的推进特性

1. 柴油机的推进特性

柴油机的推进特性是指柴油机作为船舶主机带动推进器工作时，柴油机本身性能指标（P_e、T_{tq}、b_e、t_r）和有关参数（ϕ_a、ϕ_c、η_i、η_m）随转速 n 的变化规律。此时，柴油机功率随转速变化的规律，是按照螺旋桨所吸收的功率随转速变化的规律变化，称为柴油机螺旋桨推进特性。

螺旋桨所吸收的功率：

$$P_B = C n_B^m \tag{5-10}$$

式中 C—— 常数；

n_B—— 螺旋桨的转速；

m—— 指数，排水型船 m 为 2.8 ~ 3.2，一般取 3；快艇 $m = 2$。

当柴油机与螺旋桨直接连接时，螺旋桨的转速 n_B 等于柴油机的转速 n，柴油机所发出的功率 P_e 与螺旋桨所吸收的功率 P_B 相平衡。因此，柴油机的工况变化规律取决于螺旋桨特性，即功率 P_e 与转速 n 的立方成正比：

$$P_e = P_B = C n_B^3 = C n^3 \tag{5-11}$$

$$C = \frac{P_e}{n^3}$$

若以柴油机的标定功率 P_e 和标定转速 n 为柴油机螺旋桨的配合点，则常数 C 可按式(5-11)算出。

算出了 C 值后，推进特征工作的工况可根据螺旋桨推进特性的关系，选定不同的运行功率 P_{ex}，算出相应的运行转速 n_x。如以配合功率的 110%、100%、75%、50%、25% 等代入上式中，可算出相应的 n_x 为标定转速的 103%、100%、91%、80%、63%。再按下式算出相应点的转矩：

$$T_{tq} = 9\,550 \cdot \frac{P_e}{n} \tag{5-12}$$

按算出的数据可在试验台上测得螺旋桨推进特性。

2. 推进特性曲线形状

图 5-15 示出了 6300ZC 柴油机的推进特性曲线[6]。

(1) 由式(5-11)知，$P_e = Cn^3$，因此随转速 n 升高，每循环喷油量 m_b 增加较快，过量空气系数 ϕ_a 下降较快。

(2)柴油机按螺旋桨特性运行时，ϕ_a 随 n 升高而急剧下降，燃烧变差，所以 η_i 随 n 升高而下降。

(3)机械功率 P_m 随 n 增加而增大，因而 η_m 随 n 升高而升高。

(4)由于 $b_e = K_3 \cdot \dfrac{1}{\eta_i \eta_m}$，受 $\eta_i \eta_m$ 综合影响，b_e 随 n 升高而降低。

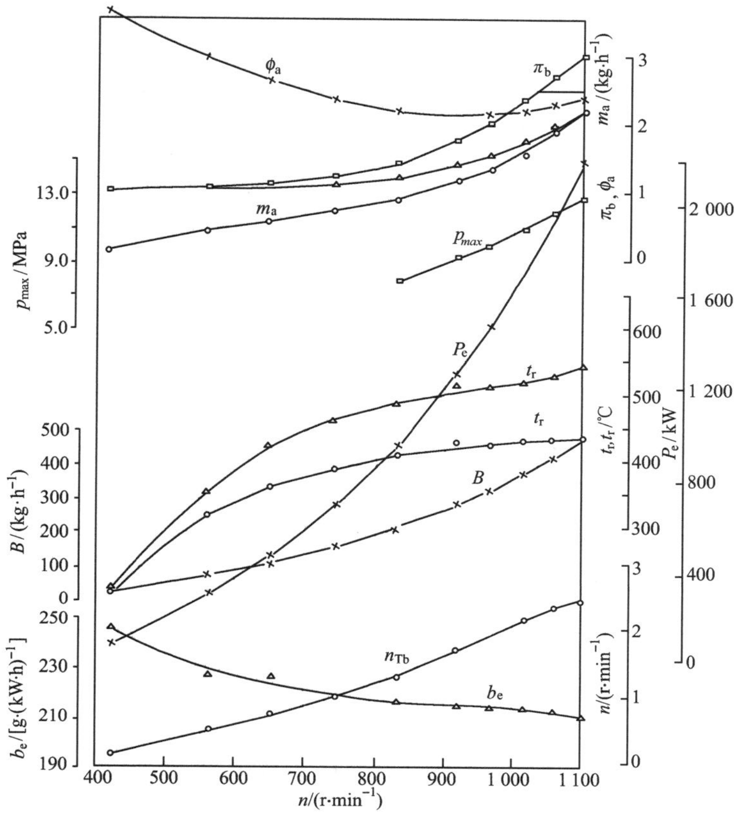

图 5-15　6300ZC 柴油机的推进特性曲线

3. 推进特性与速度特性的配合

如图 5-16 所示，柴油机按推进特性运转时的功率变化曲线与按本身的速度特性运转时的功率变化曲线是不相符的。只有在两条曲线的交点 A 处柴油机才能稳定运转，而在所有低于标定转速 n_e 的工况下运转时，必须减少每循环的供油量，让柴油机在一系列部分负荷速度特性曲线与推进特性曲线的交点上运转(图 5-16 中 B、C 各点)。这就是说，在所有低于标定值的转速下运转时柴油机的能力没有全部发挥。在这些情况下，柴油机标定负荷速度特性所具有的功率与螺旋桨所需功率之差，称为柴油机的储备功率或潜在功率。储备功率

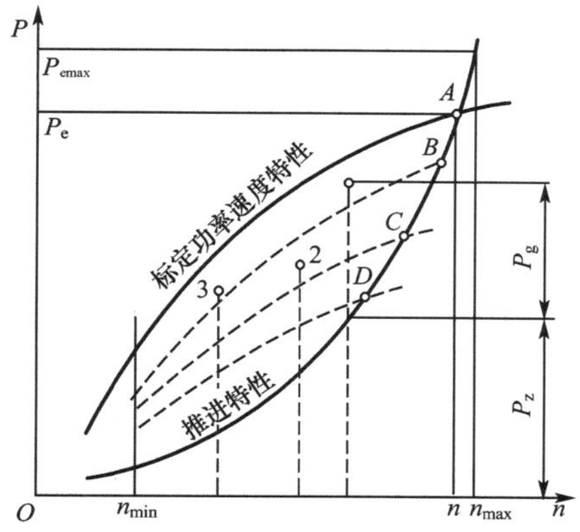

图 5-16　推进特性与速度特性的配合曲线

$P_{emax}-P_e$ 为内燃机最大功率与标定功率的差值。功率储备系数 $\phi_p=\dfrac{P_{emax}}{P_e}$，为最大功率与标定功率的比值。

由于柴油机在部分负荷下运转的经济性差，为了充分利用船舶主机在低速运转时的储

备功率，有的船上采用变距螺旋桨，有的船上主机轴端带辅助发电机，以吸收柴油机剩余功率。

柴油机按推进特性运转时，应该严格限制超速运行。因为当转速达到 $103\%n_e$ 时，根据3次方的关系，柴油机的功率已达到 $110\%P_e$。

5.3 内燃机的功率标定及大气修正

5.3.1 内燃机的功率标定

在发动机铭牌上标定的功率，均为使用中允许的最大功率。按照 GB 1105.1—87《内燃机台架性能试验方法》规定，我国内燃机的功率可分为四种：

(1)15 min 功率：内燃机允许连续运转 15 min 的最大有效功率。适用于汽车、军用车辆、快艇等。

(2)1 h 功率：内燃机允许连续运转 1 h 的最大有效功率。适用于拖拉机、工程机械、船舶主机等。

(3)12 h 功率：内燃机允许连续运转 12 h 的最大有效功率。适用于拖拉机、发电机组、牵引机车等。

(4)持续功率：内燃机允许长期连续运转的最大有效功率。适用于固定动力、排灌电站、船舶等。

制造厂根据内燃机的使用特点，考虑其可靠性和寿命，标出相应功率及转速。

5.3.2 内燃机功率、油耗率的大气修正

所谓大气状态条件，是指内燃机运行现场的外界大气压力 p_0、大气温度 T_0 和相对湿度 ϕ_0。GB 1105.1—87《内燃机台架性能试验方法　标准环境状况及功率、燃油消耗率和机油消耗率的标定》做出了相应的规定。

对一般用途内燃机，其标准大气条件为：大气压力 $p_0=100$ kPa，环境温度 $T_0=298$ K，中冷器进口冷却介质温度 $T_{co}=298$ K，相对湿度 $\phi_0=30\%$。对船用主、辅机，规定大气条件：大气压力 $p_0=100$ kPa，环境温度 $T_0=318$ K，中冷器进口冷却介质温度 $T_{co}=305$ K，相对湿度 $\phi_0=60\%$。

内燃机运行现场的大气条件一般都是非标准大气条件，在对内燃机产品进行性能考核试验时，应将实测的功率、油耗率、转矩等按对应的修正方法换算成以标准大气条件作为基准的标准值。我国采用国际标准化组织(ISO) 推荐的两种修正方法：等油量法和可调油量法[7]。

1. 等油量法

(1)有效功率的修正

①对汽油机

$$P_{eo}=\alpha_a P_e \tag{5-13}$$

$$\alpha_a=\left(\frac{99}{p_{sw}}\right)^{1.2}\left(\frac{T}{298}\right)^{0.6} \tag{5-14}$$

式中　α_a—— 汽油机的功率修正系数；

p_{sw}—— 试验现场大气条件下的饱和蒸气压，kPa；

T—— 现场大气条件下的温度，K。

②对柴油机

$$P_{eo} = \alpha_d P_e \tag{5-15}$$

$$\alpha_d = f_a^{f_m} \tag{5-16}$$

式中　α_d—— 柴油机的功率修正系数；

f_a—— 柴油机的大气因素。

a. 对非增压和机械增压柴油机

$$f_a = \frac{99}{p_{sw}} \cdot \left(\frac{T}{298}\right)^{0.7} \tag{5-17}$$

b. 对中冷和非中冷涡轮增压柴油机

$$f_a = \left(\frac{99}{p_{sw}}\right)^{0.7} \left(\frac{T}{298}\right)^{1.5} \tag{5-18}$$

$$f_m = 0.036 \cdot \frac{q_c}{\pi_b} - 1.14 \tag{5-19}$$

式中　π_b—— 压比；

f_m—— 柴油机特性指数；

q_c—— 单位气缸工作容积的循环供油量，mg/L。

$$q_c = \frac{\tau B_{fo}}{120 n V_s} \times 10^6 \tag{5-20}$$

式中　τ —— 冲程数，对四冲程机，$\tau = 4$，对两冲程机，$\tau = 2$；

B_{fo}—— 标定功率时的燃油消耗量，kg/h。

式(5-19) 适用范围为 q_c/π_b 为 40 ～ 65 mg/L。

若 $q_c/\pi_b \leqslant 40$ mg/L，则取 $f_m = 0.3$；若 $q_c/\pi_b \geqslant 65$ mg/L，则取 $f_m = 1.2$。

(2)油耗率的修正

①对汽油机，不必修正。

②对柴油机，仅在标定工况下修正：

$$b_{eo} = \frac{1}{\alpha_d} b_e \tag{5-21}$$

式中　b_e—— 实测油耗率；

α_d—— 修正系数，按式(5-16) 计算，限值为 0.9 ～ 1.1。

2. 可调油量法(等过量空气系数法)

(1)基于三点假设

①在 ϕ_a 不变的前提下，内燃机燃烧情况不变，指示热效率也不变。

②缸内气体充量与充量密度和充量系数的乘积成正比，$\phi_c \propto T^{0.25}$，与大气压无关。

③因大气条件变化而引起机械损失功率的变化，仅为指示功率变化量的 7%。

(2)有效功率的修正

$$P_e = \alpha P_{eo} \tag{5-22}$$

式中　α—— 功率修正系数。

$$\alpha = k + 0.7(1-k)\left(\frac{1}{\eta_m} - 1\right) \tag{5-23}$$

其中 η_m—— 柴油机的机械效率；

k—— 指示功率比。

$$k = \left(\frac{P - a\phi p_{sw}}{P_0 - a\phi_0 p_{sw0}}\right)^m \left(\frac{T_0}{T}\right)^n \left(\frac{T_{c0}}{T_c}\right)^q \tag{5-24}$$

其中 a—— 系数，见表 5-1；

m、n、q—— 指数，见表 5-1；

ϕ_0、ϕ—— 标准大气条件和试验现场大气条件下的相对湿度；

p_{sw0}、p_{sw}—— 标准大气条件和试验现场大气条件下的饱和蒸气压。

对于涡轮增压柴油机，当标准环境状态下发出标定功率，其涡轮增压器的转速和燃气进口温度还达不到极限值时，制造厂可提出使用替代标准环境状况。这时在非标准环境状况运转的涡轮增压内燃机其有效功率 P_e 与油耗率 b_e 应校正到替代标准环境状况，也可由替代标准环境状况校正到现场环境状况。此时，可用式(5-25)、式(5-26) 代替式(5-24)。

$$k = \left(\frac{p}{p_{0a}}\right)^m \left(\frac{T_{0a}}{T}\right)^n \left(\frac{T_{c0}}{T_c}\right)^q \tag{5-25}$$

$$p_{0a} = p_0 \cdot \frac{\pi_{b0}}{\pi_{bmax}} \tag{5-26}$$

式中 π_{b0}、π_{bmax}—— 标定功率时压比和最大有效增压比。

表 5-1 内燃机的功率校正系数

形式			a	m	n	q
柴油机	非增压	功率受过量空气限制	1	1	0.5	0
		功率受热力因素限制	0	1	1	0
	涡轮增压	不带中冷器	0	0.7	2.0	0
		带中冷器	0	0.7	1.2	1
汽油机	自然吸气	—	1	1	0.5	0

(3) 油耗率的修正

$$b_e = \frac{k}{\alpha} \cdot b_{eo} \tag{5-27}$$

3. 饱和蒸气压的计算

上述修正项计算式(5-14)、式(5-17)、式(5-18) 中所出现的饱和蒸气压 p_{sw} 是温度单值函数，可以通过热力学图表查出，也可通过式(5-28) 求得：

$$p_{sw} = 0.6133 + 4.312 \times 10^{-2} t + 1.628 \times 10^{-3} t^2 + 1.492 \times 10^{-5} t^3 + 5.773 \times 10^{-7} t^4 \tag{5-28}$$

式中 t—— 现场环境温度，℃；

p_{sw}—— 现场环境温度 t 的饱和蒸气压，kPa。

式(5-28) 适用于 t 为 0 ～ 50 ℃。

5.4 内燃机与动力传动装置的匹配

由于内燃机应用非常广泛，与之相匹配的工作机械种类繁多，并且各有不同的使用要求，本节简要介绍内燃机在汽车、船舶动力、发电机组等装置上的匹配特点。

5.4.1 内燃机与汽车动力传动装置的匹配

1. 汽车动力传动装置的配套特点和使用要求

(1) 配套装置

轻型汽车主要采用汽油机，中、重型汽车多采用柴油机作为动力。汽车动力传动装置统称为底盘，如图5-17所示，传动装置由离合器、减速器、差动器、传动轴等组成。

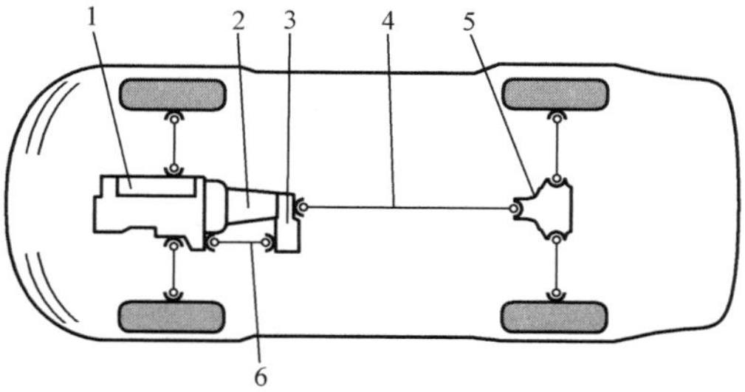

图5-17 汽车动力传动装置示意图

1—内燃机；2—离合器；3—减速器；4—传动轴；5—差动器；6—前轮差动装置的驱动轴

(2) 使用要求

①汽车通常在变速、变负荷工况下行驶，要求与内燃机匹配时，要有足够的最大车速、加速性和爬坡性能。

②汽车的工作环境，即地面情况和气候条件多变，要求与内燃机匹配时，要有良好的适应性、功率储备性和冷启动性。

③汽车燃料消耗是衡量经济性的重要指标，要求汽车通常在内燃机万有特性的最经济区内运行。

④汽车的排放和噪声受到日益严格的法规限制，要求与内燃机匹配时，具有良好的环保性。

2. 汽车动力性匹配

(1) 牵引力 F_k

牵引力实际上就是内燃机输出转矩经传动系统传递到轮胎上产生的驱动力：

$$F_k = \frac{i_k i_o}{r} \cdot T_{tq} \cdot \eta_{tm} = 7.69 \frac{i_k i_o}{r} \cdot iV_s \cdot p_{me} \cdot \eta_{tm} \quad (\text{N}) \tag{5-29}$$

式中 i_k—— 变速器的速比；

i_o—— 减速器主传动比；

r—— 轮胎有效半径，m，为设计简便，常取自由外径的0.938～0.95倍；

T_{tq}—— 内燃机转矩，N·m；

η_{tm}—— 传动系统的机械效率，对手动变速器 η_{tm} 为0.70～0.85；

iV_s—— 内燃机的排量，L；

p_{me}—— 内燃机的平均有效压力,kPa。

由式(5-29)看出,当内燃机的结构和传动比确定后,驱动力与内燃机的平均有效压力成正比。

(2) 行驶速度 v_a

$$v_a = 0.377 \cdot \frac{rn}{i_k i_o} \quad (km/h) \tag{5-30}$$

式中 n—— 内燃机转速,r/min。

当传动比和驱动轮胎的工作半径确定之后,车速与内燃机的转速成正比。

(3) 驱动转矩 T_k

驱动转矩是指作用于车轴上的牵引力(F_k)对路面产生的扭矩,即

$$T_k = i_k i_o T_{tq} \eta_{tm} \quad (N \cdot m) \tag{5-31}$$

当传动比确定后,驱动转矩与内燃机转矩成正比。

(4) 汽车行驶性能特性

汽车行驶性能特性,即汽车速度特性,是指汽车在各个挡位下的驱动转矩 T_k 随车速 v_a 的变化关系,如图 5-18 所示。在汽车行驶过程中,为了适应复杂变化的道路阻力,保证汽车稳定运行,将内燃机有限的转矩范围,通过变速器进行放大,以适应各种不同的汽车运行状况。可见,在动力传动装置中,变速器起着很重要的作用。

在一定道路阻力下,当坡度减小、行驶阻力降低,汽车速度升高到某一值时,需要逐渐降低牵引力,此时对变速器进行换挡,挡位数顺次增大,变速比顺次减小。图 5-19 示出了 1 L 排量的轻型汽油机轿车的牵引力、行驶阻力与车速的行驶性能曲线。[8] 从性能曲线看出,该汽油机最高使用转速为 6 000 r/min,3 挡水平路面最高车速 v_{amax} 为 142 km/h,1 挡最大爬坡坡度 $i = 40\%$。

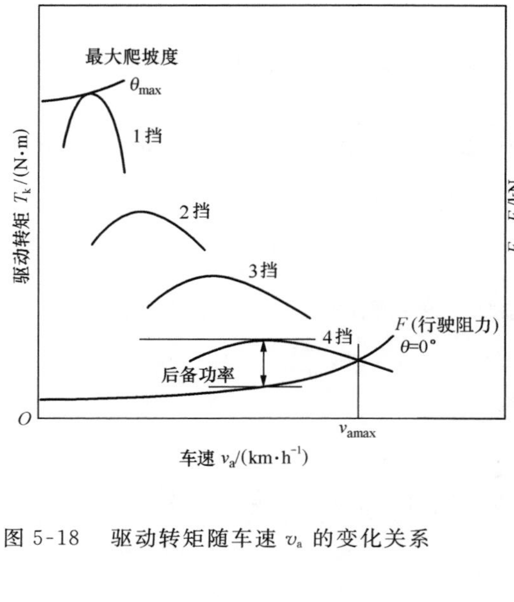

图 5-18 驱动转矩随车速 v_a 的变化关系

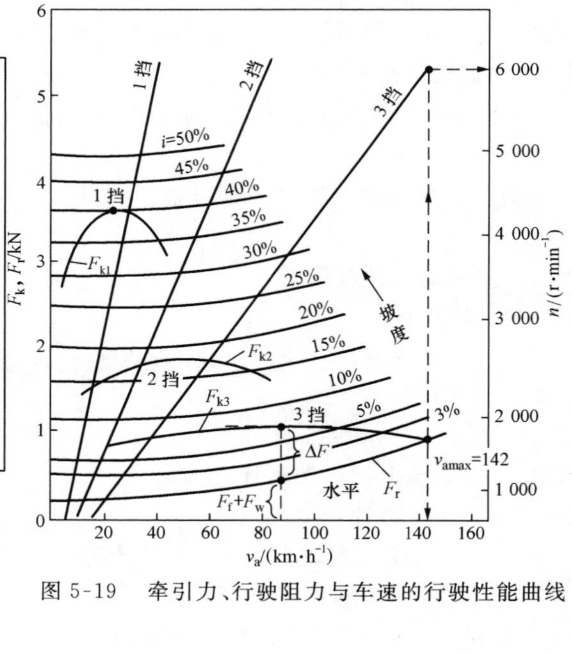

图 5-19 牵引力、行驶阻力与车速的行驶性能曲线

(5) 汽车行驶阻力 F_r

行驶阻力包括轮胎的滚动阻力(F_f)、行驶中空气阻力(F_w)、坡道阻力(F_i)和加速阻力(F_j)。当汽车在某一车速下匀速行驶时,牵引力和行驶阻力相平衡,平衡式为

$$F_k = F_r = F_f + F_w + F_i + F_j \quad (N) \tag{5-32}$$

①滚动阻力 F_f

$$F_f = mgf\cos\alpha \approx mgf \tag{5-33}$$

式中　m—— 汽车总质量;

g—— 重力加速度;

f—— 轮胎滚动阻力系数,对一般沥青路,f 为 0.01 ~ 0.18;

α—— 坡道角,当 α 不大时,$\cos\alpha \approx 1$。

②行驶中空气阻力 F_w

$$F_w = 0.047\ 3C_DAv_a^2 \tag{5-34}$$

式中　C_D—— 汽车的空气阻力系数,轿车取0.4~0.6,客车取0.6~0.7,货车取0.8~1;

A—— 汽车通风面积,m^2,轿车取 1.4 ~ 2.6,大客车取 4 ~ 7,货车取 3 ~ 7;

v_a—— 汽车行驶速度,km/h。

③坡道阻力 F_i

$$F_i = mg\sin\alpha \approx mgi \tag{5-35}$$

式中　α—— 坡度角,当 $\alpha < 15°$ 时,$\sin\alpha \approx \tan\alpha = i$;

i—— 道路的坡度。

④加速阻力 F_j

$$F_j = \delta \cdot m \cdot \frac{dv_a}{dt} \tag{5-36}$$

式中　δ—— 汽车旋转质量换算为平移质量的换算系数。

$$\delta = 1 + \delta_1 i_k{}^2 + \delta_2$$

其中,δ_1 为 0.04 ~ 0.06,δ_2 为 0.03 ~ 0.05。

⑤汽车行驶方程

将式(5-29)及式(5-33)~式(5-36)代入式(5-32),得

$$\frac{i_k i_o}{r} \cdot T_{tq} \cdot \eta_{tm} = mgf + 0.047\ 3C_DAv_a{}^2 + mgi + \delta \cdot m \cdot \frac{dv_a}{dt} \tag{5-37}$$

根据式(5-37)可以画出汽车行驶性能曲线。

⑥汽车动力因数 D_k

动力因数是单位汽车质量所能克服道路阻力的能力,即

$$D_k = \frac{F_k - F_w}{mg} \tag{5-38}$$

用来评价不同类型、不同排量汽车的动力性。轿车 D_k 为 0.10 ~ 0.18,大客车 D_k 为 0.06 ~ 0.10,货车 D_k 为 0.04 ~ 0.06。

3. 汽车行驶经济性系数

(1) 百公里油耗 g_{100}

百公里油耗 g_{100} 是指汽车每行驶 100 km 所消耗的燃油量[L/(100 km)],即

$$g_{100} = \frac{100B}{\rho_f v_a} \tag{5-39}$$

式中 B—— 内燃机每小时燃油消耗量,kg/h;

ρ_f—— 燃油密度,kg/L;

v_a—— 车速,km/h。

(2) 汽车的经济性与内燃机油耗率的关系[8]

$$g_{100} = 0.008\,84 \frac{i_k i_o}{\rho_f r} \cdot \frac{iV_s}{\tau} \cdot p_{me} \cdot b_e \tag{5-40}$$

式中 p_{me}—— 内燃机的平均有效压力,MPa;

b_e—— 内燃机的油耗率,g/(kW·h)。

由式(5-40)可看出,在内燃机的类型确定之后,匹配良好的动力传动系统参数,是改善整车经济性的主要途径。

(3) 传动机械效率 η_{tm}

$$\eta_{tm} = \frac{P_e - P_t}{P_e} \times 100\% \tag{5-41}$$

式中 P_e—— 内燃机有效功率,kW;

P_t—— 传动系统内部机械损失功率,kW。

传动系统的效率越高,汽车燃油经济性越好。

4. 汽车传动系特性对汽车经济性、动力性的影响

(1) 传动比 i_c 的影响

传动系统的总传动比 $i_c = i_o i_k$,其选择应与发动机的功率相匹配。

①最小传动比 i_{cmin} 的选择,应使发动机的最大功率时的车速 v_{max} 等于汽车的最高车速 v_{amax}。从图 5-20 可看出,当选 $i_{cmin} = 4.62$ 时,阻力功率曲线正好与发动机功率曲线 2 交在最大功率点,此时汽车的最高车速 v_{max2} 等于发动机最大功率时车速 v_{p2},且最高车速是最大的。

②最大传动比 i_{cmax} 的选择,应考虑最大爬坡度及最低稳定车速。

可见,单纯改变传动比,若使发动机在主负荷(p_{me})和低油耗(b_e)工况运行,并不能降低汽车的百公里油耗 g_{100},而是设法使发动机的经济区位于常用挡位,即常用车速区内。

(2) 挡位数的影响

挡位数对汽车的经济性有较大的影响,近年来汽车变速器的挡位数有增加的趋势,轿车最高已有 10 挡,货车最多有十几个挡。图 5-21 示出了汽车在换挡过程中车速 v_a 与发动机转速 n 的关系曲线。图中看出发动机转速在 $n_1 \sim n_2$ 时,当挡位越来越高(5 挡)时,传动比越来越小,发动机的负荷率(P_e)越高,油耗率(b_e)越低,汽车的经济性 g_{100} 也越好。

5. 汽车万有特性及整车性能匹配

(1) 汽车万有特性

把内燃机的万有特性和汽车行驶性能特性联系起来,将牵引力 F_k 和车速 v_a 转化为内燃机的动力 P_{me} 和转速 n,并将曲线同时绘在内燃机万有特性上,便能表示出整车的特性族的多参数曲线。使用时能直观求出最经济挡位和车速。

(2) 万有特性与整车性能匹配

若在内燃机万有特性中绘出等油门开度(对汽油机为节气门开度位置,对柴油机为油门拉杆位置)曲线,并把内燃机转速、油门位置和车速在驾驶室用仪表显示出来,司机就可以根据当时的油门开度位置和转速立刻确定最佳挡位和车速。如果用电子设备(ECU)自动控制这些参数,就可以在稳定行驶时获得最佳的节油效果。

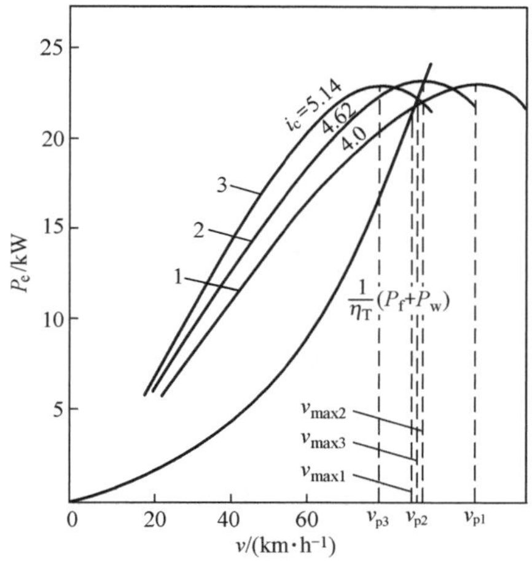

图 5-20　不同 i_{cmin} 的汽车功率平衡图

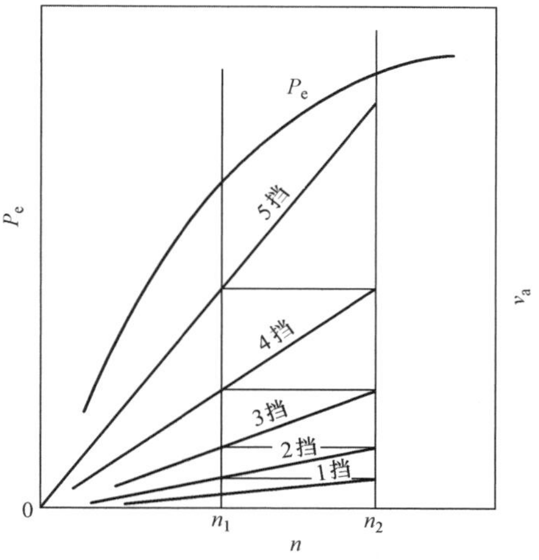

图 5-21　换挡过程中 v_a 与 n 的关系曲线

5.4.2　内燃机与船舶推进装置的匹配

1. 船舶推进装置的配套特点和使用要求

(1) 配套装置

在各种现代船舶中,除了少数游艇主机采用汽油机以外,广泛应用柴油机作为主机,并且柴油机装船总功率占造船总功率的 90% 以上。推进动力装置是螺旋桨。机桨合理匹配,使船舶获得高经济性和可靠性。图 5-22 示出了某船舶推进装置简图,推进装置由齿轮箱、传动轴和螺旋桨组成。

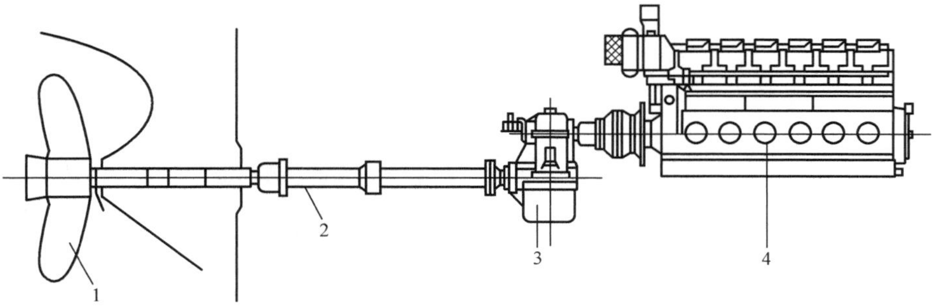

图 5-22　船舶推进装置简图

1— 螺旋桨;2— 传动轴;3— 齿轮箱;4— 柴油机

(2) 使用要求

①船用主机大部分时间在稳定工况下运转,负荷率较高,柴油机一般标定为持续功率。为了保险设计,主机装船功率是标定功率的 85% 左右。

②常用工况下应具有良好的使用经济性,螺旋桨的推进特性正好通过主机万有特性的低油耗率区,这样在各种负荷下,工作都获得较好的经济性。

③各工况下都具有一定的功率储备。

2. 柴油机与螺旋桨的合理匹配

(1) 船用柴油机的标定功率及推进特性

①船用柴油机标定功率的确定

我国船舶行业标准 CB/T 3254.1—94 规定,柴油机的持续功率,是在规定的环境状况下能够长期持续运转发出的最大功率作为标定功率,其相应的转速称为标定转速。可直接倒转的船用主机,其倒车功率不小于正车功率的 85%。

若将陆用柴油机装船使用,船用的标定功率为 90% 陆用标定功率。例如,6135 型车用柴油机标定工况 $P_e/n = 88.2\ \text{kW}/1\ 500\ \text{r}\cdot\text{min}^{-1}$。若作为船用主机,则标定工况 $P_e/n = 74\ \text{kW}/1\ 500\ \text{r}\cdot\text{min}^{-1}$。此时,还考虑到船用环境湿度增高,再扣除 6% 的功率。

②速度特性与推进特性的最佳匹配点

船用主机在船舶某一工况下工作时,就决定了柴油机与螺旋桨的运转点。螺旋桨的推进特性是螺旋桨所需的功率 P_e 与转速 n 的立方成正比,不计传动损失,则螺旋桨的吸收功率等于柴油机发出的功率,即

$$P_e = Cn^3 \tag{5-42}$$

式中 C—— 常数,由标定功率 P_e 和标定转速 n_e 求出。

图 5-23 示出了柴油机的速度特性与螺旋桨的推进特性配合图。图中曲线 O 是柴油机的外特性曲线,曲线 1、2、3 是螺旋桨的三条推进特性曲线。这两种曲线的线型是很不一致的,只有在两种曲线的交点 A(标定点) 处,柴油机功率才与螺旋桨功率相等,并达到稳定转速。在低于标定转速下运转时,必须减少柴油机的每循环供油量,让柴油机在一系列部分负荷的速度特性曲线与推进特性曲线的交点(点 C') 上运转。在低于标定转速下运转时,柴油机能力没有全部发挥,即尚有一定功率储备。实际上,在选配螺旋桨的配合点时,必须考虑功率的储备,即把标定点定在 P_e 的 85% ~ 90% 的点 C 上,实现最佳匹配。

(2) 柴油机万有特性与推进特性的匹配

图 5-24 示出了 Z12V190BCI 型柴油机的万有特性与推进特性的配合图。柴油机在驱动螺旋桨时,推进特性曲线 2 正好通过万有特性曲线低油耗区 4,由图看出,常用工况为 70% ~110% 标定工况,处于最低油耗率区,说明柴油机与螺旋桨的配合比较合理。

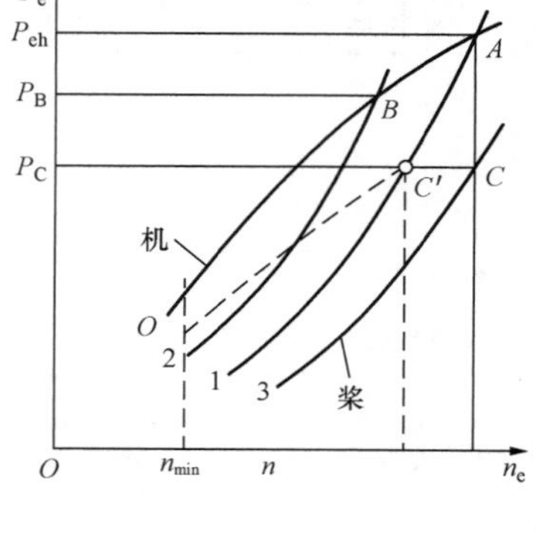

图 5-23 柴油机的速度特性与螺旋桨的推进特性配合图

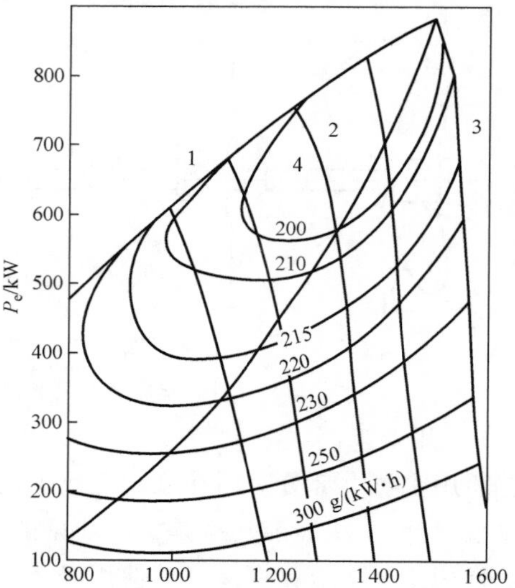

图 5-24 Z12V190BCI 型柴油机的万有特性与推进特性配合图

5.4.3　内燃机与发电机组的匹配

1. 配套特点和使用要求

(1) 配套特点

内燃机发电机组一般不需要中间传动装置，内燃机直接与交流发电机相连接。

图 5-25 示出了 24ЯΓ 型柴油机 - 交流发电机组简图，功率为 1 000 kW，质量为 24 t。用在渔产品加工船上。

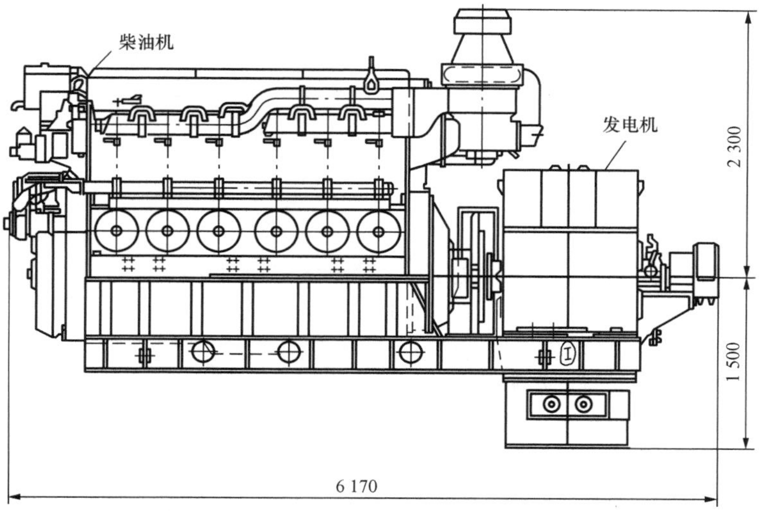

图 5-25　24ЯΓ 型柴油机 - 交流发电机组简图

(2) 使用要求

交流发电机输出频率 f(Hz) 与内燃机转速 n(r/min) 的关系：

$$n = \frac{60f}{P} \tag{5-43}$$

式中　P—— 发电机磁极对数。

对我国电网频率 $f = 50$ Hz，P 只能为整数(1，2，3，…)，因此，我国发电用内燃机的转速只能是 $n = 3\ 000$ r/min、1 500 r/min、1 000 r/min、750 r/min 和 500 r/min 等。内燃机工作时，定转速负荷特性稳定工况下运转，且负荷率较高。一般标定 12 h 功率为持续功率。

①对内燃机功率的要求

为了克服发电机的励磁损失以及适应短期超负荷的要求，一般内燃机的功率要大于发电机的功率，功率匹配比称为电站的匹配比。对于小型移动式柴油发电机组，匹配比为 1.18 ～1.32；对于大型固定式电站，匹配比为 1.03 ～ 1.18。

②对内燃机转速的要求

为了保持发电机电流频率稳定性，内燃机要有高性能的调速装置，电控调速装置已广泛采用。

2. 内燃机与发电机的合理选配

(1) 根据发电设备的动力要求来选择内燃机的类型

①10 kW 以下的应急发电机组，多为便携式，结构轻巧，动力选四冲程或二冲程小型汽

油机。

②20 ～ 1 500 kW 移动式电站，常用四冲程高速柴油机为动力。

③1 500 ～ 10 000 kW 固定式电源，船用常备电源，采用四冲程中速柴油机或二冲程中、低速柴油机为动力。

(2) 发电机的负荷与柴油机负荷特性曲线相匹配。发电用柴油机应尽量在 b_{emin} 的最经济点附近运行，以节省能源。

习　题

5-1　何谓工况？哪几个参数可以确定一个工况？何谓点工况、线工况、面工况？指出下列发动机的工况变化范围：

(1)汽车用；

(2)配套交流发电机组用；

(3)船舶用。

5-2　何谓负荷的“量调节”“质调节”？它们各是哪种发动机的调节方式？

5-3　何谓内燃机的特性？包括哪些特性？性能指标与工作过程参数之间的关系如何？

5-4　何谓负荷特性？指出特性曲线变化特点，并分析原因。

5-5　何谓速度特性？指出特性曲线变化特点，并分析原因。

5-6　何谓速度形式的调速特性？试分析全程式调速器与两极式调速器的调速特性的特点。

5-7　何谓万有特性？特性曲线变化特点是什么？它是如何制取的？

5-8　何谓螺旋桨特性？特性曲线变化特点是什么？

5-9　为什么要对内燃机的实测功率和油耗率进行修正？

5-10　为什么用汽车的万有特性来评价汽车传动系统匹配的好坏？

参考文献

[1]　刘元诚，吴锦翔，崔可润. 柴油机原理 [M]. 大连：大连海运学院出版社，1992.

[2]　冯健璋. 汽车发动机原理与汽车理论 [M]. 北京：机械工业出版社，1999.

[3]　孙军. 汽车发动机原理 [M]. 合肥：安徽科学技术出版社，2001.

[4]　董敬. 汽车拖拉机发动机 [M]. 3 版. 北京：机械工业出版社，1996.

[5]　吴建华. 汽车发动机原理 [M]. 北京：机械工业出版社，2005.

[6]　张连方，刘炽棠，顾宏中. 柴油机原理 [M]. 上海：上海交通大学出版社，1987.

[7]　张志沛. 汽车发动机原理 [M]. 2 版. 北京：人民交通出版社，2007.

[8]　王建昕，帅石金. 汽车发动机原理 [M]. 北京：清华大学出版社，2011.

第6章　内燃机的排放与控制

内燃机是人们生产和生活中不可缺的动力源,同时还是石油燃料的主要消耗者,也是大气污染的主要来源之一。全球高速城市化、工业化给内燃机带来发展机遇的同时,也在节能和环保要求上提出了前所未有的挑战。满足日益严格的排放法规限值和节能要求是内燃机创新发展的动力。

6.1　内燃机排气污染物的成分、危害及计量单位

6.1.1　内燃机排气污染物的成分

1. 内燃机有害排放物的来源

内燃机有害排放物主要来自燃料燃烧后排出的废气,相对排放量(体积分数)达98%～99%。此外,还有少量(1%～2%)曲轴箱窜气、燃油箱、喷油系统及汽油机化油器的蒸发排放物等。

2. 内燃机排气污染物的成分

内燃机排气中包括许多种成分,主要包括两部分:一是基本成分,属无害气体排放物,占原始排气(体积分数)的99%,有氮气(N_2)、二氧化碳(CO_2)、水蒸气(H_2O)、氧气(O_2)和少量其他成分;二是少量不定组分,属有害气体污染物,约占原始排气的1%,包括一氧化碳(CO)、碳氢化合物(HC)、氮氧化物(NO_x)、微粒(PM)、炭烟(soot)、铅化物(PbO)、二氧化硫(SO_2)以及臭氧(O_3)、甲醛、丙烯醛等。这些不定组分的扩散会污染大气,因此叫作有害污染物,或叫排气污染物,这是因为它们累积到一定的浓度时,在一定的时间内会有害于人体健康、植物的生长和大气环境。

(1)汽油机排气污染物的成分

汽油机排气污染物的成分主要是HC、CO和NO_x。

①由于汽油机压缩的是可燃混合气,油气在燃烧室中停留时间长,冷激、狭隙、附壁效应大,因此HC排放量大。当混合过稀时,可能出现失火,也会使HC排放量增加。

②由于汽油机燃烧的混合气浓度变化很小,过量空气系数ϕ_a为0.9～1.1,容易缺氧(O_2),燃烧不完全,因此CO排放量高。在启动、高负荷等特定工况下,采用浓混合气,也会使CO排放量高。

③由汽油机NO_x排放量与ϕ_a的关系曲线表明,在$\phi_a=1.1$时,NO_x的浓度最高,过浓和过稀时NO_x都急剧下降。由于汽油机通常在$\phi_a=1$附近工作,因此,汽油机的NO_x排气污染物是较高的,与柴油机是一个数量级。

④汽油机形成的是均匀预混合气，点燃后呈预混合燃烧，火焰传播速度极快，且燃烧及时、完全，燃烧期短，因此，炭烟很少。

⑤汽油机压缩比低，ε_c 为 7 ～ 11，热效率低，油耗率 b_e 高，因此 CO_2 排放量较高。

图 6-1 示出了一台不加排气催化器的汽油机在欧洲规范试验(ECE) 中排气的平均成分(体积分数)，排气污染物占 0.9%。

(2)柴油机排气污染物的成分

柴油机排气污染物主要是炭烟、NO_x 和 PM。

①由于柴油机形成的是非均质可燃混合气，压缩着火后，还会喷油，是扩散燃烧，燃烧期长，燃烧不完全，因此，炭烟排放量很大。

②由于柴油机压缩比大，一般 $\varepsilon_c > 16$，爆压高，过量空气系数大，一般 $\phi_a > 1.8$，燃烧完全，燃烧温度高，因此，NO_x 排放量多。

③除低负荷工况外，CO 和 HC 排放量比汽油机少得多。这是由于柴油机平均过量空气系数较大，CO 生成后可进一步氧化，所以 CO 少，只有在大负荷时才有少量 CO；由于柴油机的喷油时间在上止点前后，油气在燃烧室中停留时间短，冷激和狭隙效应很小，所以 HC 很少。

图 6-2 示出了非增压柴油机的排气平均成分，排气污染物比汽油机少，只占 0.09%。

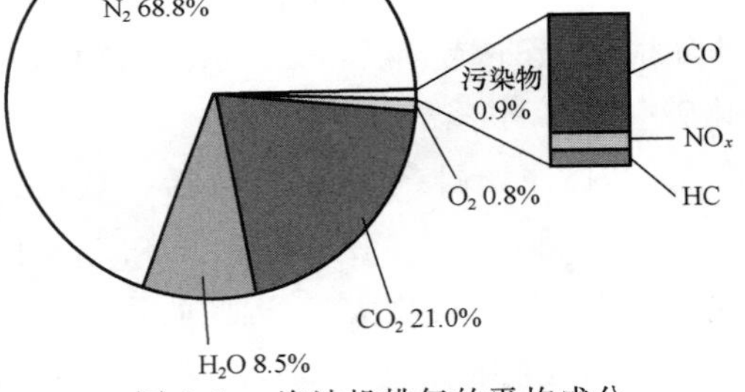

图 6-1　汽油机排气的平均成分

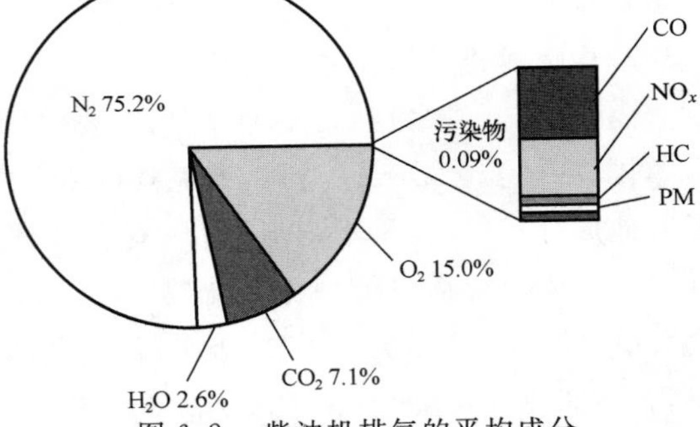

图 6-2　柴油机排气的平均成分

表 6-1 为汽油机与柴油机排气污染物成分的比较。

表 6-1　汽油机与柴油机排气污染物成分的比较

排气成分	柴油机	汽油机	排气成分	柴油机	汽油机
CO/%	0.05 ～ 0.5	0.1 ～ 6	$NO_x/10^{-6}$	700 ～ 2 000	2 000 ～ 4 000
$HC/10^{-6}$	200 ～ 1 00	2 000	$PM/(g \cdot m^{-3})$	0.15 ～ 0.30	0.005

(3) 内燃机排气污染物的排放量

汽油机与柴油机排气污染物的排放量不同，而且不同运行工况对排放量的影响很大。表 6-2 列出了不同工况下汽油机与柴油机排气污染物的排放量，由比较看出，怠速和瞬态工况有害物排放量最高。

表 6-2　不同工况下汽油机与柴油机排气污染物的排放量

车种	工况 /($km \cdot h^{-1}$)	排气污染物的排放量				
		CO/%	HC/10^{-6}	NO_x/10^{-6}	炭烟 /($g \cdot m^{-3}$)	趋势
汽油机	怠速 0	3.0 ~ 10	300 ~ 2 000	50 ~ 100	0.005 以下	少
	加速 0 → 40	0.7 ~ 5.0	300 ~ 600	1 000 ~ 4 000		增多
	等速 40	0.5 ~ 1.0	200 ~ 400	1 000 ~ 3 000		高速最多
	减速 40 → 0	1.5 ~ 4.5	1 000 ~ 3 000	5 ~ 50		减少
柴油机	怠速 0	0 ~ 0.01	300 ~ 500	50 ~ 70	0.1 ~ 0.3	少
	加速 0 → 40	0 ~ 0.50	200 ~ 300	800 ~ 1 500		增多
	等速 40	0 ~ 0.10	90 ~ 150	200 ~ 1 000		高速最多
	减速 40 → 0	0 ~ 0.05	300 ~ 400	30 ~ 35		减少

6.1.2　内燃机排气污染物的危害

1. 对人体健康的危害

(1)一氧化碳(CO)

CO 是燃料不完全燃烧的产物，是内燃机排气中浓度最大的有害成分，现代城市空气污染物中 80% 左右的 CO 来自汽车尾气排放。

CO 是无色、无味、无臭、窒息性的有毒气体。对人体有害，是因为 CO 与血液中有输氧能力的血红蛋白(H_b)的亲和力强，比 O_2 与 H_b 的亲和力大 200 ~ 300 倍，因此，CO 能很快与 H_b 结合形成碳氧血红蛋白(CO-H_b)，当人体吸入 CO 后，使血液的输氧能力大大降低，使心脏、头脑严重缺氧，感到疲劳，引起头晕、头痛、恶心等中毒症状，轻度时使中枢神经系统受损，严重时造成心血管工作困难，甚至窒息死亡。

CO 的另一个危害是促使 NO 向 NO_2 转化，使光化学烟雾增加。

CO 在大气低层停留的时间较长，累计值常超过允许值，应特别注意 CO 危害。

(2)碳氢化合物(HC)

碳氢化合物(也称烃)，包括未燃和未完全燃烧的燃油、润滑油及其裂解产物和部分氧化物。内燃机排气污染物中的碳氢化合物主要有烷烃或饱和烃 C_nH_{2n+2}、环烷烃 C_nH_{2n}、烯烃、芳香族化合物和含氧化合物醛、酮等 200 多种复杂成分。

饱和烃危害不大，不饱和烃危害很大。甲烷气体无毒性，但温室气体效应是 CO_2 的 25 倍。

甲醛、丙烯醛等醛类气体，当浓度(体积分数)超过 10^{-6} 时，就会对眼、呼吸道和皮肤有强刺激作用，浓度超过 25×10^{-6} 时，会引起头晕、恶心、红细胞减少、贫血；浓度超过 100×10^{-6} 时，会引起急性中毒。

苯是无色、有似汽油味的气体。应当引起特别注意的是多环芳香烃，如苯并芘及硝基烯，它们是强致癌物。

此外，碳氢化合物还是引起光化学烟雾的重要物质。

(3)氮氧化物(NO_x)

NO_x 是燃料高温燃烧过程中剩余的氧气与空气中的氮气化合形成的产物，内燃机中 NO_x 的排放量取决于气缸内燃烧的温度、时间和空燃比(富氧)等因素。NO、NO_2 统称为

NO_x，其中 NO 占 95% 以上，NO_2 约占 5%。

NO 是无色、无味的气体，只有轻度刺激性，毒性不大，高浓度 NO 会使中枢神经有轻度障碍，但 NO 可被氧化成 NO_2。

NO_2 是棕红色强刺激性的有毒气体，NO_2 被吸入人体后，与血液中的血红蛋白结合，使血液输氧能力下降，对心脏、肝、肾都会有影响。NO_2 还是产生酸雨、在地面附近大气中形成 O_3 的主要因素。

(4)光化学烟雾(O_3 占 85%)

HC 和 NO_x 在强太阳光照射下会生成臭氧(O_3)和过氧酰基硝酸盐(PAN)，即浅蓝色的光化学烟雾。对人体健康的危害是刺激眼睛和上呼吸道黏膜，引起眼睛红肿和喉炎。当大气中 O_3 的浓度达到 10^{-6} 时，接触 1 h 会引起气喘、慢性中毒。当浓度达到 50×10^{-6} 时，接触 30 min，就能使人致死。

(5)微粒(PM)

汽油机和柴油机排放的微粒是不同的。汽油机排放的微粒主要是硫酸盐和一些低分子物质，其微粒总质量与柴油机相比要低很多。但是汽油机的超细微粒数量多，因此现行法规对微粒数(PN)有限值要求。

柴油机排放的微粒主要由炭烟构成。炭烟是柴油在高温(2 000 ~ 2 200 ℃)、局部缺氧条件下，经热裂解、脱氧，再聚合形成的固态的凝聚物，其本身无毒，但表面常黏附有硫酸盐、醛和多环芳香烃等有害物质。

(6)二氧化硫(SO_2)

SO_2 是含硫燃料燃烧后的产物。柴油比汽油含硫量高，因此柴油机 SO_2 排放量高。SO_2 是无色、有强烈气味、腐蚀性的气体，会刺激呼吸系统黏膜，引起喉炎，对呼吸道和肺部造成危害；此外，对催化装置也有危害。

表 6-3 列出了汽车内燃机排气中有害成分引起的危害[1]。

表 6-3　汽车内燃机排气中有害成分引起的危害　(g/km)

排气成分		成因	柴油机(大客)	汽油机(轻卡)	危害
CO		缺 O_2，不完全燃烧	5.92(少)	33.40(多)	影响血液中 O_2 输送
HC		未燃，不充分燃烧裂解	1.10(少)	5.82(多)	与 NO_x 发生化学反应形成化学烟雾，臭味
NO_x (NO,NO_2)		高温、富氧、长滞留时间	11.49(多)	1.75(多)	破坏造血功能，强光下形成二次污染
炭烟		石墨形成的含 C 物质	1.07(多)	0.05(少)	会导致慢性病、肺气肿、皮肤病
微粒(PM)		> 0.3 μm，炭及吸附有机物	多量	微量(少)	对气管、肺有害
氧化物	醛(H-CHO)	燃烧中间产物	0.086	0.039	刺激眼睛和呼吸器官
	SO_2	来源于含硫燃料	少量	少量	刺激人的呼吸系统
	PbO	来源于抗爆剂的 $Pb(C_2H_5)_4$	—	少量	有毒性，使人贫血

2. 对全球环境的危害

(1)温室效应

CO_2 是燃料完全燃烧的产物，对人体健康无害，是植物光合作用的原料，对环境来说是温室气体。CO_2 在大气中的比例是 0.003 54%。当 CO_2 的含量不变时，地球表面温度能维持平衡，平均温度在 15 ℃ 左右。当 CO_2 含量增加很大、很快时，就打破了这个浓度平衡。由于 CO_2 含量增加，其吸收的从地面反射的热辐射增加，反射到地面的热量也增加，使地球表面温度升高，地球变暖，这就是温室效应。到 2050 年，若 CO_2 含量增大一倍，地球表面平均温度将上升 1.5 ～ 5.5 ℃，这将对降雨、风雪、植物生长产生明显影响，严重威胁人类的生存和地球的环境。

温室效应主要与温室气体的浓度有关，与它在大气中停留的时间（寿命）、分担率、致暖势等特征值也有密切关系。

CO_2 是温室效应气体中第一大温室气体。随着世界汽车保有量增加，石油燃料消耗量快速增长，因而要十分重视降低内燃机的油耗率，以减少 CO_2 的排放。

（2）臭氧层破坏

大气污染主要发生在距地面 0 ～ 12 km 的对流层中。此层的臭氧（O_3）浓度不高，但 O_3 是污染物，对人体健康和植物生长都有影响，应减少该层的 O_3。对流层之上，距地面 12 ～ 55 km 为平流层，即同温层。臭氧层集中在距地面 20 ～ 35 km 的平流层中，臭氧层几乎全部吸收了太阳辐射中波长 300 nm 以下的紫外线，保护了地球上的生命免遭紫外线的伤害，构成了一层天然保护屏障。因此，不能破坏臭氧层。经研究，认为臭氧层减少的主要原因是人类使用了氟氯烃（$CFCl_3$）类物质。$CFCl_3$ 性能稳定，在对流层中不易分解，但到平流层后受到紫外线的强烈照射会发生光解作用，产生自由基[Cl]，其对 O_3 有破坏作用，使平流层中的 O_3 减少。计算表明，O_3 每减少 1%，辐射到地面的紫外线就会增加 2%，人体皮肤癌的发病率也增加 2%，人体免疫功能降低，白内障等眼病的发病率也增加。此外，O_3 减少还会使植物减产，使光化学烟雾增加。因此，大气污染对臭氧层的破坏问题受到国际社会的广泛关注。

6.1.3 内燃机排气污染物的计量单位

内燃机排气污染物 CO、HC、NO_x 和微粒（PM），采用下列计量单位[2]：

1. 污染物的浓度单位

（1）容积浓度（体积分数）

在一定的排气容积中，有害污染物所占的容积比例，称为排放污染物的“容积浓度”。

容积浓度单位表示法：

①在低浓度时，用容积的百万分数表示。$10^{-4}\% = 10^{-6}$，简写为 10^{-6}（原用 ppm 表示）。有时，对 HC 的浓度，用 10^{-6}C 表示，10^{-6}C 值等于该组分的 10^{-6} 值乘以该组分的碳原子数。

②在高浓度时，用容积的百分数来表示，简写为 %。

（2）质量浓度

在一定的排气容积中，有害污染物所占的质量比例，称为排放污染物的“质量浓度”。质量浓度的单位常用 mg/m^3、mg/L。

2. 污染物的质量排放量的单位

（1）按运行时间计量，常用 g/h。

（2）按行驶里程计量，常用 g/km 或 g/mile（1 mile = 1.6 km）。

（3）按试验规范计量，常用 g/ 次或 g/ 测试。

(4)按比排放量计量,这常用在重型柴油机排放测试中,如按 9 工况、13 工况试验规范进行,常用 g/(kW · h) 表示。

3. 微粒和炭烟的计量单位

(1)微粒(PM) 的计量

①质量计算单位,常用 g/km,g/(kW · h)。

②数量(PN) 计算单位,常用 10^{11}/km,10^{11}/(kW · h)。

(2)炭烟的计量

①R_b 的单位,用波许烟度值(BSU) 和滤纸烟度值(FSN)。

②不透光度仪的光吸收系数,常用 m^{-1}。

4. 排放指数(排放率)

排放指数(emission index,EI),定义为燃烧单位质量的燃料所排放的污染物的质量,理论上是个量纲一的量,实际中常用 g/kg 表示。

6.2 内燃机排气污染物的生成机理和影响因素

内燃机排放法规主要对 CO、HC、NO_x 和微粒(PM) 四种排气污染物规定了限值。由于汽油机和柴油机的工作过程和燃烧方式不同,因而排气污染物的生成机理和影响因素也有所不同,本节将分别进行论述。

6.2.1 汽油机排气污染物的生成机理和影响因素

1. 汽油机排气污染物的生成机理

汽油机排气污染物主要是 CO、HC 和 NO_x 三种。在汽油机燃烧过程中,由于气缸内各处的温度、混合气体的浓度不同,产生 CO、HC、NO_x 的过程和部位也就不同,图 6-3 示出了污染物在气缸中生成的三个阶段[3]。

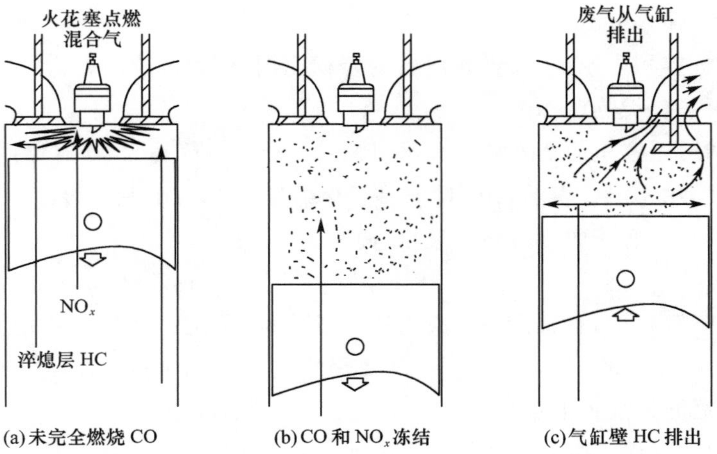

图 6-3 污染物在气缸中生成的三个阶段

第一阶段，当活塞上行接近上止点时，火花塞点燃可燃混合气，火焰在气缸中传播，活塞抵达上止点后开始下行，如图 6-3(a) 所示。火焰被气缸壁淬熄，在缸壁和活塞之间的缝隙中留一薄层未燃壁面淬熄层 HC。在火焰传播时，N_2 和 O_2 在高温下生成 NO_x。若混合气浓度大，燃料未完全燃烧，则生成 CO。

第二阶段，由于燃烧产物膨胀，推动活塞向下并做功。如图 6-3(b) 所示，随着活塞下行，缸内工作温度下降，使得生成的 NO_x 和 CO 的化学反应变得缓慢，在膨胀过程中呈冻结状态。同时，接近缸壁和缝隙中的 HC 被冷却。

第三阶段，排气门打开、活塞上行的排气过程，如图 6-3(c) 所示，附在气缸壁淬熄层内的未燃 HC 与冻结的 NO_x 和 CO 等一起被排出缸外，形成排气污染。

(1)CO 的生成机理

CO 是燃料在燃烧过程中生成的主要中间产物。碳氢化合物经氧化过程最后生成 CO_2，而 CO 的生成是此过程重要的中间步骤，即

$$RH \longrightarrow R \longrightarrow RO_2 \longrightarrow RCHO \longrightarrow RCO \longrightarrow CO \tag{6-1}$$

式中　R—— 烃基；

RCO—— 酰基。

当空气量不足($A/F < 14.8$)时，有部分燃料不能完全燃烧，则生成 CO 和 H_2，即

$$C_nH_m + \frac{n}{2}O_2 \longrightarrow nCO + \frac{m}{2}H_2 \tag{6-2}$$

汽油机中 CO 排放量较大。大部分 CO 来自壁面附面层，这是由于壁面温度较低，燃油反应生成 CO 后不能进一步氧化生成 CO_2 的缘故。

CO 的生成主要受混合气浓度的影响，图 6-4 示出了 CO 浓度与 $A/F(\phi_a)$ 的关系。

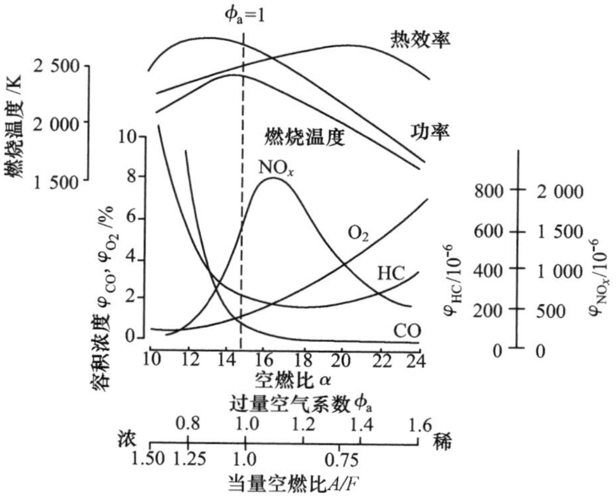

图 6-4　CO 浓度与 $A/F(\phi_a)$ 的关系

当混合气空燃比 $A/F = 14.8(\phi_a = 1)$ 时，CO 的浓度(体积分数)并不高，大约为 1%，在 ϕ_a 为 1.0～1.1 时，CO 浓度随 ϕ_a 略有下降；在稀混合气($\phi_a > 1.1$)时，CO 浓度很低；在浓混合气($\phi_a < 0.9$)时，CO 浓度增加很快。

①汽油机在部分负荷运转时，混合气的 $\phi_a \approx 1$，CO 排放量并不高。多缸机各缸之间

A/F 的变动是 CO 排放量增加的一个原因，仍会出现个别气缸 $\phi_a<1$，从而导致 CO 排放量增加。

②CO 在变工况浓混合气中产生

a. 汽油机在怠速运转时，缸内残余废气很多，燃料与空气混合也不充分，为了保证可燃混合气稳定燃烧，需要加浓混合气，因而排出大量 CO，这是汽油机总的 CO 排放量大的一个主要原因。

b. 汽油机在全负荷运转时，为了提高输出功率，常把可燃混合气加浓到 ϕ_a 为 0.8～0.9，导致 CO 排放量很大。全负荷不加浓或少加浓混合气，应认为是降低 CO 排放的实用措施之一，但要以降低动力性为代价。

c. 汽油机加速时，为了保证加速过渡平稳，也要在短时间加浓混合气，导致 CO 排放量出现高峰。汽油机急减速时，除了导致 HC 排放量增大外，也使 CO 排放量增大。

③即使是理想混合气和稀混合气也会产生 CO

a. CO 是烃类燃料燃烧的中间产物，CO 进一步燃烧生成 CO_2 的反应很慢。由于燃烧的时间极短，CO 来不及完全氧化，因此，稀混合气也会产生 CO。

b. 混合气不均匀，使燃烧室某处的混合气浓，造成局部缺氧，燃烧不完全而产生 CO。

c. 即使完全燃烧，燃烧后的温度很高，当 $T>2\ 000$ K 时，已生成的 CO_2 也会部分离解为 CO 和 CO_2。此外，H_2O 也会分解为 H_2 和 O_2，生成的 H_2 会使 CO_2 还原成 CO。

d. 在排气过程中，未燃 HC 的不完全氧化也会产生少量的 CO。

(2)HC 的生成机理

汽油机排放的未燃 HC，主要是在气缸内工作过程中生成的。缸内 HC 的成因有燃油的不完全燃烧、壁面的淬熄作用、燃烧室的缝隙效应以及润滑油膜和沉积物的吸附作用等。

①燃油的不完全燃烧

汽油机中的空燃比是决定 HC 排放的最重要因素。HC 与 CO 一样，也是一种不完全燃烧产物。图 6-4 中表明了 HC 排放与空燃比 A/F 的关系，呈现上凹的曲线。当 A/F 为 18 时，HC 的排放量最小；混合气过浓或过稀都可能造成燃烧不完全或失火，因而 HC 排放量都很高。

②壁面的淬熄作用

在燃烧过程中，燃气温度高达 2 000 ℃ 以上，而气缸壁面在 300 ℃ 以下。所谓淬熄，是指火焰传播时，由于接近燃烧室壁面的一层混合气被冷却，火焰到达壁面前就消失，使化学反应缓慢或停止的一种现象。相对冷态的气缸壁对火焰产生的热与活化基物质起着吸收的作用，火焰在气缸壁表面产生激冷与淬熄现象，于是在离缸壁不足 0.1 mm 的不燃烧的薄层内留下未燃 HC。图 6-5 中的 3 为激冷区。

③燃烧室的狭隙效应

在压缩与燃烧过程中，气缸内压力升高，把一部分未燃混合气压入与燃烧室相通的狭缝，主要是活塞头的第一环后的间隙中。由于燃烧时火焰不能进入狭缝，因此狭隙中的混合气不能燃烧，在膨胀和排气行程中，在气缸压力降低后，以未燃 HC 的形式进入排气，这是生成 HC 的又一主要原因，称为狭隙效应。

试验研究结果表明，狭隙效应造成的 HC 排放量可占总量的 50%～70%。

图 6-5 示出了汽油机燃烧室中未燃 HC 的可能来源。其中 2、4、7、8 为狭隙效应。

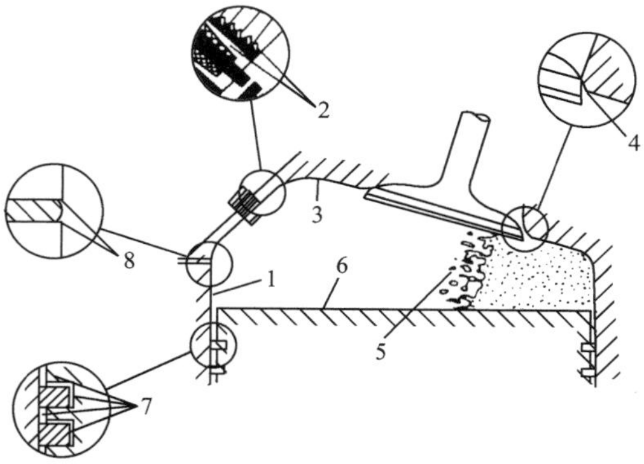

图 6-5 汽油机燃烧室中未燃 HC 的可能来源

1— 润滑油膜的吸附及解吸；2— 火花塞附近的狭隙；3— 激冷区；4— 气门座狭隙；
5— 火焰熄灭；6— 沉积物吸附及解吸；7— 活塞环岸狭隙；8— 气缸衬垫处狭隙

④润滑油膜和沉积物的吸附作用

存在于气缸壁、活塞顶以及气缸盖底面上的一层润滑油膜，会吸附未燃混合气的燃油蒸气，有可能在燃烧前后吸收和放出油膜中的 HC。据研究，这种机理产生的 HC 占总量的 25% ～ 30%。图 6-5 中的 1 为润滑油膜的吸附及解吸。

在燃烧室壁面和进、排气门上生成的多孔性含碳沉积物也会吸附燃料及其蒸气，并通过后期释放造成 HC 排放，这部分约占总量的 10% 左右。图 6-5 中的 6 为沉积物吸附及解吸。

在发动机做加、减速等瞬态工况运行时，点火定时、A/F 以及 EGR 率不处于最佳状态，有可能使燃烧品质恶化，使 HC 排放量增加，特别是在减速、冷启动及怠速工况下，HC 排放量很高。

(3)NO_x 的生成机理

内燃机排放物的 NO_x 通常是指 NO 和 NO_2，且主要是 NO(占 90% ～ 95%)，当 $\phi_a = 1.125$ 时，NO_2 排放量很少，汽油机 NO_2/NO_x 为 1% ～ 10%。

NO 的生成不是来自燃料本身，而是来源于参与燃烧的空气中的氮气。NO 不直接在燃烧区形成，而主要在火焰后的已燃区的气体中逐渐产生，是氮原子和氧原子的许多基元反应的结果。

生成的主要是高温 NO(thermal NO)，而激发 NO(prompt NO) 和燃料 NO(fuel NO) 的总量很少，可以不计。高温 NO 机理认为，在高温下，在化学当量混合比($\phi_a = 1$) 附近，生成 NO 的泽耳多维奇(Zeldovich) 反应机理如下：

$$O_2 \rightleftharpoons 2O$$

$$N_2 + O \underset{}{\overset{k_1}{\rightleftharpoons}} NO + N$$

$$O_2 + N \underset{}{\overset{k_2}{\rightleftharpoons}} NO + O$$

$$OH + N \underset{}{\overset{k_3}{\rightleftharpoons}} NO + H$$

式中 k_1、k_2、k_3—— 反应速率常数，k_1、k_2 与温度 T 有关，见表 6-4。

表 6-4　　反应速率常数　　[cm³/(mol·s)]

k_1	$1.8\times10^{14}T\exp(-319/RT)$
k_2	$6.4\times10^{9}T\exp(-26.1/RT)$
k_3	3.0×10^{13}

NO的生成速率为 $\mathrm{d}[NO]/\mathrm{d}t=2k_1[O][N]$，与温度 T 和氧的浓度关系很大。当反应物温度从2 500 K提高到2 600 K时，NO的生成速率几乎翻一番。氧浓度的提高也使NO生成量增加。

事实上，火焰中生成的NO可以通过下述反应：

$$NO+HO_2 = NO_2+OH$$

迅速转变为 NO_2，但又会通过反应重新转变为NO：

$$NO_2+O = NO+O_2$$

因此，汽油机长期怠速运转时产生相对较多的 NO_2。

所以，高的火焰温度、富氧浓度及长的反应时间是生成 NO_x 的三要素。

①高的火焰温度是重要影响因素。温度不仅影响化学平衡浓度，而且影响NO的生成速率。NO生成的"冻结"温度为1 700～1 800 K。

②富氧浓度是生成NO的必要条件。较高的氧浓度易造成NO生成量增加。

③长的反应时间是由于NO生成速率慢，只有在高温下的滞留时间足够长时，才能生成NO。

汽油机中压缩的是可燃混合气，并且在上止点前点燃，通过管理混合气的空燃比来控制 NO_x 的生成量。预混合燃烧速度快，NO_x 排放量峰值出现在稍稀混合气 $\phi_a=1.1$ 的高温情况下。

(4)微粒(PM)的生成机理

内燃机排出的微粒是指存在于接近大气条件下的，除未化合的水以外的任何分散物质。这种分散物质可以是固态的，也可以是液态的，它包括原始微粒和二次微粒。

原始微粒是直接来自内燃机燃烧产物的颗粒。

二次微粒是大气条件下，因气态、液态和固态的各化学成分之间发生化学和物理变化所产生的颗粒，例如经催化反应、光化学反应产生的颗粒。

汽油机和柴油机所排放的微粒是不同的。

汽油机排放的微粒，主要是铅化物、硫酸盐和少量炭烟。

①铅化物(PbO)是由作为含铅汽油抗爆剂的四乙基铅 $Pb(C_2H_5)_4$ 产生的，对含铅0.15 g/L的汽油，微粒排放量为100～150 mg/km。目前，由于重金属三效催化剂的应用，含铅汽油已被淘汰。

②硫酸盐在排气系统装有氧化催化剂的机动车。S在燃烧中生成 SO_2，又被催化剂氧化成 SO_3，然后与水结合成硫酸雾。硫酸盐的排放取决于汽油中的含硫量。

③直喷汽油机在低负荷工况时采用分层充气会产生炭烟。

④排气冒的蓝烟是由未燃烧润滑油微粒构成的气溶胶，是在活塞严重磨损，导致润滑油

消耗很大时出现的。

汽油机中排放的微粒和炭烟量很少，远低于柴油机的排放量。对于低硫无铅汽油电控喷射，则不须考虑微粒排放。

2. 汽油机排气污染物生成的影响因素

汽油机的结构设计和运行参数，混合气的制备、成分及分配等因素都与排气污染物的排放量有很大关系。图 6-6 示出了汽油机排气污染物生成的影响因素。了解这些影响因素，对减少汽油机排气污染物是很重要的。

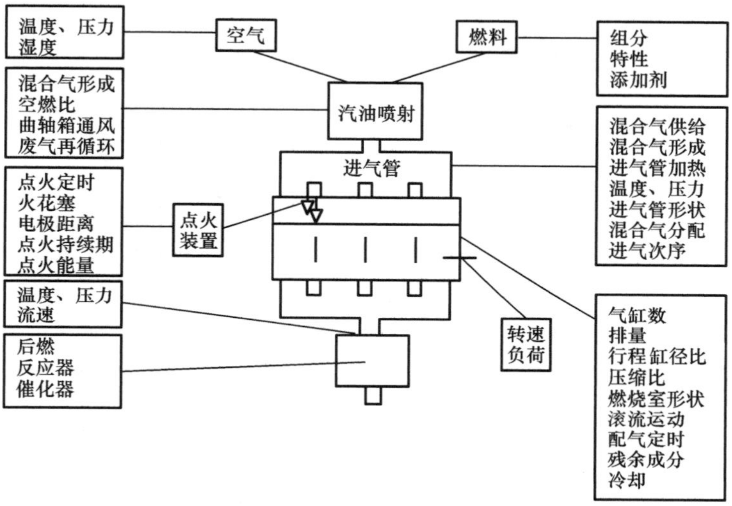

图 6-6　汽油机排气污染物生成的影响因素

(1)汽油机的结构参数的影响

①气缸工作容积 V_s 及行程缸径比(S/D)的影响

a. V_s 变大，则气缸面容比(F/V)变小，气缸相对散热面积减小，因此，HC 的排放量和油耗率降低，但 NO_x 排放量增大。

b. S/D 增大，使 HC 排放量和油耗率减小。图 6-7 示出了行程缸径比 S/D 及工作容积 V_s 对 HC 排放的影响。对长行程汽油机，燃烧速度快，点火定时可以后移，最高放热率大、燃烧温度高，使 HC 排放量和油耗率降低，但 NO_x 排放量增加。

②压缩比(ε_c)的影响

ε_c 对 HC 和 NO_x 排放的影响如图 6-8 所示。

a. 对 HC 的影响

ε_c 增大后使 F/V 增大，相对增加了激冷面积，增加了 HC 排放量。

b. 对 NO_x 的影响

ε_c 增大后，一方面燃烧温度上升，导致 NO_x 增加；另一方面是热效率提高和 F/V 增大，使 NO_x 减少。综合效果，使 NO_x 略有增加。

③燃烧室形状的影响

当 V_s 和 ε_c 一定时，变化燃烧室形状，即变化燃烧室的面容比 F/V，对 HC 和 NO_x 排放的影响如图 6-9 所示。图中 SQ/C 表示挤流间隙的大小。HC 排放与 F/V 成正比，即当 F/V 增大时，进入活塞间隙的混合气增多，散热损失增大，HC 的排放量增大；随 F/V 增大，燃烧气体的最高温度降低，NO_x 排放减少。

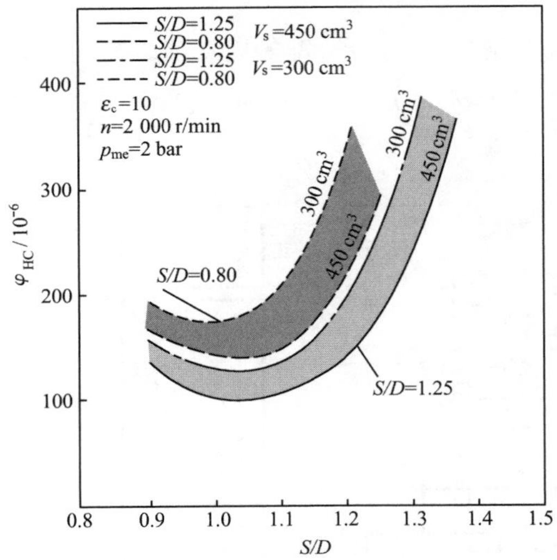

图 6-7　S/D 及 V_s 对 HC 排放的影响

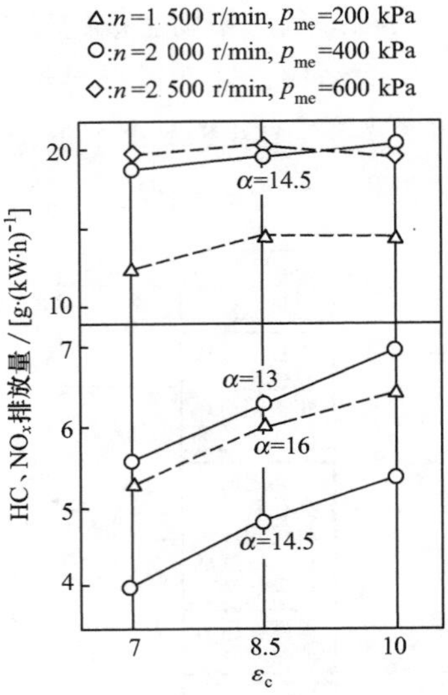

图 6-8　ε_c 对 HC 及 NO_x 排放的影响

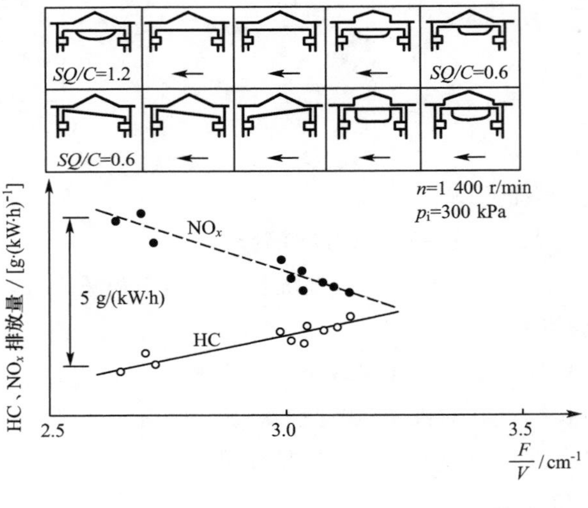

图 6-9　燃烧室形状对 HC 及 NO_x 排放的影响

④活塞顶环隙容积的影响

活塞顶环隙是指活塞顶第一环上部与缸壁构成的小间隙，如图 6-10 所示，d 为活塞顶环隙的宽度，l 为环隙的深度，构成的环体容积，即为环隙容积。

进入环隙容积的混合气，由于壁面淬熄效应和狭缝效应的影响，很难燃烧掉，从而影响 HC 的排放量。当活塞顶环隙容积增大时，进入环隙容积的混合气增多，HC 的排放量增加。

⑤气门定时的影响

气门定时对汽油机 HC 和 NO_x 排放的影响如图 6-11 所示。若排气门早开，导致正在燃

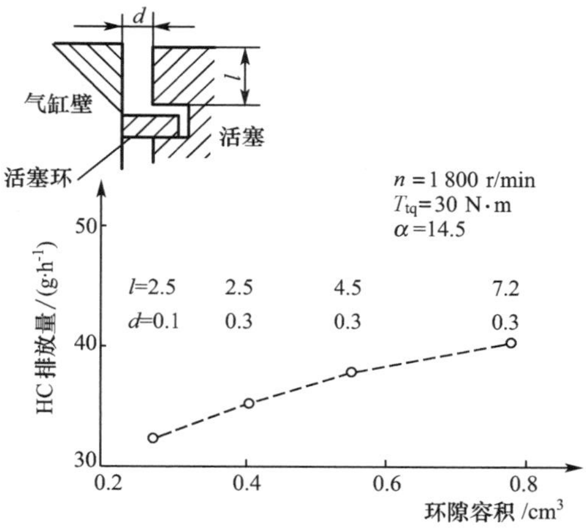

图 6-10　活塞顶环隙容积对 HC 排放的影响

烧的 HC 排出，从而使 HC 排放增加。NO_x 排放受气门重叠的影响，随进气门早开、排气门迟闭，缸内残余废气减少，使燃烧温度下降，NO_x 排放减少。

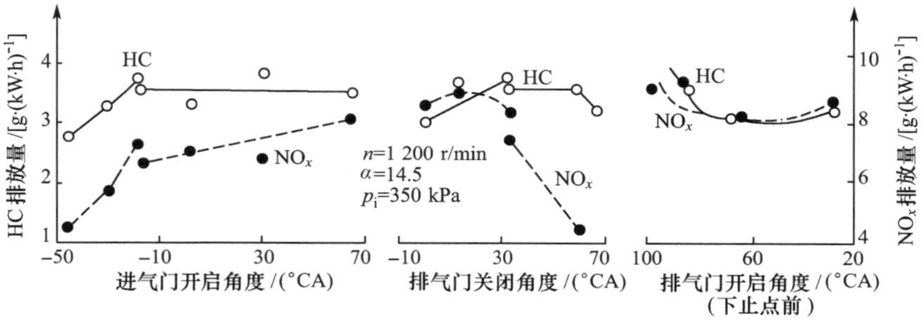

图 6-11　气门定时对汽油机 HC 和 NO_x 排放的影响

⑥排气系统的影响

因为排气温度越高，HC 在排气系统中被氧化的就越多；排气在排气系统高温段停留的时间越长，HC 被氧化的也越多，所以，排气系统对 HC 排放有影响。

(2)点火定时的影响

点火提前角 φ_{ig} 减小，燃烧推迟，后燃增加，排气温度升高，促使未燃烧成分氧化，同时也降低了燃烧室的最高温度而使 HC 和 NO_x 排放量均减少。A/F 一定时，随点火提前，点火提前角 φ_{ig} 增大，HC 及 NO_x 的排放量均增大，如图 6-12 所示。

火花塞处于中心位置，使火焰传播距离缩短，燃烧速度加快，燃烧更加完善，HC 排放量降低。

试验表明，在常用转速和负荷下，点火提前角 φ_{ig} 每减小 1°CA，在输出功率 P_e 不变的情况下，NO_x 的排放量减少 2% ～ 3%，如图 6-13 所示。图中为 n = 1 600 r/min 时不同 A/F 的比较曲线。

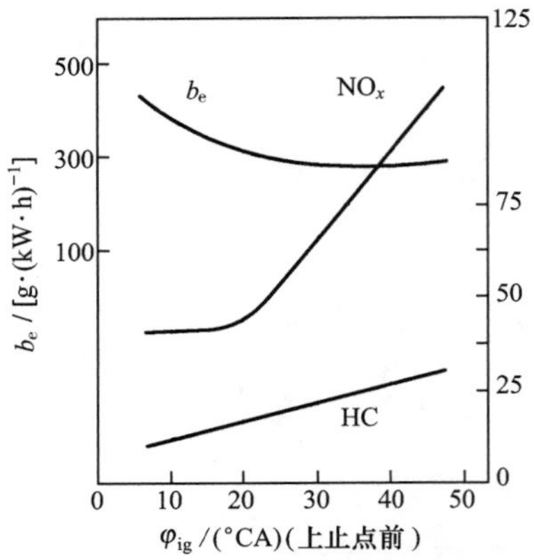

图 6-12 φ_{ig} 对 HC 和 NO_x 排放的影响

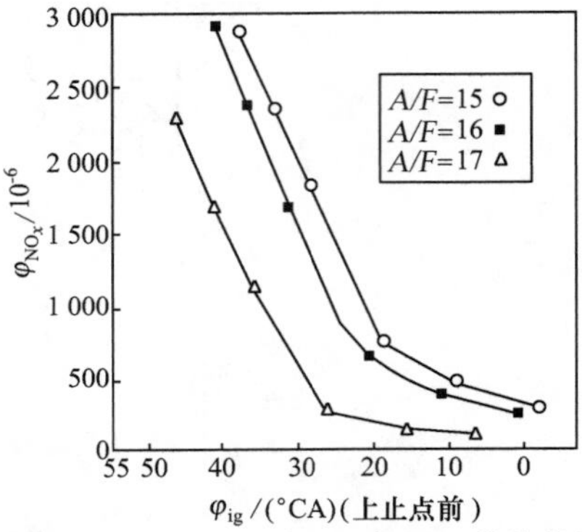

图 6-13 不同 A/F 时 φ_{ig} 对 NO_x 排放的影响

(3)过量空气系数 ϕ_a 的影响

①ϕ_a 对 CO 的影响

当 $\phi_a < 1$ 时,随着 ϕ_a 的减小,混合气变浓,氧气不足,不完全燃烧加剧,使 CO 生成量迅速增加;当 $\phi_a \approx 1$ 时,P_e 最大,但 b_e 高,CO 生成量大;当 ϕ_a 为 $1 \sim 1.15$ 时,CO 生成量略有减少;当 ϕ_a 为 $1.15 \sim 3$ 时,有足够的氧气支持燃烧,燃烧完全,CO 排放量较低;当 $\phi_a > 3$ 时,CO 排放量趋于 0。因此,凡是影响 ϕ_a 的因素都影响 CO 排放量。

②ϕ_a 对 HC 的影响

当 $\phi_a < 1.16$ 时,混合气越浓,燃烧越不完全,HC 的生成量就越多;而当 $\phi_a > 1.2$ 时,由于燃油过少,火花塞点不着火,会使 HC 排放量增大。

③ϕ_a 对 NO_x 的影响

当 $\phi_a = 1.08$ 时,燃烧效率高,温度也高,NO_x 生成量最大;当 $\phi_a < 1.08$ 时,氧的浓度太低,NO_x 下降;当 $\phi_a > 1.08$ 时,燃烧太慢,燃烧温度不能升至最高,也使 NO_x 排放量下降。

由上看出,若通过减小 ϕ_a 来降低 NO_x 排放量,会导致 CO 和 HC 的排放量增加。

(4)汽油机稳定运转状态的影响

①负荷的影响

a. 启动时,混合气浓,HC 排放量多。

b. 怠速和小负荷工况运行时,混合气偏浓,燃烧室温度低,燃烧速度慢,易不完全燃烧,CO 排放量增多。

c. 中等负荷(25% ~ 80%)时,经济混合气较稀,完全燃烧,CO 及 HC 排放量少,燃烧室温度高,NO_x 排放量增多。

d. 满负荷(80% ~ 100%)时,燃烧压力、温度高,导致 NO_x 排放量高,HC 排放量减少,混合气浓,使 CO 排放量增多。

②转速 n 的影响

a. 怠速

汽油机怠速时,CO 和 HC 排放量都较多。随着怠速转速的提高,节气门开度加大,其节流作用减小,燃烧情况好转,CO、HC 的排放量随之降低,如图 6-14 所示。

b. 有负荷的中等转速

随着汽油机的转速提高,混合气经进气系统的流速及活塞运动的速度也随之提高,缸内的扰流混合与涡流扩散促进了混合，改善了燃烧，减少了激冷层的厚度，增进了冷燃区的后氧化；另外，排气的扰流混合也得到加强，促进了排气系统的氧化，使CO及HC排放减少。图6-15示出了发动机转速对HC和NO_x排放的影响。

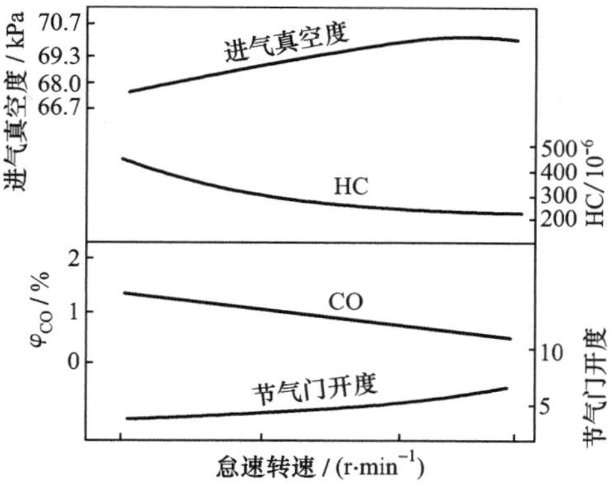

图6-14　怠速转速对CO、HC排放的影响

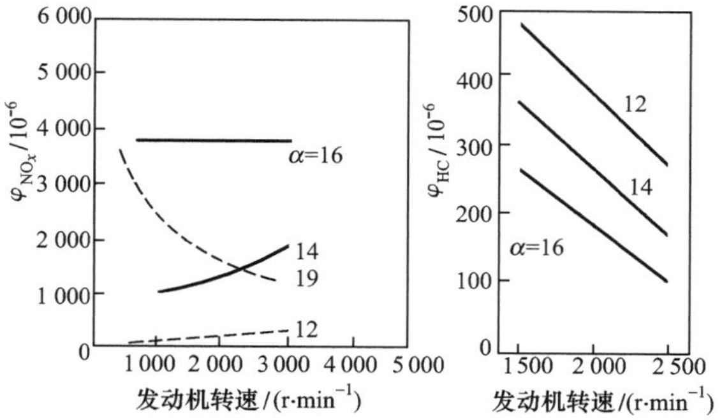

图6-15　发动机转速对HC和NO_x排放的影响

③加速和减速的影响

加速时，混合气很浓，燃烧不完全，CO、HC的排放量增加，燃烧温度提高，NO_x排放量增加。

减速时，节气门怠速关闭，进气量减小；另一方面，燃料迅速增多，形成过浓混合气，缸内压力下降，燃烧温度降低，燃料燃烧不完全，CO量增加，HC量也增加，NO_x排放很少。

表6-5列出了各工况转速对排放的影响。

表6-5　　各工况转速对排放的影响

工况	排放量		
	CO/%	HC/%	$NO_x/10^{-6}$
怠速 $n=700\sim800$ r/min	7.0	0.5	30
中等转速	2.5	0.2	1 050
加速	1.8	0.1	650
减速	2.0	1.0	20

④冷却水温度的影响

当汽油机冷却水的温度升高时，缸壁温度也升高，燃烧条件改善，HC排放减少，如图6-16所示。

⑤排气背压的影响

当排气管装上催化转化器后，使排气背压增加，留在缸内的废气增多，其中的未燃烃会在下一循环中烧掉，因此，排气中的HC含量会降低。然而，若排气背压过大，残余废气过多，稀释了混合气，使燃烧恶化，反而会使HC排放增加。

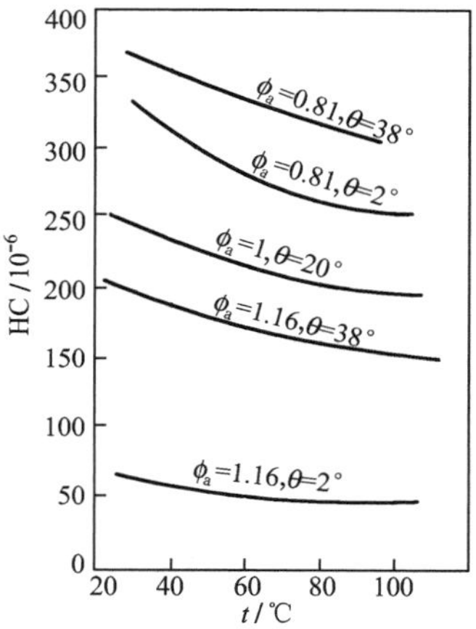

图6-16　冷却水温度对HC排放的影响

(5)汽油机瞬时运转状态的影响

①加速工况

对于化油器式汽油机，加速时往往供给很浓的混合气，造成较高的CO和HC排放。对电控汽油喷射汽油机，加速时不产生过浓的混合气，其排

放值与相应的各稳定工况点相似。

②减速工况

对化油器式汽油机，由于减速时进气管中突然的高真空状态，使进气管壁上的液态燃油蒸发，形成过浓混合气而造成较高的 HC 和 CO 排放。

对汽油喷射式汽油机，在减速工况不再供油，且进气管中液态油膜少，因而排放的污染物较少。

(6)增压对排放的影响

①增压后，可使可燃混合气的压力升高，燃烧温度升高，同时使雾化蒸发混合改善。$\phi_a > 1$ 时，火焰前锋富氧，火焰温度升高，因此使 NO_x 增加。

②增压后，使燃烧室内湍流加强，反应速度加快，使冷激面的厚度减少，还使 HC 在排气管及涡轮中继续氧化，因此使 HC 减少。

③增压后，因温度升高，CO_2 在高温下热分解产生的CO量有所增加，但在膨胀过程和排气管中，高温热分解产物的复合由于富氧易生成 CO_2，所以 CO 排放有所减少。

(7)涡流对排放的影响

①适当的涡流可使燃料和空气均匀混合，有利于点火和火焰传播，降低 HC 排放。

②涡流还可对燃用稀混合气有减轻熄火作用，使有害排放降低。

(8)燃料性质对排放的影响

①辛烷值

辛烷值是抗爆性的指标，其大小影响汽油机的油耗率，低的辛烷值使油耗率增加，HC、CO 排放也随之增大。

②挥发性

若挥发性太低，会使混合气生成不良，启动困难，影响燃烧和排放；若挥发性太高，也会影响排放。

③烯烃和芳香烃含量

a. 烯烃是不饱和碳氢化合物，能提高辛烷值，但受热后会形成胶质沉积物，使排放恶化，功率下降，油耗率增加。

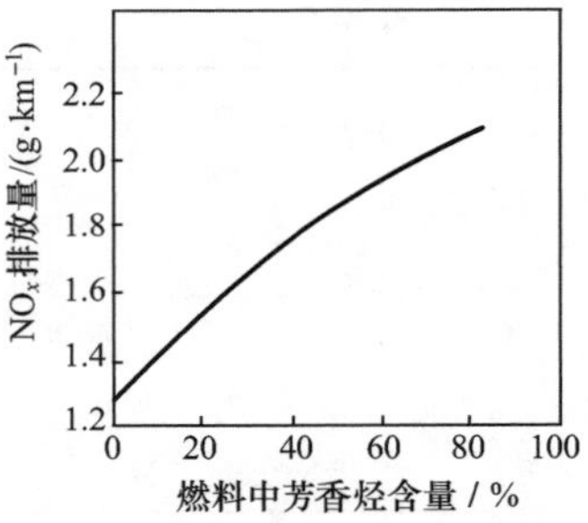

图 6-17 燃料中芳香烃含量的影响

b. 芳香烃也能提高汽油的辛烷值，但同时增加沉积物和有害气体排放，也会使 NO_x 排放增加，如图 6-17 所示。

6.2.2 柴油机排气污染物的生成机理和影响因素

1. 柴油机排气污染物的生成机理

柴油机排气污染物主要是 NO_x、炭烟和微粒，还包含有少量的不完全燃烧的 CO 和未燃的 HC。

在传统直喷式柴油机中，在压缩冲程接近结束时柴油才喷入燃烧室，柴油与空气混合形成非均质混合气，在高温高压条件下自燃着火，然后形成扩散火焰。其主要燃料是在扩散燃烧阶段燃烧的，因而扩散燃烧特性决定了其排气污染物的生成。

图 6-18 为喷入有空气涡流的燃烧室的喷注油雾分区及排放物生成区域。传统的现象学模型将油雾分为 6 个区，各区名称以及各区的生成物如下：

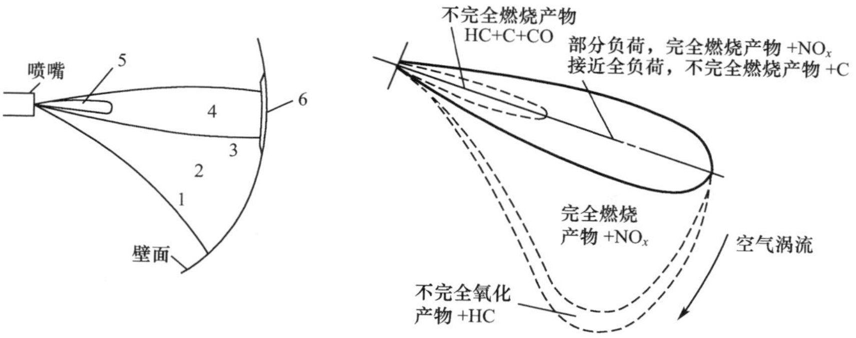

图 6-18　喷入有空气涡流的燃烧室的喷注油雾分区及排放物生成区域

①贫油火焰区 1 和可燃混合气区 2

1 区是在喷注下游处的稀混合气区，在浓度合适的地方($\phi_a \approx 1$) 首先出现多点着火核心，火焰前锋就从着火核心开始蔓延，并点燃在它周围 2 区的易燃混合气，在这个区域内是完全燃烧，并生成大量的 NO_x 排放物。

②贫油火焰外围区 3

3 区是不完全氧化产物(乙醛及其过氧化物)、燃料分解产物(较轻的碳氢分子) 生成区，是排气中未燃的碳氢化合物形成的一个主要区域。

③喷注注心区 4

主要取决于局部的 A/F。火焰区的温度是影响 NO_x 生成的重要因子。在部分负荷下，混合气为富氧完全燃烧，并导致生成高浓度的 NO_x。

在接近全负荷时，混合气变浓，产生不完全燃烧，除未燃 HC 外，生成 CO 以及炭粒，而 NO_x 浓度很低。

④喷注尾部的喷射区 5

由于喷射接近终了，喷射压力降低，背压增大，所以喷注尾部由大油滴组成，且贯穿度小。在高负荷时，尾部燃油很难有机会进入氧浓度合适的区域，而周围气体的温度又接近于循环的最高温度，因此，这些油滴很快蒸发和分解。分解产物包括未燃 HC 和炭粒，不完全氧化物则有 CO 和乙醛。

⑤涂布在燃烧室壁面上的油膜 6

油膜的蒸发速率取决于燃气和壁面温度、燃烧速度及压力和燃料特性等因素。壁面上静止燃料的燃烧情况取决于蒸发速度及燃料与氧的混合情况。如果周围氧气浓度不足或混合不佳，油膜蒸发后也不能完全燃烧，将分解并形成未燃 HC、不完全氧化物 CO 及炭烟。

图 6-19 为有涡流直喷式柴油机在预混燃烧阶段和扩散燃烧阶段的有害排放物的生成情况示意图。NO_x 在高温已燃气体区生成，最大生成率出现在 A/F 接近化学计量值的区域；炭烟是在浓混合气区和接近油束核心区域生成；未燃 HC 出现在火焰遇到缸壁激冷或火焰无法传入的过稀混合气处。

20 世纪 80 年代中期以来，应用激光光片测量法，已能测出油注中液体和燃料蒸气的分布，A/F 的时空分布，自燃点、反应区及炭粒的分布。在此基础上，1999 年对直喷式柴油机首次提出新概念燃烧模型(conception model)，如图 6-20 所示为无涡流空气中喷雾新概念燃烧及排放物生成模型，燃烧分为两个阶段[4]：

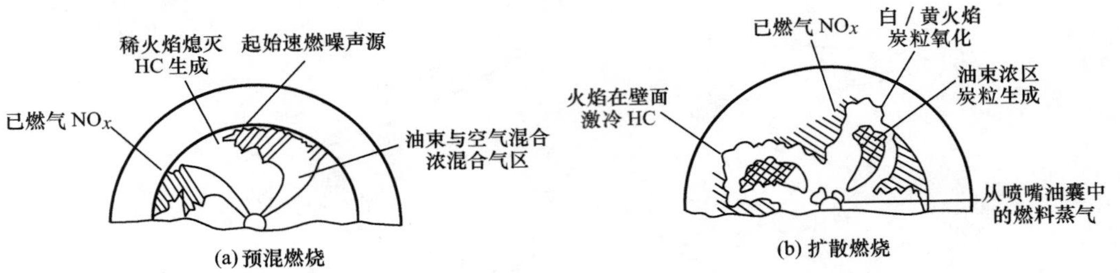

图 6-19　有涡流直喷式柴油机在预混燃烧阶段和扩散燃烧阶段的有害排放物的生成情况示意图

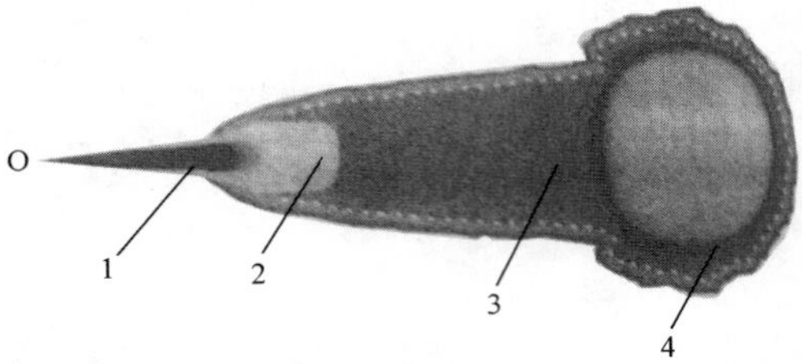

图 6-20　无涡流空气中喷雾新概念燃烧及排放物生成模型

1— 火焰；2— 浓预混火焰区；3— 扩散火焰区；4— 炭粒氧化区

①浓预混火焰区 2

温度约为 320 K 的冷态柴油喷入气缸后，热空气（约 950 K）卷吸并加热燃油至约 650 K，油束破碎，由于传热而上升至 800 ～ 850 K，化学反应增强，消耗 O_2，出现浓 A/F 预混火焰（$\phi_a = 0.5, T = 825$ K），产生的热量加热前方的空气燃油蒸气区，使其温度升高到 1 600 K，此时的放热量约为总放热量的 10% ～ 15%，在放热率曲线上显示第一个峰值。

②扩散火焰区 3

整个油束出现扩散火焰外壳，而富油燃烧产物区[CO、未燃烃（UBHC）、炭粒]向它不断输送富油燃烧产物，产生 2 700 K 的高温外壳，在此外壳中进行扩散燃烧，包括生成 CO_2、水和 NO 以及炭粒的氧化，扩散燃烧发热量占总发热量的 85% ～ 90%。

新燃烧概念模型有两点不同：

①着火点在油束下游 $\phi_a \approx 0.5$ 的浓混合区，而不是原来认为的在 $\phi_a \approx 1$ 的油束靠近边缘的地方；

②炭烟的生成在燃烧温度 950 ～ 1 600 K 的早期，在油束的中心部位，而不是原来认为的在扩散燃烧中产生，而 NO_x 则在扩散火焰的高温区生成。

(1)CO 的生成机理

直喷式柴油机中，在喷注贫油火焰区，如图 6-21 所示，因为氧浓度和燃气温度合适，CO 只作为一种中间化合物而生成。在喷注核心和壁面附近，CO 的生成速率很快，它的消失速率主要取决于混合气的局部浓度、燃气的局部温度以及有效的氧化时间。在贫油火焰外圈区边界附近生成 CO 的速率取决于 ϕ_a。

CO 是烃基燃油燃烧不完全的产物，主要是在缺氧或过低温度下形成。

柴油机总的来说是在稀混合气下运转，大多数工况下，ϕ_a 为 1.5 ～ 3，因此 CO 排放量比汽油机低得多，只有在负荷很大、接近冒烟界限、ϕ_a 为 1.2 ～ 1.3 时，才急剧增加。然而，柴油机的特征是燃料与空气混合不均匀，燃烧空间中总有局部缺氧和温度低的地方，反应物在燃烧区停留时间短，造成 CO 排放量大，这是在 $\phi_a > 3$（小负荷）时 CO 排放量反而上升的原因，尤其是在高速运转时更明显，如图 6-22 所示。

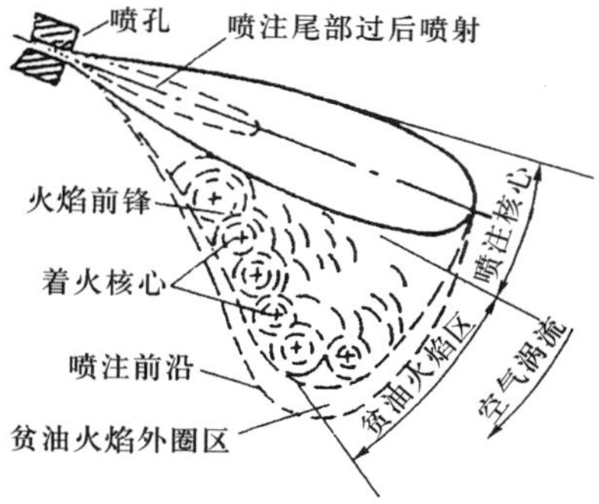

图 6-21　CO 在喷油火焰区生成情况

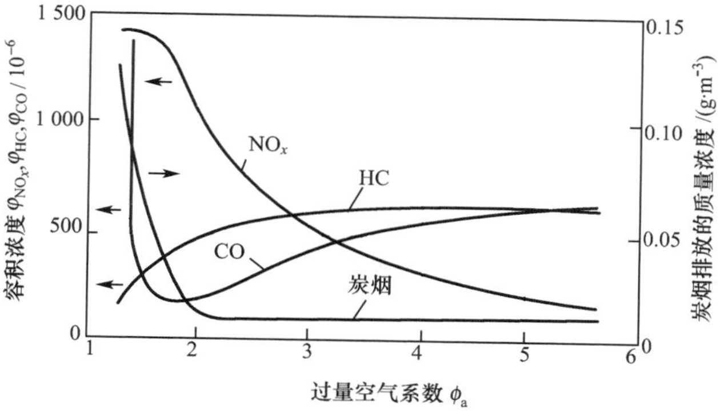

图 6-22　柴油机的排放物与 ϕ_a 关系

(2) HC 的生成机理

柴油机所用的燃料和燃烧方式不同于汽油机，柴油机 HC 的生成有其自身的特点，排气中的 HC 是由原始燃料和分解的燃油分子或者是由重新化合的中间化合物（如醛、醇、酚）所组成的，少部分产生于润滑油。

燃油与空气形成的混合气如果太稀或太浓，则燃油不能压燃，或火焰不能传播。如在喷油初期的滞燃期 τ_i 内，可能因为油气混合太快使混合气过稀，造成未燃 HC。而在喷油后期的高温燃气中，可能因油气混合不足使混合气过浓，或由于燃烧猝熄产生不完全燃烧产物随排气排出，但此时较重的 HC 多被炭烟微粒所吸附，构成微粒的一部分。

柴油机的 HC 排放主要来自喷注外缘的过稀混合气区，在怠速或小负荷运转时的 HC 排放高于全负荷工况。

喷油嘴压力室容积及喷孔道的容积：在喷油结束时，这个容积仍充满柴油，在燃烧后期和膨胀初期，这部分被加热的柴油部分汽化，进入气缸，与空气缓慢混合，但错过了主燃期，形成 HC 排放。研究表明，残留腔容积中的柴油有五分之一左右以未燃 HC 形式排出。

与汽油机一样，火焰在壁面上淬熄也是柴油机 HC 排放的一个原因，它取决于柴油喷注与燃烧室壁面的碰撞情况。采用油膜蒸发混合的柴油机燃烧方式，尽管在特定工况下有较好的性能，但在冷启动时，有大量未燃 HC 以微粒状排出，排气冒白烟，因此，现代柴油机已基本不采用此燃烧方式。

(3) NO_x 的生成机理

柴油机排气中的 NO_x 是燃烧过程中氧原子和氮原子在高温高压下化合的结果。柴油机排放的 NO_x 主要是 NO，NO 排入大气后又氧化为 NO_2。大多数 NO 是在快速火焰反应过程中形成的。因此，贫油火焰区是生成 NO 的区域之一，它是喷注最先燃烧的部分，并且有最长的快速火焰停留时间。NO_x 产生在高温富氧区，由于已燃区的温度和 F/A 分布不均匀，NO_x

的最大生成率应出现在燃空比接近化学计量值的区域。

负荷增加时，F/A 增加，NO_x 浓度也增加。而当 NO_x 浓度达到最大值后，再增加 F/A，NO_x 浓度反而下降。这是因为当 F/A 随负荷增加而增大时，温度上升，NO_x 的浓度上升；而达到最大 NO_x 排放浓度时，即使 F/A 增大，温度已不是决定因素，此时 NO_x 的浓度取决于氧的浓度，因此，F/A 增加，氧的浓度减少，反而使 NO_x 的排放下降。

在燃烧过程中，最先燃烧的混合气比例（预混合燃烧比例）对 NO_x 的生成有很大影响。柴油机高的压缩比 ε_c、压燃着火，使燃烧压力和温度高、燃烧速度慢，是造成 NO_x 排放量高的原因。

(4)微粒和炭烟的生成机理

随着排放法规的限值要求日趋严格，在柴油机上开始应用各种先进的燃烧技术和微粒捕集技术，使柴油机的微粒排放大幅度降低。以重型车用柴油机为例，其微粒限值从 1992 年实施欧 Ⅰ 排放法规的限值 0.3 g/(kW·h) 降低至欧 Ⅵ 排放法规的限值 0.01 g/(kW·h)。

①微粒

柴油机的微粒是指在取样状态下，排气中除水分以外所有分散物质（固态、液态）的总称，又称为颗粒。也就是说，微粒包括排气中一切有边界的物态，而不管其性质、组成、大小和形状如何。美国环保局对微粒的定义是：降温到 51.7 ℃ 以下的柴油机排气，流过带有聚四氟乙烯树脂的滤纸时，被滤纸所过滤下来的物质。

微粒的生成机理是：由于存在非均相燃烧，在一定的温度和压力下，形成特有的化学反应，从而形成初生态炭粒，经冷凝而形成颗粒胚核，这些胚核具有很强的亲和力，因而能凝聚和生长为中型颗粒，再经吸附和附聚过程成为最终的排出微粒。

柴油机的微粒由三部分组成：

a. 石墨形式的含碳物质，（干）炭烟（dry soot，DS）占 40% ～ 50%（质量分数），炭烟是以碳为主体的不完全燃烧产物，生成条件是高温和局部缺氧；

b. 凝聚及其吸附的高分子有机物，可溶性有机成分（soluble organic fraction，SOF），包括未燃的燃油、润滑油及不同程度的多环芳香族化合物、氧化物和裂解产物，占 5% ～ 45%（质量分数）；

c. 少量硫酸盐，占 5% ～ 10%（质量分数）。

图 6-23 给出的重型柴油车采用美国 ECER-49 工况所得到的试验结果[5]，原机微粒排放量为 0.48 g/(kW·h)，其中 DS 占 64%，SOF 占 26%，硫酸盐占 10%。通过改进喷油系统和燃烧系统以及换用含硫量为 0.04% 的低硫柴油后，由于 DS 和硫酸盐的生成明显减少，使得微粒的排放量降为 0.18 g/(kW·h)，而 SOF 的比例却升高到 49%。

②炭烟

其直径多数为 10 ～ 50 nm，主要由多孔性的炭粒组成。可以认为炭烟是微粒的组成部分之一。柴油机在高负荷工作时，炭烟在微粒中所占比例升高，而部分负荷时则降低。近年来，随着油气混合过程的改善和柴油高压喷射技术的采用，微粒和炭烟的总排放量明显下降。

柴油机生成的炭烟中，有白烟、蓝烟和黑烟。

白烟和蓝烟都呈现液球状态，但它们的直径不同，白烟的直径稍大，大于 1 μm，蓝烟的直径稍小，一般小于 0.4 μm，所以在光的折射下，它们呈现不同颜色。白烟、蓝烟、黑烟，常在柴油机低温启动、低负荷运行和加大负荷下工作的不同阶段分别出现。

白烟和蓝烟的组成，主要是未燃和未完全燃烧的烃类燃料。工作过程温度低是排出白烟和蓝烟的根本条件。

黑烟即炭烟，仅在着火后才有可能出现，主要是柴油机在高压燃烧条件下，局部高温、缺氧、裂解并脱氢、聚合而成的。由于柴油机是非均质、异相燃烧，燃烧室内各区域的化学反应条件是不一致的，且随时间而变化，因此炭烟的生成是多途径的。柴油机主要是扩散型燃烧，炭烟主要是在扩散火焰中产生的，是烃类燃料燃烧过程的中间产物。因此，炭烟是柴油机有代表性的有害排放物，它是限制柴油机最大输出功率的重要因素。

炭烟的生成机理是：在高温火焰下，能产生部分分解及脱氢反应的一些中间生成物，这些中间产物边聚合，边进一步脱氢，逐渐变成固体炭粒，经过如图 6-24 所示的不同途径，产生气相析出型炭粒，粒度相对较小。

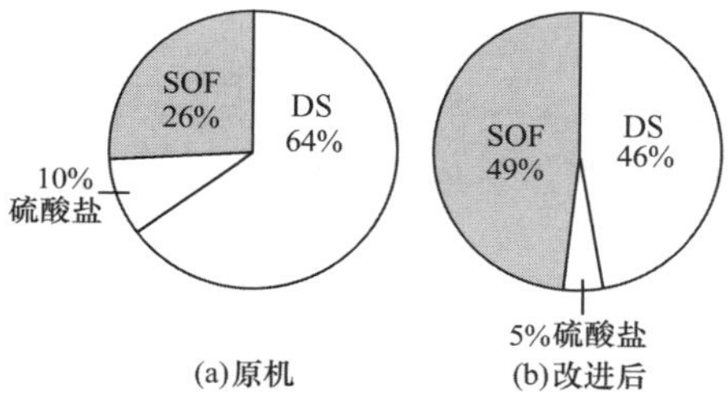

图 6-23　柴油机微粒构成的变化

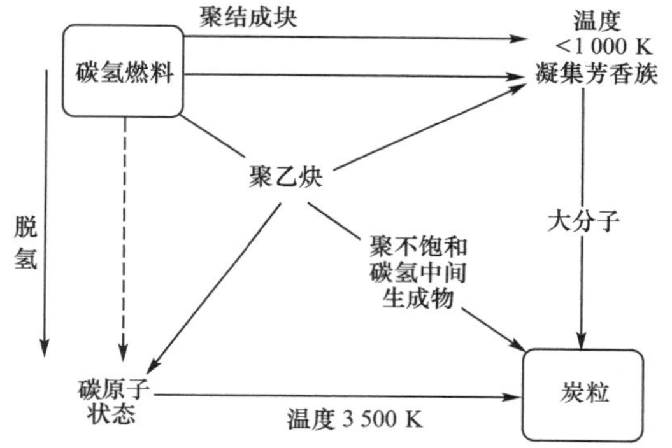

图 6-24　炭烟形成的途径

微粒的生成过程如图 6-25 所示。

a. 成核。气相的燃油分子在高温缺氧的条件下，发生部分氧化和热裂解，生成中间产物各种不饱和烃类，如乙炔、多环芳香烃等，它们不断脱氧或形成原子级的碳粒子，逐渐合成直径 2 nm 左右的炭烟核心。

b. 增长。气相的烃和其他物质在炭核表面凝聚，并且炭核相互碰撞发生凝聚，使炭核继续增大，成为直径 20 ～ 30 nm 的炭烟基元。

c. 集聚。炭烟基元经过聚集作用堆积成直径 1 μm 以下的球团状或链状的聚集物。

图 6-26 示出了一些碳氢化物如乙烯、丙烷、甲苯等在实验室燃烧器条件下，预混合火焰中生成炭烟的温度和过量空气系数 ϕ_a 的条件。组成柴油的各种烃生成炭烟的条件基本上也都在这个范围内。由图可见，炭烟生成数量随 ϕ_a 降低而增加，温度对炭烟生成数量有影响，在低温度（T 为 1 500 ～ 1 600 K），缺氧（$\phi_a < 0.5$）的浓混合气中，燃烧以后必定产生炭烟。

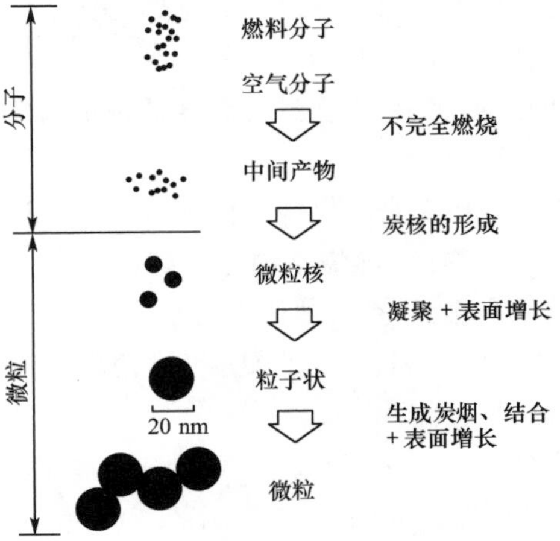

图 6-25　微粒的生成过程

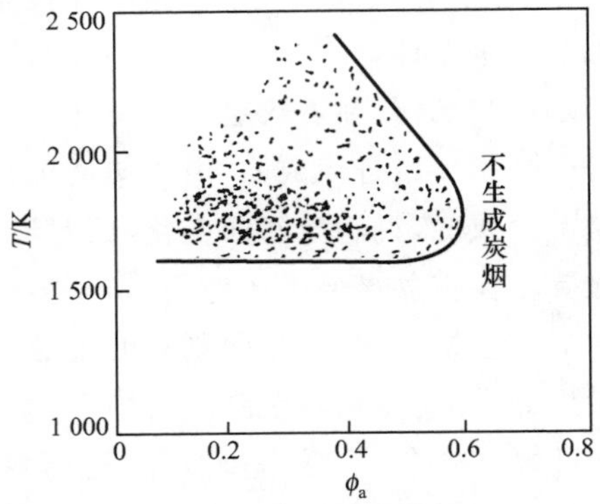

图 6-26　炭烟生成温度 T 与过量空气系数 ϕ_a 的关系（图中点的密度表示炭烟生成的比例）

图 6-27(a) 为预混合燃烧的混合气状态，右上角标出了在各种温度 T 和过量空气系数 ϕ_a 下燃烧0.5 ms后的浓度 φ_{NO_x}，要使燃烧后炭烟和 NO_x 很少，混合气的 ϕ_a 应为0.6～0.9。空气过多则 NO_x 增多，空气过少则炭烟增加。

柴油机混合气在预混合燃烧中，由于燃烧不均匀，既生成炭烟，也生成 NO_x，只有 ϕ_a 为0.6～0.9时不生成炭烟和 NO_x。所以，为降低柴油机污染物的排放，应缩短滞燃期和控制滞燃期内的喷油量，使 ϕ_a 控制在0.6～0.9。

柴油机扩散燃烧中混合气的状态变化如图 6-27(b) 所示的箭头方向，曲线上的数字表示燃油进入气缸时所直接接触的缸内混合气的 ϕ_a。从图上可以看出，在 $\phi_a<4.0$ 的混合气区的燃油都会生成炭烟。在温度低于炭烟生成温度的过浓混合气中，将生成不完全燃烧的液态HC。为减少扩散燃烧中生成的炭烟，应避免燃油与高温缺氧的燃气混合，强烈的气流运动及燃油的高压喷射都有助于燃油与空气的混合。喷油结束后，燃气和空气继续混合。其状态变化如图 6-27(b) 中双实线箭头表示。

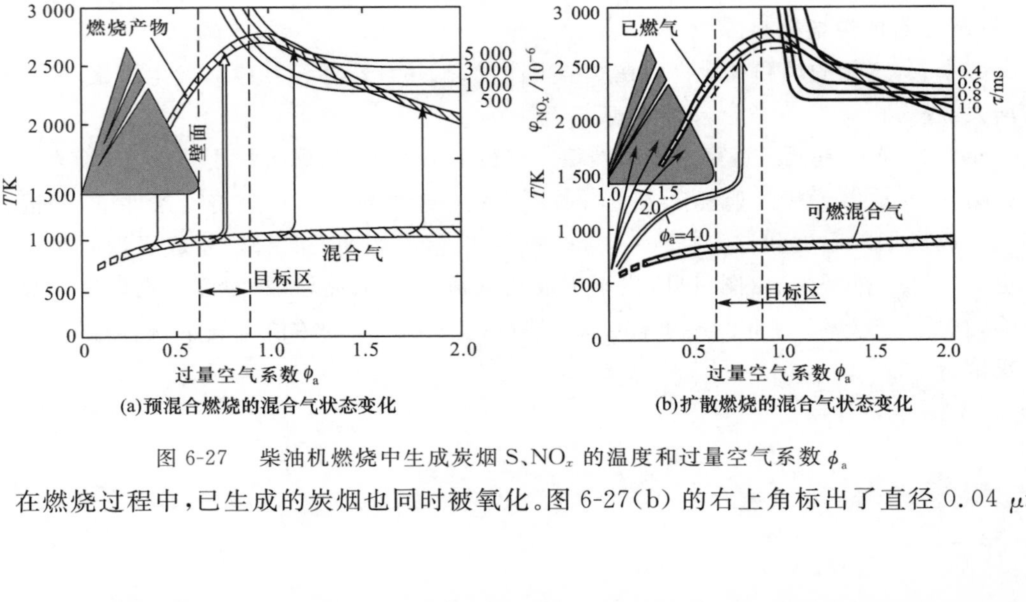

图 6-27　柴油机燃烧中生成炭烟 S、NO_x 的温度和过量空气系数 ϕ_a

在燃烧过程中，已生成的炭烟也同时被氧化。图 6-27(b) 的右上角标出了直径 0.04 μm

的炭烟粒子在各种温度和 ϕ_a 条件下被完全氧化所需要的时间 τ。可见，这种炭烟在 0.4 ～ 1.0 ms 被氧化的条件，与图 6-27(a) 右上角表示的大量生成 NO_x 的条件基本相同。可见，加速炭烟氧化的措施，往往同时带来 NO_x 的增加。因此，为了同时降低 NO_x 的排放，控制炭烟的排放应着重控制炭烟的生成。

2. 柴油机排气污染物生成的影响因素

柴油机的混合气形成的质量、喷油系统的参数、燃油品质、燃烧方式、燃烧室形状及运转参数等诸因素，对柴油机排气污染物有很大的影响。

(1)混合气浓度的影响

混合气的燃料含量，即浓度通常用空燃比 $A/F = \alpha$、过量空气系数 ϕ_a、相对空燃比 λ 和燃空当量比 ϕ 等表示。

对于稀(贫油) 混合气：$\alpha > 14.3$，$\phi_a > 1$，$\lambda > 1$，$\phi < 1$；

对于化学计量比混合气：$\alpha = 14.3$，$\phi_a = 1$，$\lambda = 1$，$\phi = 1$；

对于浓(富油) 混合气：$\alpha < 14.3$，$\phi_a < 1$，$\lambda < 1$，$\phi > 1$。

柴油机采用质调节方式调整负荷，供油量总是随着负荷的增加而增加，而进气量则基本保持不变，则过量空气系数 ϕ_a 随负荷的增大而减小，燃空当量比 ϕ 随负荷的增大而增大。因此，混合气燃空当量比的变化即为负荷的变化。

①过量空气系数 ϕ_a 对 CO 排放浓度的影响

如图 6-28 所示，ϕ_a 与 CO 排放量的关系呈下凹的曲线，影响是双向的。在 ϕ_a 较大($\phi_a > 3.5$) 时，若 ϕ_a 增大，则混合气变稀，燃烧室内温度下降，局部区域温度过低，混合气超过稀限，火焰在低温区和稀混合区淬熄的现象增加，导致 CO 浓度增加；反之，在 ϕ_a 较小($\phi_a < 1.5$) 时，若 ϕ_a 增大，氧浓度得到增加，缺氧现象得到缓解，混合气品质变好，混合较均匀，从而使 CO 排放减少。

②过量空气系数 ϕ_a 对 HC 排放浓度的影响

图 6-29 给出了直喷式 4100 柴油机在 $n = 2\ 800$ r/min 时的 HC 浓度随 ϕ_a 的变化曲线。ϕ_a 为 2.5 ～ 3.0 时，HC 浓度最低。大于这个 ϕ_a 值，HC 浓度明显上升，说明混合气浓度较稀，混合气中超稀限的充量增加，同时燃烧室内温度较低，这些都使 HC 浓度增加。当 ϕ_a 过小时，混合气过浓，超富限混合气量增加，同时高温裂解加剧，这些亦使 HC 排放浓度增加。

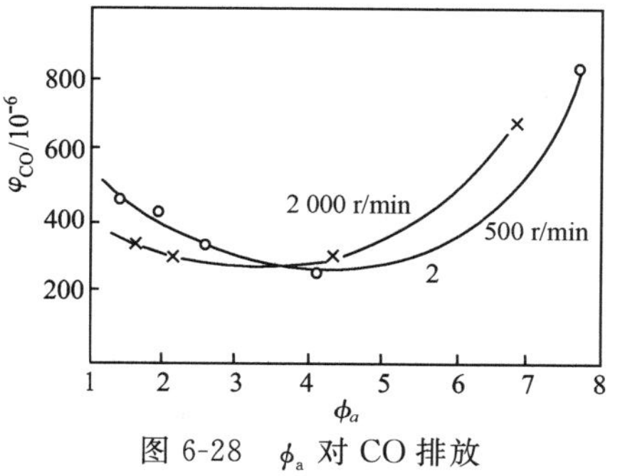

图 6-28　ϕ_a 对 CO 排放浓度的影响(S195 柴油机)

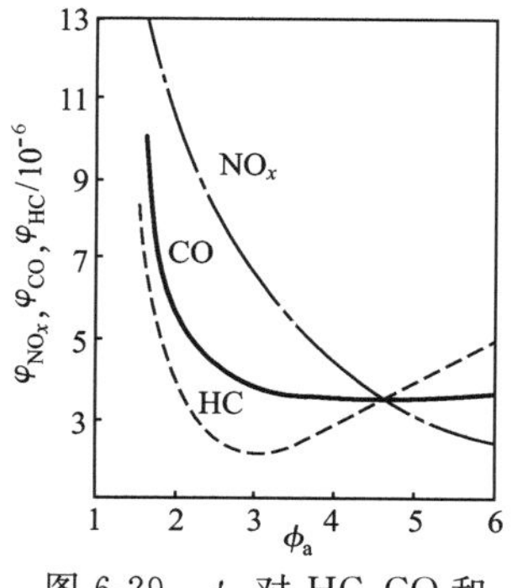

图 6-29　ϕ_a 对 HC、CO 和 NO_x 排放浓度的影响

③过量空气系数 ϕ_a 对 NO_x 排放浓度的影响

图 6-29 中同时也给出了 NO_x 随 ϕ_a 的变化曲线，在 $\phi_a < 2$ 的较小区域，随 ϕ_a 增大，NO_x 浓度下降速度很快，在 $\phi_a > 3$ 的较大区域，NO_x 下降速度平缓。这是由于当柴油机转速一定时，每循环进入气缸的空气量一定，当 ϕ_a 增大时循环燃油量减少，使缸内的放热率和平均燃烧温度降低，所以 NO_x 浓度降低。

柴油机总是在过量空气系数 $\phi_a > 1$ 的稀混合气条件下工作，但由于是扩散燃烧，混合气的浓稀分布极不均匀，完全燃烧所需的空气要比预混合燃烧时多，与汽油机相比，CO、HC 和 NO_x 曲线有向稀区平移的趋势。

④过量空气系数 ϕ_a 对炭烟排放浓度的影响

生成炭烟的条件是低温和缺氧。缺氧就是局部过量空气系数太小，导致不完全燃烧。如图 6-30 所示，炭烟排放质量浓度随 ϕ_a 的增大而减小。当 $\phi_a < 2$ 时，由于混合气浓度分布不均匀，局部缺氧，使炭烟急剧上升。而 NO_x 的生成条件是高温和富氧。所以，炭烟和 NO_x 是相反的变化趋势，如图 6-31 所示，传统柴油机降低 PM 排放量的有效方法往往会引起 NO_x 排放量的上升。

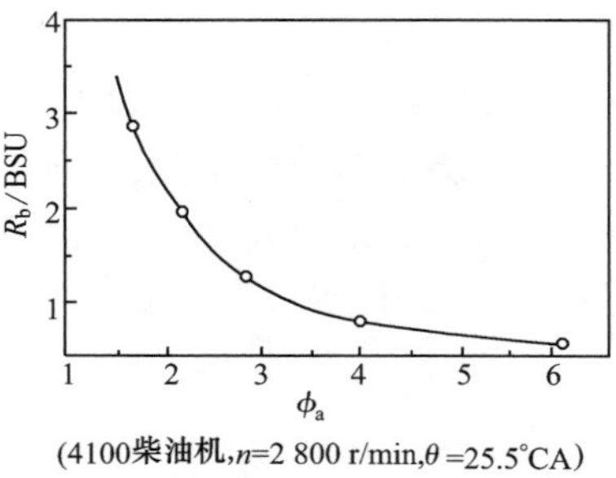

图 6-30　直喷式柴油机烟度 R_b 随过量空气系数的变化

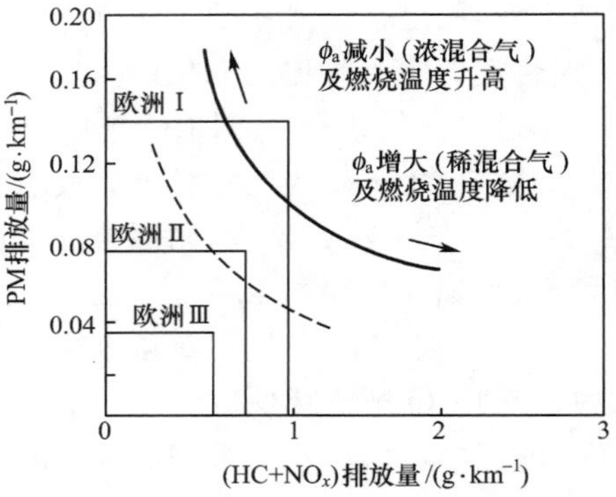

图 6-31　PM 与 NO_x 排放量之间的关系

(2)运转参数的影响

①负荷的影响

由于柴油机负荷的调节是质调节，当柴油机在某恒定转速下运行时，认为每循环的进气量不变，当负荷增加时，须增加循环燃油量，即 F/A 增大，或过量空气系数 ϕ_a 减小。因此，负荷对排放的影响因素与过量空气系数 ϕ_a 对排放的影响因素是一致的。

a. 负荷对 CO 排放的影响

图 6-32 示出了 4100 柴油机在 $n = 2\ 800$ r/min 时负荷对 CO 排放的影响。当负荷较小时，燃空比低，在过稀不着火区边缘附近形成的 CO 较多，CO 排放浓度较高；当负荷较大时，在燃料喷注中部和壁面附近燃料形成大量的 CO，使 CO 排放增加。

b. 负荷对 HC 排放的影响

图 6-32 也示出了负荷对 HC 排放的影响。在低负荷时，由于循环喷油量少，燃烧室内温度低，超稀限混合气量增加，则使 HC 浓度增加；在高负荷时，高温下裂解的量增加，未燃 HC 浓度也增加。因而，HC 浓度随负荷变化曲线在中部存在一个低谷。

c. 负荷对 NO_x 排放的影响

图 6-32 还示出了负荷对 NO_x 排放的影响。负荷对 NO_x 的影响中，火焰温度和缸内平均温度随负荷增大而增高，以及高温持续时间随负荷增大而增长起关键作用。在低负荷时，由于循环喷油量少、ϕ_a 大，燃烧中供 O_2 量少，NO_x 生成的三要素同时存在，因此 NO_x 浓度增加速度快，曲线较陡。而高负荷时，尽管存在高温和高温持续时间长这两个因素，但氧浓度下降，从高氧向缺氧过渡，从而 NO_x 浓度增加。

d. 负荷对炭烟排放的影响

负荷对炭烟的影响实质上是 ϕ_a 和循环燃油量对炭烟影响的另一种形式。图 6-33 示出了烟度与功率 P_e 的关系。负荷增大，意味着每循环喷油量增加，即 ϕ_a 减小，F/A 增加，从而使烟度增加。

烟度 R_b(BSU) 与发动机的有效功率 P_e 呈现指数函数关系：

$$R_b = A^{BP_e} \tag{6-3}$$

式中　A、B—— 常数，且 $B > 0$，对于不同的燃烧系统以及增压和非增压，A、B 值不同。

所以，柴油机的最大功率受到烟度的限制。

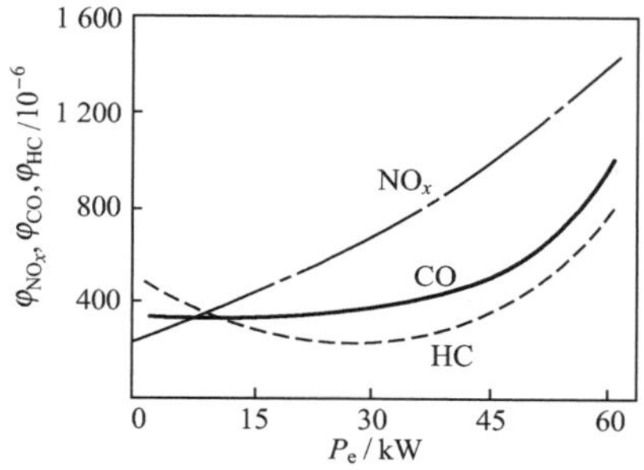

图 6-32　负荷对 HC、CO 和 NO_x 排放的影响
（4100 柴油机，2 800 r/min，HC 折合到 C 浓度）

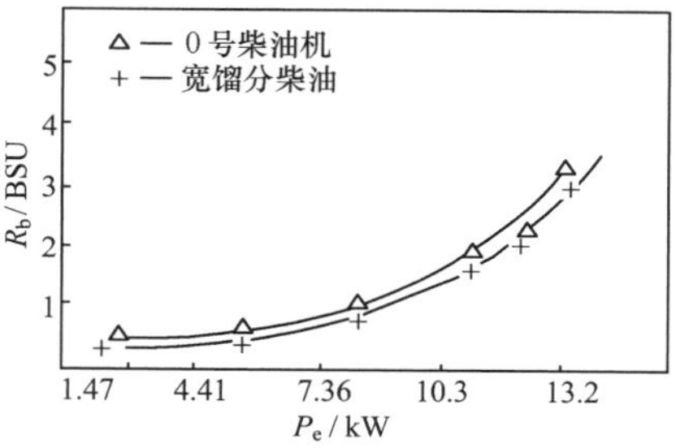

图 6-33　烟度 R_b 随功率 P_e 的变化
（S195 柴油机，n = 2 200 r/min）

②转速 n 的影响

图 6-34 所示为 6135 型低增压柴油机转速对排放物的影响。转速变化对 CO 排放的影响较大。CO 排放量在某转速时最低，而在低速及高速都较高。转速变化时，HC 的变化不大。当转速增加时，相应供油量增大，过量空气系数 ϕ_a 减小，R_b 和 NO_x 都增大。

③进气状态的影响

a. 进气湿度对 NO_x 排放的影响

如图 6-35 所示，进气湿度增加，使进入气缸的水分增加，由于水在燃烧反应中吸热，因而燃烧温度降低，NO_x 生成量减少。

b. 进气温度 T_d 对 HC 排放的影响

进气温度 T_d 对 HC 排放有较明显的影响。图 6-36 示出了柴油机转速为 1 000 r/min 时，空燃比 α 为 55 和 25 两种工况下进气温度对 HC 排放的影响。随着进气温度升高，滞燃期缩短，提高了燃烧温度，促进了 HC 的氧化，减少了淬熄现象，HC 排放量减少。而且 $\alpha = 55$ 的稀混合气，HC 降低较为明显。

c. 进气温度对 NO_x 排放的影响

如图 6-37 所示，实线表示直喷式柴油机，虚线表示预燃式柴油机。进气温度升高，使压缩温度和局部反应温度升高，NO_x 排放增大。

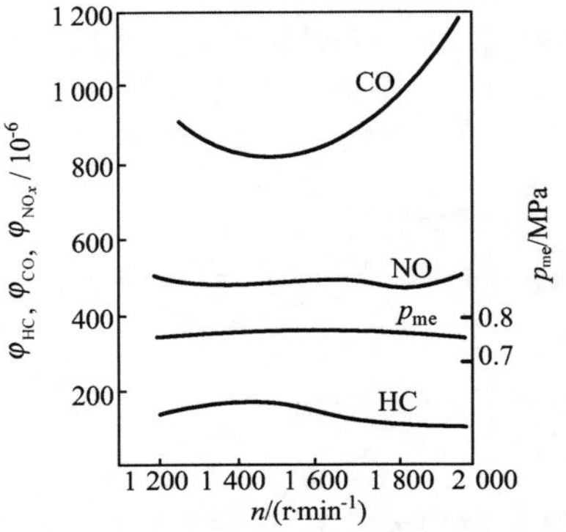

图 6-34　柴油机转速对排放物的影响

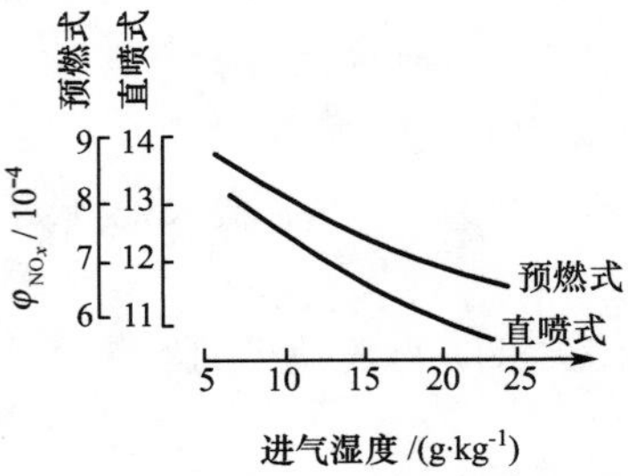

图 6-35　进气湿度对 NO_x 排放的影响

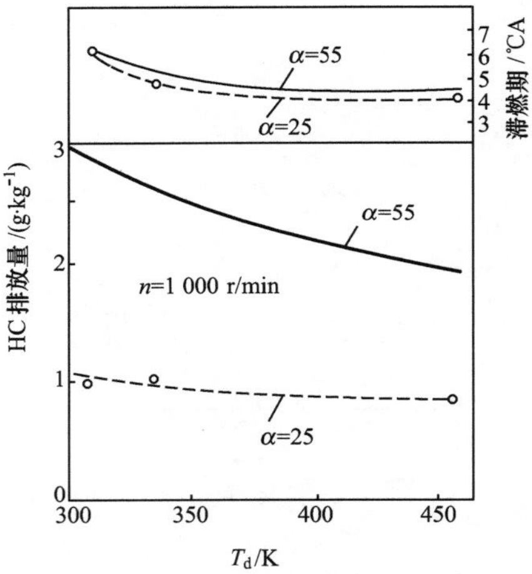

图 6-36　进气温度对 HC 排放的影响

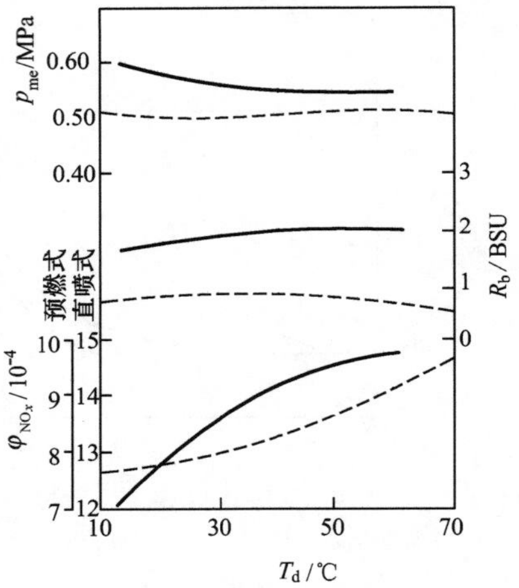

图 6-37　进气温度对 NO_x 排放的影响

(3)喷油系统的参数和结构因素的影响

①喷油器的结构参数

a. 喷油孔孔径和喷孔数的影响

在喷油速率和喷油压力不变时，增大喷油孔的孔径可以降低喷油嘴流阻，使 NO_x 排放量降低。减少喷孔数目，并调整孔径，保持流阻相同，也能使 NO_x 排放量降低。

b. 压力室容积 V_p 的影响

为了减少 HC 和 CO 排放，应尽量减小压力室容积。

②喷油系统参数的影响

a. 喷油压力的影响

采用高喷油压力可以提高混合速度和改善混合气的均匀性，缩短喷油持续时间，降低微粒、炭烟的排放量。

b. 喷油速率的影响

提高喷油速率可使 NO_x 和 CO 浓度下降。随着发动机功率的增加，喷油速率的影响增大，NO_x 浓度下降较为明显。

③喷油提前角 φ_{fj} 的影响

改变喷油提前角，会直接影响燃油的着火始点。延迟喷油，即减小喷油提前角，可降低初始放热率，使燃烧最高温度降低，着火滞燃期 τ_i 缩短，因而可减少 NO_x 的生成。

图 6-38 示出了当喷油提前角从上止点前 $-8°CA$ 推迟 $2°CA$，就能使 NO_x 排放量下降约 20%，而 HC、CO 上升，排气温度和烟度也上升。

因此，减小喷油提前角、延迟喷油是降低 NO_x 排放的有效措施。但为了抑制炭烟等不利影响，可采取提高喷油率等措施。

(4)燃料性质的影响

①十六烷值的影响

着火性用十六烷值表示。提高十六烷值，可使燃料的稳定性下降，在燃烧过程中易裂解，进而使着火滞燃期 τ_i 缩短，燃烧较柔和，NO_x 排放量下降，如图 6-39 所示。

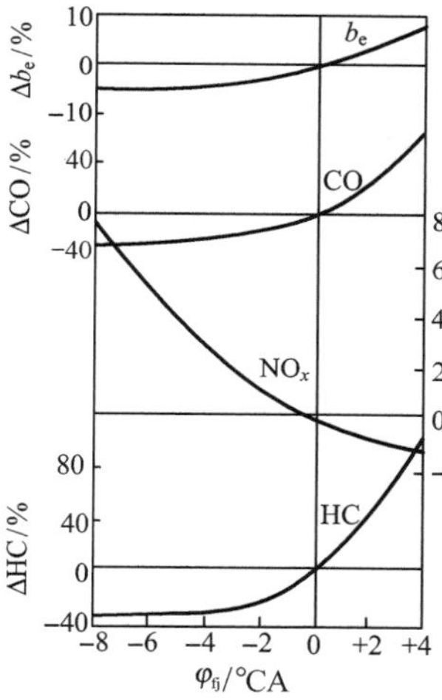

图 6-38　喷油提前角对排放的影响

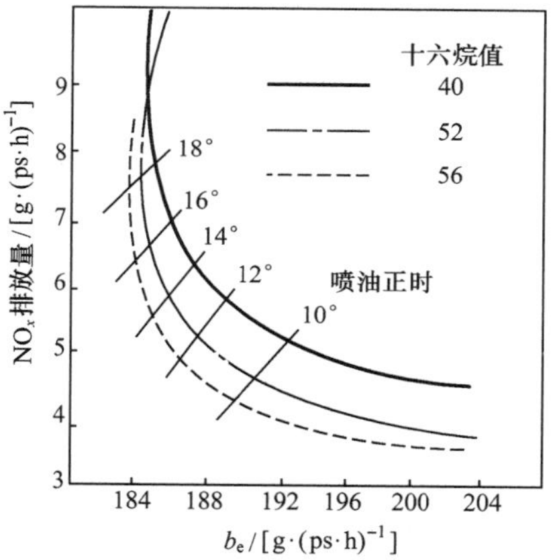

图 6-39　十六烷值对 NO_x 排放的影响

②蒸发性的影响

蒸发性差的燃料，往往雾化也差，对排气烟度有不利的影响。

③燃料的影响

燃料中芳香烃成分增多，排烟量增加。

(5)燃烧方式和燃烧室形状的影响

①燃烧方式的影响

a. 直喷式燃烧方式

直喷技术是未来的发展趋势，油耗率低，CO_2 排放量少。但 NO_x 排放量高，PM排放量较高。

b. M 式燃烧方式

由于燃烧室壁面油膜的蒸发和组织较强的空气涡流改善了混合气形成，使燃料处于高温过浓状态下的时间较短，此处由于热混合作用使高温燃气聚集到燃烧室中心，从而减少了燃料蒸气和高温燃气接触的机会，保证了与剩余空气的混合，故产生的炭烟较少。由于油耗率高，此燃烧方式已不再采用。

c. 分隔式燃烧方式

副燃烧室的温度高，混合气浓度大，同时气流的运动速度也大，因而着火滞燃期比直喷式短，火焰温度峰值低，NO_x 排放低。炭烟主要在副燃烧室里生成，进入主燃烧室后大部分被氧化，主燃烧室温度低，炭烟氧化慢，所以在部分负荷时产生的炭烟比直喷式多。增大副燃烧室容积可使炭烟减少。对副燃烧室容积能在 52% 时得出最佳的炭烟和 NO_x 的折中。

②燃烧室形状的影响

a. 挤流口式燃烧室（英国波金斯公司）（图 6-40）

由于燃烧室的收口作用能产生较强的挤流分量，与强的进气涡流相配合，组成一个较强的复合涡流，能使燃油与空气均匀混合，并在强离心力作用下，将不同比重的混合气加以分层。与一般直喷式系统相比，喷油定时较迟（上止点前 8°CA），使扩散火焰的温度降低，不仅有效降低了 NO_x 的排放，而且较强的涡流也使炭烟的排放明显下降，如图 6-41 所示。

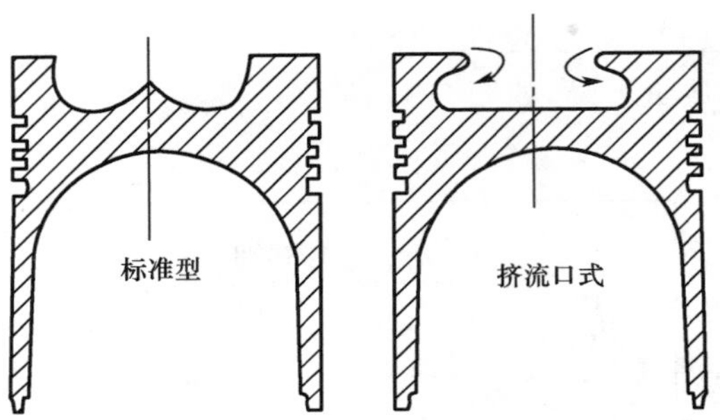

图 6-40 标准型与挤流口式燃烧室结构

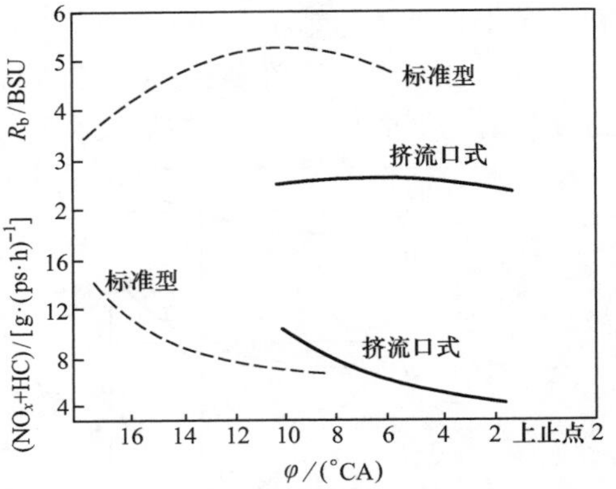

图 6-41 两种形式燃烧室对 NO_x 及炭烟排放的影响

b. 燃烧室底部凸起形状对排放的影响

图 6-42 示出了底部凸起形状为 Ⅰ 型和 Ⅱ 型的两种燃烧室结构。

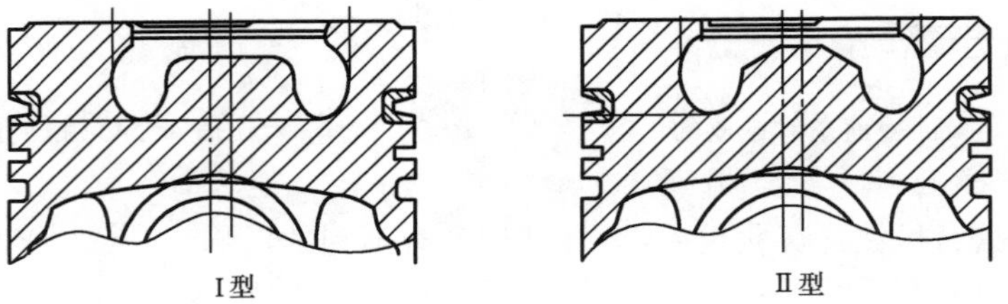

图 6-42 不同燃烧室底部凸起的燃烧室结构

图 6-43 示出了 Ⅰ、Ⅱ 两种结构形状对排放的影响。

由比较看出，Ⅰ 型燃烧室排放性能较好。这是由于底部凸起形状对双涡流型燃烧室内气流的节流作用，提高了压缩滚流强度保持性，从而在高转速时改善膨胀过程中的扩散燃烧，使 HC 和烟度排放下降，而 NO_x 排放基本保持不变。这说明 NO_x 主要在预混合燃烧阶段生成，而扩散燃烧过程对 NO_x 排放的影响很小。

(6)组织气流运动和多气门技术的影响

①气流运动

改进进气系统，增大进气量，提高进气涡流强度，加快混合速度，改善混合气的均匀性，使反应速度加快，有助于减少炭烟的生成。但随着缸内燃烧温度升高，NO_x 浓度增加。

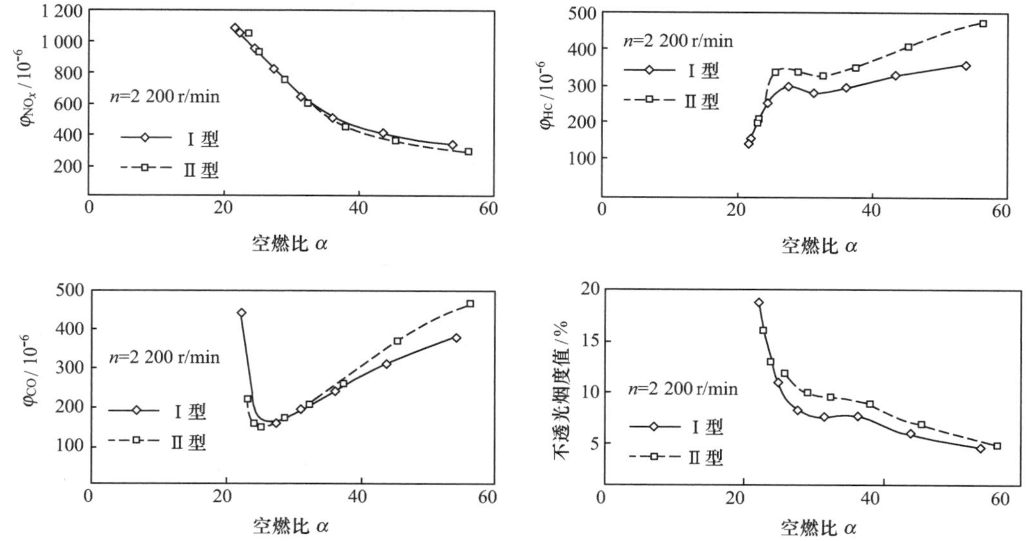

图 6-43　燃烧室底部凸起形状对排放的影响

②四气门或多气门技术

主要是扩大进、排气门的总流通截面积。与两气门相比，其进气面积约增加 30%，排气面积约增加 50%。此外，两个进气门引起较适合的空气运动，从而改善了混合气的形成，降低了 CO 和 HC 的排放量，又由于燃烧持续期缩短，而使 NO_x 的排放量减少。

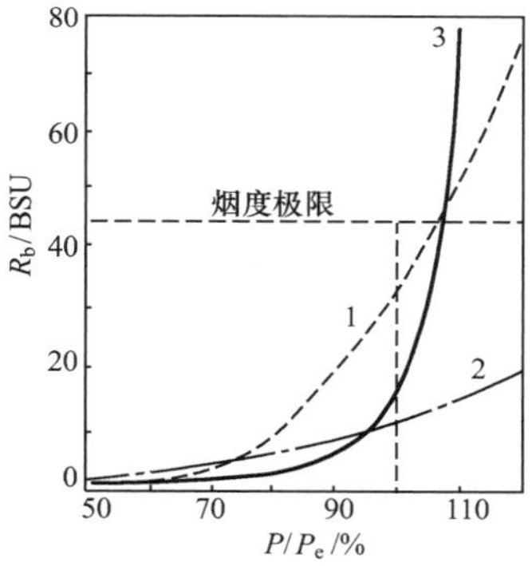

图 6-44　增压对烟度的影响

1，2—TD100A 型涡轮增压机；

3—D100BD 非增压机

（1—1 200 r/min；2—2 200 r/min）

(7)增压对排放的影响

①增压后，过量空气系数 ϕ_a 增大，燃料的雾化与混合均得到改善；另外，富氧燃烧使炭烟明显下降，如图 6-44 所示。

②增压后，由于缸内温度升高，加速了 NO_x 生成。采用中冷后，可使 NO_x 排放下降。

③增压后，缸内温度较高，富氧使燃烧反应加快，HC 减少。

(8)EGR 率对排放的影响

随着 EGR 率的增大，阻止颗粒氧化程度增强，使 PM 有所增加，而 NO_x 排放明显降低。

6.3　内燃机排气污染物的控制技术与净化措施

为了使内燃机排气污染物达到严格的排放法规限值，各种先进的控制技术和净化措施被应用到现代内燃机中。这些技术和措施可分为前处理、机内净化（过程处理）和后处理。

前处理，是在燃料与空气进入气缸燃烧前进行的处理，是通过改变燃料或充量的性质，来改变缸内的燃烧过程，从而降低排气污染物的排放量。

机内净化，是对燃烧过程进行改进，通过改进燃油喷射系统、进气系统及燃烧系统等，来减少排气污染物的生成量。

后处理，是利用催化反应的化学方法及滤清净化装置对排气进行机外处理，以进一步降低排气污染物的排放量。

6.3.1　汽油机排气污染物的控制技术与净化措施

点燃式汽油机排气污染物控制对象以 CO、HC 和 NO_x 三种有害气体为主。

1. 机内净化

机内净化是针对汽油机缸内混合气的空燃比、点火定时及迅速燃烧等采用的最佳化措施，是从机理上减少汽油机有害排放物的核心技术。

表 6-6 示出了汽油机排气污染物的机内净化措施。

表 6-6　　汽油机排气污染物的机内净化措施

控制技术	净化措施	控制对象		
		CO	HC	NO_x
结构和原理优化	小排量强化，轻量化设计	↓	↓	
	合理提高压缩比	↓	↓	
	对空燃比进行闭环动态控制	↓	↓	↓
电控汽油喷射系统	进气道燃油喷射系统	↓		↓
	气缸内燃油直喷系统	↓		↓
低排放进气系统	汽油机增压技术＋中冷器	↓	↓	
	可变气门定时机构	↓	↓	
	提高进气动态效率	↓		↓
低排放燃烧系统	进气道燃油喷射稀燃	↓	↓	↓
	缸内直喷分层充量稀燃	↓	↓	↓
	缸内直喷化学计量比充量燃烧	↓	↓	↓
	汽油机均质充量压燃	↓	↓	↓
	紧凑型燃烧室	↓	↓	
	缩小燃烧室的激冷区	↓	↓	
点火系统	独立高能点火线圈		↓	↓
	全电子点火系统		↓	↓
汽油机排气再循环技术				↓

(1)结构和原理优化

①小排量强化

采用增压中冷技术后，汽油机的热效率和能量密度得以提升，从而实现了小排量、轻量化。对进气系统、燃烧室等重要部件进行优化结构设计，采用空气助喷射阀，可使油粒细化，以改善经济性。对冷却及润滑系统进行整体热输导设计，以提高可靠性。

②合理提高压缩比(ε_c)

由于受爆震的限制，一般汽油机的压缩比都较小，热效率较低。采用高辛烷值(ON)的优质汽油及分层稀燃方式，采用自适应控制稀燃，可允许压缩比提高(ε_c 为 12 左右)，使热效率提高。但压缩比的提高使气缸内最高燃烧温度升高，致使 NO_x 排放量增加。为了保证具有较高的热效率和能量密度，采用依负荷而变的可变压缩比技术，是有效的措施之一。

③对空燃比(A/F)进行闭环动态控制

混合气的空燃比对排放有重要影响。为了满足更低的汽油机排放限值，在电控汽油喷射的汽油机排气管上装有三效催化转换器，它是通过在排气管安装的氧气传感器的动态测量，实现空燃比的闭环反馈控制，使空燃比严格控制在图 6-45 中化学计量比($\phi_a = 1$)附近很窄的范围内。排气通过催化转换器时，在贵金属催化剂作用下，发生氧化和还原反应，转化为无害气体，达到较低的排放限值。

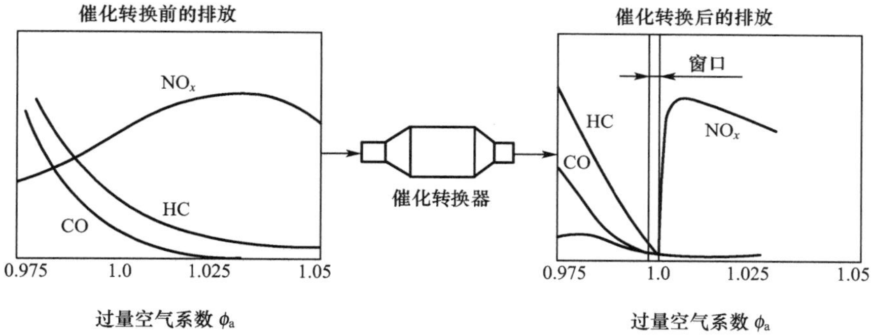

图 6-45　*A*/*F* 闭环控制及三效催化转换器的净化效果

(2)电控汽油喷射系统

采用闭环电控的汽油喷射，是汽油机机内净化的核心技术措施之一。分为进气道燃油喷射系统和气缸内燃油直喷系统两大类。

①进气道(口)燃油喷射系统

进气道燃油喷射系统(port fuel injection，PFI)，即间歇式进气道多点燃油喷射系统。由滤清器、燃油箱、燃油箱内的燃油泵、压力调节器和装在进气道的喷油器组成。各缸自行调控复合功能的电控多点燃油喷射系统[6]，喷油压力较低，一般为 0.3 MPa，压力由燃油压力调节器调整。近年来，燃油箱内的油泵、滤清器及燃油压力调节器等部件被做成了模块化的系统。为了改善雾化，电磁式喷油器的喷孔由 4 孔增加为 12 孔，液柱分裂的柱状孔改为液膜分裂的锥形喷孔。在电控单元(ECU)喷射脉冲控制下，将每个进气行程的喷嘴开启，把燃油以雾状喷入进气门上方，如图 6-46 所示。当进气门开启时，油雾与空气混合，一起被吸入气缸。

②气缸内燃油直喷系统

气缸内燃油直喷系统(gasoline direct injection，GDI)的狭缝型喷油器布置在靠近进气门下侧的气缸盖上，如图 6-47 所示。扇形喷雾与燃烧室的凹坑及进气涡流相配合，形成分层的混合气。喷嘴开闭时间非常短，约 0.2 ms。在高负荷时采用多次喷射。通过滚轮和挺柱由凸轮轴驱动的柱塞式高压燃油泵，实现了高流量和高压力，压力为 15 ～ 20 MPa。油管控制阀由电控单元(ECU)通过脉冲调制信号来控制开闭，以实现燃油压力和泵油量的综合调

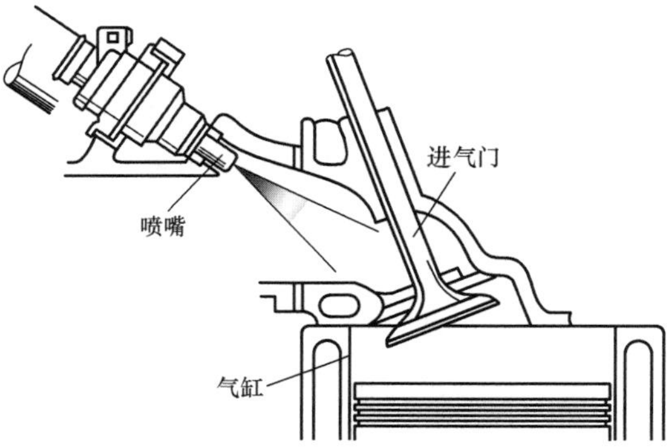

图 6-46　进气道燃油喷射系统

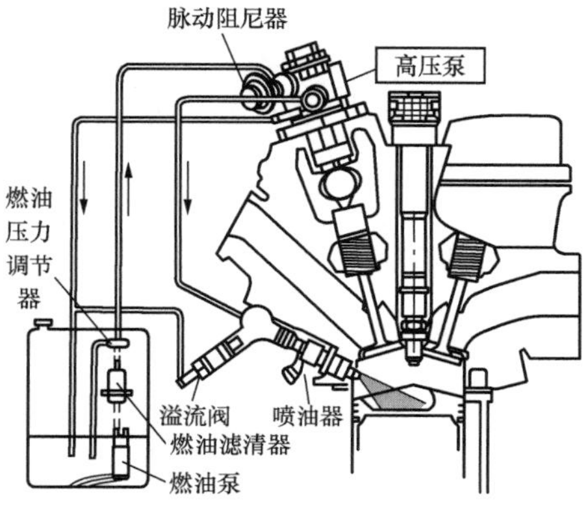

图 6-47　气缸内燃油直喷系统

节。新一代气缸内燃油直喷系统采用的电控共轨喷油系统，由布置在气缸中央的压电式喷油器、高压燃油泵及共轨管组成，实现分层燃烧，与增压-中冷技术、三效催化转换器相组合，可达到 Tier2 Bin5 的排放标准。

(3)低排放进气系统

①汽油机增压技术＋中冷器

汽油机增压后，由于增大了充量系数，增加了进气量，不仅提高了动力性，改善了经济性，而且降低了有害污染物的比排放量。当前缸内直喷式汽油机都采用涡轮增压技术。紧凑型高压比的涡轮增压器，具有高的效率，可以承受 1 050 ℃ 的排气高温，并能长期可靠运行。

涡轮增压器采用涡轮废气放气阀、增压空气调节阀及可变喷嘴环面积，较好地解决了高负荷的爆震问题。罗茨泵、螺杆式及活塞型等机械式的压气机具有良好的响应性，采用机械式压气机与废气涡轮增压器相串联的两级增压加高效的水-空中冷器系统，及可变气门定时机构，使缸内直喷式汽油机的排放达到了欧 V 的水平。

②可变气门定时机构

对双顶置凸轮轴 4 气门(DOHC-4)机构，由液压式改为电动执行器式对升程、相位实施连续、精确的控制，如图 6-48 所示。全可变气门定时(variable valve timing，VVT)机构提高了换气时负荷和转速的响应，即高负荷、高转速时气门升程加大，气门重叠角相应加大，从而改善了增压汽油机低工况的油耗和排放。

③提高进气动态效率

a. 可变滚流控制系统

为了改变缸内的气流，大众公司的 GDI 发动机在进气道下部装了一个滚流阀，如图 6-49 所示。在低速时，关闭滚流阀，将进气道下半部分流通截面遮挡，完全经气道上半部直接高速进入气缸，产生强滚流，到压缩冲程末期形成强涡流。在中、高速时，将滚流阀全部打开，进气道全部截面流通，获得高的充气量和弱的滚流。

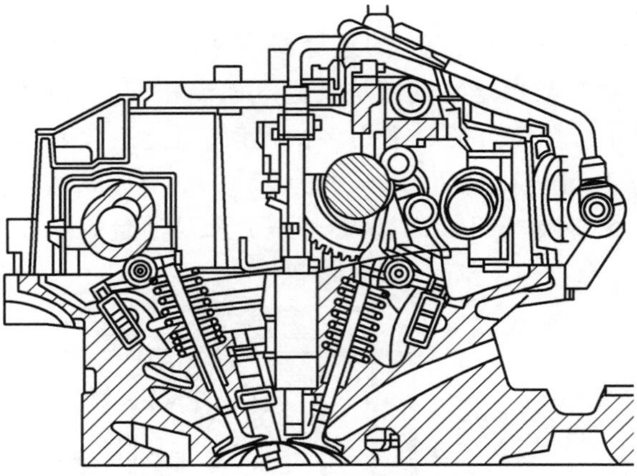

图 6-48 全可变气门定时机构

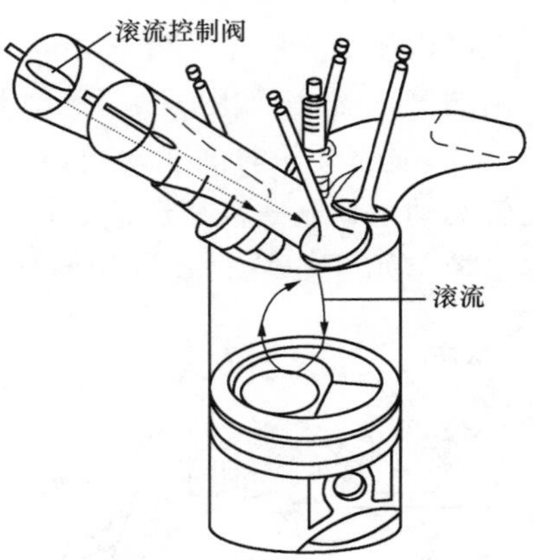

图 6-49 可变滚流控制系统

b. 可变进气管长度

利用压力流来提高进气门关闭前的进气压力，可得到增大进气充量的效果，称为“动态效应”。采用可变进气管长度可使全转速的转矩平均增加 8%，最大转矩增加 12% ～ 14%。

c. 采用 4 气门结构

近年来高速车用汽油机采用两进两排的 4 气门结构。4 气门能保证较大的换气流通截面积和充量系数。可把火花塞布置在气缸中心位置。缸内直喷汽油机把喷油器布置在气缸中心，并与火花塞紧靠在一起，有利于分层燃烧。还便于采用双顶置凸轮轴实现可变气门定时技术。

(4)低排放燃烧系统

①进气道燃油喷射稀燃

进气道燃油喷射稀燃(PFI)的最大特点是在进气门打开前开始喷油，混合气较稀。可用高压缩比，泵气损失小，不受爆震的限制。提高热效率，油耗率降低13%左右，使 NO_x 排放明显降低，CO 和 HC 排放有所改善。

②缸内直喷分层充量稀燃

缸内直喷分层充量稀燃(GDI)的特点是采用一次或两次向缸内喷油。一次喷油时，用高压多孔喷油器，在压缩行程早期开始喷油，通过气流导向形成在燃烧室中部浓、周围稀的分层混合气。两次喷油时，第一次在进气冲程喷油较多，第二次在压缩冲程喷油较少，先期参与燃烧的浓区有高的火焰传播速度，促进稀区燃烧。提高压缩比，使热效率提高，改善了油耗率。汽化冷却作用降低了燃烧温度，NO_x 排放降低，获得了低速扭矩性能。

③缸内直喷化学计量比充量燃烧

缸内直喷增压汽油机采用化学计量比混合气燃烧，其特点是，用高压多孔喷油器，全部燃油在压缩冲程点火前喷入缸内，通过油束引导或气流引导在燃烧室内形成均质当量比混合气。由于进气只有新鲜空气，可以提高充量系数。通过推迟点火定时，提高排气温度，改变催化转换器的升温性能。通过可变气门正时，推迟排气时间，抑制燃烧速度，降低 NO_x 排放。

④汽油机均质充量压燃

汽油机均质充量压燃(HCCI)是理想的燃烧方式，采用高压缩比，多点压燃；燃烧迅速，放热时间短，温度低，可以达到高的经济性；不需后处理装置，就能达到非常低的排放限值。但是，目前还仅限于低速、中低负荷运行，在高速、高负荷运行时还需要火花点火。通过采用连续性全可变气门定时电控和冷却的内部 EGR 率控制，实现火花点燃与均质充量压燃的切换控制，在不久的未来成为可能。

⑤紧凑型燃烧室

4 气门汽油机大多数采用紧凑型蓬形燃烧室。它可使燃烧时间缩短，实现快速充分燃烧，提高热力循环的等容度及热效率，可使 HC 和 CO 排放降低，还可有效防止爆震。

火花塞布置在燃烧室中心位置，缩短了火焰传播距离，可为快速和完全燃烧提供条件，使 HC 排放降低。

对缸内直喷汽油机，活塞顶上开有浅凹坑燃烧室，要与油束引导和气流引导相配合，以促进油气良好混合。

⑥缩小燃烧室的激冷区

激冷区是指燃烧室中由两个以上表面所形成的狭窄空间，如第一气环上边环岸区，它能阻止火焰向内传播。因此减小激冷区，缩短环岸高度，可使面容比减小，从而减少 HC 和 CO 排放。

(5)点火系统

①独立高能点火线圈

各缸火花塞都配置有各自独立的点火线圈，采用高能量型或多重点火型点火线圈，以满足缸内直喷及高 EGR 率的需要。火花塞采用针形铱金属电极以改善点火性能，还可利用实时检测燃烧过程中离子电流的点火装置。

②全电子点火系统

采用无分电器由 ECU 控制的全电子点火系统，它使用来自传感器的点火信号发生装置，有电磁感应式、载频式和光电式三种形式。用无分电器代替线圈分配点火式。点火提前角的调整按照点火脉谱图实现开环控制，还可以根据爆燃传感器的信号，对点火定时进行闭环反馈控制。从而使汽油机在各种工况下都能调到最佳点火时刻，使汽油机的经济性、排放性和加速性最佳，而且不至于发生爆震。

(6)汽油机排气再循环技术

汽油机排气再循环(exhaust gas recirculation，EGR)技术，是控制汽油机 NO_x 排放的主要措施之一，早在 20 世纪 70 年代率先在汽油机上应用，取得了很好的效果。

①EGR 概述

a. EGR 的功用

EGR 是在换气过程中，将已排出气缸的一部分废气，经 EGR 阀再次回流到进气管，与新鲜气体混合后一起进入气缸的过程。EGR 废气稀释了混合气中氧气的浓度，调节了混合气的成分，增大了残余废气系数，提高了混合气的热容，抑制了燃烧速度，降低了最高燃烧速度，从而在保持发动机动力性、经济性不变的条件下，降低了 NO_x 的排放量。

b. EGR 率的定义

排气再循环的程度用 EGR 率来表示，其定义为再循环废气回流质量流量 m_{EGR} 与总进气质量流量(m_1+m_{EGR})之比的百分数，即

$$\text{EGR 率}=\frac{m_{EGR}}{m_1+m_{EGR}}\times 100\% \tag{6-4}$$

式中 m_1—— 吸入新鲜空气的质量流量，kg；

m_{EGR}—— 再循环废气的回流质量流量，kg。

c. EGR 循环方式

EGR 系统一般可通过内部 EGR 和外部 EGR 两种方式来实现循环。内部 EGR 循环是通过扩大气门重叠角来实现的，由于这种方法降低了新鲜空气充量，并且调节不便，因而应用不广泛。

外部 EGR 循环方式是指将排气管中的一部分废气经气缸外部管路，通过 EGR 阀引入进气管与空气混合进入气缸后参与再燃烧来实现的循环。就形式而言，可分为机械式、电气式和电控式，汽油机 EGR 均采用电控式 EGR 系统。

②汽油机电控 EGR 系统

a. 电控 EGR 系统的组成

电控 EGR 系统主要由 EGR 阀、电控单元(ECU)及传感器等组成，如图 6-50 所示。

EGR 阀负压控制有真空膜片式和电磁式。图 6-51 示出了电磁式控制的 EGR 阀结构图，EGR 阀的开度由阀上方真空腔的真空度控制，而真空度则由 ECU 控制的 EGR 真空控制调

制阀(vacuum control modulator valve,VCM)来控制。

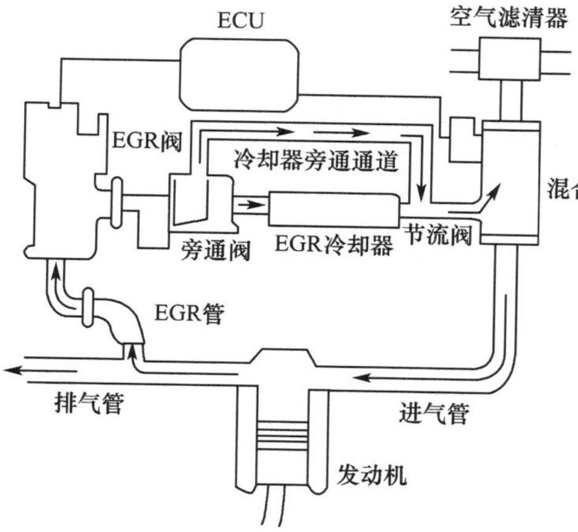

图 6-50　电控 EGR 系统的组成

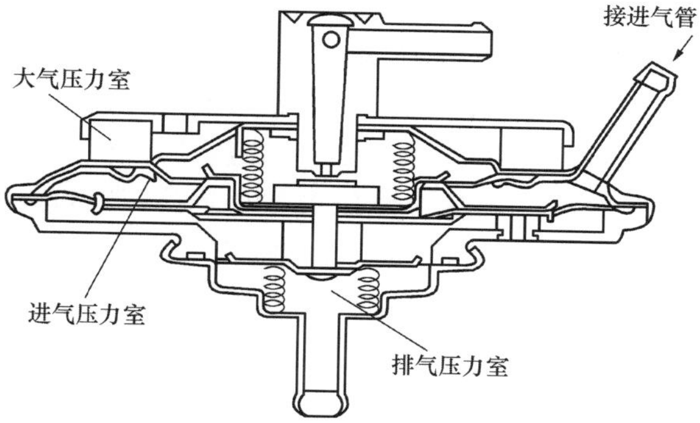

图 6-51　电磁式控制的 EGR 阀结构图

电控单元(ECU)是系统的控制核心,它根据各传感器送来的信号计算废气回流量,适时控制 EGR 阀相对开度,即控制 EGR 率,使发动机在最佳状态下工作。就控制方法而言,分为开环控制系统和闭环控制系统。

b. EGR 开环控制系统

EGR 开环控制系统就是无 EGR 率反馈信号的控制系统,又分为单开式、可变 EGR 率式和背压修正式三种。图 6-52 为可变 EGR 率式电控 EGR 系统。它是根据预先存储于只读存储器 ROM 中的 EGR 率与发动机转速和进气量的三维 EGR 率脉谱(MAP)图,对应发动机不同工况,由 ECU 通过各种传感器信号判断发动机具体运行工况后,向 VCM 传出相应不同占空比的控制指令,由此控制 VCM 的开关时间,调节进入 EGR 阀负压室的空气量,得到控制其不同开度所需的真空度,从而达到适应发动机不同工况下的 EGR 率。

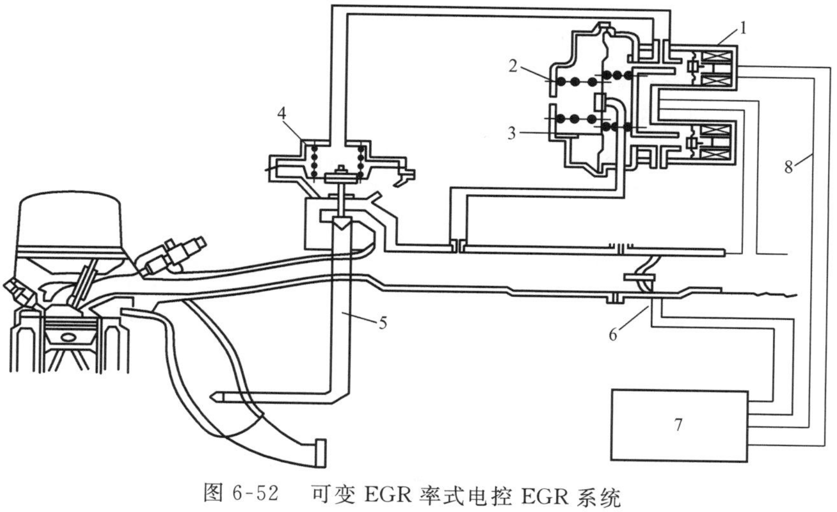

图 6-52　可变 EGR 率式电控 EGR 系统

1—电磁阀;2—VCM;3—定压阀;4—EGR 阀;5—EGR 回路;6—节气门位置传感器;7—ECU;8—控制信号线

c. EGR 闭环控制系统

EGR 闭环控制系统是以 EGR 阀开度或 EGR 率作为反馈信号来实现闭环控制的系统。以 EGR 阀开度为反馈信号的系统是在 EGR 阀上部装一个 EGR 位移传感器，用来检测 EGR 阀的开度，并用电位计将其信号转变为相应的电信号反馈给 ECU，作为 EGR 闭环控制的反馈信号。以 EGR 率作为反馈信号的系统是在进气稳压箱内装一个 EGR 率传感器，由此直接检测不同工况下实施 EGR 后稳压箱内混合气中氧的含量，以此作为反馈信号，对 EGR 阀进行反馈控制，以调节 EGR 率，并始终保持最佳状态，使 NO_x 排放降低。

③EGR 率对汽油机排放的影响

图 6-53 示出了 EGR 率对油耗率和排放的影响。随着 EGR 率增加，由于燃烧速度减慢、燃烧温度下降，使油耗率升高。当 EGR 率过大时，燃烧波动增加，使 HC 排放增加；当 EGR 率过小时，NO_x 排放降低效果不明显。当 EGR 率为 10% 时，可使 NO_x 排放下降 50% ～ 70%。因此，EGR 率控制在 10% ～ 20% 较为合适，如图 6-54 所示。

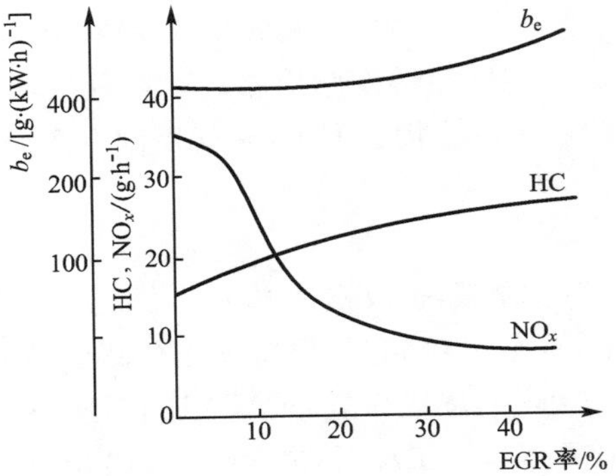

图 6-53　EGR 率对油耗率和排放的影响

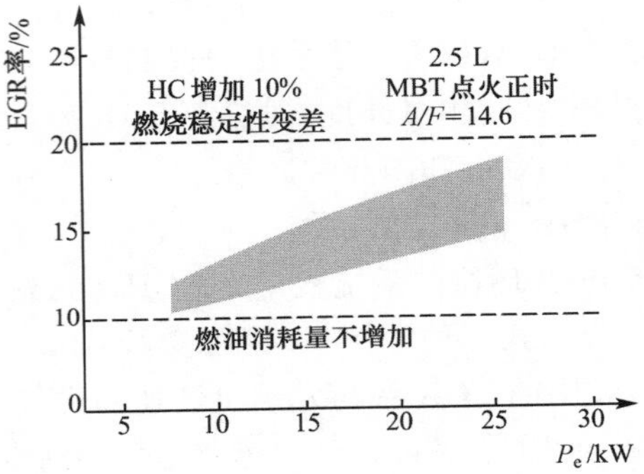

图 6-54　EGR 率与发动机性能关系

2. 前处理

前处理是对进入汽油机气缸前的燃料和空气进行处理，它可以在不改变或较少改变汽油机结构的情况下，减少排气污染物。前处理被认为是较科学的净化措施，当前备受重视。

表 6-7 示出了汽油机排气污染物的前处理净化措施。

表 6-7　　汽油机排气污染物的前处理净化措施

控制技术	净化措施	控制对象		
		CO	HC	NO_x
优质汽油	无铅汽油	↓		
代用燃料	甲醇、CNG、LPG	↓		↓

(1)优质汽油

可采用无铅汽油。车用无铅汽油是指牌号 90 以上，无四乙基铅添加剂，每升含铅量不超过 0.005 g 的汽油。

汽油中的铅对排气门和气门导管的异常磨损能起抑制作用。采用无铅汽油后，可添加磷化物添加剂，以防止排气门的磨损。

当采用催化剂净化排气污染物时，铅化物会吸附在催化剂表面，使催化剂活性降低，缩短使用期，造成催化剂劣化。

(2)代用燃料

开发代用燃料就是扩大使用能源范围，在改善发动机热效率的同时，也可以改善排放特性。

在代用燃料中，含氧的醇类燃料及 LPG、CNG 具有更大的可行性，因为其具有高的辛烷值和丰富的资源。甲醇可以从煤、液态天然气和木材资源中制取。可燃冰(甲烷)是具有潜力的代用燃料。

汽油 - 甲醇混合燃料已用于较高的 ε_c 试验中。在通常情况下，甲醇与汽油的容积比到 30% 时，对发动机性能几乎没有影响。市场用的乙醇汽油的容积比为 10%。

3. 后处理

随着排放法规的日益严格，单靠改善发动机燃烧过程为主的各种机内净化技术很难达到低排放指标的要求，而配合机外净化技术，可使 CO、HC 和 NO_x 降低 90% 以上。后处理包括排气后处理技术和非排气污染物处理技术。

表 6-8 示出了汽油机排气污染物的后处理净化措施。

表 6-8　汽油机排气污染物的后处理净化措施

控制技术	净化措施	控制对象		
		CO	HC	NO_x
二次空气喷射系统	二次空气法	↓	↓	
热反应器	排气总管出口有足够高的温度和空气量	↓	↓	
三效催化转换器	应用 Pt-Rh 系催化剂	↓	↓	↓
NO_x 吸附 - 还原催化转化器(ARC)	催化剂的活性成分是贵金属，吸附剂为碱金属	↓		↓
HC 吸附器	在低排气温度时 HC 被吸附在吸附器上		↓	

(1)二次空气喷射系统

二次空气喷射系统又称为空气管理系统。其主要作用是在冷启动时，由电控单元根据发动机温度，控制新鲜空气喷射到排气门的后面或三效催化转换器中，使排气中的 CO 和 HC 进一步氧化和燃烧成为 CO_2 和 H_2O，减少了排气中的 HC 和 CO 的排放，提高了催化剂的转化率。这种空气与排气混合继续进行氧化的方法，又称为二次空气法。

(2)热反应器

在排气道出口处安装用耐热材料制成的热反应器，如图 6-55 所示。由于有较大的容积和隔热保温的功能，同时配合二次空气喷射，以保证 CO 和 HC 进行氧化反应，一般 CO 氧化反应温度仅为 850 ℃，HC 氧化反应温度为 750 ℃，在浓混合气条件下，热反应量产生大于 900 ℃ 的高温，通入二次空气时，使 CO 和 HC 的转化率可达 80%。在稀混合气条件下，无须通入二次空气，就能得到较高的 CO 和 HC 转化率，但对 NO_x 没有净化效果。随着净化效果更高的三效催化转换器的普遍应用，热反应器在生产的汽车上很少采用，但在摩托车上仍有应用。

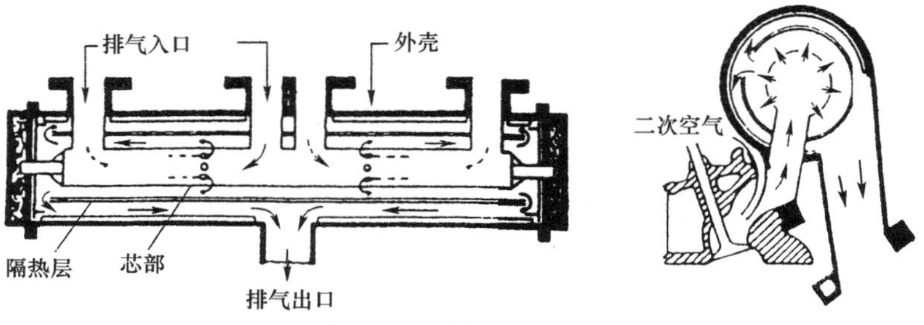

图 6-55　排气热反应器

(3)三效催化转换器

三效催化转换器(three way catalyst,TWC)是在三元催化剂的作用下,像滤清器那样通过排气时,将汽油机排气中的 CO、HC 和 NO_x 进行催化反应,快速转化为 CO_2、H_2O 和 N_2,实现同时净化的一种反应器。

①催化转换器的结构及原理

催化转换器的基本结构如图 6-56 所示,它由壳体、减振垫、载体及催化剂涂层四部分组成。通常所说的催化剂是指涂层部分或载体与涂层的合称,它决定了催化转换器的主要性能指标。

a. 载体

载体有两种,一种是由不锈钢波纹管卷制而成的金属载体,具有几何表面积大、流通阻力小、加热快和机械强度高的优点,但成本高,目前主要用于控制冷启动排放的紧凑耦合催化器和摩托车用催化器。

另一种是陶瓷载体,只用堇青石(化学成分为 $2MgO \cdot 2Al_2O_3 \cdot 5SiO_2$,一种铝镁硅酸盐陶瓷)挤压成型烧结而成,通常呈方形孔蜂窝结构,如图 6-57 所示。目前,世界上车用催化剂载体的 90% 是陶瓷载体。

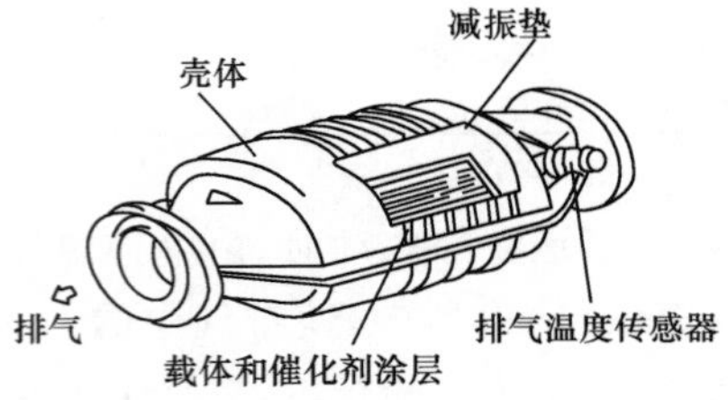

图 6-56 催化转换器的基本结构

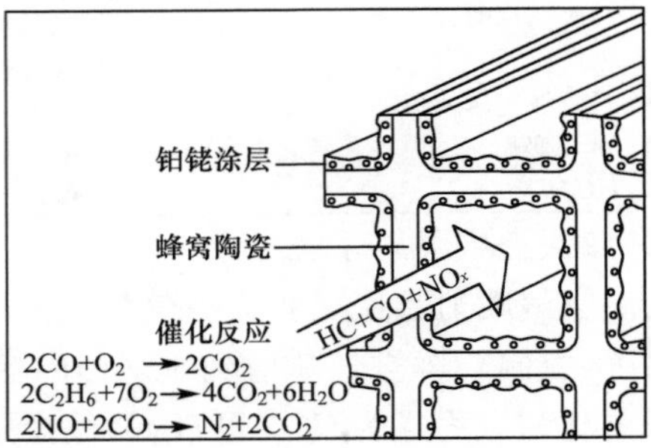

图 6-57 三元催化转换器的结构原理图

b. 涂层

在陶瓷载体蜂窝孔道的壁面上涂有一层非常疏松的 γ-Al_2O_3 活性涂层,粗糙多孔的表面使催化反应表面积扩大 7 000 倍左右。在涂层表面散布着作为活性材料的贵金属,一般为铂(Pt)、铑(Rh) 和钯(Pd),以及作为助催化剂的铈(Ce)、钡(Ba) 和镧(La) 等稀土材料。助催化剂主要用于提高催化剂的活性和高温稳定性。

②催化剂的工作原理

a. 氧化型催化剂

CO 和 HC 与氧进行氧化反应,生成 CO_2 和 H_2O,但对 NO_x 无效。

$$2CO + O_2 = 2CO_2 \tag{6-5}$$

$$4HC + 5O_2 \longrightarrow 4CO_2 + 2H_2O \tag{6-6}$$

b. 三效催化剂

CO 和 HC 与 NO_x 互为氧化剂和还原剂,生成 CO_2、H_2O 和 N_2。

$$2CO + 2NO = 2CO_2 + N_2 \tag{6-7}$$

$$4HC + 10NO \longrightarrow 4CO_2 + 2H_2O + 5N_2 \tag{6-8}$$

剩余的 CO 和 HC 则按式(6-5) 和式(6-6) 进行反应。

③催化器的性能指标

a. 转化效率

催化剂的转化效率定义为

$$\eta_i = \frac{C(i)_1 - C(i)_2}{C(i)_1} \times 100\% \tag{6-9}$$

式中　η_i—— 排气污染物 i 在催化器中的转化效率；

$C(i)_1$—— 排气污染物 i 在催化器入口处的浓度；

$C(i)_2$—— 排气污染物 i 在催化器出口处的浓度。

b. 空燃比特征

催化剂转化率的高低还与空燃比 A/F 有关，如图 6-58 所示，三效催化器在化学计量比（即 $A/F = 14.8$）附近的狭窄区间内（运行时）对 CO、HC 和 NO_x 的转化率同时达到最高值，这个区间被称为窗口。

c. A/F 控制反馈系统

为使发动机在实际使用中的 A/F 控制在这个高效窗口内工作，在发动机电控系统中普遍采用氧气传感器组成的 A/F 反馈控制系统，即 A/F 闭环控制方式，如图 6-59 所示。氧气传感器安装在三效催化转换器前面的排气总管中，其功能是检测排气中的氧含量，以确定实际 A/F 和化学计量比的差值，并向电控单元发出相应的电压信号，从而控制喷油量的减少或增加。窗口越宽，则表示催化剂的实用性能越好，同时也对电控系统控制精度的要求越低。使用催化剂的闭环电控系统的平均净化率可达 95%。

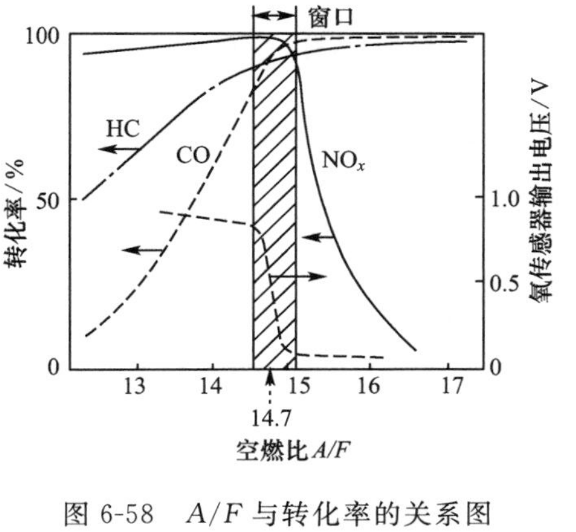

图 6-58　A/F 与转化率的关系图

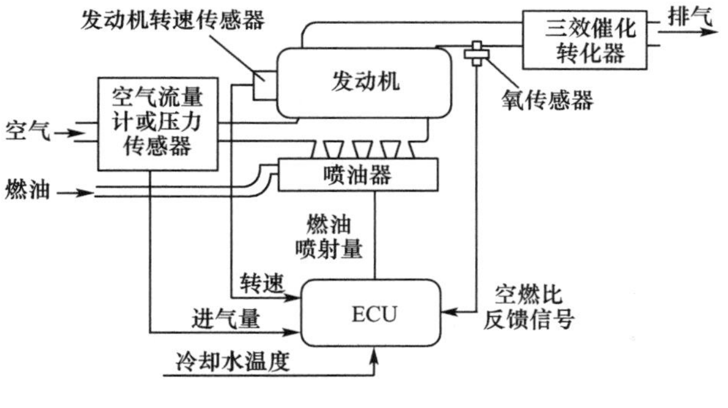

图 6-59　A/F 控制反馈系统示意图

(4) NO_x 吸附 - 还原催化转化器

稀燃汽油机，特别是分层充气高度稀燃的汽油机，提高了燃料的利用率，从而提高了燃料经济性，同时降低了 CO_2 排放，排气中的 CO 也减少了，在一定 A/F 范围内 HC 和 NO_x 也有所降低，但氧的浓度却明显提高，原有三效催化剂还原 NO_x 的效率大大降低，利用吸附 - 还原催化转化器（adsorption-reduction catalyst，ARC）可以降低稀燃汽油机的 NO_x 排放[6]。

所谓吸附 - 还原法，是在氧过量（富氧）的情况下，吸附剂（MO，其中 M 代表金属）将 NO_x 储存起来，进行反应如下：

$$NO + 0.5O_2 = NO_2 \tag{6-10}$$

$$NO + MO = MNO_2 \tag{6-11}$$

然后，当排气处于贫氧（富油）的情况下或受热升温时，硝酸盐分解释放出 NO 或 N_2，进行的分解和还原反应为

$$MNO_3 = NO + 0.5O_2 + MO \quad (6\text{-}12)$$

$$NO + CO = 0.5N_2 + CO_2$$

$$(2c + 0.5h)NO + C_cH_h \longrightarrow (c + 0.25h)N_2 + 0.5hH_2O + cCO_2$$

该法要求 NO_x 的储存材料有较大的吸附力，并且在排气处于化学计量比(14.8)或富氧($A/F > 14.8$)条件下应有很好的稳定性。这时，促进反应的催化剂一般为贵金属，如铂(Pt)，吸附剂一般为碱金属或碱金属的氧化物，如 BaO 等。

吸附-还原催化转化器的工作原理如图 6-60 所示。当发动机在稀燃（富氧）状态下工作时，排气处于氧化气氛，在贵金属铂(Pt)的催化作用下，使 NO 与 O_2 反应生成 NO_2，NO_2 再与吸附剂中的碱金属钡(Ba)化合，并以硝酸盐的形式被吸附在碱土金属表面。同时，CO 和 HC 被氧化反应成 CO_2 和 H_2O 排出催化器。而当发动机在浓混合气（富油）状态下运转时，形成还原气氛，贵金属催化剂 Pt 使 $Ba(NO_3)_2$ 分解，并释放出 NO，NO 再与 CO 和 HC 反应被还原为 N_2。

在稀、浓混合气交替的环境下，碱金属钡(Ba)分别以 $Ba(NO_3)_2$、BaO 的形态存在，起着吸附及释放 NO(NO_x)的作用。为保证催化剂在稀-浓混合气交替环境下有效稳定地工作，不影响发动机的动力性和经济性，对稀燃发动机的控制方式应进行特殊设计，如图 6-61 所示。即每隔 50 ~ 60 s，由 ECU 自动控制节气门减小开度，使 A/F 由 23 变到 10，同时点火提前角也由 BTDC 35°CA 推迟到 BTDC 5°CA，这一期间持续 5 ~ 10 s，称为催化剂的再生过程。也可将再生过程设在怠速时，因这时转速低，可以得到高的 NO_x 还原效果。

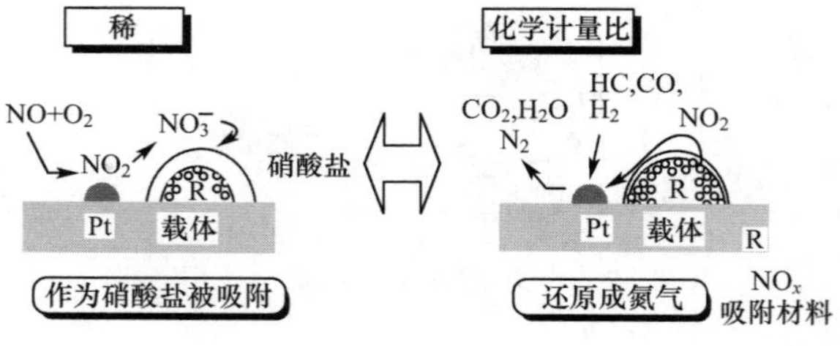

图 6-60 吸附-还原催化转化器的工作原理

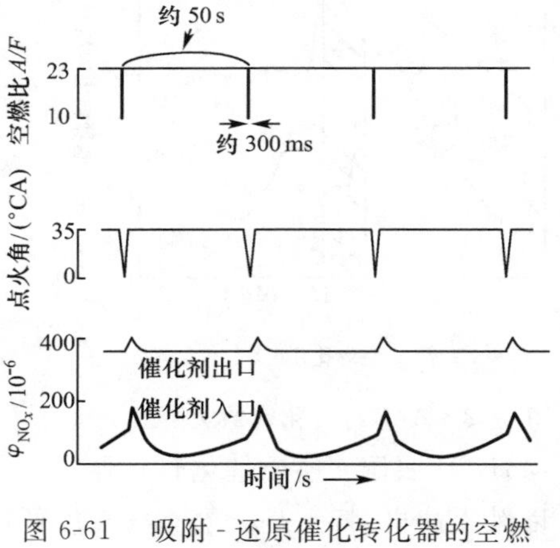

图 6-61 吸附-还原催化转化器的空燃比控制方法

吸附-还原催化转化器（对 NO_x 的净化效率可达 70% ~ 90%，其最佳工作温度在 250 ~ 450 ℃。为了解决稀燃发动机的冷启动的排放问题，一般还要前置一个三效催化转换器。

(5) HC 吸附器

在后处理系统中串联一个 HC 吸附器(HC trap, HCT)，其材质一般用沸石等。在排气温度低时，HC 被吸附在 HCT 上；当排气温度足够高时，HC 由 HCT 脱附，并在后续的 TWC 上被充分净化。

4. 火花点火(SI) 汽油机低排放控制技术方案

汽油机排气污染物控制的对象是CO、HC和NO_x三种，炭烟很少。这主要是由汽油机所用汽油燃料和均质混合气预混合燃烧方式决定的。轻型车排放限值按欧洲 2005 年执行的欧Ⅳ 标准。对汽油机实现低排放主要靠机外后处理净化技术。

(1)轻型车达低排放欧 Ⅳ 标准的控制方案

①优质无铅汽油(97 号)。

②进气道电控汽油喷射，闭环控制化学计量比燃烧。

③排气再循环(EGR)。

④控制点火定时。

⑤三效催化转换器。

(2)日产(NAPS-EGI) 低排放车的控制方案实例

图 6-62 示出了日产 NAPS-EGI 系统简图。

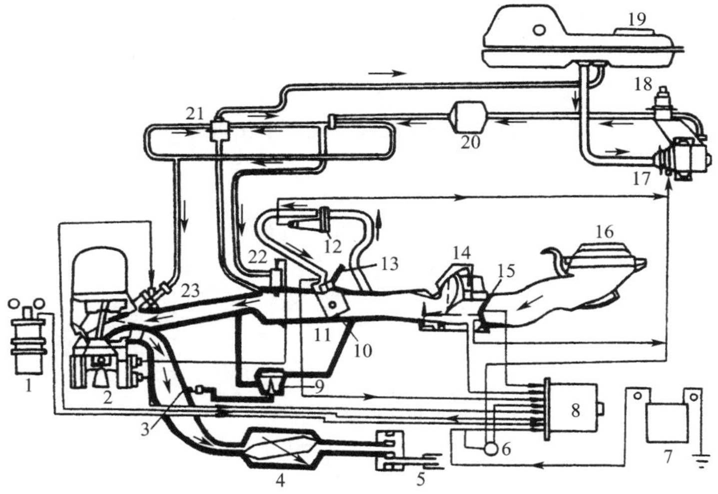

图 6-62　日产 NAPS-EGI 系统简图

1— 点火线圈；2— 水温传感器；3— 声速喷嘴；4— 催化反应器；5— 消声器扩散段；6— 启动电动机；7— 蓄电池；8— 控制器；9— 排气再循环控制阀；10— 节气门开关；11— 节气门室；12— 空气调节器；13— 怠速调整螺钉；14— 空气流量仪；15— 进气温度传感器；16— 空气滤清器；17— 喷油泵；18— 喷油调节器；19— 油箱；20— 燃油滤清器；21— 压力调节器；22— 冷启动喷油器；23— 主喷油器

①电子控制汽油喷射装置

每缸进气门前有主喷油器，总管上还有冷启动喷油器，当冷却水温低于 18 ℃ 时，它把燃油喷入进气管的空气分配器内。ECU 控制喷油器的喷油量和喷油定时，喷油泵和喷油调节器保持喷油压力为 2.5×10^5 Pa。

②排气再循环装置

只有当冷却水温在 50 ℃ 以上及变速器处于最高速和超速以外挡位时，由于变速器开关断开，排气再循环控制阀打开工作。而当发动机在冷态及汽车在最高速和超速挡位行驶时，排气再循环控制阀关闭。

③变速器控制的点火装置

当汽车在最高速及超速以外的挡位运行时，变速器开关断开，点火相应推迟，使 NO_x 和 HC 生成量减少。

④二次空气引入装置与氧化催化器

这个系统中采用声速喷嘴利用排气脉动负压，在发动机从低速到中速的范围内，从节气门室把一定量的空气引入排气侧，使未燃的 CO 和 HC 再次燃烧。而从中速到高速的范围内，不引入二次空气。在系统的最后阶段，采用催化反应器，除去残留的 CO 和 HC，以达到排放标准。

6.3.2 柴油机排气污染物的控制技术与净化措施

柴油机排气污染物控制对象主要是 NO_x 与微粒(PM)，包括炭烟；其次是 HC，因为重质 HC 是构成排气 PM 的一部分，但 HC、CO 的排放比汽油机少得多。

1. 机内净化

由于柴油机排气中含有 S，致使催化器中毒失效。由于排气中有大量的 PM，易使微粒捕集器堵塞，须进行再生处理。因此，柴油机的排气污染物控制主要是靠机内净化技术实现的。

表 6-9 列出了控制柴油机 NO_x 和 PM 排放的机内净化措施[7]。

表 6-9 柴油机排气污染物的机内净化措施

控制技术	净化措施	控制对象	
		NO_x	PM
结构和原理优化	直喷式燃烧室形状优化设计		↓
	提高压缩比		↓
	可变压缩比活塞	↓	
低排放燃烧技术	均质充量压燃方式	↓	↓
	低温预混合燃烧方式	↓	↓
低排放喷油技术	高喷油压力	↓	
	喷油规律控制	↓	↓
	电控高压共轨喷油系统	↓	↓
低排放进气系统	适当组织缸内的气流运动		↓
	可变进、排气门定时	↓	
	低温循环技术	↓	
排气涡轮增压技术	排气涡轮增压中冷技术	↓	↓
	可变涡轮喷嘴面积增压器技术	↓	↓
	两级涡轮增压技术	↓	↓
柴油机排气再循环技术	外部和内部排气再循环系统	↓	
	冷却排气再循环	↓	
	EGR 率控制	↓	

(1) 结构和原理优化

①直喷式燃烧室形状优化设计

直喷式燃烧室具有形状对称性好、与喷束和气流容易匹配、混合气形成均匀等特点，因此具有好的经济性和低的排放。对于车用柴油机直喷式燃烧室，通过计算流体(CFD)模拟、喷束 CFD 模拟和纹影照片，对燃烧室内的温度分布及过量空气系数的分布进行模拟分析后，将燃烧室形状优化设计成中部锥台突起、收缩口的结构，如图 6-63 所示。

燃烧室的口径比(d_k/D)、径深比(d_k/h)和有效容积比(V_k/V_c)等参数对加强活塞上行时形成的挤流强度、燃油与空气的分布与混合及提高柴油机的冒烟界限都有影响。研究表明，当压缩比不变时，喷油压力提高后，喷束长度有所增长，将燃烧室设计成略浅而口径大一些的形状，即增大有效容积比，使排放改善。图 6-64 示出了燃烧室容积比 V_k/V_c 的变化范围为 0.7 ～ 0.85。

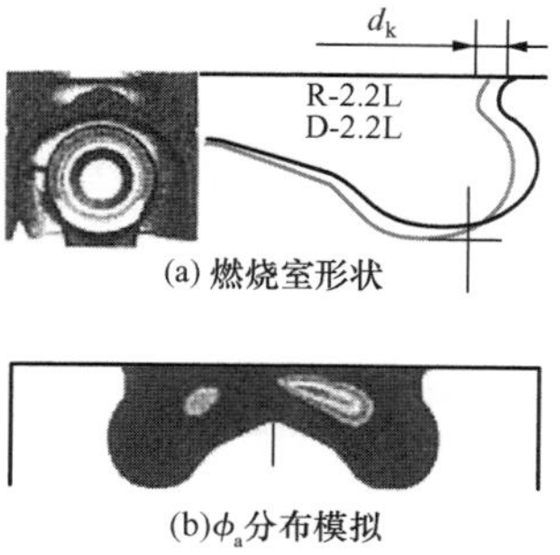

图 6-63　燃烧室形状及 ϕ_a 分布模拟

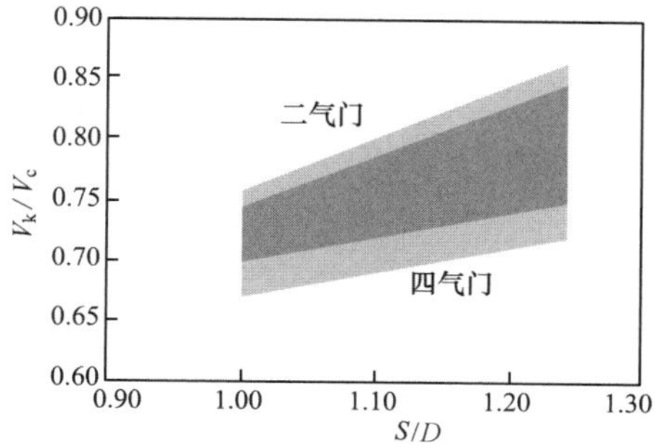

图 6-64　V_k/V_c 与 S/D 的关系

②提高压缩比

柴油机适当提高压缩比，可提高热效率，改善经济性和降低 HC 和 CO 排放，但最高燃烧压力也有所升高，可通过推迟喷油定时得到控制。所以，提高压缩比结合推迟喷油定时，是改善柴油机性能和降低排放的有效措施。

③可变压缩比活塞

对高增压系统的柴油机，通过改变气缸的余隙容积，实现可变压缩比。在启动和低负荷时，为了保证迅速启动和较好的低速运行性能，采用变 ε_c。在高负荷时，为了限制最高爆压 p_{max} 过大，采用低的压缩比，不仅避免了爆震，而且获得较低的排放。

(2)低排放燃烧技术

①均质充量压燃方式

采用预先早期喷油或预喷射、大的 EGR 率、在着火燃烧前预先进行燃料与空气的均匀混合，以实现稀燃。由于混合气稀薄，过量空气系数 $\phi_a > 1$，如图 6-65 所示的 B 点，在抑制 NO_x 生成的同时，还使炭烟迅速氧化。通过提高高喷油压力，电控共轨喷油系统的预喷射和分级喷射，通过采用柔性喷油规律，以及采用孔数多、孔径小的压电式喷油器与气流和燃烧室形状的匹配，形成均匀混合气，控制着火较晚，在上止点或之后。控制当量比 ϕ(浓度) 和缸内温度分布是重点研究的课题。这种燃烧方式适合于小型高速车用柴油机。

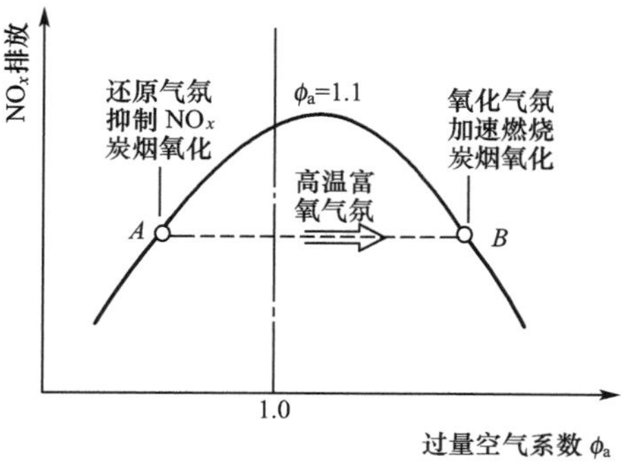

图 6-65　稀薄预混合燃烧原理图

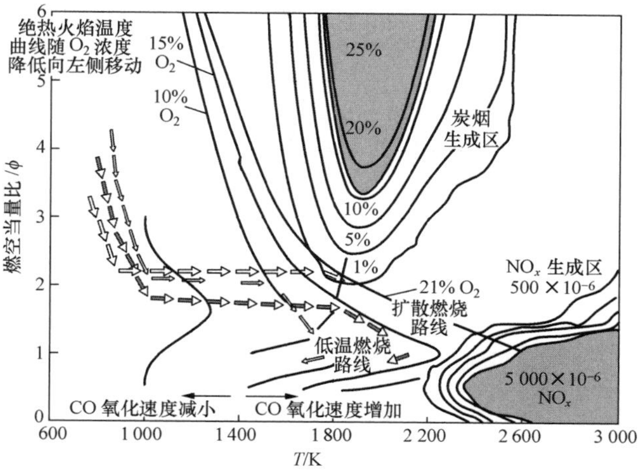

图 6-66　柴油机低温燃烧原理图

②低温预混合燃烧方式

采用延迟喷油(−5°CA BTDC),大的冷却带 EGR 率,延长滞燃期,高喷油压力,使滞燃期与喷油持续期相同,油气急速混合,当量比 ϕ 比较小(0.8～1.0),使整个燃烧过程处于相对低的燃烧温度(1 800～2 200 K),如图 6-66 所示的低温燃烧路线,进行高强度燃烧。实现了低的 NO_x 和 PM 排放。通过采用电控高压共轨喷射,增压中冷,冷却的 EGR,较迟的喷油定时,控制上止点后着火的一个峰值的快速放热曲线。控制滞燃期长是重点研究课题。这种燃烧方式适合于高增压大功率柴油机。

(3)低排放喷油技术

①高喷油压力(p_{inj})

高喷油压力通常指高压油管嘴端的峰值压力 p_{max},对共轨喷油系统是指共轨管内的压力。一般高于 100 MPa,最高可达 200 MPa,期望值为 250 MPa。

a.高喷油压力可使喷雾油滴进一步细化,增大油滴与空气接触的表面积,改善油滴的汽化,加速与空气的均匀混合,是降低 PM 排放的主要措施,如图 6-67 所示;

b.高喷油压力可使燃油的喷射速度提高,增强对周围空气的卷吸作用,加快最佳混合气形成速度,浓度分布更加均匀,使着火滞燃期缩短,有利于降低 NO_x 排放;

c.高喷油压力可与较低涡流燃烧系统相匹配,目前车用柴油机喷孔尺寸为 0.16～0.18 mm,高压后可进一步缩小,孔数可增加到 6～8 个,改善炭烟排放,如图 6-68 所示。

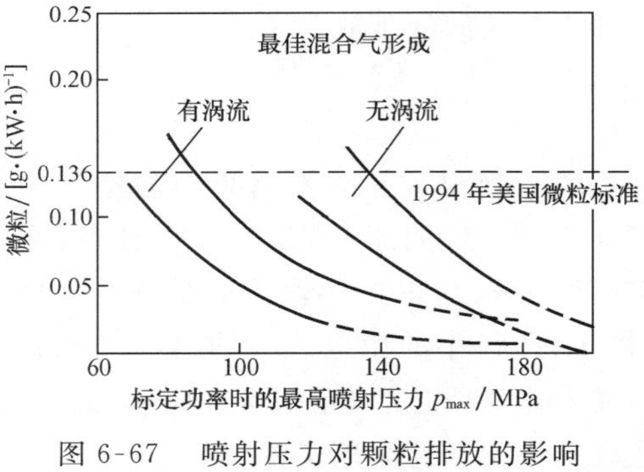

图 6-67 喷射压力对颗粒排放的影响

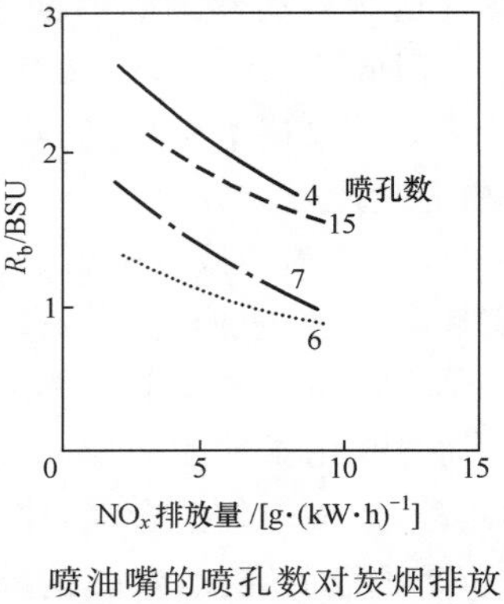

图 6-68 喷油嘴的喷孔数对炭烟排放的影响

喷油压力提高,可使 EGR 率增大,NO_x 排放降低。图 6-69 示出了欧 Ⅳ 排放的柴油机对喷油压力的需求。

②喷油规律控制

喷油规律控制,就是喷油率控制,包括喷油定时、喷油持续期和喷油率曲线形状控制。喷油规律控制就是控制预混燃烧的燃料量,比较理想的是采用靴形喷油规律及多次喷射模式。参见图 4-68(b) 和图 4-68(c)。

a.喷油率曲线形状

控制呈靴形喷油规律的曲线形状,就是控制初期喷油率低、中期喷油率高和后期断油迅速,达到抑制 NO_x 生成又降低 PM 排放的目的。

b.喷油定时,即喷油提前角(φ_{fj})

喷油定时是指燃油喷入气缸的时刻。推迟喷油定时,就是把喷油提前角向上止点(TDC) 方向移动。实验表明,当喷油提前角比设定值小 1°CA 时,NO_x 排放将降低 15% 左右，如图 6-70 所示。可见，推迟喷油定时是降低 NO_x 排放的有效措施之一。目前采用高压喷油后，喷油定时已减小到上止点前(BTDC)5°CA 左右。

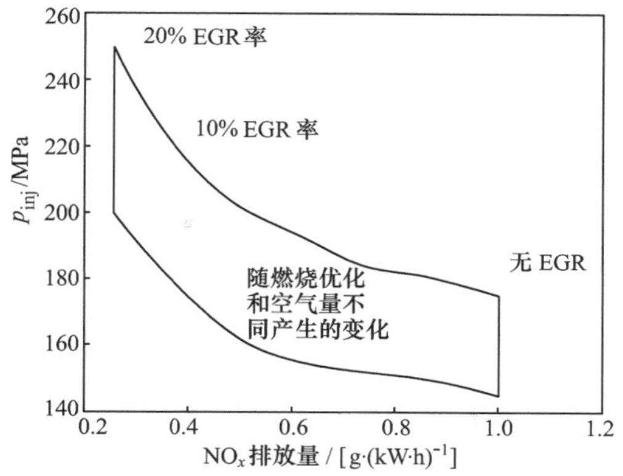

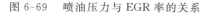

图 6-69　喷油压力与 EGR 率的关系

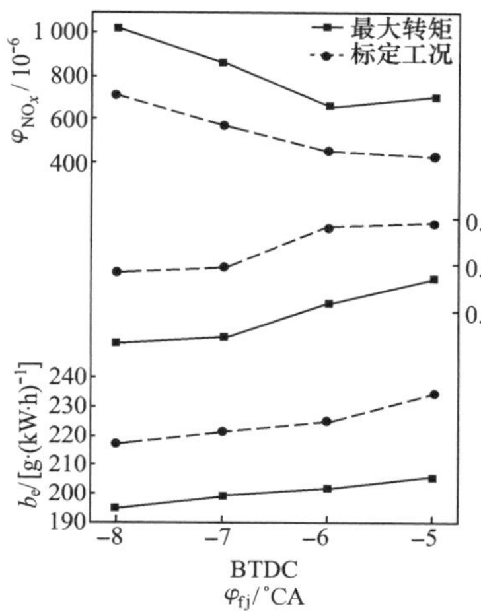

图 6-70　喷油定时对排放的影响

c. 多次喷射技术

多次喷射是指在一次喷油过程中分为 3～5 次进行喷射，即分为预喷射、主喷射和后喷射。

预喷射　在主喷射前有少量燃油(约占总喷油量的 10% 左右)预先喷入气缸内。这样，在着火滞燃期只能产生有限的可燃混合气量，这部分混合气形成的初期燃烧放热较少，并使主喷射燃油的着火滞燃期 τ_i 缩短，避免了常规直喷式柴油机燃烧初期压力和温度的急剧升高，可使 NO_x 排放明显降低，图 6-71 示出了预喷射对 NO_x 和 R_b 的影响。

主喷射和后喷射　大部燃油是在主喷射喷入的，而后喷射是在主喷射之后有少量燃油在燃烧后期喷入，主喷射与后喷射油量之比为 7∶3 左右。后喷射的燃油实际上对正在进行的燃烧起到一种扰动作用，可促进燃烧后期的混合气形成及燃烧加速，使燃烧持续期缩短，降低炭烟排放，其机理如图 6-72 所示。这是由于在两股喷束中间形成一个高温稀区，第二个油束脉冲过来时，油束头部就减少了炭烟排放。

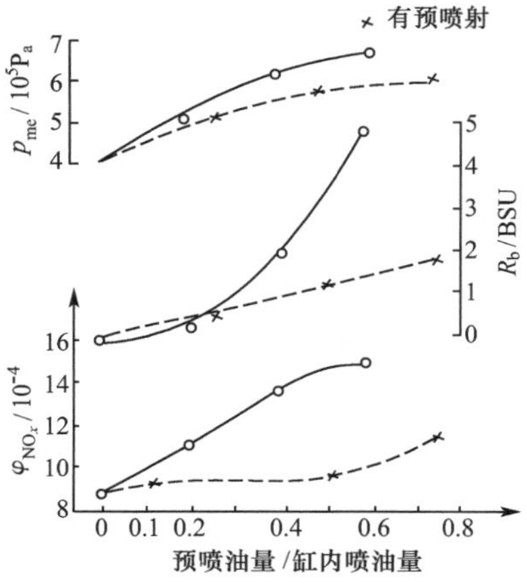

图 6-71　预喷射对 NO_x 和 R_b 的影响

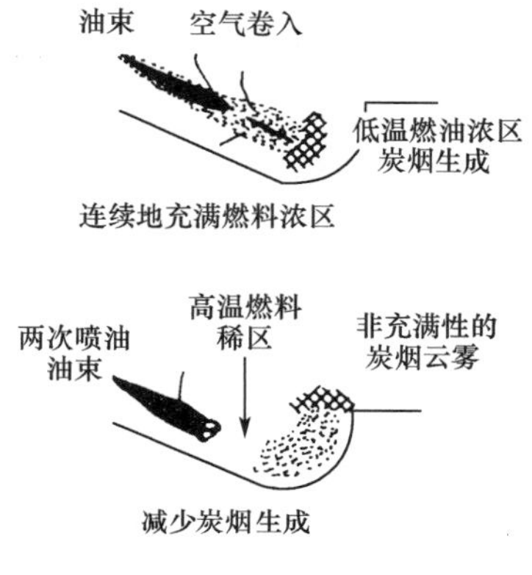

图 6-72　多次喷射减少炭烟机理示意图

③电控高压共轨喷油系统

电控高压共轨喷油系统是降低排放的重要措施。

a. 可实现高喷射压力，新一代的两级压缩的共轨系统双柱塞高压油泵，实行模块式压力控制，喷射压力为 230 ～ 250 MPa。

b. 可实现多次喷油，新一代压电晶体喷油器，可柔性调整喷油速率，实现了液压停留时间没有任何限制的多次喷射。

c. 喷油定时与喷油量分开，可精确、独立控制和调整喷油始点和喷油量。

d. 喷射压力不受柴油机转速和负荷(喷油量) 的影响，有利于改善部分负荷运行性能。

e. 共轨系统的模块化、智能化，提高了柔性控制的精确性和响应能力。

(4)低排放进气系统

①适当组织缸内的气流运动

采用计算流体(CFD) 模拟优化进气涡流。气流运动有利于燃烧室中空气与燃油喷雾的最佳混合，加速氧化反应，使燃烧更完全。改善了经济性，降低了微粒排放。气流运动与预喷射、大的 EGR 率相结合，可实现着火时刻的控制，有利于组织均质预混合稀燃方式的燃烧。

②可变进、排气门定时

柴油机普遍采用 4 气门结构，能提高低速时的涡流比，增大进气充量，也便于实现可变进气门定时的电控。当高增压柴油机在高负荷运行时，应相应增大进、排气门的重叠角，以增强扫气，进一步扫除缸内残余废气量，降低燃烧温度，降低 NO_x 排放。

③低温循环技术

低温循环(Miller 循环) 技术是通过在进气过程中提早关闭进气门，使进入气缸内的增压空气在气缸内膨胀，使压缩始点的压力和温度下降，加上有效压缩行程的减小，使压缩终点的压力和温度降低，进而降低了燃烧温度，因此，降低了 NO_x 排放。

(5)排气涡轮增压技术

①排气涡轮增压中冷技术

为了满足高功率和严格排放法规的要求，采用高增压压力(单级压比达 3.5)、高效率(达 65%) 的涡轮增压器，同时采用高效率的水 - 空中冷器(中冷器后的增压空气温度低于 50 ℃)。不仅能大幅度提高柴油机功率、降低油耗率，还使炭烟和 NO_x 排放明显降低。TCI 技术是柴油机净化最有效的措施。

②可变涡轮喷嘴面积增压器技术

为了使增压柴油机与涡轮增压器在各工况下良好匹配，采用可变截面的涡轮增压器。当外界负荷变化时，改变喷嘴叶片的角度，使流入涡轮叶片的气流参数改变，通过涡轮焓降的变化，实现涡轮做功的变化，进而使压气机出口的增压压力发生变化，从而获得全工况范围内性能改善，并且降低了微粒排放。还可通过对排气压力的控制，来调节废气再循环量，以减少 NO_x 的排放。

③两级涡轮增压技术

为了提高压缩比、扩大压气机工作范围，采用 1 级低压大流量与 2 级高压小流量的两个增压器串联在一起，如图 6-73 所示。为了增加匹配的自由度，在低、中速区域内实施两级增压，在高转速时实施单级增压。在发动机加速时，使所有排气直接流入 2 级小型增压器，以改善瞬态响应性能。而在发动机高转速时，排气直接流入 1 级大型涡轮增压器，以实现高功率的目标。可见，采用两级涡轮增压器可全面改善 NO_x 和微粒排放。

(6)柴油机排气再循环技术

柴油机排气再循环技术的基本原理与汽油机大致相同，但柴油机的 EGR 率(约 40%)要比汽油机的 EGR 率(约 20%)大。现代柴油机一般都采用电控式排气再循环系统。

①外部和内部排气再循环系统

a. 外部排气再循环系统

是在气缸外部实施的废气再循环，所实施的 EGR 率受排气管背压与进气管压力之差的影响。对自然吸气式柴油机，由于进排气之间有足够的压力差，故很容易实施排气再循环。对增压柴油机，通常采用把废气的回流口设在中冷器之后的方法，如图 6-74 所示。为了防止高负荷高增压时，增压压力高于排气背压发生倒流的现象，通常采用可变涡轮面积的增压方式，通过减小涡轮喷嘴面积来提高排气压力。

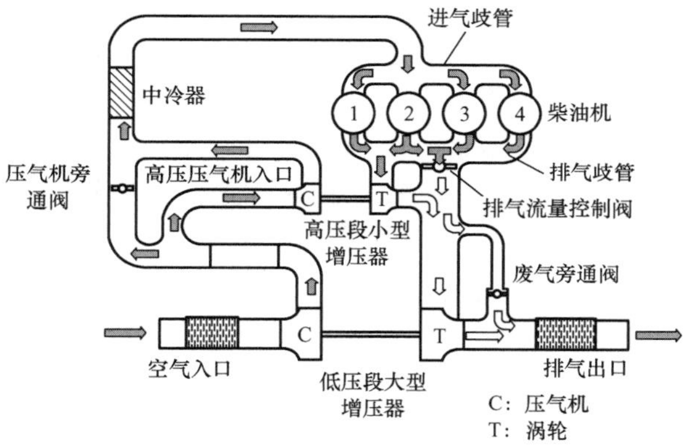

图 6-73　两级涡轮增压系统示意图

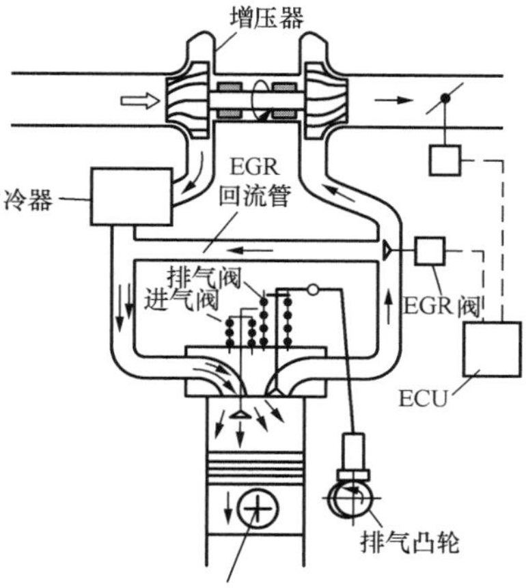

图 6-74　柴油机外部排气再循环系统

b. 内部排气再循环系统

只通过控制排气门的开关相位，在气缸内部实现废气的充入。对于普通配气机构，是在排气凸轮之后专设一个排气再循环凸轮，再次打开排气门随进气行程进入气缸实现排气再循环。对可变进、排气门定时，由电控单元控制排气门相位，根据不同工况来精确控制 EGR 率。

②冷却排气再循环

a. 排气再循环冷却器

为了满足大量排气再循环的需要，用排气再循环冷却器对再循环废气进行冷却，叫作冷却排气再循环。由于使循环的废气温度降低，相应循环气量增加，因而使炭烟及 NO_x 排放都降低。为了提高冷却器的效率，采用冷却水腔式排气再循环冷却器，如图 6-75 所示。通过控制冷却液入口的流量来调节排气再循环的温度，以适应不同负荷工况对冷却排气再循环的要求。高负荷时要调低排气再循环温度。图 6-76 示出了柴油机在 80% 负荷、60% 转速时，冷却排气再循环对排放的影响。

b. 高压和低压相结合排气再循环系统

为实现高的 EGR 率，理想的方法是在整个工况范围内使进气管内的混合气温度尽量低。为此，采用低压排气再循环系统与高压排气再循环系统相结合的方案，如图 6-77 所示，使柴油机达到 Tier2 Bin5 排放标准。

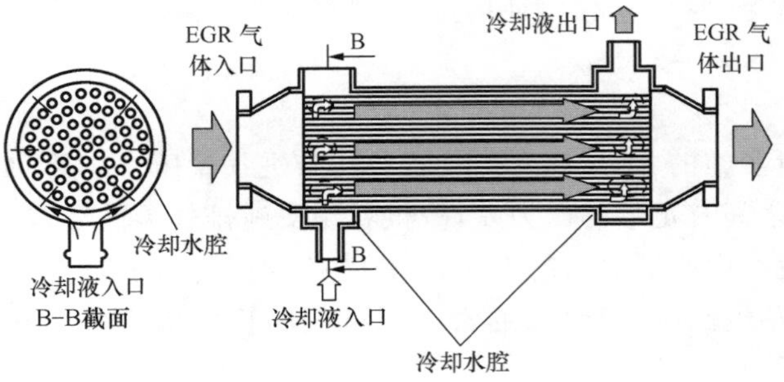

图 6-75 冷却水腔式排气再循环冷却器

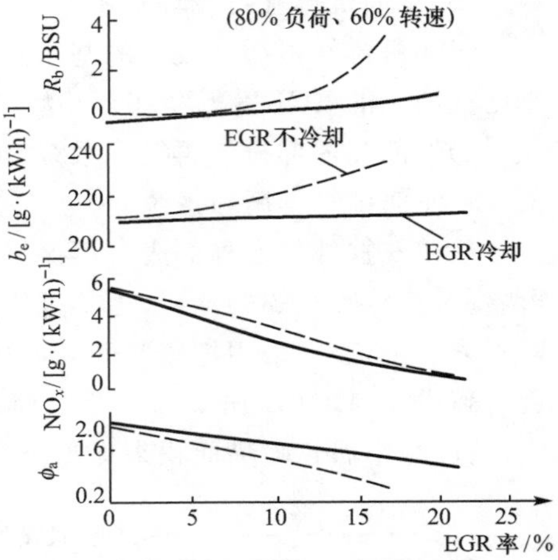

图 6-76 冷却排气再循环对排放的影响

在低压排气再循环系统中，废气取自颗粒过滤器之后，经催化净化并清除了炭烟的废气再与空气混合成理想的均匀状态，在整个工况范围内使 NO_x 排放较低，且不会使 EGR 冷却器产生积炭。

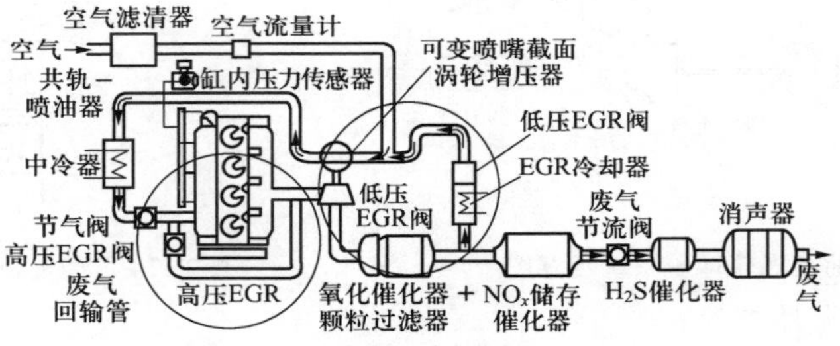

图 6-77 高压和低压排气再循环系统示意图

③EGR 率控制

EGR 率应随发动机工况不同而改变。图 6-78 示出了车用直喷柴油机的 EGR 率的脉谱图及相应的 NO_x 降低效果。在高速高负荷时，停止使用排气再循环；随负荷和转速的降低，逐渐加大 EGR 率。各工况的最佳 EGR 率应根据实验结果确定。

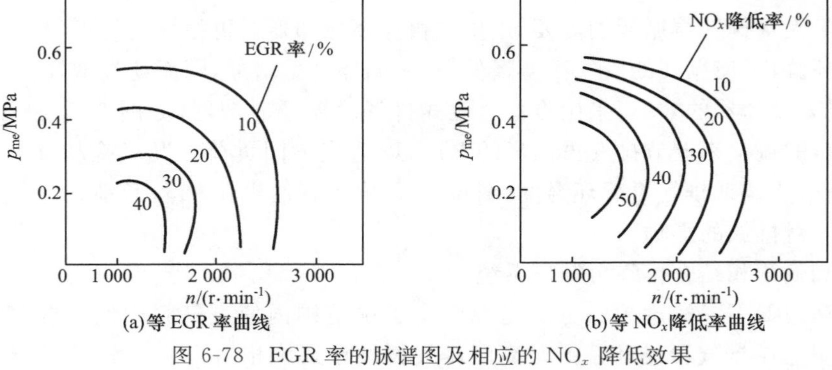

(a)等 EGR 率曲线 (b)等 NO_x 降低率曲线

图 6-78 EGR 率的脉谱图及相应的 NO_x 降低效果

2. 前处理

前处理就是在柴油机中使用低有害排放物的优质燃料。

柴油机排气污染物的前处理净化措施见表 6-10。

表 6-10　　柴油机排气污染物的前处理净化措施

控制技术	净化措施	控制对象	
		NO_x	PM
柴油改质	降低柴油的含硫量		↓
	严格限制柴油中的芳香烃,特别是多环芳香烃的含量		↓
	尽量减小十六烷值与十六烷值指数之间的差值	↓	
柴油掺水燃烧	乳化柴油	↓	↓
代用燃料	E20 乙醇柴油		↓
	二甲醚		↓
	可再生的植物油＋柴油的混合柴油		↓

(1)柴油改质

①降低柴油的含硫量

柴油的含硫量越少,排放微粒中的硫酸盐就越少。而且低硫柴油可采用氧化型催化剂降低微粒排放。欧洲排放法规对柴油的含硫量的要求:欧Ⅲ要求柴油含硫量$\leqslant 0.35\%$,欧Ⅳ要求含硫量$< 0.05\%$,欧Ⅴ要求含硫量$< 0.01‰$。2017 年开始,国Ⅴ要求含硫量< 10 mg/kg。

②严格限制柴油中的芳香烃,特别是多环芳香烃的含量

由于炭烟的生成是燃料在高温缺氧区发生脱氢反应所致,而芳香烃,特别是高沸点的双环芳香烃容易产生脱氢反应,从而增加了炭烟生成量。

③尽量减小十六烷值与十六烷值指数之间的差值

十六烷值是指柴油在实验发动机上测得的有关柴油压缩着火性的一个相对性参数,是柴油相对的十六烷值。而十六烷值指数是指燃料固有的十六烷值,由被测燃料特性计算得出。固有的十六烷值和加入十六烷值改善剂后的十六烷值对柴油机的影响是不同的。

由于十六烷值增加使滞燃期缩短,如图 6-79 所示,高温火焰直接接触液态燃料的机会增加,从而加快脱氧反应,结果使烟度增加。但十六烷值降低会使着火性变差,引起工作粗暴,低负荷蓝烟增加,因此,从燃料性质来改善烟度的方法是很狭隘的。

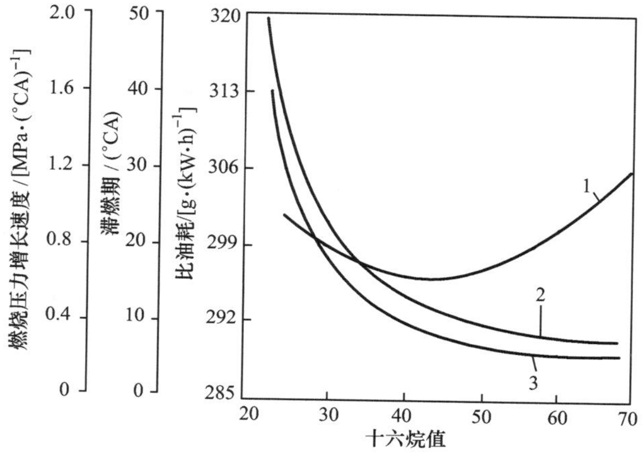

图 6-79　十六烷值与柴油燃烧特性和比油耗的关系

1— 比油耗;2— 滞燃期;3— 燃烧压力增长速度

(2)柴油掺水燃烧

掺水方法有 3 种:水 + 乳化剂 + 柴油形成乳化柴油;直接把水喷入气缸;把水雾化加入空气之中。其中乳化柴油最为有效。乳化柴油的含水量是主要影响因素,一般含水量容积比为 8% ~ 15%,乳化剂容积比为 1% ~ 2% 时,可使 NO_x 排放和烟度明显改善。机理是水可以降低燃烧室中的火焰温度,因而 NO_x 排放减少;水延长滞燃期,增加在预混合火焰中燃烧的燃油比例,因而减少在扩散火焰中生成炭烟量。乳化柴油雾化后可形成油包水的微滴,中心部分水的微爆作用改善了混合气形成的均匀性,促使炭烟减少。

(3)代用燃料

①E20 乙醇柴油

乙醇也是柴油很好的代用燃料。乙醇 + 柴油 + 助溶剂(异丁醇或汽油)可以代用到 20%,即 E20,而且烟度明显降低。

②二甲醚

二甲醚(DME)有望在压燃式内燃机中实现高效而无烟的燃烧。可达到欧 Ⅲ 排放标准。

由于 DME 易挥发,黏度低,供油部件易磨损和泄漏,低压油路易发生气阻,所以 DME 发动机的燃料供给系统需要重新开发。加上 DME 的生产、储运、使用是一个复杂系统,目前离实用还相距甚远。

③可再生的植物油 + 柴油的混合柴油

植物油性质与柴油接近,而且含氧量较高,可改善排气烟度。植物油黏度高,影响雾化质量,导致燃烧不完全,并且易形成沉积物。把植物油甲脂化能改善燃烧性,与柴油掺混成混合油可以取代一部分柴油。但由于来源的问题,代用是有限的。

3. 后处理

近年来,随着柴油机排放法规日趋严格,在对柴油机进行机内净化及推广使用低硫柴油的同时,必须进行后处理净化的配合,使得柴油机的微粒和 NO_x 排放同时都减少。柴油机排气污染物的后处理净化措施见表 6-11。

表 6-11　柴油机排气污染物的后处理净化措施

控制技术	净化措施	控制对象	
		NO_x	PM
氧化催化转化器	降低 SOF、HC 和 CO		↓
选择性催化还原器	催化还原反应	↓	
NO_x 吸附催化还原技术	吸附剂存储,再生还原 N_2	↓	
等离子催化还原技术	等离子部分氧化,催化剂还原	↓	
微粒过滤器	壁流式蜂窝陶瓷		↓
DPF 的再生	把微粒中的碳粒氧化		↓
后处理装置组合(DPF + SCR)		↓	↓

(1)氧化催化转化器

柴油机的排气温度较低,使得微粒中的炭烟难以氧化,但由于柴油机排气含氧量较高,可用氧化催化转化器(diesel oxidation catalyst,DOC)进行处理,使得微粒中的可溶性有机成分(SOF)得到催化氧化来降低微粒排放,同时也进一步降低了柴油机 HC 和 CO 的排放。

柴油机用的氧化催化剂原则上可与汽油机相同,常用催化剂是铂(Pt)或钯(Pd)等贵金属。用多孔的氧化铝材料作催化剂载体,并做成蜂窝状结构,当排出的废气通过载体时,催化剂(Pt/Pd)使消耗排气中的 HC 和 CO 的氧化反应能在较低的温度下很快地进行,与排气中

残留的 O_2 化合，氧化成 CO_2、H_2O 和 NO_2，其主要化学反应式为

$$CO + 0.5O_2 = CO_2 \tag{6-13}$$

$$C_nH_m + (n + 0.25m)O_2 \longrightarrow nCO_2 + 0.5mH_2O \tag{6-14}$$

$$H_2 + 0.5O_2 = H_2O \tag{6-15}$$

$$NO + 0.5O_2 = NO_2 \tag{6-16}$$

$$NO_2 = NO + 0.5O_2 \tag{6-17}$$

式(6-13) ~ 式(6-15) 分别表示废气中 CO、HC 和 H_2 的氧化，式(6-16) 和式(6-17) 分别表示 NO 的氧化和 NO_2 的分解。

氧化催化剂可使微粒中的 SOF 下降 40% ~ 90%。图 6-80 示出了装氧化催化转化器、使用低硫柴油使 PM 排放明显下降。

图 6-81 示出了催化转化效率与排气温度的关系。由图看出，温度在 180 ~ 340 ℃ 时微粒质量浓度最低，转化效率最高。

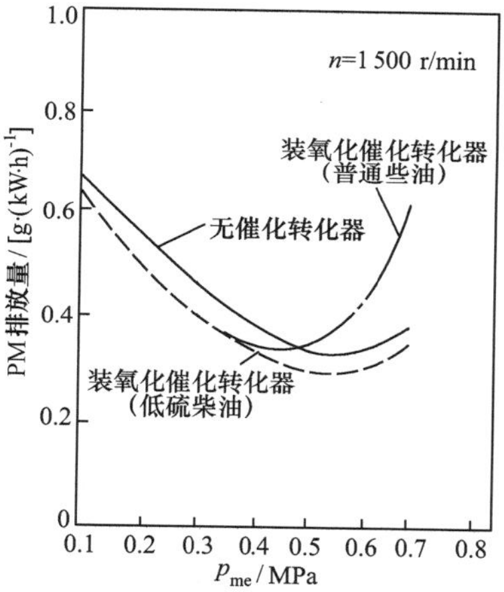

图 6-80　氧化催化转化器对 PM 排放的影响

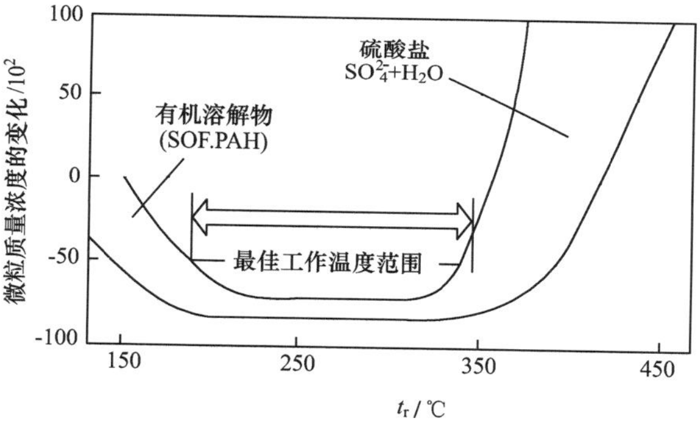

图 6-81　催化转化效率与排气温度的关系

(2)选择性催化还原器

由于柴油机是富氧燃烧，排气中氧的含量很高，HC 和 CO 的含量较低，因此三效催化转换器技术对柴油机不太适用，而 NO_x 在非催化的条件下分解为 N_2 和 O_2 的速度又相当慢。为此，降低柴油机排气中 NO_x 含量的方法只能是向排气中加入还原剂，对 NO_x 进行还原分解。后处理方法有：选择催化还原(SCR)、选择非催化还原(SNCR)、NO_x 吸附还原催化(NRC)、稀 NO_x 还原催化剂(LNC) 和低温等离子还原技术(NTP)。其中 SCR 的净化率最高，在柴油机上的研究最为广泛。

SCR 的作用是在机外转化器装置中加入还原剂，在催化剂的帮助下，把废气中的 NO_x 还原成 N_2 和 H_2O。还原剂可用各种氨类物质，包括氨气(NH_3)、氨水(NH_4OH) 和尿素[$(NH_2)_2CO$]。催化剂一般可用 V_2O_5-TiO_2、Ag-Al_2O_3 以及人造沸石等。

钒/尿素-SCR系统是还原剂为尿素、催化剂为 V_2O_5-TiO_2 的SCR系统，如图6-82所示。

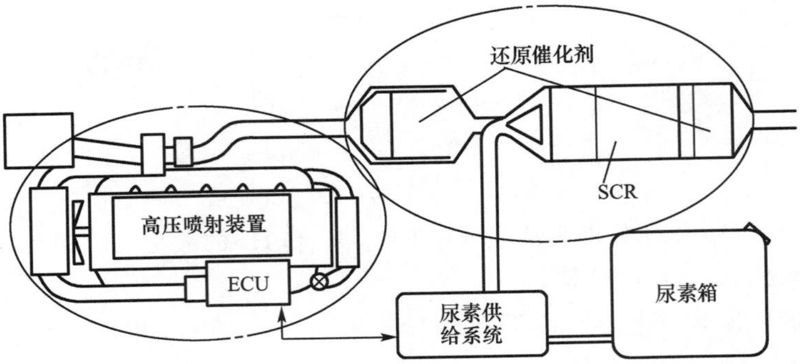

图 6-82 SCR系统

在SCR装置前供给相对燃料 3% ～ 5% 含量的尿素，用排气热进行加水分解反应产生 NH_3，化学反应式为

$$(NH_2)_2CO + H_2O \longrightarrow 2NH_3 + CO_2 \tag{6-18}$$

NH_3 对排气中的NO进行选择性还原。这种系统的工作温度为 250 ～ 500 ℃，其主要化学反应式为

$$4NH_3 + 4NO + O_2 = 4N_2 + 6H_2O \tag{6-19}$$

$$8NH_3 + 6NO_2 = 7N_2 + 12H_2O \tag{6-20}$$

$$6NH_2 + 2NO + 2NO_2 = 5N_2 + 6H_2O \tag{6-21}$$

$$4NH_3 + 5O_2 = 4NO + 6H_2O \tag{6-22}$$

式(6-19)和式(6-21)分别表示标准SCR和快速SCR反应。式(6-20)表示在缺少NO时，NO_2 与 NH_3 之间的反应，这个反应对确定NO与 NO_2 的比值对SCR性能的影响很有用。式(6-22)表示在高温下 NH_3 的氧化，并生成新的NO，还会造成催化剂过热损伤。

深入研究表明，使用金属基堇青石作催化剂，特别是用Fe、Cu置换的堇青石作为催化剂的“金属基 / 尿素SCR系统”比“钒 / 尿素SCR系统”的性能要好，因此对堇青石作为催化剂的SCR装置的进一步研究，是欧 Ⅵ 柴油机发展的一个重要课题。

(3)NO_x 吸附催化还原技术

是基于柴油机周期性稀燃和富燃的一种 NO_x 净化技术。吸附器是一个临时存储 NO_x 的装置。其吸附剂采用具有吸附 NO_x 能力的贵金属铂(Pt)和碱金属如钡(Ba)的混合物。当柴油机正常运转处于稀燃阶段时，排气处于富氧状态，NO_x 被吸附剂以硝酸盐($BaNO_3$)的形式存储起来：

$$NO + 0.5O_2 \longrightarrow NO_2 \tag{6-23}$$

$$NO_2 + BaO \longrightarrow BaNO_3 \tag{6-24}$$

当吸附达到饱和时，需要吸附器再生使其继续正常工作，可通过柴油机富燃工况进行，也可通过电控喷油调整发动机的工作状态。在富燃状态下，硝酸钡又分解并释放出 NO_x，NO_x 再与HC和CO反应被还原成 N_2：

$$BaNO_3 \longrightarrow NO + 0.5N_2 + BaO \tag{6-25}$$

$$NO + CO \longrightarrow 0.5N_2 + CO_2 \tag{6-26}$$

$$(2c+0.5h)NO + C_cH_h \longrightarrow (c+0.25h)N_2 + 0.5hH_2O + cCO_2 \qquad (6\text{-}27)$$

在空燃比大和空燃比小交替变换的环境下，碱金属钡分别以硝酸钡、氧化钡或碳酸钡的形态存在，起着吸附及释放 NO_x 的作用。再生时也需要一定的温度，这主要取决于能使用的催化剂。硫对 NO_x 吸附器的影响很大，该技术要求使用低硫柴油。

(4)等离子催化还原技术

等离子体是指由电子、离子、自由基和中性粒子等组成的导电性流体，整体保持电中性。根据等离子体的特点，等离子辅助催化还原 NO_x 采用图 6-83 所示的二级系统。

第一级利用这些等离子体把 NO 和 HC 氧化为 NO_2 和高选择性含氧 CH 类还原剂。

等离子体 $\begin{cases} NO_x \text{ 的活性增强}, NO \longrightarrow NO_2 \\ HC \text{ 的活性增强}, C_xH_y + O_2 \longrightarrow C_xH_yO_z \end{cases}$

第二级在催化剂作用下促使等离子体氧化还原。

催化剂 $\begin{cases} \text{在催化剂作用下选择性催化还原} \\ NO_x + C_xH_yO_z + O_2 \longrightarrow N_2 + CO_2 + H_2O \end{cases}$

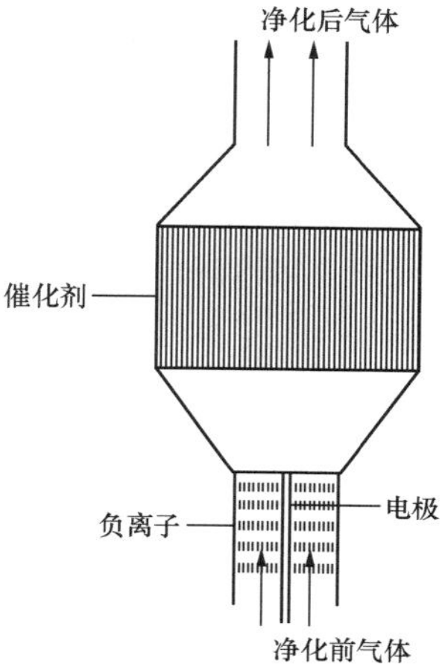

图 6-83　等离子辅助催化还原 NO_x 二级系统

等离子体的氧化过程是部分氧化，是有选择性的，可以改变 NO_x 的组成。等离子技术与催化剂技术联合使用可使 NO_x 的转化率为 35% ～ 70%，对柴油机排气中的 NO_x 和微粒有很好的净化效果，且对燃料含硫量要求不高，还可在相对低的温度下运行，因此被认为是一种很有发展前途的后处理技术。

(5)微粒过滤器

微粒过滤器(diesel particulate filter，DPF)也叫微粒捕集器，主要由过滤装置、控制系统及再生装置组成。关键技术是过滤材料和过滤体再生。

①过滤装置

过滤载体的材料有陶瓷和金属，其结构由细孔或纤维构成，常见的材料主要有：泡沫陶瓷、壁流式蜂窝陶瓷、编织陶瓷纤维、多孔金属及金属纤维编织物等。图 6-84 所示为蜂窝陶瓷式微粒过滤器。

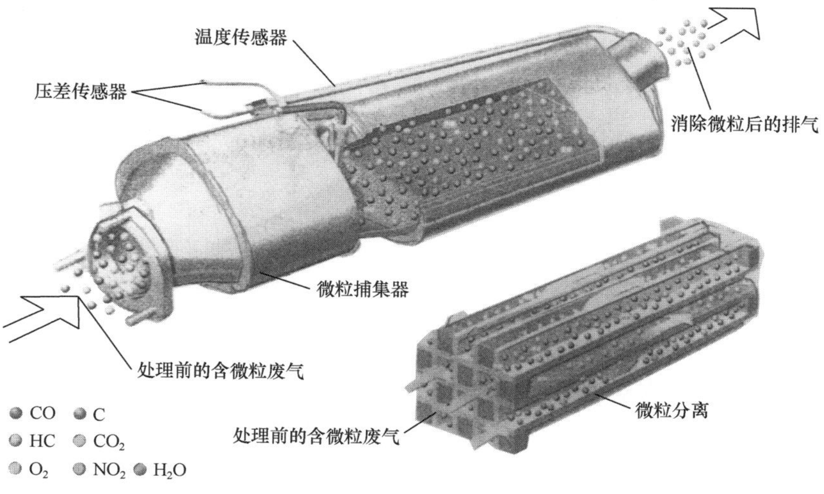

图 6-84　蜂窝陶瓷式微粒过滤器

②过滤机理

有四种过滤机理：扩散机理、拦截机理、惯性碰撞机理和重力沉积机理。在微粒的过滤过程中，扩散、拦截和惯性碰撞这三种机理并不是完全独立的，通常是组合在一起同时起作用的。

对表面过滤型的过滤体，单位体积的表面积很大，材料壁很薄，既可获得较高的过滤效率，又具有较高的流动阻力。在壁流式蜂窝陶瓷载体中属扩散机理，壁面和微孔的排气温度越高，则布朗运动越剧烈，扩散沉积作用就越明显。

③壁流式蜂窝陶瓷微粒过滤器及其控制

当前应用最多的是美国康宁(Corning)公司和日本NCK公司生产的壁流式蜂窝陶瓷微粒过滤器，结构如图6-85(a)所示。相邻的两个通道中，一个通道的出口侧被堵住，而另一个通道的进口侧被堵住，这就迫使排气从入口穿过多孔陶瓷壁面进入相邻的出口敞开通道，而微粒就被捕集在通道壁面上。对炭烟的过滤效率可达81%，SOF也能部分地被捕集。图6-85(b)为过滤器的控制系统。

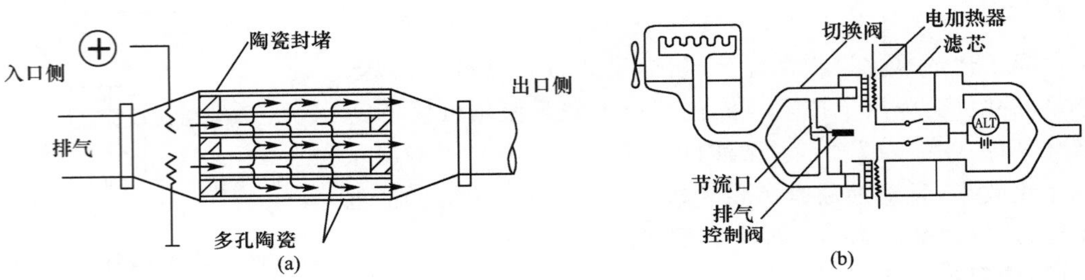

图6-85 壁流式蜂窝陶瓷微粒过滤器及其控制系统

(6)DPF的再生

过滤器与催化器不同的是利用物理性质降低微粒排放。随着过滤下来的微粒的积累，造成排气背压增加，致使发动机动力性和经济性变差，因此，必须及时去除过滤器中积存的微粒，这就是再生。再生的方法是把微粒中的炭粒氧化。在非催化式滤清器中，炭粒由O_2和NO_2进行氧化，主要化学反应式为

$$C + aO_2 = 2(a - 0.5)CO_2 + 2(1 - a)CO \tag{6-28}$$

$$C + aNO_2 = aNO + (2 - a)CO + (a - 1)CO_2 \tag{6-29}$$

再生方法可分为强制再生(断续加热再生)和连续催化再生两大类，见表6-12。

表6-12　　DPF的主要再生方法

分类	再生方法	备注
强制再生	电加热再生	电阻丝加热器，直接点燃微粒
	喷轻油助燃再生	燃烧器用柴油作燃料加电点火器
	红外加热再生	红外涂层通过辐射方式加热过滤器
	微波加热再生	发射微波的磁控管放在过滤体上游
	排、进气节流(发动机控制)+氧化催化	进、排气节流，燃料后喷入排气管
	低温等离子再生	不依赖于温度条件，实现全气流下高效再生
	逆向喷气再生	高压气流反向喷入过滤体，用电加热器烧掉微粒

（续表）

分类	再生方法	备注
连续催化再生	催化过滤器(DPF)	过滤体表面涂层催化剂，催化再生过滤器
	前段氧化催化(DOC)	氧化生成 NO_2 及升温
	燃油添加剂催化器	在燃油中添加催化剂

①电加热强制再生系统

这种方法是用电加热器加热壁流式蜂窝陶瓷微粒过滤器，并供给一定量的空气来烧掉微粒，使DPF再生，如图6-86所示。由于微粒中大部分为可燃物，这种再生法采用关闭DPF的流动来再生，所以需要多个DPF，每个DPF再生所需要的能量比较少，但使结构变得复杂。

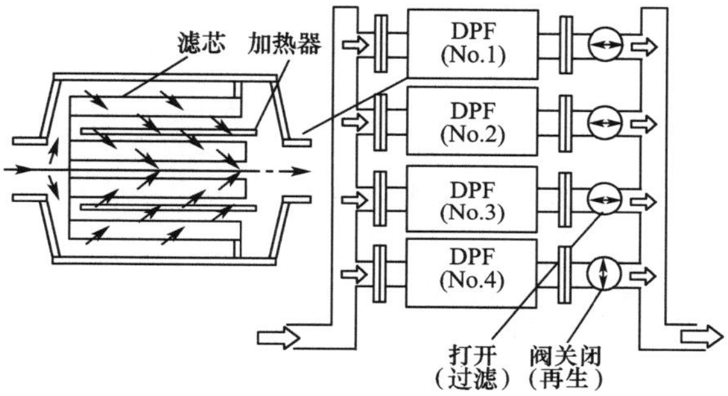

图6-86　电加热DPF再生系统

②前段氧化催化再生

微粒的氧化去除可归结为两个问题：一是去除炭烟本身，即石墨化固体组分，可在非催化式过滤器(DPF)中加热由 O_2 进行氧化去掉；二是去除排气中的CO、HC和醛类、多环芳烃等污染物，用氧化催化剂(diesel oxidation catalyst，DOC)进行氧化去除，反应式为

$$2CO + O_2 = 2CO_2 \tag{6-30}$$

$$4HC + 5O_2 \longrightarrow 4CO_2 + 2H_2O \tag{6-31}$$

$$(醛类) + O_2 \longrightarrow CO_2 + H_2O \tag{6-32}$$

$$PAH + O_2 \longrightarrow CO_2 + H_2O \tag{6-33}$$

强制氧化催化再生系统如图6-87所示。DPF清洗器是将前段氧化催化器与DPF结合后安装在同一壳体内。发动机主要通过喷油定时、排气再循环、可变几何涡轮增压器、排气制动等进行控制，由此提高排气温度，使之达到前段催化剂的活性温度，在前段氧化催化转化器中燃烧，由此升温加热后段DPF，使其达到再生的目的。

此再生系统要求柴油含硫量要低，一般小于0.005%。

(7)后处理装置组合(DPF＋SCR)

柴油机微粒氧化和 NO_x 催化还原(DPNR)装置如图6-88所示，由 NO_x 吸附还原催化器和氧化催化器组合后安装在同一壳体内。

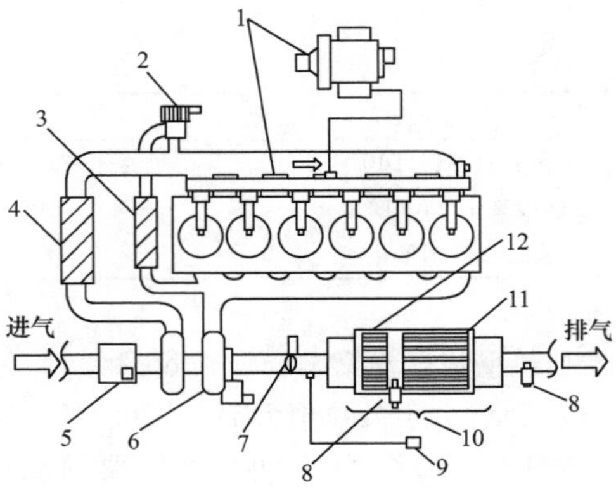

图 6-87　强制氧化催化再生系统

1— 高压共轨喷射系统；2— 排气再循环阀；3— 排气再循环中冷器；4— 中冷器；5— 进气流量计；6— 可变几何涡轮增压器；7— 排气制动；8— 温度传感器；9— 压力传感器；10— DPF 清洗器；11— 滤清器；12— 氧化催化器

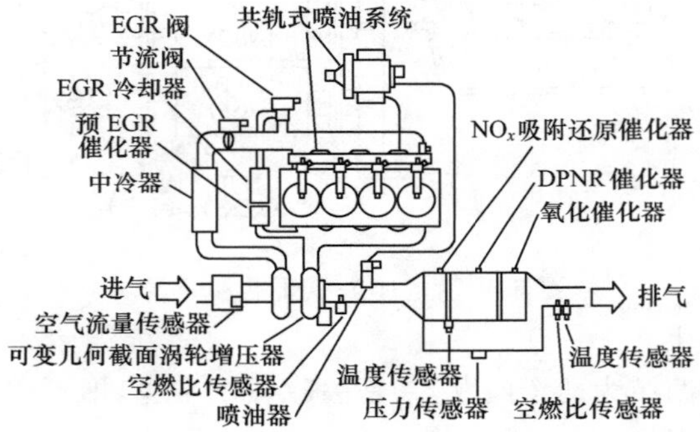

图 6-88　DPNR 装置的构成

结构为蜂窝陶瓷状，入口和出口交叉堵塞。在载体内壁设有细孔，保证微粒顺利流动，而在载体壁面和细孔内部固化 NO_x 吸附还原型催化剂，将 NO_x 吸附还原。柴油机为第二代高压共轨喷油系统、可变几何截面涡轮增压器、冷却的排气再循环及低温燃烧控制技术和排气燃料添加系统。DPNR 装置是目前在柴油机上使用低硫燃油，同时成功降低微粒和 NO_x 排放量的后处理技术。

4. 压燃柴油机低排放控制技术方案

(1)美国 2010 年 Tier2 Bin5 排放要求的技术措施

图 6-89 示出了满足美国第二阶段的第五分段(Tier2 Bin5) 排放标准的重型发动机的 PM 段 NO_x 排放曲线。同样的技术也用于达欧 Ⅵ 标准的发动机。

技术措施：

①先进的燃油喷射技术，电控高压(200 MPa) 共轨多次喷射。

②两级涡轮增压、中冷，可变几何涡轮增压器。

③冷却排气再循环，脉冲 EGR 率控制。

④可变气门执行机构，四气门顶置式凸轮轴。

⑤闭环燃烧控制。

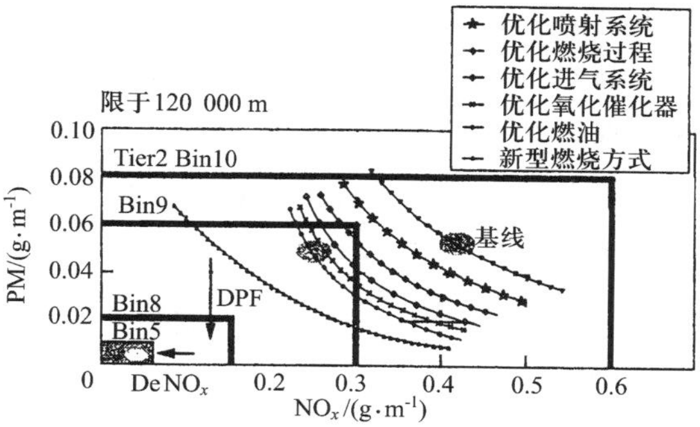

图 6-89　美国 Tier2 Bin5 技术措施下的排放结果

⑥先进的 $DeNO_x$ 技术：采用 SCR 或 LNT，采用 DOC 及 DPF。

(2)日本 2009 年后排放法规及欧洲 2013 年后欧 Ⅵ 标准的技术措施

①采用电控高压(200 MPa) 共轨燃油喷射系统，并且采用放大比为 2.5 左右的压力放大系统，采用接近方波的喷油率，利用石英－陶瓷动作器直接控制喷油器针阀的启闭，可实现多次喷射。具有压力放大器的 Bosch 共轨式喷油系统如图 6-90 所示。

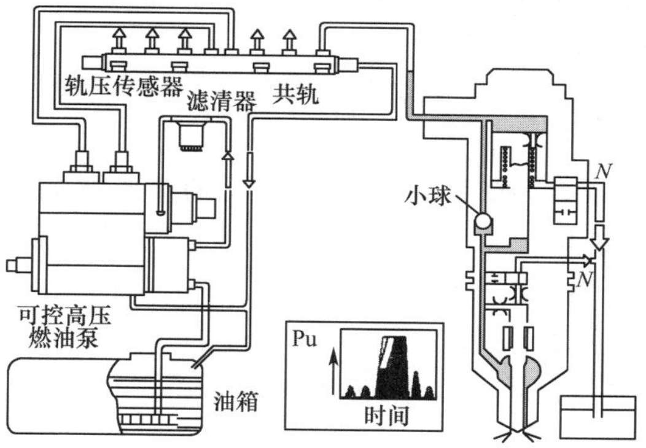

图 6-90　具有压力放大器的 Bosch 共轨式喷油系统

②满足欧 Ⅵ 排放标准，采用 DOC＋DPF＋SCR 组合式后处理装置，如图 6-91 所示。

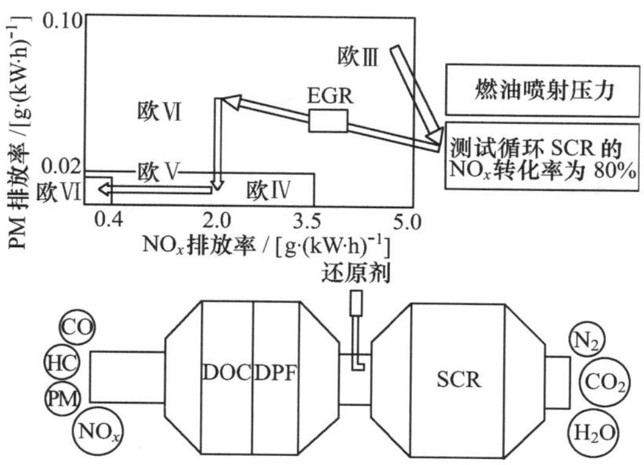

图 6-91　满足欧 Ⅵ 排放标准的组合式后处理装置

③具有高动力性，平均有效压力达 3 MPa，最高燃烧压力达 24 MPa，并具有良好的燃油经济性，使用低硫燃料，可用生物柴油或天然气合成油等替代燃料。

④采用带有级间中冷器的两级涡轮增压系统。

⑤采用有闭环控制的冷却排气再循环系统，EGR 率约为 20%。

⑥采用性能优良的瞬态优化控制系统。

6.4 内燃机排放标准

6.4.1 内燃机排放试验规范

实施严格的内燃机排放标准，是推动先进的排放控制技术发展的动力。随着经济全球化的进展，各国排放法规中对内燃机排放测试装置、取样方法、分析仪器大都取得了一致，但试验规范和排放限值仍有很大差异。

当今世界上有三大排放法规体系，即美国、日本和欧洲。各国根据本国车辆行驶情况制定出与这些标准中的排放限值相统一的试验规范[8]。

为了评价各类内燃机的排放水平，并对其有害排放污染物进行有效的控制，必须制定相应的试验规范，以便明确试验工况、取样方法、测试仪器及数据处理等方面的具体要求。

1. 轻型车用汽油机排放的试验规范

这种工况试验规范是将轻型车若干常用工况和排放污染物较重的工况组合在一起，实现真实运行工况的模拟规范。

将整车放在底盘测功机（转鼓试验台）上，按规定的标准测试循环运行，采用定容取样系统（CVS）对排气进行收集和分析，主要用于汽车制造厂。下面简单介绍几个有代表性的试验规范：美国 LA-4CH 冷热工况试验规范、日本 10-15 工况试验规范、欧洲 ECE + EUDC 工况试验规范及我国的 Ⅰ 型试验规范。

(1)美国 LA-4CH 冷热工况试验规范（FTP-75）

美国于 1972 年开始执行 LA-4C 冷启动工况的规范，1975 年开始执行 LA-4CH 冷热工况试验规范，用定容法取样，其规范内容如图 6-92 所示。

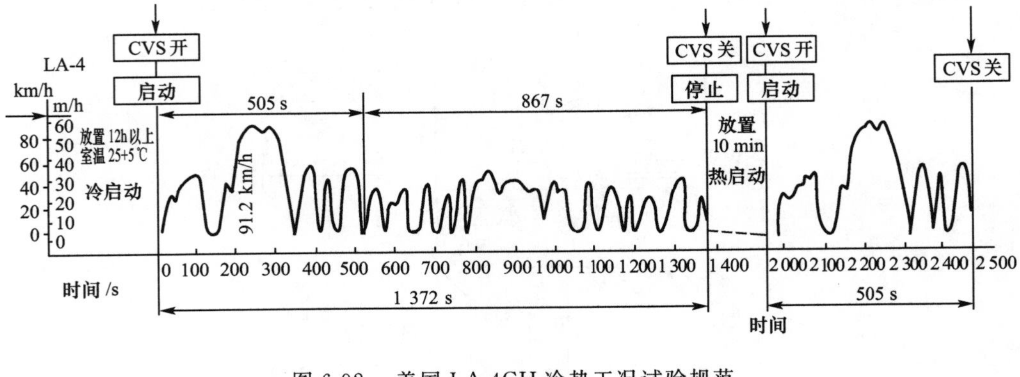

图 6-92 美国 LA-4CH 冷热工况试验规范

它先按 LA-4C 模式运行 1 372 s，在温室下停 10 min，再热启动运行 505 s 停车。试验时需加测热启动的排放量。最后取 43%LA-4C 工况的排放量与 57%LA-4CH 工况的排放量之和，作为 CVS 规范的计量排放量。

(2)日本 10-15 工况试验规范

日本 1973 年开始使用城市 10 工况热启动后运行 6 个循环的试验规范，从 1991 年起改为 10-15 工况试验规范，如图 6-93 所示。

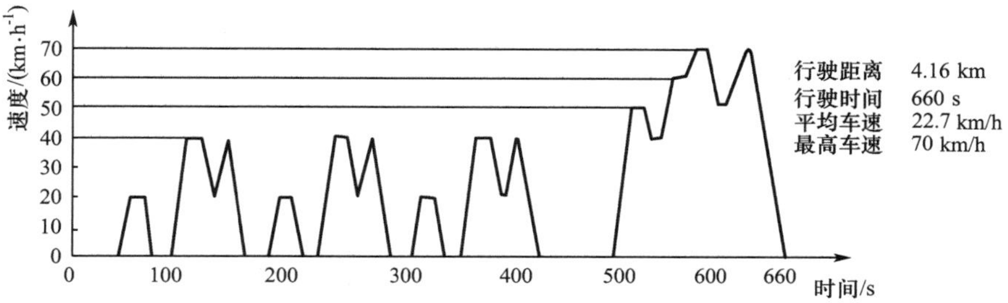

图 6-93　日本 10-15 工况试验规范

先按 10 工况法程序运行 3 个循环，再按一个城郊行驶的 15 工况运行，整个试验共运行 660 s，最高车速为 70 km/h，平均车速为 22.7 km/h，行驶距离为 4.16 km。

(3)欧洲 ECE＋EUDC 工况试验规范

欧洲经济委员会(ECE) 在 1975 年开始实行 ECE15 工况试验规范，1993 年开始实行 ECE＋EUDC 工况试验规范，如图 6-94 所示。

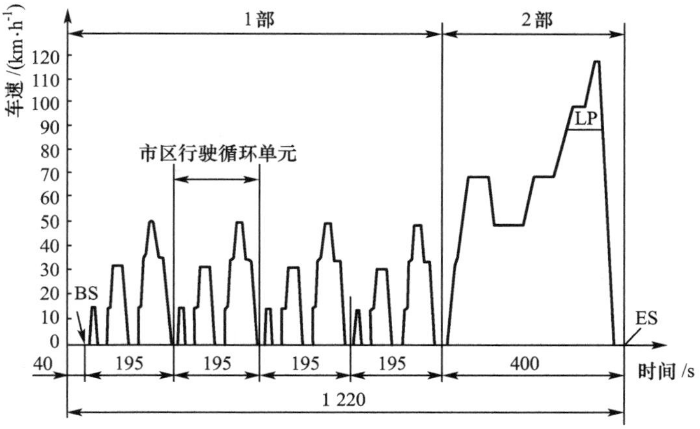

图 6-94　欧洲 ECE＋EUDC 工况试验规范

BS— 取样开始；ES— 取样结束；LP— 低功率车辆最高车速

该试验规范由两部分组成：第 1 部分按城市运行的 15 工况共 4 个循环，在第 1 循环冷启动 40 s 后开始收集排气，样气装在一个采样袋内，每个循环时间为 195 s。在此基础上进入第 2 部分，按一个城郊高速路(EUDC) 的运行工况试验循环，时间为 400 s，平均车速为 62.6 km/h。

(4)我国轻型汽油车的 Ⅰ 型试验规范

根据 GB 18352.3—2005《轻型汽车污染物排放限值及测量方法(中国 Ⅲ、Ⅳ 阶段)》规定，自 2007 年 7 月 1 日以后起，所有的轻型汽车污染物排放形式核准和生产一致性检查时，都必须进行常温下冷启动后排气污染物排放试验，即 Ⅰ 型试验。该试验规范等同于欧洲轻型汽车 ECE＋EUDC 工况循环试验规范。

(5)汽油机排放试验规范汇总

几种国内外轻型汽车排放试验规范汇总见表 6-13。

表 6-13 几种国内外轻型汽车排放试验规范汇总

国家	试验规范	启动条件	行驶工况				取样方法
			时间 /s	距离 /km	平均车速 /（$km \cdot h^{-1}$）	最高车速 /（$km \cdot h^{-1}$）	
美国	1975 年 LA-4CH	冷、热	1 372＋505	16.42	34.1	91.3	CVS-3
日本	1992 年 10-15	热	3×135＋255	4.16	22.7	70.0	CVS-1
欧洲	1993 年 ECE＋EUDC	冷	40＋4×195＋400	4×1.013＋6.96	18.7＋62.6	120	CVS-1
中国	2007 年 Ⅰ 型	冷	40＋4×195＋400	4×1.013＋6.96	18.7＋62.6	120	CVS-1

注：测试设备：转鼓试验台。测定成分及仪器：CO-NDIR，HC-FID，NO_x-CLD

2. 柴油机排放的试验规范

(1)美国重型车用柴油机

①柴油机稳态 13 工况试验规范

早在 1971 年，美国加利福尼亚州政府就提出了柴油机稳态 13 工况试验规范。1974 年，美国联邦政府也开始采用稳态 13 工况试验规范。

试验在发动机台架测功机上稳态工况下进行，先在 90%±10% 标定功率下运行50 h，然后按表 6-14 所列的模式运行一个循环，一个循环由 2 个转速、5 个不同负荷点及 3 个怠速工况，共 13 个工况点组成。采用直接取样法，测得的污染成分浓度用 g/(ps·h) 表示。

表 6-14 美国和欧洲 ECE 稳态 13 工况试验规范

序号	转速	负荷率 /%	加权系数	
			USA	ECE R-49
1	怠速	—	0.20/3	0.25/3
2	中间转速	10	0.08	0.08
3	中间转速	25	0.08	0.08
4	中间转速	50	0.08	0.08
5	中间转速	75	0.08	0.08
6	中间转速	100	0.08	0.25
7	怠速	—	0.066 7	0.25/3
8	标定转速	100	0.08	0.10
9	标定转速	75	0.08	0.02
10	标定转速	50	0.08	0.02
11	标定转速	25	0.08	0.02
12	标定转速	10	0.08	0.02
13	怠速	—	0.066 7	0.25/3

②重型车用柴油机瞬态工况试验规范

1985 年，美国重型车用柴油机开始采用 EPA 瞬态工况试验规范，规范的内容及分布如图 6-95 所示。

该方法考虑了美国城区内和高速公路的交通情况，模拟了在市区内频繁启动与停车，和在州际拥挤的高速公路上变工况行驶的情况。试验是在发动机台架上进行的，采用全流量定容取样(CVS)，按规定的转矩和转速运行两次，第 1 次为冷启动循环，中间停 20 min 后，进行第 2 次热启动循环，最后按冷热启动 1∶7 加权平均计算。

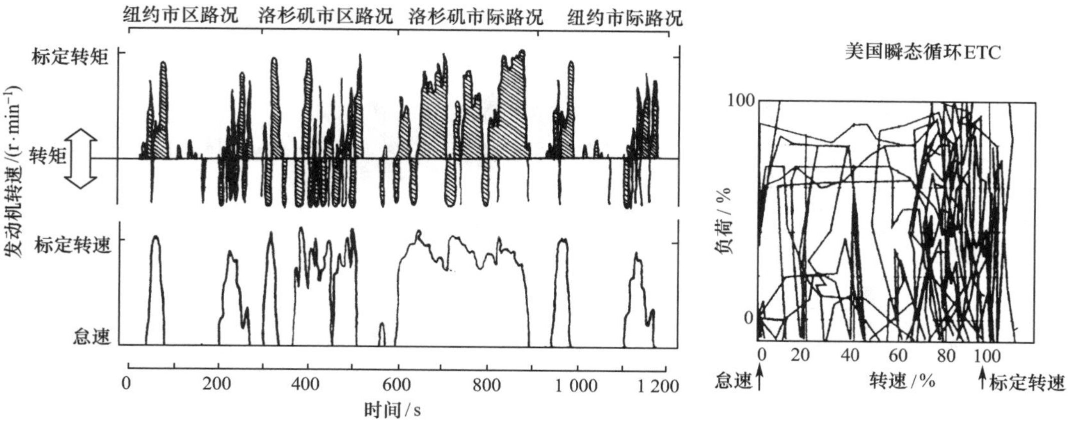

图 6-95　在 EPA 瞬态试验循环中的转矩和转速曲线规范及分布

(2)日本重型车用柴油机稳态 13 工况试验规范

1994 年,日本开始实施稳态 13 工况试验测试规范,见表 6-15。

表 6-15　日本柴油机稳态 13 工况试验规范

工况	额定功率/%	额定功率转速/%	加权系数/%
1	0	20	15.7
2	40	40	3.6
3	60	40	3.9
4	0	20	15.7
5	20	60	8.8
6	40	60	11.7
7	40	80	5.8
8	60	80	2.8
9	60	60	6.8
10	80	60	3.4
11	45	60	2.8
12	20	40	9.6
13	20 → 0	60 → 20	9.6

图 6-96 所示为相应的 13 工况点的分布图。

(3)欧洲重型车用柴油机排稳态工况试验规范

①欧洲 ECE R-49 稳态 13 工况试验规范(欧 Ⅱ)

1982 年,欧洲开始采用 ECE R-49 稳态 13 工况试验规范,它和美国 13 工况试验规范相类似,只是加权系数有所不同。图 6-97 示出了欧洲 ECE R-49 稳态 13 工况与美国早期 13 工况和日本稳态 13 工况分布图的比较。

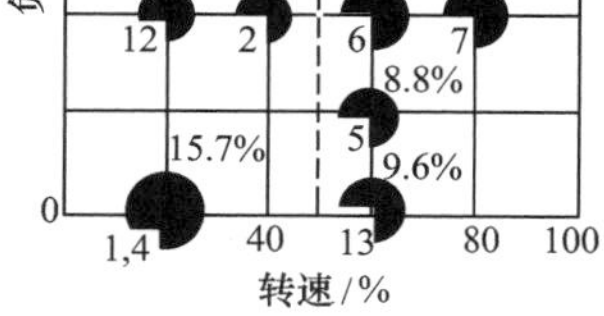

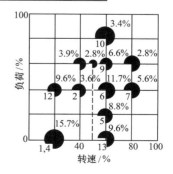

图 6-96　13 工况点的分布图

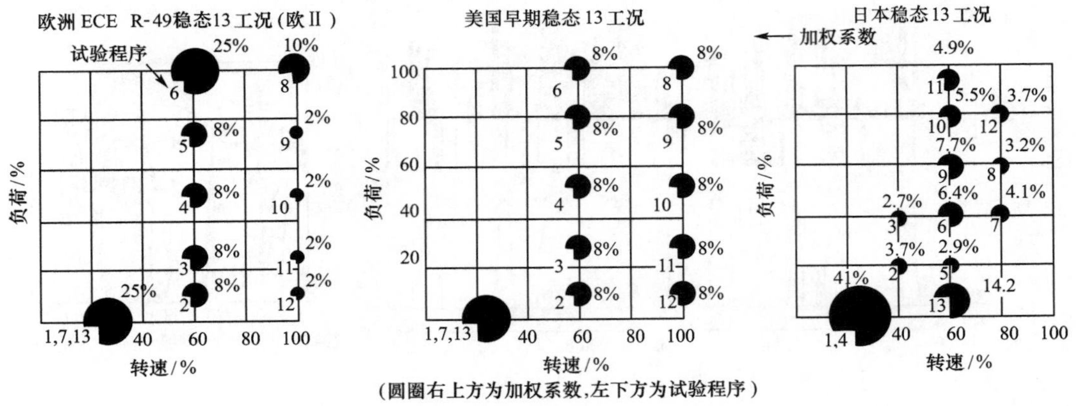

图 6-97 欧洲 ECE R-49 稳态 13 工况与美国早期、日本稳态 13 工况分布图比较

②欧洲稳态 13 工况标准测试循环 ESC(欧 Ⅲ)

2000 年,欧洲开始实施柴油机欧 Ⅲ 标准,改用欧洲稳态标准测试循环 ESC 的稳态 13 工况测试规范,见表 6-16。由表看出,ESC 测试转速有 A、B、C 三个:

$$A = n_{lo} + 0.25(n_{hi} - n_{lo})$$

$$B = n_{lo} + 0.5(n_{hi} - n_{lo})$$

$$C = n_{lo} + 0.75(n_{hi} - n_{lo})$$

式中,n_{lo} 为柴油机工作转速范围的下限转速;n_{hi} 为柴油机工作转速的上限转速,一般指标定转速 n_e。

表 6-16 欧洲柴油机稳态 13 工况标准测试循环 ESC

工况	负荷 /%	转速	加权系数 /%	运行时间 /min
1	0	怠速	15	4
2	100	A	8	2
3	50	B	10	2
4	75	B	10	2
5	50	A	5	2
6	75	A	5	2
7	25	A	5	2
8	100	B	9	2
9	25	B	10	2
10	100	C	8	2
11	25	C	5	2
12	75	C	5	2
13	50	C	5	2

欧洲在实行欧 Ⅲ 标准时,除按稳态标准测试循环 ESC 试验外,还要求加试一个类似于上述美国柴油机瞬态工况试验的欧洲瞬态循环(ETC),工况点分布如图 6-98 中阴影所示,以便检验排气后处理的动态性能。

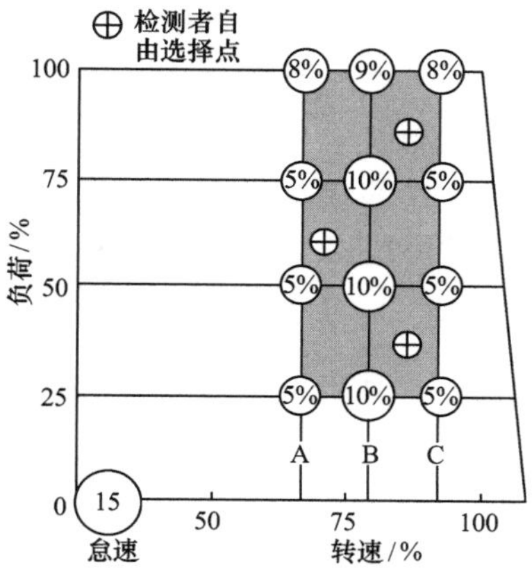

图 6-98　ESC 稳态 13 工况点分布图

(4) 我国重型车用柴油机排放的试验规范

我国的测试规范与欧洲重型车用柴油机排放的测试规范等同。

①2007 年 7 月 1 日以前，我国重型车用柴油机排放试验规范，与欧洲 ECE R-49 稳态 13 工况试验规范等同。

②2007 年 7 月 1 日以后，我国实行 GB 17691—2005《车用压燃式、气体燃料点燃式发动机与汽车排气污染物排放限值及测量方法(中国 Ⅲ、Ⅳ、Ⅴ 阶段)》的标准，与欧洲稳态标准测试规范 ESC 等同。

(5)柴油机排放试验规范汇总

表 6-17 给出了几种国内外重型车用柴油机试验规范。

表 6-17　几种国内外重型车用柴油机试验规范

国家	试验规范	试用车型	启动条件	取样方法	测试设备	测定成分及仪器
美国	1974 年后 13 工况 1985 年后 EPA 瞬态工况	总质量 > 3 850 kg 重型柴油车	热	直接	电力测动器	CO—NDIR; HC—HFID; NO_x—CLD
日本	1994 年后 13 工况	全部车用	热	直接	电力测动器	CO—NDIR; HC—HFID; NO_x—CLD
欧洲和中国	982 年后(中国 2007 年前) ECE R-49 稳态 13 工况 2000 年后(中国 2007 年后) ESC 13 工况	总质量 > 3 500 kg 柴油车	冷	直接	电力测动器	CO—NDIR; HC—HFID; NO_x—CLD

6.4.2　内燃机几种排放标准

当前控制环境污染受到世界各国的普遍重视。各国都根据大气环境污染的具体情况，制定了有关环境保护的法律，对各种有害污染物的排放提出了控制要求，针对不同类型发动机的汽车，如轻型汽油车、重型柴油车制定出了不同的排放标准，由于这些标准是要求强制执行的，因而也称为排放法规。

近年来，电子控制技术的发展和电控直接喷射的应用，以及三效催化剂的开发成功，使汽油机排放控制技术达到了相当高的水平。采用高压共轨燃油喷射和可变几何涡轮增压技术以及电控冷却的排气再循环等措施，使柴油机排放控制技术接近汽油机的水平。内燃机排放控制技术的进步及公众对环保要求的提高，使各国对内燃机排放的限值要求越来越严格[9]。图 6-99 示出了美国、日本和欧洲道路用重型柴油机排放标准的比较。

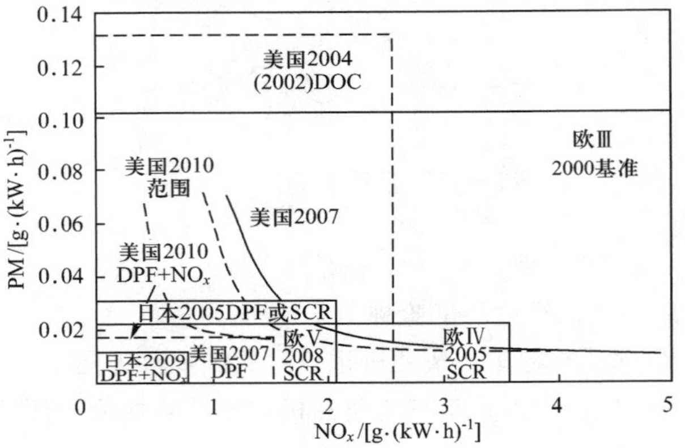

图 6-99 美国、日本和欧洲道路用重型柴油机排放标准的比较

1. 轻型车排放标准

（1）美国轻型车排放标准

①轻型汽油车排放标准

美国在 1992 年后，对汽油机排放标准大幅度加严，特别强化了对 NO_x 的限值，同时也提高了对 HC 和 CO 的控制。排放标准见表 6-18。

表 6-18　美国 1992 年后轻型汽油车排放标准　(g/km)

年限	排放标准			
	HC	CO	NO_x	PM
1992 年及之前	0.41	3.4	1.0	0.20
1993—1994	0.25	3.4	0.4	0.20
1995—2005	0.25	3.4	0.4	0.80
2005 年及之后	0.125	1.7	0.2	0.08

②轻型柴油车排放标准

美国于 2010 年后开始执行严格的第二阶段的第五分段（Tier2 Bin5）排放标准，见表 6-19。

表 6-19　美国 2007 年后轻型柴油车排放标准　(g/km)

阶段	分段	年限	排放标准		
			相当于欧洲标准	NO_x	PM
Tier2	Bin10	2007	欧 Ⅳ	0.6	0.08
Tier2	Bin9	—	—	0.3	0.06
Tier2	Bin8	2008	欧 Ⅴ	0.15	0.02
Tier2	Bin5	2010	欧 Ⅵ	0.05	0.01

(2)日本轻型车排放标准

①轻型汽油车排放标准

日本于 1992 年后执行 10-15 工况的试验规范，汽油车排放标准见表 6-20。

表 6-20　日本 1992 年后汽油车排放标准　(g/km)

车型	汽车总质量 /t	实施年份	排放标准		
			CO 10-15 工况	HC 10-15 工况	NO_x 10-15 工况
汽油客用车	—	2000	1.27	0.17	0.17
	≤1.7	2000	1.27	0.17	0.17
汽油货用车	1.7～2.5	1994	17	2.7	0.63
		1998	8.42	0.39	0.25
		2001	3.36	0.17	0.25

②轻型柴油车排放标准

日本在 2005 年 4 月中央环境会议上制定了最新削减汽车排放目标的规划，加强了对微粒(PM) 和 NO_x 的控制，见表 6-21。

表 6-21　日本 2009 年后汽车排放标准　[g/(kW·h)]

车型	汽车总质量 /kg	实施年份	排放标准			
			CO	NMHC	NO_x	PM
轿车	—	2009	0.63	0.024	0.08	0.005
轻型车	<1 700	2009	0.63	0.024	0.08	0.005

注：NMHC—— 非甲烷碳氢化合物

(3)欧洲轻型车排放标准

欧洲于 1993 年开始推行 EEC/MVEG-1(汽车排放限值) 新法规，1996 年起采用欧经委(ECE) 排放标准，限制种类扩大，试验循环更接近使用条件。欧洲 1992 年后轻型车排放标准见表 6-22。

表 6-22　欧洲 1992 年后轻型车排放标准　(g/km)

排放标准	实施年份	汽油车排放标准				柴油车排放标准				
		CO	HC + NO_x	HC	NO_x	CO	HC + NO_x	HC	NO_x	PM
欧洲 Ⅰ	1992	2.72	0.97			2.72	0.97			0.14
欧洲 Ⅱ	1995	2.2	0.5			直喷式 2.2	0.50			0.08
						分开式 1.0	0.90			0.10
欧洲 Ⅲ	2000	2.3		0.2	0.15	0.64	0.56		0.50	0.05
欧洲 Ⅳ	2005	1.0		0.1	0.08	0.50	0.30		0.25	0.025

(4) 我国轻型车排放标准

我国从 20 世纪 90 年代开始逐步等效采用欧洲的排放法规。2005 年，国家环保部又颁布了新的排放标准 —— 中国第五阶段(GB 18352.5—2013)。表 6-23 示出了我国 2005 年后轻型车排放标准。

表 6-23　　**我国 2005 年后轻型车排放标准**　　(g/km)

车类	级别	基准质量 RM/kg	实施日期	汽油车排放标准			柴油车排放标准			
				CO	HC+NO_x	NO_x	CO	HC+NO_x	NO_x	PM
第 1 类车		全部	2005.7.1	2.2	0.5	0.08	1.0	0.9	0.25	0.1
第 2 类车	Ⅰ	≤1 305	2006.7.1	2.2	0.5	0.08	1.0	0.9	0.25	0.10
	Ⅱ	1 305～1 760		4.0	0.6	0.10	1.25	1.3	0.33	0.14
	Ⅲ	>1 760		5.0	0.7	0.11	1.5	1.6	0.39	0.20

预计自 2020 年 7 月起，我国将执行 GB 18352.6—2016《轻型汽车污染物限值及测量方法（中国第六阶段）》。

2. 重型柴油车排放标准

（1）美国重型柴油车排放标准

自2004年起，美国联邦重型柴油车NO_x、PM的限值更加严格。若汽车总质量GVW>3 855 kg，须采用 EPA 瞬态工况试验规范，排放标准见表 6-24。

表 6-24　　**美国 1998 年后重型柴油车排放标准**　　[g/(ps·h)]

实施年份	测试循环	排放标准				
		CO	NMHC	HC+NO_x	NO_x	PM
1998	FTP	15.5	1.2	—	4.0	0.1
2004	FTP	15.5	0.5	2.4	2.0	0.1
2007	FTP	15.5	0.14	0.16(甲醛)	1.2	0.2
2011	FTP	15.5	0.14	—	0.3	0.01

注：NMHC—— 非甲烷碳氢化合物，1 g/(ps·h) = 1.34 g/(kW·h)

（2）日本重型柴油车排放标准

自 1998 年起，日本重型柴油车（总质量 >2 500 kg）开始采用 13 工况试验规范，排放标准见表 6-25。

表 6-25　　**日本 1998 年后重型柴油车排放标准**　　[g/(kW·h)]

实施年份	测试循环	排放标准				
		CO	HC	NO_x	PM	烟度 /%
1998	13 工况	9.2	3.81	4.5	0.25	40
2003	13 工况	—	—	3.38	0.18	—
2005	13 工况	—	—	2.0	0.027	—

（3）欧洲（EVRO）重型柴油车排放标准

欧洲自 2000 年开始执行欧 Ⅲ 标准。对于重型柴油货车（总质量 > 3 500 kg），采用 ESC（稳态）、ETC（瞬态）及 ELR（负荷烟度试验）试验规范，排放标准见表 6-26。

表 6-26　　**欧洲 1992 年后重型柴油车排放标准**　　[g/(kW·h)]

阶段	实施年份	测试循环	排放标准				
			CO	HC	NO_x	PM	烟度 /m^{-1}
欧 Ⅰ	1992	ECE R-49	4.5	1.1	8.0	0.612	—
欧 Ⅱ	1998	ECE R-49	4.0	1.1	7.0	0.15	—
欧 Ⅲ	2000	ESC(+ELR)	2.1	0.66	5.0	0.10	0.8
欧 Ⅳ	2005	ETC	1.5	0.46	3.5	0.02	0.5
欧 Ⅴ	2008	ETC	1.5	0.25	2.0	0.02	0.5
欧 Ⅵ	2014	ETC	1.5	0.13	0.5	0.01	0.5

(4)我国重型柴油车排放标准

根据GB 17691—2005《车用压燃式、气体燃料点燃式发动机与汽车排气污染物排放限值及测量方法(中国Ⅲ、Ⅳ、Ⅴ阶段)》(2007年7月1日起实施)的规定,对传统柴油机,包括那些安装了燃料电控系统、排气再循环(EGR)和(或)氧化型催化器的柴油机进行型式核准时主要采用ESC试验(稳态循环)和ELR试验(负荷烟度试验)规范测定其排气污染物。其排放标准见表6-27。

表6-27 我国2007年后柴油车采用ESC试验规范的排放标准 [g/(kW·h)]

阶段	实施日期	排放标准				
		CO	HC	NO_x	PM	烟度/m^{-1}
Ⅲ	2007.7.1	2.1	0.66	5.0	0.10	0.8
Ⅳ	2010.7.1	1.5	0.46	3.5	0.02	0.5
Ⅴ	2014.7.1	1.5	0.46	2.0	0.02	0.5
LEV	2018.7.1	1.5	0.25	2.0	0.02	0.15

注:LEV——低排放汽车

对于安装了先进的排气后处理装置,包括NO_x催化器和(或)颗粒捕集器的柴油机,应附加ETC试验(瞬态循环)规范测定排气污染物,其排放标准见表6-28。

表6-28 我国2007年后柴油车采用ETC试验规范的排放标准 [g/(kW·h)]

阶段	实施日期	排放标准				
		CO	NMHC	NO_x	PM	烟度/m^{-1}
Ⅲ	2007.7.1	5.45	0.78	5.0	0.16～0.21	1.6
Ⅳ	2010.7.1	4.0	0.55	3.5	0.03	1.1
Ⅴ	2014.7.1	4.0	0.55	2.0	0.03	1.1
LEV	2018.7.1	3.0	0.40	2.0	0.02	0.65

注:NMHC——非甲烷碳氢化合物

3. 固定式电站用柴油机、船舶柴油机排放标准

(1)美国固定式电站用柴油机排放标准

美国环保署(EPA)在2005年7月11日发布了一个提议,对固定式电站用柴油机提出了排放标准,见表6-29。

表6-29 美国2007年后固定式电站用柴油机排放标准 [g/(kW·h)]

排量,功率	实施日期	排放标准			
		NO_x	HC	PM	CO
$V_s<10$ L $P_e\leqslant 2\ 236$ kW	2007	7.8	7.8	0.27	5.0
$V_s<10$ L $P_e\leqslant 2\ 237$ kW	2007～2010	9.2	1.3	0.54	11.4
$V_s<30$ L $P_e>3\ 300$ kW	2007	9.8	9.8	0.50	5.0

(2)国际海事组织(IMO)海洋环保委规定的NO_x排放标准

①2008年10月,IMO的海洋环保委规定了不同阶段NO_x排放标准,见表6-30。

表 6-30 **IMO 不同阶段 NO_x 排放标准** [g/(kW·h)]

类别	年限	排放标准	
		n/(r·min^{-1})	NO_x
Tier1	2005 全球实施	< 130 130 ~ 2 000 > 2 000	17 $4.50 \times n^{-0.2}$ 9.8
Tier2	2011 全球实施	< 130 130 ~ 2 000 > 2 000	14.4 $44.0 \times n^{-0.23}$ 9.8
Tier3	2016 沿海岸区域	< 130 130 ~ 2 000 > 2 000	3.4 $9.0 \times n^{-0.2}$ 1.96

②美国环保署于2007年生效执行 Tier2 的排放限值。图 6-100 示出了 IMO 和 EPA 不同阶段排放限值的比较。

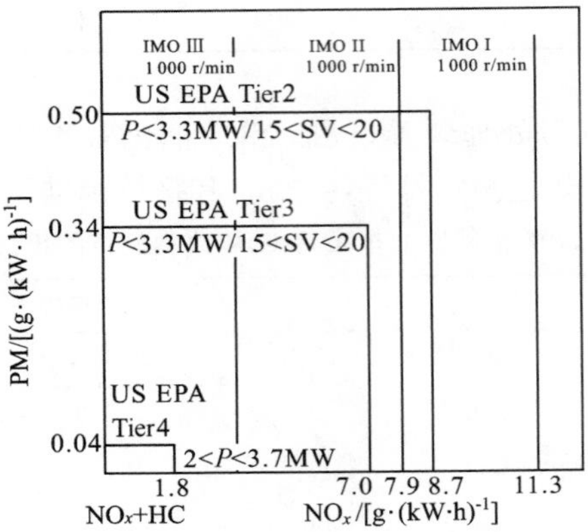

图 6-100 IMO 和 EPA 不同阶段排放限值的比较

③满足 IMO Tier2 要求的技术措施

机内技术：

a. 高压共轨燃油喷射(共轨压力 > 200 MPa)，可变喷油定时，多次喷射。

b. 提高 ε_c，优化燃烧室设计，可变气门正时，如 Miller 循环。

c. 两级增压，π_b > 0.5 MPa，相继增压系统，可变涡轮喷嘴环面积。

后处理技术：

a. 氧化催化器、尾气微粒捕集器 DPF、选择性催化还原 SCR。

b. 三效催化(TWC) + 废气再循环 EGR、NO_x 吸附还原催化器。

c. 增压空气加湿，燃油 - 水乳化。

习　题

6-1 汽油机与柴油机排气污染物有何异同？其原因何在？

6-2 内燃机排气污染物对人体和环境的危害是什么？

6-3 汽油机排气污染物的生成机理和影响因素有哪些？

6-4 柴油机排气污染物的生成机理和影响因素有哪些？

6-5　汽油机排气污染物的净化措施有哪些？

6-6　柴油机排气污染物的净化措施有哪些？

6-7　为什么必须制定相应的试验规范？为什么要了解轻型车用汽油机及重型车用柴油机排放的试验规范？

6-8　为什么要掌握美、日、欧排放标准限值及未来的趋势？

参考文献

[1]　刘巽俊. 内燃机的排放与控制 [M]. 北京：机械工业出版社，2003.
[2]　蔡凤田. 汽车排放污染物控制实用技术 [M]. 北京：人民交通出版社，1999.
[3]　李岳林. 汽车排放与噪声控制 [M]. 北京：人民交通出版社，2007.
[4]　John E. Dec. A Conceptual Model of DI Diesel Combustion Based on Laser-sheet Imaging. SAE Paper 970873，1997.
[5]　王建昕，傅立新，黎维彬. 汽车排气污染治理及催化转化器 [M]. 北京：化学工业出版社，2000.
[6]　龚金科. 汽车排放及控制技术 [M]. 北京：人民交通出版社，2007.
[7]　周玉明. 内燃机废气排放及控制技术 [M]. 北京：人民交通出版社，1999.
[8]　李兴虎. 汽车排气污染与控制 [M]. 北京：机械工业出版社，1999.
[9]　李勤. 现代内燃机排气污染物的测量与控制 [M]. 北京：机械工业出版社，1998.

第 7 章　内燃机的排气涡轮增压与匹配

排气涡轮增压技术的发展与应用使内燃机的动力性、经济性、比质量和排放性等性能指标都有了很大的提高和明显的改善。它是现代高效率、低污染内燃机的重要技术之一。

7.1　内燃机增压技术与增压的分类

7.1.1　内燃机增压技术

1. 内燃机增压

(1)增压

增压就是利用增压器将空气压缩，提高进气的压力，再将增压空气送入发动机气缸的过程。

(2)增压技术

增压技术就是通过提高进气压力，在循环的进气期间将增压空气强行充入工作气缸，使每循环进入气缸的新鲜充量密度增大，即实际增加了进入气缸的空气质量，这样可以相应增加循环喷油量，从而提高内燃机的升功率和整机功率的技术。

增压技术的目标是提高增压比 π_b 和增压器的总效率 η_{Tb}，以及改善增压内燃机的低工况性能。未来是向着中、小功率内燃机增压和高增压方向发展。

2. 增压对内燃机性能的影响

(1)提高内燃机的有效功率和升功率

有效功率 P_e 及升功率 P_L：

$$P_e = \frac{iV_s}{30\tau} \cdot n \cdot p_{me} \quad (\text{kW}) \tag{7-1}$$

$$P_L = \frac{n}{30\tau} \cdot p_{me} \quad (\text{kW/L}) \tag{7-2}$$

平均有效压力 p_{me}：

$$p_{me} = 0.001 \cdot \frac{H_u}{\phi_a L_o} \cdot \eta_i \cdot \eta_m \cdot \phi_c \cdot \rho_b \quad (\text{MPa}) \tag{7-3}$$

机械效率 η_m：

$$\eta_m = 1 - \frac{P_m}{P_i} = 1 - \frac{p_{mm}}{p_{mi}} \quad (\%) \tag{7-4}$$

充量系数 ϕ_c：

$$\phi_c = \frac{\varepsilon_c}{\varepsilon_c - 1} \cdot \frac{T_b}{T_a} \cdot \frac{p_a}{p_b} \cdot \frac{1}{1 + \phi_r} \tag{7-5}$$

式中　p_b、T_b——增压空气的压力和温度。

由于增压后，ϕ_r 减小，$\frac{\varepsilon_c}{\varepsilon_c - 1}$ 增大，由式(7-5)知，ϕ_c 增大；由于喷油量相应增加，使 p_{mi} 增大，由式(7-4)知，η_m 提高；由于进气管的空气密度 ρ_b 增大，由式(7-3)知，p_{me} 增大。因此，由式(7-1)知，有效功率 P_e 提高，由式(7-2)知，升功率 P_L 也增大。

(2)降低内燃机的燃油消耗率

燃油消耗率 b_e：

$$b_e = \frac{3.6 \times 10^6}{H_u \eta_{et}} \quad [\mathrm{g/(kW \cdot h)}] \tag{7-6}$$

$$\eta_{et} = \eta_i \eta_m \tag{7-7}$$

由于增压后 η_m 提高，所以 η_{et} 提高，由式(7-6)可知，b_e 降低。

(3)减少有害气体排放量

增压后，ϕ_a 增大，燃烧更加充分、完全，排放中 CO 和 HC 均下降，炭烟也明显减少，但 NO_x 下降不多，有时还稍增加。若采用减小供油提前角、增压空气中间冷却或冷却的措施，可使 NO_x 排放降低。

(4)增压扩大了内燃机高原使用的适用性。

(5)增压使内燃机的机械负荷和热负荷增大

增压后，喷油量增多，p_{mi} 增大，T_{max} 升高，即热负荷增大。最大燃烧压力 p_{max} 增大，即机械负荷增大。可见 p_{max} 是增压内燃机的限制参数。可通过适当减小 ε_c 来限制 p_{max} 的增大。

(6)增压使内燃机的响应性及低速转矩性变差。

3. 增压的基本参数

(1)增压度

增压度为内燃机增压后的有效功率 P_{eb} 同增压前的有效功率 P_e 的差值与增压前有效功率 P_e 的比值，用 λ_b 表示：

$$\lambda_b = \frac{P_{eb} - P_e}{P_e} \tag{7-8}$$

表明增压后功率增加的程度。

(2)增压压力

增压压力是充量经增压后达到的压力，通常指增压内燃机进气管内的压力，用 p_b 表示，单位为 MPa。

(3)增压比

增压比为压气机出口压力 p_b 与压气机进口压力(或环境条件下大气压力)p_a 的比值，简称压比：

$$\pi_b = \frac{p_b}{p_a} \tag{7-9}$$

7.1.2 内燃机增压的分类

1. 按增压比分类

(1)低增压：$p_b < 0.17$ MPa($\pi_b < 1.7$)，对应 p_{me} 为 0.8 ~ 1.0 MPa。

(2)中增压：p_b 为 0.18 ~ 0.25 MPa($1.8 \leqslant \pi_b \leqslant 2.5$)，对应 p_{me} 为 0.9 ~ 1.5 MPa。

柴油机平均有效压力 p_{me} 对增压压力 p_b 有一定要求：对中、低增压的四冲程增压机，p_b 为 $(0.15 \sim 0.18)p_{me}$；对二冲程增压机，p_b 为 $(0.17 \sim 0.25)p_{me}$。

(3)高增压：p_b 为 0.26 ~ 0.35 MPa($2.6 \leqslant \pi_b \leqslant 3.5$)，对应 p_{me} 为 1.4 ~ 2.2 MPa。

(4)超高增压：$p_b > 0.35$ MPa($\pi_b > 3.5$)，对应 $p_{me} > 2.2$ MPa。

2. 按增压方式分类

(1)机械增压：离心式或罗茨式压气机由内燃机曲轴通过传动齿轮来驱动进行增压，如图 7-1(a) 所示。

(2)排气涡轮增压：利用内燃机排气能量驱动涡轮机转动，再由涡轮机带动同轴上的压缩机压缩空气进行增压，与内燃机无直接的机械联系，如图 7-1(b) 所示。

(3) 气波增压：由内燃机曲轴通过皮带轮驱动直叶片的转子，它与进气定子和排气定子都不接触，且在转子中排气与空气接触，利用高压排气过程的膨胀波使空气在不混合的情况下受到压缩，从而提高进气压力，如图 7-1(c) 所示。

(4)复合增压：利用涡轮增压器和机械增压器串联或并联在一起来提高进气压力，如图 7-1(d) 所示。

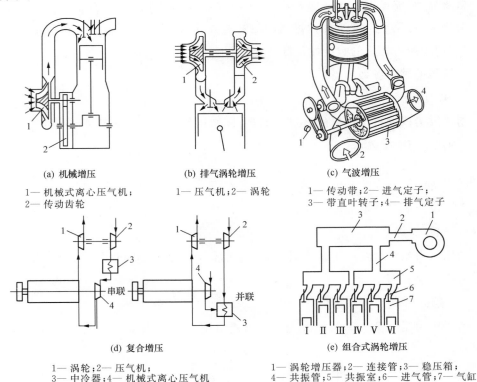

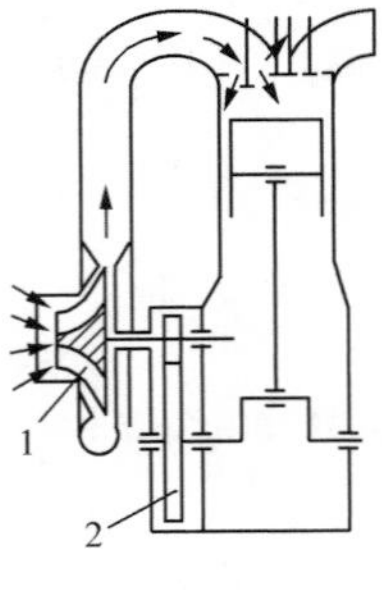

(a) 机械增压

1— 机械式离心压气机；
2— 传动齿轮

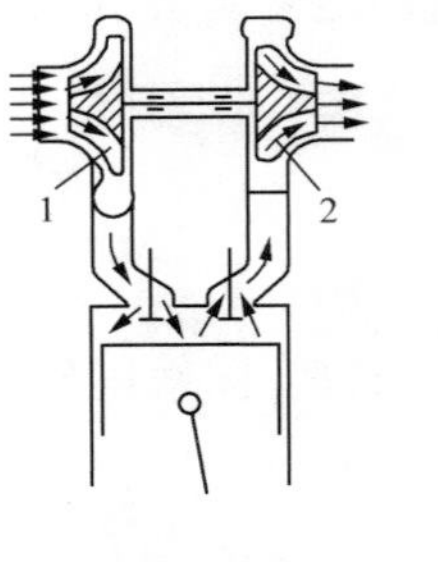

(b) 排气涡轮增压

1— 压气机；2— 涡轮

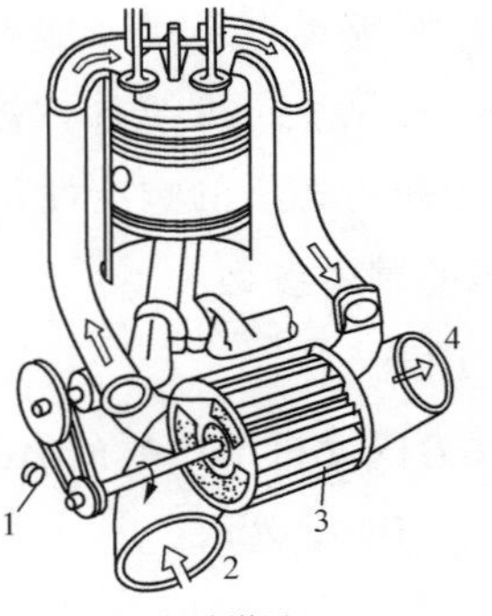

(c) 气波增压

1— 传动带；2— 进气定子；
3— 带直叶转子；4— 排气定子

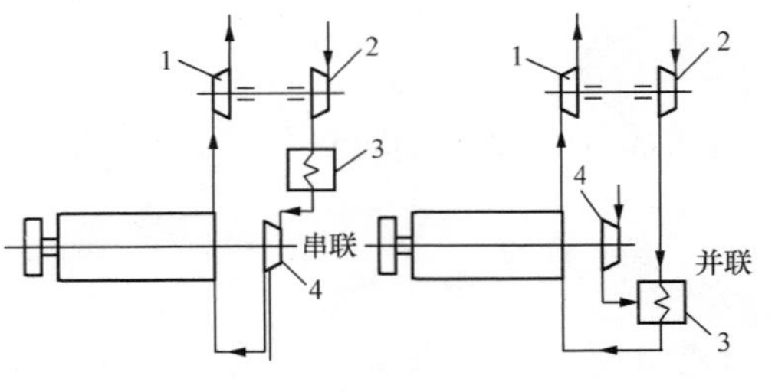

(d) 复合增压

1— 涡轮；2— 压气机；
3— 中冷器；4— 机械式离心压气机

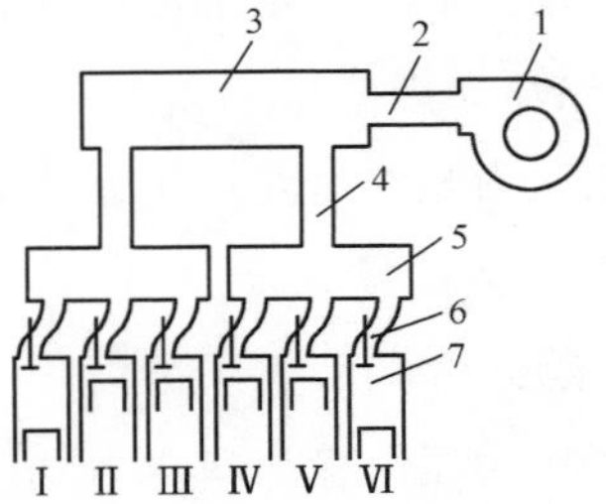

(e) 组合式涡轮增压

1— 涡轮增压器；2— 连接管；3— 稳压箱；
4— 共振管；5— 共振室；6— 进气管；7— 气缸

图 7-1 增压方式示意图

(5)组合式涡轮增压:由废气涡轮增压器与进气谐振系统组合而成。由于各缸周期性吸气对进气系统产生激振,当这一激振的某一阶谐波与谐振系统的固有频率相一致时,便在谐振室内产生共振,使压力波幅增大,从而实现惯性增压,如图 7-1(e) 所示。

7.2　排气涡轮增压器的工作原理及特性

7.2.1　排气涡轮增压器的组成及结构特点

排气涡轮增压器能充分利用排气能量使进入气缸的空气压力提高,增加了空气量,增大了单位气缸工作容积的做功能力,使功率提高 30% ～ 50%;热效率提高,使经济性改善,油耗率降低 50%;过量空气系数增大,燃烧充分,使排放和噪声明显降低。由于增压器与发动机只有管道连接的气体能量传输,而无机械刚性传动,使结构大大简化。目前柴油机普遍采用排气涡轮增压技术,而且技术的关键是使用高效率的排气涡轮增压器。

1. 涡轮增压器的组成和功能

(1)组成

通常由单级离心式压气机、同轴旋转的单级涡轮以及轴承装置、润滑和冷却系统、密封和隔热装置所组成。

(2)功能

发动机排出的废气经排气管进入涡轮,对涡轮做功,废气的热能、压力能和动能转换成为涡轮机的机械能,使涡轮机高速旋转。由于涡轮机与压气机叶轮同轴,涡轮机的机械能传给压气机,从而带动压气机吸入外界空气并压缩,压气机的机械能转化为空气的压力能,使增压后的空气送至发动机进气管。带有中间冷却器的发动机是在压气机出口和发动机进气管入口之间设置中间冷却器,使增压后空气的温度降低,密度增大。

2. 涡轮增压器的分类

增压器中的压气机均采用离心式,而涡轮机的形式则不同,按排气进入涡轮入口处流动方向不同,分为径流式、轴流式和混流式三种。

(1)径流式增压器

排气从蜗壳流入,通过喷嘴以径向流入涡轮叶轮。车用中、小功率柴油机多采用径流式,以适应高转速及高响应性的要求。

(2)轴流式增压器

排气从蜗壳流入,通过喷嘴以轴向流入涡轮叶轮。一般中、大功率柴油机多采用轴流式,以满足大流量、高效率的要求。

(3)混流式增压器

排气介于径向与轴向之间,且以某倾斜角(30° ～ 50°) 流入涡轮叶轮。其工作原理和结构形状与径流式的相同。但容量和涡轮效率接近轴流式。一般在小、中型柴油机中采用。

3. 径流式涡轮增压器的结构特点及型号系列

(1)径流式涡轮增压器的结构特点

图 7-2 所示为霍尔塞特(Holsel)H1C 型径流式涡轮增压器结构示意图。

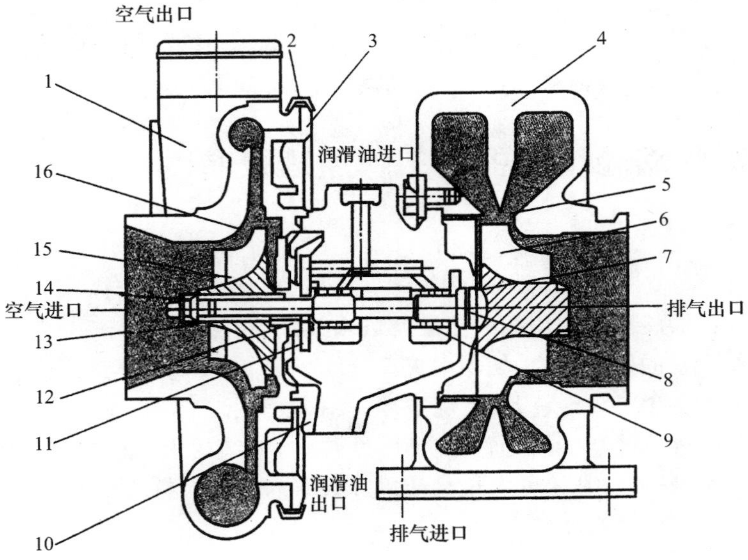

图 7-2 H1C 型径流式涡轮增压器结构示意图

1— 压气机蜗壳；2—V 形卡箍；3— 密封盘；4— 涡轮蜗壳；5— 隔热罩；6— 涡轮；7— 涡轮端密封环；8— 轮轴总成；9— 全浮式滑动轴承；10— 中间壳；11— 止推轴承；12— 压气机端密封环；13— 进气道导口；14— 轴封；15— 压气机叶轮；16— 扩压器

径流式涡轮增压器由离心式压气机和径流式涡轮机组成。离心式压气机由进气导口、压气机叶轮、扩压器和压气机蜗壳组成。径流式涡轮机由涡轮蜗壳、无叶式喷嘴、涡轮和排气出口组成。压气机的叶轮和涡轮机的工作轮固定在同一根轴即轮轴总成上，采用全浮式滑动轴承，压力润滑，密封环密封。这种增压器的结构紧凑，重量轻，在小流量情况下具有较高的效率。

为适应在宽广的转速和负荷范围内可靠运行，保证在低速启动时及在各种变工况下的良好匹配，增压器结构采用了带放气阀式涡轮增压器，及可变喷嘴环面积的涡轮增压器(variable nozzle turbine，VNT)。

(2)径流式涡轮增压器的主要技术参数

①压气机参数：叶轮直径 D_c，压缩空气质量流量 G_b，压比 π_b 和压气机绝热效率 η_b。

②涡轮参数：涡轮进口温度 t_r。

③增压器参数：转速 n_{Tb} 及总效率 η_{Tb}。

径流式涡轮增压器的主要参数范围见表 7-1。

表 7-1　　径流式涡轮增压器的主要参数范围

压气机				涡轮	增压器		适合
叶轮直径	质量流量	绝热效率	压比	进口温度	总效率	转速	功率范围
D_c/mm	G_b/(kg·s^{-1})	η_b/%	π_b	t_r/℃	η_{Tb}/%	n_{Tb}/(r·min^{-1})	P_e/kW
34 ~ 220	0.01 ~ 3.0	70 ~ 82	1.5 ~ 3.8	650 ~ 950	50 ~ 65	3×10^4 ~ 24×10^4	20 ~ 1 200

(3) 径流式涡轮增压器系列及型号

①增压器系列

为满足不同功率和不同类型的发动机涡轮增压的需要，把涡轮增压器按增压的流量范围，或按叶轮尺寸从小到大排列起来，组成涡轮增压器系列。增压器系列有两种表示法，一种是用压气机的叶轮直径表示，另一种是用压气机的流量来表示。如国产 J70 型增压器，J 表示径流式涡轮，70 表示压气机叶轮直径 70 mm。

②增压器系列型号技术参数

表 7-2 列出了国内外几家典型径流式涡轮增压器系列型号参数范围。

表 7-2　几家典型径流式涡轮增压器系列型号参数范围

国别	公司	型号	叶轮直径 D_c/mm	压比 π_b	质量流量 G_b/(kg·s^{-1})	转速 n_{Tb}/(r·min^{-1})	绝热效率 η_b/%	涡轮进口温度 t_r/℃	配机功率 P_e/kW
英国	Holsel	H1C	65～70	3.2	0.074～0.21	14×10^4	70～82	650	60～133
		H2C	86～93	3.5	0.125～0.43	11.5×10^4	—	—	147～206
		H3	94～102	3.6	0.14～0.51	11.5×10^4	—	—	210～340
美国	Carrett	TO4B	～70	3.0	0.115～0.396	13×10^4	—	—	40～180
		TV81	～104	3.7	0.32～1.18	9×10^4	—	—	170～400
德国	KBB	K2	60～87	3.4	0.06～0.29	16×10^4	—	—	40～220
		K3	89～112	3.4	0.16～0.56	10×10^4	—	—	160～400
		K4	127～140	3.4	0.48～0.88	7.5×10^4	—	—	360～600
日本	三菱石川	TD07	78	2.8	0.125～0.38	13.2×10^4	—	760	75～220
	岛播磨店	RH07	76	3.0	0.13～0.42	11×10^4	—	750	59～190
瑞士	ABB	RR180	180	3.5	0.6～2.04	—	—	750	200～1 500
俄罗斯	—	TKP-18	180	3.5	1.19～2.1	—	76	～70	—
中国	黎明	J70	70	3.0	0.1～0.3	13×10^4	77	850	59～147
	风城	125JB	125	3.0	0.34～0.75	6.5×10^4	77	750	224～373

4. 轴流式涡轮增压器的结构特点及型号系列

(1)轴流式涡轮增压器的结构特点

图 7-3 所示为德国 KBB 公司 M 系列轴流式涡轮增压器结构示意图。

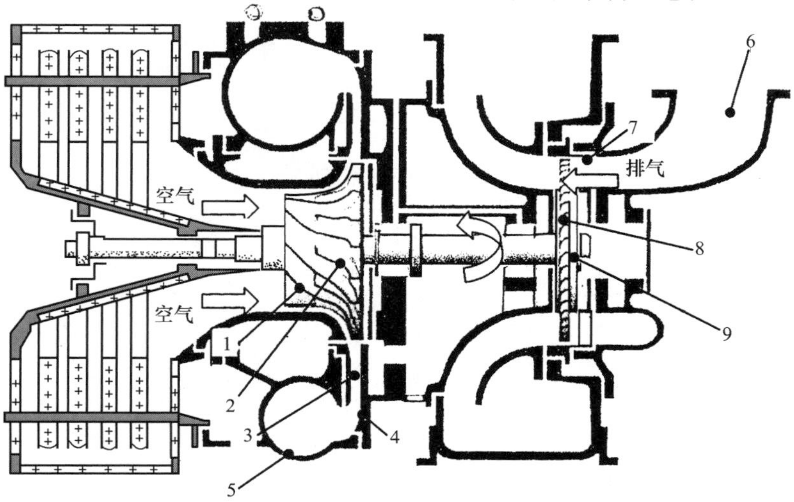

图 7-3　KBB 公司 M 系列轴流式涡轮增压器结构示意图

1— 导风轮；2— 压气机叶轮；3— 扩压器；4— 压气机蜗壳；5— 压气机盖；6— 涡轮进气壳；7— 喷嘴环；8— 涡轮工作叶轮；9— 涡轮盘

轴流式涡轮增压器由离心式压气机和轴流式涡轮机组成。离心式压气机由压气机蜗壳、导风轮、压气机叶轮和扩压器组成。单级轴流式涡轮机由涡轮进气壳、喷嘴环、涡轮工作轮和涡轮盘组成。采用外置式滑动轴承，推力轴承在压气机端，具有较好的轴承压力润滑和水冷却系统。具有叶轮尺寸大、压比高、流量大、总效率高的特点。

(2)轴流式涡轮增压器的主要技术参数

①压气机参数：叶轮直径 D_c，压缩空气质量流量 G_b，压比 π_b 和绝热效率 η_b。

②涡轮参数：涡轮进口温度 t_r。

③增压器参数：转速 n_{Tb} 及总效率 η_{Tb}。

其主要参数范围列于表 7-3。

表 7-3 轴流式涡轮增压器的主要参数范围

压气机				涡轮	增压器		适合
叶轮直径 D_c/mm	质量流量 G_b/(kg·s^{-1})	绝热效率 η_b/%	压比 π_b	进口温度 t_r/℃	总效率 η_{Tb}/%	转速 n_{Tb}/(r·min^{-1})	功率范围 P_e/kW
180 ~ 1 000	1.0 ~ 35.0	75 ~ 85	1.5 ~ 4.5	580 ~ 700	55 ~ 72	5 000 ~ 40 000	200 ~ 15 000

(3)轴流式涡轮增压器系列机型号

①增压器系列

为了确定增压器产品系列的数量及每种系列的增压比、流量范围和压气机叶轮尺寸，增压器系列一般是以压气机叶轮直径按等比级数变化来分档。瑞士 ABB 公司 VTR 系列轴流式增压器间隔选取 9 档组成 VTR 系列型号。我国船用柴油机轴流式涡轮增压器型号，用压气机流量范围表示，如 40GP 型增压器，40 表示流量为 4 000 m^3/h，G 表示高压比，P 表示轴流式。

②增压器系列型号技术参数

表 7-4 列出了瑞士 ABB 公司 VTR 系列和国产 GP 型轴流式增压器的技术参数。

表 7-4 VTR 系列和 GP 型号轴流式增压器的技术参数

公司	型号	叶轮直径 D_c/mm	压比 π_b	质量流量 G_b/(kg·s^{-1})	转速 n_{Tb}/(r·min^{-1})	绝热效率 η_b/%	涡轮进口温度 t_r/℃	配机功率 P_e/kW
瑞士 ABB 公司	214A	248	3.3 ~ 4.5	3.5	35 300	60 ~ 67	650	2 200
	304A	350	3.0 ~ 4.5	7.3	27 000	—	620	5 000
	564A	650	3.0 ~ 4.5	27.0	14 100	—	620	8 000
	714A	830	3.0 ~ 4.5	42.8	11 100	—	620	15 000
中国无锡动力机厂	40GP	261	1.4	1.02	18 000	—	<650	2 000
	45GP	300	1.85	3.8	25 000	58 ~ 60		4 000
	GP500	500	2.0	6.1	11 800	—	—	8 000
	GZ750	750	2.4	16.7	9 000	—	—	12 000

7.2.2 离心式压气机的工作原理及特性

1. 离心式压气机的工作原理

(1)压气机的功用和结构特点

压气机的功用是提高进入空气的压力。

图 7-4 示出了单机径流离心式压气机的结构简图。它主要由进气道、工作轮(含导向轮)、扩压器及出气蜗壳等组成。空气由进气道轴向流入，改变方向径向流出壳体，具有出口气体压力较高、结构简单、适合与涡轮联合运行的特点。

(2)压气机的工作原理

压气机中空气流动参数的变化如图 7-5 所示。

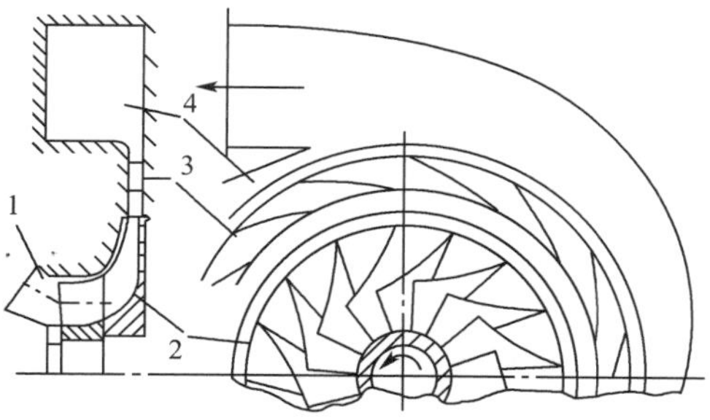

图 7-4　单机径流离心式压气机的结构简图

1— 进气道;2— 工作轮;3— 扩压器;4— 出气蜗壳

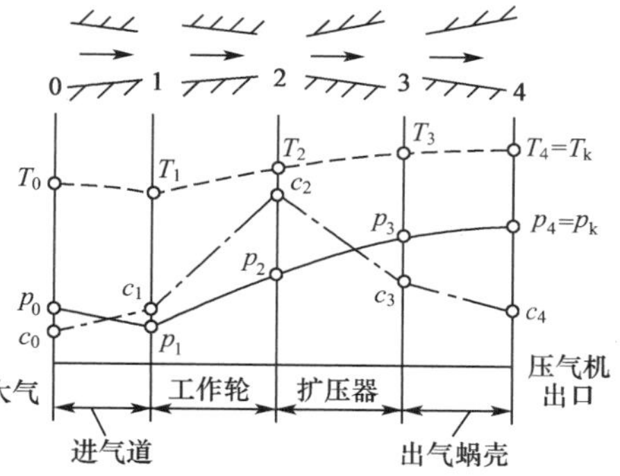

图 7-5　压气机中空气流动参数的变化

①进气道段(0—1)

进气道为渐缩形,其作用是将外界空气(p_0、T_0、c_0)导向压气机叶轮,使气流加速到 c_1,并使压力和温度分别下降至 p_1、T_1。气流沿转子轴向不转弯进入压气机,称为轴向进气道。由于结构简单、流动损失小,所以中小型涡轮增压器多采用这种轴向进气道。

②工作轮段(1—2)

工作轮是压气机最重要的部件,由入口轴向部分的导向轮和工作叶轮组成。叶轮是由前倾后弯的叶片所组成的回转件,其叶片形成的也是渐缩形通道。叶轮在涡轮的带动下高速回转,使进入叶轮通道内的空气在强烈的离心力作用下受到很大压缩(p_1 升到 p_2),工作叶轮的机械能传给气体,转变为气体的动能,气体运动速度升高(c_1 增加到 c_2),同时气体的温度也升高(T_1 升到 T_2)。

图 7-6 中 A—A 剖面为工作叶轮入口速度三角形:$c_1 = w_1 + u_1$,其中,c_1 为入口空气的绝对速度;$u_1 = r_1 \cdot w_1$,为入口平均半径处圆周速度;w_1 为相对速度。上边缘处为工作叶轮出口速度三角形:$c_2 = w_2 + u_2$,其中,c_2 为出口空气的绝对速度;$u_2 = r_2 \cdot w_2$ 为圆周速度;w_2 为相对速度。

③扩压器段(2—3)

扩压器可分为无叶扩压器(环形通道)和叶片扩压器(在环形通道上加有若干气流导向叶片)。扩压器是截面逐渐扩大的通道,其作用是将压气机叶轮出口的高速空气的动能在扩压器中转变为压力能。这样,空气的压力和温度进一步升高至 p_3、T_3,而气流速度下降到 c_3。如图 7-7 所示的扩压器出口角 α_3,为出口处气流速度 c_3 与切向速度 u_3 的夹角。

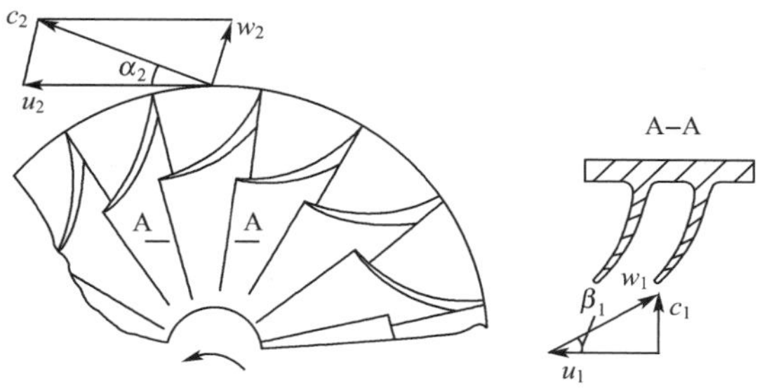

图 7-6　工作叶轮入口速度三角形

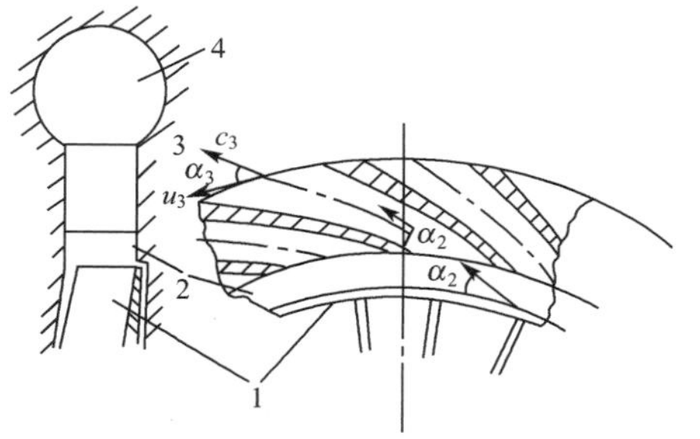

图 7-7　空气在扩压器中的流动

1— 工作叶轮;2— 无叶扩压器;3— 叶片扩压器;4— 蜗壳

扩压器的效率是动能实际转化为压力能的转化量与没有任何流动损失的定熵过程动能转化为压力能的转化量之比，它对压气机绝热效率 η_b 有重要影响。

④出气蜗壳段（3—4）

其作用是收集从扩压器流出的空气，并继续进行空气动能向压力能转化的过程，并将这部分空气输入柴油机的进气管。

总之，空气流经压气机这些流道时，完成了一系列的功和能的转换，并将工作叶轮的大部分动能变为空气的压力能，使 p_b 增加。

2. 空气压缩过程的 *H-S* 图及 *p-V* 图、*T-S* 图

（1）压气机中空气压缩过程的 H-S 图[1]

空气压缩过程的 H-S 图如图 7-8 所示，图中 0 点为环境状态（p_0、T_0），即进气道入口的滞止状态。

①在进气道中

压力由 p_0 降为 p_1，动能增加为$\frac{c_1^2}{2}$。由于进气道内有流动损失使熵增加，所以进气道实际出口状态为 1 点，此处空气具有的动能是$\frac{c_1^2}{2}$，将此处的动能滞止后为 1^* 点。由于与外界无能量交换，1^* 点的焓值与 0 点的焓值相同。由于有流动损失使熵增加，进气道出口的滞止压力 p_1^* 低于进气道的入口压力 p_0。

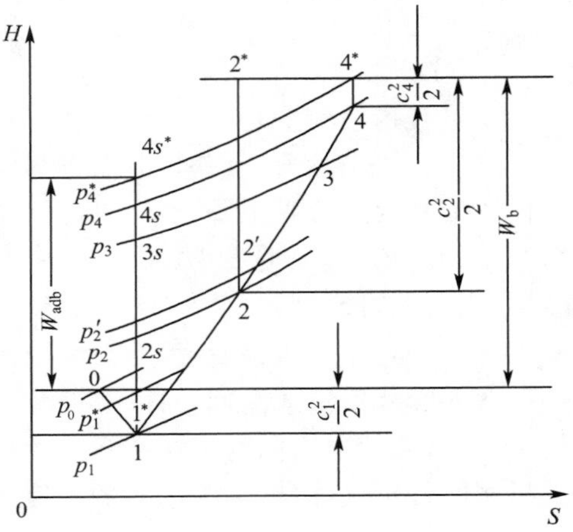

图 7-8　空气压缩过程的 H-S 图

②在工作轮中

由于叶轮对空气做功，使气体的压力由 p_1 增加到 p_2。若为没有任何损失的定熵过程，叶轮出口状态为 $2s$ 点，将此处的动能滞止后 $4s^*$ 点的焓值与 1^* 点的焓值之差为压缩功 W_{adb}，即为定熵过程的压气机定熵压缩功。但实际压缩过程有流动损失使熵增加，叶轮实际出口状态为 2 点，滞止状态为 2^* 点，此时动能增加为$\frac{c_2^2}{2}$。2^* 点与 1^* 点的焓值之差为 W_b，即为实际过程的压气机定熵压缩功。可见，压缩至同样的压力，定熵过程耗功最少。

③在扩压器及出气蜗壳中

在扩压器中，气体状态从 $2s$ 点变到 $3s$ 点。在蜗壳中，气体状态从 $3s$ 点变到 $4s$ 点。若为定熵过程，在此期间任何位置滞止后都是 $4s^*$ 点。对于实际过程，由于存在熵增，气体状态从工作轮出口的 2 点到扩压器出口 3 点，此时还有动能$\frac{c_3^2}{2}$。在蜗壳中，气体压力由 p_3 增加到 p_4。若为定熵过程，气体状态从 $3s$ 上升到 $4s$，滞止后为状态 $4s^*$。对于实际过程，由于存在熵增，气体状态由 3 点到蜗壳出口 4 点，还剩余动能是$\frac{c_4^2}{2}$，将这部分动能滞止后为 4^* 点。由于这期间不对气体做功，因此，不计与外界热交换时的能量损失，2、3、4 各点的滞止焓相等，即 $H_2^* = H_3^* = H_4^*$。4 点就是压气机的实际出口状态，p_4 就是压气机的出口压力 p_b，p_4^* 就是压气机出口滞止压力 p_b^*。

由能量守恒定律，压气机对单位质量空气的做功等于空气滞止焓的增加量。

压气机实际压缩功：

$$W_b = H_2^* - H_1^* = c_p(T_2^* - T_1^*)$$

$$= \frac{k}{k-1} \cdot R \cdot T_0^* \left(\frac{T_1^*}{T_0^*} - 1\right) \quad (\mathrm{J/kg}) \tag{7-10}$$

压气机定熵压缩功：

$$W_{bs} = H_{4s}^* - H_1^* = c_p(T_{4s}^* - T_1^*)$$

$$= \frac{k}{k-1} \cdot R \cdot T_0^* \left[\left(\frac{p_b^*}{p_0^*}\right)^{\frac{k-1}{k}} - 1\right] \quad (\mathrm{J/kg}) \tag{7-11}$$

(2)压气机中空气压缩过程的 p-V 图和 T-S 图

图 7-9 为压气机中空气压缩过程的 p-V 图[图 7-9(a)]和 T-S 图[图 7-9(b)]，点 0 表示压气机进口处的空气状态，点 4s 表示绝热压缩时压气机出口处空气状态，实际过程是多变过程，出口状态点 4 是沿着熵增方向达到的点。

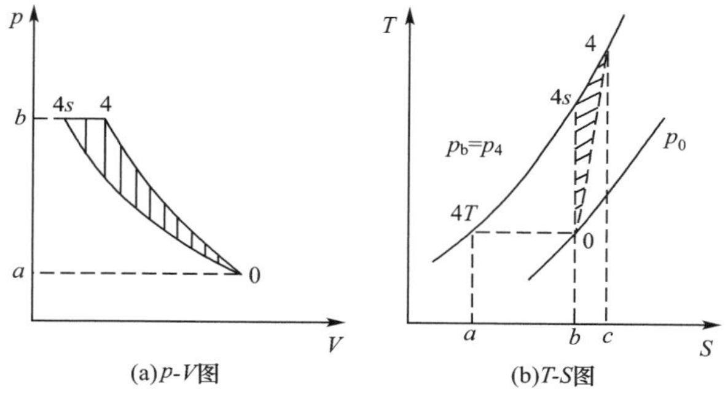

图 7-9　压气机中空气压缩过程

① 压缩 1 kg 空气的定熵压缩功

由定熵方程式 $T_{4s} = T_0\left(\frac{p_b}{p_0}\right)^{\frac{k-1}{k}}$，按理想情况，将 1 kg 空气从 p_0 压缩到 p_b 所需的定熵压缩功为

$$W_{bs} = \int_{p_0}^{p_b} V\mathrm{d}p = \frac{k}{k-1} \cdot R(T_{4s} - T_0)$$

$$= \frac{k}{k-1} \cdot R \cdot T_0\left[\left(\frac{p_b}{p_0}\right)^{\frac{k-1}{k}} - 1\right] \quad (\mathrm{J/kg}) \tag{7-12}$$

在 p-V 图上，W_{bs} 相当于 a—0—4s—b—a 所围成的面积。在 T-S 图上，W_{bs} 相当于 1 kg 气体在定压下，从温度 T_0 加热到 T_{4s} 所需的热量，相当于面积 a—4T—4s—b—a。

② 压缩 1 kg 空气的实际压缩功

在压气机中的实际压缩过程总是伴随着热交换和流动损失，是沿着熵增方向进行的。在图 7-9 上用线 0—4 表示多变压缩过程。令多变(实际)压缩过程和等熵(理想)压缩过程的初始压力和压缩终点压力相同，实际压缩功为

$$W_b = c_p(T_4 - T_0) = \frac{n_b}{n_b - 1} \cdot R(T_b - T_0)$$

$$= \frac{n_b}{n_b - 1} \cdot R \cdot T_0 \left[\left(\frac{p_b}{p_0} \right)^{\frac{n_b - 1}{n_b}} - 1 \right] \quad (\text{J/kg}) \tag{7-13}$$

式中　n_b—— 压气机中压缩多变指数，一般为 1.45 ~ 1.8。

3. 离心式压气机的主要参数

压气机的主要参数有增压比 π_b、空气质量流量 G_b、定熵效率 η_{bs} 及转速 n_b 等，并用这些参数及其相互关系表示压气机的性能。

(1)增压比

增压比 π_b 是指压气机出口气体压力 p_4 与进口气体压力 p_0 的比值。

$$\pi_b = \frac{p_4}{p_0} = \frac{p_b}{p_0} \tag{7-14}$$

式中　p_0—— 环境压力。

亦可用滞止参数来表示为

$$\pi_b^* = \frac{p_b^*}{p_0^*}$$

(2)空气质量流量

压气机的空气质量流量是指单位时间内流过压气机的空气质量，即为质量流量，以 G_b(kg/s) 表示。体积流量以 V_b(m^3/s) 表示。G_b 取决于柴油机所需的空气量。

①按排量计

$$G_b = \frac{iV_s n \phi_c \phi_s \rho_b}{120 \times 10^3} \quad (\text{kg/s}) \tag{7-15}$$

式中　ϕ_s—— 扫气系数；

n—— 发动机转速，r/min；

ϕ_c—— 充量系数；

ρ_b—— 增压空气密度，kg/m^3。

②按功率计

$$G_b = \frac{P_e b_e l_0 \phi_a \phi_s}{3.6 \times 10^6} \quad (\text{kg/s}) \tag{7-16}$$

式中　ϕ_a—— 过量空气系数；

l_0——1 kg 柴油完全燃烧所需的理论空气量为 14.3 kg 空气 /kg 柴油；

P_e—— 柴油机的标定功率，kW；

b_e—— 柴油机的比油耗率，g/(kW · h)。

(3)定熵效率 η_{bs}

压气机的定熵效率 η_{bs}，简称压气机效率 η_b，是指将气体压缩到一定增压比 π_b 时，压气机的定熵耗功 W_{bs} 和实际消耗功 W_b 之比，即

$$\eta_{bs} = \frac{W_{bs}}{W_b} = \frac{T_{4s} - T_0}{T_4 - T_0} = \frac{T_0}{T_4 - T_0} \left[\left(\frac{p_b}{p_0} \right)^{\frac{k-1}{k}} - 1 \right]$$

$$= \frac{T_0}{T_b - T_0} (\pi_b^{\frac{k-1}{k}} - 1) \quad (\%) \tag{7-17}$$

式中　T_0—— 压气机进口空气温度，K；

T_b—— 压气机出口空气温度，K；

π_b—— 增压比，$\pi_b = p_b/p_0$；

k—— 空气定熵指数，一般取 $k = 1.4$。

小型增压器的 η_b 一般为 0.65 ～ 0.75，大型增压器的 η_b 为 0.75 ～ 0.83。

η_b 表明了压气机流通部分的完善程度，是衡量压气机性能的基本指标。

(4)压气机功率

已知 1 kg 空气的定熵压缩功为 W_{bs}(J/kg)，空气质量流量为 G_b(kg/s)，压气机的定熵效率为 η_b，则压气机功率 P_b 可以表达为

$$P_b = \frac{G_b W_{bs}}{\eta_b} = \frac{G_b}{\eta_b} \cdot \frac{k}{k-1} \cdot R \cdot T_0 (\pi_b^{\frac{k-1}{k}} - 1) \quad (\text{kW}) \tag{7-18}$$

式中　G_b—— 单位时间内流过压气机的空气质量。

(5)压气机转速

由于压气机叶轮与涡轮同轴，所以压气机转速 n_b 即为涡轮转速 n_T，即

$$n_b = n_T = n_{Tb}$$

$$n_b = \frac{60 u_2}{\pi D_2} \quad (\text{r/min}) \tag{7-19}$$

式中　D_2—— 叶轮外径，mm；

u_2—— 叶轮外径处的圆周速度，u_2 一般为 450 ～ 500 m/s。

4. 离心式压气机的流量特性与通用特性

(1)压气机的流量特性

①流量特性曲线

压气机工况变化时，其主要性能参数 —— 转速 n_b、增压比 π_b、空气质量流量 G_b 及压气机定熵效率 η_b 的变化关系称为压气机特性。压气机在各种工况下，这些主要性能参数的相互关系曲线，称为压气机的特性曲线。

当压气机工况变化时，在不同的转速 n_b 下，增压比 π_b 和定熵效率 η_b 随空气质量流量 G_b 的变化关系称为压气机的流量特性。它包括效率特性和增压比特性。

以流量 G_b 为横坐标，以增压比 π_b 和效率 η_b 为纵坐标，转速 n_b 为参变量的相互关系曲线，称为流量特性曲线，如图 7-10 所示。图中 η_b 为等效率曲线，由图可方便地看出全工况范围内压气机主要工作参数之间的关系，可分析各工况下压气机运行的完善程度，以获得增压器与柴油机在全工况范围内的良好配合。

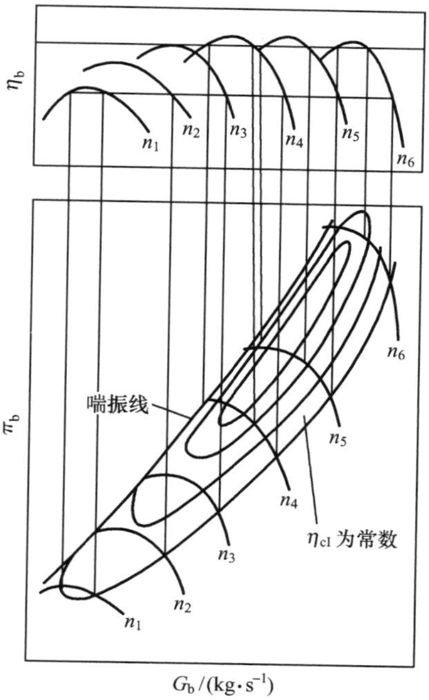

图 7-10　具有等效率曲线的压气机流量特性曲线

②流量特性曲线的绘制[2]

一般是将 $\eta_b = f(G_b n_b)$ 和 $\pi_b = f(G_b n_b)$ 两条曲线绘制在一起，即在 $\pi_b = f(G_b n_b)$ 曲线上加绘若干条等效率线。如图 7-10 所示，在 η_b-G_b 图上作出各转速 n_b 的等效率水平线，然后将各转速与等效率的水平线的交点对应移到 π_b-G_b 图上，与其上各转速上

的交点相对应，分别将它们连接起来，这样在 π_b-G_b 图上就有了一系列等效率曲线。

③流量特性曲线形状的成因

当压气机转速 n_b 一定时，增压比 π_b 和效率 η_b 曲线随着空气质量流量 G_b 的增加，呈抛物线形，如图 7-11 中 c—c 线，这是由于空气在压气机内压缩过程中存在摩擦和撞击两种主要损失所造成的。

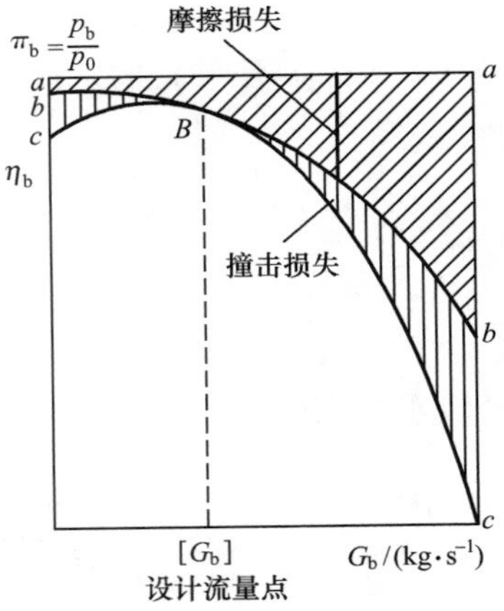

图 7-11　流量特性曲线呈抛物线形

a. 假定没有损失的定熵过程

定熵效率 $\eta_b=1$，定熵过程的增压比特性和效率特性均呈水平线，即图 7-11 中 a—a 线。

b. 实际上气体流动存在摩擦损失

压气机在变工况工作时，气体流动与工作轮叶片表面以及扩压器叶片表面之间会发生摩擦而产生损失，且随流量的增大而损失加剧，即图 7-11 中 b—b 线。

c. 气流的撞击损失

这是当压气机的实际流量偏离设计流量点工作时，气流的流入角与气流进入叶片入口处的方向不一致，气流分离带来的附加损失，称为撞击损失。偏离设计流量点越多，撞击损失就越大。图 7-11 中点 B 为设计流量点。

④压气机的喘振与喘振线

a. 喘振

压气机在一定的转速 n_b 下运行时，当压气机流量 G_b 减小到一定值后，气体进入工作叶轮和扩压器的角度偏离设计点工况，造成气流从叶片或扩压器上强烈分离，同时产生强烈脉动，并有气体倒流，引起压气机工况不稳定，导致压气机振动，产生发出异常响声的喘振现象。结果使压气机出口压力显著下降，并伴随产生很大的压力波动，不但达不到预期的压力升高效果，反而会损坏压气机元件。因此，不允许压气机在喘振条件下工作。

b. 喘振线

压气机特性曲线中各转速 n_b 下的喘振临界点的连线，称为“压气机的喘振线”，如图 7-10 所示左边的临界线。此线又称为稳定工作边界线。压气机是不允许在喘振线以左的区域工作的。

⑤压气机阻塞

在某一增压器转速下，增压比 π_b 随压气机的空气质量流量 G_b 的增大而增大，在某一流量时 π_b 达到最大值，然后随着 G_b 的增加开始下降，直到流量超过某值后，压气机通道中的某个截面达到临界条件，即流速达到当地声速后，即使 π_b 继续降低，G_b 也不再增加，压气机的流动发生了堵塞。此时的气体流量称为堵塞流量，也是该转速的压气机所对应的最大流量。临界截面的位置一般出现在叶轮或扩压器进口的喉部附近。

⑥压气机的高效率区

由图 7-10 中的等效率曲线可以看出，中间靠近喘振边界线的区域是高效率区。沿高效率区向外，η_b 逐渐下降，特别是在大流量或低增压比区，η_b 下降很多。当工作转速 n_b 升高时，G_b 及 π_b 增加，但受到材料机械压力及轴承工作可靠性的限制。

⑦有叶与无叶扩压器压气机特性曲线

为了扩大高效率区的流量范围和增强对转速和负荷变化的适应性，车用柴油机小型增压器常采用后弯式的工作轮叶片及具有无叶扩压器的压气机。图 7-12 为有叶扩压器与无叶扩压器压气机特性曲线的比较。比较看出无叶扩压器高效率区流量范围扩大，转速和负荷变化区域具有较大的适应性。

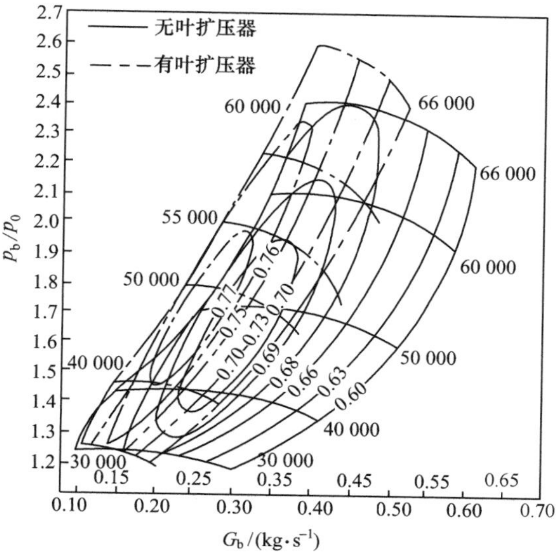

图 7-12　有叶扩压器与无叶扩压器压气机特性曲线的比较

(2)压气机的通用特性

上述压气机特性曲线中的 π_b、η_b、n_b 及 G_b 等参数都是在试验地点的外界大气状态下测得的。实际上，压气机进口处大气温度的变化对压气机的工作产生较大的影响。

当大气温度 T_0 降低时，π_b 随之增加，而当 T_0 增加时，π_b 将减小。同时，气体的密度 ρ_b、流量 G_b 以及压气机所消耗的功率 P_b 等都发生了较大的变化。因此，就需要对压气机的特性曲线进行相应的核算。为了实用上的方便，常应用无量纲参数或折合参数来表征它们之间的关系，从而消除了压气机工作中因环境条件变化而产生的影响。

①相似参数

由于压气机在相似流动条件下，即只要马赫数相同时，特性曲线就不受环境条件变化的影响，所以采用相似参数所绘制的压气机流量特性曲线，称为“压气机的通用特性曲线”。无量纲流量的相似参数为$G_b T_0^{0.5}/p_0$，转速的相似参数为$n_b T_0^{-0.5}$。

②折合参数

将试验状态参数一律折算成标准大气状态下的压力和温度的数值，称为“折合参数”。用折合参数绘制的压气机特性曲线是通用特性曲线的特例。标准大气状态：$T_0 = 293$ K，$p_0 = 101.3$ kPa。

表 7-5 列出了通用特性参数，脚标“0”表示试验时测得的大气压力 p_0(kPa) 和温度 T_0(K)。

表 7-5　通用特性参数

一般特性参数	转速 n_b	流量 G_b
相似参数	$n_b T_0^{-0.5}$	$n_b(293/T_0)^{0.5}$
折合参数	$G_b T_0^{0.5} p_0^{-1}$	$G_b \cdot 101.3/[p_0 \cdot (T_0/293)^{0.5}]$

③压气机通用特性曲线

将图 7-12 的特性曲线的纵坐标仍用增压比 $\pi_b = \dfrac{p_b}{p_0}$ 表示，而横坐标的流量改用 $G_b \cdot \sqrt{T_0}/p_0$ 表示，转速改用 $n_b/\sqrt{T_0}$ 表示，即绘成如图 7-13 所示的压气机相似参数特性曲线。在实际应用中，离心式压气机通用特性曲线采用与相似参数成正比的折合参数来绘制，

图 7-14 为压气机折合参数特性曲线。

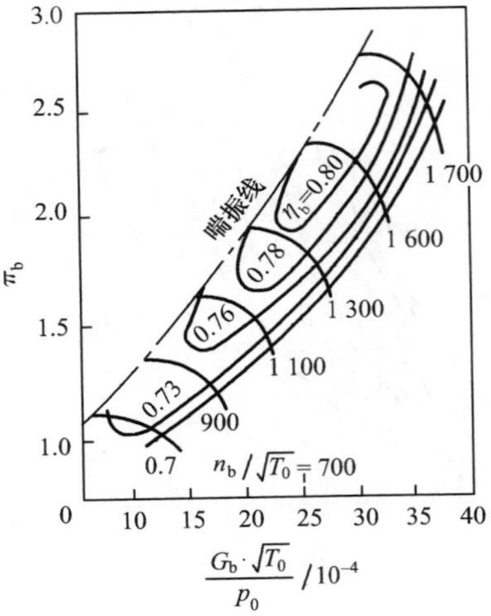

图 7-13 压气机相似参数特性曲线

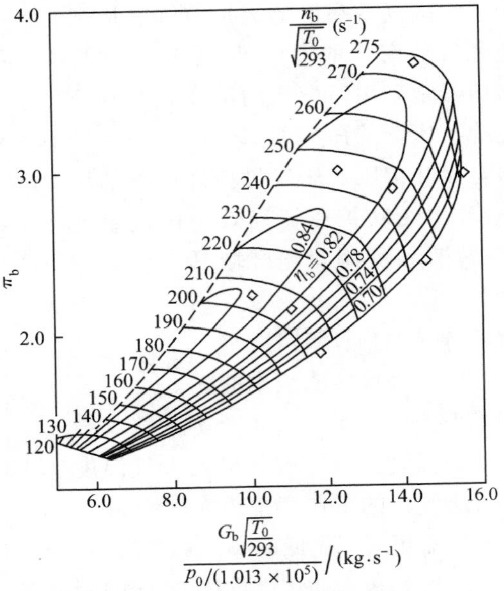

图 7-14 压气机折合参数特性曲线

7.2.3 径流式涡轮机的工作原理及特性

1.径流式涡轮机的工作原理

(1)工作原理

涡轮机的工作过程与压气机相反,它是把发动机排出的废气能量转化为机械功来驱动压气机叶轮的一种原动机。涡轮增压器的性能在很大程度上取决于涡轮机的性能。

①径流式涡轮机的特点

废气的流动方向是近似沿叶轮的径向由轮缘向中心流动的,在叶轮出口处转为轴向流出,具有较大的单级膨胀比,因此,结构紧凑、质量轻、体积小,在小流量范围涡轮效率高,叶轮强度好,能承受高转速。在叶轮直径小于 160 mm 的中小型增压器中都采用径流式涡轮机。

②径流式涡轮机的结构

径流式涡轮机将燃气的动能转化为涡轮动能对外做功。如图 7-15 所示为径流式涡轮机结构简图及进出口速度三角形。它主要由进气蜗壳、喷嘴环、工作轮及出气道组成。

(2)废气在涡轮机中流动参数的变化(图 7-16)

①进气蜗壳段

其作用是引导发动机排气管中的废气均匀地进入涡轮机。根据增压系统的要求,蜗壳可以有一个或两个进气口(脉冲增压)。进气方向多为切向,变截面通道,排气具有一定的压力 p_T、温度 T_T,并以速度 c_T 经进气蜗壳流入喷嘴环。

②喷嘴环段(0—1)

均布的喷嘴叶片安装成一定角度,叶片间呈收缩的曲线型通道,使废气流经喷嘴环时,产生膨胀,压力从 p_T 降到 p_1,温度从 T_T 降到 T_1,流速从 c_T 升高到 c_1。为改善车用增压柴油机低工况转矩特性,通常选用无喷嘴环与叶片扩压器相组合的径流式增压器。

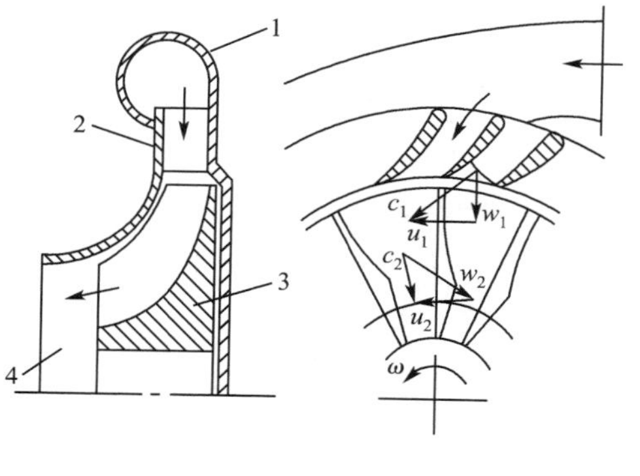

图 7-15　径流式涡轮机结构简图及进出口速度三角形

1— 进气蜗壳；2— 喷嘴环；3— 工作轮；4— 出气道

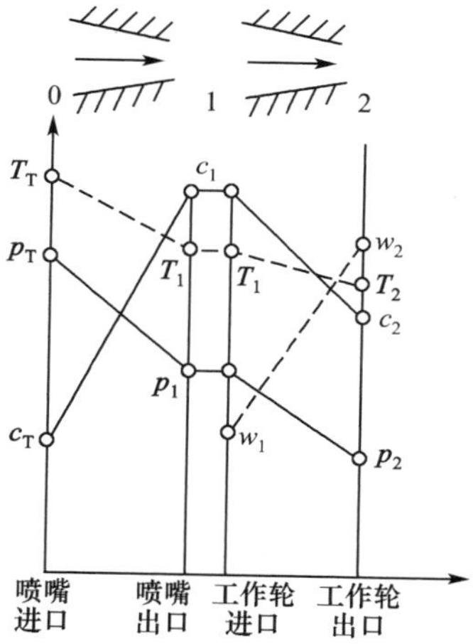

图 7-16　废气在涡轮机中流动参数的变化

③工作轮段(1—2)

进口处气体以相对速度 w_1 进入圆周速度为 u_1 的工作轮。由于气流在工作中是径向流动的，工作轮叶片之间的通道也是呈渐缩形状，因而，气体在通道中将继续膨胀。当气流流过工作轮叶片时，气流转弯。由于离心力作用，在叶片凹面上的压力得到提高，而在凸面上的压力则降低。作用在叶片表面压力的合力产生了转矩。此时，在工作轮出口处的压力 p_2、温度 T_2 及速度 c_2 均下降。而 c_2 远小于 c_1，说明燃气在喷嘴中膨胀所获得的动能已大部分传给了工作轮。进出工作轮的燃气流动情况，用工作轮进出口速度三角形的简化形式表示，如图 7-17 所示。其中，u_1 为叶轮入口的轮周线速度，u_2 为叶轮出口的轮周线速度；w_1 为叶轮进口处气体相对叶轮的速度，w_2 为叶轮出口处气体相对叶轮的速度，且 $w_2 > w_1$；c_1 为燃气进入叶轮的速度，c_2 为燃气流出叶轮的速度。

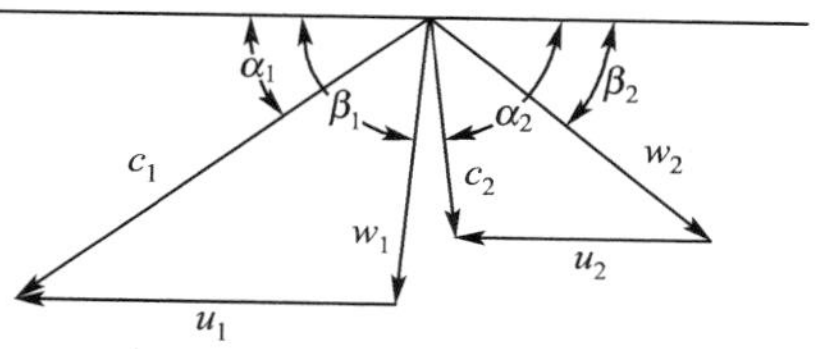

图 7-17　工作轮进出口速度三角形的简化形式

(3)径流式涡轮机中燃气膨胀过程的 H-S 图

径流式涡轮机中燃气首先经喷嘴环导流并加速，再经涡轮机的工作轮膨胀做功后排出。因此，燃气的能量主要分配在喷嘴环和工作轮中。

径流式涡轮机的 H-S 图如图 7-18 所示。图中 T 点为喷嘴环进口处燃气的状态，其压力为 p_T，温度为 T_T，此时燃气具有的速度为 c_T，T^* 点则表示相应入口处的滞止状态。

①在喷嘴中的膨胀过程

对定熵过程，按 T—$1s$ 进行。对于实际膨胀过程，由于存在流动损失，使熵增加，是按 $T-1$ 膨胀到 1 点。1 点表示涡轮叶轮入口处燃气状态，此时气体的速度是 c_1，滞止状态为 1^* 点。由于该过程气体不做功，仍为总的能量 $H_1^* = H_T^*$。

②在工作轮中的膨胀过程

对定熵过程，按 1—$2s$ 进行。对实际过程，由于有流动损失，使熵增加，是按 $1-2$ 进行到 2 点。2 点表示叶轮出口处状态，仍具有一定的速度 c_2，其动能为 $\frac{c_2^2}{2}$，这部分能量未得到利用，将被排入大气而损失掉，称为“余速损失”。

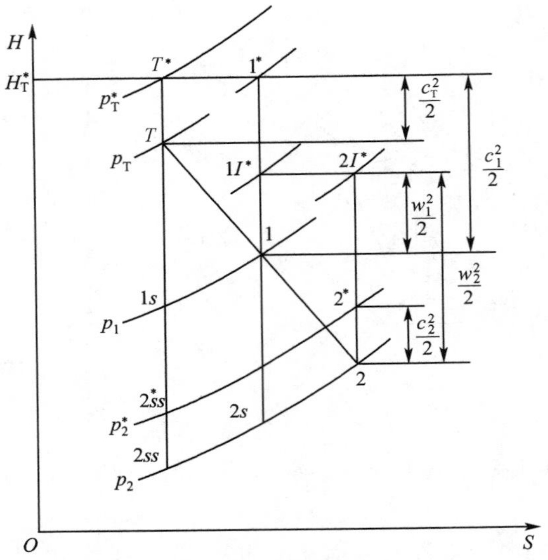

图 7-18　径流式涡轮机的 H-S 图

③在喷嘴和工作轮中的全过程

若全为定熵过程，则按 T—$1s$—$2ss$ 进行。如将坐标建立在旋转的叶轮上，叶轮进口气流的动能为相对速度的动能 $w_1^2/2$，滞止状态为 $1I^*$，出口动能为 $w_2^2/2$，滞止状态为 $2I^*$。由于在相对坐标上叶轮不转，则对气体不做功，$1I^*$ 点和 $2I^*$ 点的焓值相同，即 $H_{1I^*}=H_{2I^*}$。点 2 就是涡轮机的实际出口状态，p_2 就是出口压力，p_2^* 为涡轮出口的滞止压力。

2. 径流式涡轮机的主要参数

涡轮机的主要参数有：涡轮前的废气滞止压力 p_T^*、滞止温度 T_T^*、膨胀比 π_T、每秒燃气流量 G_T、膨胀功 W_T、有效效率 η_{Te}、定熵效率 η_{Ts}、转速 n_T。用这些参数及其相互关系可表示涡轮机的性能。

(1)膨胀比 π_T

膨胀比是表示燃气在涡轮中具有做功能力的重要参数，定义为涡轮进口燃气滞止压力 p_T^* 与工作轮出口排气静止压力 p_2 的比值：

$$\pi_T=\frac{p_T^*}{p_2}=\frac{p_T^*}{p_0'} \tag{7-20}$$

(2)膨胀功

①定熵膨胀功 H_T

根据能量守恒定律，在一定的膨胀比下，1 kg 燃气对涡轮做功的最大可能量就是涡轮入口的滞止焓 H_T^* 与定熵过程工作叶轮出口的静焓 H_{2ss} 之差。

$$\begin{aligned}H_T&=H_T^*-H_{2ss}=c_p(T_T^*-T_{2ss})\\&=\frac{k_T}{k_T-1}RT_T^*\left[1-\left(\frac{p_2^*}{p_T^*}\right)^{\frac{k_T-1}{k_T}}\right]\\&=\frac{k_T}{k_T-1}RT_T^*\left[1-\left(\frac{1}{\pi_T}\right)^{\frac{k_T-1}{k_T}}\right]\quad(\text{kJ})\end{aligned} \tag{7-21}$$

式中　T_T^*—— 涡轮入口点 T^* 滞止状态的温度，K；

p_T^*—— 涡轮入口滞止压力，kPa；

p_2^*—— 定熵膨胀到出口点 $2ss$ 的压力，kPa；

k_T—— 燃气绝热指数，一般取 $k_T = 1.33$。

②实际膨胀功 W_T

由于实际膨胀过程存在流动损失、余速损失等，燃气对涡轮实际做的膨胀功是涡轮入口的滞止焓 H_T^* 与实际过程叶轮出口的滞止焓 H_2^* 之差：

$$W_T = H_T^* - H_2^* = c_p(T_T^* - T_2^*)$$
$$= \frac{k_T}{k_T - 1}RT_T^*\left(1 - \frac{T_2^*}{T_T^*}\right)$$
$$= \frac{k_T}{k_T - 1}RT_T^*\left[1 - \left(\frac{p_2^*}{p_T^*}\right)^{\frac{k_T-1}{k_T}}\right] \quad (\text{kJ}) \tag{7-22}$$

式中　p_2^*—— 实际膨胀到出口 2^* 点滞止状态的压力。

(3)涡轮效率 η_T 及涡轮增压器总效率 η_{Tb}

涡轮效率是评价涡轮设计与制造完善程度的重要指标，定义为燃气的膨胀功与排气能量的比值。

定熵效率(包括余速损失 $c_2^2/2$)

$$\eta_{Ts} = \frac{H_T^* - H_2}{H_T^* - H_{2ss}^*} = \frac{1 - \dfrac{T_2}{T_T^*}}{1 - \left(\dfrac{p_2^*}{p_T^*}\right)^{\frac{k_T-1}{k_T}}} \tag{7-23}$$

η_{Ts} 一般为 0.75 ~ 0.9。

有效效率

$$\eta_{Te} = \frac{W_T}{H_T} = \frac{H_T^* - H_2^*}{H_T^* - H_{2ss}^*} = \frac{1 - \dfrac{T_2^*}{T_T^*}}{1 - \left(\dfrac{p_2^*}{p_T^*}\right)^{\frac{k_T-1}{k_T}}} \tag{7-24}$$

η_{Te} 一般为 0.7 ~ 0.85。

涡轮增压器总效率

$$\eta_{Tb} = \eta_b \eta_T \eta_m \tag{7-25}$$

式中　η_m—— 涡轮增压器的机械效率，η_m 一般为 0.85 ~ 0.90。

所以，总效率 η_{Tb} 为 0.5 ~ 0.7。

(4)涡轮的反动度(反力度)Ω_T

在涡轮机中排气能量的变化分别是在喷嘴环和工作轮中进行的，把在喷嘴环和工作轮中间的焓降分配，用反动度 Ω_T 表示：

$$\Omega_T = \frac{H_{1s} - H_{2s}}{H_T^* - H_{2ss}} \tag{7-26}$$

在纯冲击式涡轮中，$\Omega_T = 0$，排气的焓降全部在喷嘴环中完成；在反动式涡轮中，$\Omega_T > 0$，径流式涡轮的 Ω_T 为 0.45 ~ 0.52。因此，反动式涡轮增压器的效率较高，得到广泛应用。

(5)流经喷嘴环的瞬时排气质量流量 G_T

单位时间内通过涡轮的排气质量，称为涡轮的气体质量流量，单位为 kg/s。

在涡轮增压发动机中，若无泄漏和放气，通过涡轮的排气流量 G_T 等于压气机流量 G_b 与发动机燃烧的燃料量之和：

$$G_T = G_b + \frac{b_e P_e}{3\ 600} = F_C c_1 \rho_1 \quad (\text{kg/s}) \tag{7-27}$$

式中 F_C—— 喷嘴环出口实际通流面积，m^2；

c_1—— 喷嘴环出口排气流速，m/s；

ρ_1—— 喷嘴环出口气体密度，kg/m^3，对定熵过程 $\rho_1 = \rho_T \cdot \left(\frac{p_1}{p}\right)^{\frac{1}{k}}$。

$$G_T = F_C \cdot \mu_T \cdot \frac{p_T^*}{\sqrt{RT_T^*}} \cdot \sqrt{\frac{2k_T}{k_T - 1}\left[\left(\frac{p_1}{p_T^*}\right)^{\frac{2}{k_T}} - \left(\frac{p_1}{p_T^*}\right)^{\frac{k_T+1}{k_T}}\right]} \quad (\text{kg/s}) \tag{7-28}$$

式中 μ_T—— 流量系数，μ_T 一般为 0.92 ～ 0.98。

令

$$B = \sqrt{\frac{2k_T}{k_T - 1}\left[\left(\frac{p_1}{p_T^*}\right)^{\frac{2}{k_T}} - \left(\frac{p_1}{p_T^*}\right)^{\frac{k_T+1}{k_T}}\right]}$$

将式(7-28) 写成量纲一相似流量形式：

$$\frac{G_T\sqrt{T_T^*}}{p_T^*} = \frac{\mu_T F_C}{\sqrt{R}} \cdot B \tag{7-29}$$

(6)折合流量

在实际应用中，为了便于与设计工况进行比较，也常采用折合流量来表征涡轮的流量。它是指非设计工况下的相似流量与设计工况下的相似流量之比。

(7)当量(等效) 喷嘴环面积 F_T

当增压柴油机进行外气源模拟试验或进行工作过程数值模拟计算时，采用当量喷嘴环面积 F_T 来模拟涡轮的流通特性。假定当量喷嘴环中的定熵焓降等于涡轮喷嘴环中的定熵焓降与工作轮中定熵焓降之和，根据质量守恒的流量平衡方程，可按不可压缩流体和在喷嘴环及工作轮中流量系数相同的条件导出当量喷嘴环面积的近似计算式为

$$F_T = \frac{F_C}{\sqrt{1 + \left(\frac{F_C}{F_R}\right)^2}} = \frac{F_C F_R}{\sqrt{F_C^2 + F_R^2}}$$

即

$$F_T{}^2 = \frac{F_C^2 F_R^2}{F_C^2 + F_R^2} \tag{7-30}$$

式中 F_R—— 涡轮工作叶片出口气流的流通面积，cm^2。

(8)涡轮机所发出的功率 P_T 和力矩 M_T

气体对工作轮所做的轮周功率：

$$\begin{aligned} P_T &= G_T W_T = G_T H_T \eta_{Te} \times 10^3 \\ &= G_T \cdot \frac{k_T}{k_T - 1} \cdot R \cdot T_T^* \left[1 - \left(\frac{p_2}{p_T^*}\right)^{\frac{k_T-1}{k_T}}\right] \cdot \eta_{Te} \times 10^3 \quad (\text{kW}) \end{aligned} \tag{7-31}$$

式中　G_T—— 燃气的质量流量,kg/s;

H_T—— 燃气定熵膨胀的可用焓降,J/kg。

(9)涡轮转速 n_T

由于涡轮与压气机同轴,因此涡轮转速 n_T 与压气机转速 n_b 相等,统称"涡轮增压器转速"n_{Tb},$n_T = n_b = n_{Tb}$,单位为 r/min。

在分析各性能参数之间的关系时,应采用相似转速 $n_T\sqrt{T_T^*}$,但涡轮的相似转速与压气机的相似转速不相等。

(10)速比 u_1/c_0

速比是涡轮设计及对涡轮与压气机进行匹配时的重要设计参数。对径流式涡轮定义为 u_1/c_0,其中,u_1 是工作轮入口处叶轮外径的圆周线速度;c_0 是一个假想理论速度,指燃气从进口状态定熵膨胀到涡轮出口压力所能达到的速度,$c_0 = \sqrt{2H_T}$。

由于涡轮效率 η_T、膨胀比 π_T 和速比 u_1/c_0 均为纲量一,所以它们可直接作为相似参数。

3. 径流式涡轮机的相似参数与特性曲线

(1)量纲一相似参数

在实际应用中,为了方便分析各性能参数之间的关系,通常将采用量纲一相似参数来绘制的涡轮机特性曲线,称为"涡轮的通用特性曲线"。表 7-6 列出了涡轮流量、转速、叶轮入口线速度量纲一相似参数。

表 7-6　　涡轮流量、转速、叶轮入口线速度的量纲一相似参数

参数	一般特性参数	量纲一相似参数
流量	$G_T/(kg \cdot s^{-1})$	$G_T\sqrt{T_T^*}/p_T^*$
转速	$n_T/(r \cdot min^{-1})$	$n_T/\sqrt{T_T^*}$
叶轮入口线速度	$u_1/(m \cdot s^{-1})$	$u_1/\sqrt{T_T^*}$

注:$u_1 = \pi D_1 n_T/60$

(2)径流式涡轮机的特性曲线

当涡轮增压柴油机的转速负荷发生变化时,排气涡轮进口的主要性能参数(T_T、p_T、G_T、π_T)也都相应发生变化。在各种工况下涡轮主要工作参数间的变化关系,称为"涡轮特性曲线",并且都是采用相似参数来绘制的。常用的有流量特性曲线和效率特性曲线。由于不受环境条件影响,适合于任何进口状态,应用十分方便,因此,把用相似参数表征的特性曲线又称为"涡轮的通用特性曲线"。实际使用中,经常把转速 n_T、膨胀比 π_T、效率 η_T 和流量 G_T 这四个主要参数画在一张图上,能全面反映涡轮在变工况下它们之间的变化关系,可以方便地对涡轮与压气机的匹配和运行进行分析。

①流量特性曲线

图 7-19 所示为有等效率曲线的径流式涡轮机的流量特性曲线。转速一定时,涡轮膨胀比随流量的变化关系叫"流量特性"。该特性曲线是以相似流量 $G_T\sqrt{T_T^*}/p_T^*$ 为横坐标,以膨胀比 p_T^*/p_0' 为纵坐标,以相似转速 $n_T/\sqrt{T_T^*}$ 为参变量的一组曲线。图中又画出了一组等效率曲线 η_T。

由图可以看出流量特性的几个特点:

a. 在同一转速下,相似流量随膨胀比 π_T 的增大而增大,这一点与压气机特性截然不同。

b. 当膨胀比 π_T 达到某一值后，流量达到最大值，再增加 π_T，涡轮流量不会再增加，即达到涡轮阻塞工况。发生流量阻塞的原因是喷嘴环或涡轮叶轮中某处气流速度已达到了当地声速。

c. 当 π_T 较小时，涡轮转速对涡轮流量具有相当大的影响，这显示了离心力场的影响。

d. 涡轮的高效率区，一般位于高膨胀比和大流量区域。

图 7-20 示出了不同喷嘴环面积的流量特性。一般提供若干个喷嘴环面积 F_C 的流量特性供选配。对相同膨胀比，适当增大喷嘴环面积 F_C，则流量 G_T 增大。

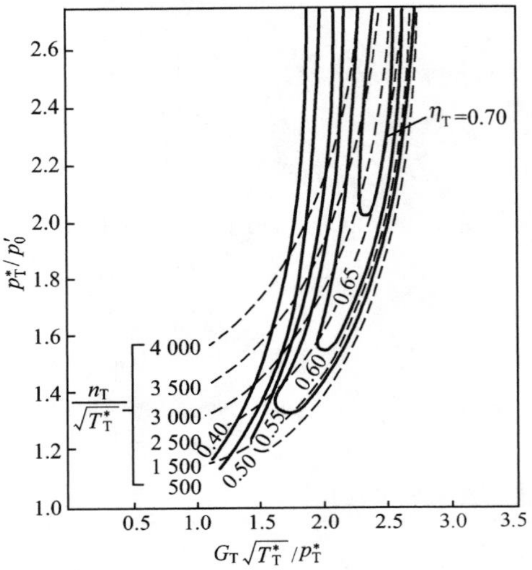

图 7-19　径流式涡轮机的流量特性曲线

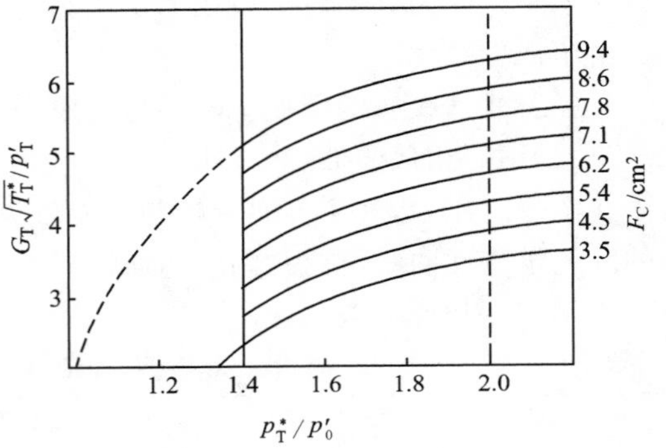

图 7-20　不同喷嘴环面积的流量特性

②效率特性曲线

涡轮的效率特性曲线，是表示在不同的相似转速下，涡轮定熵效率 η_T 与速比 u_1/c_0 的相互关系，如图 7-21 所示，可以看出效率特性的特点：在最佳速比下效率最高，离开这一速比的两端，涡轮效率 η_T 降低。径流式涡轮高效率区较窄，而且超过一定数值后，η_T 急剧下降。

图 7-22 所示为涡轮的 η_T 随 u_1/c_0 的变化特性，有三种能量损失：

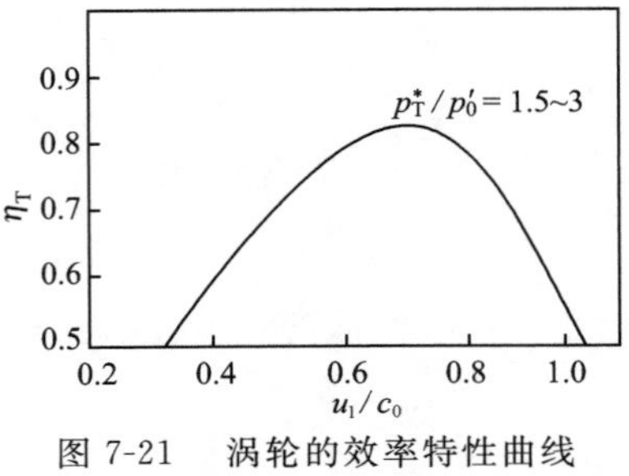

图 7-21　涡轮的效率特性曲线

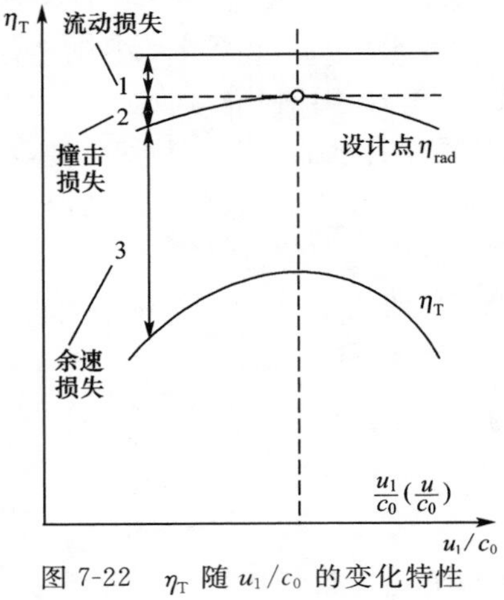

图 7-22　η_T 随 u_1/c_0 的变化特性

流动损失，气体流速越高，流量越大，则流动损失越大；

撞击损失，在设计点工况时，气体流入工作轮的撞击损失最小，偏离设计点损失大；

余速损失$\frac{c_2^2}{2}$，也是在设计点最小，而偏离设计工况时该损失增大。

近年来在车用柴油机中采用可调式喷嘴环装置的增压器，可使涡轮在较宽流量范围内都具有较高的涡轮效率。

7.2.4　轴流式涡轮机的工作原理及特性

1. 轴流式涡轮机的工作原理

(1)工作原理

图 7-23 为单级轴流式涡轮机简图。喷嘴环和工作轮构成涡轮机的一个"级"。排出气体由蜗壳沿轴向进入喷嘴环和工作轮，在工作轮叶片内膨胀，将排气的动能转化为工作轮的圆周功，带动离心压气机转动，对外做功。

(2)排气在轴流式涡轮机中流动参数的变化[3]

图 7-24 所示为涡轮中气流参数(压力、温度及速度)的变化。

①在喷嘴环中

排气流过呈一定角度的喷嘴环叶片渐缩通道时进行绝热膨胀，入口 T 处的压力 p_T、温度 T_T 和速度 c_T，膨胀后到出口 1 处，压力和温度分别降到 p_1 和 T_1，出口速度升到 c_1，提高了进入工作轮的排气动能，并保证排出气体以一定的方向流入工作轮叶片。

②在工作轮中

工作轮叶片的断面也是机翼形，叶栅通道为渐缩的，排气流入工作轮时，不但流动方向发生折射并对叶片产生推力，而且在叶片流道中继续膨胀，工作轮进口 1 处到出口 2 处，其压力由 p_1 降到 p_2，温度由 T_1 降到 T_2，排气流速由 c_1 降到 c_2。相对速度由 w_1 升高到 w_2，提高了对工作轮叶片的做功能力。

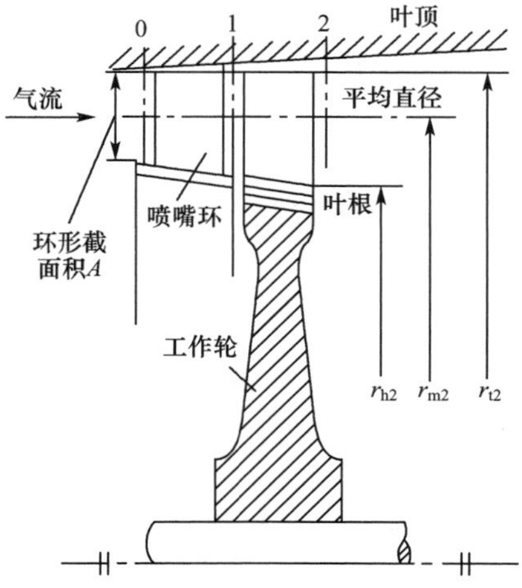

图 7-23　单级轴流式涡轮机简图

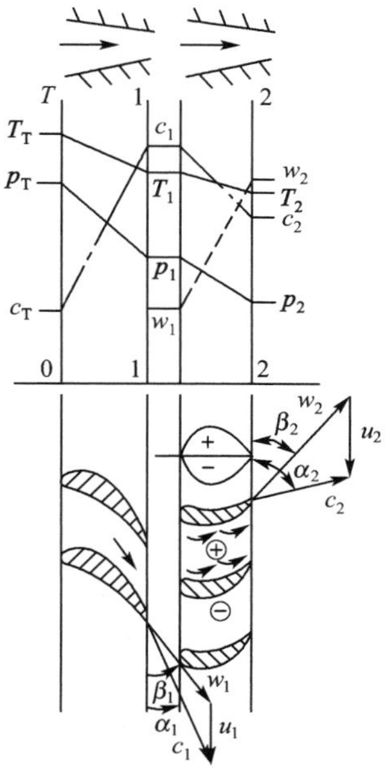

图 7-24　涡轮中气流参数的变化

③工作轮进出口速度三角形

排出气体在通过按一定规律排列的喷嘴叶片后，形成有一定方向的气流速度 c_1 进入工作轮叶片，流动情况可用速度三角形表示，如图 7-24 所示，即工作轮叶栅的进口 1 处速度三角形为 $c_1 = w_1 + u_1$，u_1 为牵连圆周速度，w_1 为相对速度。工作轮叶栅出口 2 处速度三角形为 $c_2 = w_2 + u_2$。

当气流高速通过叶片的弯曲通道时，做类似圆周运动，从而产生了指向叶片凹面的离心力，致使凹面上的压力高于凸面上的压力，作用在叶片两面上的压力差 p_a（轴向力）产生了旋转驱动，$u = r\omega$。p_a 使叶轮受轴向推力，因此，要安装有推力轴承。

(3)轴流式涡轮"级"中燃气膨胀过程的 H-S 图

图 7-25 示出了轴流式涡轮中燃气膨胀过程的 H-S 图，与径流式涡轮中膨胀过程很类似。

在 H-S 图中，以 T 点表示排气在喷嘴叶片入口处的状态（p_T、T_T、G_T），T^* 点表示相应的滞止状态（p_T^*、T_T^*、G_T^*），$H_T^* = c_p T_T + \frac{{c_T}^2}{2}$。

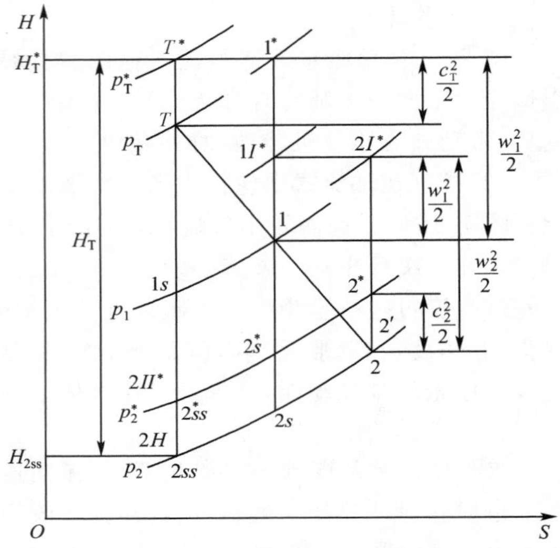

图 7-25　轴流式涡轮中燃气膨胀过程的 H-S 图

①在喷嘴叶片中的膨胀过程

对定熵过程，到叶片出口按 T—$1s$ 进行。对实际膨胀过程，是按 T—1 膨胀到等压线上的 1 点。1 点表示喷嘴出口气体状态，此时气体压力是 p_1，速度是 c_1，滞止状态为 1^* 点，总能量守恒。

②在工作轮叶片中的膨胀过程

对定熵过程，按 1—$2s$ 进行。$2s$ 为叶轮叶片出口处的定熵膨胀的终点状态。对实际膨胀过程，按1—2 进行。2 点为叶轮出口处的终点状态。$2s^*$ 点和 2^* 点为对应的滞止状态。

叶轮出口处气体仍有一定的流速 c_2，其动能为$\frac{c_2^2}{2}$，将排入大气，称为"余速损失"。

利用 H-S 图可以清楚地表示排气流过涡轮组时，焓 H（或温度 T）、压力 p 和流速 c 的变化情况。

(4)轴流式涡轮机主要工作参数

单级轴流式涡轮机的性能参数有：在涡轮中实际膨胀功 W_T、膨胀比 π_T、涡轮有效效率 η_T、燃气流经涡轮的质量流量 G_T 以及涡轮转速 n_T，与径流式涡轮机主要参数的计算方法相同。

2. 轴流式涡轮机的相似参数与特性曲线

(1)量纲一相似参数

在实际运行时，轴流式涡轮的转速 n_T、流量 G_T、膨胀比 π_T、涡轮机效率 η_T 等参数，都可能偏离设计值，并在较大的范围内变化。例如，当柴油机的转速、负荷发生变化时，废气涡轮

进口的温度 T_T、压力 p_T、流量 G_T 都相应发生变化，从而涡轮的焓降、速度三角形也随之变化。涡轮这种非设计工况叫作“变工况”。在实际应用中，为了方便分析各性能参数之间的关系，通常采用量纲一相似参数来绘制涡轮特性的曲线，称为“涡轮的通用特性曲线”。

涡轮进入喷嘴前排气的滞止参数为（p_T^*、T_T^*），工作轮叶片出口处的参数为（p_2、T_2）。排气背压 $p_2' = p_2$。用量纲一相似参数表征轴流式涡轮的流量、转速和叶轮入口线速度。

表 7-7 列出了轴流式涡轮的流量、转速、线速度的量纲一相似参数。

表 7-7　轴流式涡轮的流量、转速、线速度的量纲一相似参数

参数	流量	转速	叶轮入口线速度
一般特性参数	$G_T/(\mathrm{kg\cdot s^{-1}})$	$n_T/(\mathrm{r\cdot min^{-1}})$	$u_1/(\mathrm{m\cdot s^{-1}})$
无量纲相似参数	$G_T\sqrt{T_T^*}/p_T^*$	$n_T/\sqrt{T_T^*}$	$u_1/\sqrt{T_T^*}$

（2）轴流式涡轮机的特性曲线

由于涡轮效率 η_T、膨胀比 π_T 和速比 u_1/c_0 均为无量纲量，因此可直接作为相似参数。

涡轮机的通用特性是指将相似参数膨胀比 π_T、流量 $G_T\sqrt{T_T^*}/p_T^*$、转速 $n_T/\sqrt{T_T^*}$、效率 η_T 画在一张图上表示它们之间的关系。一般把流量随 π_T 和 η_T 的变化关系称为“流量特性”，把效率随 G_T 和 n_T 的变化关系称为“效率特性”。

①流量特性曲线

流量特性曲线是以相似流量 $G_T\sqrt{T_T^*}/p_T^*$ 为横坐标，以膨胀比 $\pi_T = p_T^*/p_0'$ 为纵坐标，以相似转速 $n_T/\sqrt{T_T^*}$ 为参变量的一组曲线，如图 7-26 所示。

在轴流式涡轮中，由于叶轮进、出口直径无变化，因而转速 $n_T/\sqrt{T_T^*}$ 的变化对反动度 Ω_T 基本无影响。这就使得转速对膨胀比 π_T 与流量 G_T 的影响较小，有时近似地以一条与转速无关的单一曲线表示。

②效率特性曲线

如图 7-27 所示，效率特性曲线是以相似参数速比 u_1/c_0 为横坐标，以涡轮效率 η_T 为纵坐标，以不同膨胀比 $\pi_T = p_T^*/p_0'$ 为参变量的一组曲线。

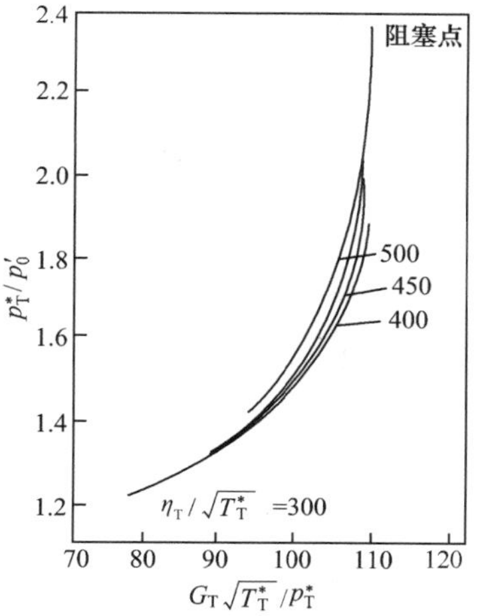

图 7-26　轴流式涡轮的流量特性曲线

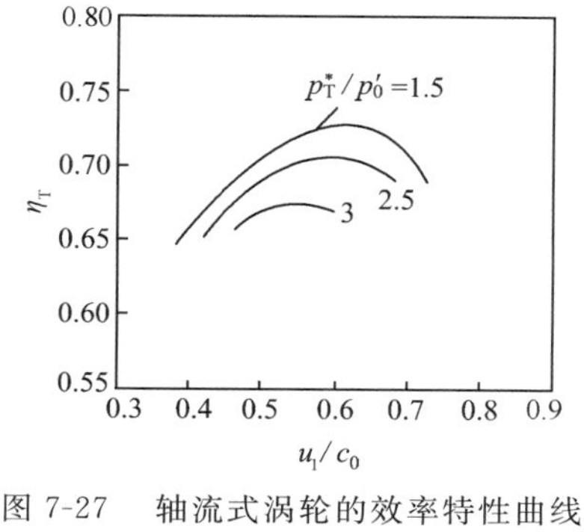

图 7-27　轴流式涡轮的效率特性曲线

当膨胀比 π_T 不变时，随 u_1/c_0 的增大，涡轮效率先是增大，到设计点时效率达最大值，

u_1/c_0 再增大，效率反而随之下降，并且下降很快，这是由于偏离设计点处，气流撞击损失增大，余速损失增大。

对不同膨胀比而言，随膨胀比增大，涡轮效率下降。

轴流式涡轮的效率特性曲线形状与径流式涡轮效率曲线基本相同，但高效率范围较宽。

7.2.5 增压空气的中间冷却器

1. 中冷器的作用

增压的目的是通过提高进气压力来提高进入缸内的空气密度，以增加空气充量。但是空气在压气机中被压缩时，随着压力升高，其温度也升高，这将使空气密度减小，在一定程度上抵消了增压效果。增压比越高，压气机效率越低，压缩机出口温度就越高。因此，在增压比较高时，采用空气中间冷却(简称中冷)是非常必要的。

中冷器是安装在增压器与内燃机的进气管之间的冷却装置。压缩空气被中冷器冷却后，密度增加，进气充量提高，通过增加循环供油量可进一步提高功率 15% ～ 20%。一般来说，增压空气温度每降低 1 ℃，燃烧温度和排气温度可降低 2 ～ 3 ℃，减少柴油机的热负荷，提高经济性，并改善排放。

2. 中冷器的形式

中冷器有风冷(空 - 空)式和水冷(水 - 空)式，常用板翅式和管式两种结构。

(1)空 - 空冷却器

空 - 空冷却器一般用在车用增压柴油机上，中冷器位于冷却水散热器的前面，由风扇吹入的新鲜空气对增压空气进行冷却。图 7-28 示出了 YC6112ZLQ 型增压中冷车用柴油机的空 - 空冷却器。

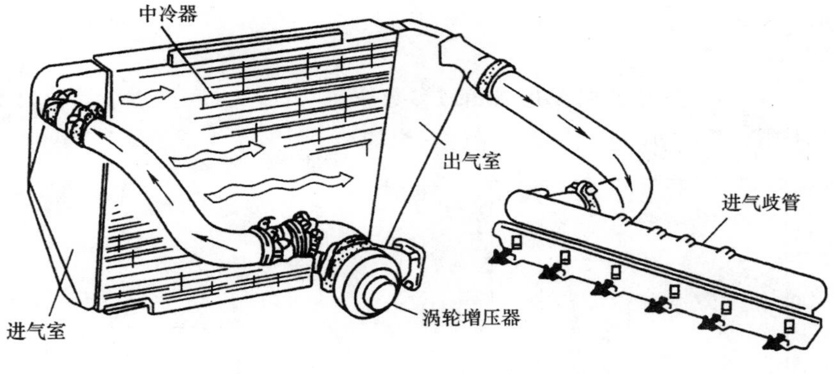

图 7-28 YC6112ZLQ 型增压中冷车用柴油机的空 - 空冷却器

空 - 空冷却器有进气室和出气室。进气室有一个进气口，通过管子与压气机出口相连。出气室有一个出气口，通过管子与进气歧管相连。增压空气通过中冷器中的管子，管子的外表面有起散热作用的板翅，管子和板翅均选用导热性好的铝材料制成。

增压空气从压气机出来，压力提高了，同时温度升高，一般为 140 ～ 150 ℃，经风冷后一般下降为 100 ℃ 左右。YC6112ZLQ 型柴油机在标定工况时，要求中冷器后面的增压空气温度为 49℃ ± 2℃。空 - 空冷却器增压空气进出口温差越大，冷却效果越好，相应发动机油耗率和烟度越低，但中冷器的体积越大，阻力损失和成本越高，在车上布置就较难。

(2)水-空冷却器

水-空冷却器，对车用增压柴油机是经过中冷器的增压空气由循环水冷却，如图 7-29 所示。

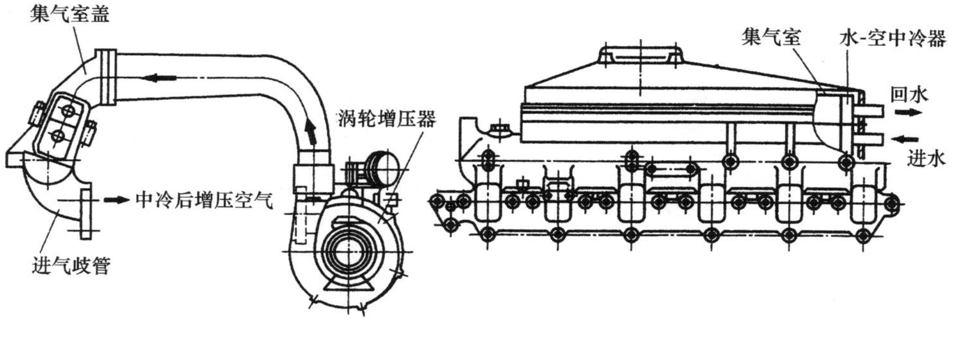

图 7-29　水-空冷却器示意图

中冷器有一个进水口，与水泵相连；有一个回水口，经水管进入发动机的气缸体。由于发动机循环水本身温度就高，即 90 ℃，故中冷器后的增压空气温度只能冷却到 100 ~ 110 ℃，冷却效果较差。但冷却器装置简单，结构紧凑，容易在车上布置。

3. 中冷器的效率及中冷度

(1)中冷器的效率[4]

$$\eta_c = \frac{T_b - T_s}{T_b - T_w} \tag{7-33}$$

式中　T_b—— 中冷器进气温度，K；

T_s—— 中冷器出气温度，K；

T_w—— 冷却介质进口温度，K。

(2)中冷度

通过中冷器前后空气的温度差与中冷器前空气温度的比值，以百分比表示：

$$\delta_b = \frac{T_b - T_s}{T_b} \times 100\% \tag{7-34}$$

δ_b 表征增压空气中间冷却的程度。

(3)中冷器的压力降

增压空气流经中冷器有压力损失，用压力降 $\Delta p_b = p_b - p_s$ 表示。p_b 是增压器的出口压力(MPa)，p_s 是中冷器的出气压力(MPa)。

对空-空中冷器：Δp_b 为 0.005 ~ 0.008 MPa；对水-空中冷器：$\Delta p_b < 0.005$ MPa。

7.3　涡轮增压系统的形式及排气能量利用

7.3.1　排气涡轮增压系统的形式

排气涡轮增压系统是对排气脉冲能量进行利用的装置，通常由排气涡轮增压器、空气中间冷却器及进、排气管系组成。

按利用排气能量的方式，可分为定压增压系统和脉冲增压系统。

1. 定压增压系统

采用定压涡轮增压系统时，柴油机所有气缸都接到一根排气总管上，而排气总管的容积很大，能起稳压箱的作用，涡轮前的排气压力基本上保持一恒定值，故又称恒压涡轮增压系统或等压涡轮增压系统，如图 7-30 所示。

2. 脉冲增压系统

这种系统的特点是把涡轮增压器尽量靠近气缸，并把柴油机各缸的歧管做得短而细，通常两个气缸或三个气缸共用一根排气管，再接到涡轮。布置如图 7-31 所示，这样使进入容积较小的排气管中的排气压力波动较大，涡轮前的排气压力不是恒定的，所以这种系统又称为变压涡轮增压系统。

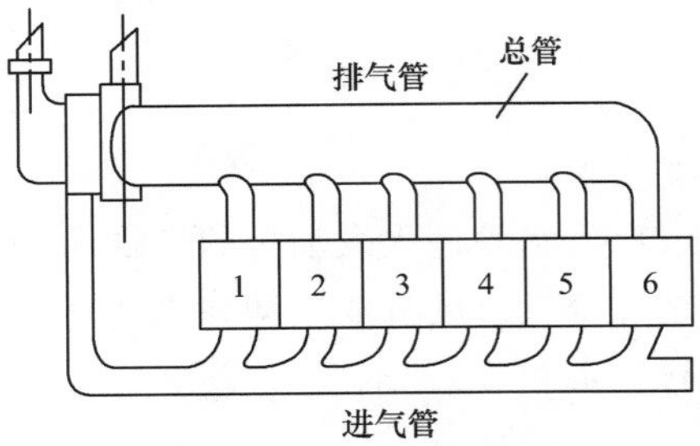

图 7-30 定压增压系统示意图

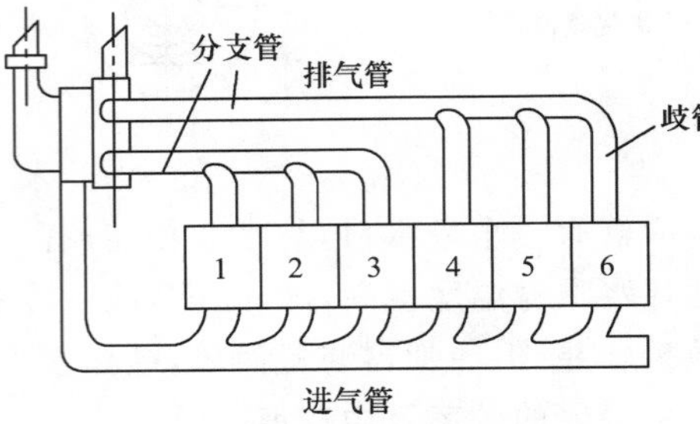

图 7-31 脉冲增压系统示意图

3. 脉冲增压系统与定压增压系统特性比较

表 7-8 列出了两种系统的特性比较。

表 7-8 脉冲增压系统与定压增压系统的特性比较

系统	利用排气脉冲能量 E_1	涡轮效率 η_T	排气管的结构与布置	燃烧室的扫气效果	加速响应性	涡轮叶片的振动与流量	涡轮进口温度 T_T	各缸负荷的均匀性	低速时转矩
脉冲增压系统	利用较好	较低	结构复杂；布置较难	扫气获得改善	很好	易激发叶片振动，使瞬间燃气流量增加	满负荷时较高，低负荷时较低	各缸配气量及排温不均匀	较大
定压增压系统	只能回收利用一小部分 E_1	较高	结构简单；布置较容易	满负荷扫气较好，低负荷差	比较差	不易激发叶片振动	满负荷时较低，低负荷时较高	各缸配合量及排温均匀	较小

7.3.2 定压增压系统排气能量利用

1. 定压增压内燃机理想循环的排气可用能量

图 7-32 所示为定压涡轮增压四冲程柴油机的理论示功图。

由于排气涡轮的存在，排气压力为 p_T，增压柴油机的进气压力 p_b 高于排气压力。排气门开启瞬间，气缸废气状态为点 b。排气由点 b 状态定熵膨胀到涡轮出口背压 p_{T0} 所具有的理论上的最大能量 E_b，相当于 $b—f—1—b$ 的面积，即 $E_b = E_1 + E_T$，定义为排气本身具有的最大可用能量。但定压系统的涡轮前排气状态为点 e'，这是由于高速废气经排气门、排气道流

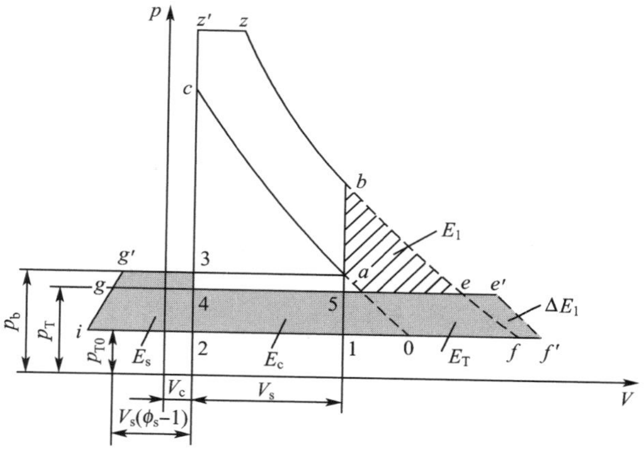

图 7-32　定压涡轮增压四冲程柴油机的理论示功图

到排气总管涡轮前入口处时存在较大的节流摩擦损失，使温度升高，体积增加，使涡轮入口处的状态由 e 变为 e'，所以在涡轮机内废气推动涡轮旋转的过程中，沿 e'—f' 膨胀到涡轮出口的排气背压 p_{T0}，使涡轮获得了附加能量 ΔE_1，即相当于增大了 e—e'—f'—f—e 的面积。而 E_b 中的 E_1 部分，即相当于 b—e—5—b 的面积不能利用而损失掉了。所以，定压涡轮增压系统排气中可利用的总能量为面积 e'—f'—i—g'—3—4—e'，由四部分组成：

(1)从排气脉冲能 E_1 中回收一小部分能量 ΔE_1，相当于图中 e'—f'—f—e—e' 的面积；

(2)从排气本身获取的部分可用能量 E_T，相当于图中 e—f—1—5—e 的面积；

(3)在排气过程，活塞将废气推出缸外所做的推出功 W_c，能量为 E_c，在 p-V 图上相当于 1—2—4—5—1 的面积；

(4)由于增压压力 p_b 高于排气压力 p_T，在气门重叠期间增压空气扫出缸内废气的能量 E_s，在 p-V 图上获得相当于 i—g'—3—2—i 的面积。

2. 四冲程增压柴油机排气的实际最大可用能量 E_{max}

E_{max} 应从柴油机的实际循环得到，它包括三部分：

$$E_{max} = E_b + E_c + E_s \tag{7-35}$$

(1)排气中获得一部分可用能 E_b，即排气门打开时，气缸内气体定熵膨胀到涡轮出口背压 p_{T0} 所做的功，用 W_g 表示：

$$\begin{aligned} W_g &= G_{rg}(W_s - W_1) \\ &= \frac{1}{k_T - 1} R_T T_b \left[1 - \left(\frac{p_b}{p_{T0}}\right)^{\frac{k_T - 1}{k_T}}\right] - p_{T0}(V_f - V_b)\frac{1}{G_{rg}} \quad (\text{kJ/ 循环}) \end{aligned} \tag{7-36}$$

式中　G_{rg}—— 气缸每循环的排气量，kg/ 循环；

p_{T0}—— 涡轮出口背压，kPa；

p_b—— 压气机出口压力，MPa；

T_b—— 压气机出口温度，K；

k_T—— 排气的绝热指数；

R_T—— 排气的气体常数；

V_f、V_b—— 排气在点 f 和点 b（排气门开）的容积，L。

(2)第二部分可用能 E_c，即排气过程中活塞对排气做的推出功，用 W_c 表示：

$$W_c = \int_{V_r}^{V_{b'}} (p - p_{T0}) \mathrm{d}V \quad (\text{kJ/循环}) \tag{7-37}$$

式中　p—— 气缸内的瞬间压力，MPa；

$V_{b'}$、V_r—— 排气在点 b'（排气门全开）和点 r（排气门关）的容积，L。

(3)第三部分可用能 E_s，即重叠期间增压空气扫出废气所做的扫气功，用 W_s 表示：

$$W_s = \frac{k_T}{k_T - 1} R T_s \left[1 - \left(\frac{p_{T0}}{p_s}\right)^{\frac{k-1}{k}}\right] G_{rg}(\phi_s - 1) \quad (\text{kJ/循环}) \tag{7-38}$$

式中　T_s—— 扫气空气的温度，K；

p_s—— 扫气空气的压力，kPa；

ϕ_s—— 扫气系数。

3. 排气能量损失与传递效率

(1)排气能量损失

柴油机排气中的可用能在由气缸向涡轮机传递的过程中总是要损失一部分。其中一部分损失掉的可用能转变为热能，加热了排气，使涡轮机进口处排气温度升高。能量损失的原因是多方面的，主要是由于排气经排气门流出时受到强烈的节流作用。在排气开始阶段，气缸内压力与排气门后面压力之比 p/p_T 大于临界值，属于超临界状态，气流在排气门最小流通截面处以音速流动，流经截面扩大的排气道时膨胀，气流脱离管壁，产生激波和涡流损失，这是排气能量损失的主要部分。当 p/p_T 小于临界值后，排气进入亚临界排气阶段，此时的排气能量损失主要为摩擦损失和涡流损失，比临界排气阶段的能量损失小一些。另外，排气能量在管道中还有传递时的局部阻力损失、摩擦损失和散热损失等。

上述损失的存在使涡轮机进口处排气的可用能量 E_T 总是小于柴油机排气的最大可用能 E_{max}。

(2)排气能量传递效率 η_E

η_E 表示排气流经排气门、排气管路的能量损失程度，反映排气能量传递过程中的损失程度。定义为涡轮进口处排气可用能 E_T 与柴油机排气的最大可用能 E_{max} 的比值：

$$\eta_E = \frac{E_T}{E_{max}} = \frac{W_T}{W_g + W_c + W_s} \tag{7-39}$$

式中　W_g、W_c、W_s—— 由式(7-36) ～ 式(7-38) 求得；

W_T—— 由式(7-22) 求得，与涡轮平均效率有关，$W_T = E_T \eta_{Tm}$。

η_E 一般为 0.6 ～ 0.75。

(3)提高 η_E 的措施

①提高柴油机的排气可用能：提高膨胀终止参数 p_b、T_b；适当缩小喷嘴环面积。

②设计制造低流阻的排气道。

③排气管合理分支。

④合理选择排气管通道截面积和涡轮通道截面积。

⑤适当提高排气管中的剩余压力，可减少排气初期的节流损失。

7.3.3 脉冲增压系统排气脉冲能量利用

采用脉冲增压系统的目的，就是通过合理设计排气管分支，恰当选择通道截面积，实现尽可能多地利用排气脉冲可用能量 E_1。

1. 充分利用排气脉冲能量 E_1

（1）脉冲能量利用系数 K_E

在脉冲增压系统中，由于排气管容量小，在气缸排气时，排气管中的压力将迅速升高，其瞬间压力接近于气缸内压力，从而使节流损失很快减小。因此，排气脉冲能量 E_1 可更多地得到利用。常以脉冲能量利用系数 K_E 表示：

$$K_E = 1 + \frac{K_1 E_1}{E_2} \tag{7-40}$$

式中　E_1—— 排气脉冲能；

E_2—— 定压增压系统的膨胀功，图 7-32 中面积 $i—g—e'—f'—i$；

K_1—— 能量 E_1 的利用率，K_1 一般为 0.25 ～ 0.5。

K_E 随增压比 p_b/p_0 变化，如图 7-33 所示。当 p_b/p_0 为 2.5 ～ 3.0 时，K_E 逐渐趋近于 1。说明在废气能量利用方面，脉冲增压与定压增压差不多。在 $K_1 < 0.5$，p_b/p_0 为 1.6 ～ 1.8 时，能量 E_1 可得到最有效的利用。所以在低增压时，用脉冲系统为宜；高增压时，用定压系统为宜。

排气脉冲能 E_1 的利用率 K_1 越高，越有利于气缸排气和扫气，提高充量系数 ϕ_c 和降低受热零件的热负荷，有利于内燃机的启动、加速和改善低负荷性能。图 7-34 示出了四冲程 6 缸涡轮增压柴油机排气压力随曲轴转角的变化关系。四冲程柴油机每缸的排气过程约为 240°CA，由于排气管采取分支形式，将排气相隔 240°CA 的各缸排气管组成一个分支，所以在扫气阶段，排气压力和增压压力之间有较大的压力差 Δp，使扫气充分。

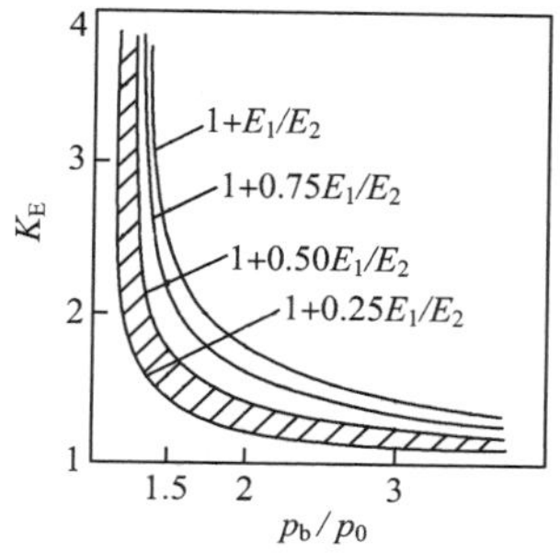

图 7-33　K_E 随 p_b/p_0 的变化关系

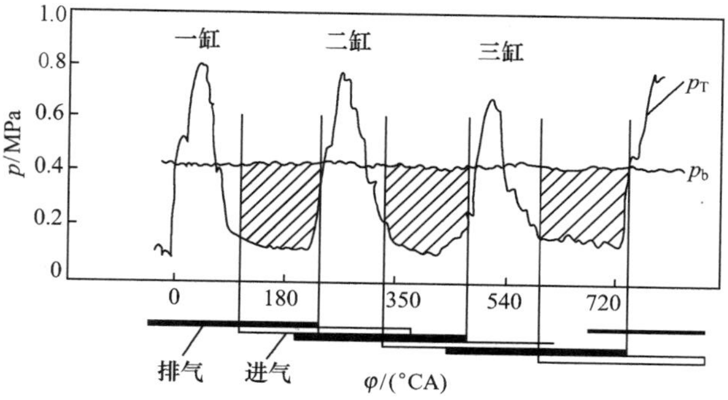

图 7-34　排气压力随曲轴转角的变化关系

（2）脉冲压力波的形态

在脉冲增压系统中，排气能量以压力波的形式进行传递。在排气管中，压力波是按当地的音速，而不是凭借气体分子的运动来传播的。在压力波到达管端时要产生反射（或部分反射），其性质由管端的边界条件来决定。对柴油机的排气管，一端为涡轮，为半封闭端，压力波到端部后，部分通过，部分反射；另一端为排气门，随着气门开启规律的变化，其边界条件亦有所不同。基本波和反射波组成的压力波形对排气能量的利用有很大影响。

在脉冲增压系统中，为获得良好的能量利用效果，要求理想的压力波形：

①在气缸开始排气时，排气管内压力应迅速上升，以减少排气门处的节流损失。

②在排气冲程活塞上行时，排气管内压力应迅速降低，以减少泵气功。

③在进、排气门重叠开启时，排气管内压力波应处于波谷，以增大气缸与排气管之间的压力差，有利于扫气效果的提高。

2. 排气管合理分支

排气管合理分支是消除各缸间排气脉冲的相互干扰和改善扫气效果的有效措施。

(1)三脉冲系统

对于气缸数正好是 3 的整数倍（如 6、9、12、18 等）的多缸柴油机，将每三个气缸与一根排气支管连接，再通往涡轮，使排气管中形成间隔均匀、波形相同的一种脉冲系统，称为三脉冲系统。这种系统的特点是：消除了管内脉冲的干扰，扫气效率高；可有效利用脉冲能量，涡轮能在不间断进气的状态下工作；并使柴油机具有较好的部分负荷性能和对突变负荷的响应特性。

(2)双脉冲系统

对于气缸数不是 3 的整数倍（如 4、8、10、16、20 等）的多缸柴油机，为了不影响气缸扫气，只能将两个气缸与一根排气支管连接，则称为双脉冲系统。

(3)四冲程柴油机排气支管排列方式

对于四冲程柴油机脉冲增压系统，每一根排气支管所连接的气缸数为 2 个或 3 个，连接顺序应依柴油机的发火顺序而定。

表 7-9 列出了四冲程柴油机脉冲增压系统排气支管的排列方式。

表 7-9　　四冲程柴油机脉冲增压系统排气支管的排列方式

气缸数目	发火顺序	连接及间隔角
4	1—3—4—2	
6	1—5—3—6—2—4	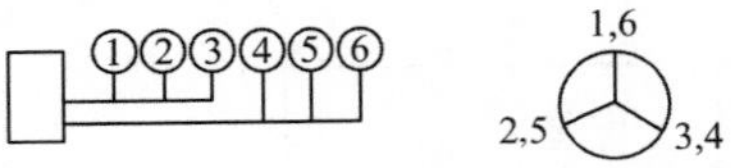
8L	1—6—2—4—8—3—7—5 1—5—7—3—8—4—2—6 1—3—2—5—8—6—7—4	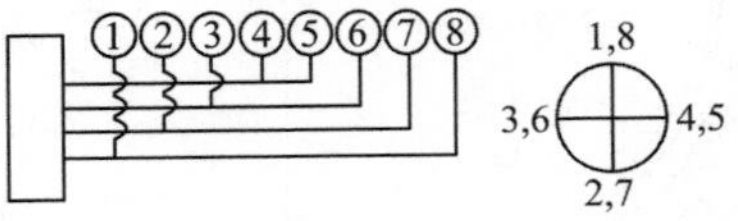
8V (90°)	右　4　2　1　3 /\ /\ /\ / 左　1　3　4　2	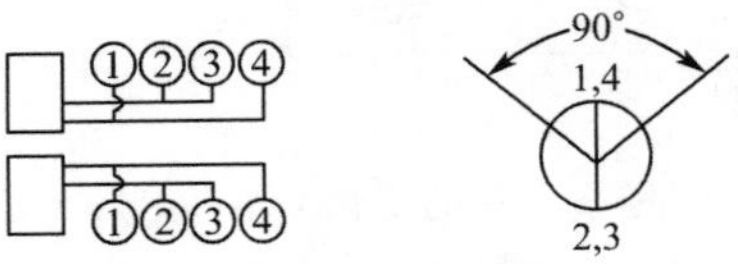
12V (60°)	右　6　2　4　1　5　3 /\ /\ /\ /\ /\ / 左　1　5　3　6　2　4	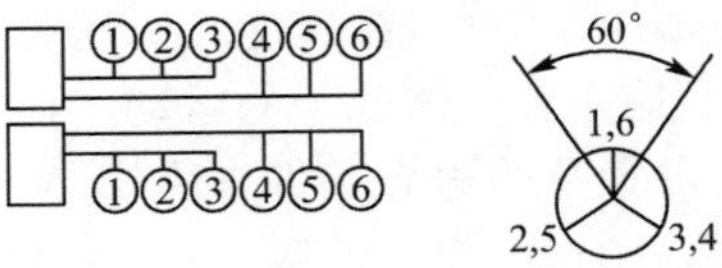
16V (45°)	右 8　4　2　6　1　5　7　3 /\ /\ /\ /\ /\ /\ /\ / 左　1　5　7　3　8　4　2　6	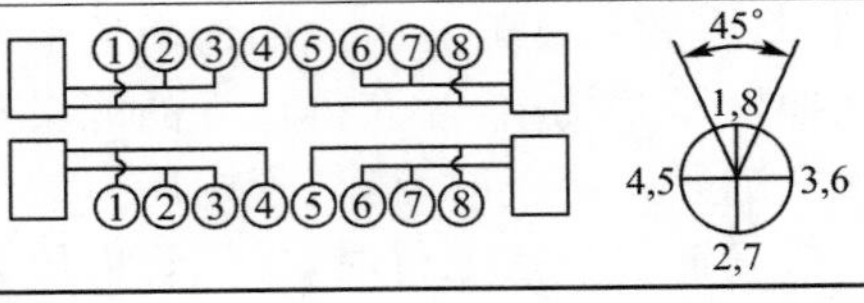

(4)排气支管的尺寸的估算

排气支管的直径可按下式计算：

$$d_T = \sqrt{\frac{4}{\pi}(1.1 \sim 1.3)F_{vmax}} \tag{7-41}$$

式中　F_{vmax}—— 排气门喉口处最大有效流通面积，cm^2。

排气支管的直径也可根据缸径 D 估算：

$$d_T = (0.33 \sim 0.40)D$$

排气支管的长度应依涡轮增压器在柴油机上的布置来决定。

3. 脉冲转换增压系统

脉冲转换增压系统由于采用排气管分支后，支管内气流出现中断现象，造成流动能量损失，使涡轮效率 η_T 下降。采用脉冲转换器增压系统在提高涡轮效率 η_T 方面优于脉冲增压系统。

对气缸数是 4 的整数倍(如 4、8、16) 的柴油机，每两缸一根排气支管。脉冲转换器为 Y 形三通管，如图 7-35 所示，转换器一端的两个入口连接两根排气支管，其另一端的一个出口连接到涡轮机的一个进口上，这样就消除了排气脉冲之间的间歇期。

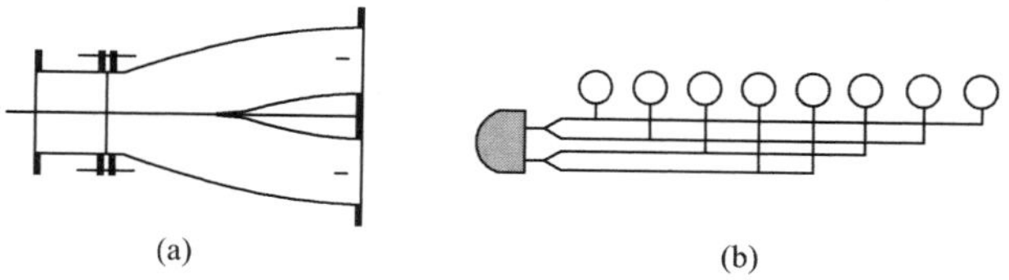

图 7-35　双进口简单脉冲转换器系统

脉冲转换器通常由引射喷嘴、混合管、扩压管和稳压室四部分组成，如图 7-36 所示。根据所连接气缸的数目，又分为简单脉冲转换器、多脉冲转换器和模件式脉冲转换器(MPC) 等。

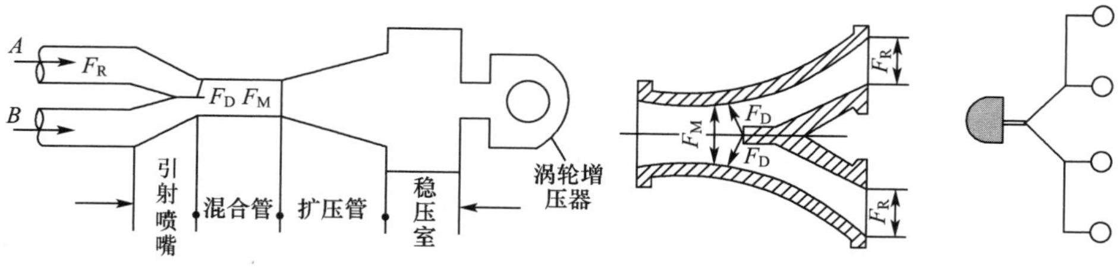

图 7-36　单进口脉冲转换器系统

(1)简单脉冲转换器系统

实用中，该脉冲转换器仅由引射喷嘴和缩短了的混合管组成。主要对排气支管截面积、引射喷嘴出口面积和混合管面积进行尺寸设计。

①排气支管截面积：

$$F_R = (0.95 \sim 1.55)F_{vmax} = (0.125 \sim 0.16)A \tag{7-42}$$

式中　F_{vmax}—— 排气门最大开启面积；

A—— 活塞面积。

②引射喷嘴出口面积：

$$F_D = (0.5 \sim 1.0)F_R \tag{7-43}$$

③混合管面积：

$$F_M = (0.9 \sim 1.35)F_R \tag{7-44}$$

(2)多脉冲转换器系统

在柴油机系列化生产中，对缸数为5、7、14的柴油机，若采用脉冲增压系统，会出现一缸一根排气支管及两缸一根排气支管的情况。为了充分利用排气能量，提高能量的传递效率，就采用多脉冲转换器系统，如图7-37所示。

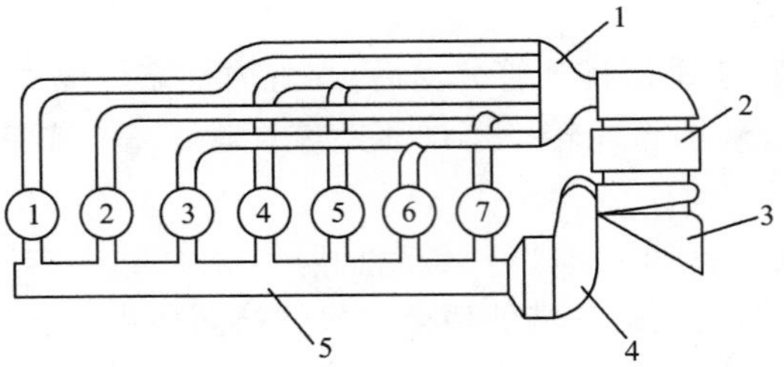

图7-37 多脉冲转换器系统

1—混合管；2—涡轮；3—压气机；4—中冷器；5—进气总管

多脉冲转换器系统中，所有排气支管合并一个管后进入涡轮，缸数越多，效果越好。由于将涡轮喷嘴环收缩(喷嘴出口截面积与喷嘴入口截面积之比加大)，使排气压力波无反射地流进涡轮，保证排气压力波不干扰气缸扫气，克服了简单脉冲转换系统的缺点，因此，多脉冲转换器发展较快。

(3)模件式脉冲转换器(MPC)系统

模件式脉冲转换器系统，又称为MPC增压系统，如图7-38所示。它是对多脉冲转换器系统的发展，在多缸柴油机上采用。其结构特点是由多个MPC模件串接成一根排气总管，然后连接到一个单进口的涡轮机上。

①MPC模件

MPC模件是由引射器和圆柱体两部分组成的三通件，如图7-39所示。引射器部分像一个呈收缩状的喷嘴，以一定的角度θ与圆柱部分相交。圆柱体部分两端有法兰，串连成一根排气总管。MPC模件数与气缸数相同，组合成一根排气总管，一端封闭，另一端连接涡轮机进口，其外形非常像定压增压系统。但总管的直径D_1小，D_1为$(0.6 \sim 0.7)D$(活塞直径)，F_2口处面积$F_2 = 0.4F_{vmax}$(排气门最大开启面积)。排气歧管口面积F_1与气缸盖排气通道出口面积相同，歧管向涡轮方倾斜$\theta = 30°$左右。

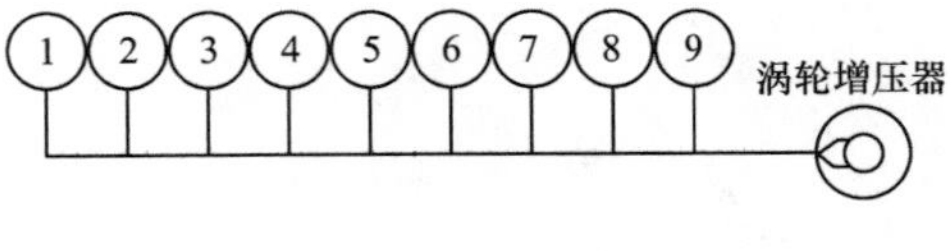

图7-38 MPC增压系统

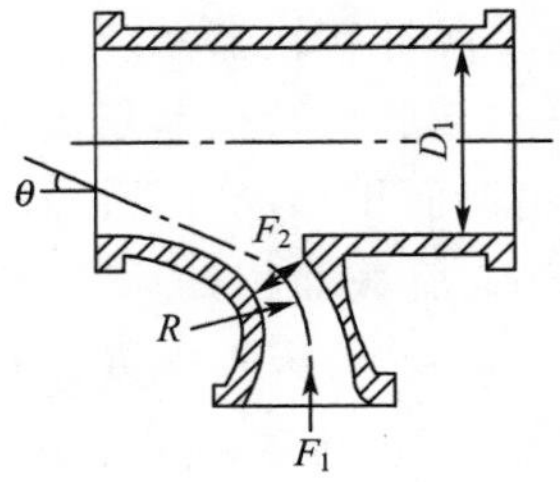

图7-39 MPC模件

②MPC 系统的工作原理

当气缸排气门打开后，排气流经引射管而被加速，使得脉冲的压力能转换成动能，而小直径的排气总管使该动能得以保持并传递给涡轮，减少了节流损失。该系统采用单进口的涡轮，可实现全周进气，有较高的涡轮效率，且结构较简单。由于引射管的存在以及气流在排气管内的加速流动，抑制了反射波的影响。

MPC 系统是当 p_{me} 提高后发展的一种变压系统与定压系统结合的系统。该系统在废气能量利用、抗扫气干扰、瞬态特性、排气管结构复杂程度及系列化生产方面，综合性能比较优越，因此目前用得较多。与此同时，模件式旋流排气系统、模件式长支管增压系统及组合式单排气总管系统在各中速柴油机上得到应用。上述系统总称为“模件式单排气总管增压系统”，简称为“MSEM 增压系统”。

(4)混合式脉冲转换器增压(MIXPC) 系统[4]

混合式脉冲转换器增压系统，又称“MIXPC 涡轮增压系统”，是上海交大顾宏中教授根据 MPC 系统某些气缸仍存在排温过高的现象，从解决某些气缸扫气量过少入手设计完成的，可以说该系统是对 MPC 系统的发展。研究表明，对多缸柴油机，各缸扫气量差别大，主要出现在远离涡轮端的几个气缸。图 7-40 所示为 L8 柴油机 MIXPC 增压系统的排气管系布置。其发火顺序为 1—6—2—5—8—3—7—4。原为 MPC 系统，但发现 1、2、3、4 缸的缸头温差大，原来是这四个缸的扫气量不足。于是 1、3 缸为一个支管，2、4 缸为一个支管做成脉冲转换器排气管系形式，后四个气缸仍保持 MPC 排气管系形式，这样就构成了混合式的脉冲转换器增压系统。实践证明，这种混合式的脉冲转换器增压系统，改善了各缸扫气状况，减少了泵气功损失和节流损失，改善了油耗率。

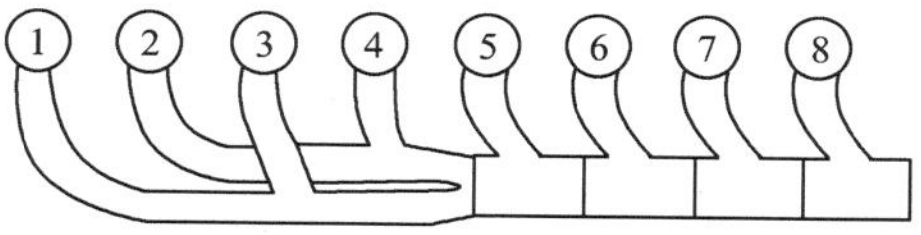

40　L8 柴油机 MIXPC 增压系统的排气管系布置

4. 增压系统形式的选择

根据以上分析，脉冲增压系统与定压增压系统各有优、缺点，而脉冲转换增压系统则是综合了脉冲、定压两种基本增压形式的特点发展起来的。表 7-10 列出了各种增压系统的性能比较。

表 7-10　　各种增压系统的性能比较

性能	双脉冲	三脉冲	脉冲转换器	多脉冲	定压增压	MPC
全负荷扫气	+++	+++	++	+	+	+
部分负荷扫气	+++	+++	+	−	−−	−
部分负荷进气压力	+++	+++	+	−−	−−−	−
加载能力	+++	+++	++	+	−	+
部分负荷油耗率	+	+	+	+	−	++
全负荷油耗率	−	−	+	++	+	+++
叶片振动	−−−	−	+	++	+++	++
对气缸数的适应性	−	−	−	+	++	+++
结构简单和可靠性	−	−	−	−	++	+++

注：+++ 很好，++ 较好，+ 一般，− 不好，−− 差，−−− 很差。

从以上比较可知，没有哪一种增压系统是十全十美的。在实际应用中，应根据具体情况综合分析，合理选用。一般对于缸数为 6、9、12，常在部分负荷下工作，要求加速性能较好的柴油机（如车用柴油机），采用脉冲增压是有利的。对于缸数为 4、8 或 5、7 的柴油机，无论中速还是高速，通常都要考虑脉冲转换或多脉冲装置。在缸数较多的高速大功率柴油机上，由于脉冲系统的排气管布置十分复杂，因此有时放弃脉冲增压系统。现代二冲程大功率柴油机当增压比大于 2 时，则多采用定压涡轮增压系统。

7.4 涡轮增压器主要参数的确定及与柴油机的配合运行

7.4.1 涡轮增压器主要参数的确定

1. 涡轮增压器与柴油机匹配要求

根据增压柴油机的性能要求，须选择合适的增压器与柴油机相匹配，要求如下：

(1)要使柴油机达到增压效果，应具有良好的全工况性能，并且有利于改善低工况性能和瞬态特性。

(2)各种用途柴油机运行工况区应处于相匹配的压气机特性的高效率区。对船用、固定发电用柴油机匹配设计工况点应取标定工况，对车用、工程机械用柴油机应取 50% ~ 80%，一般 60% 标定转速为匹配设计工况点。

(3)增压器运行时不发生喘振，运行线离喘振线有大于 10% 的安全裕度；压气机应不发生阻塞及超速。

(4)增压系统有较高的排气能量效率。涡轮增压器运行时，柴油机排气温度不超过涡轮允许的进口温度；对四冲程柴油机，涡轮进口温度 T_T 为 550 ~ 650℃。

(5)为保证柴油机运行有较好的扫气，要求涡轮增压器的总效率 η_{Tb} 应达到规定的范围。表 7-11 列出了四冲程增压柴油机 η_{Tb} 的范围。

表 7-11　四冲程增压柴油机 η_{Tb} 的范围

增压比 π_b	总效率 η_{Tb}	增压比 π_b	总效率 η_{Tb}
1.5	0.42 ~ 0.46	2.5	0.50 ~ 0.52
2.0	0.46 ~ 0.50	3.0	0.52 ~ 0.54

2. 增压对柴油机工作过程主要参数的影响

增压的运行状态（η_{Tb}、π_b、G_b）与柴油机的工况（n 和负荷）及排气能量（T_T、G_T）有气动联系，且对柴油机工作过程主要参数有影响。

(1)增压后使柴油机的机械负荷和热负荷增加

增压后由于气门重叠角相对增大，使扫气效果改善，残余废气系数 ϕ_r 减小，充量系数 ϕ_c 增大，使进气压力 p_b 和温度 T_b 增高，压缩终点压力和温度升高，致使 p_{max} 和 T_{max} 升高，排气终了时温度升高。

(2)增压后使柴油机的经济性和排放性改善

增压后进气压力密度升高，进气量增加，过量空气系数 ϕ_a 增大，燃烧完善。供油量增大，动力性提高，机械效率 η_m 提高，热效率 η_c 提高。

3. 涡轮增压器主要参数的确定

在选定涡轮增压系统的类型和基本结构后，就应选配或设计涡轮增压器了。首先要确定配合工况。对车用、工程机械用柴油机，一般取 60% 标定转速为设计工况点；对船用、固定发电用柴油机，取标定工况为设计工况点。在该工况下，涡轮增压器应为柴油机提供足够的空气量，同时增压器要有较高的效率。

配合工况选定之后，对涡轮增压器的主要参数进行确定，再根据估算的主要参数，在增压器系列中选配合适的增压器。

为便于初步确定增压器的主要参数，表 7-12 和表 7-13 分别列出了四冲程增压柴油机和二冲程增压柴油机的一些性能参数以供参考。

表 7-12　四冲程增压柴油机的性能参数

机型	D/mm	S/mm	n/$r\cdot min^{-1}$	p_s/MPa	p_e/MPa	b_e/$g\cdot(kW\cdot h)^{-1}$	η_m	G_b/$g\cdot(kW\cdot h)^{-1}$	$\phi_a\phi_s$	$\phi_c\phi_s$	T_b/℃	ϕ_a	T_T/℃	ε_T	R
6110ZL	110	125	2 300	0.181	1.135	227.0	0.81	6.49	1.85×1.1	0.92×1.1	50	1.85	580	0.776	262.0
6114Z	114	135	2 200	0.198	1.01	213.5	0.82	6.02	1.97	0.934	108	1.87	578	0.835	214.5
16V135	135	150	1 500	0.262	1.74	217.6	0.86	6.15	1.98	1.11	63	1.69	652	0.870	163.1
42M503	160	170	2 200	0.236	1.11	238.0	0.82	6.46	1.90	0.97	126	1.77	726	0.855	189.1
12V180	180	200	1 900	0.248	1.52	223.0	0.84	5.78	1.86	0.99	70	1.75	670	0.890	144.1
12PA9185	185	210	1 500	0.260	1.63	231.2	0.85	7.34	2.22	1.14	50	1.85	590	0.88	144.0
16PA4200	200	210	1 500	0.263	1.59	223.0	0.86	7.45	2.33	1.14	50	1.95	580	0.89	137.5
12V956	230	230	1 575	0.25	1.68	206.7	0.86	6.20	2.10	1.07	50	1.83	600	0.91	119.1
16V240C	240	275	1 100	0.29	1.64	210.8	0.87	6.94	2.30	1.06	65	2.05	600	0.89	148.7

表 7-13　二冲程增压柴油机的性能参数

机型	D/mm	S/mm	n/$r\cdot min^{-1}$	p_s/MPa	p_e/MPa	b_e/$g\cdot(kW\cdot h)^{-1}$	η_m	G_b/$g\cdot(kW\cdot h)^{-1}$	$\phi_a\phi_s$	$\phi_c\phi_s$	T_b/℃	ϕ_a	T_T/℃	ε_T	R
6E34182	340	820	205	0.28	1.46	181	0.92	8.93	3.45	1.125	31	2.6	367	0.925	228.8
6RTA58	580	1 700	123	0.295	1.53	175	0.93	7.80	2.99	0.976	42	2.4	430	0.946	218.3

首先确定对柴油机和增压器影响最大、最重要的参数，然后再确定其余的参数。对于高增压、大功率柴油机而言，气缸热负荷是重要因素；对燃用劣质燃料的中、低速柴油机，排气门温度是重要的限制因素。一般来说，在正常燃烧与扫气的情况下，涡轮前排气平均温度 T_T 可以代表柴油机和涡轮机热负荷的大小。所以，先根据柴油机和涡轮机对 T_T 的限制选定 T_T，然后估算需要的空气质量流量 G_b 和压力 p_b，进而确定涡轮当量喷嘴环面积 F_T。

对定压增压系统主要参数的计算：

(1)涡轮前平均温度 T_T 的确定

考虑柴油机和涡轮机的寿命，对 T_T 提出了限制：四冲程中、高速增压柴油机 T_T 为 600 ～ 700 ℃；四冲程中速柴油机 T_T 为 500 ～ 600 ℃；二冲程中、高速柴油机 T_T 为 420 ～ 500 ℃；二冲程中、低速柴油机 T_T 为 380 ～ 430 ℃。随着材料科学的发展，T_T 的上限还有可能提高。

根据能量平衡方程式，1 kg 柴油燃烧后的能量平衡式可以写为

$$\xi_T H_u - \frac{3\,600}{b_e \eta_m} + \phi_{at} L_0 C_{pd,m} T_b = (\phi_{at} - 1 + \mu_0) L_0 C_{pT,m} T_T \tag{7-45}$$

式(7-45)中第一项，$\xi_T H_u$ 为 1 kg 柴油燃烧后到涡轮前被利用的热量，kJ/kg。其中，ξ_T 为涡轮前的热量利用系数。

对四冲程增压柴油机，$\xi_T = 1.028 - 0.000\,96 R_1$，$\xi_T$ 与 R_1 的线性关系如图 7-41 所示[5]。

对二冲程直流扫气长行程十字头式增压柴油机，$\xi_T = 0.986 - 0.000\ 25R_1$，$\xi_T$ 与 R_1 的线性关系如图 7-42 所示。

$$R_1 = \frac{(\phi_a b_i)^{0.5} T_s^{1.5} V_m^{0.78} [0.5 + D/(2S)]}{Dn(Dp_s)^{0.22}} \tag{7-46}$$

式中　b_i—— 指示油耗率，g/(kW · h)；

T_s—— 柴油机进气管空气温度，K；

p_s—— 柴油机进气管空气压力，MPa；

D—— 气缸直径，m；

S—— 活塞行程，m；

V_m—— 活塞平均速度，m/s，$V_m = \frac{ns}{30}$；

ϕ_a—— 燃烧过量空气系数。

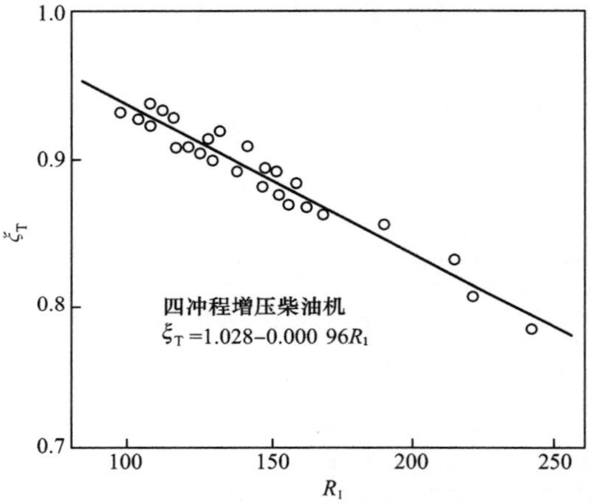

图 7-41　四冲程柴油机 ξ_T 与 R_1 的线性关系

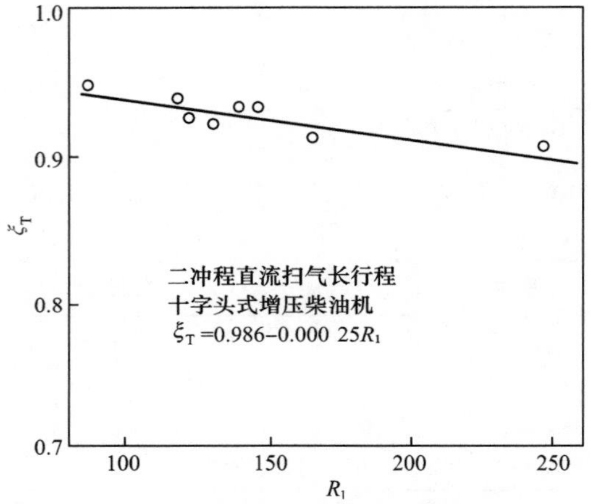

图 7-42　二冲程柴油机 ξ_T 与 R_1 的线性关系

式(7-45) 中第二项，$\frac{3\ 600}{b_e \eta_m}$ 为 1 kg 柴油燃烧后所做出的指示功，kJ。其中，η_m 为机械效率。

$$\eta_m = \frac{p_{me}}{p_{me} + p_{mm}} \tag{7-47}$$

对增压柴油机可选取 η_m 为 0.8 ～ 0.92。

对四冲程增压柴油机，平均机械损失压力为

$$p_{mm} = D^{-0.2}(0.008\ 55V_m + 0.078\ 9p_{me} - 0.021\ 4) \quad (\text{MPa}) \tag{7-48}$$

其中　p_{me}—— 平均有效压力，MPa。

式(7-45) 中第三项，$\phi_{at} L_0 C_{pd,m} T_b$ 为 1 kg 柴油燃烧所需新鲜空气带来的热量，kJ。其中，ϕ_{at} 为总过量空气系数，$\phi_{at} = \phi_a \phi_s$，标定工况点取 ϕ_{at} 为 1.8 ～ 2.2；L_0 为燃烧 1 kg 柴油理论上所需的空气量(kmol)，$L_0 = 0.495$ kmol/kg；$C_{pd,m}$ 为进气管温度为 $T_d(T_s)$ 时新鲜空气的平均摩尔定压比热容，kJ/(mol · K)。

$$C_{pd,m} = 27.59 + 0.0025T_d \tag{7-49}$$

其中，T_d 为进气管中空气温度，即压气机前进口温度 T_s，K。对中、高速四冲程柴油机，$T_d = T_s = [273 + (40 \sim 60)]$ K。

$(\phi_{at}-1+\mu_0)L_0\,C_{pT,m}T_T$ 为1 kg柴油燃烧后对应于柴油机排气中相应热量，kJ。其中，μ_0 为燃烧后理论分子变更系数，一般取 $\mu_0=1.034$；$C_{pT,m}$ 为涡轮进口处燃气平均温度为 T_T 时的平均摩尔定压比热容，kJ/(mol·K)，可用下式求得：

$$C_{pT,m}=8.314+\frac{20.47+(\phi_{at}-1)\times 19.26}{\phi_{at}}+\frac{3.6+2.51(\phi_{at}-1)}{\phi_{at}\times 10^3}T_T \tag{7-50}$$

至此，只要把式(7-45)中的热量利用系数 ξ_T 定下来，就可由 T_T 把总过量空气系数 ϕ_{at} 求出，下一步再求出空气质量流量 G_b。

(2)确定压气机空气质量流量 G_b

压气机空气流量可根据柴油机功率 P_e、油耗率 b_e 和总过量空气系数 ϕ_{at} 求出，即

$$G_b=\frac{14.3P_eb_e}{3\ 600}\cdot\phi_{at}\quad(\text{kg/s}) \tag{7-51}$$

单位功率小时耗气量 m_b 为

$$m_b=\frac{G_b\cdot 3\ 600}{P_e}\quad[\text{kg/(kW}\cdot\text{h)}] \tag{7-52}$$

四冲程高速柴油机 m_b 范围为6～8 kg/(kW·h)。

(3)估算增压压力 p_b

柴油机进气管的空气压力 p_s，可根据平均有效压力 p_{me}、油耗率 b_e、进气管内空气温度 T_s 及 ϕ_{at} 求出，即

$$p_s=\frac{\phi_{at}p_{me}b_eT_s}{878\phi_c\phi_s}\quad(\text{MPa}) \tag{7-53}$$

式中 T_s—— 进气管空气温度，K。对中、高速四冲程柴油机，$T_s=273+(40\sim60)$K；对低速二冲程柴油机，$T_s=273+(30\sim40)$K。

ϕ_c—— 气缸质量系数，一般取 ϕ_c 为0.8～0.98。

无中冷器时，忽略管道损失，增压压力 $p_b=p_s$；有中冷器时，考虑在中冷器中的压力损失，$\Delta p_b=p_b-p_s$，则增压压力 $p_b=p_s+\Delta p_b=p_s+(0.003\sim0.005)$。

(4)计算压气机出口空气温度 T_b

①可由在压气机内定熵压缩计算

$$T_b=T_0\left(\frac{p_b}{p_0}\right)^{\frac{n_b-1}{n_b}}\quad(\text{K}) \tag{7-54}$$

式中 n_b—— 压气机中定熵压缩多变指数，n_b 为1.75～1.83；

T_0—— 压气机进口处环境空气温度，K。

②可由在压气机中绝热压缩计算

$$T_b=T_0\left[\frac{1}{\eta_b}(\pi_b^{\frac{k-1}{k}}-1)+1\right] \tag{7-55}$$

式中 π_b—— 增压比，$\pi_b=\dfrac{p_b}{p_0}$；

η_b—— 压气机效率，η_b 一般为0.70～0.85。

将 π_b 和 G_b 所决定的点画到拟选用的增压器压气机的性能曲线上，如图7-43所示，读取

该点的压气机绝热效率 η_b。再由式(7-55) 计算压气机出口空气温度 T_b。

计算进气管的温度 T_s：无中冷器时，$T_s = T_b$；有中冷器时，$T_s = T_b - \Delta T_b$。ΔT_b 为中冷器前后的空气温差，$\Delta T_b = T_b - T_s$，ΔT_b 一般为60 ～ 100 ℃。

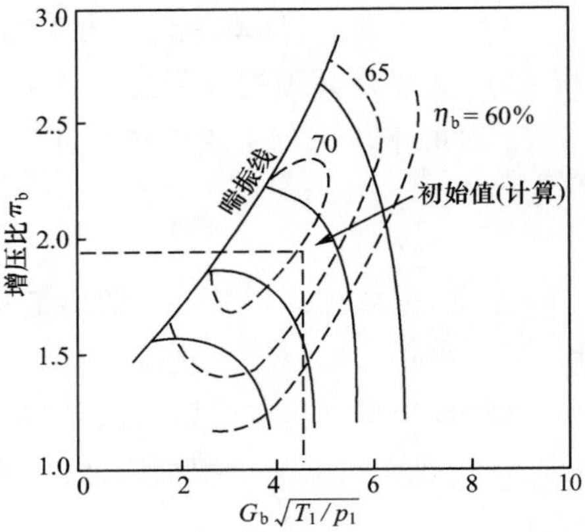

图 7-43 由压气机性能曲线求 η_b

(5)计算涡轮前燃气压力 p_T

对定压系统，涡轮前燃气压力是一个基本不变的平均值，可利用涡轮增压器与柴油机配合运行的基本条件，功率平衡式 $P_T = P_b$ 求取。

压气机所需功率：

$$P_b = \frac{W_b}{\eta_b} \cdot G_b = \frac{G_b}{\eta_b} \cdot \frac{k}{k-1} \cdot R \cdot T_a (\pi_b^{\frac{k-1}{k}} - 1)$$

涡轮发出功率：

$$P_T = W_T G_T \eta_T \eta_{Tm} = G_T \cdot \frac{k_T}{k_T - 1} \cdot R_T \cdot T_T \left[1 - \frac{1}{\left(\frac{p_T}{p_0}\right)^{\frac{k_T}{k_T-1}}} \right]$$

式中 η_{Tm}—— 涡轮增压器的机械效率。

由 $P_T = P_b$，整理后得

$$p_T = \frac{p_{T0}}{\left(1 - \frac{\pi_b^{\frac{k-1}{k}} - 1}{\beta_T \lambda_T}\right)^{\frac{k_T}{k_T-1}}} \quad (\text{MPa}) \tag{7-56}$$

式中 p_{T0}—— 涡轮出口排气压力(即涡轮后背压)，$p_{T0} = p_0 + (0.002 \sim 0.005)$MPa；

π_b—— 增压比，$\pi_b = \frac{p_b}{p_0}$；

β_T—— 常数比值。

$$\beta_T = \frac{k-1}{k} \cdot \frac{k_T}{k_T - 1} \cdot \frac{R_T}{R} \tag{7-57}$$

其中 R—— 空气的气体常数，$R = 0.287$ kJ/(kg·K)；

R_T—— 燃气气体常数，$R_T = 0.286$ kJ/(kg·K)；

k_T—— 燃气比热比，$k_T = 1.33$；

k—— 比热比，$k = 1.4$；

λ_T—— 涡轮前进口与增压器出口参数比。

$$\lambda_T = \frac{G_T}{G_b} \cdot \frac{T_T}{T_a} \cdot \eta_{Tb} \tag{7-58}$$

其中 η_{Tb}—— 增压器综合效率，$\eta_{Tb} = \eta_b \eta_T \eta_{Tm}$，$\eta_{Tb}$ 一般为 0.55 ～ 0.65。

(6)排气流经涡轮的流量 G_T

$$G_T = G_b + G_f = G_b + \frac{P_e b_e}{3\,600} = (1.02 \sim 1.03) G_b \tag{7-59}$$

$$G_T = G_b + \frac{P_e b_e}{3\ 600}(\phi_a \phi_s L_0 + 1) \quad (\text{kg/s}) \tag{7-60}$$

计算涡轮相似流量参数 $G_T\sqrt{\frac{T_T}{p_T}}$，将膨胀比 $\frac{p_T}{p_{T0}}$ 和 $G_T\sqrt{\frac{T_T}{p_T}}$ 所决定的点画到涡轮特性曲线图上，如图 7-44 所示，判别拟采用的涡轮是否合适。该点附近的涡轮将可作为配试时的优选部件[6]。

所以，求 p_T 时，应先根据式(7-60)求出 G_T，再由式(7-57)和式(7-58)求出 β_T 和 λ_T，再由式(7-56)求出涡轮前燃气压力 p_T。至此，定压系统的 6 个基本参数：p_b、T_b、G_b、p_T、T_T、G_T 都可以求出了。

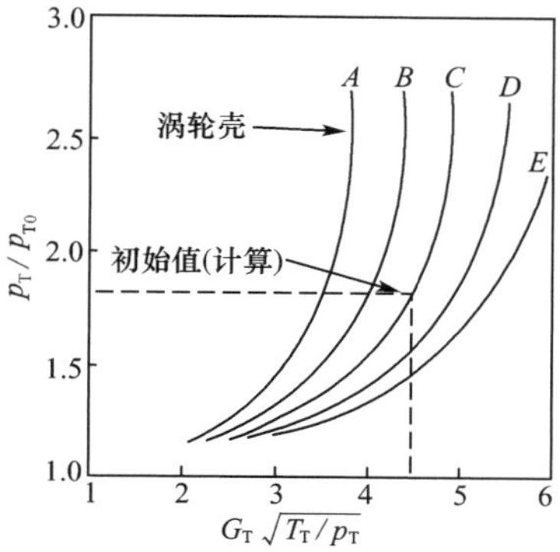

图 7-44　涡轮特性曲线图

(7)涡轮当量喷嘴环面积 F_T

求出了排气流量 G_T、p_T 和 T_T，就可以估算涡轮的当量喷嘴环面积 F_T。涡轮流通面积是由喷嘴环出口面积 F_C 与动叶轮出口面积 F_R 组成的。为了简便，先用一个涡轮当量面积 F'_T 来代表。对小型无喷嘴环的径流式涡轮机，一般可将进气蜗壳喉口面积视为当量喷嘴环面积。

①简化计算得到当量喷嘴环面积 F'_T 为

$$F'_T = K_3\sqrt{\frac{(F_C F_R)^2}{\left(F_R\frac{\rho_{T0}}{\rho_{SP}}\right)^2 + F_C{}^2}} \quad (\text{cm}^2) \tag{7-61}$$

式中　K_3——系数，K_3 一般为 1.03～1.035；

ρ_{T0}——动叶轮出口气体密度，kg/m³；

ρ_{SP}——喷嘴环出口气体密度，kg/m³。

②实际估算时，可进一步简化，采用几何当量喷嘴环面积 F_T 乘以总的流量系数 μ_T 作为有效涡轮当量喷嘴环面积，即

$$\mu_T F_T = \mu_T\sqrt{\frac{(F_C F_R)^2}{F_C^2 + F_R^2}} \tag{7-62}$$

③按稳定流动流量计算 G_T

$$G_T = \mu_T F_T \psi_T \rho_T \sqrt{2R_T T_T} \tag{7-63}$$

式中　μ_T——涡轮喷嘴流量系数，μ_T 一般为 0.92～0.98；

ρ_T——涡轮前排气密度，$\rho_T = \frac{p_T}{R_T T_T}$；

ψ_T——燃气通流函数。

当 $\frac{p_{T0}}{p_T} > \left(\frac{2}{k_T+1}\right)^{\frac{k_T}{k_T-1}}$ 时，属亚临界流动，ψ_T 由下式计算：

$$\psi_T = \sqrt{\frac{k_T}{k_T-1}\left[\left(\frac{p_{T0}}{p_T}\right)^{\frac{2}{k_T}} - \left(\frac{p_{T0}}{p_T}\right)^{\frac{k_T+1}{k_T}}\right]} \tag{7-64}$$

当 $\frac{p_{T0}}{p_T} \leqslant \left(\frac{2}{k_T+1}\right)^{\frac{k_T}{k_T-1}}$ 时，属超临界流动，通流函数达到最大值，即

$$\psi_{\max} = \left(\frac{2}{k_T + 1}\right)^{\frac{1}{k_T - 1}} \cdot \sqrt{\frac{2k_T}{k_T + 1}} \tag{7-65}$$

将 ρ_T 代入式(7-63) 中，算出有效涡轮当量通流面积 $\mu_T F_T$：

$$\mu_T F_T = \frac{G_T}{\psi_T \rho_T \sqrt{2R_T T_T}} \quad (\text{cm}^2) \tag{7-66}$$

(8)计算结果的校核

按上述方法求得的有关参数可用单位功率小时耗气量 m_b、充量系数 ϕ_c 及增压压力 p_b 范围等方法进行校核。

对脉冲增压系统主要参数的估算：

压气机部分的主要参数 G_b、p_b、T_b 和定压增压系统参数确定是一样的。

三缸共一支排气管的涡轮前的压力 p_T、温度 T_T 和流量 G_T 和定压增压系统都是不一样的，涡轮效率 η_T 也稍低于定压增压系统。为考虑最大流量时的情况，喷嘴环面积 F_T 应取大一些，可放大 20% ～ 30%，进行配合运行调试修改。

4. 定压增压系统主要参数估算实例

【例 7-1】 以 RN240Z 涡轮增压中冷四冲程柴油机为例进行顾宏中教授的 JTK 计算方法估算。

(1) 已知条件及要求指标

缸径 $D = 0.24$ m

行程 $S = 0.26$ m

标定功率 $P_e = 2\ 205$ kW

标定转速 $n = 1\ 100$ r/min

平均有效压力 $p_{me} = 1.69$ MPa

活塞平均速度 $V_m = 9.53$ m/s

有效燃油耗率 $b_e = 0.205$ kg/(kW · h)

涡轮前排气进口温度 $T_T = 833$ K

(2)柴油机热力参数选择

大气压力 $p_0 = 0.101$ MPa

大气温度 $T_0 = 303$ K

涡轮后背压 $p_{T0} = 0.105$ MPa

进气管空气温度 $T_s = 335$ K

气缸充量系数 $\phi_c = 1.0$

$\phi_c \phi_s = 1.14$

涡轮增压器效率 $\eta_{Tb} = 0.56$

(3)涡轮增压器主要性能参数及结构参数估算

①由式(7-48) 计算平均机械损失压力 p_{mm}

$$\begin{aligned} p_{mm} &= D^{-0.2}(0.008\ 55V_m + 0.078\ 9p_{me} - 0.021\ 4) \\ &= 0.24^{-0.2} \times (0.008\ 55 \times 9.53 + 0.078\ 9 \times 1.69 - 0.021\ 4) \\ &= 0.257 \text{ MPa} \end{aligned}$$

②由式(7-47)计算机械效率 η_m

$$\eta_m = \frac{p_{me}}{p_{me} + p_{mm}} = \frac{1.69}{1.69 + 0.257} = 0.868$$

③计算指示油耗率 b_i

$$b_i = b_e \eta_m = 0.205 \times 0.868 = 0.178 \text{ kg/(kW·h)}$$

④初选进气管中气体压力 $p_s = 0.25$ MPa

⑤选择燃烧过量空气系数 $\phi_a = 1.9$

⑥由式(7-46)计算 R_1

$$R_1 = \frac{(\phi_a b_i)^{0.5} T_s^{1.5} V_m^{0.78}[0.5 + D/(2S)]}{Dn(Dp_s)^{0.22}}$$

$$= \frac{(1.9 \times 0.178)^{0.5} \times 335^{1.5} \times 9.53^{0.78} \times \left(0.5 + \dfrac{0.24}{2 \times 0.26}\right)}{0.24 \times 1\ 100 \times (0.24 \times 0.25)^{0.22}} = 139.96$$

⑦由图 7-41 中的关系式计算涡轮前的热量利用系数 ξ_T

$$\xi_T = 1.028 - 0.000\ 96R_1 = 1.028 - 0.000\ 96 \times 139.96 = 0.89$$

⑧由式(7-45)计算总过量空气系数 $\phi_{at} = 2.21$

⑨由式(7-51)计算压气机空气流量 G_b

$$G_b = \frac{14.3P_e b_e \phi_{at}}{3\ 600} = \frac{14.3 \times 2\ 205 \times 0.205 \times 2.21}{3\ 600} = 4 \text{ kg/s}$$

用两台涡轮增压器,每台空气流量 $G_b = 2$ kg/s。

⑩由式(7-53)计算进气管的空气压力 p_s

$$p_s = \frac{\phi_{at} p_{me} b_e T_s}{848\phi_c \phi_s} = \frac{2.21 \times 1.69 \times 0.205 \times 335}{848 \times 1.14} = 0.265 \text{ MPa}$$

这与前面初选值相近,不再重复。

⑪计算增压器出口压力 p_b

$$p_b = p_s + 0.003 = 0.265 + 0.003 = 0.268 \text{ MPa}$$

⑫计算燃气流量 G_T

$$G_T = 1.015G_b = 1.015 \times 4 = 4.06 \text{ kg/s}$$

每台涡轮排气流量 $G_T = 2.03$ kg/s。

⑬由式(7-56)计算涡轮前燃气压力 p_T

$$p_T = \frac{p_{T0}}{\left(1 - \dfrac{\pi_b^{\frac{k-1}{k}} - 1}{\beta_T \lambda_T}\right)^{\frac{k_T}{k_T - 1}}} = \frac{0.105}{\left[1 - \dfrac{\left(\dfrac{0.268}{0.101}\right)^{\frac{0.4}{1.4}} - 1}{1.147 \times 1.56}\right]^{\frac{1.33}{0.33}}} = 0.23 \text{ MPa}$$

⑭由式(7-64)计算燃气通流函数 ψ_T

$$\psi_T = \sqrt{\frac{k_T}{k_T - 1}\left[\left(\frac{p_{T0}}{p_T}\right)^{\frac{2}{k_T}} - \left(\frac{p_{T0}}{p_T}\right)^{\frac{k_T+1}{k_T}}\right]} = \sqrt{\frac{1.33}{0.33}\left[\left(\frac{0.105}{0.23}\right)^{\frac{2}{1.33}} - \left(\frac{0.105}{0.23}\right)^{\frac{2.33}{1.33}}\right]} = 0.468$$

⑮由式(7-66)计算有效涡轮当量通流面积 $\mu_T F_T$

$$\mu_T F_T = \frac{G_T}{\psi_T \rho_T \sqrt{2R_T T_T}} = \frac{2.03}{0.468 \times 0.002\ 7 \times \sqrt{2 \times 0.286 \times 833}} = 73.6 \text{ cm}^2$$

⑯由涡轮 μ_T 的经验数据，选定 $\mu_T = 1.04$

⑰算出涡轮几何当量通流面积 F_T

$$F_T = 70.77\ \text{cm}^2$$

5. 涡轮增压器的选用方法

在确定涡轮增压器的主要设计参数 p_b、T_b、p_T、t_T、G_T 后，要根据这些参数选择（或设计）能够与柴油机较好匹配的涡轮增压器。涡轮增压器的类型选择较为简单，如果 G_T 较大，就采用轴流式涡轮机；如果 G_T 较小，就采用径流式涡轮机。或者以涡轮机叶轮直径判断，叶轮直径大于 300 mm 的多为轴流式，叶轮直径为 150 ～ 300 mm 的两者都有采用，叶轮直径小于 150 mm 的以径流式为主。由于涡轮机的工作范围比压气机宽得多，涡轮增压器的工作稳定性就主要取决于压气机的特性，所以涡轮增压器的型号确定主要是以选择合适的压气机进行考虑的。

（1）压气机的选择，一般应使设计工况下 G_b、π_b 点落在压气机特性曲线的高效率区，但不可处在 n_{bmax} 和 π_{bmax} 以上，并且该流量 G_b 距喘振线有大于 10％ 的裕度，这样即可选定增压器型号。

（2）同时有几种增压器可供选择时，若以经济性要求为主，则可选稍大的增压器；若以动力性要求为主，则可选稍小的增压器。

（3）一般应准备几种不同截面的扩压管和喷嘴环，或涡轮蜗壳，供配机试验选用。

（4）对选出的涡轮增压器应在台架上试验进行配合运行调试，以达到良好的配合性要求。

7.4.2 涡轮增压器与柴油机的配合运行特性

1. 涡轮增压器与柴油机的匹配特性

排气涡轮增压器与柴油机联合工作时，彼此动力虽然没有机械联系，但它们之间是通过空气流和排气流传递能量而紧密联系在一起的。因为柴油机的不同工况要求压气机有不同的供气能力，涡轮做功的能力来源于柴油机排出废气的合理组织，而涡轮的功率则全部为压气机所消耗，然而它们的流量特性又有较大的不同。要使增压柴油机稳定工作，就必须使涡轮与压气机的联合运行工作特性在整个运行区的范围内与柴油机各种工况的流通特性有良好的匹配，即配合运行。它们之间有三个方面的匹配，就是压气机与涡轮的匹配、柴油机与压气机的匹配及柴油机与涡轮的匹配。

（1）压气机与涡轮的匹配

压气机与涡轮同轴有机械联系，有与柴油机增压空气的流动和排气能量传速的联系，二者配合运行时必须满足：

①功率平衡

$$P_T = P_b + P_m \quad \text{或} \quad P_T\eta_m = P_b \tag{7-67}$$

②流量平衡

$$G_T = G_b + G_f \tag{7-68}$$

③转速平衡

$$n_T = n_b = n_{Tb} \tag{7-69}$$

（2）柴油机与压气机的匹配

①增压柴油机的流通特性

增压柴油机在稳定工况下运行的空气流量 G_b、增压比 π_b 随柴油机工况（转速和负荷）不同而变化的规律，即各工况下的耗气特性，称为柴油机的“流通特性”。用台架试验测得相关数据后得出或计算获得。

②配合特性与配合特性的运行线

将柴油机的流通特性叠绘在压气机流量特性图上，即在相同的相似参数坐标系内，两者的空气流量 G_b、增压比 π_b、转速 n_{Tb} 以及功率 P_e、效率 η_b 等参数的配合关系，即变化规律，称为“配合特性”，其流通特性线称为“配合特性的运行线”。

由于柴油机用途不同，其运行工况配合特性也不同，有面工况配合、线工况配合和点工况配合。当柴油机按某一特性运行时，所有工况点都可在压气机特性曲线上确定下来，所以不仅要正确地选择标定工况配合点，还要考虑到各种工况下部分负荷时的整体配合情况。

图 7-45 所示为涡轮增压器与柴油机的配合特性示意图。该图上的运行线有等转速与等负荷（等转矩）两类。如等转速线 $A—C$，在相同的柴油机转速下，负荷可以由大（上边）到小（下边）；同样，如等转矩线 $A—B$，在相同的柴油机负荷下，转速可以由最高（右边）到最低（左边）。

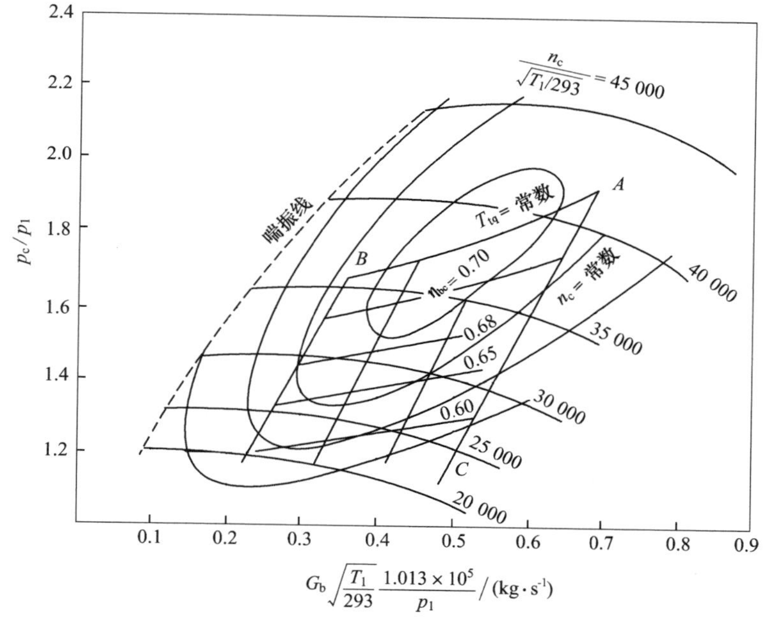

图 7-45　涡轮增压器与柴油机的配合特性示意图

③配合运行线的限制线

实际上柴油机与涡轮增压器配合运行特性如图 7-46 所示。曲线 1 是柴油机负荷特性最低稳定转速运行线，曲线 2 是柴油机按标定转速工作负荷特性运行线，曲线 3 是柴油机按最大负荷速度特性工作时运行线，曲线 4 是柴油机按螺旋桨特性工作时的运行线。

如图 7-47 所示，曲线 5 是压气机的喘振线，曲线 4 是柴油机的最高排温线。由曲线 1、5、3、4、2 五种运行线的限制因素，车用涡轮增压柴油机就在由运行线所包围的面积内运行，称为面工况配合。

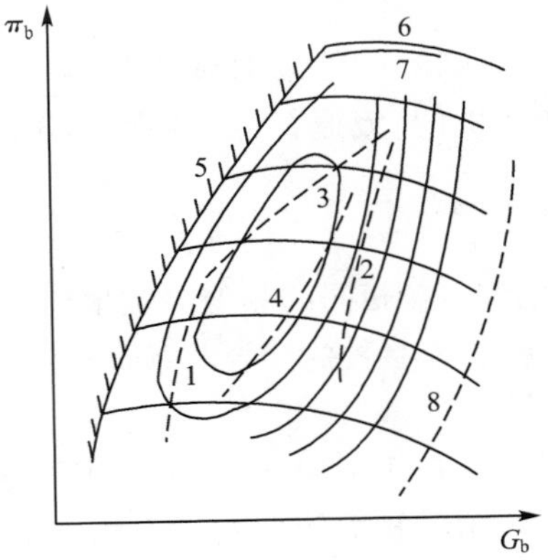

图 7-46　柴油机与涡轮增压器配合运行特性

1— n_{min} 负荷特性；2— n_e 负荷特性；3— 外特性；
4— 螺旋桨特性线；5— 喘振边界；6— 最高转速线；
7— 最高排温线；8— 最低效率线

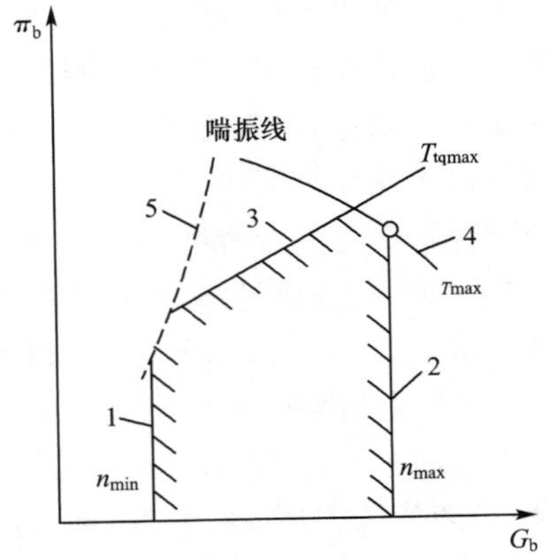

图 7-47　涡轮增压柴油机的运行范围

1— 最低转速线 n_{min}；2— 最高转速线 n_{max}；
3— 最大转矩线 T_{tqmax}；4— 最高排温线 T_{max}；
5— 压气机喘振线

如果柴油机工作区偏右，如图 7-48 所示，说明压气机流量偏小，这种情况要选大型号增压器或加大压气机通量尺寸，使压气机特性右移。

如果柴油机工作区偏左，如图 7-49 所示，则发动机低转速时压气机效率降低，同时有可能出现喘振，这种情况说明压气机流量过大，应选较小型号增压器或减少压气机通量尺寸，使压气机特性左移。

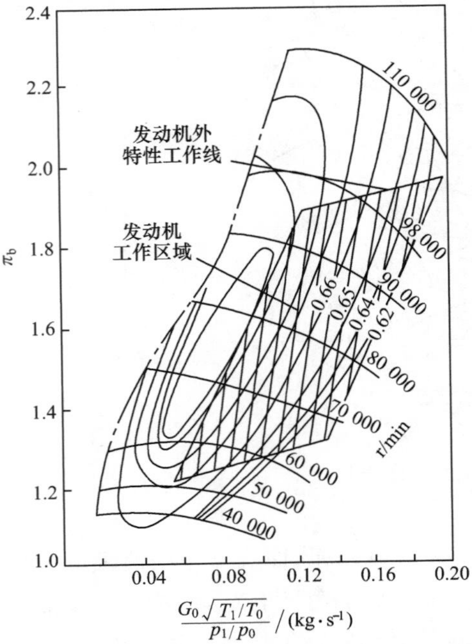

图 7-48　柴油机工作区偏右

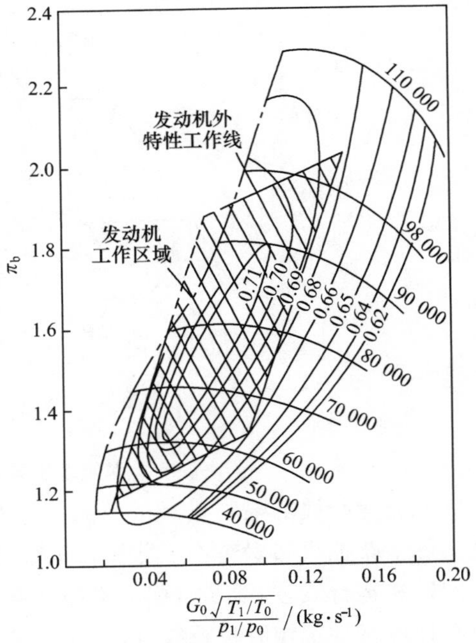

图 7-49　柴油机工作区偏左

(3)柴油机与涡轮的匹配

①匹配图方法

匹配图方法是将柴油机的工作特性叠绘在涡轮流量特性线上来分析匹配的情况。图 7-50 示出了涡轮流量特性与柴油机工作特性的匹配图。由匹配图可以看出：在柴油机整个运行范围内，涡轮要具有较高的效率 η_T。从图上看出，柴油机外特性转速为一垂直的直线，n 为 1 700 ～ 2 500 r/min，处于涡轮的高效率区。在图上同时标出了柴油机排气脉冲流量的最大值和最小值。如果柴油机工作线偏离该型号涡轮的流量特性线，就应该选择较大型号或较小型号的涡轮；如果柴油机和涡轮两者流通特性相差不大，也可通过改变涡轮喷嘴环面积来改变涡轮的流量，以达到良好匹配。一般在柴油机与涡轮的匹配中找到一个最佳的喷嘴环面积 F_C，此时，柴油机的排气温度最低。

②涡轮特性等 t_T 线法

该方法是将涡轮特性的涡轮前燃气温度 t_T 线标在压气机特性与柴油机耗气特性的配合图上，如图 7-51 所示。在该图上，如在柴油机运行范围内出现过高的 t_T，就说明涡轮的流通能力选择不当，应重新加以修改。对车用柴油机则希望 t_T 线尽可能与柴油机耗气特性相平行，保证得到较高的转矩系数。

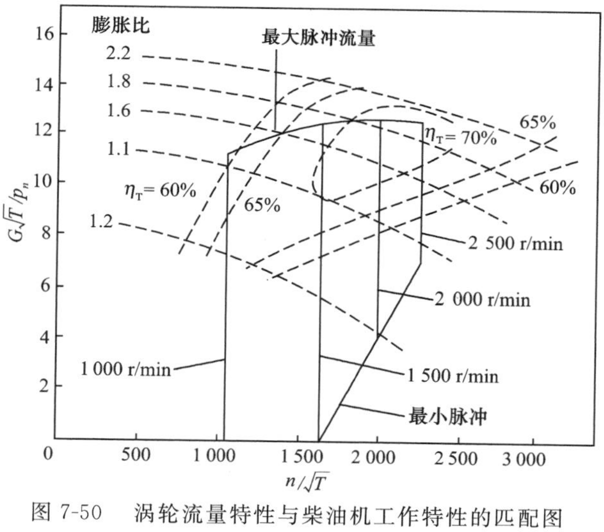

图 7-50　涡轮流量特性与柴油机工作特性的匹配图

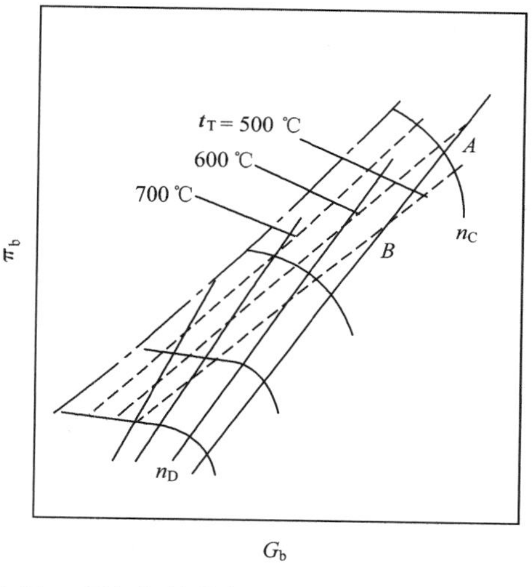

图 7-51　压气机特性与柴油机耗气特性的配合图

(4)涡轮增压器与柴油机良好配合运行的主要要求

①应能在正常工作的所有工况下稳定工作，增压器不发生喘振、阻塞和超速等不正常现象。

②应在所有工况下，压气机达到预定的增压比 π_b，且有较高的 η_b、η_{Tb}。柴油机特性线应穿过压气机的高效率区，最好使柴油机运行线与压气机等效率图相平行。应使运行线离喘振线有大于 10% 的裕度。

③柴油机运行范围内应达到设计的动力性(P_e)和经济性(b_e)指标，不超过爆压 p_{max}、排温 t_T 和排烟等限值。在所有特性上低油耗区宽广，在负荷特性上兼顾有较低的油耗率。

2. 涡轮增压器与柴油机配合运行特性的调整

当选配的涡轮增压器不当，或配合运行线的计算结果与实际情况出现偏差时，都可能引起压气机喘振、增压器超速、涡轮超温等问题，需要进行特性线调整解决。

(1)柴油机的运行线基本不动,对压气机特性线进行调整

涡轮增压柴油机结构参数及增压系统确定后,其运行线也基本确定。

①合理地选用压气机的流量范围

每个型号的压气机都有其合适的使用流量范围,通常是指从喘振线至某一效率($\eta_b = 0.7$)等值线(或堵塞线)所包围的区域。图7-52所示是两种型号压气机的流量范围示意图。Ⅰ型的压气机流量特性比Ⅱ型的小,显然,对于沿A—B线工作的柴油机,运行线的大部分在Ⅱ型的喘振线以左,因此采用流量较小的Ⅰ型压气机更为合适。

②调整压气机流通截面的方法

如只有少部分进入喘振线(主要指上部)或太靠近喘振线,可用调整压气机流通截面的方法,调小叶片扩压器或压气机叶轮的通道截面。

当与这种情况相反,即压气机效率太低、运行线离喘振线太远时,则可用与上述相反的方法来调节。

(2)压气机特性线基本不动,调整运行线

通过改变柴油机至涡轮机中的流通截面来改变运行线的位置。一般不动柴油机,若要使运行线右移、离开喘振线,常用增大一点喷嘴环流通面积F_{C2}的办法,如图7-53所示。对无喷嘴环的小型径流式增压器则是放大涡轮蜗壳的0—0截面的面积F_{00},这样做要防止T_T增高太多。

涡轮流量G_T与涡轮流通截面的关系可以表示为

$$G_T = \mu_T F_C \rho_1 \sqrt{2\Omega_T H_T} \tag{7-70}$$

式中 μ_T—— 流量系数;

F_C—— 喷嘴环出口流通面积或涡轮蜗壳喉口截面面积F_{00};

ρ_1—— 喷嘴环出口燃气密度;

Ω_T—— 涡轮反动度;

H_T—— 涡轮的膨胀功。

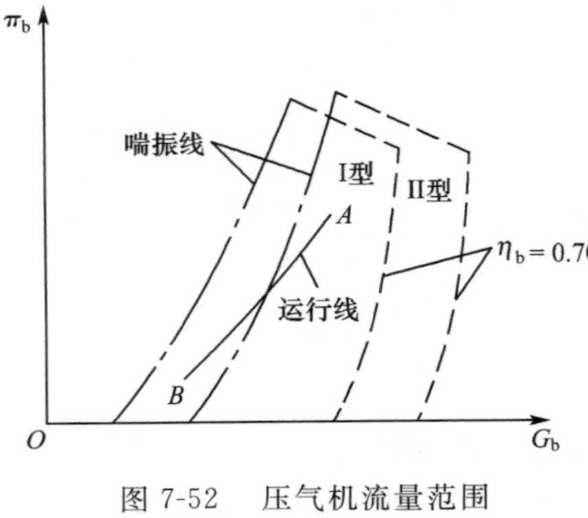

图7-52 压气机流量范围

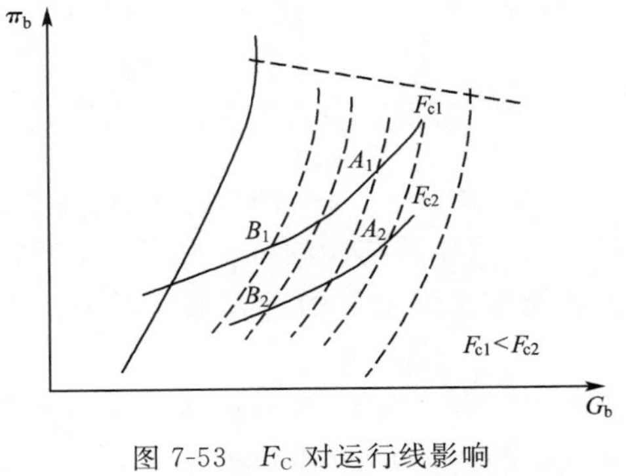

图7-53 F_C对运行线影响

而理论气流速度为

$$c_0 = \sqrt{2H_T} \tag{7-71}$$

可见改变F_C是改变流量简便而又有效的方法。

反之,若η_b太低,则使运行线左移,需减小喷嘴环出口流通面积F_C,以防止反动度Ω_T下降,涡轮效率η_T下降。

试验结果表明:当喷嘴环出口流通面积减小20%时,反动度下降10%,这时涡轮效率下

降约 6%。喷嘴环出口流通面积减小不应超过 20%。

(3)增压器转速 n_{Tb} 与增压压力 p_b 的调整

因 p_b 与 n_{Tb} 成正比，所以二者的调整方法相同。当 p_b 较小或 n_{Tb} 较低时，可减小涡轮喷嘴环出口流通面积 F_C。对无喷嘴环的小型径流式涡轮，则可通过减小涡轮蜗壳喉口截面面积，使 p_b 或 n_{Tb} 升高一些。当增压器超速和增压压力过高时，采用扩大喷嘴环出口流通面积或加大涡轮蜗壳喉口截面面积的方法，以降低涡轮前的排气能量。对采用低速匹配的各种用途的柴油机，可根据需要选择是否采用带放气阀的涡轮增压器，在高速时放掉一部分废气，以控制涡轮机超速和过高的增压压力。

(4)调整压气机特性以适应柴油机的特性

通常通过改变压气机扩压器的进口角 α 来改变压气机的流量特性。如图 7-54 所示，当进口角增大后，压气机流通量增大。由图 7-55 看出，通过增大扩大器的入口角或叶片的高度，可使压气机流量特性曲线绕 O 点旋转，从而可优化柴油机的稳定工作范围，使其既不发生喘振，又处于压气机的高效率区。

(5)采用可变喷嘴面积增压器(variable nozzle turbine，VNT)，以改善柴油机低速扭矩特性

VNT 结构是把涡轮的固定喷嘴改为可调喷嘴。当柴油机在不同工况工作时，有效调节喷嘴面积，相应改变涡轮的流量，并且依然保持足够高的膨胀比，获得较高的效率，有利于提高增压柴油机的低速扭矩。

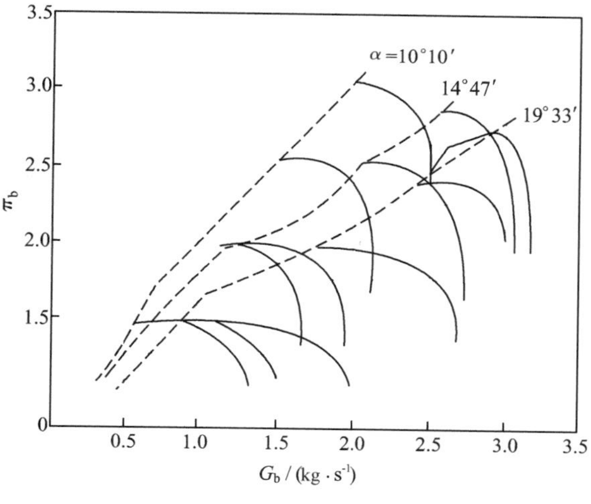

图 7-54　扩压器进口角增大对压气机性能的影响

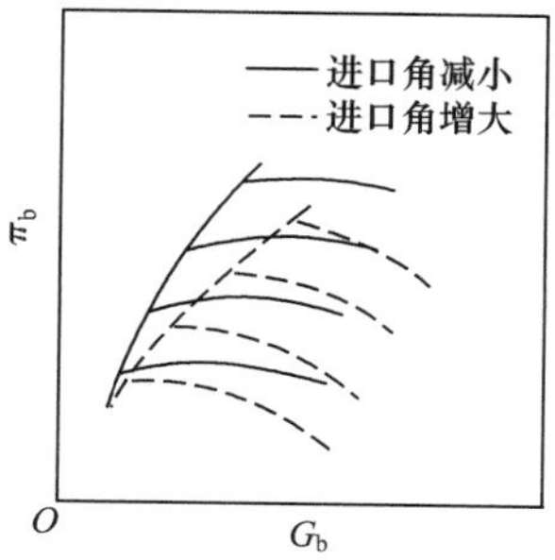

图 7-55　扩压器进口角不同时压气机特性的变化

(6)涡轮前燃气温度 t_T 的调整

涡轮前燃气温度 t_T 的大小不仅影响涡轮运行的可靠性，而且是表征柴油机热负荷大小的重要参数。当 t_T 过高时，可采用下列方法进行调整：

①增大柴油机供油提前角 φ_{fs}，注意不要使 p_{max} 过高。

②采用废气旁通阀式增压器，放气阀由增压压力控制。当柴油机转速和负荷达到一定值时，增压压力克服弹簧力，打开放气阀放废气，这样既能保证增压器不超速，同时又限制了 t_T，降低了 NO_x 排放值。

③适当加大气门重叠角，脉冲系统的气门重叠角可为 110 ～ 140°CA，而定压系统的气门重叠角调整要考虑避免其低负荷时可能发生的排气倒流。

增压发动机采用可变气门配气相位技术，是通过气缸盖上的双顶置凸轮轴(DOHC) 实现独立调节气门重叠角，可获得保持高功率、大扭矩的高性能，同时改善了响应性和低排放。

④加强进气中冷，降低进气温度。

(7)缸内最高压力 p_{max} 的调整

当 p_{max} 过高时，可采用下列方法进行调整：

①调整供油系统：可减小一点供油提前角 φ_{fs}，或增大柱塞直径 d_p、喷油嘴流通面积 $\mu_n F_n$，提高喷油压力 p_{inj}。

②增大一点喷嘴环出口流通面积 F_C。

③适当减小压缩比 ε_c，一般采用 ε_c 为 12 ～ 14。对高增压柴油机，采用可变压缩比活塞技术，其压缩比随工况变化而调节。在启动和低工况时，用高压缩比，ε_c 为 16 ～ 18；在高工况时，用低压缩比，ε_c 为 12 ～ 15。控制气缸内最高压力低于限值。

④采用低温循环系统，当发动机在高负荷下运行时，让进气门在下止点前关闭，从而使已进入气缸内的空气稍稍膨胀，从而降低了空气的温度和 ε_c，达到降低 p_{max} 的目的。

(8)运行中的喘振问题

涡轮增压柴油机通过台架试验调整完毕后一般都可以稳定可靠运行。但在实际运行中，由于一些原因，仍有可能发生压气机喘振。这里分三种情况进行讨论。

①在使用一段时间后出现压气机喘振。当运行时间较长、进气道(主要是空气滤清器)或叶轮气道污染严重时，进气不通畅，会使流量 G_b 减小很多而引发喘振；另外，如果排气道污染严重，会使增压压力变高，在相同的 n_{Tb} 下，也可能出现喘振。

②操作不当，如快速关油门、未降速停机时，由于增压器转子的惯性，可能其转速 n_{Tb} 仍维持较高值，但 G_b 减小过多，从而出现喘振。

③船在风浪中航行，如遇大浪使桨露出水面，柴油机调速器可使油泵减油甚至停油(防飞车)，而增压器转速却不能立即降下来，但 G_b 却减小很多，发生喘振。

7.4.3 排气涡轮增压中冷四冲程柴油机工作过程数值计算

1. 数值计算的功用与步骤

(1) 功用

在应用电子计算机对内燃机工作过程进行模拟计算和性能仿真的过程中，由于考虑到了气缸内的热力过程、传热和传质过程、工质的组分及流动过程、排气涡轮增压器的特性及其配合等，因此，数值计算的结果比较符合内燃机的实际工作情况。数值计算的功用如下：

①预测柴油机的各项性能指标，检验柴油机与所选涡轮增压器的配合运行特性，改善工作循环的综合性能。

②诊断柴油机的性能，对影响工作过程的重要参数进行分析、研究。

③优化设计参数，对多参数方案进行分析和比较，实现柴油机结构设计和运行参数的优化。

因此，工作过程的数值计算已成为改善内燃机性能的重要技术手段。

(2)数值计算的步骤

①首先，建立系统的物理模型。在对涡轮增压柴油机实际工作循环进行模拟计算时，把整机视为热力平衡系统，计算时再划分为几个独立的子系统，并对系统的性质、要求进行分析，并做合理的基本假设。

②然后，建立数学模型。对工作过程进行数学描述，确定模型的输入 / 输出变量和参数。建立基本的微分方程，且方程的数目等于未知数的数目。对气缸内工作过程划分阶段，把微分方程化为可解形式。

③确定微分方程的边界条件，利用龙格(Runge)- 库塔(Kutta) 数值法求解。

2. 零维模型的简化假定与柴油机热力系统的划分

(1)热力系统零维模型的简化假定

在四冲程涡轮增压柴油机工作循环的模拟计算中，假设整个热力系统为零维系统，要求采用如下简化假定：

①假定系统内气体的状态是均匀的，即每瞬时在系统内气体的压力、温度和成分都是均匀的，处于瞬时热力平衡状态。

②假定系统内气体为理想气体，即等比热容、比热力学能和比焓等热力学参数仅与气体的温度和成分有关。

③假定系统内气体的流动是准稳定(准定常) 流动，即不考虑进、排气系统压力和温度波动时对进、排气过程的影响，且不计气体流入和流出时的动能。

④系统由几个子系统组成，各子系统通过通道连接，是通过热量和质量的传递相互联系的，且只考虑系统的容积(这种方法称为容积法)，不考虑泄漏损失。

(2)四冲程涡轮增压柴油机热力系统划分

将热力系统划分为五个独立的又相互联系的子热力平衡系统，如图 7-56 中虚线所示。

①气缸系统。由活塞顶、气缸盖底和缸套所围成的控制容积。由能量方程、质量守恒方程和气体状态方程联立求解，缸内压力 p、温度 T 和质量 m 三个状态常数，随曲轴转角 φ 的变化而有规律地变化。

②进气系统。边界是进气管或扫气箱(二冲程柴油机)。一般假设进气管的容积足够大，其内气体的压力是恒定的，即不随曲轴转角 φ 变化。

③中冷器系统。边界是中冷器，一般简化为一个节流与降温的元件，进行参数变化计算。

④废气涡轮增压器系统。边界是涡轮增压器，必须保证每循环涡轮吸收功 W_T 与压气机消耗功 W_b 平衡，流量平衡，转速相等，且转速在一个循环内是稳定的。

⑤排气系统。边界是由排气总管和支管组成。把排气管当作具有一定容积的容器，排气是一个稳定过程，忽略压力波的管内传播。压力只是曲轴转角 φ 的函数。

3. 气缸系统工作过程参数的模拟计算

本文讨论的是针对四冲程排气涡轮增压中冷柴油机进行的计算，其基本原理同样适用于非增压四冲程柴油机和二冲程柴油机。

图 7-57 为气缸内工作过程计算简图，图中虚线内为气缸子热力平衡系统。V 为气缸瞬时容积(m^3)；m 为气缸内气体的质量(kg)；p、T 分别为气缸内气体的压力(Pa) 和温度(K)；λ 为瞬时过量空气系数；u 为比热力学能(J/kg)；h 为气体的比焓(J/kg)；R 为气体常数；φ 为曲轴转角(°CA)；下标 s 为通过进气门流入系统的气体；下标 e 为通过排气门流出的气体。计算

中假定加入系统的能量或质量为正，离开系统的能量或质量为负。

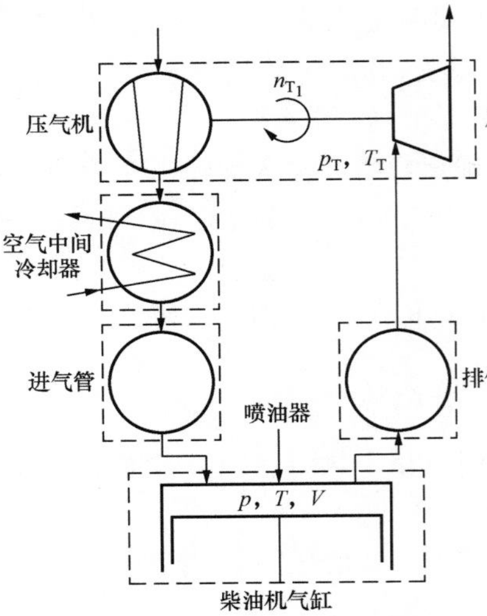

图 7-56 涡轮增压柴油机热力系统划分示意图

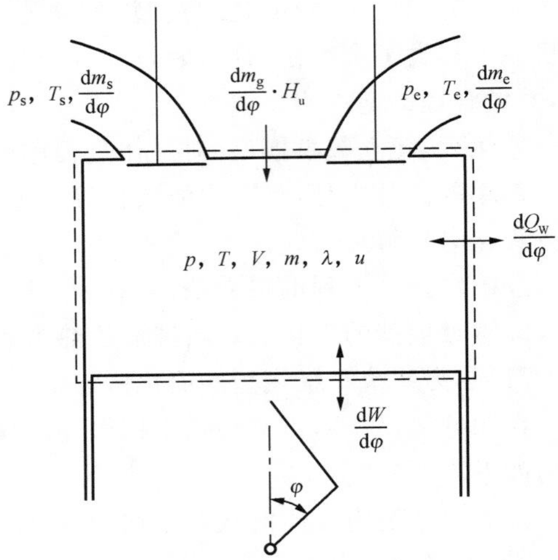

图 7-57 气缸内工作过程计算简图

(1)基本微分方程组

①根据热力学第一定律建立的气缸内工质的能量守恒方程式

$$\frac{d(mu)}{d\varphi}+p\frac{dV}{d\varphi}=\frac{dm_s}{d\varphi}h_s+\frac{dm_e}{d\varphi}h_e+\frac{dQ_B}{d\varphi}+\frac{dQ_w}{d\varphi} \tag{7-72}$$

式中 $\frac{dQ_B}{d\varphi}$——单位曲轴转角燃料燃烧放出的热量，J/°CA；

$\frac{dQ_w}{d\varphi}$——单位曲轴转角气体通过壁面传导的热量，J/°CA。

②气缸内工质的质量守恒方程式

缸内气体质量随曲轴转角变化的方程式：

$$\frac{dm}{d\varphi}=\frac{dm_g}{d\varphi}+\frac{dm_s}{d\varphi}+\frac{dm_e}{d\varphi} \tag{7-73}$$

式中 $\frac{dm}{d\varphi}$——单位曲轴转角气缸内气体的质量流量，kg/°CA；

$\frac{dm_g}{d\varphi}$——单位曲轴转角喷入气缸的燃油量，kg/°CA。

在能量方程式(7-72)中，

$$\frac{d(mu)}{d\varphi}=m\frac{du}{d\varphi}+u\frac{dm}{d\varphi} \tag{7-74}$$

由 $u=u(T,\lambda)$，热力学能随曲轴转角的变化率为

$$\frac{du}{d\varphi}=\frac{\partial u}{\partial T}\cdot\frac{dT}{d\varphi}+\frac{\partial u}{\partial\lambda}\cdot\frac{d\lambda}{d\varphi} \tag{7-75}$$

将式(7-74)和式(7-75)代入式(7-72)得

$$\frac{dT}{d\varphi}=\frac{1}{m\frac{\partial u}{\partial T}}\left(\frac{dQ_B}{d\varphi}+\frac{dQ_w}{d\varphi}-p\frac{dV}{d\varphi}+\frac{dm_s}{d\varphi}h_s+\frac{dm_e}{d\varphi}h_e-u\frac{dm}{d\varphi}-m\frac{\partial u}{\partial\lambda}\cdot\frac{d\lambda}{d\varphi}\right) \tag{7-76}$$

由 $u=c_vT$，$\frac{\partial u}{\partial T}=c_v=\frac{R}{k-1}$，$h=c_p$，$c_p-c_v=R$ 代入式(7-76) 得气缸内气体温度随曲轴转角变化的方程式：

$$\frac{dT}{d\varphi}=\frac{k-1}{mR}\left[\frac{dQ_B}{d\varphi}+\frac{dQ_w}{d\varphi}-p\frac{dV}{d\varphi}+\left(c_pT_s-\frac{RT}{k-1}\right)\frac{dm_s}{d\varphi}-RT\frac{dm_e}{d\varphi}-\frac{RT}{k-1}\frac{dm_g}{d\varphi}-m\frac{\partial u}{\partial \lambda}\cdot\frac{d\lambda}{d\varphi}\right] \tag{7-77}$$

③气缸内的气体状气方程

$$pV=mRT \tag{7-78}$$

微分式为

$$\frac{d(pV)}{d\varphi}=\frac{R}{c_v}\left(m\frac{du}{d\varphi}+u\frac{dm}{d\varphi}\right) \tag{7-79}$$

将式(7-79) 代入式(7-72) 整理得气缸内气体压力随曲轴转角变化的方程式：

$$\frac{dp}{d\varphi}=-k\frac{p}{V}\cdot\frac{dV}{d\varphi}+\frac{k-1}{V}\left(\frac{dm_s}{d\varphi}h_s-\frac{dm_e}{d\varphi}h_e+\frac{dQ_B}{d\varphi}+\frac{dQ_w}{d\varphi}\right) \tag{7-80}$$

求解微分方程组：式(7-73)、式(7-77) 和式(7-80)，可以得到缸内气体质量 m、温度 T 和压力 p 三个未知量随曲轴转角的变化关系式，但由于方程组中还有几个待求解的微分变量，如 dV、dQ_B、dQ_w、dm_s 和 dm_e 等，必须建立其相应数目的计算方程进行补充，才能使方程数等于未知变量数，即方程组封闭。

(2)微分方程组中五个待求解的微分变量计算

①气缸瞬时容积 V 随曲轴转角 φ 的变化率 $\frac{dV}{d\varphi}$ 的计算

气缸瞬时工作容积 V 可由图 7-58 所示活塞连杆机构运动学的几何关系式导出，其方程式为

$$V=\frac{V_s}{2}\left[\frac{2}{\varepsilon_c-1}+1-\cos\varphi+\frac{1}{\lambda}\left(1-\sqrt{1-\lambda^2\sin^2\varphi}\right)\right] \tag{7-81}$$

气缸容积随曲轴转角的变化率 $\frac{dV}{d\varphi}$ 为

$$\frac{dV}{d\varphi}=\frac{\pi D^2S}{8}\left(\sin\varphi+\frac{\lambda}{2}\cdot\frac{\sin 2\varphi}{\sqrt{1-\lambda^2\sin^2\varphi}}\right) \tag{7-82}$$

式中　D—— 气缸直径，mm；

S—— 活塞行程，mm；

λ—— 曲柄连杆比，$\lambda=R/L=S/(2L)$；

L—— 连杆长度，mm。

②燃料瞬时燃烧放热率 $\frac{dQ_B}{d\varphi}$ 的计算

放热率 $\frac{dQ_B}{d\varphi}$ 是指燃烧过程中单位曲轴转角内燃料燃烧放出的热量。气缸内燃料瞬时燃烧放热率按下式确定：

$$\frac{dQ_B}{d\varphi}=m_bH_u\eta_u\cdot\frac{dX}{d\varphi} \tag{7-83}$$

式中　m_b—— 循环喷油量，g/cyc；

H_u—— 燃料低热值,kJ/kg 燃料;

η_u—— 燃烧效率,对完全燃烧 $\eta_u = 100\%$;

$\frac{dX}{d\varphi}$—— 燃烧率,是燃烧过程中单位曲轴转角内烧掉的燃料量;

X—— 累计燃烧率,即放热百分率,是指在某一曲轴转角 φ 瞬时前,已燃烧掉的累计燃料量 g_b 与循环喷油量 m_b 之比,即

$$X = \frac{g_b}{m_b} \times 100\% \tag{7-84}$$

放热规律是指放热率$\frac{dQ_B}{d\varphi}$随曲轴转角 φ 的变化规律。

燃料燃烧放热较为复杂,零维模型中一般用一个简化的燃烧放热规律来代替实际燃烧放热过程,认为燃料是按照一定的函数形式燃烧放热的。常用的函数有余弦函数和韦伯函数等。用双韦伯曲线按一定规划叠加的方法来模拟实际放热规律,更适合中、高速柴油机的实际情况。如图 7-59 所示,X_1,$\frac{dX_1}{d\varphi}$代表预混合燃烧;X_2,$\frac{dX_2}{d\varphi}$代表扩散燃烧;τ代表预混合燃烧领先角,通常 $\tau = \frac{1}{2}\varphi_{zp}$;$Q_p$ 代表预混合燃烧的燃料分数;Q_d 代表扩散燃烧的燃料分数,$Q_p + Q_d = 1$。

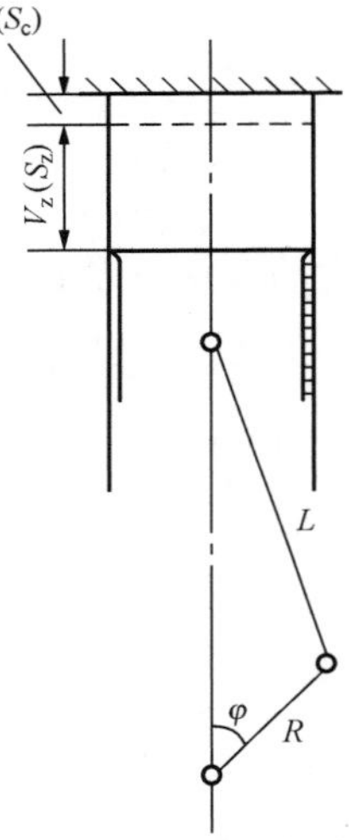

图 7-58　气缸容积 V 变化图

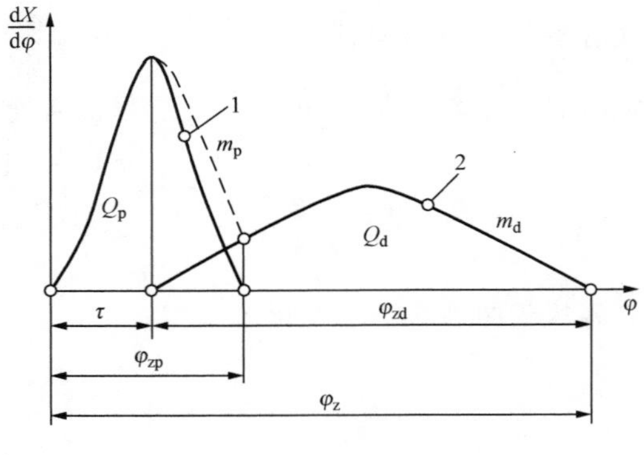

图 7-59　双韦伯曲线叠加的放热规律示意图

总燃烧百分数 X 和总燃烧率$\frac{dX}{d\varphi}$分别为

$$X = X_1 + X_2 \tag{7-85}$$

$$\frac{dX}{d\varphi} = \frac{dX_1}{d\varphi} + \frac{dX_2}{d\varphi} \tag{7-86}$$

$$X_1 = \left[1 - e^{-6.908\left(\frac{1}{2\tau}\right)^{m_p+1}\cdot(\varphi-\varphi_B)^{m_p+1}}\right](1 - Q_d) \tag{7-87}$$

$$X_2 = \left[1 - e^{-6.908\left(\frac{1}{\varphi_{zd}}\right)^{m_d+1}\cdot(\varphi-\varphi_B-\tau)^{m_d+1}}\right]Q_d \tag{7-88}$$

$$\frac{dX_1}{d\varphi} = \left[(m_p + 1)\cdot 6.908\left(\frac{1}{2\tau}\right)^{m_p+1}\cdot(\varphi - \varphi_B)^{m_p}\cdot e^{-6.908\left(\frac{1}{2\tau}\right)^{m_p+1}\cdot(\varphi-\varphi_B)^{m_p+1}}\right](1 - Q_d)$$

(7-89)

$$\frac{dX_2}{d\varphi}=\left[(m_d+1)\cdot 6.908\left(\frac{1}{\varphi_{zd}}\right)^{m_d+1}\cdot(\varphi-\varphi_B-\tau)^{m_d}\cdot e^{-6.908\left(\frac{1}{\varphi_{zd}}\right)^{m_d+1}\cdot(\varphi-\varphi_B-\tau)^{m_d+1}}\right]Q_d \tag{7-90}$$

式中　m_p—— 预混合燃烧的燃烧品质指数,取定值 $m_p=2$;

m_d—— 扩散燃烧的燃烧品质指数,取 $m_d=0.8$;

Q_d—— 扩散燃烧的燃烧分数,高速直喷增压机 Q_d 为 0.6 ~ 0.8;

φ—— 瞬时曲轴转角,°CA;

φ_B—— 燃烧起始角,高、中速机 φ_B 为 −12 ~ 0°CA;

φ_{zd}—— 扩散燃烧持续角,高速直喷增压机 φ_{zd} 为 65 ~ 80°CA。

③气缸内的工质与周壁面的传热率$\frac{dQ_w}{d\varphi}$的计算

周壁面包括气缸盖底面 F_{w1}、活塞顶面 F_{w2} 和气缸套表面 F_{w3},单位曲轴转角的换热量为

$$\frac{dQ_w}{d\varphi}=\frac{K}{6n}\left[\frac{\pi D^2}{4}(T-T_{w1}-T_{w2})+\frac{4V}{D}(T-T_{w3})\right]\quad (\text{J/°CA}) \tag{7-91}$$

式中　n—— 柴油机转速,r/min;

D—— 气缸直径,m;

V—— 瞬时气缸容积,m^3;

T—— 气缸内工质瞬时温度,K;

T_{w1}—— 气缸盖底面平均温度,℃,T_{w1} 一般为 300 ~ 350 ℃;

T_{w2}—— 活塞顶面平均温度,℃,T_{w2} 一般为 300 ~ 350 ℃;

T_{w3}—— 气缸套壁面平均温度,℃,T_{w3} 一般为 250 ~ 300 ℃;

K—— 传热系数,kJ/(m^2 · h · K)。

K 可采用有关经验公式计算,对四冲程增压柴油机推荐采用沃希尼(G. Woschni) 传热系数经验公式:

$$K=30.171D^{-0.214}(V_m p)^{0.786}\cdot T^{-0.526} \tag{7-92}$$

式中　V_m—— 活塞平均速度,m/s;

p—— 工质瞬时压力,kPa;

T—— 工质瞬时温度,K。

④进、排气的质量流量变化率$\frac{dm_s}{d\varphi}$、$\frac{dm_e}{d\varphi}$的计算

换气过程工质流进、流出气缸按准稳定流动过程处理,可导出换气过程质量流量变化率的分析式。

a. 经进气门流入气缸的质量流量变化率$\frac{dm_s}{d\varphi}$

进气门处(下标 s 表示进气管状态) 的流动均属于亚临界流动,进气质量流量变化率为

$$\frac{dm_s}{d\varphi}=\frac{\mu_s f_s}{6n}\cdot\frac{p_s}{\sqrt{RT_s}}\cdot\sqrt{\frac{2k}{k-1}\left[\left(\frac{p}{p_s}\right)^{\frac{2}{k}}-\left(\frac{p}{p_s}\right)^{\frac{k+1}{k}}\right]} \tag{7-93}$$

式中　f_s—— 进气门瞬时的几何流通截面积,m^2;

μ_s—— 进气门流量系数;

p—— 气缸内工质压力,Pa;

p_s、T_s—— 分别为进气门前进气管状态工质的压力，Pa 和温度，K。

b. 经排气门从气缸流出的质量流量变化率$\frac{dm_e}{d\varphi}$

在初期排气阶段，当$\frac{p_T}{p} \leqslant \left(\frac{2}{k+1}\right)^{\frac{k}{k-1}}$时，为超临界流动，排气质量流量变化率为

$$\frac{dm_e}{d\varphi} = \frac{\mu_e f_e}{6n} \cdot \frac{p}{\sqrt{RT}} \cdot \left(\frac{2}{k+1}\right)^{\frac{1}{k-1}} \cdot \sqrt{\frac{2k}{k+1}} \tag{7-94}$$

当$\frac{p_T}{p} > \left(\frac{2}{k+1}\right)^{\frac{k}{k-1}}$时，为亚临界流动，排气质量流量变化率为

$$\frac{dm_e}{d\varphi} = \frac{\mu_e f_e}{6n} \cdot \frac{p}{\sqrt{RT}} \cdot \sqrt{\frac{2k}{k-1}\left[\left(\frac{p_T}{p}\right)^{\frac{2}{k}} - \left(\frac{p_T}{p}\right)^{\frac{k+1}{k}}\right]} \tag{7-95}$$

式中 f_e—— 排气门瞬时的几何流通截面积，m^2；

μ_e—— 排气门流量系数；

p_T—— 排气门后的排气管内的压力，Pa；

T—— 气缸内工质温度，K。

(3)进、排气门几何流通截面积 f_s、f_e 的计算

几何流通截面积通常按垂直于气门座的截锥台侧面积计算，其面积随气门升程而变化，如图 7-60 所示。

$$f_s = f_e = Z_{s(e)} \cdot \pi h_v(\varphi) \cdot \cos\beta[d_v + h_v(\varphi)] \cdot \sin\beta \cdot \cos\beta \tag{7-96}$$

式中 Z_s、Z_e—— 每缸进、排气门个数；

d_v—— 气门座喉口直径；

β—— 气门座锥角；

$h_v(\varphi)$—— 进、排气门瞬时升程按配气凸轮升程曲线计算，一般用样条函数插值。

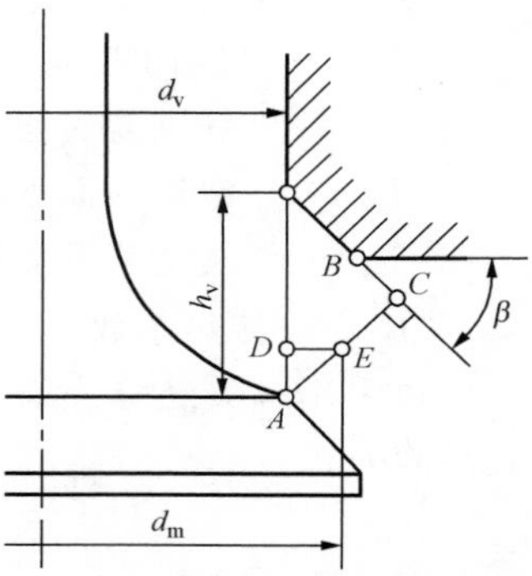

图 7-60 气门开启截面积简图

(4)进、排气门流量系数 μ_s、μ_e 的计算

μ_s 为气门升程的函数，即

$$\mu_s = f[h_v(\varphi)]$$

μ_s 值通常由试验确定，在没有试验数据的情况下，对四冲程中速及高速柴油机可采用下列经验公式：

$$\mu_s = \mu_e = 0.98 - 3.3\left(\frac{h_v}{d_v}\right)^2 \tag{7-97}$$

(5)工质热力学性质参数 λ、u、c_v 的计算

由于柴油机的工质是由空气与柴油组成的混合气，其组成在燃烧前后有明显的不同，应对比热容 c_v、比焓 h 和比热力学能 u 等物性参数随温度 T、组分 λ 进行精确计算。

①瞬时过量空气系数$\frac{d\lambda}{d\varphi}$的计算

λ 的定义是气缸内计算瞬时的空燃比(A/F)与化学计量空燃比的比值，亦即该瞬时气缸内实际存在的空气质量 m_s 与某瞬时前气缸内已燃烧的燃油质量 m_b 的理论空气量 $l_0 m_b$ 的比值，用来表示燃烧过程中工质成分的变化，则

$$\lambda = \frac{m_s}{l_0 m_b} \tag{7-98}$$

式中　l_0—— 燃烧 1 kg 燃料理论所需空气量，对柴油 $l_0 = 14.3$ kg 空气 /kg 柴油。

$$\frac{d\lambda}{d\varphi} = \frac{1}{l_0 m_b}\left(\frac{dm_s}{d\varphi} - \frac{m_s}{m_b} \cdot \frac{dm_b}{d\varphi}\right) = \frac{1}{l_0 m_b}\left(\frac{dm_s}{d\varphi} - \frac{m_s}{H_u m_b} \cdot \frac{dQ_B}{d\varphi}\right) \tag{7-99}$$

式中　Q_B—— 燃料燃烧所释放的热量。

②瞬时比热力学能 u 的计算

设柴油机缸内的工质为理想混合气，瞬时比热力学能为温度 T 和组分 λ 的函数，$u = f(T,\lambda)$。为了计算方便，往往采用一个拟合多项式来计算工质比热力学能，较为常用的是尤斯蒂(Justi) 公式，即

$$u = 0.144\,55\Big[-\left(0.097\,5 + \frac{0.048\,5}{\lambda^{0.75}}\right)(T-273)^3 \times 10^{-6} + \left(7.768 + \frac{3.36}{\lambda^{0.8}}\right)(T-273)^2 \times 10^{-4} + \left(489.6 + \frac{46.4}{\lambda^{0.93}}\right)(T-273) \times 10^{-2} + 1\,356.8\Big] \tag{7-100}$$

式中　u—— 瞬时比热力学能，kJ/kg，适用于混合气较稀的柴油机。

③瞬时(平均) 比热容 c_v 的计算

当不考虑高温热分解时，由式(7-100) 比热力学能回归的瞬时定容平均比热容公式为

$$C_v = \left(\frac{\partial u}{\partial T}\right)_v = 0.144\,55\Big[-3 \times \left(0.097\,5 + \frac{0.048\,5}{\lambda^{0.75}}\right)(T-273)^2 \times 10^{-6} + 2 \times \left(7.768 + \frac{3.36}{\lambda^{0.8}}\right)(T-273) \times 10^{-4} + \left(489.6 + \frac{46.4}{\lambda^{0.93}}\right) \times 10^{-2}\Big] \tag{7-101}$$

式中　C_v—— 瞬时定容平均比热容，kJ/(kg · K)。

由热力学公式，求得比焓 h 和气体常数 R 后，C_v 可以按下式计算：

$$C_v = \frac{1}{\mu}\left(\frac{h}{T} - R\right) \tag{7-102}$$

式中　μ—— 气体的相对分子质量。

同理，可以求出$\dfrac{\partial u}{\partial T}$、比焓 $h = h(T,\lambda)$、瞬时定压比热容 $C_p = \left(\dfrac{\partial h}{\partial T}\right)_p$、比热比 $k = k(T,\lambda)$ 等的关系式。

(6) 四冲程柴油机气缸内各阶段工作过程热力参数模拟计算

在气缸内，微分方程组的求解计算是划分为六个阶段进行的，阶段划分如图 7-61 所示。各阶段的起止时刻由配气定时控制，配气定时角度值作为已知数据输入。计算一般从进气门关闭的压缩始点开始，并预设一个缸内空气质量和残余废气系数，采用分阶段求解，依次完成一个工作循环计算回到压缩始点时，比较两次计算结果，如果达不到精度要求，则将计算得到的终点参数作为初始参数，重新迭代计算，直至达到满意的精度。

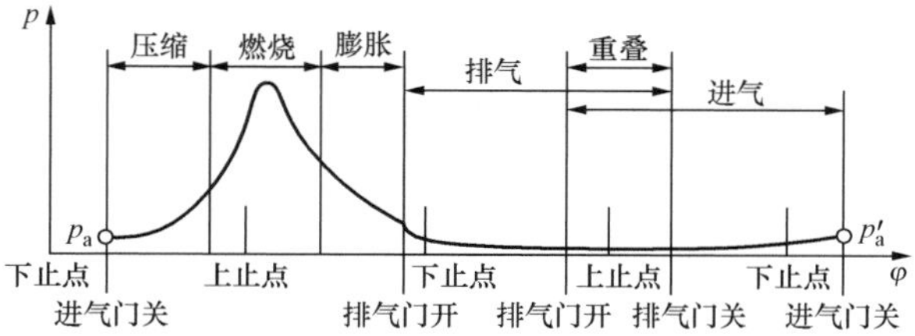

图 7-61　气缸内工作过程计算各阶段划分示意图

①压缩阶段(从进气门关闭时刻起到显著燃烧开始时刻止)

这阶段进、排气门均处于关闭状态,若不计漏气损失,则缸内工质质量不变,即

$$\frac{\mathrm{d}m_s}{\mathrm{d}\varphi}=0,\quad \frac{\mathrm{d}m_e}{\mathrm{d}\varphi}=0,\quad \frac{\mathrm{d}m_g}{\mathrm{d}\varphi}=0$$

由质量守恒方程式(7-73),得

$$\frac{\mathrm{d}m}{\mathrm{d}\varphi}=0 \tag{7-103}$$

这阶段无燃烧化学反应,即$\frac{\mathrm{d}Q_B}{\mathrm{d}\varphi}=0$;缸内工质组分不变,即$\frac{\mathrm{d}\lambda}{\mathrm{d}\varphi}=0$;由能量守恒方程式(7-76),得

$$\frac{\mathrm{d}T}{\mathrm{d}\varphi}=\frac{k-1}{mR}\left(\frac{\mathrm{d}Q_w}{\mathrm{d}\varphi}-p\frac{\mathrm{d}V}{\mathrm{d}\varphi}\right) \tag{7-104}$$

②燃烧阶段(从燃烧开始时刻起到燃烧终点止)

这阶段进、排气门关闭,即$\frac{\mathrm{d}m_s}{\mathrm{d}\varphi}=0$,$\frac{\mathrm{d}m_e}{\mathrm{d}\varphi}=0$;有燃料逐步喷入气缸。

质量守恒方程式(7-73) 简化为

$$\frac{\mathrm{d}m}{\mathrm{d}\varphi}=\frac{\mathrm{d}m_g}{\mathrm{d}\varphi}=\frac{1}{H_u}\cdot\frac{\mathrm{d}Q_B}{\mathrm{d}\varphi}=g_b\eta_u\cdot\frac{\mathrm{d}X}{\mathrm{d}\varphi} \tag{7-105}$$

在燃烧阶段,若忽略 λ 对 u 的影响,即$\frac{\partial u}{\partial\lambda}=0$,由方程式(7-76),得

$$\frac{\mathrm{d}T}{\mathrm{d}\varphi}=\frac{1}{mc_v}\left(\frac{\mathrm{d}Q_B}{\mathrm{d}\varphi}+\frac{\mathrm{d}Q_w}{\mathrm{d}\varphi}-p\frac{\mathrm{d}V}{\mathrm{d}\varphi}-u\frac{\mathrm{d}m}{\mathrm{d}\varphi}\right) \tag{7-106}$$

将式(7-105) 代入式(7-106),整理得

$$\frac{\mathrm{d}T}{\mathrm{d}\varphi}=\frac{1}{mc_v}\left[g_b(\eta_u H_u-u)\frac{\mathrm{d}X}{\mathrm{d}\varphi}+\frac{\mathrm{d}Q_w}{\mathrm{d}\varphi}-p\frac{\mathrm{d}V}{\mathrm{d}\varphi}\right] \tag{7-107}$$

③膨胀阶段(从燃烧终点起到排气门开启时刻止)

这阶段进、排气门仍关闭,无燃料喷入,即

$$\frac{\mathrm{d}m_s}{\mathrm{d}\varphi}=0,\quad \frac{\mathrm{d}m_e}{\mathrm{d}\varphi}=0,\quad \frac{\mathrm{d}m_g}{\mathrm{d}\varphi}=0,\quad \frac{\mathrm{d}\lambda}{\mathrm{d}\varphi}=0$$

由质量守恒方程式(7-73) 得

$$\frac{\mathrm{d}m}{\mathrm{d}\varphi}=0 \tag{7-108}$$

由能量守恒方程式(7-76),简化得与压缩阶段相同的形式:

$$\frac{\mathrm{d}T}{\mathrm{d}\varphi}=\frac{1}{mc_v}\left(\frac{\mathrm{d}Q_w}{\mathrm{d}\varphi}-p\frac{\mathrm{d}V}{\mathrm{d}\varphi}\right) \tag{7-109}$$

④排气阶段(从排气门开启时刻起到进气门开启时刻止)

这阶段进气门关闭,$\frac{\mathrm{d}m_s}{\mathrm{d}\varphi}=0$;没有燃料燃烧放热,$\frac{\mathrm{d}Q_B}{\mathrm{d}\varphi}=0$,$\frac{\mathrm{d}m_g}{\mathrm{d}\varphi}=0$;排出废气是均匀的,工质的气体成分不变,$\frac{\mathrm{d}\lambda}{\mathrm{d}\varphi}=0$;但已燃燃料百分数却是一个变数。

质量守恒方程式(7-73) 简化为

$$\frac{\mathrm{d}m}{\mathrm{d}\varphi}=\frac{\mathrm{d}m_e}{\mathrm{d}\varphi} \tag{7-110}$$

由能量守恒方程式(7-76)，整理得

$$\frac{dT}{d\varphi}=\frac{1}{mc_v}\left[\frac{dQ_w}{d\varphi}-p\frac{dV}{d\varphi}+(h_e-u)\frac{dm_e}{d\varphi}\right] \tag{7-111}$$

⑤进气阶段(从排气门关闭起到进气门关闭止)

这阶段排气门关闭，$\frac{dm_e}{d\varphi}=0$；没有燃料喷入气缸，$\frac{dm_g}{d\varphi}=0$。

质量守恒方程式(7-73) 简化为

$$\frac{dm}{d\varphi}=\frac{dm_s}{d\varphi} \tag{7-112}$$

由能量守恒方程式(7-76)，并忽略 λ 对 u 的影响，即$\frac{\partial u}{\partial \lambda}=0$，整理得

$$\frac{dT}{d\varphi}=\frac{1}{mc_v}\left[\frac{dQ_w}{d\varphi}-p\frac{dV}{d\varphi}+(h_s-u)\frac{dm_s}{d\varphi}\right] \tag{7-113}$$

⑥进、排气门重叠阶段(从进气门开启起到排气门关闭止)

此阶段有新气进入气缸，又有废气流出气缸，但无燃料喷入气缸，$\frac{dm_g}{d\varphi}=0$；无燃烧反应，$\frac{dQ_B}{d\varphi}=0$。

质量守恒方程式(7-73) 简化为

$$\frac{dm}{d\varphi}=\frac{dm_s}{d\varphi}+\frac{dm_e}{d\varphi} \tag{7-114}$$

由能量守恒方程式(7-76)，整理得

$$\frac{dT}{d\varphi}=\frac{1}{mc_v}\left[\frac{dQ_w}{d\varphi}-p\frac{dV}{d\varphi}+(h_s-u)\frac{dm_s}{d\varphi}+(h_e-u)\frac{dm_e}{d\varphi}\right] \tag{7-115}$$

4. 进、排气系统热力过程参数的模拟计算

(1)系统容积法的简化假设

①进、排气系统分别简化为一个简单容积来计算(容积法)。其容积相当于原热力系统(子系统) 容积。把存在一些压力降的元件(空气滤清器、中冷器、增压器、涡轮机) 分别简化为节流阀来处理。

②忽略系统中压力波的传播与反射，容积中的状态参数是均匀的，只随曲轴转角的变化而变化。把气体在管内的不稳定流动简化为准稳定的流入和排出过程。

(2)排气系统热力过程参数的模拟计算

简化容积系统如图7-62中排气系统所示。系统参数下标B表示排气管，容积为V_B，

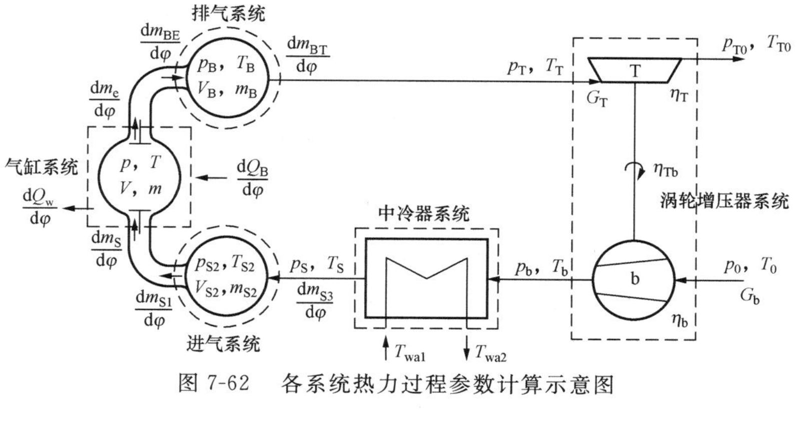

图 7-62　各系统热力过程参数计算示意图

质量为 m_B，压力为 p_B，温度为 T_B，比热力学能为 u_B。在前述简化假设条件下，列出排气管内的基本微分方程。

①排气系统质量守恒方程

$$\frac{dm_B}{d\varphi}=\frac{dm_{BE}}{d\varphi}+\frac{dm_{BT}}{d\varphi} \tag{7-116}$$

式中 $\frac{dm_{BE}}{d\varphi}$—— 流入排气管的排气质量随曲轴转角的变化率；

$\frac{dm_{BT}}{d\varphi}$—— 流出排气管进入涡轮的排气质量随曲轴转角的变化率。

②排气系统能量守恒方程

$$\frac{d(m_B u_B)}{d\varphi}=\frac{dm_{BE}}{d\varphi}h_\varepsilon+\frac{dm_{BT}}{d\varphi}u_B \tag{7-117}$$

式中 $\frac{dm_{BE}}{d\varphi}h_\varepsilon$—— 进入排气管的能量随曲轴转角的变化率；

$\frac{dm_{BT}}{d\varphi}u_B$—— 流出排气管的能量随曲轴转角的变化率。

对于水冷的排气系统，式(7-117) 还要加燃气向周壁面的散热损失 $\left(-\frac{dQ_w}{d\varphi}\right)$。

将式(7-116)、式(7-117) 联立，可解得排气管中排气温度 T_B 随曲轴转角 φ 的变化率关系式：

$$\frac{dT_B}{d\varphi}=\frac{1}{m_B c_{vB}}\left[\frac{dm_{BE}}{d\varphi}(h_\varepsilon-u_B)+\frac{dm_{BT}}{d\varphi}R_B T_B-\frac{\partial u_B}{\partial\lambda}\cdot\frac{d\lambda}{d\varphi}\right] \tag{7-118}$$

在进、排气门重叠阶段，认为气体成分变化很小，即 $\frac{d\lambda}{d\varphi}\to 0$，认为 $\frac{dm_{BE}}{d\varphi}=\frac{dm_{BT}}{d\varphi}$，由式(7-110)，得排气管中排气质量 m_B 随曲轴转角 φ 的变化关系式：

$$\frac{dm_B}{d\varphi}=\frac{\mu_B F_B}{6n}\cdot\frac{p_B}{\sqrt{R_B T_B}}\sqrt{\frac{2k_B}{k_B-1}\left[\left(\frac{p_0}{p_B}\right)^{\frac{2}{k_B}}-\left(\frac{p_0}{p_B}\right)^{\frac{k_B+1}{k_B}}\right]} \tag{7-119}$$

式中 μ_B—— 排气管内气体流动的流量系数；

F_B—— 排气管所具有的出口流通面积。

③排气系统状态方程

$$p_B V_B=m_B R_B T_B \tag{7-120}$$

微分式(7-118) ～ 式(7-120) 联立求解，可计算出排气系统中的参数 p_B、T_B 和 m_B。

(3)进气系统热力过程参数模拟计算

计算方法与排气系统计算类似，将进气总管、进气歧管简化一个容积系统，如图 7-62 中进气系统所示。系统参数下标“S2” 表示进气管，容积为 V_{S2}，质量为 m_{S2}，压力为 p_{S2}，温度为 T_{S2}，比热力学能为 u_{S2}。

按上述排气系统热力过程参数模拟计算的方法，列出进气系统内质量守恒方程、能量守恒方程和状态方程，联立求解出进气系统中的参数 p_{S2}、T_{S2} 和 m_{S2}。

5. 涡轮增压器系统热力过程参数的模拟计算

排气涡轮增压器由涡轮机和压气机两部分组成，为了便于描述涡轮增压器的工作性能，将其分为压气机和涡轮两个子系统，如图7-62中所示涡轮增压器系统简图，参数下标“b”表示压气机，“T”表示涡轮。

（1）基本方程满足三个条件

①涡轮与压气机的能量平衡（功率平衡）

$$P_b = P_T \eta_{Tb,m} \tag{7-121}$$

式中 P_b—— 压气机消耗的功率，kJ；

P_T—— 涡轮所吸收的功率，kJ；

$\eta_{Tb,m}$—— 涡轮增压器效率，$\eta_{Tb,m} = W_{Tb} / W_T$。

②通过涡轮与压气机的流量平衡

$$G_T = G_b + G_f \tag{7-122}$$

式中 G_T—— 通过涡轮的质量流量，kg/s；

G_b—— 通过压气机的空气质量流量，kg/s；

G_f—— 相应的燃油流量，kg/s。

③涡轮与压气机的转速相等

$$n_T = n_b = n_{Tb} \tag{7-123}$$

式中 n_{Tb}—— 涡轮增压器的转速，r/min。

（2）压气机热力参数计算

压气机的工作特性参数有四个：增压比π_b、压气机转速n_b、压气机空气流量G_b和压气机效率（定熵效率）η_b。在已知压气机特性曲线的情况下，已知两个参数，就可确定另两个参数。

①增压比（压比）π_b

压比是压气机出口压力与进口压力之比

$$\pi_b = \frac{p_b}{p_0} \tag{7-124}$$

式中 p_b—— 压气机出口压力，MPa。

②增压空气温度（出口温度）T_b

$$T_b = T_0 \left(\frac{p_b}{p_0}\right)^{\frac{n_b - 1}{n_b}} \tag{7-125}$$

式中 n_b—— 压气机内平均多变压缩指数，一般取 $n_b = 1.8$。

③压气机效率 η_b

压气机（定熵）效率 η_b 是指空气由 p_0 压缩至 p_b 的定焓压缩功 W_{bad} 与压气机实际消耗的总功 W_{Tb} 之比

$$\eta_b = \frac{W_{bad}}{W_{Tb}} = \frac{T_0 (\pi_b^{\frac{k-1}{k}} - 1)}{T_b - T_0} \tag{7-126}$$

④压气机功率 P_b

$$P_b = \frac{dW_b}{d\varphi} = G_b R T_0 \frac{k}{k-1} (\pi_b^{\frac{k-1}{k}} - 1) \cdot \frac{1}{\eta_b} \tag{7-127}$$

式中 W_b—— 压气机消耗的功，kJ；

G_b—— 通过压气机的空气质量流量，kg/s，可由式(7-51)求出；

η_b—— 压气机的效率，%。

(3)涡轮特性参数计算

①当量喷嘴的质量流量$\frac{\mathrm{d}m_{\mathrm{T}}}{\mathrm{d}\varphi}$

$$\frac{\mathrm{d}m_{\mathrm{T}}}{\mathrm{d}\varphi}=G_{\mathrm{T}}=\mu_{\mathrm{T}}F_{\mathrm{T}}\psi_{\mathrm{T}}\frac{p_{\mathrm{T}}}{\sqrt{R_{\mathrm{T}}T_{\mathrm{T}}}} \tag{7-128}$$

式中 μ_{T}—— 涡轮喷嘴流量系数,μ_{T} 一般为 0.92 ~ 0.98;

F_{T}—— 当量喷嘴环面积,cm^2;

ψ_{T}—— 燃气通流函数,计算见式(7-64);

R_{T}—— 燃气气体常数,见式(7-57)。

②径流涡轮效率 η_{T}

可根据涡轮特性曲线确定。径流涡轮效率 η_{T} 是速比 u_1/c_0 的函数,亦可由经验公式计算:

$$\frac{\eta_{\mathrm{T}}}{\eta_{\mathrm{Tmax}}}=-0.105+2.685\frac{u_1}{c_0}-0.76\left(\frac{u_1}{c_0}\right)^2-1.17\left(\frac{u_1}{c_0}\right)^3 \tag{7-129}$$

式中 η_{Tmax}—— 涡轮最高绝热效率,依涡轮的性能情况选取;

u_1—— 工作叶轮外径处的圆周速度;

c_0—— 由 p_{T} 绝热膨胀至 p_{T0} 的总焓降算得的理论流速。

6. 中冷器系统参数及其他的参数模拟计算

(1)中冷器系统参数计算

中、高增压柴油机通常采用中冷器,增压空气经中冷器后温度下降,密度增大,以增加新鲜空气量。出口压力 p_{s} 有所下降。图 7-62 中示出了中冷器系统,下标“b”代表进口空气,下标“S”代表出口空气,下标“wal”代表冷却水,计算按一般换热器进行热计算,主要算出中冷器后的出口温度 T_{S} 和出口压力 p_{S}。

①出口温度 T_{S}

$$T_{\mathrm{S}}=T_{\mathrm{b}}-\eta_{\mathrm{c}}(T_{\mathrm{b}}-T_{\mathrm{wal}}) \tag{7-130}$$

式中 T_{b}—— 中冷器前的增压空气温度,K;

η_{c}—— 中冷器冷却效率,η_{c} 一般为 0.7 ~ 0.9;

T_{wal}—— 中冷器冷却水入口温度,K。

②出口压力 p_{S}

$$p_{\mathrm{S}}=p_{\mathrm{b}}-\frac{\xi_{\mathrm{r}}}{2gA_{\mathrm{r}}^2}\cdot\frac{G_{\mathrm{b}}^{\ 2}}{\rho_{\mathrm{b}}} \tag{7-131}$$

式中 p_{b}—— 中冷器前的增压空气压力,MPa;

ξ_{r}—— 中冷器阻力系数,ξ_{r} 为 11.5 ~ 15;

A_{r}—— 中冷器流通面积,m^2;

G_{b}—— 通过中冷器的空气质量流量,kg/s;

ρ_{b}—— 增压空气密度,$\mathrm{kg/m^3}$;

g—— 重力加速度,$\mathrm{m/s^2}$。

(2)柴油机的机械损失压力 p_{m} 的计算

D. E. Winterbone 等提出的经验公式:

$$p_{\mathrm{m}}=0.0062+0.0016p_{\mathrm{z}}+0.00003n \tag{7-132}$$

式中 p_{z}—— 为缸内最大燃烧压力 $p_{\max}$,MPa;

n—— 发动机转速,r/min。

7. 迭代计算及综合性能计算

(1)计算方法

涡轮增压柴油机各子系统中共有 12 个微分变量：$\frac{dm_s}{d\varphi}$、$\frac{dm_e}{d\varphi}$、$\frac{dm}{d\varphi}$、$\frac{dQ_B}{d\varphi}$、$\frac{dQ_w}{d\varphi}$、$\frac{dX}{d\varphi}$、$\frac{dT}{d\varphi}$、$\frac{dV}{d\varphi}$、$\frac{dT_B}{d\varphi}$、$\frac{dm_B}{d\varphi}$、$\frac{dm_T}{d\varphi}$、$\frac{d\lambda}{d\varphi}$，相应由 12 个一阶常微分方程，依步长 $\Delta\varphi$ 逐个求解这些微分方程组，一个循环周期 720°CA，便可以得到涡轮增压四冲程柴油机中 p、T、m 等各参数随曲轴转角 φ 的变化曲线，进而算得整机的各项性能参数。

常微分方程组的数值解，可用改进欧拉法(计算时间较短)或龙格 - 库塔法(计算精度较高)，视具体要求而定。

(2)计算步长

应根据工作过程各阶段的特点，选择各目的计算步长 $\Delta\varphi$：

①扫气阶段，气缸容积小，但参数变化大，此时步长应选小，$\Delta\varphi = 0.25$°CA；

②燃烧阶段，参数变化也很大，此时步长不能大，$\Delta\varphi$ 为 0.5 ~ 1°CA；

③其余各阶段，参数变化较平缓，步长可大点，$\Delta\varphi$ 为 1 ~ 2°CA。

(3)迭代计算

图 7-63 所示为四冲程涡轮增压柴油机数值计算程序流程框图。

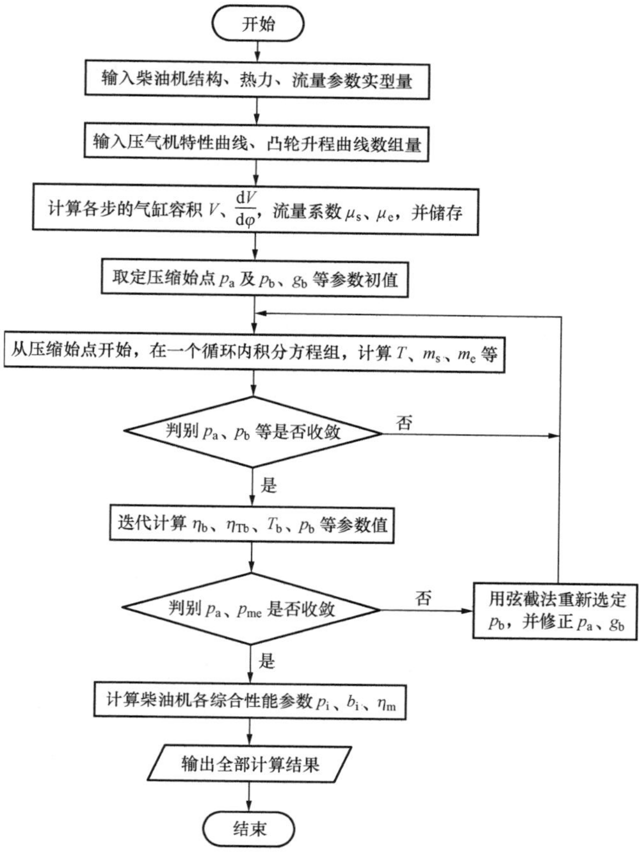

图 7-63　四冲程涡轮增压柴油机数值计算程序流程框图

在第一个循环计算时，初始条件从压缩始点开始，始点压力 p_a、增压压力 p_b 及循环喷油量 g_b 等是根据经验数据规律进行估计，然后进行一个循环的计算后，再回到压缩始点，先校对始点的压力与初始压力的误差是否在 1% 之内，若不满足，则重新迭代计算，直至收敛。p_b 的计算精度 ±1% ～ 2%。

为了加速迭代计算的收敛，把上一循环计算的参数作为下一循环的初始值，可选用弦截法的原理进行修正。

(4)模拟计算程序框图

根据柴油机各系统的微分方程，编写计算程序。计算中由主程序调度各子程序。

(5)涡轮增压柴油机性能参数的计算

按上述数值计算方法，对柴油机的热力过程进行迭代计算，可以求出气缸内的压力 p、温度 T 随曲轴转角的变化关系，以及整个循环中缸内工质的质量 m、瞬时过量空气系数 λ 等的变化情况。达到收敛后，根据模拟计算的缸内压力，可以计算出涡轮增压柴油机在该工况下的指示性能指标：P_i、p_{mi}、b_i、η_i 等。为了模拟算出柴油机的有效性能参数，需要确定该计算工况下的机械损失压力 p_{mm} 或机械效率 η_m，一般需考虑柴油机的缸径、转速、负荷、增压压力、冷却水温、机油温度等因素，计算出柴油机的 P_e、p_{me}、η_{et}、b_e 等有效性能参数。

内燃机实际循环模拟热计算，能较精确地预测内燃机的性能参数，但还有一定的难度和局限，因此，在实际循环模拟热计算时，还要与内燃机的试验研究工作紧密相结合。

8. 工作过程数值计算实例

【例 7-2】 对 6135Z 型涡轮增压中冷柴油机实际循环数值计算[7]。

(1)输入参数，见表 7-14。

表 7-14　输入参数

序号	名称	符号	单位	数据
1	柴油机转速	n	r/min	1 500
2	柴油低热值	H_u	kJ/kg	41 868
3	计算步长	$\Delta\varphi$	°CA	2
4	一台增压器所连排气管数	—	—	2
5	一根排气管所连气缸数	—	—	3
6	进气门或排气门个数	—	—	1
7	气缸个数	i	—	6
8	柴油机有效功率	P_e	kW	176
9	进气提前角	φ_{ao}	°CA	20
10	进气迟后角	φ_{ac}	°CA	48
11	排气提前角	φ_{eo}	°CA	48
12	排气迟后角	φ_{ec}	°CA	20
13	燃烧始角	φ_z	°CA	7
14	燃烧持续角	$\Delta\varphi_z$	°CA	90
15	气缸直径	D	m	0.135
16	进气圆盘内径	d_{vs}	m	0.051
17	排气圆盘内径	d_{ve}	m	0.044 6
18	压缩比	ε_c	—	14.5

（续表）

序号	名称	符号	单位	数据
19	曲柄连杆比	R/L	—	0.25
20	大气压力	p_0	MPa	0.1
21	大气温度	T_0	K	300
22	进气门圆盘锥角	β_s	(°)	30
23	排气门圆盘锥角	β_e	(°)	45
24	燃烧品质指数	m	—	0.5
25	曲柄半径	R	m	0.07
26	活塞行程	S	m	0.14
27	涡轮后压力	p_{T0}	MPa	0.105
28	有效油耗率	b_e	kg/(kW·h)	0.224
29	涡轮进口气体温度	T_T	K	866
30	排气管容积	V_B	m^3	0.002 3
31	工作叶轮平均直径	D_2	m	0.11
32	增压器转速	n_{Tb}	r/min	51 690
33	增压器机械效率	η_{bm}		0.95
34	喷嘴环截面积	F_C	cm^2	18.08
35	工作叶轮出口截面积	F_R	cm^2	34.96
36	中冷器进水温度	T_{wa1}	K	307
37	缸盖与气体传热面平均温度	T_{w1}	K	583
38	活塞与气体传热面平均温度	T_{w2}	K	523
39	缸套与气体传热面平均温度	T_{w3}	K	413
40	中冷器效率	η_c	—	0.75
41	最大涡轮绝热效率	η_{Tmax}	—	0.65
42	压气机绝热效率特性曲线(略)	—	—	—
43	增压器转速特性曲线(略)	—	—	—
44	进气凸轮升程曲线(略)	—	—	—
45	排气凸轮升程曲线(略)	—	—	—

(2)计算结果输出，见表 7-15。

表 7-15　计算结果输出

序号	名称	符号	单位	数据
1	平均指示压力	p_i	MPa	1.378
2	平均机械损失压力	p_m	MPa	0.203
3	柴油机机械效率	η_m	—	0.853
4	充量系数	ϕ_c	—	0.985
5	扫气系数	ϕ_s	—	1.154
6	残余废气系数	ϕ_r	—	0.001 2
7	指示油耗率	b_i	g/(kW·h)	192.2
8	指示热效率	η_{ti}	—	0.447 3
9	有效油耗率	b_e	g/(kW·h)	225.4
10	平均有效压力	p_{me}	MPa	1.175
11	有效热效率	—	—	0.381 4
12	柴油机有效功率	P_e	kW	176.7
13	柴油机转速	n	r/min	1 500

（续表）

序号	名称	符号	单位	数据
14	循环功	W_i	kJ	2.760
15	增压压力	p_b	MPa	0.177
16	压气机出口气体温度	T_b	K	371.7
17	中冷器出口压力	p_s	MPa	0.173
18	中冷器出口气体温度	T_s	K	323.2
19	每循环进入气缸的空气流量	—	kg/(缸·循环)	0.004 255
20	进入气缸的空气流量	—	kg/s	0.319 14
21	进入气缸的空气比流量	—	kg/(kW·h)	6.508 28
22	流出气缸的废气量	—	kg/(缸·循环)	0.004 403
23	流出气缸的废气质量流量	—	kg/s	0.330 22
24	进入涡轮的流量	—	kg/(缸·循环)	0.004 399
25	进入涡轮的质量流量	—	kg/s	0.329 96
26	涡轮折合流量	—	kg/s	5.408 9
27	增压器转速	n_{rb}	r/min	49 498.8
28	增压器总效率	η_{Tb}	—	0.407 7
29	压气机绝热效率	η_b	—	0.710 5
30	涡轮绝热效率	η_T	—	0.604 1
31	循环喷油量	g_b	kg/(缸·循环)	0.000 147 3
32	最大燃烧压力	p_{max}	MPa	9.833
33	涡轮进口气体温度	T_T	K	845.8
34	排气管内气体压力	p_B	MPa	0.168 7
35	气缸内气体最高温度	T_{max}	K	1 853.4
36	喷嘴环截面积	F_C	cm^2	18.08
37	涡轮动叶出口截面积	F_R	cm^2	34.96

(3)画出输出的缸内压力 p、温度 T、燃烧百分数 X 随曲轴转角 φ 的变化曲线，如图 7-64 所示。

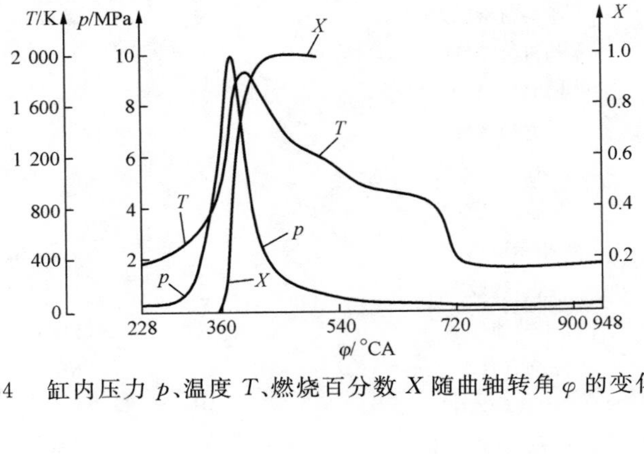

图 7-64　缸内压力 p、温度 T、燃烧百分数 X 随曲轴转角 φ 的变化曲线

7.5 柴油机的高增压系统及改善低工况性能

7.5.1 柴油机的高增压系统

随着增压压力和单缸功率的不断提高及增压技术的飞速发展，柴油机高增压（$\pi_b \geqslant 3.0$）系统面临着有效控制热负荷和机械负荷、改善启动性和低负荷运行性能、提高循环热效率及降低 NO_x 排放等重大课题。解决上述问题的主要技术有低压缩比高增压、可变增压比高增压、两级高增压、补燃高增压、低温高增压和绝热涡轮复合高增压等。

1. 低压缩比高增压系统

将压缩比 ε_c 降低到 10 以下，同时将增压比 π_b 提高到 4.5 左右，可保证柴油机具有较高的平均指示压力和循环热效率。高增压后，整体的机械效率明显提高，冷却损失相对减少，油耗率仍控制在与普通增压机相当的水平。因此，采用降低压缩比同时提高增压比是一个有效途径。但存在的主要问题是：若 ε_c 较低，启动和低负荷运行时，进入空气须加热，排放中 HC 含量会增加；部分负荷，特别是低负荷时，燃烧不良，转矩低，油耗率高。

2. 停缸与充量转换系统

该系统主要是解决低压缩比高增压柴油机启动和低速、怠速运行困难的问题。

所谓停缸，是在怠速运行时停止向 V 型发动机的一侧气缸供油，从而控制怠速时的 HC 排放，主要用在 $\varepsilon_c \geqslant 12$ 的情况。当 $\varepsilon_c < 12$ 和 $p_{me} > 2.0$ MPa 时，就必须同时采用充量转换系统。所谓充量转换系统，是当发动机启动和怠速运行时，将停缸的气缸当作压气机，向工作气缸补充高温高压的空气以改善这些气缸的着火条件，从而明显改善柴油机的启动和怠速运转性能。

3. 采用两级增压系统

所谓两级涡轮增压，是将两个不同大小的涡轮增压器串联运行，用以产生高的增压比，分配到两个压气机上，同时保持压气机的高效率和宽广流量。图 7-65(a) 为船用柴油机两级涡轮增压系统。

两级涡轮增压器的优点是：

(1)两级增压比单级增压容易获得高的增压压力，从而可使柴油机获得更高的 p_{me}。

(2)单级的增压比越高，压气机和涡轮的效率越低；在给定的增压压力 p_b 下，两级增压时，每级的压力都比较低，因此两级增压的综合效率比单级增压时效率要高。

(3)不需研制新增压器；有中间冷却，可以减少压缩功，提高了压气机效率；降低了柴油机的热应力，两级增压柴油机的瞬态响应速度比单级快。

图 7-65(b) 为车用柴油机两级涡轮增压系统。低压级用一个小涡轮增压器，低转速时，废气放气阀和压气机旁通阀全关闭，因此能快速达到高的增压压力，提高扭矩和响应性。高压级采用可变截面的废气涡轮增压器，在中、高转速区，达到要求增压压力时，可以通过外部旁通阀来调节增压压力，同时随柴油机转速的提高，可以通过废气调节阀旁通一些废气量，使高、低压气机的效率达到 70% 以上，且运行线远离喘振线。

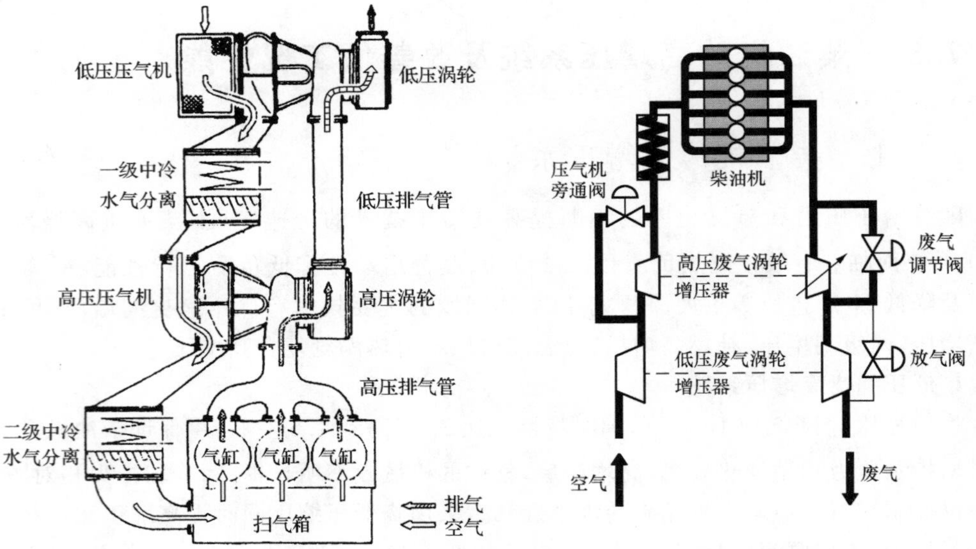

(a) 船用柴油机　　(b) 车用柴油机

图 7-65　两级涡轮增压系统

4. 低温循环

为满足两级增压来达到低温高增压压力 p_b 的要求，在四冲程发动机高负荷工况时，在进气冲程活塞到下止点之前只提前关闭进气门停止进气，使空气在气缸中膨胀以获得进一步的冷却，如图 7-66 所示。

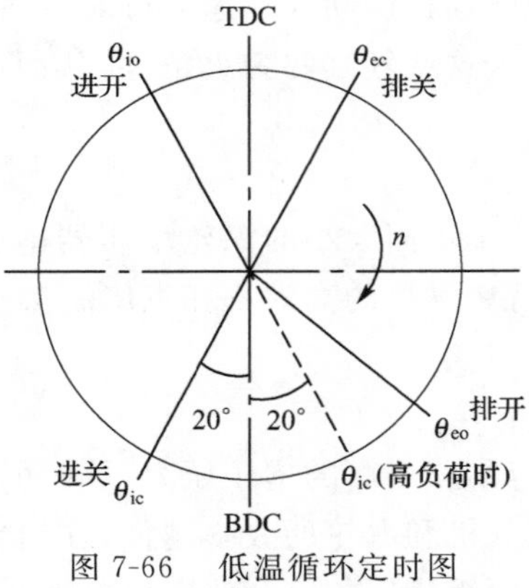

图 7-66　低温循环定时图

低温循环的特点：

(1)高负荷时只提前关闭进气门定时，而排气定时不变。即在几何压缩比不变的前提下，使有效压缩行程缩短，而膨胀比不变，因此可以防止爆燃，降低了 NO_x 排放，还可提高热效率。

(2)进气门定时变化使开、闭时间共同提前或延后，相应气门重叠增大，有利于扫气，并降低热负荷。低负荷时，进气门延后关，重叠角减小。

(3)启动及低负荷时，采用高压缩比，改善了部分负荷性能；高负荷时，采用低压缩比，限制 p_{max} 的过分增大，以确保发动机的可靠性。

(4)增压空气在涡轮增压器后冷却一次，在下止点同样的缸内增压压力下，具有较低温度，充量增多，过量空气系数 ϕ_a 大，压缩开始时缸内温度低，从而减小了热负荷。

(5)与其他增压系统比较，同样的 p_{me} 时需要有较高的增压比；在高增压时，往往需要采用两级增压系统。

5. 补燃旁通增压系统

为了解决低压缩高增压系统启动和低负荷性能问题，20 世纪 60 年代末由法国的 J. Melchior 等提出了补燃旁通增压系统（Hyperbar 系统），其结构如图 7-67 所示。

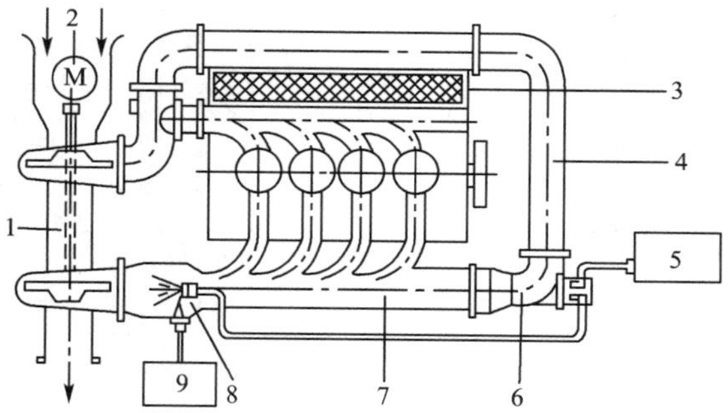

图 7-67　补燃旁通增压系统

1— 涡轮增压器；2— 启动电动机；3— 空气冷却器；4— 旁通空气管；5— 燃油泵；6— 空气调节器；7— 空气和排气混合管；8— 补燃室；9— 点燃器和火焰控制器

该系统使用超低 ε_c（7 ～ 8.5）和超高 π_b（4 ～ 8），而且可选择两级增压，带有中冷器。该系统采用并联布置方式。当低压缩比柴油机在启动、怠速和低负荷工作时，空气调节器打开连接管上的阀门，新鲜空气从并联通路进入补燃室与补燃燃料混合后燃烧，并与柴油机燃烧废气一起将高能燃气供给涡轮工作。其他工况时，空气调节器关闭，工作状态与常规增压系统相同。表 7-16 给出了补燃与增压中冷性能比较。

表 7-16　补燃与增压中冷性能比较

形式	P_e/kW	p_{me}/MPa	ε_c	p_{max}/MPa	t_s/℃	p_b/MPa	b_e/[g·(kW·h)$^{-1}$]	t_T/℃
非增压	147	0.7	15	9.0	15	0.1	239	530
增压中冷	243	1.1	13.9	14.0	90	0.245	228	620
补燃一级增压	441	2.1	9.2	14.0	102	0.47	232.5	615
补燃二级增压	552	2.6	6.8	14.0	95	0.635	251.6	640

此系统的主要优点是：

(1)解决了低压缩比高增压系统在启动、怠速和低负荷运行时的难题。

(2)并联供气及超负荷时补燃使该系统的 p_{max} 稳定在较低水平，p_{me} 可达 4 MPa，加速性改善。

(3)增压器与柴油机并联工作，不受等流量约束，压气机避开喘振而在高效区稳定工作。

如图 7-68 所示为补燃旁通增压柴油机的运行线。配合运行时，柴油机的运行线几乎在压气喘振区内，即图中 n_b 线；实际压气机运行线则处于高效区，即平行于喘振线。当柴油机在 A' 工况时，所需空气量为 $G_{bA'}$，而此时压气机实际运行点为 A，对应流量为 G_{bA}，其中 $\Delta G_b = G_{bA} - G_{bA'}$，部分旁通了。

6. 可变压缩比活塞高增压系统

可变压缩比活塞结构如图 7-69 所示，活塞由内、外两部分组成，外活塞与燃气直接接触，镶有活塞环，内活塞通过活塞销与连杆连接，之间有油腔，通过改变内、外活塞的相对位置，改变气缸的余隙容积 V_c，实现可变压缩比 ε_c。

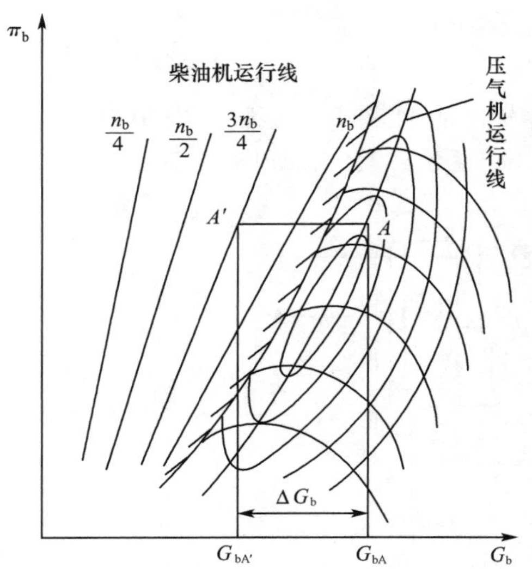

图 7-68　补燃旁通增压柴油机运行线

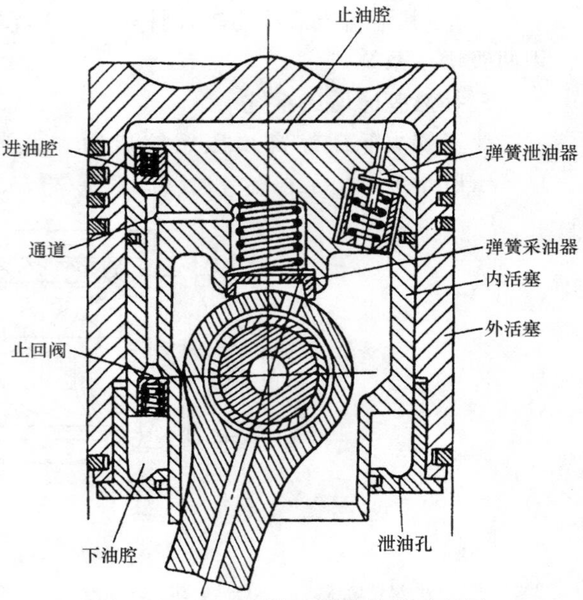

图 7-69　可变压缩比活塞结构示意图

在启动和低负荷时采用大 ε_c。当 p_{max} 达到极限时，ε_c 随之减小，保持 p_{max} 基本不变。

7. 相继涡轮增压系统

在相继涡轮增压系统(sequential turbo charging，STC)中采用两个以上小流量径流式涡轮增压器，随着增压发动机转速和负荷的增长，相继按顺序投入运行，如图 7-70 所示。

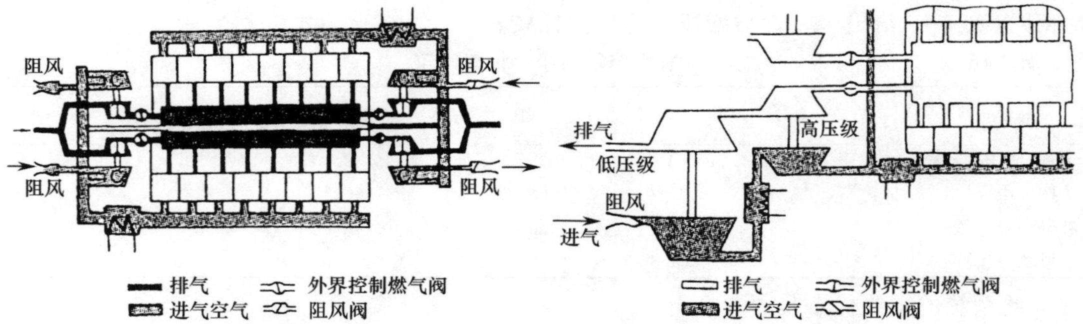

(a)单级式　　(b)两级式

图 7-70　相继涡轮增压系统

在涡轮进口和压气机进口处分别装有阀门，以控制涡轮增压器投入或退出运行，可以根据柴油机转速和负荷的变化，开动或停止一台或几台增压器。装在涡轮前面的燃气控制阀是以增压空气压力或柴油机转速为控制信号，装在增压器前面的阻风阀是由压力差控制的单向阀。

相继涡轮增压系统工作特点：

(1)高转速时，碟阀全开，每组气缸的排气分别进入各自的涡轮。

(2)中转速时，碟阀位置是使每组气缸的排气集中进入各自涡轮中的一个进气口。

(3)低转速时，6 个气缸的排气全部进入一个涡轮。

8. 顾氏系统

顾氏(顾宏中教授)系统是一种同轴控制进、排气及供油定时的增压系统，如图7-71所示。

在凸轮轴旁有一根偏心控制轴，可利用发动机转速或负荷为信号把控制轴转动一个角度，以同时对进、排气和供油定时进行优化控制。

(1)进气门的控制类似于米勒循环。在高工况时，进气门在下止点前关闭，以实现缸内膨胀的低温循环，降低热负荷、机械负荷和 NO_x 排放，也可回收剩余排气能量或高工况放气损失的能量。

(2)排气和供油定时的控制，是由同一根偏心控制轴上的另外两个偏心轮带动的两个中间滚轮来实现的，进、排气和供油定时共六个参量中，起关键作用的主要是进气关、排气开和供油始点三个定时。而这三个定时的调节量是不同的，要用同一根偏心控制轴以相同的转动角度来同时满足三个定时的调节要求，关键在于选择各自偏心轮的偏心距及初始角的位置。这三个定时随转速或负荷变化呈单调函数曲线。

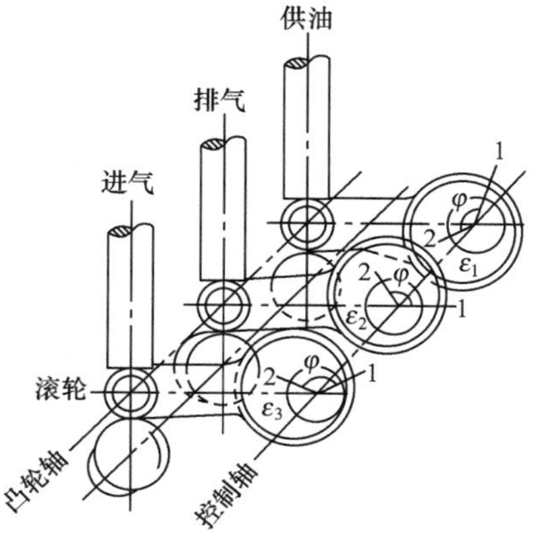

图7-71　顾式系统简图

ε_1— 进气偏心矩；ε_2— 排气偏心矩；ε_3— 供油偏心矩；φ— 偏心作用角；1— 零输出；2— 全负荷

(3)顾氏系统的特点

①能降低最大爆发压力 p_{zmax}，约降低1.0 MPa(进气门下止点前关，实现低温循环)。

②能降低热负荷。

③能降低 NO_x 排放。

④能改善低工况性能。

⑤能替代高工况放气措施。

⑥可提高加速性和加载性。

9. 增压柴油机排气再循环系统

增压柴油机实施一定的排气再循环(exhaust gas recirculation，EGR)可有效降低 NO_x 排放。

对柴油机采用将燃料直接喷入缸内的高温高压的空气中强制雾化的混合式形成方式，燃料喷射量不受进入气缸的空气量限制，只取决于负荷的大小，且工作时混合气的过量空气系数是变化的，均大于1.4，氧气充足，燃烧热效率高，同时 NO_x 排放也高。当实施EGR以后，相应使进入气缸的空气量减小，但喷油量不变，稀释了新鲜进气，使混合气变浓，不仅降低了气缸内工质的 O_2 和 N_2 的含量，而且高比热容的再循环三原子分子气体的惰性作用，使混合气的比热容增大，抑制了燃烧反应速率，从而降低了最高燃烧温度。所以在增压柴油机上实施EGR，其降低 NO_x 排放的效果更为明显。由于增压柴油机排气中 O_2 含量远高于汽油机，且 CO_2 含量较低，所以可采用较大的EGR率，最大为20%～40%。

柴油机一般都采用电控EGR系统，结构上有外部EGR系统(进气节流式和带文丘里混合器)和内部EGR系统(废气通过再次打开排气门随进气流进入气缸，实现EGR)。

7.5.2 改善增压柴油机低工况性能的措施

对车用柴油机，要求在宽广的转速范围内有良好的扭矩储备。如果增压系统满足高速时增压适量的要求，则在低速时会排气能量不足而造成增压压力的降低；再加上涡轮和压气机在偏离设计工况的低速工况下效率下降，从而使增压压力 p_b 降低的情况更明显。由于存在涡轮增压器滞后和增压压力随发动机转速 n 下降而下降的现象，故涡轮增压内燃机一般都存在低速扭矩特性较差的问题。

所以，需采取补救措施，以改善加速性和扭矩特性，使之在高、低工况都能满足较佳匹配。经常采用的有下列措施。

1. 采用脉冲增压系统或模件式脉冲转换器增压系统

（1）采用脉冲增压系统

对于低增压度的内燃机，一般采用脉冲增压系统。采用脉冲增压系统能够提高排气能量的利用率，有助于增压压力和进气流量的提高，改善在部分负荷时的性能。同时，还改善了加速性能。

图 7-72 所示为一台四冲程柴油机分别采用定压增压系统与脉冲增压系统时的低工况性能比较，可看出三缸一支的三脉冲增压系统具有综合效率高的特点，在低负荷时具有高的 ϕ_a，因此具有低的油耗率 b_e 和低的排温。

（2）采用模件式脉冲转换器增压（MPC）系统

在低负荷工况时，采用 MPC 系统要比定压系统好一些。但与三脉冲增压系统相比，在低负荷时，性能有时稍差一些。

如图 7-73 所示为 6L20/27 柴油机采用定压增压系统与 MPC 系统性能比较。MPC 系统在低工况好于定压系统，排气定时提前了 16°CA 后，由于泵气损失减小，所有工况油耗率 b_e 都有所降低。

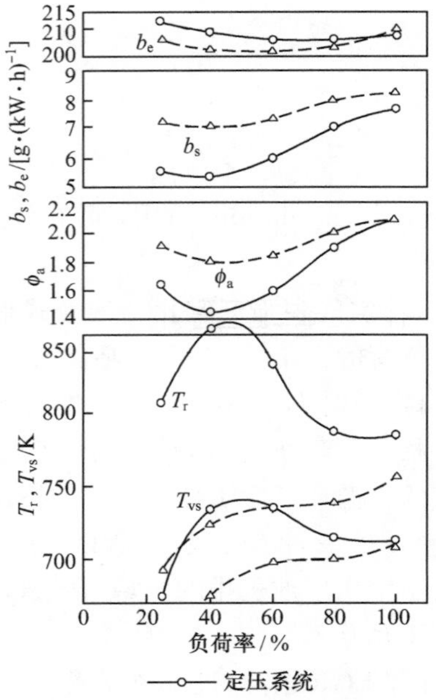

图 7-72 定压增压与脉冲增压系统比较

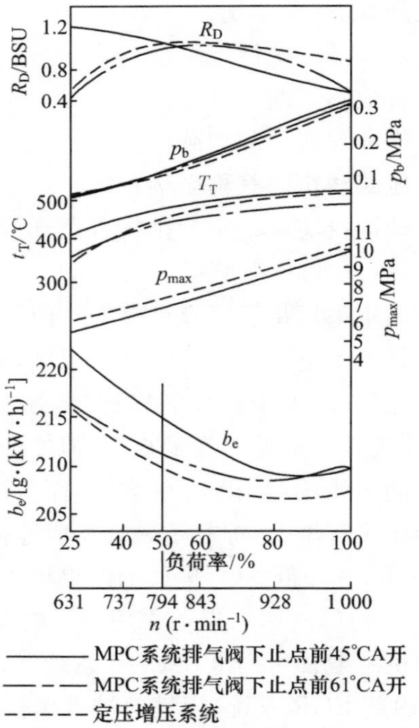

图 7-73 定压增压与 MPC 系统性能比较

2. 采用新型增压器结构

(1)新型前倾后弯式压气机叶轮不但使压气机绝热效率 η_b 提高，而且可使其他效率区范围扩大。

(2)新型混流式涡轮使涡轮效率 η_T 及涡轮流通能力($F_T V_T$)提高。

(3)选用无喷嘴环与叶片扩压器组合的径流式增压器。

(4)新型轴承系统的设计，可进一步降低涡轮增压器的机械摩擦损失，并提高转子的稳定性。

3. 适当减小涡轮的面径比

通过优化涡轮机的面径比来调节发动机低速时的排气能量，以改善发动机的低速性能。

所谓增压器的涡轮面径比 A/R，是指涡轮喷口处排气最小入口截面积 A 和该面积的形心到增压器转轴的最短距离 R 之比，如图 7-74 所示。

涡轮叶轮的高速旋转是由高速排气气流对叶轮的冲击作用产生的，涡轮的转速与喷入涡轮的排气动量矩有关，而排气动量矩又与涡轮的面径比成正比。当面径比减小，即对一定的涡轮半径 R，减小涡轮最小入口截面积时，由于低速也有足够的喷入速度，保证了一定的动量矩，从而低速增压效果良好，可改善发动机的低速性能。

4. 采用高工况放气

车用增压器较多采用高工况放气系统。为改善涡轮增压柴油机的低速扭矩特性，可按最大扭矩 T_{tqmax} 对应的转速(通常为 60% ~ 70% 标定转速)为设计工况选配涡轮增压器。在这种情况下，当柴油机在高速、高负荷工况下运行时，由于排气流量和能量的增加而使增压压力 p_b、排气温度 t_T 和 η_{Tb} 迅速提高，就可能出现 p_{max} 超过限值的情况。采用放气系统，即把部分排气或部分增压空气通过放气阀排掉，可使其在高负荷时的一段运行线近于水平线。

放气方式有两种：排气放气阀和增压空气放气阀。

(1)排气放气阀(图 7-75)

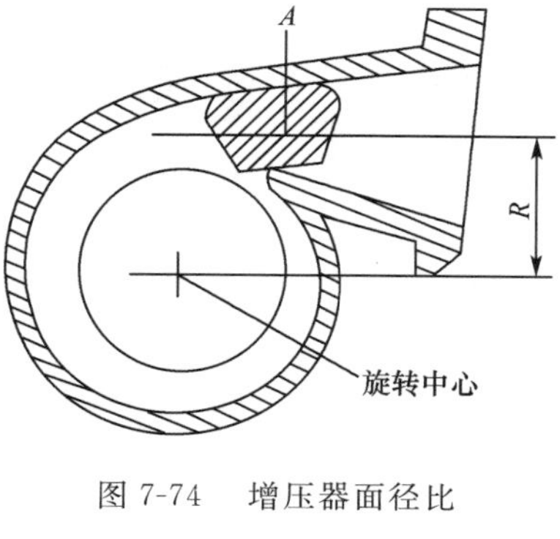

图 7-74　增压器面径比

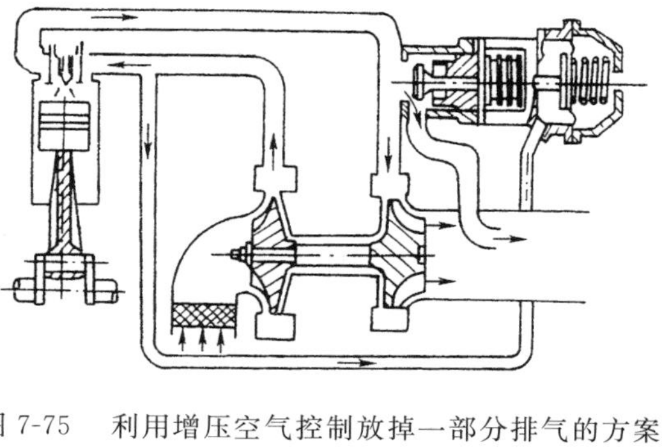

图 7-75　利用增压空气控制放掉一部分排气的方案

自动放气阀执行器的内膜片两侧，当弹簧力大于或等于增压压力 p_b 的作用力时，阀关闭，当增压空气压力 p_b 进一步上升，就推动膜片，压缩弹簧，通过推杆打开阀门，使涡轮前部分排气旁通流入总排气管，增压器转速与压力随之下降，使 p_{max} 得到控制。

(2)增压空气放气阀

在最大扭矩、低转速工况时，自动将部分增压空气放入大气。目前一些高增压中速柴油机都采用高工况放增压空气的措施来改善低工况性能。图 7-76 所示为 8ZA40S 柴油机带空气放气阀性能比较。由图看出采用高工况放增压空气的措施后，低工况油耗率、排温等得到改善的情况。

无论排气放气还是增压空气放气，在高速时放出部分气体，亦即损失部分能量，可使 p_{max} 处于允许范围内，因此，其标定工况的性能都有所降低。

5. 采用低工况进、排气旁通

低工况进、排气旁通系统的目的是把增压系统调整到适合于最大功率，即增压器与柴油机按最大负荷工况参数匹配；而在部分负荷时（20% ～ 60%）采用进、排气旁通，使空气流量增大，借以避开压气机的喘振区。

图 7-77 所示为 8ZA40S 柴油机进、排气旁通后性能比较。由图看出，当负荷降低到 80% 时，旁通阀打开，使空气流量增大，排温降低，增压压力有所提高，改善了燃烧，还避免了喘振。

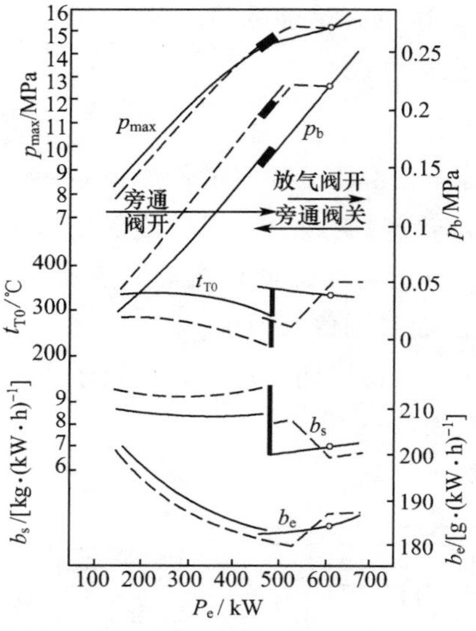

图 7-76　带空气放气阀性能比较

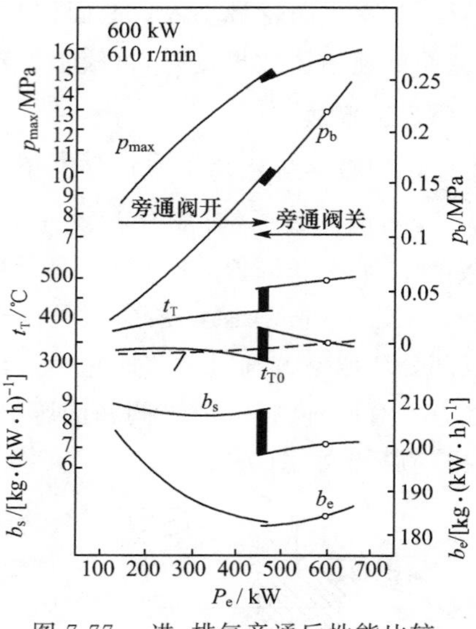

图 7-77　进、排气旁通后性能比较

6. 可变截面涡轮增压器[8]

采用可变截面涡轮增压器，是指根据柴油机转速和负荷的变化，随时变更涡轮喷嘴几何截面积，或调节小型涡轮增压器的无叶涡轮截面积。在发动机低速时，减小喷嘴叶片角度以减小喷嘴有效截面积，保持 n_{Tb} 基本不变或变化幅度不大，改善了涡轮对排气能量的利用，使增压压力 p_b 不因发动机转数下降而降低，从而改善低速转矩。在高速时，则增大涡轮喷嘴截面积，使 n_{Tb} 下降不致超速和使 p_b 降低，且无须放气，使发动机泵气功减少，所以高、低速时增压器均能在原设计附近运行，涡轮效率基本不变，发动机的燃油经济性获得明显改善。

（1）可变喷嘴环截面涡轮（图 7-78）[8]

通过改变可动翼片的不同开度调节涡轮喷嘴截面积，因此兼顾柴油机高、低速性能，使其在整个使用转速范围内充分发挥增压器作用，达到增压器与发动机的优化匹配。

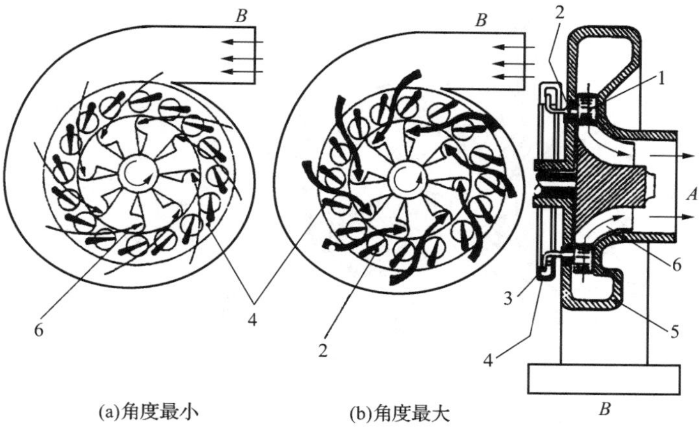

图 7-78　可变喷嘴环截面涡轮

1— 喷嘴环；2— 销轴；3— 喷嘴传动杆；4— 喷嘴控制盘；5— 蜗壳；6— 涡轮叶轮；A— 废气出口；B— 废气入口

(2)可变涡轮喉口截面的增压器(图 7-79)

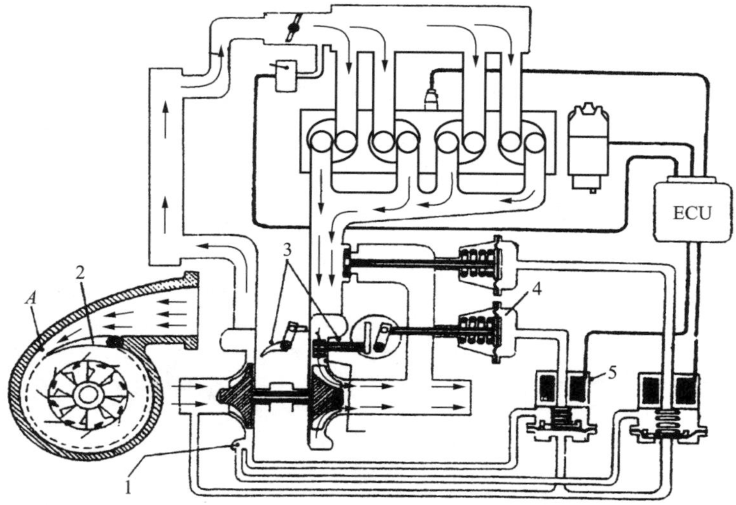

图 7-79　可变涡轮喉口截面的增压器

1— 压气机；2— 可变喉口截面调整板；3— 调整板及调整机构；4— 操纵机构；5— 电磁阀

这种可变涡轮喉口截面是通过调整机构来操作可变喉口截面调整板，它是由电控单位输出信号，通过可变喉口截面电磁阀 5 控制。当图 7-79 中可变喉口截面调整板处于 A 即最小喉口截面位置时，将使进入涡轮的废气加速，作用在涡轮叶片上的冲击力增大，使涡轮加速，空气的增压压力得以提高，从而满足柴油机在低速小负荷运行的需要。高速时可增大喉口截面积。这种可变涡轮喉口截面积的变化是连续、无级的，可变喉口截面调整板的最大转角约为 30°。喉口截面积 A 与喉口截面中心到涡轮轴中心的距离 R 之比为 0.2 ～ 0.8。

7. 采用涡轮增压与谐振增压相结合的方法

采用复合谐振增压系统也是一种解决车用增压柴油机低工况问题的有效措施。图 7-80 示出了谐振复合增压系统的布置图，采用一个谐振进气系统与涡轮增压器相配合。

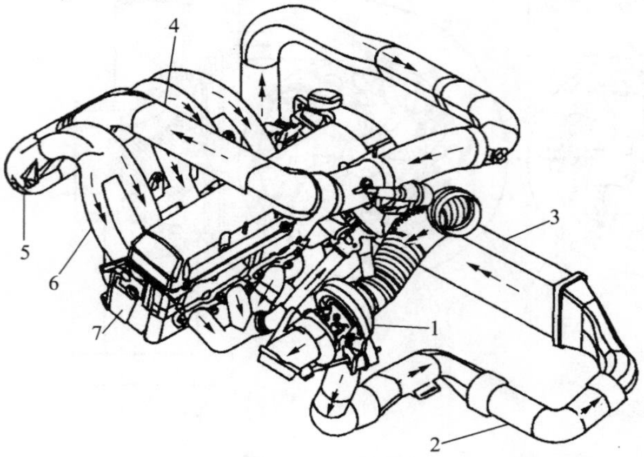

图 7-80　谐振复合增压系统的布置图

1— 涡轮增压器；2— 连接管；3— 稳压室；4— 谐振管；5— 谐振室；6— 进气管；7— 气缸

当柴油机转速在 50% ～ 60% 标定转速，即最大扭矩时的转速时，进气系统与柴油机进气过程产生谐振（共振），使谐振室中压力波动大（波幅为最大），而且压力波峰出现在进气过程后期，即当压力波的两个波峰在该特定转速下与进气门的启闭定时相一致时，就出现了惯性增压。因此，可提高充量系数。图 7-81 为谐振室中的压力波随转速变化的情况。

图 7-82 为复合增压后压气机运行线的变化。在谐振转速（n = 1 300 r/min）时，充量系数 ϕ_c 比涡轮增压时高 10% ～ 12%，所以在压气机特性图上，低速运行线向大流量方向移动；在高速时正好相反。

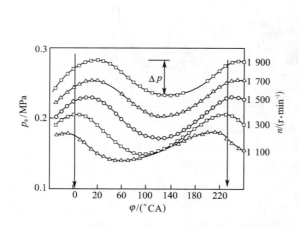

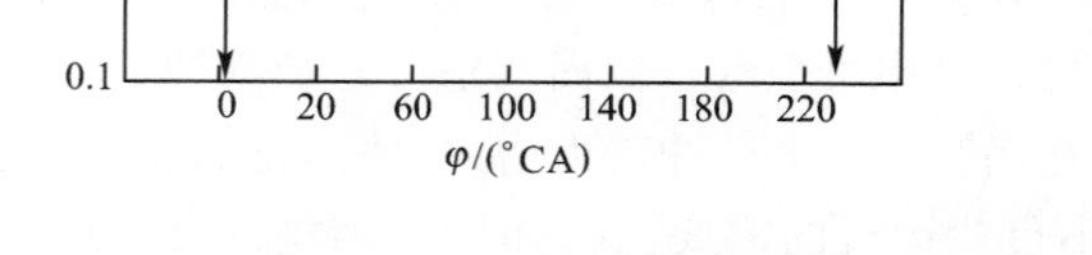

图 7-81　谐振室中的压力波随转速变化的情况

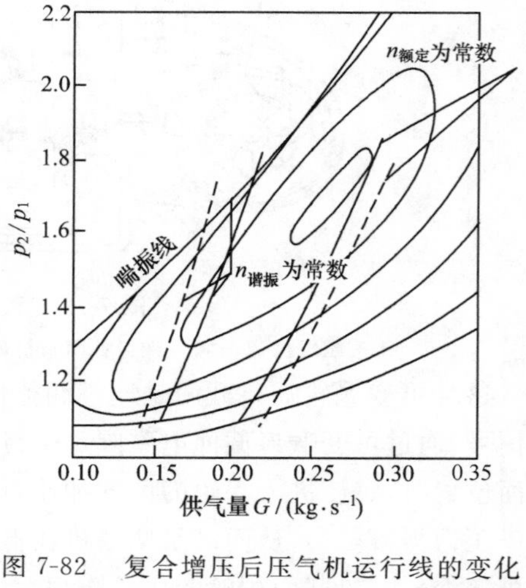

图 7-82　复合增压后压气机运行线的变化

复合谐振增压系统的涡轮流通截面要配得比相应一般增压系统小一些，以保证低速时有一定的增压压力，而且有谐振，使得低速时充量系数加大，可实现较大的转矩输出；而高工况充量系数较小，这样可保证柴油机较高的转矩储备系数，满足车用柴油机的要求。采用复合谐振增压系统，转矩储备系数明显提高，在低速时油耗率 b_e、排温 t_r 和烟度 R_b 均有所下降。

8. 高原工作涡轮增压柴油机

(1)不同海拔高度时的匹配

①高原工作条件使增压性能参数发生变化

压气机质量流量下降。这是由于随海拔高度增加，大气压力下降，空气密度降低的缘故。

涡轮进口温度升高。这是因为空气流量 G_b 下降，过量空气系数 ϕ_a 减小。

增压器容易喘振，这是由于联合运行线随海拔高度上升而左移，如图 7-83 所示。

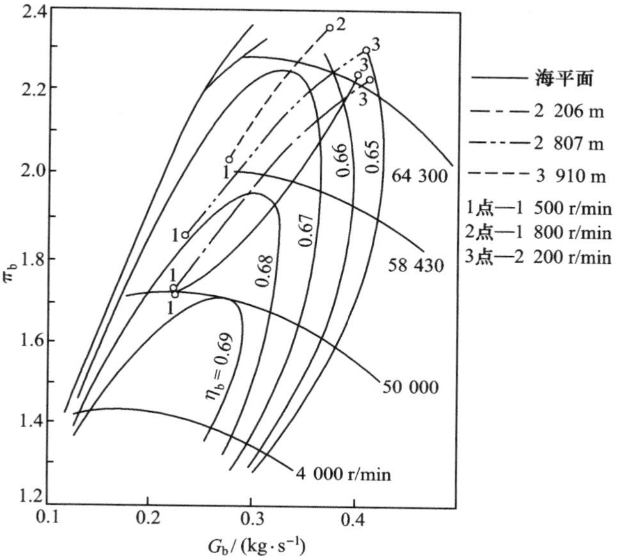

图 7-83　不同海拔高度的联合运行线

②增压器匹配调整

a. 重新选配新的涡轮增压器，提高增压比 π_b。

b. 在高海拔地区工作的发动机，其增压器要有超速的储备，至少有大于正常工作转速的 40% 的超速裕量。

c. 在高海拔工作的压气机靠近喘振线，要求匹配工作点远离喘振线边界至少有 10% ～ 15% 的喘振裕量。

d. 采用中冷。在中冷情况下，随着海拔高度上升，空气流量有较多的增加，离压气机喘振线有较大的距离，改善了发动机与压气机的匹配。图 7-84 示出了有中冷与无中冷高原工作喘振裕度的比较。

(2)高原工作发动机功率恢复

①高原工作发动机增压的目的

在高原地区工作的柴油机增压的目的往往不是要求很高的增压度，而主要是为了恢复平原地区的功率。在这种情况下，发动机的机械负荷、热负荷与非增压发动机相比基本保持不变，所以是比较容易的。故从某种意义上讲，通过增压加中冷解决高原发动机的功率恢复问题是一个比较现实而又亟待解决的问题。

②高原功率恢复的发动机实例

表 7-17 为 6102QA 柴油机在不同海拔地区的性能数据。

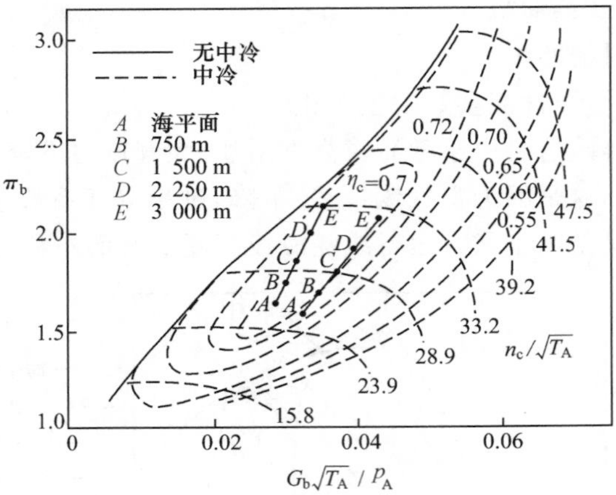

图 7-84 有中冷与无中冷高原工作喘振裕度比较

表 7-17 6102QA 柴油机在不同海拔地区的性能数据

海拔高度		额定功率 P_e/kW / 转速 n/(r·min^{-1})	最大转矩 T_{tq} / 转速 n/(r·min^{-1})	最大油耗率 b_e g·(kW·h)$^{-1}$	转矩适应系数 ϕ_{ntq}	转速储备系数 ϕ_n	最大输出扭矩时烟度值 /BSU	最高排气温度 t_r/℃
要求指标 海拔 2 300 m		99.3/3 000	363/1 800	≤231.2	≥1.15	≥1.5	≤4	≤700
试验指标	海拔 1 060 m	104.8/3 000	400/1 800	215.4	1.198	1.677	3.3	630
	海拔 2 300 m	99.3/3 000	381/1 800	222	1.21	1.67	2.5	615

6102QA 柴油机匹配 J80 增压器(采用后弯叶轮压气机)的压气机效率 $\eta_b=0.78$。在海拔 1 060 ~ 2 300 m 高原上试车运行,百公里油耗为 17 L,比非增压时降低 15%。

7.6 汽油机增压

7.6.1 汽油机增压的匹配特点

进入 21 世纪,越来越严格的排放法规和不断提高的节能要求,促使汽油机普遍采用排气净化后处理装置,这使得汽油机的功率下降,油耗率增加。汽油机采用涡轮增压后,利用排气的能量,驱动压气机使进气增压。由于增加了进气量,不仅提高了升功率,还改善了经济性,同时又明显降低了噪声和有害排放。

汽油机增压在原理上与柴油机增压基本相同。但在技术上要比柴油机增压困难得多。这主要是由于汽油机的混合气形成及混合气量的调节控制与柴油机不同。汽油机增压后爆震倾向增大,热负荷增高,这就要求汽油机增压在增压器的选配、系统布置、可靠性等方面更加严格。近年来,小型增压器技术的提高、汽油机电控喷油技术的发展以及新技术的应用,大大推动了汽油机增压技术的发展。

1. 汽油机增压的类型

(1)汽油机增压类型

有机械增压式(罗茨泵、螺杆式和活塞型)、涡轮增压式和机械与涡轮两级复合增压式。

(2) 涡轮增压的两种发展类型

①化油器式汽油机涡轮增压型，按化油器的安装位置方案有前置、后置和混合布置。如美国的 Buick V6 增压汽油机。

②电控燃油喷射(EFI) 汽油机涡轮增压型，采用顶置双凸轮轴 4 气门($DOHC_4$)，可变气门配气相位技术，废气放气阀电控，可变喷嘴面积增压器及增压空气冷却器等，如 ALFA ROMEO V6 涡轮增压汽油机。

2. 汽油机涡轮增压的匹配特点

(1)汽油机增压受到缸内燃烧爆震和增压压力的限制

①增压后由于混合气压力和温度升高，使压缩终点的压力和温度亦升高，燃烧强烈，燃烧室的热负荷增高，致使爆震的趋势明显增大。

②限制增压压力不能太高，高压比易引起爆震。

(2)汽油机增压受到缸内燃烧温度和推迟点火定时的限制

①汽油机的缸内燃烧，是在接近理论空燃比的条件下进行的(过量空气系数 ϕ_a 为 0.85 ～1.05)，因而排温很高，排气管及涡轮进口的燃气温度也很高，甚至可达 950 ℃，导致汽油机及增压器涡轮的热负荷很高。

②为防止爆燃，汽油机常采用推迟点火定时，且使燃烧亦推迟，致使膨胀和排气冲程的燃气温度升高，亦使热负荷增高。

(3)汽油机增压受到响应特性的限制

①涡轮增压汽油机在瞬态工况时迟滞现象严重，加速性能变差。这是由于在进气系统中把增压器与节气门串联在一起，当节气门突然开大，要求混合气量迅速变化时，增压器供气量往往跟不上，存在迟滞现象，响应变差。

②减小涡轮壳流通面积，可改变增压汽油机的响应特性。

(4)涡轮增压器与汽油机的匹配要得到合适的扭矩特性曲线较为困难。这是由于汽油机的转速范围大，进气量由节气门控制，汽油机从怠速到全功率空气流量的变化范围很大，而固定几何尺寸的涡轮是在标定功率点匹配的涡轮增压器，因此，涡轮产生的功率与增压器所需的功率两者之间存在不平衡状况。

7.6.2　汽油机增压的主要技术措施

1. 限制爆震的技术措施

(1) 须适当降低压缩比

降低压缩比是限制爆燃的有效方法之一。在燃料辛烷值保持不变时，增压后的许用压缩比 ε_{cb} 可用下式估算：

$$\varepsilon_{cb} = \frac{\varepsilon_{c0}}{\sqrt{p_b/p_0}} \tag{7-133}$$

式中　ε_{c0}—— 非增压 p_0 时的许用压缩比；

ε_{cb}—— 增压后增压压力 p_b 时的许用压缩比。

如用 93 号汽油，非增压汽油机的压缩比为 8.6，采用废气涡轮增压后，压缩比可以降到 7，且功率增加 40% ～ 50%。

ε_{c0} 一般为 7 ～ 11，ε_{cb} 为 7.0 ～ 9.5。

如何选定一个最佳的压缩比，要根据增压汽油机使用工况和匹配方案初步选定，再通过发动机台架试验和汽车道路试验全面衡量后确定。

(2) 须控制增压压力

与柴油机相比较，汽油机运行转速范围宽，从低速到高速进气流量变化范围大，涡轮增压器的特性很难完全满足各种工况的要求，可能出现低速时增压压力不足、高速时增压压力过高的现象。此外，汽油机过量空气系数范围窄、常用经济负荷小、排气温度高、涡轮入口的废气可用能大等，使汽油机允许的增压压力要比柴油机增压压力低。为此，必须对汽油机增压压力加以限制，两级增压压力可以达到 0.25 MPa。

①采用进气或排气控制的放气系统

a. 一般采用排气放气阀控制增压压力的方案，如图 7-85 所示，图中 7-85(a) 为用增压空气来控制排气放气阀，图中 7-85(b) 为用排气来控制排气放气阀。由于放气阀处于高温下工作，对其材料、结构、制造和装配均有较高要求。

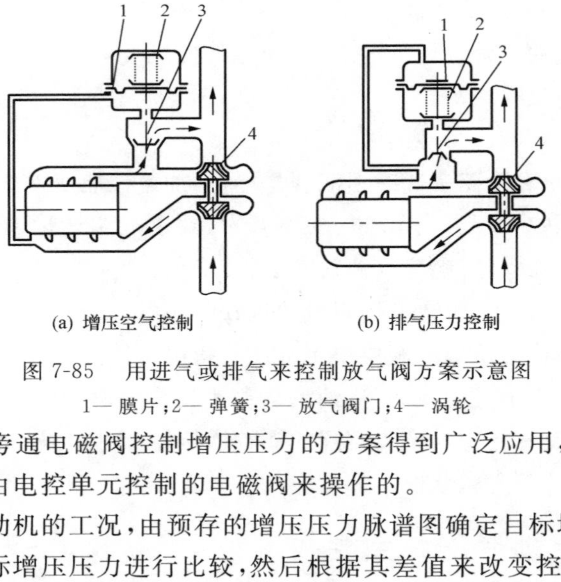

(a) 增压空气控制　　(b) 排气压力控制

图 7-85　用进气或排气来控制放气阀方案示意图

1— 膜片；2— 弹簧；3— 放气阀门；4— 涡轮

b. 采用电控排气旁通电磁阀控制增压压力的方案得到广泛应用，如图 7-86 所示。图中排气旁通阀的开闭是由电控单元控制的电磁阀来操作的。

电控单元根据发动机的工况，由预存的增压压力脉谱图确定目标增压压力，并与增压压力传感器检测到的实际增压压力进行比较，然后根据其差值来改变控制电磁阀开闭的脉冲信号占空比，以此改变电磁阀的开启时间，进而改变排气旁通阀的开度，控制排气旁通管借以精确地调节增压压力。由于把一部分排气旁通，使排气能量的利用率下降，致使在高速大负荷时，汽油机的经济性变差。

②采用改变涡轮进口或出口截面的涡轮增压器

a. 用转动舌片来改变涡轮进口截面积的方法调节增压压力

如图 7-87 所示，在涡轮的进口处安装一个可摆动 27° 的可动舌片 1，其转轴固定在涡轮的壳体上，图中 7-87(a) 为低速运行时可动舌片上摆使涡轮进口截面积减小，图中 7-87(b) 为高速运行时可动舌片下摆使涡轮机进口截面积增大。进口截面积的大小由电控单元根据发动机转速信号进行控制，从而来调节增压压力。

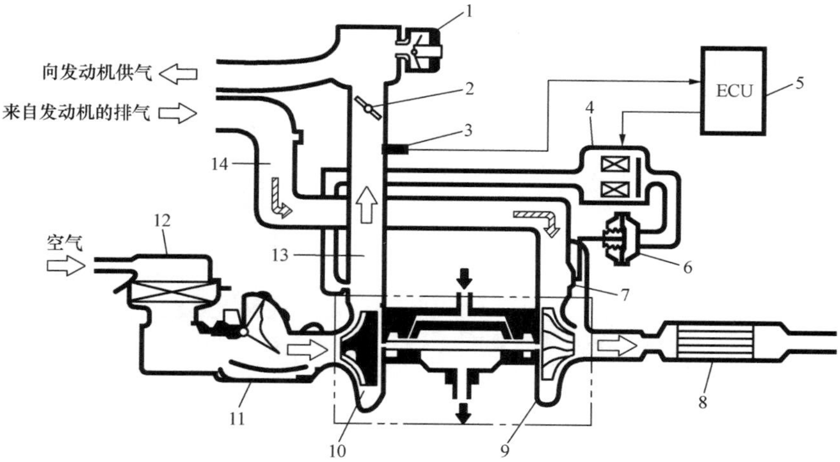

图 7-86　电控排气旁通电磁阀方案的涡轮增压系统示意图

1— 进气旁通阀；2— 节气门；3— 进气管压力(增压压力) 传感器；4— 电磁阀；
5— 电控单元(ECU)；6— 控制膜盒；7— 排气旁通阀；8— 催化转换器；9— 涡轮机；
10— 压气机；11— 空气流量计；12— 空气滤清器；13— 进气管；14— 排气管

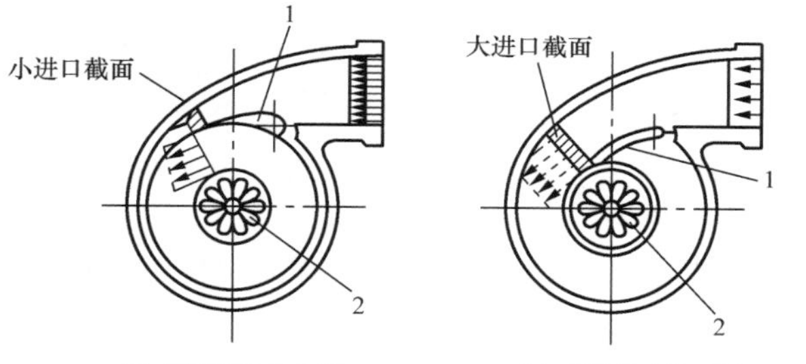

(a) 低速时舌片上摆　(b) 高速时舌片下摆

图 7-87　用转动舌片来改变涡轮进口截面积

1— 可动舌片；2— 涡轮机叶轮

b. 采用改变涡轮喷管出口截面积来调节增压压力

在大排量重型车用涡轮增压汽油机上，多采用此法。图 7-88 所示为有叶径流式涡轮中，通过采用转动喷管叶片的方法来改变喷管出口截面积。图 7-89 为无叶径流式涡轮中，通过在喷管出口处安装轴向转动的活动挡板进行节流控制，来调节无叶喷管出口截面积。当发动机低速运行时，缩小喷管出口截面积，使喷管出口的流速增大，涡轮机转速随之升高，增压压力和供气量都相应增加；当发动机高速运行时，增大喷管出口截面积，使喷管出口的排气流速减小，涡轮机的转速随之降低，这样增压器将不会超速，增压压力也不至于过高。

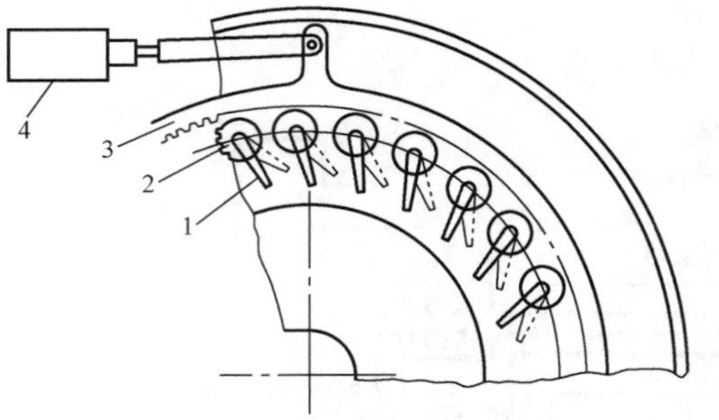

图 7-88 转动喷管叶片改变喷管出口截面积

1— 喷管叶片;2— 齿轮;3— 齿圈;4— 执行机构

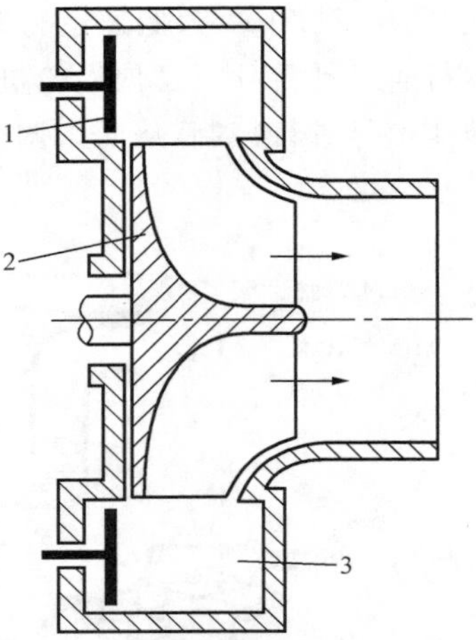

图 7-89 用活动挡板改变出口截面积

1— 活动挡板;2— 叶轮;3— 无叶喷管

(3)汽油机采用耦合螺杆式增压器实现米勒循环

这种耦合螺杆式增压器,当双螺杆转子旋转时,螺杆转子之间形成的空间向前移动,同时容积减小,可进行连续压缩,低速就可以获得高的增压比,并且其压缩程度不因转速而变。若汽油机采用这种螺杆式增压器来实现米勒循环,从低速区开始就能得到高的增压比,从而响应快、效率高,又可防止发生爆震。

(4)汽油机增压采用中冷器

采用高效率的增压空冷器,降低增压空气温度,不仅增加进气充量,而且对抑制爆燃有良好的效果。汽油机增压空气冷却器有空-空中冷器和水-空中冷器。水-空中冷器有独立的冷却系统,对热交换器进行冷却,具有节省布置空间、冷却效率高和中冷器后的增压空气温度低(低于 50 ℃)的特点。

2. 限制高热负荷的技术措施

汽油机增压后排气温度升高,增压器必须承受更高的热负荷。为使增压器可靠工作,必须对增压器的结构、材料采取措施:

(1)采用耐高温材料的蜗壳,用奥氏体铸钢来取代镍基合金,并采用精密铸造;

(2)用耐高温的镍基合金制造涡轮叶轮,最高温度可达 1 050 ℃;

(3)采用中间体冷却的增压器,具有独立的冷却系统,降低了增压器的热负荷。采用双流道增压器,可有效地利用脉冲能量,提升低速扭矩。

3. 增压器普遍采用再循环阀[9]

增压器再循环阀(cycle recirculation valve,CRV)的功能是防止汽油机减速时增压器产生喘振噪声,其原理是汽油机减速时,如果有了 CRV 旁通空气,就能阻止增压器端从正常工作区快速移动至喘振区。同时旁通空气还降低了增压比。

CRV 有气动再循环阀和电动再循环阀两种。图 7-90 为电动再循环阀的工作原理图。CRV 的开启和关闭由电控单元直接控制。

4. 增压后点火提前角相应调整

汽油机增压后由于压缩比、混合气压力、混合气浓度和温度均发生了变化,因此对点火提前角也要进行调整。

当汽油机转速一定时，最佳点火提前角随增压压力的增加而减小。当汽油机在满负荷工况时，增压压力将随转速升高而增大，爆震容易在高转速区出现。因而，可以随转速增加进行离心调节，以推迟点火提前角；或采用随增压压力增加而自动推迟点火提前角的装置；还可采用为消除爆震的点火提前角自适应控制。

对于增压汽油机，如果降低压缩比，则在使用喷射抗爆剂或使用高辛烷值的汽油时，应适当增大点火提前角。

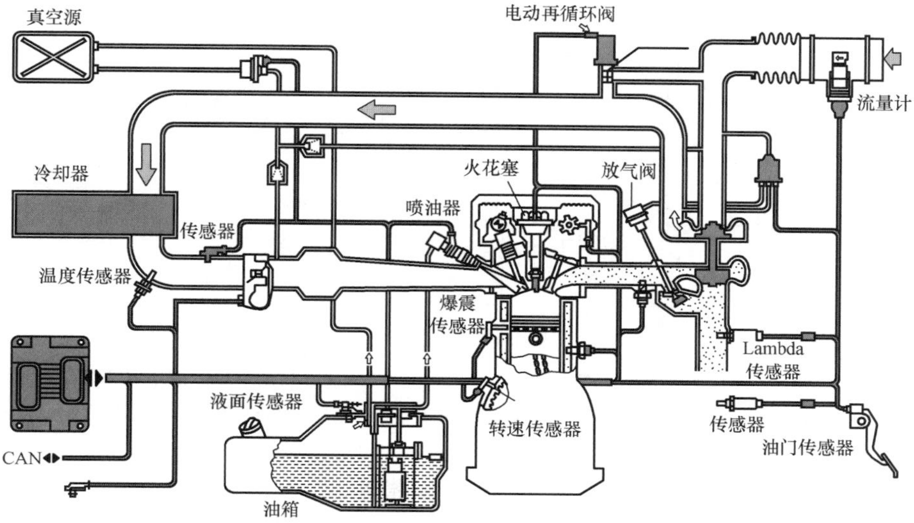

图 7-90　电动再循环阀的工作原理图

5. 增压后燃料供给系统的调整

(1)在化油器式增压的汽油机中，依增压器的布置方案对化油器进行调整

①在增压器位于化油器之后的后置方案中，如图 7-91(a) 所示，化油器处于大气压状态下工作，混合气经过压气机搅动、雾化使混合更好，但增压后通过化油器喉管处的空气流量增加，就要求化油器喉管截面积也相应增加，主供油系供给量也应同时增大。有的采用双腔分动式化油器来代替原有的单腔化油器。此外，还必须把怠速油系和加速泵出来的燃油引到辅助节气门后端。

②在增压器位于化油器之前的前置方案中，如图 7-91(b) 所示，由于化油器喉管截面积没变，通过化油器喉管处的空气流量不变，燃油供给管不能随增压空气的密度的增加而自动补偿，这就造成了高速高增压时混合气过稀，而低速时混合气过浓。为此，在增压汽油机上有的采用增压压力控制的电磁阀开关，如图 7-92 中的 3 所示。

在增压压力较高时，电磁阀把辅助喷嘴 4 打开，喷入燃油使混合气加浓；当增压压力很低时，电磁阀关闭辅助喷嘴，使混合气变稀。

③在增压器的中置方案中，如图 7-91(c) 所示，是将化油器拆成两部分 F_1 和 F_2，F_1 包括喉管、浮子室及其附件，装在增压器之前；而 F_2 包括节气门及其附件，装在增压器之后。这种方案具有过量空气系数随转速及增压压力变化、工作运行平稳、启动迅速、加速反应快的特点，要求对化油器的调整简便。因此，中置方案为汽油机增压提供了一个新的途径。

(2)对汽油泵供油压力和供油量的调整

增压汽油机要求汽油泵随增压压力变化而自动调整。

①一种是把原有的汽油泵改装成增压汽油泵，只在原汽油泵膜片下增设一个与增压空气相连通的压力室即可，具有结构简单、工作可靠、能满足增压时供油量要求的特点，但在使用中需注意密封衬套的润滑。

②另一种是采用电动汽油泵与燃油压力调节阀联合工作的方法，来满足增压所需的供油压力和供油量，这种供油系统工作可靠。

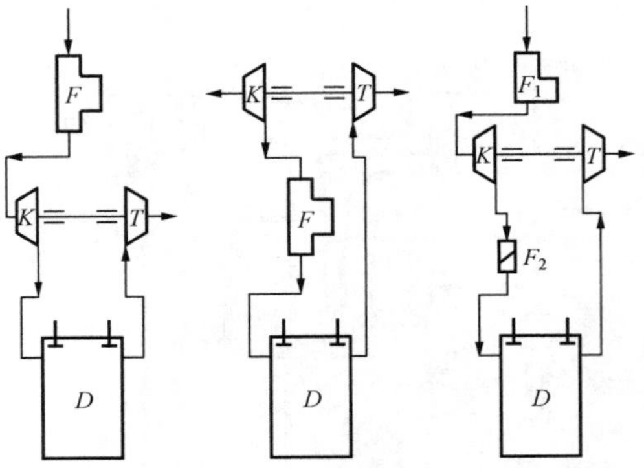

图 7-91　增压器布置的三种方案

F— 化油器；K— 压气机；T— 涡轮；D— 发动机

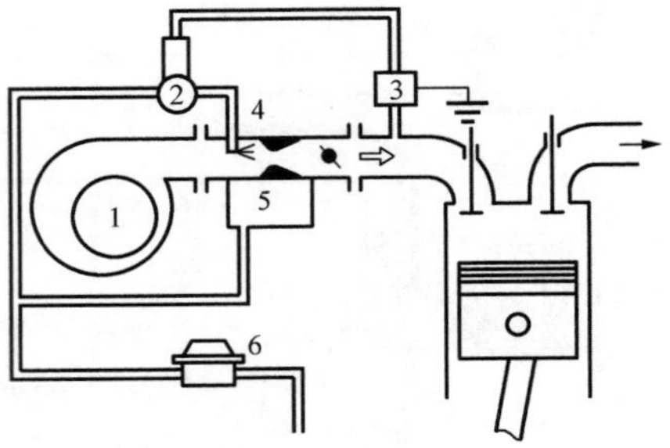

图 7-92　压力传感加浓装置示意图

1— 压气机；2— 电磁阀；3— 电磁阀开关；4— 辅助喷嘴；5— 化油器；6— 油泵

6. 汽油机增压后"反应滞后"现象采用的缓解措施

(1)低惯性转子的增压器。

(2)脉冲增压系统。

(3)带放气阀的控制系统。

(4)增压器前置方案。

(5)减小进、排气管的长度和容积。

(6)提高压缩比。

(7)可变点火定时等。

7.6.3　汽油机增压性能实例

电控燃油喷射汽油机涡轮增压获得迅速发展和广泛应用，并且在直接喷射汽油机上进行涡轮增压具有明显优势。

1. 涡轮增压汽油机[9](VOLVO760)

图 7-93 示出了 VOLVO760 涡轮增压汽油机的燃油喷射控制系统和点火定时控制系统示意图。

由图看出，增压汽油机必须控制增压压力、点火定时和空燃比这三个重要参数。

(1)电控燃油喷射系统

带有压力调节器的高压共轨燃油喷射系统，电控喷油器多点进气门前两次喷射。

(2)点火定时控制系统

该增压汽油机采用一起对燃油喷射系统和点火定时控制系统的电控，装有爆震传感器的反馈系统，当节气门全开、燃油加浓时，自动推迟点火定时，控制涡轮进口温度为

900～950 ℃，防止爆震。

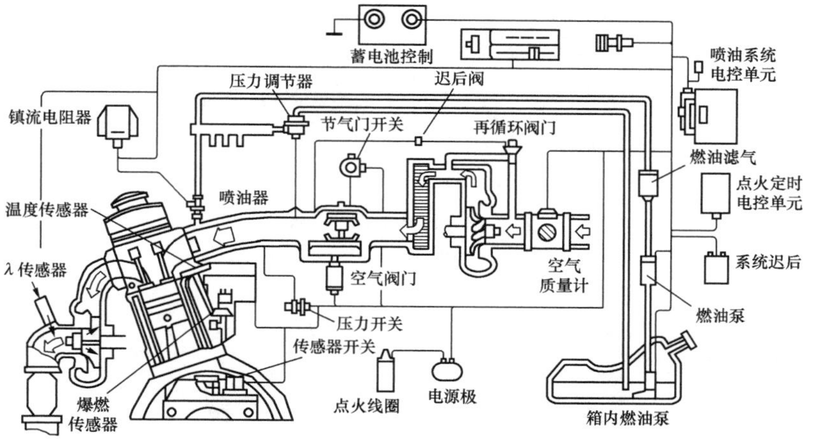

图 7-93　VOLVO760 涡轮增压汽油机的燃油喷射控制系统和点火定时控制系统示意图

(3)控制汽油机的空燃比

在涡轮出口的排气管上装有 λ 传感器，严格控制汽油机的空燃比 $\lambda = 1$，优化各运行工况。

(4)控制增压压力

增压器采用电控放气阀，这种先进的电控电磁阀能把增压压力和放气阀薄膜断开，通过作用于放气阀薄膜上的压力来控制增压压力。在压气机和节气门之间装有一个反馈型闭式再循环控制阀。

2. 新 3L 双涡轮增压直接喷射汽油机简介(宝马公司)

(1)主要技术规格(表 7-18)

表 7-18　BMW335i 轿车增压直喷汽油机主要技术规格

结构	直列 6 缸	配气机构·气门数	顶置双凸轮轴·4 气门($DOHC_4$)全可变相位
缸径 $D \times$ 行程 $S/(mm \times mm)$	84×89.6	燃烧过程	高精度汽油直接喷射燃烧室
排量 iV_s/L	2.98	燃油系统	高压(20 MPa)共轨，压电喷油器(3 次喷射)
压缩比 ε_c	10.2	点火系统	分缸独立点火线圈，爆震调节
$\dfrac{标定功率\ P_e/kW}{转速\ n/(r \cdot min^{-1})}$	$\dfrac{225}{5\,800}$	增压系统	双废气涡轮增压器，一个空-空中冷器
$\dfrac{最大扭矩\ T_{tq}/(N \cdot m)}{转速\ n/(r \cdot min^{-1})}$	$\dfrac{400}{1\,300 \sim 1\,500}$	废气净化装置	2 个两级耦合催化器

(2) 结构特点

①汽油直喷紧凑燃烧室(图 7-94)

4 气门气缸盖中央布置喷油器和相靠近的火花塞。进气道形状设计成能使混合气在燃烧室中产生滚流运动，以促进燃烧。压电喷油器在 20 MPa 喷油压力下呈 90° 锥形油束来引导，直接喷入活塞顶部开式燃烧室实现分层燃烧。

进、排气双凸轮轴无级相位调节器，进行全可变调节。在低速高负荷工况，调节凸轮轴相位，使进气结束较早，可提高充气效率，并增大废气流量，从而获得低速大扭矩。在高负荷工况，可加大气门重叠来扫除缸内残余废气，在高增压度的情况下有利于提高防爆性。

②电控共轨燃油喷射系统(图 7-95)

共轨燃油喷射系统由高压燃油泵、共轨管和压电喷油器组成。高压泵是一个 3 缸轴向柱塞泵。将高压燃油供入带有压力传感器的共轨管(20 MPa)。喷油器由压电执行器(PAU)、外开式针阀和机油阻尼热补偿器构成。由电控单元通过脉宽调节信号来控制 PAU 开闭，实现 3 次喷射及针阀的全升程和部分升程，开闭特性非常迅速(0.1 ms)。在小负荷工况，进气行程只用 1 次喷射，获得均匀油气混合气；在低转速高负荷工况，将喷油量分成 2 次喷射；在高速高负荷工况时 3 次喷射，获得必需的功率，并改善热效率。

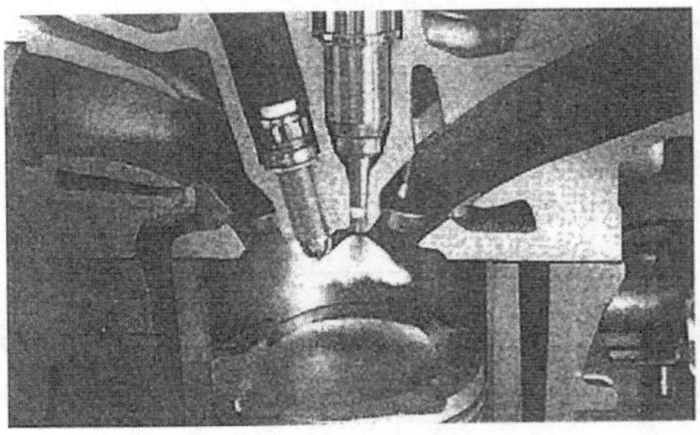

图 7-94　汽油直喷紧凑燃烧室布置

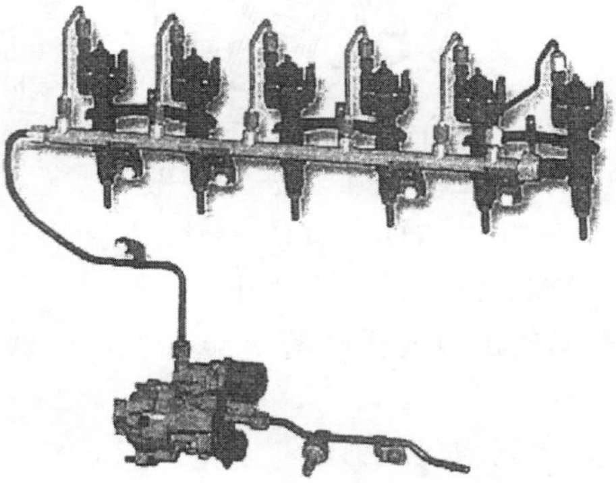

图 7-95　电控共轨燃油喷射系统

③双增压系统及进、排气系统

a. 双增压系统

直列 6 缸汽油机装有两台结构相同的小型涡轮增压器，且反向布置，如图 7-96 所示。每 3 缸排气驱动一台小型涡轮增压器，小的增压器具有小的转子转动惯量和高的热效率，并且优化匹配。电控执行器通过废气放气阀对增压压力进行电控调节。在低负荷时，关闭废气放气阀，使增压器转速尽可能高，从而获得良好的加速响应特性。在中等负荷时，部分关闭废气放气阀，以便降低排气背压，从而有利于改善油耗。在高负荷时，按所需的增压压力(最高可达 0.16 MPa) 进行相应的调节。增压器采用耐高温材料，能够在高温 1 050 ℃ 和转速200 000 r/min 的高工况下可靠工作。

一台空 - 空增压中冷器，由吸风式 E 型风扇冷却，集气室的空气温度通常低于 50 ℃，因而降低了爆震倾向，获得较低的油耗率。

b. 进、排气系统及后处理装置

空气由做成一体的进气消声器和滤清器经进气管进入增压器。轻型排气歧管与 2 个前置催化器做成双层中空隔热结构，热容量和隔热效果良好。还有 2 个陶瓷载体的地板下三效催化器。每套废气后处理装置中装有尾气消声元件。

(3)综合性能

宝马公司开发的 3 L 直列 6 缸双涡轮增压，压电喷油器油束引导的新一代直喷式汽油机，通过结构设计更新、电子控制扩展、调节精度提升，加上自诊断和自适应功能并辅以优化的变速箱控制，使增压直喷式汽油机综合性能达到了全新的水平。图 7-97 示出了 BMW335i 轿车汽油机的功率和扭矩特性曲线。具有高效的动力性，在 5 800 r/min 时功率 225 kW。最大功率可以达到 306 kW，最高转速可达 7 000 r/min。在 1 300 r/min 时最大扭矩为

400 N・m，而且能在较大的转速范围内保持高扭矩。该机加速性能好，转速范围广，达到欧Ⅴ的超低排放标准，投入市场后很受欢迎。

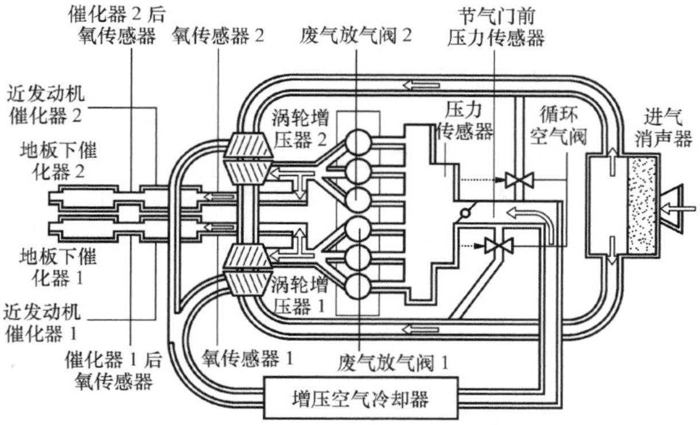

图 7-96　直列 6 缸汽油机双增压系统

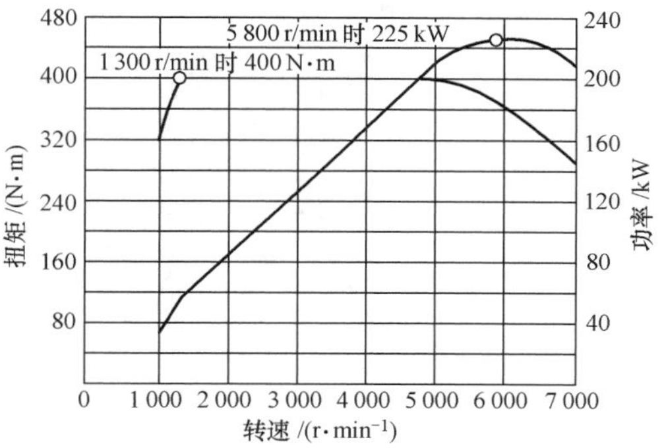

图 7-97　轿车汽油机的功率和扭矩特性曲线

3.1.4 L TSI 两级增压直喷汽油机简介[10]（大众公司）

（1）主要技术规格（表 7-19）

表 7-19　1.4 L TSI 两级增压直喷汽油机主要技术规格

结构	直列 4 缸	最高平均有效压力 /MPa	2.17
缸径 $D\times$ 行程 S/(mm × mm)	76.5 × 75.6	配气机构・气门数	顶置双凸轮轴・4 气门($DOHC_4$)
排量 iV_s/L	1.39	燃烧方式	油束引导均质混合气燃烧
压缩比 ε_c	10 : 1	燃油系统	高压(15 MPa) 油轨，电控喷油器进气道 2 次喷射
标定功率 P_e/kW / 转速 n/(r・min^{-1})	125 / 6 600	增压系统	两级增压(涡轮 + 罗茨泵)，一个水 - 空中冷器
最大扭矩 T_{tq}/(N・m) / 转速 n/(r・min^{-1})	240 / 1 750 ～ 4 000	废气净化装置	1 个三效催化反应器

（2）结构特点

①采用两级增压系统（图 7-98）

由汽油机曲轴通过电磁离合器带动的罗茨泵式第一级机械增压器，与第二级废气涡轮增压器相串联。两个增压器都有空气旁通阀进行进气调节，涡轮增压器有一个废气放气阀对增压压力调节。

在怠速工况，两个增压器的进气旁通阀全开，机械增压器与电磁离合器分离，罗茨泵不工作，吸入的空气绕过废气涡轮增压器进入气缸，此时汽油机相当于自然吸气状态。

在部分工况低速运转时，电控单元接通机械增压器的电磁离合器，并关闭其进气旁通阀，机械增压器开始工作，此时增压值为 0.12 MPa。由于机械增压器有增强低速扭矩的特点，使汽油机有良好的响应性。

在发动机转速为 1 500 r/min，稳态全负荷运行时，机械增压器和涡轮增压器在相同增压比（2.5 左右）下工作，发动机获得大的扭矩，如图 7-99 所示。机械增压器在很小工况范围运行，功率消耗小，发挥了在低速时的优势。

当汽油机在 3 500 r/min 高速运行时，电磁离合器脱开，机械增压器停止增压，此时只由废气涡轮增压器工作，压比从 0.25 降到 0.13，从而发挥了废气涡轮增压器高速时的优势。

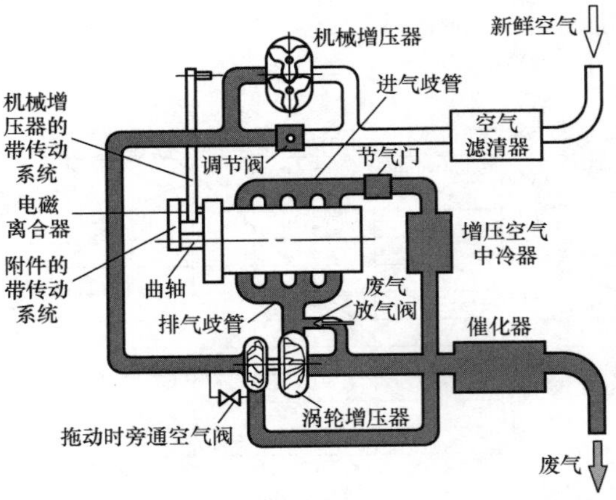

图 7-98　两级增压系统工作原理图

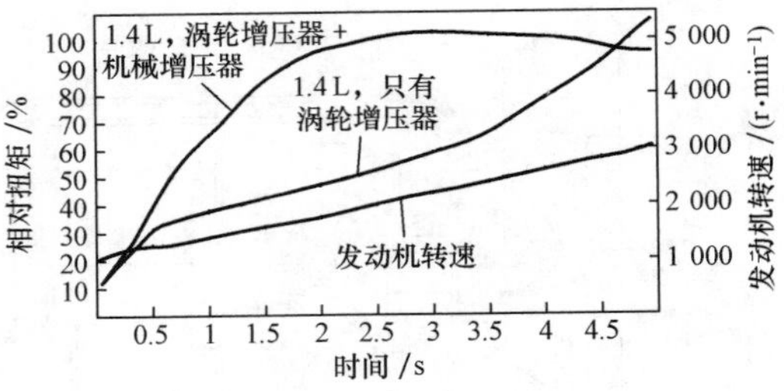

图 7-99　两级增压的瞬态扭矩图

②采用双循环冷却系统

该机独立双循环冷却系统由主循环和副循环组成。主循环的水泵由曲轴通过皮带轮驱动，对汽油机缸体进行冷却水的独立循环。副循环是电动冷却循环水泵，由电控单元控制，有两条循环通道：一条对废气涡轮增压器冷却，避免增压器过热产生故障；另一条对增压空气冷却器冷却，使增压空气不超过 50 ℃。

③汽油直喷燃烧方式

燃烧室如图 7-100 所示，气缸盖底面呈帐篷形，火花塞位于燃烧室中央，活塞顶斜锥面形凹坑，与 6 孔的喷油束喷射和进气流动相配合，能实现整个工况范围内均质的混合气和优化的燃烧速度。此燃烧方式适应性极好。

④电控汽油喷射系统

高压燃油泵凸轮升程为 5.7 mm，采用滚轮和挺柱，使燃油轨中的压力达 15 MPa。多孔喷油器布置在进气道和气缸盖衬垫之间，喷束引导和进气滚流与活塞及凹坑壁面形成良好的匹配。在进气行程中进行的第一次早期喷射形成良好均质化的稀混合气。在点火上止点前(约 50°CA) 进行较迟的第二次喷射，加热催化器方法使发动机运行稳定和降低 HC 排放。

(3)综合性能

大众公司用于 Golf GT 型轿车的新型 TSI 小排量 1.4 L 直列 4 缸汽油机功率达到 125 kW，具有丰满的扭矩曲线(图 7-101)、低的油耗率和满足欧 V 的低排放标准。这是由于采用了汽油直接喷射与两级增压相结合的结果。

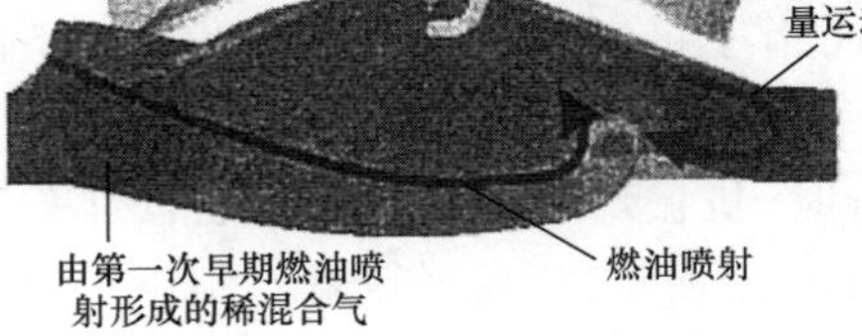

图 7-100　1.4 L TSI 汽油机燃烧室

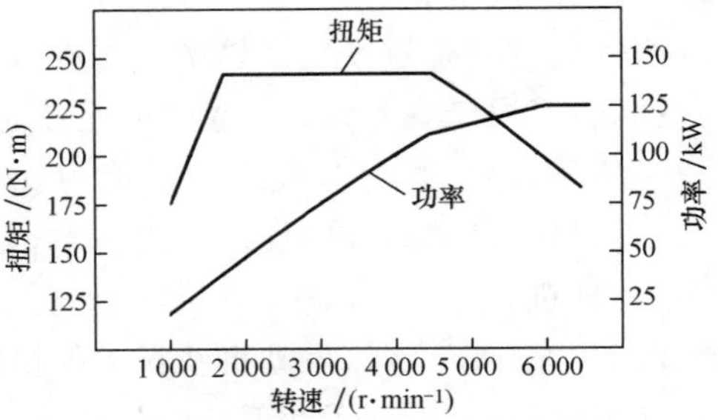

图 7-101　两级增压汽油机功率和扭矩曲线

习　题

7-1　增压的定义是什么?简述增压的好处、增压比、增压度。增压的方法有哪几种?为什么要对增压空气进行中间冷却?何为中冷度?

7-2　涡轮增压原理是什么?涡轮增压对柴油机的结构特点和参数选择有什么要求?

7-3　描述离心式压气机绝热效率及特性曲线。

7-4　用 H-S 图来说明径流式涡轮中热力过程及涡轮机的特性。

7-5　涡轮增压器的选配要求、选配方法以及匹配运行的基本要求是什么?

7-6　什么是定压增压系统?什么是脉冲增压系统?

7-7　简述涡轮增压器与柴油机配气性能的调整。

7-8　何谓可变喷嘴环面积?带放气门的增压器有什么优点?对车用柴油机增压有什么特殊要求?

7-9　汽油机增压与涡轮增压器匹配的特点是什么?

7-10　汽油机增压采取哪些技术措施?

参考文献

[1]　陆家祥. 柴油机涡轮增压技术 [M]. 北京:机械工业出版社,1999.
[2]　朱大鑫. 涡轮增压与涡轮增压器 [M]. 大同:兵器工业第七 〇 研究所,1997.
[3]　林建生,谭旭光. 燃气轮机与涡轮机增压内燃机原理与应用 [M]. 天津:天津大学出版社,2005.
[4]　朱仙鼎. 中国内燃机工程师手册 [M]. 上海:上海科学技术出版社,2000.
[5]　顾宏中. MIXPC 涡轮增压系统研究与优化设计 [M]. 上海:上海交通大学出版社,2006.
[6]　顾宏中. 涡轮增压柴油机性能研究 [M]. 上海:上海交通大学出版社,1998.
[7]　朱访君,吴坚. 内燃机工作过程数值计算及其优化 [M]. 北京:国防工业出版社,1997.
[8]　魏春源,张卫正,葛蕴珊. 高等内燃机学 [M]. 北京:北京理工大学出版社,2007.
[9]　华觉源. 车辆发动机电子控制与交通管理系统[M]. 大同:山西车用发动机研究所,1995.
[10]　王启航,王永红,苏庆运,等. 现代车用柴油机实用技术 [M]. 大连:大连理工大学出版社,2012.